U0255719

中国农史研究丛书

中国稻史研究

A History of Rice in China

曾雄生 著

中国农业出版社

祝『中国稻史研究问世』

长江后浪推前浪
一代新人换旧人

九七老叟 游修龄 欣贺 (代序)

二〇一七年春

稻史研究的开拓与创新

——读《中国稻史研究》随想

我国是栽培稻的起源地，稻作已有万年以上的历史，在中华文明曙光初现的时候，北粟南稻的农业格局已经形成，唐宋以后，随着全国经济重心的南移，栽培稻更上升为粮食生产和消费的头牌。稻对于中华民族的生息繁衍，对于中华文明的持续发展，厥功至伟。无论中国农业史或是中国文明史，稻史的研究都占据重要地位。

游修龄先生是我国系统的稻史研究的开创者，他的高足曾雄生继续了他的研究。雄生是我几十年的老相识、老朋友，最近他寄来即将出版的《中国稻史研究》（以下简称《稻史》）的电子稿，嘱我为它写几句话。雄生把他三十年来已发表和未发表的稻史论文按内容归结为 22 个论题（有的是两三篇同类文章合为一题），分为 6 编，卷首以《稻史研究三十年》一文为代自序。我粗略浏览一过，觉得书中新开拓和新见解多多，视野的开阔和资料的宏富给我留下深刻的印象。

一篇学术论文，无非是提出问题、分析问题和解决问题。首先要善于发现问题，提出有价值的论题。接下来的分析问题和解决问题，则需要有充实的材料和恰当的方法，作者的观点和思想是在分析问题和解决问题的过程中展示出来并被证明的。学术的生命在于创新。创新体现在提出问题、分析问题和解决问题的过程中。所以"四新"（新问题、新材料、新方法、新观点）被视为学术论文的标杆。

　　《稻史》的论题，一类是填补原有研究领域的空白。如农具中的莳梧、雨量器，品种中的黄穋谷，耕作制度中的直播稻、双季稻，农业文献中徐光启的《告乡里文》、《王祯农书》中的"曾氏农书"，以及属于名实辨析的"早稻""水田"等，都是前人没有涉足，或虽有涉足者但缺乏系统研究的，因而具有开创性。应该指出的是，作者不但从不大为人注意的事物中找到新选题，而且能出人意料地从人们司空见惯的事物中发现问题，提出选题。例如"水田"一词人们耳熟能详，"水田"就是水稻田似乎也从无异议。而作者却别具匠心地认真、细致梳理"水田"概念的来龙去脉，写出一篇大文章。文章指出中国历史上"水田"一词最早出现在"没有灌溉就没有农业"的西北旱作地区，它是指有水利灌溉的耕地，可以种水稻，也可以种旱作物。把水田视为水稻田，起初是南方人，逐渐影响到北方人。入宋以来，人们就逐渐把水田等同于水稻田，并把这一概念搬用到北方水利中来。这是一种误解，却影响到政府的决策。作者用这一观点诠释延续千年的关于北方（尤其是京畿）水利屯田方针的争论，令人耳目一新。

　　另一类论题是开创新的研究领域。《稻史》的内容涉及农具、品种、耕作制度、农业文献、有关稻作文物的名实考辨，以及环境、社会经济文化和中外稻作文化交流的方方面面。《稻史》的第一篇《食物的阶级性》就是属于稻史中的社会范畴。这当然不是指食物的自然属性，而是指不同的人群在消费中所体现的阶级性以及地域性。在农史研究中人们较少注意消费问题，从阶级性的角度研究消费更是少之又少，可以说这一论题打开了观察稻史以至观察农史的一个新窗口。《告乡里文》是没有收进徐光启文集的一篇佚文，作者围绕它写了三篇文章，从农业文献、农业文化、农业科技和农业经济的不同视角进行剖析。其中的《传统农学知识的建构与传播——以徐光启〈告乡里文〉为例》着眼于重农劝农的政治文化传统，将《告乡里文》和历代的劝农文进行了对比，指出它虽然继承了劝农文形式，但却承载了乡里关系、本土经验，在实践基础上的传承和创新等不同于劝农文的新内容，同时分析了它所传达的知识是如何在多元交汇的边界和节点上延伸和发展的，从而对传统农学知识建构的模式做了有益的探索。中外稻作文化的交流，前人已有涉及，如占城稻的引进，但论述多侧重于占城稻的推广对中国稻作制度和社会经济的影响。《稻史》中《历史上中国和东南亚稻作文化的交流》一文，从"稻田""稻种""稻作""民俗"等方面予以全面论述，仍有开创意义。《稻史》中还有从环境角度论述岭南稻作农业的专文。……文集之所以取名《中国稻史研究》，而不称"稻作史研究"，我觉得作者是有深意的。它反映了作者稻史研究的旨趣，即并非孤立地研究稻的栽培及其技术，甚至不是以稻作技术为研究重点，而是把稻放在社会经济、政治、文化和自然环境的总体中予以考察，为稻史研究搭建了一个比之前代更为广阔的舞台。

再一类论题是在前人论述基础上的新探索。例如《江西水稻品种的历史研究》，是在游修龄《我国水稻品种资源的历史考证》的基础上，对一个地区水稻品种研究的细化和深入。这一类论题大多数是前人已有较多的研究，而作者发现其中尚有缺环或舛误，从而做进一步的探索和讨论的。雄生的思想十分活跃，无拘无束，不受任何成说的羁绊，勇于提出自己的不同见解与人商榷。这种商榷不是那种隔靴搔痒，"犹抱琵琶半遮面"式的，而是指名道姓、明锣明鼓、真刀真枪的交锋。商榷的对象有知名学者，有外国学者，有自己的师友。例如，《也释"白田"兼"水田"》是与辛德勇商榷的，《从江东犁到铁搭：9—19世纪江南的缩影》是与李伯重商榷的，《江南稻作文化中的若干问题略论》是和日本学者河野通明商榷的，《傣族古歌谣中的稻作年代考》是和他的导师游修龄商榷的，《试论占城稻对中国古代稻作之影响》，在肯定游修龄对中外学者夸大占城稻引进作用的批评的同时，对他的某些观点提出不同意见，等等。这些文章对推动研究的深入大有裨益。雄生之所以敢于毫无顾忌地公开对其导师的某些观点提出异议，与游修龄先生的开明和大度分不开。游修龄先生对学生提出的不同见解从不以为忤，他总是鼓励不同意见的讨论。雄生勇于商榷的习惯相当程度上是在开明导师的熏陶下养成的。20世纪80年代初，我刚到中国社会科学院经济研究所工作，室主任吴承明就告诉我们，老所长孙冶方说过："外交上要求同存异，学术上要求异存同。"这句话给我留下极为深刻的印象，真是充满哲理的至理名言啊！学术除了需要学者自身的刻苦钻研，还需要学者之间的切磋和互动，学术是在不同观点的交锋中发展的。郑板桥诗云："书从疑处翻成悟。"科学的存疑精神往往是走向真理的起点和基石。我和雄生之间也有过争论，收入《稻史》中的《析宋代"稻麦二熟"说》，就是和我商榷的，我也作了回应。我们虽然谁也没有说服谁，但他的商榷使我反思自己的研究有哪些不够周全之处，给我许多启迪，从而促进了我研究的深入，这是我应该感谢雄生的。独立思考，敢于提出不同见解并进行认真的讨论和交锋，我认为这是一个学者可贵的品质。现在这种在相互尊重的基础上坦诚的争论实在是太少了。应该为雄生不囿成说、勇于论争的精神点赞。还应指出，雄生既不盲从今人，也不盲从古人。如他所指出的，对"水田"的误读，不但有今人，也有古人，因此厘清这一概念，不但使人们对北方稻作发展的评估更加科学，也是穿越时空，帮助古人"拨乱反正"啊！

从以上三类论题看，作者视野是开阔的，思想是活跃的，眼光是敏锐的，善于发现问题和捕捉"战机"。这对一个研究者来说是重要的。

《稻史》的另一个特点是，每篇文章都以丰富的材料说话，旁征博引，不发空论，给人以厚实的感觉。作者显然在材料的搜集、整理和消化上下过大工夫。举一个例子。《食物的阶级性》所涉及的领域是尚待开发的处女地，没有现成的完整记载，资料零散，需要作者从零开始发掘和搜集。除了常见的史籍，作者引用了大量方志和笔记文集材料以补正史和农书的不足，旁及诗词小说（如《红楼梦》）、清宫档案、孔府档案、朱批谕旨等，甚至最新出版的《文学遗产》《开放时代》等杂志和《情系京西稻》等书籍也成为作者搜罗材料的对象。一篇万把字的文章引用文献多达六七十篇，作者搜罗材料用力之勤可见一斑。"材料翔实"四个字，可以作为《稻史》每篇文章的评语。事实上，像"蒔梧""告乡里文""水田"这样的论题，也是在搜集和梳理材料的过程中发现和选定的。史料掌握多了，吃透了，用起来就能左右逢源，得心应手，反映了他对有关史料的熟悉和驾驭材料的能力。

除了文献材料，作者也使用考古学和民族学材料。他的硕士论文就是将古史传说与考古发现、文献记载以及相关的民族学调查材料结合起来探讨"象耕鸟耘"

的；他研究江西水稻品种早期历史时，引用了不少考古学的材料。但由于各种原因，以后他的稻史研究转向偏于唐宋以后的时段，这就决定了他的研究是以文献材料为主的。他继承了老一辈农史研究者把传统文献研究与实地调查相结合的优良传统，《〈天工开物〉水稻生产技术的调查研究》就是这种结合的产物，在研究"莳梧"这种古代"插秧机"时也进行过实地调查，等等。

研究农史，我是主张文献史料与文物史料、固态史料和活态史料并用的，当然要因事制宜，因"题"制宜，不过总体说来，文献史料在各种史料中还是最基本的。因为无论是地下发掘"死"文物，或是传统延续的"活"史迹，都不能代替卷帙浩繁、内容丰硕的传统典籍，它们都有赖于与文献记载相互印证，相互发明，才能揭示和展示其真正的意义。雄生在对科技考古在稻作起源及其早期发展研究取得的进展表示赞赏的同时，指出科技考古工作者如果对历史不熟悉，就会出现瞎子摸象、以偏概全的情形。他表示了对以文献研究为主要取向的稻史研究的自信，因为"**毕竟到目前为止，有关稻作史的文献资料还是要比考古资料更为丰富，因而也具有更大发挥的空间**"。我赞成他的这种观点。农史界的前辈学者，是从整理农书、系统收集文献资料为农史学科的建立奠定基础的。浩繁的典籍是前人留给我们的一座宝库。关于收集材料，老一辈史学家主张要"竭泽而渔"，现代科技的发展增大了对某一具体领域史料"竭泽而渔"的可能性。就稻史领域而言，雄生已经接近这一要求，我觉得起码在某些方面他所掌握的史料的广度已经超越了前人。这当然是他手勤脑活、不懈工作的结果，但也得益于现代科技手段的进步。古籍整理、出版及其数字化的发展，为文献资料的发掘和利用开拓了空前广阔的前景，这是当代农史工作者的一种幸运。

材料是基础，但光有材料还不够，还要有适当的方法，才能很好地驾驭材料，分析问题和解决问题。不同的研究对象、不同的论题，可以采用不同的研究方法，但也有共通的东西。我是主张"史无定法"和"史有定法"统一的。就我的感觉而言，《稻史》中的研究方法，比较突出的是，每个论题各有不同的中心，但不是孤立地就事论事，而是把它放在与经济、社会、文化和自然环境的相互关联中，逐步展开相关的层次，使人对该问题有一个立体的认识。如对黄穋稻的研究，从不同时代不同地区诸多名称入手，进而论述其性状和发展普及轨迹，又旁及同类或相似的稻种，深入细致地予以考证。同时从人口和社会需求的增长、江南自然环境和农业发展总态势着眼，评估黄穋稻在农业史中的地位和历史作用。指出唐宋以后中国粮食增长的两条路径中，与水争田比与山争地更为重要，因此，耐涝、早熟、适于在洪水到来前和过后抢种一季的黄穋稻，其贡献和作用比占城稻大得多。这篇文章在翔实史料和深入分析的基础上提出的见解，发前人所未发，引起国外研究者的重视。对于雨量器，雄生把它放在整个雨泽上报制度的发展过程中予以阐述，又着重考察了雨量器在古代中国之命运。文章指出，中国秦汉就有雨泽上报制度，宋以后标准雨量器的概念也已形成，但由国家制定并推广的标准雨量器始终没有出现，更没有建立起全国性的观测网点和统一的标准。为什么会这样？雄生进行了多方面的探索，包括官僚制度下的腐败和虚报，雨泽测报双重标准造成的混乱，天人感应观念的束缚及其引发的政坛缠斗等。这样，雨量器这一天然降水的测量器，就像一个万花筒那样，从中可以窥见科技、经济、政治、文化等形形色色的社会现象。《〈告乡里文〉所及稻作问题》对《告乡里文》的解读，围绕水灾以后如何恢复水稻生产这一中心展开，涉及生态环境、自然灾害、水稻品种、稻作技术、水利灌溉，地区之间稻种与技术的交流，应对自然灾害过程中的政府行为、技术措施和邻里关系等诸多方面。在文章最后部分对江南经济史有关问题的讨论中，雄生指出，明清时期江南作为东亚最发达的地区，其经济依然非常脆弱，劳动生产率不高，自然灾害经常威胁着农业生产，但农业专业化和商品化趋势有所发展，水灾过后恢复生产的措施因而有了新的选择（如买种重种和买秧重栽等）。雄生批评了学术的碎片化和平面化的倾向，但他不认同通过GDP的计算对江南和西欧经济进行量化和比较的做法，因为复杂的社会规律不能用方程式精确表示出来，GDP不能告诉我们真实的生活。研究江南经济史关键还是要回到经济的基本面，把握它的核心。这个核心就是众多的江南人口赖以养活的水稻生产。对于如何克服学术的碎片化和平面化，学者尽可以见仁见智，但稻史研究，确实能够给人以立体感。

《稻史》对稻史研究的开拓和创新是多方面的，称之为农史研究近期的重要成果，我想是会得到农史界同仁的认同的。它在稻史研究领域中的地位，属于后来研究者不能绕开的那类著作。

《稻史》内容丰富，我从中学到不少东西。由于时间和精力的限制，我不可能仔细地通读全书。这里的介绍只能是粗浅的，举例式的，难以反映它的全貌，也可能有不当之处。好在《稻史》卷首的《稻史研究三十年》，系统介绍了雄生研究稻史的背景、传承和历程，对自己的基本观点和基本思路作了再提炼和再概括，并介绍了自己正在进行和将要进行的研究，可以作为本书的导读。

农史是自然科学和社会科学的交叉学科，它要求研究者既要有农学的修养，又要有文史的修养。从事农史研究，学历史出身的人往往会感到农学知识的欠缺，学农学出身的人则往往感到文史功底的薄弱。雄生出生在江西吉安的一个农家，这是"物华天宝、人杰地灵"的稻米之乡，他的童年和青少年是在农村度过的，大学读的是江西师范大学历史系，研究生导师是有深厚文史功底的农史学家，也是农学家。这种经历使他兼有学历史出身和学农学出身的两方面的优势。文史功底有利于开阔视野和掌握文献，农村生活的经历和农学的修养则有利于对历史上农业科技和经济问题的发现、理解和把握。尤其是农村生活的经历，是雄生研究农史的宝贵资源，他对农业历史一些重要问题的认识是从农村生活的经验中获得的。在本书的《后记》中，他说："本人对于稻作农业的最初的理解，就是来自父母的教导和跟在父母身后光脚走在泥泞田埂上的那些日子。如果说我对本书中的内容还有那么一点自信的话，那一定不是来自故纸堆里那些生涩的文字，而是田埂上的脚印。"在《稻史》中我们也可以感受到这一点。我读《也释"白田"兼"水田"》，感到雄生纠正对《陈旉农书》"白田"的误读，是从农业生活的常识入手的。在讨论"白田"之所以得名时，雄生巧妙地把农书中常见的"白背""高壤白地""白土薄地"等记载联系来起，融会贯通，说明土壤含水量及其运动变化如何影响到土壤颜色和性质的，剖析入微，令人信服。作者对农书材料的熟稔，是与农村生活实际经验融会在一起的。这样的论证，比单纯文字方面的考证，显然优胜得多。

　　雄生的农史研究不只稻史这一个方面，其他方面的研究也源源不断有新成果问世。在当今农史界壮年的学者中，他是比较突出的一位。雄生正当盛年，担负着农史学科承前启后、继往开来的重任。我祝愿他百尺竿头，更进一步，为农史学科的发展做出更多的贡献。

李根蟠

2017 年 3 月 7 日

代自序

稻史研究三十年

有个笑话，其实也是实情，说两个中国人碰面，哪怕是在厕所，也会相互问一声，"吃了饭吗？"在我最初的概念中，饭，指的就是稻米饭。我出生在江西中部的吉安农村，这里赣江穿境而过，灌溉着两岸的农田。作为一个典型的南方农业区，水稻自古以来就是这里最主要的农作物。保留至今的新干县界埠战国粮仓，贮藏着2 000多年前的炭化粳米。900多年前，距新干县不远的泰和县一位作者曾安止的《禾谱》，是中国最早的一部水稻品种志。泰和和新干都是今江西省吉安市的管辖县。明代江西奉新县人宋应星在其名著《天工开物》中记载了吉安地区一种特殊的稻豆轮作方法。其文曰："江西吉郡种法甚妙，其刈稻竟不耕垦，每禾稿头中拈豆三四粒，以指扱之。其稿凝露水以滋豆，豆性充发，复浸烂稿根以滋。已生苗之后，遇无雨亢干，则汲水一升以灌之。一灌之后，再耨之余，收获甚多。"这种点豆方法一直流行到20世纪六七十年代，百姓称为"秠豆子"。"秠"，方言，也写作"亚"或"丫"，是一种种植方法，即在行与行，或株与株之间插种作物，如大豆、水稻等。"秠豆子"便是在收割后的稻茬上直接点种大豆。与"秠豆子"相类似的便是"秠禾"，早禾没有收割之前，便在早禾的行间栽插晚禾，即间作双季稻。间作稻，在14世纪的时候就已在福建、广东一带出现①，随后传入

---

① 《农田余话》："闽广之地，稻收再熟，人以为获而栽种，非也。予常识永嘉儒者池仲彬，任黄州黄陂县主簿，询之，言其乡以清明前下种，芒种莳苗，一垄之间，释行密莳，先种其早者，旬日后，复莳晚苗于行间。俟立秋成熟，刈去早禾，乃锄理培壅其晚者，盛茂秀实，然后收其再熟也。"

到邻近的浙江、江西、湖南等地。^① 在江西始获得"秐禾"的名号，在此之前江西吉安民间已有"秐豆"的做法。因此，当闽广的间作双季稻传入后，江西、湖南的农民便将秐豆之名命名这种具有相似技术特点的水稻种植方法，称为"秐禾"。

江西方言称水稻为禾，确切地说，禾更多的情况下指的是生长在大田中的水稻植株，禾在移栽前的苗床中时称为秧。秧移栽到大田以后便称为禾。禾所结之实称为谷，脱谷之后的禾，称为秆，也就是稻草。稻草是农业生产和农村生活最重要的物资。它是燃料、肥料和材料的主要来源。秆作为燃料虽然火力不旺，但它一点就着、一着就过的特点也的确有它的用途。在买盒火柴也觉得金贵的年代，村民有时就是靠一把秆传播火种，把火从一家引到另一家。除了作燃料，秆的最大用途便是作为猪圈和牛栏的垫圈。秆经过猪、牛的践踏和嚼食之后，加上遗撒的便溺，经过堆积之后便成为稻田基肥的主要来源。

稻草还是建筑和加工的主要材料。冬季农闲季节，每家都要挑选比较长的稻草，锤打柔软之后，搓纺成绳，用于系牛、绑扎、打捆等各项用途。这也是农村中少见的快乐时光。在一个熟人社会里，农民之间的语言不多，只是在打秆纺绳的日子里，话语似乎多了一些。现在打秆纺绳早已淡出人们的生活，但偶尔人们还会用"打秆纺绳"来指闲聊。

脱壳之后的稻谷称为米。米又有粘米和糯米之分。粘（亦写作秥、黏、占）米，读 zhan mi，主要用作日常的饭食。在电饭锅普及的 21 世纪以前，主要的米饭加工方式是捞饭。清早起来，用水将米淘洗，然后把淘过的米和比米数量更多的水在锅中煮开至半熟，便用笸箕过滤，再将过滤后的半熟米饭放回锅中，加入少量的水，大火烧开，冒出蒸汽后，改小火，等闻着饭香，即停火。接着便可供食了。

我的童年和青少年都是在乡下度过的，经历过传统水稻生产的全过程。那时

---

① 同治《萍乡县志》卷一《地理·土产》："蒔于早稻之中者，曰秐禾。"民国《万载县志》卷四《食货·土产》："秐禾谷，有红白二种。嘉庆初来自闽广。早禾耘毕，就行间蒔之，刈去早禾，乃粪而锄理焉。"《抚郡农产考略》卷上："秐禾，一名二禾，或呼为竹秐粘，二遍稻也。米香而甜。临川、宜黄间有之，乐安最多。天时：三月内浸种二日，即发芽，七八日出秧，又二十余日将此秧分插早禾行内，八月含苞，九月寒露前后获。乐安收获则迟至十月杪。地利：宜肥田水田，每亩需种三升有半，亩收三石有奇。人事：插早稻秧时，预留余地，每科横约九寸纵一尺一二寸，两种禾相离约五寸。此秧下土深须二寸，防早稻熟时仆压。耘泥芟草用六齿钯铁。刈完早稻，此稻未收，仍再耘草一次。宜邑则俟获早稻后耘之。早获稻后，须下肥一次，计粪田之料，较早稻加四分之一。若此田春初有红花草者，则宜减不宜加。物用：谷一石重一百一十斤，有米七十余斤。"

正是人民公社时期。公社实行"三级所有，队为基础"。农业生产资料分别属于人民公社、生产大队和生产队所有。一个不到千人的自然村被划分为 2 个生产队，后来又细分为 4 个生产队，1 个生产队也就 200 余人。生产队根据国家计划自行组织生产。水稻是最主要的农作物。当时一个生产队也就百亩①左右的稻田。在以粮为纲的年代，为了扩大水稻生产，同村的几个小队还联合起来，填塘造田。因此原来一些水塘都被改种稻田了，但由于地势低洼，每年都有淹浸之虞。这些新增的稻田多数只能一年一熟。一般是在雨季过后，大水退却之后，方才移栽，因此又称为穉（迟）禾，或称大禾。有时一年一熟也不能保证，只好种植茭白、莲藕等水生蔬菜作物。穉禾田以外的稻田一般都种植连作双季稻。尽管如此，生产队生产的粮食不足供给，每年社员还有几个月要吃"返销粮"。

人民公社的年代，春节过到初三或初五后便要开工了，除了继续打秆纺绳，还会下到地里给油菜除草，再就是清除猪圈牛圈中的粪污，堆放沤发后，用作稻田的基肥。元宵节一过，农事活动正式开始。育秧是春季农活中最重要的活计，选择靠近村头最近、肥水条件最好的地段，经过精耕细耙之后，在清明节前把稻种播下。在播种之前，需要对稻种进行一些处理，除淘去瘪谷，还要进行浸种催芽。用竹篮（古时称为"种箪"，本地称为"禾种篮"）垫上稻草，装上稻种，包裹紧实，投入池塘中浸泡，两三天后，当幼芽（古时称为"勾萌"）破壳（古时称为"坼甲"）而出，便可匀撒在秧田中，这就是布秧。在此后的近一个月的时间里，除了看管好，防止鸟儿啄食外，主要的就是根据天气情况控制水位，防止烂秧。

与此同时，春耕开始，社员将堆肥运送到稻田中散开后连同上年二晚收割时播种下的红花草一道犁翻，沤烂，经过耕、耙、磙、耖之后，田中壤靡泥易，便可移栽。移栽采用的是传统的移栽方式，"拔秧时，轻手拔出，就水洗根去泥，约八、九、十根作一小束，却于犁熟水田内插栽。每四五根为一丛，约离五六寸插一丛。脚不宜频那，舒手只插六丛，却那一遍，再插六丛，再那一遍。逐旋插去，务要窠行整直。"②

---

① 亩为非法定计量单位，1 亩≈666.7 平方米。下同。——编者注
② 〔元〕鲁明善：《农桑衣食撮要》卷上，中华书局 1985 年版，第 16 页。

　　70 年代末，尽管有的生产队已经购买了拖拉机，也听说有插秧机，但种稻使用最多的还是耕牛和人力。当时一个生产队大大小小的耕牛加起来也只有 10 多头。这 10 多头都是清一色的黄牛。这和一般读者想象的南方用水牛耕田的情况不同。根据生产队的相关规定，男孩女孩年满 13 周岁以后便可成为生产队的一员，跟着大伙儿一同出工，挣工分。而对于一个尚未成年的小孩来说，最适合的工种莫过于放牛。在我们那个人多地少的地方，要维持十几头耕牛的生存其实是挺困难的。因为几乎没有地方可供耕牛放牧。因此有时我们要把牛牵到稍远的赣江大堤上縻放。唐代张籍《牧童词》："远牧牛，绕村四面禾黍稠。陂中饥乌啄牛背，令我不得戏垅头。入陂草多牛散行，白犊时向芦中鸣。隔堤吹叶应同伴，还鼓长鞭三四声。牛牛食草莫相触，官家截尔头上角！"我对农区农牧关系的理解也就是这样形成的。

　　以谷物生产为主体的农区，一切的动物饲养也都是为谷物生产服务，而成为生产中的配角。养牛主要是为耕田提供畜力，养猪则主要是提供农田的肥料，同时消化生活过程中所产生的各种垃圾。食剩的饭菜加上加工稻谷时所形成的糠皮，便是喂猪的最主要的饲料。二三十年前，一般五六口之家一年到头养二至三头猪。养鸡司晨，那是农民的生物闹钟。养狗养猫防止人畜（比如老鼠）对谷物的偷盗。但这一切的安排都必须以人为中心，当养人和养家畜发生矛盾的时候，首先牺牲的自然是家畜。20 世纪 70 年代以前，一切可以开垦种植作物的地方几乎都开垦殆尽，留给养牛的空间已非常狭小，只是耕田的需要，同时借助于集体的力量才勉强保留了十多头耕牛。而随着人民公社的解体，生产力的解放和机械化程度的提高，耕牛率先从田野中消失了。化肥的使用和民工潮的兴起，则又缩小了养猪的空间，于是在耕牛之后，猪也在农家的房前屋后消失了，偶尔的剩饭剩菜也就够维持几只鸡、鸭的存在。

　　幼时的生活经历构成我关注和研究稻作历史的基础和出发点。1979 年，我有幸考入江西师范大学历史系。虽然在改革开放初期，但旧的意识形态，仍然主宰着大学历史的教学，农民战争成为历史学习的主线。但战争毕竟不是历史的常态，铸剑为犁才是人们的理想。农业是文明进步的根基，我们需要从农业的角度去探索中国文明的发生与发展。商代盘庚迁殷以前曾有多次迁都经历，虽然可以从外族入侵上得到解释，但也可以从商朝内部去寻找原因。粗放的农业生产方式所导致的地力衰竭，可能是迫使早期商王朝一再迁徙的深层原因。这样的现象在世界史上并不鲜见。许多古代文明的消亡都与地力衰竭有关。这不仅包括古罗马帝国、古代玛雅文明，还包括历史上亚洲的一些古老文明。如古印度哈拉帕文明、古巴比伦文明。中国古代农业也面临着地力下降问题。汉文帝（前 202—前 157 年）统治时期，耕地没有减少，人口没有增加，人均耕地比以前还多，却连续几年减产，食物严重匮乏，地力下降所导致的农业衰退非常明显。只是因为汉代以后的中国人逐渐找到了应对地力下降的办法，才维持了中华文明的长盛不衰。可以说，农业是理解中国历史和文化的钥匙。

1985 年我有幸考取了浙江农业大学游修龄教授的研究生。游修龄教授是当代中国首屈一指的稻作史家。20 世纪 70 年代浙江余姚河姆渡遗址发现后，原本在 50 年代就开始致力于农史研究的他，开始转入与稻作起源相关的研究，从对河姆渡遗址出土稻谷和骨耜的研究出发，进而探索中国稻作起源、分化和传播，把现代农学知识与考古学、历史学结合起来，提出了许多耳目一新且令人信服的观点，在国内外学界产生了很大的影响。尤其是获得了同样对稻米文化情有独钟的邻国日本学者的肯定。1987 年，日本学者渡部忠世主编游先生参与写作的《亚洲稻作史》（日文版）出版。1991 年应日本京都大学东南亚研究中心之约，赴日从事亚洲稻作史研究。1993 年，《稻作史研究》出版，该书收录了游先生自 70 年代后期到 90 年代早期，一共 4 个主题的 25 篇论文，包括：稻的起源、分化和传播；稻的品种资源；稻的古文字考证；古代稻的生产。1995 年，《中国稻作史》出版，该书是一本涵盖古今，突出稻作科技史的著作，内容包括中国稻作的起源、传播与分化，中国古代稻的生物学知识，中国水稻品种资源，中国古代的稻作技术，中国古代稻谷（米）的贮藏和加工，稻与中国文化，以及对中国粮食问题的展望等。2008 年，游先生主笔的《中国农业通史·原始农业卷》问世。这是游先生研究原始农业几十年的一个总结性成果。其中就包括大量有关原始稻作起源和稻作文化的内容。

受游先生的影响，我对稻作史和原始农业史也产生了很大的兴趣。我的第一篇关于农史方面的习作《〈天工开物〉中水稻生产的调查与研究》，就是在游先生指导下完成的。1986 年暑假，经游先生介绍，得到中国农业考古第一人——江西省中国农业考古研究中心陈文华教授的帮助，我和江西省社会科学院历史研究所刘壮已先生，来到了17世纪中国工艺百科全书《天工开物》的作者宋应星的老家江西奉新县调查，调查主要围绕《天工开物》中有关水稻生产技术记载来展开，调查研究报告发表在《农业考古》1987年第1期，这也是我从事农史研究的第一篇文章。在此基础上，我原准备对家乡江西水稻栽培的历史做一系统的研究，以作为毕业论文。完成了《江西水稻品种的起源及其早期发展的历史》《宋代江西水稻品种的变化》《明清江西水稻品种的特色》，原来还准备写一篇《近代江西水稻品种的改良》，就算全部完成。但与此同时，一个有趣的问题引起了我的注意，这就是历史上有关"象耕鸟耘"的传说，我把这个传说与考古发现、文献记载以及相关的民族学调查材料结合起来，完成了一篇半似考证、半似猜想的文章，得到了游先生的肯定，并作为学位论文，顺利地通过了审查和答辩。今天看来，江西水稻栽培史仍然有许多值得研究的问题。比如，江西的水稻品种，在明清时期除形成了自己鲜明的特色，还对周边的省份产生了重大的影响，在明清时期许多省份，如江苏、浙江、安徽、福建、湖北、湖南、广东、贵州、四川、河南等，都有"江西早"这一水稻品种。而1934年原江西省农业试验场从农家品种鄱阳早中选得变异单穗，后经原江西省农业科学院与江西省农业试验场选育成的中熟早籼品种"南特号"，更是大放异彩，成为中国双季早稻品种中推广面积大、使用年限长、生产贡献显著的良种，也是新品种选育的重要亲源。

1988年我进入中国科学院自然科学史研究所工作，稻作史仍然是我研究的重点。研究中国稻作史不可回避的一个问题就是占城稻。占城稻是宋真宗大中祥符五年（1012年），"帝以江、淮、两浙稍旱即水田不登，遣使就福建取占城稻三万斛，分给三路为种，择民田高仰者莳之，盖旱稻也"。由于占城稻是由皇帝出面所做的一次水稻引种，所以在历史上产生了很大的影响，正史和野史中都有关于它的记载。自清代道光年间的学者李彦章、林则徐以来，国内外学者，如日本学者加藤繁、天野元之助、周藤吉之，华裔学者张德慈（T. T. Chang）、何柄棣（Ho Ping-Ti）、美国学者戈拉斯（Peter J. Golas）、英国学者白馥兰（Francesca Bray）等都对占城稻有高度的评价。普遍的观点认为，早熟耐旱的占城稻引进，导致双季作和三季作的盛行以及绿色革命的出现，是中国人口迅速增长的重要原因。游先生从农学的角度对占城稻提出了质疑。他认为，文献中所见的占城稻存在许多问题，比如"占城是一个品种还是一群品种""是旱稻还是水稻""是早稻还是晚稻""金城就是占城吗""占稻（占禾）、黏稻就是占城稻吗"等一系列前人在研究占城稻时所没有注意到的问题。① 游先生不同意把地方文献中的"占米""粘米""黏米""粘米"都视为占城稻的说法，认为占米只是籼米，其中包括占城稻在内，而不能全部说成是占城。我则受到生活经验的影响，因为在我们当地的稻米分类中，除了糯米，就只剩下粘米了，而不管这个粘米是籼还是粳。这种情况可能是从宋代以后开始的。宋代以前并没有现代意义上的籼和粳的划分，有的只是秔和秫，早和晚。比如东晋陶渊明要把政府给他的俸禄田全种上秫（糯）稻，因为他爱喝酒，而糯是酿酒的主要原料。他的妻子就想把田里都种上秔稻，秔米用于饭食。争执的结果是一半种秫，一半种粳。陶渊明的诗中还出现了"早稻"的说法。这种分类方法一直保留到宋代，甚至在占城稻传入之初，如《禾谱》中就将吉州泰和一带的品种划分为早禾秔品、早禾糯品、晚禾秔品和晚禾糯品。此时占城稻已传入到泰和一带四五十年。但随着占城稻影响的深入，特别是到了南宋以后，便有了粳（秔）和占（籼）及糯的划分。虽然文献中所载之籼粳品种不全是占城稻，但稻米中"占米"分类的出现，甚至出现"占米"取代"粳米"及"籼米"，而与糯（秫）米相对而称的现象，显然是受到了占城稻的影响。

　　一个品种重要与否必须看这一品种在实际生产中的运用。入宋以后，迫于人口的压力，具备高产潜质的水稻种植受到广泛的青睐，长江中下游水稻主产区的农民或与水争田，或与山争地，将原本不太适合种植水稻的农田都尽可能地种上水稻，但因先天条件不足，这些新增稻田经常遭到旱、涝的光顾，因此一些耐旱、耐涝、早熟的品种受到重视。占城稻正好具备了耐旱、早熟的特点，适应了宋代以后南方水稻生产发展（如梯田的发展、旱地改作水田的实施等）和自然条件（干旱）的需要，对水稻生产起到了促进作用。特别是一季早籼的普及，为以后双季稻的发展奠定了基础。② 占城稻因是皇帝出面所做的一次水稻引种，无论其实际作用如何，它在历史上的影响都是很大的，尤其是文字书写的领域。但是在它的掩盖之下，一些重要的品种反而不受人们的重视。从现存宋元时期有关南方水稻生产的农书，如《陈旉农书》和《王祯农书》等的记载情况来看，在实际生产中占城稻的重要性似乎不及黄穋稻。

① 游修龄：《稻作史研究》，中国农业科学技术出版社1993年版，第158-171页。
② 曾雄生：《试论占城稻对中国古代稻作之影响》，《自然科学史研究》1991年第1期，第61-67页。

黄穆稻是中国历史上的一个水稻品种，按其读音它在唐代以前，甚至于北魏时期即已存在，但真正在水稻生产中产生重大影响，并为人所重视则是在唐宋以后。唐宋以后，为了应对人口压力，水稻主产区的农民在从事旱改水的同时，生活在地势相对低洼地区的稻农，也采取了各种与水争田的土地利用措施，致使湖田、圩田、沙田等成为粮食增长的主要途径。但这些新添稻田由于自然和人为方面的因素，存在着许多问题，经常性的水患即其中之一。人们必须在兴修水利的同时，选择适宜的品种方能最大限度地发挥其增产效果。黄穆稻因具耐涝的特性，它能够在稻田水位超出实际需要的情况下正常生长结实。同时它还具有早熟的特点，生育期非常短，能在洪水到来之前或水退之后抢种抢收一季水稻。这些特点迎合了唐宋以后经济发展和自然条件的需要，特别是与水争田的需要，使它得到了广泛的推广与普及。我从黄穆稻的名称、性状、同类、普及等方面对其进行了专门的考证，同时还从评估唐宋以后中国粮食增长的主要途径入手，认为唐宋以后中国粮食的增长途径主要是依靠与水争田，而非与山争地的途径来实现，尽管与山争地也是粮食的增长途径之一。由于与水争田对于黄穆稻类型水稻品种的需要远大于与山争地对于占城稻品种的需要，故黄穆稻在实际上要比占城稻对于中国水稻生产、粮食供应乃至人口增长的影响大得多。恩师游修龄在读过该文初稿后，评价"这文考证黄穆稻颇有新意，足见你治学甚有进步"①。这篇长论文发表在《农业考古》1998年第1期，随后获得首届大象优秀科技史论文奖（1999年）。2001年，由加拿大华人学者 W. Tsao 博士译成英文，收入加拿大卡尔顿大学（Carleton University）社会人类学系和加拿大文明博物馆名誉馆长高登博士（Dr. Bryan C. Gordon）主持的"基于稻作农业的中华文明的起源"（*The Rise of Chinese Civilization Based on Paddy Rice Agriculture*）项目的论文数据库中，引起了国外学界的关注，美国哥伦比亚大学"教育者的亚洲"在其有关宋代中国的网页中报道：

Especially relevant to rice cultivation during the Song dynasty is the article "*Huang-lu Rice in Chinese History*" by Zeng Xiongsheng, which discusses the huang-lu （yellow rapid-ripening） historic variety of rice that became very popular

---

① 1997年7月4日，游修龄与作者的私人通信。

during the Song dynasty. The author argues that the promotion and popularity of the huang-lu variety played "an important role in grain supply and population growth after [the] Song dynasty."[①]

　　耐旱的占城稻和耐水的黄穋稻，虽然种植的环境不同，但它们都具有早熟的特征，而早熟品种的存在为多熟种植的实现准备了条件，而且在宋代也的确出现了再生、间作和连作三种形式的双季稻。再生稻，在宋代又名再熟稻、稻孙、二稻、传稻、孕稻、魏撩、再撩、再生禾、女禾等，分布于两浙、淮南、江南、福建和湖北等地。间作稻，又名寄生，主要分布在浙东一带。连作稻，在宋代虽然没有专门的名称，但却出现了许多连作稻的品种，如江苏的乌口稻、浙江的乌糯和第二遍、江西的黄穋禾、福建的穤和献台、岭南的月禾等。另外，在宋代的稻品种中，还发现了有些品种既当早稻，又充晚稻的现象，也应是双季连作的结果。宋代时期的连作双季稻分布虽广，但由于品种不佳、产量不高、季节和劳动力的矛盾、放牧的需要、肥水条件的限制、投入产出率低等原因，双季稻总的种植面积并不大，在粮食生产中的作用如同凤毛麟角。宋代的双季稻大多都是在原有的品种基础上发展起来的，与当时引进的早熟而耐旱的品种占城稻关系不大。[②]

　　宋代有早稻和晚稻的划分，但宋代的"早稻"和"晚稻"并不是现代意义上的早稻和晚稻，而主要指的是收获期上的早晚。即使是所谓"早稻"，也大多属于中晚熟品种。早稻、晚稻之间在大多数情况下并不构成复种关系。宋代各地都有早晚稻的分布，但所占比重各不相同。浙西、淮南等水稻主产区以种植晚稻为主，而其他地区却出现了早稻盛行的趋势，干旱和救饥是早稻盛行的主要原因，而太湖地区种植则很大程度上是赋税和雨水所致。

　　与所谓"双季稻"相比，国内史学界更加关注对于宋代稻麦二熟制的评价。宋代南方地区稻作和麦作都得到了发展，在此基础上出现了稻麦复种。这点并无争议。有争议的是它的普及程度。一方认为，稻麦复种在宋代已"**成为具有相当广泛性的、比较稳定的耕作制度**"；而另一方则认为，宋代虽然出现了稻麦复种的一年二熟制，但这种耕作制度并不普遍，其在粮食供应中的作用有限。分歧的产

---

① http：//afe. easia. columbia. edu/Songdynasty-module/tech-rice. html. 报道大意为特别是其中与宋朝稻作相关的文章是曾雄生撰写的《中国历史上的黄穋稻》，该文讨论了历史悠久的水稻品种黄穋（色黄而早熟）稻在宋朝的流行。作者认为，黄穋稻的推广和普及在宋代以后的粮食供应和人口增长（中）起到重要的作用。

② 曾雄生：《宋代的双季稻》，《自然科学史研究》2002 年第 3 期，第 255－268 页。

生并不在史料的收集，因为双方所依据的史料大体相当，问题的关键在于对史料的理解。前者认为，宋代冬麦主要复种在晚稻田上，而冬麦收获后可以复种晚稻，两者已经能够构成循环接续的过程。[①] 后者认为，稻麦复种在宋代的发展还是有限的，已有的资料尚不足以得出宋代稻麦复种有"较大发展"，或"处于稳定的成熟的发展阶段"的结论，一些史料用来证明稻麦复种并不成立。稻、麦在多数情况下还是异地而植，一般为高田种麦，低田种稻。最初的稻麦复种可能出现在麦田上，这是宋代稻作由低田向高田发展的产物。[②]

学术界对于唐宋以后南方多熟制的普及程度虽然有不同的评估，但都肯定多熟种植作为一种技术已然出现。多熟制的出现往往会伴随着栽培方式的改变。如，为了解决前后作之间的季节矛盾，人们往往会采用育秧移栽的方式来延长作物在大田生长的时间。虽然育秧移栽的出现还有别的方面的考虑，但可以肯定的是，唐宋以后，育秧移栽已成为中国传统稻作的主流，然而，原始的水稻栽培方式——直播稻一直存在。在关注移栽所引发的中国水稻栽培革命性变化的同时，我也对中国历史上的直播稻进行了初步的研究。研究的主要内容包括直播稻的地理分布、存在的原因分析、直播稻技术的演进和主要的直播稻品种。经研究发现，作为一种较为原始的稻作栽培技术，直播稻在水稻移栽技术出现之后，并没有彻底消失，而是顽强地保存下来。在人口稀少，经济、技术相对落后，以及水旱灾害频繁的地区，它不失为一种合理的选择。经过明清时期有识之士的推陈出新，直播稻不仅保留了直播的优势，同时也吸收了移栽技术中的一些优点，使直播稻技术由漫撒直播发展到区种直播。适应直播，特别是漫撒直播的需要，历史上还出现了一批直播稻品种。直播稻充分尊重稻作植物自身的生长规律，避免了由于移栽所致的生长挫折，同时也减少了劳动力的支出，降低了稻作生产成本。直播稻对于土地的开发利用，粮食产量和人口的增长起到了积极的作用，并对邻近的朝鲜等国的水稻生产也产生了直接的影响。直播稻技术的更新使我们有理由相信直播技术能够适应稻作技术的持续发展。

占城稻的耐旱和黄穋稻的耐涝，以及由此所衍生的多熟制和直播稻其实都是

---

① 李根蟠：《长江下游稻麦复种制的形成和发展——以唐宋时代为中心的讨论》，《历史研究》2002 年第 5 期，第 3 - 28 页；李根蟠：《再论宋代南方稻麦复种制的形成和发展——兼与曾雄生先生商榷》，《历史研究》2006 年第 2 期，第 79 - 101 页。

② 曾雄生：《析宋代"稻麦二熟"说》，《历史研究》2005 年第 1 期，第 86 - 106 页。

环境的产物。近二三十年以后，随着环境史学的兴起，农业环境史（或农业历史地理学）受到更多的关注。2003 年 11 月在华南农业大学召开的中国生物学史暨农学史学术讨论会上，我提交了《宋代岭南地区的生态环境与稻作农业》一文，该文考察了宋代以前的岭南稻作、影响岭南稻作发展的因素以及这些因素的变化、宋代岭南的稻作技术等方面，认为地广人稀、动植物资源丰富以及相对滞后的农耕技术构成了岭南地区旧有的自然环境和社会发展的图景。但这种旧有的图景，在宋代，随着北方人口的大量南迁而改变。环境的变迁在一些动物的习性上得到反映，而社会发展的变化则在岭南的稻作农业上得到体现。宋代岭南地区的稻作整体上落后于江南地区；但在外来移民的影响之下已然有了很大的发展，同时也保留了自己原有的一些特色。

农具的发明和使用也同样受到环境的影响，但在农具的选择上也受到经济和农业生物等多种因素的影响。中国稻作史上有两件农具经常被人提起，一是江东犁，一是铁搭。从技术的先进性而言，江东犁显然要胜过铁搭无数。但历史学家却发现，原本在唐代就已广泛使用的江东犁到了明清时期反而被看似落后的铁搭所取代，看似偶然的现象，其实背后存在必然的原因。

宋代稻作史一直是我研究的重点。这一研究大多是以自由选题的方式进行，因此至今未有完成。拟意中的宋代稻作史研究包括：宋代稻作文献、宋代稻作基础、宋代稻作地理、宋代稻作耕作制度、宋代稻品种、宋代稻作农具与技术、宋代稻作与文化等。有相当一部分的研究成果在本书中有所反映。《〈王祯农书〉中的"曾氏农书"试探》就是其中之一。研究稻作史和研究其他历史一样，也必须首先掌握充分的材料。在掌握充分材料的同时，还必须对材料去粗取精、去伪存真。就以研究宋代稻作史而言，除了使用《陈旉农书》、"耕织图"和"劝农文"等材料，最常使用到的便是元代的《王祯农书》。虽然《王祯农书》大多材料来自宋代，但把《王祯农书》当作是宋代的材料来加以利用时，仍然需要做些考证的功夫。《王祯农书》中的"曾氏农书"即是如此。我认为，这里的曾氏农书很可能就是宋代曾安止及其侄孙曾之谨所撰之《禾谱》和《农器谱》。我从两书的内容、结构、写作方法、行文中的用语和写作时的时态，判断一些王书中的内容可能来自曾书。《王祯农书》是在对"曾氏农书"融会扩充的基础上形成的。这个观点得到日本东海大学文学部教授渡部武先生的肯定，他在研究成果报告书《〈王祯農

書〉に見える中国伝統農具の総合的研究》（2004）中引用了这一说法。

中国传统的稻作技术至宋代已基本定型，稻米支撑着此后中国千年的发展。水稻主产区的农民把更多的注意力放在水稻生产的抗灾、防灾上面。成文于明万历三十八年（1610 年），由徐光启撰写的《告乡里文》就是一篇应对稻田水灾的重要文献。这篇收录在明崇祯《松江府志》卷六"物产"中的文献，对于研究徐光启的生平事迹、农学思想的形成、传统农业对于灾害的应对，乃至农学知识的传播等都有重要的参考价值，但并没有引起应有的注意。徐光启《告乡里文》的发现也可以看作是稻作史研究的一项成果。① 在对《告乡里文》进行了初步的解读之后，我把它当作传统农学知识建构与传播的样本，与历史上的《劝农文》进行了比较，认为《告乡里文》采用了《劝农文》的形式却赋予了《劝农文》新的内容。与劝农文所体现的官民关系不同，《告乡里文》所诉诸的乡亲关系更有利于知识的传播。《告乡里文》中所传递的水稻防灾知识，既有徐光启原籍和外地通行的"寻种下秧"，也有外地传入的"买苗补种"，自创的"车水保苗"则是在旧有知识传承基础上的创新，延至《农政全书》的许多内容，都体现了徐光启作为农学知识生产与传播者的继承与创新。②

依据个人对中国稻作史的理解，我还从稻作技术发展水平和历法行用年代的分析，对傣族古歌谣中稻作年代进行了考证，推断傣族古歌谣及其稻作很可能是唐代，特别是明代以后形成的，从而否定了此前的东汉说。

始见于清代地方文献记载的莳梧，是一种并不多见的水稻插秧器具，却启发了现代水稻插秧机的发明。然迄今不见有对莳梧的研究。我对莳梧的名称、分布、工作原理及与之相关的秧马问题，结合文献记载和实地调查进行了考证。认为中国最早的水稻插秧器具不是秧马，而是莳梧。莳梧主要流行于清代至 20 世纪 50 年代的江苏南通一带农村。流行过程中，有音无字，故有莳梧、莳扶、莳劝、莳武和莳物等多种写法。在调研莳梧的同时，还发现了一条秧马用途的新证据。③ 明清时期，地方文献丰富，随着方志数字化的进展，利用丰富的地方文献去充实明清时期的中国稻作史内容，必将大有可为。

---

① 曾雄生：《〈告乡里文〉：一则新发现的徐光启遗文及其解读》，《自然科学史研究》2010 年第 1 期，第 1-12 页。

② 曾雄生：《〈告乡里文〉：传统农学知识建构与传播的样本——兼与〈劝农文〉比较》，《湖南农业大学学报（社会科学版）》2012 年第 3 期，第 78-86 页。

③ 曾雄生：《水稻插秧器具莳梧考——兼论秧马》，《中国农史》2014 年第 2 期，第 125-132 页。

雨量器虽然不是专门的稻田农具，但却与稻作有着十分密切的关系，而且是中国传统农具中技术含量最高的器具之一。我在进行宋代稻作史的研究过程中，对于雨量观念的形成、雨量器的发明和使用以及中国古代对于雨水的认识进行了较为系统的研究，发表了《雨量器在古代中国的发明与发展》一文，指出出于对于农业的重视，中国人至少自秦汉时期开始就出现了地方向中央上报雨泽的制度，唐宋时期便有了雨量概念的出现和雨量器的发明。但由于雨泽上报制度中所存在的各种弊端，不同的雨量标准的存在，以及传统文化对于雨水的认识，使雨量器及其所代表的科学技术在古代中国没能得到进一步的发展，甚至落后于原本向其学习的邻国。

雨量器和江东犁一样，反映中国在进入上1 000年以后，传统工具在进入完善阶段以后，在运用的领域反而出现了一定程度的倒退，这与西方的发展大相径庭。这也从一个侧面解答了所谓的"李约瑟难题"。但稻作技术本身并没有倒退，稻米生产还在发展，养活的人口也越来越多。这是一个值得关注的历史现象，如何评价宋代以后中国历史，停滞，还是发展？可能容有不同的角度，不同的标准。

宋代以后定型的南方稻作技术，不仅自身对于南方水稻生产发挥着重要的作用，而且还传到了北方，对中国北方的稻作产生了积极的影响。秦岭—淮河以北的中国北方，由于受到自然条件的限制，农业生产一直是以粟麦等旱地作物为主。但在一些水源条件较好的地方，自新石器时代以来，也有零星分布的范围大小不等的水稻种植。宋代以后，特别是明清时期，受到南方稻作技术的影响，开始有意识地把南方的稻作技术引进到北方来，以缓解北方对于南方粮食的依赖。但由于自然条件和文化背景等方面的差异，这一引进并不太成功。

在梳理相关学术史的过程中，我发现古今对与水稻种植关系最为密切的"水田"二字是存在误读的。最初出现在中国北方的所谓"水田"，可能指的是水浇地，并不直接与水稻等水生作物挂钩，只是在受到南方稻作文化的影响之后，水田才与稻田等同起来，并在宋元明清时期借由主体为南方籍士人的影响，在北方地区极力推行水利建设和水稻种植，进而引发有关中国北方水利和水稻种植的巨大争论，直到清代在一些著作家的笔下才出现了水田本义在实际上的回归，将兴修水利与种植水稻脱钩。[①]早期文献中的"水田"既不等同于"水稻田"，也不是

---

① 曾雄生：《水田：一个被误读的概念》，《中国农史》2012年第4期，第109－117页。

简单地与所谓"白田"相对。白田，是旱田中没有人工灌溉的农田，而水田在古文中则包括水稻田，也包括具备人工灌溉而种植其他旱地作物的农田。①

北方水稻种植不多，食者更寡，并呈现阶级化差异。贵族喜食的稻米，反而不为大众所好。宋元明清时期每年数以百万石漕粮的最终消费者大多系在北方的南方人。北方稻米食用的阶级性，影响了北方水稻生产的发展，并使得北方稻米在生产上和消费上呈现出经济作物化和副食化的趋势。食物消费的这种阶级化差异现象在小麦、青稞、非洲稻米等作物的历史上也曾出现过。

2007年5月，上海人民出版社约请我写作一本《中国稻作史》的学术著作，因我师游修龄教授已有同名著作出版在先，经与游先生商量，我们在游先生原著《中国稻作史》基础上，修改补充了有关稻作文化史的内容，完成了《中国稻作史》的姊妹篇——《中国稻作文化史》。这也是我参与写作的最系统和完整的中国稻作史著作。

本书所收论文是对过去近30年个人研究水稻史的一个总结。在过去的30年中，中国稻作史的研究，尤其是在稻作的起源方面，取得了长足的发展，经过考古学、农学、生物学和历史学、民族学的共同努力，更多一些的早期稻作遗存被揭示出来，我们也更多地了解到水稻驯化早期的一些情况，七八千年以前的稻作环境，甚至水稻单位面积产量及其人口状况。和这些最新的成果相比，本书中收录的一些成果现在看来有些还很不成熟。如关于水稻品种的起源及早期发展的历史研究中，虽然依据普通野生稻的分布和早期稻作遗存的发现，认定**"江西稻种本土起源的可能性，而且它的中心可能就是鄱阳湖地区"**，**"江西稻种的历史便可以上溯到一万年前的新石器早期时代"**。但由于研究手段的落后，就未能像考古学家一样给江西稻作的起源以更有力的论证。20世纪90年代，由北京大学严文明教授和美国考古学权威马尼士博士领导的中美联合考古队在1993年和1995年两次对江西上饶万年仙人洞和吊桶环遗址进行考古发掘，发现了水稻植物硅酸体（植硅石），其中包含野生稻的植硅石，证明一万多年以前人类已经食用稻米。随着研究的进一步深入，本书中的一些观点或许会得到证实和修正。

我们在欣赏最近若干年来科技考古在稻作起源和早期驯化研究方面所取得的

---

① 曾雄生：《也释"白田"兼"水田"——与辛德勇先生商榷》，《自然科学史研究》2012年第2期，第201-208页。

重大进展的同时，也增强了对以文献研究为主要取向的稻作史研究的自信，毕竟到目前为止，有关稻作史的文献资料还是要比考古资料更为丰富，因而也具有更大的发挥空间。科技考古在检测和鉴定出土遗存方面有其过人之处，但在涉及对遗存的解读时，科技考古工作者囿于对于历史时期的深入了解不够，往往会出现盲人摸象、以偏概全的现象。他们只是套用一些外来的理论，用于对出土遗物的解释，或是在外来理论的指导下进行先入为主的研究。比如通过检测出土稻属植物遗存小穗轴断面的光滑程度，来判断该稻属的驯化程度。但却没有考虑到植物本身的落粒性是不同的。不仅在籼亚种和粳亚种上存在区别，就是在同一亚种下的不同品种也存在很大的差异，落粒性太强固然可能成为被淘汰的理由，但历史告诉我们，脱粒困难也不一定是受到农人的欢迎性状。况且针对落粒性，农人也自有办法，这些办法可能在采集时代就累积起来了，比如利用豆类作物的后熟性，选择在豆子没有完全成熟的时候收获，实现"豆熟于场"。因此，落粒性可能不是驯化阶段的唯一考虑。落粒性强的谷物和落粒性弱的谷物都有可能因自身的特点得到保留或淘汰。起源和驯化是个非常复杂的过程，单从落粒性上去考虑未免过于简单化。当然，这不是本书所要讨论的问题。

本书的主题是稻，关注的主要是中国南方（特别是江西）水稻栽培的历史，视野相对来说比较狭窄。须知稻米是全球最主要的粮食作物，半数以上的人口靠稻米来养活，作为一种全球性的物产，这种格局是如何形成的呢？2010 年，英国爱丁堡大学的白馥兰（Francesca Bray）教授领导一支国际小组就开展了一项全球性的新稻史研究，并于 2015 年由剑桥大学出版社出版了她们的研究成果《稻米：全球网络和新史学》（*Rice：Global Networks and New Histories*）。带着她的最新研究成果，2015 年 9 月 22 日下午，白馥兰教授在中国科学院自然科学史研究所作了题为《稻米与全球资本主义的兴起》的报告。白馥兰教授认为，稻米的历史和近代资本主义的兴起交织在一起。稻作为一种作物、食品和商品在形塑和连接非洲、美洲、欧洲和几乎所有的亚洲地区的历史中扮演了关键性角色。白馥兰教授从宏观历史的角度探讨了稻米的全球化过程，提出了一系列富有启发性的问题。

毋庸讳言，以白馥兰教授代表的国际学者所具备的国际观和全球视野的确是我们所欠缺的。但我们也不必妄自菲薄，因为全球的历史也是由区域的历史组成，只是关注的问题不同。尤其是对于有着强烈地域性的农业史而言，更是如此。"农事随乡"的特点，增强了我们在农史研究中选择的自信。在白馥兰教授进行全球稻米史研究的同时，我正做着"水稻在中国北方的研究"，讨论 10—19 世纪中国南方稻作技术在北方的传播及接受。我发现与稻米的全球化史论不同，稻米既不是一种随处可种，也不是人人爱吃的一种食物。稻米在中国这样一个水稻主产国来说，实现全国化都困难重重，更遑论其全球化。朱熹有言："**虽草木亦有理存焉**。"[①] 宏观、微观，皆有可观。理想的状态，当然是大处着眼，小处着手。白馥兰教授在赠送给我的新作上称我为她的"钦佩的同行"（admired colleague），因此，这本书的出版也希望看作是与白馥兰教授及同行们的一次交流。

　　书中所收为近三十年来作者所撰写的有关稻作史方面的论文。选编时，以时间先后为序，同时适当分类，对有些文章做了必要的修改和补充。

---

① 《朱子语类》卷十八。

目录

第一编

稻史通论

中国稻史概说

一、稻作的起源

中国是水稻的原产地。水稻的种植至今有上万年的历史，但稻米取得今天的地位则是最近一千年的事。在此之前，中国人主要依赖小米等杂粮来养活，粟在全国的粮食构成中一直占据着主角的地位。依赖小米等养活的中国人口在唐朝达到 8 000 万至 9 000 万之众时，似乎遇到了前所未有的压力，粟作已不能满足日益增长的人口的需求。唐代诗人李绅有诗曰："春种一粒粟，秋收万颗子。四海无闲田，农夫犹饿死。"人们在寻求新的高产作物。在粟退居二线的时候，原产于中国南方的稻开始崭露头角，成为首屈一指的粮食作物，转换的时间大致在公元 1000 年前后。从此以后，稻开始充当主角登场。

稻和粟，虽然一个被称为大米，一个被称作小米；一个产自南方，一个产自北方，但两者之间也有一些共通的地方。稻在南方，和粟在北方一样，也被称为"禾"或"谷"。汉字"禾"是象形文字，更多的时候指的是植株；谷，则是稻所结之实。谷脱壳之后，也都称为"米"。只是由于稻米的颗粒较粟米为大，所以稻米又称为大米，而粟米又称为小米。

稻和粟还有一个相同之处，即二者都带有"皮"（颖壳）。古人将种皮（颖壳）称为"甲"。"甲"指植物果实的外壳，它是个象形文字，其小篆字形，像草木生芽后所戴的种皮裂开的形象。带有"皮"的作物，因有甲壳的保护，特别耐贮存和长途运输。这一点对稻（特别是其中的粳稻）来说尤其重要。从唐宋开始，每年都有数以百万石的稻米由南方运到北方，支撑着一个庞大帝国的运行。

在稻米源源不断从南方运到北方，成为全国粮食供应的主角之前，它其实很早就占据着中国的半壁江山。在南方古老的神话传说中,自从盘古开天辟地,居住在南方的苗、瑶、彝、汉、傣等各民族就都以稻米为主粮。传说中农业的发明人神农氏也是南方人。倘若如此,则神农氏最初所种的谷物中当包括稻,因为稻是南方最常见的植物。

从植物的角度来说,世界上稻属植物共有 20~25 "种"。其中栽培稻有两个种,即亚洲栽培稻(*Oryza sativa*)和非洲栽培稻(*Oryza glaberrima*)。其余都是野生稻种。亚洲栽培稻的祖先种,公认的是多年生野生稻(*Oryza perennis,rufipogon*),即"普通野生稻"。多年生普通野生稻以宿根繁殖为主,也能开花行有性繁殖。

中国古书称不种自生的稻为"秜""稆"或"穞",其中可能就包括现代栽培稻的祖先——普通野生稻。中国历史文献中有不下 10 处关于野稻自生的记载。如,吴黄龙三年(公元 231 年),"由拳野稻自生,改为禾兴县"。野稻自生的地点,大约起自长江上游的渠州(今四川),经中游的襄阳、江陵,至下游太湖地区的浙北、苏南,折向苏中、苏北、淮北,直至渤海湾的鲁城(今沧州),呈弧形分布。现代普通野生稻在中国境内的分布范围为:南起海南岛崖县(N 18°09′),北至江西东乡(N 28°14′),西自云南盈江(E 97°56′),东至台湾桃园(E 121°15′)。南北跨纬度 10°05′,东西跨经度 24°19′。

野生稻经过人工驯化成为栽培稻。如同粟的祖先在世界很多地方都有分布一样,稻的祖先——普通野生稻在中国以外的东南亚和南亚也都有分布。理论上说,包括印度东北部、孟加拉国北部以及缅甸、泰国、老挝、越南和中国南部三角毗邻的地区,都有可能是最早的驯化中心,这一结论部分获得了语言学、古气象学和人种学等方面资料的支持。但中国作为亚洲栽培稻的起源地已获得越来越多的人类学、语言学、考古学和遗传学证据的支撑。在野生稻主体分布的长江及其以南地区,自旧石器时代以来,就曾经活跃着许多古老民族,他们被后来的史家统称为"百越"。当百越族的先民把他们采集而来的野生稻加以种植的时候,其实就是稻作农业的开始。百越族的后裔所居住的西南民族地区至今保留了稻的古音 Khau 和 Kao,这是现代南方方言称稻为"禾"或"谷"的最初来源。只是当称稻为"禾"或"谷"的方言进入北方以后,与也称"禾"或"谷"的粟、黍相混淆,因而汉字中才出现了书面语的"稻"。

中国南方作为稻作起源地的最有力证据来自考古发掘。20 世纪 70 年代,浙江余姚河姆渡遗址的发现,把中国稻作的起源一下推到了 7 000 年以前,引起了人们对于稻作起源的广泛关注,而 21 世纪初在河姆渡附近的田螺山遗址的发现又为这一问题提供了新的佐证。至 2004 年,全国各地已出土有炭化的稻谷、米水田遗址,或稻的茎、叶、孢粉及植物硅酸体等遗存的遗址已达 182 处[①]。其中长江流域共 140 处,占总数的 76.92%;长江

---

① 裴安平:《长江流域稻作文化》,湖北教育出版社 2004 年版,第 36 - 46 页。

下游 56 处，占总数的 30.76％；长江中游 75 处，占总数的 41.20％；长江上游 9 处，占总数的 4.94％；东南沿海 7 处，占总数的 3.85％；江淮之间 13 处，占总数的 7.14％；黄淮之间 22 处，占总数的 12.08％。

在出土的新石器时期水稻遗址数量不断增加的同时，遗址在空间和时间的分布上也呈不断扩大和提前的趋势。以时间来看，最早的遗存已突破万年，下限则与有史以后的记载相衔接，包括了约 6 000 年的时间跨度。迄今，万年以上的水稻遗址有三处：湖南道县玉蟾岩遗址、江西万年仙人洞和吊桶环遗址。对玉蟾岩遗址出土的陶片进行碳十四年代测定确定年代距今 12 320±120 年。仙人洞和吊桶环遗址中，出现稻类植硅石的层位距今约 14 000～11 000 年。[①] 年代在万年上下的有广东英德牛栏洞遗址和浙江浦江上山遗址。牛栏洞遗址第二、三期文化层发现的水稻硅质体，其绝对年代为距今 11 000～8 000 年。出土有较多稻壳印痕、稻壳和植物硅酸体的上山遗址距今约 11 000～9 000 年。在时代跨度为距今 8 000～4 000 年的新石器时代稻作遗址中，比较典型有湖南澧县彭头山八十垱（8500～7500B. P.）、皂市下层（7000B. P.）、浙江余姚河姆渡遗址（6950±130B. P.）、田螺山遗址及桐乡罗家角遗址（7040±150B. P.）和江苏吴县草鞋山遗址（7000B. P.）等。这些遗址中除出土有水稻的植物遗存，还发现了可能用于稻田整地的骨耜以及多处水田遗迹。

现有的考古发现，呈现出一个明显的趋势，即长江中下游是迄今发现的最早的稻作地区，这一地区的稻作在其形成之后，分别向北方和南方传播。一路通过长江中游把水稻引向北方黄河流域的河南、陕西一带；一路通过长江下游把水稻引向黄河下游的山东，淮河下游的苏北、皖北一带；一路是向东南沿海、台湾和西南传播。

植物遗传学的研究也证实水稻起源于中国南方。基因组学的研究人员通过大规模基因测序，追溯几千年的水稻进化史。他们的研究结果显示，水稻驯化最早出现可以追溯到大约 9 000 年前的中国长江流域。[②] 栽培稻有两个不同的亚种，即粳稻和籼稻。之前的研究认为，粳稻和籼稻在普通野生稻中有着各自的祖先，因此提出了亚洲栽培稻的多起源学说。即籼稻起源于东南亚或南亚，而粳稻起源于东亚。也有说普通野生稻最初驯化成籼稻，而后籼稻在向高纬度和高海拔的扩展中逐渐进化成粳稻。最近科学家通过构建出的一张水稻全基因组遗传变异的精细图谱，发现人类祖先首先在珠江流域利用当地的野生稻

---

① 张弛：《江西万年早期陶器和稻属植硅石遗存》，收入严文明、安田喜宪主编：《稻作、陶器和都市的起源》，文物出版社 2000 年版，第 43－49 页。

② J Molina，M Sikora，N Garud，J M Flowers，S Rubinstein，A Reynolds，P Huang，S Jackson，B A Schaal，C D Bustamante，A R Boyko，M D Purugganan. *Molecular Evidence for a Single Evolutionary Origin of Domesticated Rice* [J]．*Proceedings of the National Academy of Sciences*，2011，108（20）：8351．

种，经过漫长的人工选择，驯化出了粳稻，随后往北逐渐扩散；而往南扩散中的一支，进入了东南亚，在当地与野生稻种杂交，再经历不断的选择，产生了籼稻。虽然这个结果与现有的考古学证据存在一些出入，但却再一次证明中国南方是稻作的起源地。

二、稻作技术的改进与发展

万年以前出现于中国南方的稻作，却在千年前才得到长足的发展。唐宋以后，随着人口的增加，经济重心的南移，人地关系趋于紧张。为了尽可能多地生产稻米，历史上的中国人总是不断地扩大水稻种植面积，一方面将旱地改为水田；另一面通过圩田、梯田、涂田、架田等方式，与山争地，与水争田。与此同时，人们不断地改进种植技术，由最初的象耕鸟耘、火耕水耨，发展到精耕细作，主要包括以耕、耙、耖为主的水田整地技术，以育秧移栽为主的播种技术和以耘田、烤田为主的田间管理技术。高产的稻米成为支撑帝国后期发展的重要经济基础，影响了中国近 1 000 年来的发展，也对东亚乃至世界做出了重要的贡献。

南方稻作农业的发展也是从改进农具开始的。唐代在江东（长江下游地区）一带出现了一种新的耕田农具——江东犁。根据唐陆龟蒙（？—约 881）《耒耜经》的记载，江东犁主要由 11 个部件所组成，其中犁铲（犁镵）、犁壁为铁制，其他 9 个部件即犁底、压铲、策额、犁箭、犁辕、犁梢、犁枰、犁键、犁盘都是木制的，具有操作灵活等特点，在中国及东南亚种稻区得到广泛使用。江东犁的出现标志着中国犁的结构已基本定型。17世纪时荷兰人在印度尼西亚的爪哇等处看到当地中国移民使用这种犁，很快将其引入荷兰，对欧洲近代犁的改进有重要影响。吸收中国犁特点之后所形成的新的犁耕体系，就成为西方农业技术革命的起点。

与江东犁配合使用的还有耙、磟碡、礰礋以及耖等农具，它们共同构筑了唐宋以后南方水田整地技术的基础。和魏晋南北朝时期北方形成的以耕—耙—耱为核心的旱地耕作技术体系不同，南方水田整地的一个突出特点在于耖的使用。继耕、耙之后的耖，其作用在于平整田面，以适应水稻生长的需要。种植水稻要求稻田中的水位必须均匀一致，这样才能保证田中的稻苗均匀整齐的生长成熟。这就要求耕起的土壤既疏松又平坦。耖的出现标志着南方水田整地技术体系的形成。

和粟作一样，人们也通过选种育种来适应不同自然和社会条件下的水稻栽培，以扩大水稻种植面积，提高水稻产量。北宋真宗大中祥符四年（1011 年），原产占城国（今越南中南部）的占城稻由福建引种到江淮两浙。因其早熟、耐旱、不择地而生，尤其是适合于高仰之地种植等特点，促进了梯田的开发和粮食产量的提高。还有一种黄穋稻，因具有早熟、耐涝的特性，能够在稻田水位超出实际需要的情况下正常生长结实，对于低地的开发做出了很大的贡献。皇帝也加入到选种育种和品种推广的行列中来。清代的康熙便运用单株选择法，对水稻的变异植株进行有意识的选择，成功地培育出一种新的优良品种"御稻"，并向南北各地推广。英国生物学家达尔文（C. R. Darwin）对康熙此举给予高度的评价，指出"由于这是能够在长城以北生长的唯一品种，因此成为有价值的了"。经过世代的努力，水稻品种不断增加。清乾隆七年（1742 年）出版的《授时通考》中所收录的水稻品种数量就高达 3 429 个。

和粟作多采用直播栽培不同，唐宋以后的水稻栽培更多的是采用育秧移栽的办法。水稻栽培是在有水的环境下进行的，这给稻田除草带来了很大的困难。为了除草，人们想到了拔插的办法，先把长到一定高度的稻苗连同杂草一同拔出，在清除杂草之后，再将稻苗插回去。人们也用这种办法进行均苗和补苗。后来发现，在秧田中集中育秧便于苗期的集中管理和移栽过后的田间管理，并留给前茬作物在大田中充分的生长时间及稻田整地的时间，为多熟制的发展创造条件。于是唐宋以后，育秧移栽技术得以大面积推广，"秧稻"也因此成为水稻栽培的代名词。

移栽为水稻田间管理提供了便利。在水稻田间管理阶段，耘田、烤田是其中最关键的环节。耘田主要是为了除草，同时也有松根和培土的功效。传统稻作对于耘田非常重视，前后要三番四次地举行。水稻耘田的方式主要有两种：一种是手耘，也称为耘爪；另一种是足耘。宋元时期发明了一种新的耘田工具和方式——耘荡，这种工具和方式借用了旱地上使用锄头的方法，只是对锄头本身进行了改进。

耘田是项艰苦的工作，尤其是手耘，要求耘者眼到、身到和手到，因此，"苦在腰手，辨在两眸"（明宋应星《天工开物·乃粒》），加上天气炎热，蚊虫叮咬，苦楚异常。为了减轻劳动强度，也为了加强对劳动者自身的保护，古人发明了一系列的辅助农具，如耘爪、薅马、覆壳、臂篝、通簪等。

耘田往往是配合灌溉一同进行的。水稻是需水量最大的作物之一，尤其是进入秋季的晚稻，缺水严重会影响水稻产量。为了解决水稻灌溉问题，古人在兴修水利的同时，也发明了多种灌溉工具，如翻车、筒车、戽斗、桔槔、水梭等。

灌溉不仅可以满足水稻对于水分的需要，同时也是调节稻田温度的一种手段。西汉时期人们便根据水稻生长对水温的要求，创造性地利用稻田水流进出口的位置安排来调节水温。春季天气尚冷时，水温应保持得暖一些，要让田水留在田间，多晒阳光，所以进水口和出水口要在同一直线上。夏天为了防止水温上升太快，则让进水口与出水口交错，使田水流动，有利于降温（汉《氾胜之书》）。

烤田（靠田）也是一种控制稻田水分和温度的措施，即在稻苗生长茂盛的大暑时节，放干稻田中的积水，让日光暴晒，起到固根的作用。固根后，将水车入稻田，称为"还水"（宋高斯得《耻堂存稿》卷五《宁国府劝农文》）。烤田可以改善稻田环境，防止稻苗疯长倒伏，提高抗旱能力和水稻产量。这种技术在《齐民要术》中出现，在宋元时期成熟，到明清时期江南稻田中已得到普遍的使用。

稻作技术成功地支撑了宋代以后中国农业的发展。由粟作建立、麦作维持的黄河流域的华夏文明，之所以在数千年之后没有走上如同古埃及和古巴伦文明消失的命运，其原因即在于有长江流域富有增产潜力的水稻作后盾，缓解了黄河流域的负担，而且后来居上，继续促进中华文化的繁荣。公元1000年前后，中国的人口首次突破亿人大关，其中半数以上的中国人口要靠大米来养活。据明末宋应星的估计，全国的粮食供应中，大米约占七成，而小麦等只占到三成。从南宋开始，民间就出现了"苏湖熟，天下足"和"湖广熟，天下足"的说法。苏（州）湖（州）、湖广（湖南、湖北）所在的长江中下游地区正是中国稻米的主产区。1935年，地理学家胡焕庸将中国东北黑龙江瑷珲至云南腾冲划一横线，此线东南半壁占中国国土面积的36％，而人口占96％；西北半壁占国土面积的64％，而人口只占4％。在96％的人口中有相当一部分是以稻米作为主食的。

三、中国稻作技术的世界意义

稻作是具有世界重要意义的中国的重大发明。今天，稻米已成为地球上30多个国家的主食。世界上有一半以上的人口以稻米为主食，仅在亚洲，就有20亿人从大米及大米产品中摄取60％～70％的热量和20％的蛋白质。中国是世界上最大的稻米生产国家，占全世界35％的产量。印度总人口中约有65％是以稻米为主食。日本是世界第九大稻米生产国，国内约有230万稻农，将稻米称为"国米"。在韩国，稻草犹如"稻草屋顶"所象征的那样成为了韩国文化的不可分割的一部分。2004年，联合国首次设立国际稻米年，主题为"稻米就是生命"。为一种作物做出这样的安排，这在联合国历史上尚属首次。

这一切的源头在中国。2 000余年前，生活在长江中下游地区的吴越人为逃避战乱，渡海到了今日本九州一带，把水稻栽培也带了过去。这是日本有稻作栽培之始，从事种稻的人被称为弥生人，稻作所引发的文化，称之为"弥生文化"。日语"稻（いね）"，即是古代吴越称水稻为"伊缓"音的保留。在此以前，日本一直处于渔猎采集时期，即"绳文文化"时期。明清以前的很长的时期里，日本水稻种植都以中国为榜样。12—13世纪中国"大唐米"水稻品种被引进到日本，在日本围海造田中大显身手，成为"低温地种植不可缺少的品种"。同样受到中国稻作文化影响的还有朝鲜。源于中国宋代的旱地育秧技术，传入朝鲜之后，称之为"干畓稻"，并出现在了17世纪韩国农书中。朝鲜干田直播稻品种

"牟租（稻）"和"芮租"，系从中国传入。

　　东南亚的稻作也是在中国的影响下发展起来的。2 000 年前的汉代，虽然中国内地对于交趾（今越南北部）稻再熟早有耳闻。但包括东南亚一些国家在内的所谓"岭外"地区农业生产水平和中国内地相比存在一些差距。牛耕就是在内地的影响之下发展起来的。东汉时，九真（今越南北部）太守任延，首先将内地的耕犁技术传到他所管辖的地区，并影响到邻近的交土（今越南北部）、象林（今越南中部）等地。这些地方自懂得耕犁以来，经过 600 余年的演进，跟上了内地的发展步伐，在农业技术方面与内地慢慢趋同。从中国西南的云南、贵州、广西、广东，到毗邻的越南、老挝、缅甸、泰国直至马来西亚和印度尼西亚群岛所广泛分布的铜鼓，便是中国和东南亚稻作文化联系的重要证据。

　　经过上万年的演进，中国稻作仍然在不断地为世界做出贡献。在菲律宾国际水稻研究所工作的中国人张德慈博士（Te-Tzu Chang，1927—2006）利用台湾稻种培育出"奇迹稻"（Miracle Rice），为东南亚国家的水稻增产立下了丰功伟绩。中国科学家袁隆平的杂交水稻技术为世界粮食安全作出了杰出贡献，增产的粮食每年为世界解决了 3 500 万人的吃饭问题。而中国科学家独立完成的《水稻（籼稻）基因组的工作框架序列图》更是于 2002 年 4 月 5 日被美国《科学》杂志评价为"具有最重要意义的里程碑性工作"，对"新世纪人类的健康与生存具有全球性的影响""永远改变了我们对植物学的研究"，是中国"对科学与人类的里程碑性的贡献"。

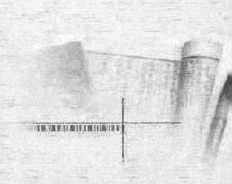

食物的阶级性

——以稻米与中国北方人的生活为例

印度人不吃牛肉，以色列人不吃猪肉，东亚人少喝牛奶，欧美人不吃昆虫？马文·哈里斯（Marvin Harris）的文化人类学提出了食物的民族性的文化解释。[①] 食物的民族性在中国历史上也很明显。北方的羊肉、酪浆，南方的鱼羹、茶汤，都曾是具有鲜明地域和民族特色的食物文化。[②] 不同的食物文化之间互不认同、相互排斥。这种现象在不同族群中也广泛存在：不同的民族对于不同的食物有不同的喜好，这就是食物的民族性。而本文所谓的"食物的阶级性"指的是对于同一种食物，不同阶级和阶层所持之态度及行为方式。本文以稻米与中国北方人的生活为例，探讨食物的阶级性，及这种差异性对于该种食物生产的影响。

水稻原产于中国南方，但很早就传入到了淮河以北的中国北方地区。在黄淮地区的新石器遗址中，既发现有粟，又发现有稻，于是考古工作者提出了粟稻混作的概念，认为新石器时代到有史初期，黄淮地区是个粟稻混作区（稻、粟重叠的混作区），其大致位于北纬 32°～37°、东经 107°～120°，东至黄河在渤海湾的入海口，南以淮河为线，西抵伏牛山与秦岭汇合处，北达豫北地区，涵盖今陕西、河南、甘肃、江苏、安徽和山东等省。[③] 但从后来的历史来看，北方人对稻的重视程度远不及粟。明宋应星说："五谷则麻菽麦稷黍，独遗稻者，以著书圣贤，起自西北也。"[④] 稻在古代北方甚至一度被排除在几种主要的粮

---

① （美）马文·哈里斯著：《好吃：食物与文化之谜》，叶舒宪、户晓辉译，山东画报出版社 2001 年版。

② 〔魏〕杨衒之著，周祖谟校释：《洛阳伽蓝记校释》卷三《城南·报德寺》，中华书局 2010 年版，第 110 页。

③ 张居中等：《舞阳史前稻作遗存与黄淮地区史前农业》，《农业考古》1994 年第 1 期，第 68-77 页；王星光、徐栩：《新石器时代粟稻混作区初探》，《中国农史》2003 年第 3 期，第 3-9 页。

④ 〔明〕宋应星：《天工开物》卷上《乃粒·稻》。

食作物之外，后来虽然取代麻加入到了五谷的行列，但地位一直不太稳固。北方种稻的历史时断时续，在区域分布上也呈零散状态。除自然条件的限制，人们对于稻米的态度和认知也影响着水稻种植在北方的发展。

一、稻米——贵族的食物

传统中国北方人吃米（相对于全体人口而言）的机会不多。稻米在北方人的生活中处境尴尬。它似乎高贵，又好像卑微。这让我们看到一种非常矛盾的现象：餐桌上的稻米是食中上品，"非婚丧节令，恒不轻用"，可是另一个方面，我们却看到穷人反而不习惯食用稻米，至令稻产失传。河北香河曾以产稻著称，清初还有稻米产出，所产稻米包括粳稻、糯稻、水稻和旱稻；但到民国时期，稻米生产已从本地绝迹，少量的稻米"来自津沽"，而小米、玉蜀黍玉米、杂豆成为百姓日常生活中的主要食品。① 河北沧县"稻非土产，其价倍于面，故食者居其少半"，除政府机关、民间庆吊，即使是相对富裕的中产之家，也以食麦为主。② 沙河县民膳食以小米为主，当地不产稻米，不过在宴会时亦用之。③ 河间府故城没有水稻种植的记载，而河间县"朝夕饔飧，或以面炊饼，或小米、高粱作饭，粳稻则用以饷宾"④。山东博兴县也是如此，"土人非燕宾不以炊（稻米）"⑤。河南密县洧河两岸均有水稻分布，但稻米饭"供祭祀、宾客之需，常食不轻用也"⑥。山西长子县产稻不多，"祭祀、宾客之用，惟取给于太原晋祠之贩来者"⑦。天津宝坻"稻与粳，所收少，人恒惜之"⑧。总之，稻米对北方人来说，不能没有，也无需太多。

北方人食稻的机会不多，能经常吃到稻米的人往往是富贵阶层。古人将"食稻衣锦"视为"生人之极乐，以稻味尤美故"⑨。孔子曰："食夫稻，衣夫锦，于女安乎？"孟子也提到："五亩之宅，树之以桑，五十者可以衣帛矣。鸡豚狗彘之畜，无失其时，七十可以食肉矣。"在人均寿命较短的古代，老年人口只占人口的少数，所以真正能够享用饭稻衣帛和肉食的只是贵族阶层。

① 康熙《香河县志》卷二《物产》；《古今图书集成》之《博物汇·草木典·稻》；民国《香河县志》卷二《地理古迹》，卷三《物产》，卷五《民生》。
② 民国《沧县志》卷十一《事实志·生计》。
③ 道光《沙河县志》卷三《风土·食货》。
④ 乾隆《河间县志》卷三《风俗》。
⑤ 道光《博兴县志》卷五《风土志》。
⑥ 民国《密县志》卷十三《实业》。
⑦ 康熙《长子县志》卷二《物产》。
⑧ 乾隆《宝坻县志》卷七《风物》。
⑨ 〔南宋〕罗愿：《尔雅翼》卷一《释草·稻》。

这种情况由来已久。山东沭河上游大汶口文化晚期至岳石文化时期的人骨食性分析结果表明，大汶口晚期的食物结构存在贫富差异，富有者的饮食以大米等 C_3 植物为主，普通老百姓的饮食以小米等 C_4 植物为主。[①] 这种历时久远的食物习惯，到宋元时期依然未改。宋仁宗嘉祐二年（1057 年），河北大水，民乏食，原计划发放太仓粳米六十万斛，赈济灾民；因北人不便食粳，便从本地拨出小米四十万石以代之。[②] 元时，自北方来湖南的士兵多疾，原因是"不习食稻"，于是便动用船只运送粟米若干万斛到湖南。[③]

宋元以后，小麦取代小米成为北方人的主食，面食习惯的养成，成为北方人食用大米的又一障碍。在南方的北方人，因面食缺乏，只能"强进腥鱼蒸粝饭"[④]。宋室南渡之后，当时西北人聚集的临安（今浙江杭州），面食种类不下汴梁。仅蒸制食品就有 50 多种，其中大包子、荷叶饼、大学馒头、羊肉馒头、各种馅饼、千层饼、烧饼、春饼等都是典型的北方面食。[⑤] 这是人口流动的结果，更是长期形成的食物习惯使然。对于普通的北方民众而言，不仅是没有多少稻米可供食用，而且是有稻米也不爱食用。

直到清代和近代，这种情况仍然如此。稻米的消费量在清廷皇室和达官贵族的食物构成中占有较大的份额。乾隆皇帝甚至"无一日不食，无一食非稻"[⑥]。稻在皇家礼制中的地位也高于麦和其他的作物。在举行耕耤之礼时，户部官初进耒耜，次进鞭，次进皇上耕耤稻种匣，次进诸王耕耤麦种匣、谷种匣，次进九卿耕耤豆种匣、黍种匣。[⑦]号称"天下第一家"的山东曲阜衍圣公府，其食物构成中就有一定数量的稻米，包括稻子、上白大米、南米、南江米、大米、江米（即糯稻米）等不同的名目；做成的食品则有干饭、稀饭、点心等；稻饭则是"将拣过的稻米用水淘净，捞入甑中，蒸熟，盛篚内"[⑧]。

北方稻米的消费人群主要集中在大、中城市。"都城百万户，籴太仓稻米食者甚多"[⑨]。近代山西，"民间食稻者甚尟，仅商业繁盛之地需之耳"，又"山西所产者，非纯

---

① 齐乌云等：《山东沭河上游史前文化人地关系研究》，《第四纪研究》2006 年第 4 期，第 580－588 页。

② 〔南宋〕李焘：《续资治通鉴长编》卷一百八十六。

③ 〔元〕姚燧：《牧庵集》卷二十一。

④ 〔北宋〕张耒：《雪中狂言五首（之三）》，载傅璇琮等主编《全宋诗》第二〇册，北京大学出版社 1995 年版，第 13359 页。

⑤ 〔南宋〕周密：《武林旧事》卷六《蒸作从食》。

⑥ 〔清〕弘历：《御制诗五集》卷六二《稻香亭》，《景印文渊阁四库全书》第一三一〇册，台北商务印书馆 1986 年版，第 608 页。

⑦ 《康熙朝大清会典》卷四十四《礼部五》。

⑧ 赵荣光：《〈衍圣公府档案〉食事研究》，山东画报出版社 2007 年版，第 114、223、228－229 页。

⑨ 〔清〕于敏中等编纂：《日下旧闻考》卷一百四十九《物产一》，北京古籍出版社 1985 年版，第 2375 页。

属稻，有秔（或写作粳）与糯。秔作饭及稀饭，为上流社会常食及一般宴客庆祝日所食用。糯米则制粉、蒸糕或供神用之。"①民国时期，河北张北县虽有"用米造饭，但常食之者甚少"②。糯米也是如此，"北方种糯者极少，间或有之，但也是很少的少数，盖因此用项虽极普遍，可以说是各小乡村都能见到，但销项则不大。因为食此者，都是作为点心，而一日三餐之中，以此替代大米白面，作整顿食品者，则可以说是没有"。糯米主要用于包粽子、做八宝饭、爱窝窝（艾窝窝）、江米肉、年糕、元宵等，"都是临时应节的食品，平常则没有卖的"，用量有限。"乡间食糯米面所制之品就更少了，大概只有元宵一种。家庭中吃元宵，多半用黍子或黏高粱面。"③

作为贵族食品的稻米，从色泽到口感，往往有许多讲究，且总体上呈现副食化的趋势。《齐民要术》中，稻米多用于酿酒，且用量很大，动辄以斗或石计量，非小户人家所能为之。如，"作糯米酒，一斗曲，杀米一石八斗"，并特别提到，"此元仆射家法"。④又魏武帝"上九酝法"中提到，九酝春酒法用曲三十斤，三日一酿，满九石米止。九酝用米九斛，十酿用米斛，俱用麴三十斤。⑤其他的场合下，稻米也多和肉食联系在一起，如焦豚法，"肥豚一头十五斤，用稻米四升，炊一装；姜一升，橘皮二叶，葱白三升，豉汁涑镬，作糁，令用酱清调味，蒸之，炊一石米顷，下之也。"⑥同样也显示出富人的饮食风尚。

老北京人以米饭当主食的不多，但副食中却有不少是由稻米为主料制作，如年糕、江米条、紫米粥、艾窝窝等。一些稀有而珍贵的稻米往往作为礼物在贵族之间送往迎来。康熙发现御稻米后，由于产量有限，在很长一段时间里，御稻米只作为御膳，或是一种赏赐，供皇帝或其身边的达官贵人享用。消费人群只限于宫廷内膳和皇亲国戚。康熙甲午年（1714年），"浙闽总督范公时崇随驾热河，每赐御用食馔，内有朱红色大米饭一种。传旨云：此本无种，其先特产上苑，只一两根，苗穗迥异他禾，乃登剖之，粒如丹砂，遂收其种，种于御园。今兹广获其米，一岁两熟，只供御膳。"⑦有幸获赐食物红稻的还有大臣李光地。康熙五十四年（1715年）前后，李光地前往热河时获得熏细鳞鱼一匣，鲜鹿肉条一匣，另红稻一石的赏赐。⑧在留下记录的为数不多的御稻米消费者中，还有一位是清

① 《鲁豫晋三省志》第二卷《山西省志》。
② 民国《张北县志》卷四《物产志》。
③ 齐如山：《华北的农村》，辽宁教育出版社2007年版，第101－102页。
④ 〔北魏〕贾思勰著，缪启愉校释：《齐民要术校释》，农业出版社1982年版，第360页。
⑤ 〔北魏〕贾思勰著，缪启愉校释：《齐民要术校释》，农业出版社1982年版，第393页。
⑥ 〔北魏〕贾思勰著，缪启愉校释：《齐民要术校释》，农业出版社1982年版，第479页。
⑦ 〔清〕刘廷玑：《在园杂志》，中华书局2005年版，第1页。
⑧ 〔清〕李光地：《榕村集》卷三十一《赐食物红稻恭谢劄子》。

康熙年间的诗人查慎行（1650—1727）。他有《旅店食红莲米饭》诗，诗中有"曾蒙天上赐，一饭愧私尝"，并注："往年随驾口外，官厨曾赐食。"① 雍正时，"河东总督田文镜病初愈，尝以此米赐之，作粥最佳也。"② 御稻米出现在小说《红楼梦》中，仍然保持稀有和珍贵的形象。《红楼梦》第四十二回写平儿给刘姥姥准备礼物时说："如今这个里头装了两斗御田粳米，熬粥是难得的……"；第五十三回提到"御田胭脂米二石"；第七十五回中又写，"贾母因问，'拿些稀米饭来吃吧'，尤氏早捧过一碗来，说是红稻米粥。"据红学家周汝昌的考证，《红楼梦》里的"御田胭脂米""御田粳米"和"红稻"，指的就是康熙培育的御稻米。③

二、"北人不好食稻"

但这种乾隆皇帝"无一日不食"和"上流社会常食"的稻米，却在普通的北方农村的日常食物中占极少的份额。这不仅是因为他们不具备稻米消费的购买力，而且也是因为长期的食物习惯所导致的消费意愿不高。一方面，稻米作为珍贵的食料，用以待客；另一方面，普通人也不爱吃稻米。这多少有些吊诡。明末，当北方农民起义军一路南下、威胁江南的时候，山西代州人张凤翼便以"贼起西北，不食稻米，贼马不饷江南草"为由来安慰桐城（今属安徽）人孙晋。④ 清初浙江人谈迁北游时看到，"北人饔飧，多屑麦、稷、荞为？饦及粟饭，至速客始炊稻。市仅斗升。其价甚昂。"⑤ 山西灵丘县人"以蒸面芝饼为家常美馔，待达官上客用稻米作饭。不常有。俗亦不喜食。"⑥ 五台县"稻米则供客或病人煮粥"⑦。河北丰润县是北方地区产稻较多的一个县，但稻米也没有成为当地人的主食。"丰人贵稻，然亦不厌黍与高粮（粱）。有余之家多食稻，早膳必为黍与高粮（粱）食之；其贫家食稻，或转不习此，与齐鲁之人嗜麦面无异也。"⑧ 富裕人家吃稻米，而贫苦人家反而不习惯吃。晚近，河北高阳人齐如山提到，"北方吃大米的机会太少，近水之处，吃的还较多一些，若近山一带，哪有大米吃呢？就说吾乡一带，离水乡并不远，但稍贫寒之人，或中等人家，几乎是一年也吃不到一次，富家有婚丧事，自己前去帮忙，或者可以吃

---

① 〔清〕查慎行：《敬业堂诗集》卷三十五。
② 〔清〕吴振棫：《养吉斋丛录》卷之二十六，中华书局 2005 年版，第 343 页。
③ 周汝昌：《红楼梦新证（增订本）》下，中华书局 2012 年版，第 821 - 823 页。
④ 《明史》卷二百五十七《张凤翼传》。
⑤ 〔清〕谈迁：《北游录》，中华书局 1997 年版，第 314 页。
⑥ 康熙《灵丘县志》卷四。
⑦ 光绪《五台新志》卷二。
⑧ 光绪《丰润县志》卷九《杂记》。

一次大米，否则虽过年过节，也是吃不到的。"齐如山也注意到，"北平吃米较多"，稻米的消费者主要包括旗人、官员阔人以及生活在南城的南方官员。至于"崇文门外一带之工商界人，或各城之商家，都是来自河北、山东、山西等省，也都是以面为主。贫苦工艺，则吃玉米面，偶尔解馋，亦只是吃面。他们说，大米口松，吃了不经时候，不久就饿，且远不及白面好吃。"①

清八旗贵族以稻米为食，但八旗兵丁和普通官员则很少食用稻米，尤其是南方来的普通稻米。八旗兵丁所食之米由三种组成，其中粳米五成，稜米三成五分，粟米一成五分。养育兵统支稜米。② 稜米，是南方所产的籼稻米。三种米中，粟米最受欢迎。一般情况下，八旗兵丁和普通官员会将自己从官仓中该得的稻米换成钱票，买杂粮充食。"赴仓亲领（稻米）者，百不得一。"③ 有人将这种情形与贵族阶级特殊的稻米喜好和奸商操弄联系起来④。实际上，南方稻米压根就不是北方士兵和普通官员所喜欢的主食。由于稻米不受普通官员和八旗兵丁的欢迎，有时政府便将本色改为折色，将发米改为发钱，让他们直接拿钱到市场上购买所需粮食。

北方有限的稻米消费量也多选用北方本地出产的稻米，鲜少食用南方的稻米。在北京，称南方籼稻米为"机米"（可能就是清时所称的"稜米"），而北方出产的粳稻米为"好大米"。吃"机米"的人很少，而所谓"好大米"的供应又严重不足，直到 20 世纪 80 年代，北京市民只有逢节假日才能有每人 2 斤好大米供应。北方的米为何比南方好吃？一位老农曾说，"南方天气热，稻子生得快，老往外发展，发得太快，不能休息，没有攒力量的时候，它的粒实一定发松，口味自然就差。北方天气有时较寒，稻子生长的日期长，天热则发展，稍冷则休息，有力量的时候，粒实一定发紧，自然就好吃。"⑤

稻米并没有成为北方大众的主食，他们也不习惯以稻米为主食。雍正元年（1723 年）五月，山东巡抚黄炳上奏灾荒，皇帝下令将正在北运的 20 万石江南漕米截留在山东，赈济灾民。黄炳希望将此 20 万石大米换成小米，理由是"东省民间食用，俱系小米，以及豆麦杂粮"。这和宋仁宗嘉祐二年（1057 年）河北所发生的情况如出一辙。在饥馑的岁月尚且如此挑食，可见食物习惯的顽固性。山东穷苦百姓"从不买食南方大米"，即便是富

① 齐如山：《华北的农村》，辽宁教育出版社 2007 年版，第 99 页。
② 《钦定大清会典》卷十八《户部》。
③ 〔清〕冯桂芬：《校邠庐抗议》，中州古籍出版社 1998 年版，第 127 - 129 页。
④ 徐珂《清稗类钞》载："京师大家，向以紫色米为上，不食白粳，惟南人在京者，始购食白米。是以百官领俸，米券入手，辄以贱价售之米肆，而别粜肆米以给用，固由习尚相殊，亦以京仓花户巧于弄法。领官米者，水土搀和，必使之不中食。而米肆所售，实高出官米数倍，故凡得券者，大率不愿自领，米肆遂得与花户辈操其奇赢。"（中华书局 1984 年版，第 5719 页）
⑤ 齐如山：《华北的农村》，辽宁教育出版社 2007 版，第 98 页。

裕人家"所用无几"。① 也因为这个原因，山东境内虽有运河一道，可直达江广，但从无江广商米到境，盖缘东民性食粟麦，而江广多产稻米，与东民食性不甚相宜。② 雍正十一年十一月初二日，署理陕西巡抚史贻直、鄂昌，便因"大营官兵日用所需，必得颗粒圆净，煮食甘美"之粟米，建议"将原议派拨之楚米五千京石，改拨粟米五千京石"。③

普通北方人不爱吃稻米，他们对食用稻米有很多的担心。这些担心部分来自自身的观念和体验。一是稻多产于炎热的南方，在没有形成消费习惯之前，或许是体内缺乏相应消化酶的缘故，偶尔食用容易产生肚胀烧心的感觉，因此，"北人不好食稻，每云食之病热"④。二是稻生于水，在传统的观念中，稻米属寒性食物，因此，"北方之人，多不惯食稻，谓其性寒，且不耐饥"⑤。不耐饥是食物习惯所造成的一种感觉。习惯了以面食为主食的北方人，改吃同等数量主食的米饭，往往不到下一顿就感觉饿了，同样以米饭为主食的南方人改吃面食也如此。

三、漕粮去哪儿了？

既然北方人不爱吃稻米，那么从唐宋以来，每年数以百万石的由南方进入北方的大米最终流向了谁人之口？从有限的资料来看，流入北方的稻米，其最终的消费者大多是身在北方的南方人。其中，最多的是士兵。北宋时，开封城里就驻扎着来自南方的士兵，他们在保卫京师之外，还参加京师及其周边地区的水稻生产活动。此外，流入北方稻米的消费者可能是来自南方的官员及其家属。王安石在《北客置酒》一诗中就提到了"紫衣操鼎置客前，巾韝稻饭随粱饘。引刀取肉割啖客，银盘擘臑薧与鲜"⑥ 之句，这里的食物及食用方式虽然还明显地带有北方的色彩，但却明确地提到了稻饭。大概是为了招待像王安石这样的南方客人所特意准备的。在东京（今开封）的各级官僚，每月都可以领到数量不等的禄粟，其中"米麦各半"⑦。京城官员所食稻米大多是通过漕运过来的，运输的过程中要使用到囊席，食用之前还要入白春去除米糠。于是在北宋宰相蔡京家里就发生了这样的故事。蔡京是兴化仙游（今福建）人，尽管在东京开封做了宰相，仍然没有改变吃食稻米的习惯，并且这种习惯还影响到他的子孙。出自官宦之家的蔡京诸孙生长

① 《宫中档雍正朝奏折》第一册，台北故宫博物院 1982 年版，第 356 页。
② 《宫中档雍正朝奏折》第四册，台北故宫博物院 1982 年版，第 167 页。
③ 《世宗宪皇帝朱批谕旨》卷二百○七（下）。
④ 〔清〕朱彝尊：《日下旧闻》卷三十八《补遗》。
⑤ 〔清〕吴邦庆：《畿辅河道水利丛书》，农业出版社 1964 年版，第 547 页。
⑥ 〔北宋〕王安石：《王安石全集》卷六《古诗：北客置酒》，宁波等校点，吉林人民出版社 1996 年版，第 51 页。
⑦ 〔清〕赵翼著，王树民校证：《二十二史札记》，中华书局 1984 年版，第 533 页。

膏粱，不知稼穑。

> 一日京戏问之曰："汝曹日啖饭，试为我言米从何处出？"其一人遽对曰："从臼子里出。"京大笑。其一从旁应曰："不是，我见在席子里出。"盖京师运米以席囊盛之，故云。[①]

齐如山也注意到，"北平吃米较多"，其中就包括生活在南城的南方官员，还有就是在北方从事其他行业的南方人。

自隋代开通大运河以来，国家每年花费巨资，动用大量的人力、物力，从遥远的南方把稻米搬运而来，原本是为了弥补北方产粮的不足，以维护国家的统治，却最终落入在北方的南方人之口，这其中难免让人觉得浪费，甚至有违漕运设置的初衷。

> 自创设漕运以来，国家岁糜千万之款，设官置局，辗转兑运，输入京仓，以为天庚正供，京曹禄俸，皆仰给于此。而按之事实，有大相径庭者。京师大家，向以紫色米为上，不食白粳，惟南人在京者，始购食白米。[②]

南漕到京、通二仓后，因八旗兵丁不惯食米，往往以米换钱，以钱买杂粮；官员俸米，也卖给米铺。由南方漕运到北方的大米，最终成了在北方的南方人的盘中餐。

四、稻米消费影响了稻米生产

西文有言：We are what we eat（人吃什么会影响到他变成什么样子），对应为中文，当是"一方水土养一方人"。吃什么就会觉得什么重要。对于稻米的食物的好恶，直接影响到对于稻米生产的态度。宋元明清时期，北方水稻生产的发展主要受到三种力量的影响：一是南来的士人，二是北方的统治者，三是下层百姓；而深层的原因则是来自稻米消费的阶级性差异。

宋元明清时期，大量食用稻米长大的南方籍士人经由科举来到北方做官，他们成为北方水稻种植的积极倡导者。宋初倡导在河南地区水利垦田的陈尧叟是四川阆中人。在定州推广水稻种植，并传授秧歌的苏轼则是四川眉州人。仁宗时，在颍昌府许州（今河南许昌）教人种稻的张邓公（张士逊），为光化军阴城（今湖北老河口市）人。有宋一代，福建人在稻作推广方面的作为尤为引人注目。其中比较著名的人物有泉州人黄懋、建安人江翱、闽县人沈厚载、福唐（今福清）人陈襄等。受到黄懋等人的影响和帮助，何承矩就曾

---

① 〔南宋〕曾敏行：《独醒杂志》，上海古籍出版社1986年版，第95页。
② 〔清〕徐珂：《清稗类钞》，中华书局1984年版，第5719页。

在河北宋辽边境的南方一侧利用淀泊工程大规模地开展水稻种植。浙江人也值得注意。和福建人陈襄一道在河阳推广种稻的还有他的学生浙东人张公谔。① 奉使镇定（今河北正定），与当地统帅薛师政议论将海子开垦为稻田的沈括则是钱塘（今浙江杭州）人。② 沈括的兄长沈披在同一时期任河北安抚副使，曾请治保州东南沿边陆地为水田，得到采纳。建议在陈留县旧汴河下口的新旧二堤之间修筑水塘，以满足开封、陈留、咸平（今河南通许）三县种稻的需要并得到采纳的杨琰也是杭州人③。江西临川人王安石，在任宰相期间，把以发展水稻种植为主要目标之一的农田水利作为其主导的改革的重要内容之一。积极执行王安石改革路线致力于北方水稻种植推广的官员也多是江西人或直接就是抚州临川人。在汴水一带引淤种稻的侯叔献是王安石的同乡，抚州宜黄人。主张重开八丈沟，使数百里复为稻田的殿中丞陈世修则是南昌人，并且王、陈两家"世有好"。④ 在唐州兴陂种稻，贡献卓著的布衣王令夫人吴氏也为临川人，与王安石之妻吴氏为姊妹。⑤ 元代首创在北方种稻的虞集也是临川人。明清时期，力主在北方种稻的徐贞明、汪应蛟和朱轼等人也都是江西人。而来自江、浙、闽、川、湘、粤、云、贵等地的士人更不在少数。粗略统计有不下百位之多。其中尤以江浙人为多。这与水稻栽培技术的发达程度及经济、文化发展的水平是一致的。

喜食稻米的北方统治者是推动北方水稻生产另一支重要的力量。北宋朝廷非常重视在北方发展水稻生产。宋太祖时，依据"种谷必杂五种，以防灾害"的古训，下诏江北诸州除粟麦旱作，"亦令就水广种秔稻，并免其租"。⑥ 东京皇家园林中就有相当数量的稻田存在。宋真宗大中祥符年间，在向江、淮、两浙推广占城稻的同时，也将占城稻引种到了开封，"种于玉宸殿，帝与近臣同观，毕刈，又遣内侍持于朝堂示百官。稻比中国者穗长而无芒，粒差小，不择地而生。"⑦ 时为宋真宗天禧二年（1018 年）十月庚子。⑧ 据此可知，占城稻在进入江、淮、两浙之后的五六年，也进入到了河南开封等地。元至正十三年（1353 年）正月，时任丞相脱脱，建议"京畿近地水利，召募江南人耕种"⑨，得到采纳，

---

① 《古灵集》卷二十五，刘彝《陈先生祠堂记》。

② 〔北宋〕沈括：《梦溪笔谈》卷二十四《杂志一》。

③ 《宋史》卷九十五《河渠五·河北诸水》。

④ 刘礼堂、王兆鹏：《〈阳春集序〉作者陈世修小考》，《文学遗产》2007 年第 4 期，第 123 页。

⑤ 〔宋〕王令《广陵集》附录《节妇夫人吴氏墓碣铭》载："家始来唐，唐多旷土。熙宁中，诏募民葺垦，治废陂。复召信臣、杜诗之迹。众惮其役之大，懵于方略，莫敢举。夫人因其兄占田陂旁，慨然谓众曰：吾非徒自谋，陂兴实一州之利，当如是作如是成。乃辟污莱，均灌溉，身任其劳，筑环堤以潴水，疏斗门以泄水。壤化为膏腴，民饭秔稻，而其家资亦累巨万。"

⑥⑦ 《宋史》卷一百七十三《食货志上·农田》。

⑧ 《宋史》卷八《真宗本纪》。

⑨ 《元史》卷四十二《顺帝纪》。

"西至西山，东至迁民镇，南至保定、河间，北至檀、顺州，皆引水利，立法佃种，岁乃大稔"①。奠定了明清时期北京周边地区水稻生产的基础。

对稻米青睐有加的清宫有自己特供的稻米生产基地。在皇宫所在的东南海丰泽园中，就有稻田数亩，康熙皇帝在其上还发现了御稻品种，并在河北和江南等地推广。清宫还在京西玉泉山下设稻田厂，管理周边的稻米生产，提供皇宫膳食服务。京西玉泉山一带也因此成为著名的水稻产地。康熙四十二年（1703年），热河行宫落成。为了满足行宫对稻米消费的需求，曾试图就地生产。但因为热河无霜期短，天气寒冷，以前种稻，至白露（阳历9月7—9日）后数天，不能成熟。康熙决定将他所发现的早熟御稻在行宫试种，命人在行宫御瓜圃的东北部低洼处建一方稻田，将御稻种从丰泽园移植到这里，结果发现，"口外种稻，至白露以后数天，不能成熟。惟此种可以白露前收割。"试种取得成功，"故山庄稻田所收，每岁避暑用之。"②康熙五十二年，热河行宫正式更名为避暑山庄。这时的御瓜圃所收稻米"每岁避暑用之尚有盈余"。御稻在承德避暑山庄的移植成功，结束了长城以北不种水稻的历史，也使御稻成为"能够在长城以北生长的唯一种类"，因而"变成为有价值的了"。③

但对于占人口绝大多数的土生土长的北方人来说，稻米对他们来说是可有可无的，致使北方人的水稻生产积极性不高。明万历年间，当南方人徐贞明等准备采用江南耕耨法开发京东水田的时候，"北人官京师者，倡言水田既成，则必仿江南起税，是嫁祸也，乃从中挠之。御史王之栋疏请罢役，而中官在上左右者多北人，争言水田不便"。原本支持徐贞明的万历皇帝因此又改变了主意。④时人沈德符说："王为直隶宁晋人，以故有桑梓巨害之疏"，认为王之栋上疏的动机是出于地方保护主义，但更严重的是，"是后中原士夫，深为子孙忧，恨入心髓，牢不可破"。⑤种稻与反种稻在中国北方历史中反复多次，其深层的原因是食物消费的习惯和食物的阶级性。清初，南方人谈迁北游时看到，北人不仅食稻少，"土人亦不之种"⑥。河南除南部的光州、固始、北部的辉县、济源产稻，"其他州邑，不独不食，亦不植也"⑦。河北磁州人只知用糯米作角黍，故种者亦少。⑧河南阌乡县（1954年与灵宝县合并）境内南河地洼下，宜种稻，但为数甚少。"惟麻庄、赵村、阳平、

---

① 《元史》卷一百三十八《脱脱传》。
② 康熙《御制文集》四集卷三十一，又道光《承德府志》卷二十八《物产一》也有相同记载。
③ （英）达尔文：《动物和植物在家养下的变异》，方宗熙等译，科学出版社1973年版，第461页。
④ 〔清〕于敏中等：《日下旧闻考》卷五《形胜》引《赐闻堂杂记》，北京古籍出版社1985年版，第84页。
⑤ 〔明〕沈德符：《万历野获编》，中华书局1959年版，第321页。
⑥ 〔清〕谈迁：《北游录》，中华书局1997年版，第314页。
⑦ 〔清〕汪价：《中州杂俎》卷十九《豫州宜麦》，1921年安阳三怡堂排印本，第17页。
⑧ 康熙《磁州志》卷十《风土·土产》。

三川，有插秧种稻者，通计不过百分之一二。土人亦不贯（惯）食粥饭，只供包粽蒸糕而已。"①

由于饮食习惯进而影响某些作物种植的例子，在历史上并不是少数。宋代抚州太守黄震在推广小麦种植时，就遇到这样的情况：

抚州田土好，出米多，常年吃白米饭惯了，厌贱麦饭，以为麄粝，既不肯吃，遂不肯种。祖父既不曾种，子孙遂不曾识，闻有碎米尚付猪狗，况麦饭乎？②

麦子只是在饥荒的情况下，勉强用于糊口充饥的食物，一般情况下，农民并不多种。这和水稻在北方的情况类似。

少数北方地区的农民种稻，并不是为了吃，而是为了钱。这就像北方的一些官员和兵丁把到手的禄米变成钞票一样，农民把稻米变成了经济作物，收稻之后，他们首先想到的是把自己手中的稻子卖掉换钱。河南嵩县"稻虽产，非常需也"，"民日用不恒食，利其多易缗钱耳"。③ 山东兖州虽然有些地方间有粳稻种植，但"仅仅鬻贩，不能自食也"④。从清末民初山西太原人刘大鹏的日记来看，当地的稻米价格（每斗 1 600～1 900 文不等）比玉荄（玉米）、杂豆（近千钱）、谷米（千钱）、高粱（六百余钱）等高出不少，"种稻之家无不欣喜"。⑤ 在不考虑成本的情况下，种稻肯定较之于种其他作物有利。但是在自然经济的条件下，粮食种植首先是为了满足自身的需要，其次才是利润，况且考虑到劳动力成本等因素，稻米虽价高而未必有利。

除此之外，在北方，种稻的附加价值也很低，远不及高粱等农作物。稻草"在北方可以说是没什么用处，喂牲畜，牲畜不吃，作燃料亦不合用，因为他太少则不爱燃，多则冒烟。"⑥ 当然，也有个别例外，在稻作相对发达的北京海淀区，稻农将稻草卖给种菜园子的农民夹风障，用以保护地里的青菜越冬，因此，捆稻草成了当地稻农的一项特殊技能。因而，有"海淀三件宝：锅碗、筛土、捆稻草"⑦ 的说法。但这样的例子在北方并不多。凡此种种，使得水稻种植在北方始终没有得到太大的发展。

---

① 民国《新修阌乡县志》卷九《物产》。
② 〔南宋〕黄震：《黄氏日抄》卷七十八《咸淳七年中秋劝种麦文》。
③ 乾隆《嵩县志》卷十五《食货》。
④ 《兖州府志》卷五《风土》，引自《古今图书集成》二百三十八卷，清雍正铜活字本。
⑤ 〔清〕刘大鹏：《退想斋日记》，山西人民出版社 1990 年版，第 102、196 页。
⑥ 齐如山：《华北的农村》，辽宁教育出版社 2007 年版，第 100 页。
⑦ 严宽：《京西稻俗言口碑记》，载于杜振东主编《情系京西稻》，中央文献出版社 2014 年版，第 26 页。

五、食物阶级性的普遍存在

孔子曰："饮食男女，人之大欲存焉。"《孟子》引告子有言："食色，性也。"研究食物和进食方面的人类学家奥德雷·理查兹（Audrey Richards）认为："摄取营养作为一种生物过程，比之性活动更为根本。在有机个体的生命过程中，它是一种更为基本、周而复始得更快的需求；相较于其他生理机能，从更为广泛的人类社会的角度来说，它更能决定社会群体的特性，以及其所采取的活动方式。"[①]

食物的阶级性作为社会群体的特性是一种较为普遍的现象。中国古代就用"肉食者"一词来表示享有厚禄的贵族和官员，而以"菜色"称呼以素食为主的下层民众。[②] 小麦在传入中国很长一段时间内，扮演的是菜色的角色，麦食并没有为中国北方上层社会所接受，彼时"麦饭豆羹皆野人农夫之食耳"。而当统治者接受小麦并加以大力推广之后，小麦却又遭到南方稻农的抵触。无独有偶，以青稞为主食的藏族，普通藏民以青稞为食，不食小麦，在 20 世纪 70 年代后期，随着小麦种植的扩展，小麦与藏族饮食习惯发生冲突，在藏族群众中出现了"别看小麦产量高，吃了腰疼，没力气干活，你拿小麦秆喂牛，牛都不吃，牛都要吃青稞秆"的说法，这也在很大程度上影响了小麦在藏区的推广。但小麦制作的面条、包子在旧西藏对贵族和上层僧侣来说也是奢侈品。[③]

食物的阶级性在一些相对小众的食物上也存在。南朝宋名将刘穆之因食槟榔而引发一段遭富戚奚落的故事，就是一个典型的例子。刘穆之尚未显赫时，家贫，行为放纵，仍嗜酒食槟榔。槟榔本消滞果品，其妻舅遂以"君乃常饥，何忽须此"[④] 挖苦他。显而易见的是，槟榔在进入中国之初只是一些贵族的食物，旨在帮助饱食终日的贵族消食化滞。

就稻米而言，普通北方大众，因不爱吃，也不爱种，故使得北方种植水稻较少。北方都会，特别是北京，所消费的稻米主要依靠外部运销，其中又主要来自南方。现在北京最长的胡同东、西交民巷，原名东、西江米巷，早在明万历以前，从南方运到北京的大米要在这里卸运集散。因为南方的糯米又叫江米，这儿也就成了江米巷。只是到了近代以后，随着天津津南新农镇等水稻产区的开辟，才有所谓"津米"的加入。但仍然需要仰赖芜湖、常熟、无锡米以继之，京人呼为"包米"。[⑤] 民国时期，北平、天津、济南和青岛等华北较大的都市所消费的稻

---

① 引自（美）西敏司：《甜与权力——糖在近代历史上的地位》，王超、朱健刚译，商务印书馆 2010 年版，第 15 页。

② 《左传·庄公十年》："肉食者鄙，未能远谋。"〔唐〕杜甫《赠苏四傒诗》："肉食哂菜色，少壮欺老翁。"

③ 强舸：《小麦怎样走上了藏族的餐桌？——西藏的现代化与藏族饮食文化变迁》，《开放时代》2015 年第 3 期，第 175-192 页。

④ 〔唐〕李延寿：《南史》卷一五《刘穆之传》，中华书局 1975 年版，第 427 页。

⑤ 〔清〕徐珂：《清稗类钞》，中华书局 1984 年版，第 5719 页。

米，百分之六十以上来源地是以华中、华南为主，也有来自西贡（越南）、日本或朝鲜的。①

食物的阶级性在西方也同样存在。人类学家西敏司（Sidney W. Mintz）研究的蔗糖，就是一个典型的例子。在公元 1000 年时，还很少有欧洲人知道蔗糖的存在；不过在这之后他们开始逐渐了解蔗糖；起初接触到糖的只是那些权贵者，1650 年时，英格兰的贵族和富翁们变得嗜糖成癖，而蔗糖则频频现身于他们的药品、文学想象以及社会等级的炫耀过程中。接着是越来越多的普通劳动人民，后来糖和茶叶"被相互组合利用来满足在世界中逐渐兴起的无产阶级"。最迟到 1800 年，在每一个英格兰人的日常饮食中，蔗糖已经成为一种必需品——虽然仍是价格不菲的稀缺品；到 1900 年时，蔗糖在英国人的日常饮食里提供了近 1/5 的热量。② 与蔗糖平民化的经历不同，稻米在西方一开始似乎就是穷人的食物，它只是日常食物的一种多功能和便宜的替代品或补足品。被特别用于喂饱游民群体——士兵、孤儿、海员、监狱犯人、穷人等，补缺或替换更合口的食物。③ 稻米的阶级性随着殖民主义的兴起和奴隶贸易展开，出现了某种程度的全球化。④

六、余论

总体说来，历史上虽然稻米在中国北方占人口少数的上流社会中有一定的消费量，但对占人口多数的普通北方民众来说，他们既无稻米消费的能力，也无稻米消费的意愿。中国北方，稻米的消费者不是稻米的生产者，而生产者又不是稻米的消费者。生产与消费脱节，而本地的生产者由于稻米的消费意愿差，在自给自足的自然经济条件下，生产稻米的积极性自然受到影响。其结果是，北方的稻米消费要仰赖进口。

食物的阶级性在一定程度上缓解了因食物供应紧张而引发的竞争。但是任何一种食物的生产和供应都不可能是单独存在的，一种食物的生产必然会与其他食物的生产在土地、劳力等方面产生矛盾，这样势必打破原有的均衡，因此，食物的阶级性最终必然引发阶级斗争，不同阶级和阶层的人们从自己的食性出发，拓展或坚守自己原有的食物生产，而食物的民族性（或族群性）的介入，则使这种斗争变得更加的复杂，斗争的结果不仅影响了食物的生产和分布，而且围绕着该种食物所展开的斗争更涉及政治、经济甚至军事等不同的领域，并在历史上产生了广泛而深刻的影响。

① 应廉耕、陈道：《华北之农业（四）：以水为中心的华北农业》，北京大学出版部 1948 年版，第 26 页。
② （美）西敏司：《甜与权力——糖在近代历史上的地位》，王超、朱健刚译，商务印书馆 2010 年版，第 3、17 页。
③ （美）彼得·考克莱尼斯：《农业的全球化：大米贸易的警示》，《史学理论研究》2001 年第 1 期，第 112－120 页。
④ Francesca Bray, Peter A Coclanis, Edda L Fields-Black, Dagmar Schaefer, Rice: *Global Networks and New Histories*, NY, USA: Cambridge University Press, 2015.

水田：一个被误读的概念[*]

　　水田在今天许多人看来是个没有任何争议的概念，按《现代汉语词典》的定义，水田就是指"周围有隆起的田埂，能蓄水的耕地，多用来种植水稻"。显而易见，能蓄水是水田的核心，而田埂是为蓄水服务的，蓄水又是为种水稻服务的。根据 2007 年出台的《土地利用现状分类国家标准》，水田是指"用于种植水稻、莲藕等水生农作物的耕地。包括实行水生、旱生农作物轮种的耕地"。但这个定义和标准只是反映了现今多数人对水田的一种看法，其地域性和时效性显然是值得怀疑的，因为随着时间或地域的不同，人们对于水田的概念是不同的。今天，如果你问一个甘肃的农民说，"你们家有几亩水田（或水地）？"他也许会告诉你他们家有 10 亩水田。可是他所说的水田，指的是能够得到灌溉，种植玉米、小麦等旱粮地。而这样的所谓"水田"，在一些地方又称为"水浇地"。与"水浇地"相对应的便是"旱地"或"旱田"。将耕地划分为旱地和水浇地（即水田或水地）是中国北方旱作区通行的一种做法。如，对河北省保定市清苑县望亭乡固上村的调查，该村 1987 年末有耕地 5 962 亩，其中旱地 552 亩，水浇地 5 410 亩。[①] 可是到了南方，水田和水浇地则是两个完全不同的概念。水田的概念和《现代汉语词典》大致相同，而水浇地则是指可以进行人工浇灌的旱地。举例来说，2009 年福建《莆田市国土资源局征地补偿安置方案公告》中就将旱地、水浇地视为同一类耕地，与水田对称。[②] 显然，不同的地

　　[*]　本文前四部分原载于《中国农史》2012 年第 4 期，第 109－117 页；第五部分原载于《自然科学史研究》2012 年第 2 期，第 201－208 页。

　　[①]　中国社会科学院经济研究所"无保"调查课题组：《中国村庄经济：无锡、保定 22 村调查报告（1987—1998）》，中国财政经济出版社 1999 年版，第 543 页。

　　[②]　莆田市国土资源局秀屿分局，http：//www.xygtzy.gov.cn/gggs/gggs/2009729155211.html。

方，不同的时候，对于水田的定义是不同的。民国时期，北京"房山之田约分四等：纯在山中者，皆曰高田。山外地稍平坦而可以牛马耕者，土虽干燥，皆曰平田。地近河流而多湿润者，皆曰窪田。凡可以水灌溉，无论种稻种麦皆曰：水田。"① 如果一律理解为蓄水种植水稻等水生作物的农田的话，则难免以偏概全。从这样的一个观念出发，我们来重新解读中国历史上有关"水田"的记载，发现"水田"这一概念被混淆和误解由来已久，这种混淆和误解，不仅影响到后人对历史上一些问题的评价，更通过不同的途径，将这种误读影响政府决策，进而影响到历史的进程。直到今天，许多学者在研究中国历史上的水稻分布时，往往将历史文献中所载的水田当作稻田的证据，因而可能夸大了历史上的水稻分布。为此，有必要对"水田"这一概念正本清源，并梳理由此所引发的一些问题。

一、史书"水田"辩证

正史中关于"水田"的记载最早出现在《后汉书·马援传》：

> 是时，朝臣以金城破羌之西，涂远多寇，议欲弃之。援上言，破羌以西城多完牢，易可依固；其田土肥壤，灌溉流通。如令羌在湟中，则为害不休，不可弃也。帝然之，于是诏武威太守，令悉还金城客民。归者三千余口，使各反旧邑。援奏为置长吏，缮城郭，起坞候，开导水田，劝以耕牧，郡中乐业。②

其次是《三国志·魏书·徐邈传》：

> 明帝以凉州绝远，南接蜀寇，以邈为凉州刺史，使持节领护羌校尉。……河右少雨，常苦乏谷，邈上修武威、酒泉盐池以收虏谷，又广开水田，募贫民佃之，家家丰足，仓库盈溢。③

这两处关于水田的记载皆出自西北，确切地说，都在甘肃武威等地。西北干旱少雨，属于干旱和半干旱的农牧交错地带，农业依靠灌溉维持，没有灌溉就没有农业。农作物以耐旱性强的粟、黍、小麦等为主。自先秦至两汉，这里并没有水稻种植的直接记载，也不

---

① 民国《房山县志》卷五《实业》。
② 《后汉书》卷二十四《马援列传十四》，中华书局1973年版，第835－836页。
③ 《三国志》卷二十七《魏书·徐邈传》。

见有稻作遗存的考古发掘报道。① 因此，这里的"水田"很可能与水稻种植无关。倘若如此，则历史上首先出现在西北地区的所谓的"水田"并非现代意义上的水田，而极有可能指的是水浇地。无独有偶，至今甘肃一些地方仍然将水浇地称为"水田"或"水地"。如果一定要将这种水田与某种作物联系的话，则麦类作物的可能性比较大。因为麦和粟、黍相比，耐旱能力较弱，因此需要有较好的灌溉条件。汉魏时期，北方兴修水利，促进了麦作的推广。因此，这里所谓的"水田"，就其所种作物来看，很可能是指麦田。

继《后汉书》和《三国志》之后，较早提到"水田"一词的还有《晋书》。《晋书·傅玄传》载："近魏初课田，不务多其顷亩，但务修其功力，故白田收至十余斛，水田收数十斛。"和《后汉书》及《三国志》所载相同，这里的"水田"依然是出现在北方，不过已由西北转到华北。"白田"与"水田"相对而称，可以证明白田为旱田，但水田则不一定是指水稻田，而是包括稻田在内的人工灌溉农田，即水浇地。水浇地称为水田，而没有水浇的农田则称为白田。

水田和白田的分野，可能与北方水利事业的发达有关。中国北方自有农业以来便以旱地农业为主，在水利事业尚不发达的情况下，所有的农田都是雨养农田（Rainfed Field），靠天吃饭，收成没有保障。但随着水利事业的发达，一部分农田得到了灌溉，于是就有了水田（Irrigated Land）和白田（Dry Land）的分野。② 现代也称为水浇地和旱地。水浇地是指有水源保证和灌溉设施，在一般年景能正常灌溉、种植旱生农作物的耕地，包括种植蔬菜等非工厂化的大棚用地；旱地是指无灌溉设施，主要靠天然降水种植旱生农作物的耕地（土地利用现状分类标准，2007）。魏国所在的地区可能是华北最早出现"白田"和"水田"分野的地方。早在战国时期，魏国"西门豹即发民凿十二渠，引河水灌民田，田皆溉"，得到灌溉的农田成了"水田"，而未经人工灌溉的农田便成了"白田"或"陆田"。

因水田有灌溉之便，收成既高，且有保障，优势明显。至汉代时，西门所修水利工程还在发挥作用，"民人以给足富"。受到这一利好的鼓励，关中等地出现了兴修农田水利的高潮，兴修了郑国渠、六辅渠、白渠、龙首渠等著名水利工程，极大地改善了当地的灌溉条件，"郑、白之沃"成"衣食之源"，民得其饶，歌之曰："田于何所？池阳、谷口。郑国在前，白渠起后。举臿为云，决渠为雨。泾水一石，其泥数斗。且溉且粪，长我禾黍。衣食京师，亿万之口。"随着时间的推移，人们对于水田好处的认识也越来越深刻。首次

---

① 居延汉简中有关于粟（132）、谷（103）、麦（34）、穈（21）、积麦（3）、黍（3）、大麦（2）、粱粟（2）、稷（1）、豆（1）等的记载，而不见有关于稻的记载，见谢桂华等：《居延汉简释文合校》，文物出版社1987年版；在敦煌悬泉汉简中，虽然见有"民自穿渠"的记载，但也没有关于稻的记载，而只提到粟、菽（叔）、积麦、麦、谷、白粱、稷米等，见胡平生等：《敦煌悬泉汉简释粹》，上海古籍出版社2001年版。

② 曾雄生：《也释"白田"兼水田——与辛德勇先生商榷》，《自然科学史研究》2012年第2期，第201-208页。

提到白田和水田的傅子（玄）："陆田命悬于天，人力虽修，苟水旱不时，则一年之功弃矣。水田之制由人力，人力苟修，则地利可尽。"后人进一步发现，水田的"虫灾之害亦少于陆田"，进而得出结论"水田既修，其利兼倍"。① 统计资料显示：现在占世界耕地面积约 18％ 的水浇地生产着占世界约 1/3 的粮食，水浇地粮食的单产是旱地粮食单产的 2 倍以上。②

二、水田与水稻

水田虽然具有明显的优势，但早期的所谓"水田"并没有跟特定作物联系起来。水田中所种植的作物，既有水稻③，也有禾黍，唯其如此，方有"五谷垂颖，桑麻铺棻"④。而真正的水稻田反而不叫"水田"，除稻田外，另一个名字便是"渠田"。汉代有所谓稻田使者。汉武帝时，在河东守番系的建议之下，"发卒数万人作渠田。数岁，河移徙，渠不利，则田者不能偿种。久之，河东渠田废，予越人，令少府以为稍入。"渠田在租给越人之前可能就是普通的水田，越人租种后，渠田变成了水稻田，不仅因为渠以通水，更因为经营渠田的越人正是擅长种植水稻的民族。但当时并没有称越人经营的渠田为"水田"，只是到了唐代，颜师古在为上述史记作注时说："越人习于水田，又新至未有业，故与之也。"⑤ 而唐朝的时候，人们已开始将水田和水稻田混淆了。实则，水田和稻田两者所指并不相同：稻田的重点在稻，水田的重点在水。也就是说，最初，水田与稻田并不相同。

秦汉魏晋南北朝时期，北方所称的"水田"也没有与种植水稻联系起来。水稻原本是在水资源丰富的自然条件下的一种农作选择，而北方所谓的"水田"恰恰是在水源缺乏、种植常规旱地作物都有困难的情况下，为了发展农业生产而出现的一种农田。《魏书》中多处提到北方水田，如，北魏孝文帝太和十二年（488 年），"诏六镇、云中、河西及关内六郡，各修水田，通渠溉灌。"⑥ 又"北蕃连年灾旱，高原陆野，不任营殖，唯有水田，少可蓄苗。"⑦ 这两处水田所涉区域仍然在西北，且都没有提到种稻。前一处只是提出修水田的要求，并没有考虑修水田的条件。后一处更指在连年灾旱的情况下，只有少数有人

---

① 《宋史》卷一百七十六《食货上四·屯田》。
② 董婷婷、王振颖、武玉峰：《水浇地与旱地分类的研究进展》，《遥感信息》2010 年第 4 期，第 130 页。
③ 如，魏史起引漳水溉邺，以富魏之河内。民歌之曰："邺有贤令兮为史公，决漳水兮灌邺旁，终古舄卤兮生稻粱。""稻"指水稻，"粱"则表示水稻之外的其他粮食作物。
④ 《后汉书》卷四十上《班固传》引班固《西都赋》，中华书局 1973 年版，第 1338 页。
⑤ 《汉书》卷二十九《沟洫志九》。
⑥ 《魏书》卷七下《高祖纪》。
⑦ 《魏书》卷四十一《源贺传》。

工灌溉的农田，才可以进行耕种，而大部分则由于连年干旱，不适合于农业生产。很显然，这两处提到的所谓"水田"都不是用来种稻的。

现代意义上的"水田"一词首先出现在南方，或者说"水田"一词只是到了南方以后才与种稻等联系起来。《论衡·商虫》说："陆田之中时有鼠，水田之中时有鱼、虾蟹之类，皆为谷害。"① 有鱼虾蟹之类存在的水田肯定是可以蓄水并且已经蓄水的农田。显然，这里的水田符合现代水田的概念。《论衡》的作者王充是东汉时会稽上虞人氏，而以会稽为中心的百越之地自古以来便是稻作中心地之一。汉唐时期，这里实行的"火耕而水耨"水田耕作方法与北方旱地农业形成了鲜明的对比。随着南北接触的增加，北方人也开始将南方人所经营的稻田等称为"水田"。

《南齐书·徐孝嗣传》载：

> 是时连年房动，军国虚乏。孝嗣表立屯田曰："……淮南旧田，触处极目，陂遏不修，咸成茂草。……今水田虽晚，方事菽、麦，菽、麦二种，益是北土所宜，彼人便之，不减粳稻。"②

徐孝嗣（453—499），字始昌，东海郯（今山东临沂郯城）人。传中这段文字透露出以下一些信息：淮河以南的水田原本种植粳稻，但由于连年战乱，水田失修，种植粳稻时机已错过，改种菽、麦。对于因战乱避难逃亡到南方的北方人来说，种菽、麦更符合他们的心愿。由此，我们可以肯定北方人在和平的环境里，在安居乐业的情况下，不会为了自己不便的粳稻而放弃便宜的菽、麦，来开发种植水稻的水田。据此也可以反过来证明，历史上北方所谓的"水田"是包括稻田在内的具备人工灌溉条件的水浇地，它可能种稻（包括旱稻和水稻），但以种植旱粮作物为主。

从历史文献记载来看，北方水田与种稻直接联系起来出现在唐代。唐代宗广德二年（764年）三月，户部侍郎李栖筠奏请刑部侍郎王翊充京兆少尹。翊奏拆京城北白渠上王公寺观碾硙七十余所，广水田之利，计岁收粳稻三百万石。③ 这里将"水田之利"和"岁收粳稻"直接联系起来，显见水田是计划用来种植水稻的。

唐宋以后，在南方人心目中，"水田"专指水稻田，"水田"和"稻田"已混言不别。随着经济重心南移，受到南方"水田"概念的影响，北方也开始受到南方的影响。李栖筠虽然是河北人，但此前曾在江浙一带为官，对于水田稻作并不陌生，故而将广水田之利与粳稻种植联系起来。

---

①　〔东汉〕王充：《论衡》十六卷《商虫四十九》。

②　《南齐书》卷四十四《徐孝嗣》。

③　《唐会要》卷八十九《碾硙》。

入宋以后，水田与种稻的联系更加紧密。如，北宋淳化年间，临津令黄懋上封事，盛称水田之利。黄懋是福建人，在他的心目中，水田就是稻田。在他的游说之下，淳化四年（993年）春，朝廷诏六宅使何承矩等，督成兵一万八千人，自霸州界引滹沱水灌稻为屯田。① 又如，北宋大中祥符五年（1012年），帝以江、淮、两浙稍旱即水田不登，遣使就福建取占城稻三万斛，分给三路为种，择民田高仰者莳之。② 在宋代政府的税收中，也规定"凡民水田亩赋秔米一斗，陆田豆麦夏秋各五升"③。宋以后，水田与稻田的概念似乎已没有区别。于是学者们便创造出"水利田"④ 这一概念来取代先前的"水田"概念，以表示灌溉农田。

三、对"水田"的误解

不幸的是，自古以来人们更多地把水田与水稻联系起来，甚至将二者混为一谈。水田被误解之后，最初出现在《后汉书》中马援"开导水田，劝以耕牧，郡中乐业"的史事，到《水经注》中变成了"昔马援为陇西太守六年，为狄道开渠，引水种秔稻，而郡中乐业"。⑤ 从"水田"到"引水种秔稻"的文本变化，难道也是"层累地造成的中国古史"？

从文献记载来看，北方历史上的确存在过水田，且有的水田的确种植过水稻。但这些在主张北方发展水稻种植者心目中，都成了北方种稻的根据。北宋初年，陈尧叟在引述晋代傅玄有关水田的论述时，虽然没有明确提到种稻，但意图非常明显，这就是通过水利垦田，在陈、许、邓、颍暨蔡、宿、亳、寿春等地发展水稻种植，因为他提到水利垦田所需要的劳动力由"江、淮下军散卒及募民充役"⑥，而这些来自江淮等地的军民熟悉水稻生产，正好可以发挥作用。尽管他的建议获得了皇帝的嘉奖，但并未得到实施。后来许多主张北方（古称西北）种稻的士人也都提到从江、淮引进技术和劳力。

被误解的水田，在一个注重祖宗成法的国度里，通过有心人的刻意解读，影响到政府政策的制订，从而也引发了旷日持久的争论。入宋以后，基于对北方农业历史的了解和自然条件的认识，一部分士人认为，北方可以开发水田，种植水稻，以此减少京师对漕运的依赖，确保粮食安全，进而减轻江南农民的负担。持这种观点的人以南方籍士人为多。一部分人则认为，北方不宜种植水稻，也无需兴修水田。持这种看法的人以北方人居多，他

---

① 《宋史》卷九十五《河渠五·河北诸水》。
② 《宋史》卷一百七十三《食货上一·农田之制》。
③ 《宋史》卷一百七十六《食货上四·屯田》。
④ 《通典》和《文献通考》都有专章讨论"水利田"，可以参考。
⑤ 〔北魏〕郦道元著，王国维校：《水经注校》，上海人民出版社1984年版，第58页。
⑥ 《宋史》卷一百七十六《食货上四·屯田》。

们不仅担心兴水种稻之举劳民伤财、劳而无获，更担心自己的一些既得利益受到损害，或种稻成功之后，南方的赋税负担将转移到北方。双方都将水田与水稻混为一谈，加以支持或反对，而不以任何的区隔。两种观点从宋元一直争论到明清，相持不下，北方的种稻活动也就在这种争论中断断续续。

当初，何承矩在河北屯田种稻时，很多人都表示质疑，赶上头年种稻，由于用的是晚稻品种，值霜不成，反对的声音越来越大，事情差点就此作罢。第二年改用七月即熟的江东早稻，最终在当年八月获得收成，反对的意见总算是平息下去了。但这件事情并没有坚定人们在北方发展稻作的信念，从整个北宋时期河北沿边地带的种植情况来看，"虽有其实，而岁入无几，利在蓄水以限戎马而已"①，水田更多的是作为一种军事防御工事而存在。

由对水田误解所引发的争论在北宋熙宁年间达到了高潮。作为王安石改革的重要内容之一，熙宁二年（1069 年）十一月出台的《农田水利法》（又称《农田利害条约》），原本以开垦荒地、改善生产条件为目标，条约中也没有一字明确提到种稻，但在执行的过程中片面强调水稻种植，甚至"欲化西北之麦陇，皆为东南之稻田"②。一些原本不具备水稻种植条件的地区盲目发展水稻种植。为了使河北、河东、陕西等路的旱地变作水田，种植水稻，熙宁三年四月下诏："今来创新修到渠堰，引水溉田，种到粳稻，并只令依旧管税，更不增添水税名额。"③试图通过税收调节鼓励在北方干旱地区发展水稻种植。在这一过程中，取得了一些成绩，如在京西南路的唐州，经过知州赵尚宽等人大力兴建农田水利之后，原本不知稻为何物的唐州百姓，一下子认识并接受了水稻种植，使"昔之菽粟者多化而为稌"④。苏轼也为之感叹，"嗟唐之人，始识秔稌"⑤。

但由对水田误解所引发的争论也随之而来。京西北路的陈州、颍州之间旧有八丈沟，绵亘三百五十余里，是三国时邓艾大兴水田之处，后世埋塞。《农田水利法》出台后，殿中丞陈世修请求因其故道，量加浚治，并配合河川整治，俾数百里复为稻田，并获得了神宗皇帝意向性同意。⑥但在朝廷上下却引发了一部分人的反对。反对者中包括肯定唐州种稻的诗人苏轼。苏轼身为南方人，对其家乡四川眉州一带的稻作非常熟悉，也热衷于稻作技术的推广，他曾为汝阴县百姓朱宪往淮南籴稻种遭到拦截而上奏请求放行⑦，也曾将他

---

① 《宋史》卷一百七十六《食货上四·屯田》。
② 〔北宋〕黄庭坚：《山谷诗注内集外集别集（九）》，中华书局 1985 年版，第 8 页。
③ 〔清〕徐松：《宋会要辑稿》食货七之二〇至二一，中华书局 1957 年版。
④ 〔北宋〕王安石：《王安石全集》卷三十八《新田诗序》，宁波等译，吉林人民出版社 1996 年版，第 393 页。
⑤ 〔北宋〕苏轼：《苏东坡全集·前集》卷十九《新渠诗》，中国书店 1986 年版，第 261 页。
⑥ 《宋史》卷九十五《河渠五·河北诸水》。
⑦ 〔北宋〕苏轼：《苏东坡全集·奏议集》卷十《奏淮南闭籴状二首》，中国书店 1986 年版，第 530 页。

在武昌一带看到的水稻移栽农具秧马在江西、广东、浙江、江苏一带推广，还仔细观察过水稻的生长，撰文介绍他在岭南期间所发现的水稻品种。但他对于在北方地区是否种植水稻的态度却趋于保守，在开八丈沟种植水稻的问题上，他持否定态度。他上书皇帝，反对开沟种稻，声言"汴水浊流，自生民以来，不以种稻"①。

北宋以后，围绕着水田种稻的争论并没有停止，且愈演愈烈，争论的问题仍然是围绕着京师周边地区是否需要和可能兴水种稻，只不过随着中国政治中心的转移，争论的区域由开封附近转移到了北京周边，特别是京东地区。争论的双方都体认到保障京师粮食安全的重要性，只是在如何保障粮食安全问题上发生了分歧。占主导性的意见是，国家必须优先通过漕运来保障京师粮食安全，水利必须为漕运服务。而引发争论的意见是，水利可以并且应该为农业服务，通过在京师周边地区兴水种稻，增加粮食供应，减少对南方漕运的依赖。元泰定年间（1324—1328 年），虞集首倡开发北方，特别是京东地区的水利，用浙人之法，筑堤捍水为田，但没有得到实施。② 明万历年间，徐贞明（约 1530—1590）等又提出了兴修水田的倡议，但同样也遭到了抵制。

争论系由对水田的误解而引发。因为自宋代以来，无论是南方人还是北方人，也无论是支持者还是反对者，都把水田与水稻联系甚至等同起来。两宋时期，江西和两浙一带的农民都努力将山地和陆地"施用功力，开垦成水田"，种植水稻。两浙和江西抚州等地的地方官员均一度对这种改造过的田亩增收亩税，③ 可见当时改良过的田亩为数之多。据南宋江西金溪人陆九渊的估计，当时荆门军的陆田如果在江东、江西，80%～90%都改为旱田，种植旱稻。④ 元明清时期，大量的南方人进入北方，他们把在南方的许多做法带到了北方。水利营田便是为旱改水，"易黍粟以秔稻"⑤ 创造条件，故徐贞明在《潞水客谈》中"只言水田耳，而不言旱田"⑥。徐光启等人虽然深知"北方之可为水田者少，可为旱田者多"⑦，但依然热衷于在北方地区发展水稻种植，并身体力行在天津等地进行屯垦试验，在其所上《垦田疏》中更将水田种稻作为垦田成绩考核的主要指标，提出"凡垦田，必须水田种稻，方准作数"⑧。而对大多数的北方人及反对者而言，他们也把水利与水稻等同起来，同时又认为北土高燥，不宜种稻，最烦黍、麦改作水稻，并因反对种水稻，进

① 《宋史》卷三百三十八《苏轼传》。
② 〔元〕虞集：《道园学古录》卷六《送祠天妃两使者序》；《元史》卷一百八十一《虞集传》。
③ 〔清〕徐松：《宋会要辑稿》食货六之二六至二七，中华书局 1957 年版。
④ 〔南宋〕陆九渊：《象山先生全集》卷一六《与章德茂三书》，中华书局 1980 年版，第 205 页。
⑤ 《清史稿》卷一百二十九《河渠四·直省水利》。
⑥ 〔明〕徐光启：《农政全书》卷十二《水利》。
⑦ 〔明〕徐光启撰，石声汉校注：《农政全书校注》，上海古籍出版社 1979 年版，第 308 页。
⑧ 〔明〕徐光启撰，石声汉校注：《农政全书校注》，上海古籍出版社 1979 年版，第 214 页。

而反对兴修水利。

北方水田种稻事业在争论中缓慢而又曲折地前行，并在清康熙、雍正及道光年间出现过几次水利营田种稻的高潮。其中雍正四年至八年（1726—1730年），以种植水稻为目标的水利营田更达到了登峰造极的地步。水利营田种稻以一种自上而下的方式在京东大地展开。一些地方为了迎合上意，不惜采取行政命令的手段，在短短的三四年间，营治稻田六七千余顷。但与此同时，来自民间的抵触情绪也在日渐高涨，因而随着雍正八年主事者怡贤亲王的过世，水利营田府解散，第二年，即雍正九年，很多新开的稻田便改成旱田了。特别是乾隆年间"听民之便"的诏令出台，一些"不能营治水田，而从前或出于委员之勉强造报者"，"改作旱田，以种杂粮"，水利营田出现萎缩。① 不过仍有一些人没有放弃兴水种稻的努力，修水田与废水田的斗争也一直没有停息。

近千年来，围绕着北方水利的争论一直持续不断，而水利又是围绕着水田来展开的，水田又是围绕着水稻来展开的。支持者因为水稻而支持，反对者因为水稻而反对。实际上，都是由对水田的误解造成的。这个误解就是简单地将水田等同于水稻。

四、"水田"本义的回归

水田，与旱地相对而称，原本是指有人工灌溉的农田，它可以种植水稻，也可以种植旱地作物。种植水稻等水生植物的水田，又称为稻田，和一般水田不同，它有田埂，可以蓄水。南方称水稻田为水田；北方称水浇地为水田，与水田相对而称的是白田，指的是没有人工灌溉的农田。

从历史发展的角度来看，最初出现在西北的水田，原本是指水浇地；后来出现在华北的水田，也以水浇地为主，但部分已可种稻（尤其可能是指旱稻）。也就是说，水田和水稻之间原本没有等号，水田可以种水稻，也可以种其他旱地作物，尤其是将水田理解为水浇地时，它甚至与水稻并不相干。只是到了南方以后，水田才与水稻绑定。这一绑定之后，通过南方籍士人在朝廷内外所施加的影响，无论是政策的制订，还是执行，都呈现出以稻田为导向的倾向。

唐宋以后人们将水田理解为稻田，兴修水利被简单地理解成发展水稻，引发了许多争论。主张在北方兴修水利的人，着眼于发展稻作，甚至唯水是务，唯稻是种；而反对在北方发展稻作的人，也因而反对兴修水利，最终不仅影响到水稻的扩张，也影响到水利的兴修。兴也水稻，废也水稻。

---

① 《清朝文献通考》卷七《田赋考》。

但回顾历史也会发现在水田被误解进而影响政策走向、执行偏差的同时，也有理性看待水利与垦田问题的清醒者，他们将北方与南方分开，将水利与水稻分开，把兴修水利、改善灌溉条件与农业的全面发展结合起来，这在很大程度上已回归北方水田最初的本义。

明万历年间，江西贵溪人徐贞明的《西北水利议》虽以种稻为目标，但并未一体强调种稻，因而提出"地宜稻者以渐劝率，宜黍、宜粟者如故，而不遽责其成"①，在目标坚定的同时，展现出某种策略上的灵活性。但徐终究因为发展水田而受到攻击，好在有同为南方籍官员首辅申时行（1535—1614）为其解围，方才免于入罪。南直隶长洲县（今属苏州市）人申时行认为，水利垦田要从实际出发，防止盲目发展，强调"黍、麦无烦改作"②，这在一定程度上纠正了唯水田种稻是务的水利发展方向。在徐贞明失败十余年后，浙江乐清人赵士桢（约1552—1611）在总结其失败的经验教训时指出，"贞明，儒者，不知南北土壤异性，耕稼异法，即民间成熟旱田亦强开水田。民心不服，议论蜂起，坐致不终其事，良由狃于一偏之见害之也。使当相其流泉，度其土原，水田旱田并垦，南人北人互用，因地之宜，从人之便，月开一月，年拓一年，三事就绪之后，广畜牧，事蚕桑，求鱼盐之利，至今十有余年，则北直、山东沿海千有余里之地，物产之饶，当不让江南矣。"③ 浙江嘉善人袁黄于万历十六年至二十年（1588—1592年）任宝坻县知县，他积极致力于水稻种植，曾在该县的葫芦窝等地进行试种示范。但他认为，"本县高乡宜花、宜麦、宜麻、宜黍、宜谷者，悉仍其旧。"安徽桐城人左光斗（1575—1625）也认为，在北方地区开展屯田水利，如果一律强调种稻，恐怕一下子很难实行，而必须"随其高下，听其物宜，宜粱、宜菽、宜薏、宜芋、宜蔬，惟意所适"④。同样，徐光启虽提出垦田"必须水田种稻，方准作数"，但也认可具备灌溉条件的旱田，甚至认为，"远水之地自应种旱谷，若凿井以为水田，此令民终岁撢撢也?"⑤ 这反映了南方人对于北方水利所持有的务实态度。特别是随着对北方了解的深入，南方士人对于北方水利的看法更趋实际。清康熙年间的大臣福建安溪人李光地（1642—1718）在《请兴直隶水利疏》中便提到："查北方土性往往苦旱为多，然麦、谷、黍、豆之类，原属旱种，稍得浇灌，便获收获，非若南方纯赖稻田，必日日浸润者比也。"⑥ 同样，北方的部分有识之士也并非一味反对种稻。他们支持水利，不反对水田，主张农业全面发展。清雍正年间，直隶文安人陈仪在积极倡导

① 《明史》卷二百二十三《徐贞明传》。
② 《明史》卷八八《河渠志六》。
③ 〔明〕赵士桢：《倭情屯田议》，中华书局1991年版，第5页。
④ 〔明〕左光斗：《左忠毅公集》卷之二《足饷无过屯田疏》。
⑤ 〔明〕徐光启撰，石声汉校注：《农政全书校注》，上海古籍出版社1979年版，第214、112页。
⑥ 《畿辅通志》卷九十四；又〔清〕吴邦庆辑，许道龄校：《畿辅河道水利丛书》，农业出版社1964年版。

水利营田，"变汙菜为秔稻"的同时，并未因此提出以水田取代旱田，而是主张因地制宜，水旱相济，他说："北地冬春多旱，甘霖尝于五、六月，然过多恒为高田之害，初夏养苗，可借润于河及泉，迫插秧时，正雨之时，水田可无忧旱，高田既苦雨多，宜浅于水田，亦可无忧潦，此营田之便也。"按照他的设想，"期以十年，粳稻与黍稷就并茂矣。"① 可惜的是，陈仪的思想并未改变在实际执行过程中出现的向粳稻一边倒的现象，各地上报的水利营田面积也都是以营治稻田作数。

　　经过雍正年间水利营田躁进之后，到乾隆年间又归于理性，并对水利营田中所出现的偏差进行了批判。乾隆二十七年（1762 年），皇帝诏谕："物土宜者，南北燥湿，不能不从其性，倘将洼地尽改作秧田，雨水多时，自可藉以储用，雨泽一歉，又将何以救旱？以前近京议修水利营田，始终未收实济，可见地力不能强同。"② 有组织的水利营田活动停止了，依靠行政命令所开垦出来的水田，被允许在百姓自愿的情况下，改种旱田杂粮。以后虽然在这个问题上还有反复，但总体上趋于理性。这也是北方农田水利经过近千年的反复之后所得出的结论。道光二十三年（1843 年），直隶总督讷尔经额（？—1857）在总结水利发展经验教训时指出，"全省水利，历经试垦水田，屡兴屡废，总由南北水土异宜，民多未便。而开源、疏泊、建闸、修塘，皆需重帑，未敢轻议试行。但宜于各境沟洫及时疏通，以期旱涝有备，或开凿井泉，以车戽水，亦足裨益田功。"在水利等同于水田、水田等同于水稻的错误观念被否定之后，原本意义上的水利和水田得以回归。

　　回归本义的水田，不与水稻等同，而重在改善农田排灌条件。水稻不再是水利的唯一目标，但也不必有意回避。顺天霸州人吴邦庆（1765—1848）说："修成水利之后，……但资灌溉之利，不必定种秔稻，察其土之所宜，黍、稷、麻、麦，听从其便。""畿辅诸川，非尽可用之水，亦非尽不可用之水；即用水之区，不必尽可艺稻之地，亦未尝无可以艺稻之地。"③ 安徽泾县人包世臣（1775—1855）则认为，欲遍畿辅之地，通为水田固难，若只于近京数百里之内，择近河可通舟处，相地脉，开沟渠，招集江浙老农，择嘉种，分试地力，但得三四十里，可开垦处三四处，尚非难事。④ 不过在江西上高人李祖陶（1776—1858）看来，如果还是拘泥于在北方种稻，犹似不合时宜、土宜。他认为，海盐人朱尚斋的观点可以补充和完善包世臣的观点，即在北方"少种稻而多种麦黍"，具体的比例是"取十之二营为水田以种稻，……其八先种麦，后种黍"，这样做"为功差易，又

---

① 民国《文安县志》卷九《艺文志》。
② 《清史稿》卷一百二十九《河渠四·直省水利》。
③ 〔清〕吴邦庆辑，许道龄校：《畿辅河道水利丛书》，农业出版社 1964 年版，第 634、353 页。
④ 〔清〕包世臣：《包世臣全集》，黄山书社 1994 年版，第 67 - 68、184 页。

足以合人情，而宜土俗"。① 从北方水田支持者的角度来看，朱尚斋的观点显然有点保守，但这个保守的观点却符合北方实际。历史事实证明，从古至今，北方旱地作物始终居于主导地位，水稻种植面积占耕地种植面积的比例始终不足1%。②

从上述论述中可以看出，在围绕着北方是否需要开发水田、如何开发水田的争论中，北方水田的本义虽已回归，但最初北方水田的概念却一去不复返。唐宋以后，直到明清时期，本义上的"水田"这一概念，很大程度上为"水利田"所取代。

五、也释"白田"兼"水田"

北京大学辛德勇教授在《释"白田"》③一文中提到，"白田"一词首见于《晋书·傅玄传》。传中引傅玄奏疏提到"近魏初课田，不务多其顷亩，但务修其功力，故白田收至十余斛，水田收数十斛"。④ 以为"白田"既与"水田"相对举，其指称旱田，当略无疑义。在此基础上，辛先生又进一步发现，"白田"后世又有称作"白地"或"陆地"，皆与"水田"相对。不过，辛先生在解释"白田"时，引述宋代《陈旉农书》关于水稻秧苗播种"插栽技术"的论述："若气候尚有寒，当且从容熟治苗田，以待其暖。……多见人才暖便下种，不测其节候尚寒，忽为暴寒所折，芽蘖冻烂瓮臭，其苗田已不复可下种，乃始别择白田，以为秧地，未免忽略。"⑤ 认为这里与"白田"对举的田地，自属种植稻谷的水田，可知诸书所记"水田"，亦应同属此等与旱田相对应的土地。这里可能是误解了陈旉的原意。笔者认为，陈旉这里所谓的"白田"，不同于前面与"水田"相对而称的"白田"，而是指尚未种植作物或秧苗的空白田地，这也是保留在现代汉语中"白田"和"白地"的意思。同样，唐宋以前的所谓"水田"，也不单指水稻田（Paddy Field），而是指水利田（Irrigated Field）。

熟悉稻作农业和农业史的学者知道，水稻育秧移栽技术的出现，主要是为了延长作物的生长时间，强化作物的苗期管理，同时也便于除草和肥水管理等作业。但与时间赛跑的后果之一，便是由于提前播种，天气尚寒，引发冻害，出现烂秧。这是自有水稻育秧移栽技术以来，直至今天仍然要面临的问题。陈旉所说的就是要如何防止水稻烂秧，以及烂秧发生之后的处理应对方法。陈旉认为，发生过烂秧的秧田，在当年已不复可下种（因为腐

---

① 〔清〕李祖陶：《漕粮开屯议》，载葛世浚编：《清朝经世文续编》卷四十《户政十七》，光绪十七年上海广百宋齐桥印。
② 韩茂莉：《中国历史农业地理》，北京大学出版社2012年版，第473-474页。
③ 辛德勇：《纵心所欲——徜徉于常见与稀见书之间》，北京大学出版社2011年版，第159-163页。
④ 〔唐〕房玄龄等：《晋书》卷四十七《傅玄传》，中华书局1974年版，第1321页。
⑤ 〔南宋〕陈旉：《陈旉农书》卷上《善其根苗篇》，知不足斋丛书本。

烂的秧苗释放出来的毒素或未经腐烂的秧苗都会对再次播种的秧苗不利），且种秧失败后的秧田再行整治也需要时间，影响再播秧苗的生长和移栽，必须另外选择没有种过秧苗或其他作物的所谓"白田"，作为秧田。很显然，陈旉这里所说的"白田"，指的是"空白田"。"空白田"可能是水田，也可能是旱地。因为在宋代时水田育秧已比较普遍，但同时旱地育秧也已出现。① 但这里的重点不在田地的水旱，而在田里是否有作物种植。"别择白田，以为秧地"，译为现代汉语就是另外选择一块尚未种植作物的农田，来作为种秧地。不过陈旉并不赞成这种做法，因为这样一来，必然会导致种子和土地资源的浪费。所以陈旉认为，这种做法"未免忽略"。遗憾的是，陈旉所批评的情况在历史上不在少数。由于自然和技术等方面的因素，烂秧现象时有发生，而秧烂之后，必然另觅空白田地重新育秧。故历史上有所谓"重种二禾"之说。顺便指出，辛先生所引《陈旉农书》为该书卷上《善其根苗篇》中的文字，该篇主要讲的是水稻育秧，不及所谓"插栽技术"。

与陈旉所说"白田"相类似的，在宋代还有所谓"白涂田"。"吴人以一易、再易之田，谓之'白涂田'，所收倍于常稔之田。而所纳租米亦依旧数，故租户乐于间年淹没也。"② 涂田，本是东南沿海沿江地区利用滩涂所开发的农田。它和中土大河之侧及淮湾水汇之地所开发的淤田有异曲同工之妙。③ 白涂田与称为"白田"的旱田没有任何关系，因为它并不缺水，而是受水太多。受潮水的影响，这种农田极不稳定，经常被潮水淹没而无法种植，呈休闲状态，因此称为"白涂田"，这里的"白"也是空白的意思，即涂田上没有作物。涂田上没有作物负担，地力得以恢复，加上潮水带来的淤泥也有相当的肥效，赶上好的年景，则会有加倍的收成。即农谚所说的"十年九不收，一熟十倍秋"，而租税负担却并没有因此增加。这也就是"白涂田"受到吴人欢迎的原因。

用"白"来形容没有种庄稼的田地，在宋人笔下还有"荒白"一词，表示土地撂荒，没有种庄稼，而自然生长了一些杂草。如，南宋嘉定八年（1215 年），左司谏黄序奏："雨泽愆期，地多荒白，知余杭县赵师恕请劝民杂种麻粟豆麦之属。"④ 又南宋黄震在江西抚州任上时，"本州顷三岁连旱，至去秋而剧。今春贵籴，米升百钱，人多饿死，田多荒白，此某亲行阡陌得之，目见分明。"⑤ 南宋人李曾伯也提到，"然且庾粟腐红之未见，田

---

① 〔宋〕王得臣《麈史》卷三载："安陆（今湖北安陆）地宜稻，春雨不足，则谓之打干种。盖人、牛、种子倍费。元符己卯（1099 年）大旱，岁暮，农夫告曰：来年又打干矣。盖腊月（农历十二月初八）牛曝泥中则然。明年果然。"

② 〔南宋〕范成大：《吴郡志》卷十九《水利上》，江苏古籍出版社 1999 年版，第 271 页。

③ 〔元〕王祯撰，缪启愉译注：《东鲁王氏农书译注》，上海古籍出版社 1994 年版，第 600 页。

④ 〔元〕脱脱：《宋史》卷一百七十三《食货志》，中华书局 1977 年版，第 4178 页。

⑤ 〔南宋〕黄震：《黄氏日抄》卷七十五《申转运司乞免派和籴状》。

莱荒白之尚多，非得实能，曷堪并任？"① "荒白"还可以当作动词，相当于荒芜、撂荒，或抛荒。明唐顺之《公移·牌》："佃户饥饿责在本田主身上，稍稍借贷度日……亦免其流移，荒白田土。"白田，既是没有长庄稼的空白田，自然也就包括所谓的荒田，所以"白田"又可以当荒田讲。清陶澄《苦雨词》："鄱江弥弥吹雨天，五月无禾成白田。""无禾成白田"，是对白田最好的注解。此处白田非但不是因为无水干旱，而是因为洪水泛滥。如同用作旱地解释时的白田又称为白地一样，表示没有庄稼、树木和房屋的土地。

综上所述，古人所说的白田或白地，实际上有两个意义，一是指旱地；二是指空地。明了这一点，我们再来看看辛文所引述的一段所谓"李树神异"的故事。

"田中不得有树，用妨五谷"②，这本是种田人的常识，《齐民要术》引经据典对这一常识进行了充分的解释，曰：

> 五谷之田，不宜树果。谚曰："桃李不言，下自成蹊。"非直妨耕种，损禾苗，抑亦惰夫之所休息，竖子之所嬉游。故齐桓公问于管子曰："饥寒，室屋漏而不治，垣墙坏而不筑，为之奈何？"管子对曰："沐涂树之枝。"公令谓左右伯："沐涂树之枝。"期年，民被布帛，治屋，筑垣墙。公问："此何故？"管子对曰："齐，夷莱之国也。一树而百乘息其下，以其不梢也。众鸟居其上，丁壮者胡丸操弹居其下，终日不归。父老拊枝而论，终日不去。今吾沐涂树之枝，日方中，无尺阴，行者疾走，父老归而治产，丁壮归而有业。"③

但现实生活中，却经常出现一些违反常识的事情。辛文中所引"张助种李"的故事就是一个典型的例子，兹迻录如下：

> 汝南南顿张助，于田中种禾，见李核，意欲持去，顾见空桑中有土，因殖种，以余浆溉灌。后人见桑中反复生李，转相告语。有病目痛者，息阴下，言："李君令我目愈，谢以一豚。"目痛小疾，亦行自愈。众犬吠声，因盲者得视，远近翕赫，其下车骑常数千百，酒肉滂沱。间一岁余，张助远出来还，见之，惊云："此有何神？乃我所种耳。"因就斫也。④

辛先生说，田中有桑，诸人且可群相往来息止于树下，自然应属旱地，而不会是水田。这固然不错。但旱地与"白田"之间并不可以画等号，白田既可能是指旱田，但也可

---

① 〔南宋〕李曾伯：《可斋杂蘽》卷十《兼湖广总领屯田使谢宰执》。
② 〔汉〕班固：《汉书》卷二十四上《食货志四上》，中华书局1962年版，第1120页。
③ 〔后魏〕贾思勰著，缪启愉校释：《齐民要术校释》，农业出版社1982年版，第51-52页。
④ 〔汉〕应劭著，吴树平校释：《风俗通义校释》，天津古籍出版社1980年版，第342页。

能是指空田。何以晋人葛洪所著《抱朴子》在讲述同一故事时，出现"耕白田"[①] 的字样？我以为这里所谓的"白田"可能更多的是当空白田讲，即田中还没有种上树木和庄稼。因为田中空白，所以张助很容易发现不该在田中出现的李核，复又因担心李树长起来后，影响田禾，便捡拾起来种之桑中。一个简单的行为，引发了一桩神奇的故事，进而影响到今人对白田的理解，实在是为当事者张助所始料未及。

辛文在强调白田为旱田的时候，并没有对旱田何以名为白田做出解释，而这正是理解"白田"的关键。众所周知，水田之所以称为"水田"，是因为田中有水；那么，旱田何以称为"白田"？我以为，白田之所以得名是因为田中无水（当然不是绝对的无水），而田中无水被称为白田则是与古人对土壤的观察有关。土壤的颜色深浅和土壤的含水量是有关系的。土壤含水量高时，土壤的颜色较深；而土壤含水量少时，土壤的颜色较浅，旱地之所以称为"白田"，是因为土壤中含水分较少的缘故。受重力的影响，水往低处流，地势高的土壤容易失水，并呈浅白色，而地势低的土壤则因受水多而呈现深黑色。是故古人有"黑地、微带下地"和"高壤白地"的说法[②]，土壤之黑白与地势之高下是有关联的。

高壤白地除地势高、受水少，还与蒸发量大、土壤盐碱化有关，土壤表面形成白色结晶，也是旱田称为白田的原因之一。因此，白田、白地更多地与盐碱地联系在一起，此类农田往往比较瘠薄，并不适合于粮食生产，勉强种植，收成也低，只有水田（即水稻田或水浇地）的数分之一。故贾思勰建议用之于种树，而不是种谷。他说："其白土薄地不宜五谷者，唯宜榆及白榆。"[③]

土壤中含水量减少，土壤的颜色发白，由于重力作用，水分下渗，翻耕过后的泥土，总是最上面的表土最先失去水分而发白，古人观察到这种现象，并将其视为土壤耕作的信号。《齐民要术》："秋耕待白背劳。春既多风，若不寻劳，地必虚燥。秋田堁实，堁劳令地硬。谚曰：'耕而不劳，不如作暴。'盖言泽难遇。喜天时故也。"所谓"白背劳"，是指翻耕后的土垡最上部分先脱水变白，这时就必须进行耱劳。又"苗既出垅，每一经雨，白背时，辄以铁齿镉榛纵横杷而劳之"，指的是雨后，必须等上部分脱水发干变白后才耱劳，而不是雨停即劳。这样的原则也适用于麻、麦类等作物的种植，"待地白背，耧构，漫掷子，空曳劳。截雨脚即种者，地湿，麻生瘦；待白背者，麻生肥"。"须麦生，复锄之。到榆荚时，注雨止，候土白背复锄。如此则收必倍。"又"凡种下田，不问秋夏，候水尽，地白背时，速耕，杷、劳，频烦令熟。过燥则坚，过雨则泥，所以宜速耕也。"[④] 所有这些都是强调必须在雨后

① 〔晋〕葛洪著，王明校释：《抱朴子内篇校释》，中华书局 1986 年版，第 175 页。
② 〔后魏〕贾思勰著，缪启愉校释：《齐民要术校释》，农业出版社 1982 年版，第 16 页。
③ 〔后魏〕贾思勰著，缪启愉校释：《齐民要术校释》，农业出版社 1982 年版，第 243 页。
④ 〔后魏〕贾思勰著，缪启愉校释：《齐民要术校释》，农业出版社 1982 年版，第 24、45、87、94、106 页。

土壤返干的时候进行整地和中耕作业，而不是在雨中进行。"白背"指的是土壤表面干燥变白。一言以蔽之，"白"指的是土壤失水变白。白田之白，即由此而来。

如果上述对"白田"的解释不错的话，那么，我们回过来要对"水田"进行新的解释。水田在后世多解释为水稻田，水稻田为水田自是不错，但并不是所有的水田都是水稻田。如果说旱地是因为失水发白而称"白田"，那么，土壤中尚含有一定的水分，土壤表面尚未发白的农田，其既非水稻田，也不同于一般的白田，也有可能称为"水田"，所谓"地中之濕者皆水"①。准此，则历史上所谓的"水田"也包括具备灌溉条件的水浇地。从这个意义上来说，将辛文所引清人"便水者为水田"②理解成水浇之田也是不错的。

水田，包括水稻田和水浇地，因为具有较好的灌溉条件，产量较之于白田要高出数倍。"故白田收至十余斛，水田收数十斛"，这也就是古人要兴修水利，发展"水田"的重要原因。但这里我们要说的是，水田包括水稻田，但并不等于水稻田。同样，白地是旱地，但旱地并不等于是白地。或者说，白地只是旱地中的一种。《齐民要术·胡麻》说："胡麻宜白地种"。如果说白地即旱地的话，这句话几乎没有意义。贾氏所要表示的意思是，胡麻适宜种植在属于旱地的白地上。

土壤因所在位置和地势之不同，性质差异极大。这不仅事关土地利用、作物种类、产量高低，甚至还直接关系着国家的财政税收。因此，土壤的性质很早就受到人们的关注，其中就包括土壤的颜色。陈旉说："夫山川原隰，江湖薮泽，其高下之势既异，则寒燠肥瘠各不同。大率高地多寒，泉冽而土冷，传所谓高山多冬，以言常风寒也；且易以旱干。下地多肥饶，易以淹浸。故治之各有宜也。"③此前，贾思勰有言："凡耕高下田，不问春秋，必须燥湿得所为佳。"④而土壤的颜色是判别燥湿最直观的标准，也是安排整地时间的主要依据。东汉崔寔《四民月令》曰："正月，地气上腾，土长冒橛，陈根可拔，急菑强土黑垆之田。二月，阴冻毕泽，可菑美田缓土及河渚水处。三月，杏华盛，可菑沙白轻土之田。"此中的"强土黑垆之田"和"沙白轻土之田"皆与土壤的颜色有关，也与土壤的燥湿和耕地的早晚有关。播种也是如此。《齐民要术·杂说》曰："然后看地宜纳粟：先种黑地、微带下地，即种糙种；然后种高壖白地。其白地，候寒食后榆荚盛时纳种。以次种大豆、油麻等田。"⑤即便是整地技术环节的次序，也以土壤的燥湿和颜色来确定。其

① 〔明〕崔铣：《读易余言》卷三《大象说》。
② 〔清〕秦笃辉：《平书》，商务印书馆1959年版，第34页。
③ 〔南宋〕陈旉：《陈旉农书》卷上《地势之宜篇第二》，农业出版社1965年版，第7页。
④ 〔后魏〕贾思勰著，缪启愉校释：《齐民要术校释》，农业出版社1982年版，第24页。
⑤ 〔后魏〕贾思勰著，缪启愉校释：《齐民要术校释》，农业出版社1982年版，第16页。

中"白背"，即土壤表面干燥发白，是耕—耙—耢最主要的依据。贾思勰说："湿耕者，白背速镉榛之，亦无伤；否则大恶也。春耕寻手劳，秋耕待白背劳。……盖言泽难遇，喜天时故也。"[1] 又"旱稻用下田，白土胜黑土。……凡种下田，不问秋夏，候水尽，地白背时，速耕，耙、劳，频烦令熟。"[2] "白背"只是翻耕过后的土地在失水过程中所呈现出来的一种暂时的状态。"白田"则是一种相对稳定的土壤水分稀少的状况。

土壤的颜色是如此重要，故很早就引起了古人的重视。《尚书·禹贡》中用以表述土壤颜色的文字有白、黑、赤、青、黄等，用以表示土壤质地的文字则有涂泥等。不同颜色和质地的土壤，其赋税等级不同，如，冀州"厥土惟白壤，厥赋惟上上错，厥田惟中中"；兖州"厥土黑坟，……厥田惟中下，厥赋贞"；青州"厥土白坟，海滨广斥。厥田惟上下，厥赋中上"；徐州"厥土赤埴坟，草木渐包。厥田惟上中，厥赋中中"；扬州"厥土惟涂泥。厥田唯下下，厥赋下上，上错"；荆州"厥土惟涂泥，厥田惟下中，厥赋上下"；豫州"厥土惟壤，下土坟垆。厥田惟中上，厥赋错上中"；梁州"厥土青黎，厥田惟下上，厥赋下中，三错"；雍州"厥土惟黄壤，厥田惟上上，厥赋中下"。

上述不同颜色和质地的土壤，除涂泥为水稻田外，其余皆属旱地之列，但只有白壤和白坟才可能属于所谓的"白田"或"白地"。白坟，指的是色白而隆起的土壤；隆起是白坟形成的原因，而"海滨广斥"又意味着所谓的"白"跟盐碱有某种关联。

然而，先秦虽有白壤、黄壤之名，但白田、白地之名确始于秦汉以后。辛文推断，"白田"一词的出现于三国时，孙权据有江东，江南土地始深度开发利用，因当地的自然条件最适宜种植稻谷，水田的垦殖面积便在这时得到大幅度扩展。到西晋结束三国分治局面的时候，就全国而言，水田已经成为一种占有重要份额的土地利用形式，所以，才会通行"白田"这一特指旱田的词汇，并且得以与"水田"相并举。进而认为，"白田"这一说法，其本身很可能就是直接由南方普遍垦殖"水田"而衍生出来。南方人因普遍种植水稻而惯于种植稻米，从而在土质稍逊的"白土"上种植旱稻，这应该是一种很自然的做法；也很可能就是因为在南方耕垦的旱地起初主要是这类适于旱稻种植的"白土"，所以，人们才会将旱地称作"白田"，而这种起源于江南水田地区的用法，则随着西晋统一江东，很快通行于全国各地。此为又一可商榷的说法。

我以为，白田和白地的出现，水田和白田的分野，可能与北方水利事业的发达有关。中国北方自有农业以来便以旱地农业为主，在水利事业尚不发达的情况下，所有的农田都是望天田，靠天吃饭。但随着水利事业的发达，一部分农田得到了灌溉，于是就有了水田

---

① 〔后魏〕贾思勰著，缪启愉校释：《齐民要术校释》，农业出版社1982年版，第24页。
② 〔后魏〕贾思勰著，缪启愉校释：《齐民要术校释》，农业出版社1982年版，第106页。

和白田的分野。得到灌溉的农田，成了"水田"，而未经人工灌溉的农田，便成了"白田"或"陆田"。

因水田有灌溉之便，收成既高，且有保障，发展水利灌溉事业便成为历朝历代的施政重点。夏商周时期，北方旱地所发展起来的沟洫农业虽然是以排除积水为主，但人工灌溉也已经出现。《诗经·小雅·白华》："滮池北流，浸彼稻田。"《诗经·大雅·泂酌》："泂酌彼行潦，挹彼注兹，可以濯溉。"都是灌溉兴起的明证。春秋战国时期，农田水利建设得到发展，兴修了芍陂、都江堰、郑国渠、漳水渠等大型水利工程，为农田灌溉提供了便利，同时利用井水和河水进行灌溉。西汉时期，关中等地更出现了农田水利的高潮，兴修了六辅渠、白渠、龙首渠等著名水利工程，极大地改善了当地的灌溉条件，"郑、白之沃"成"衣食之源"①，民得其饶，歌之曰："田于何所？池阳、谷口。郑国在前，白渠起后。举臿为云，决渠为雨。泾水一石，其泥数斗。且溉且粪，长我禾黍。衣食京师，亿万之口。"②

元人姚枢有诗云："浊泾一斛几半区，白田一沃成膏腴。"③ 水利兴修的过程就是变白田为水田的过程。到魏晋时期，经过战国秦汉以来的水利兴修，水田面积增加，人们对于水田好处的认识也越来越深刻。首次提到白田和水田的傅玄认识到："陆田命悬于天，人力虽修，苟水旱不时，则一年之功弃矣。水田之制由人力，人力苟修，则地利可尽。且虫灾之害亦少于陆田，水田既修，其利兼倍。"

尽管唐宋以后人们片面地将水田理解为"水稻田"，而积极致力于在北方旱作地区发展水田稻作农业，甚至"欲化西北之麦陇皆为东南之稻田"④。但我个人更倾向于认为，唐宋以前的所谓"水田"，特别是傅玄笔下的"水田"，可能是指包括水稻田（简称"稻田"）在内的水利田（简称"水田"）。稻田的重点在稻，水田的重点在水，两者所指并不相同。而属于水田之列的水稻田，在唐宋以前，既可以笼统地称为水田，又可以称为稻田，甚至还可以称为"渠田"⑤。由于唐宋以后，"水田"专指水稻田，于是学者们便创造出"水利田"⑥ 这一概念来取代先前的"水田"概念，以表示灌溉农田。

---

① 〔南朝宋〕范晔：《后汉书》卷四十上《班固传》，引〔汉〕班固：《西都赋》，中华书局1973年版，第1338页。
② 〔汉〕班固：《汉书·沟洫志第九》，中华书局1962年版。
③ 〔元〕姚枢：《雪斋集·赋龙池水》，载〔清〕顾嗣立编选：《元诗选二集（上）》卷四，中华书局1987年版，第131页。
④ 〔北宋〕黄庭坚：《山谷诗注内集外集别集（九）》，中华书局1985年版，第8页。
⑤ 如，汉武帝时，在河东守番系的建议之下，"发卒数万人作渠田。数岁，河移徙，渠不利，则田者不能偿种。久之，河东渠田废。予越人。令少府，以为稍入。"此"渠田"当系水稻田，不仅因为渠以通水，更因为经营渠田的越人，正是擅长种植水稻的民族。颜师古在为上述史记作注时说："越人习于水田，又新至未有业，故与之也。"
⑥ 《通典》和《文献通考》都有专章讨论"水利田"，可以参考。

　　从作物来看，秦汉魏晋时期的水利田所种植的作物，既有水稻[1]，也有禾黍，班固《西都赋》所描绘的"沟塍刻镂，原隰龙鳞"，"五谷垂颖，桑麻铺棻"。于此看来，当时所谓"水田"者，指的是水利田，而非专指水稻田。唐宋以后，虽然种稻成为兴修水利的主要目标，甚至提出"凡垦田，必须水田种稻，方准作数"[2]。但在灌溉条件改善之后，其他作物种植也得到发展，如清雍正年间，京东各地在怡贤亲王主持之下，大兴营田水利，"霸、保、文、大之间，禾黍丰而秔稻熟，民享乐利"[3]。正如清人吴邦庆所言："修成水利之后，……但资灌溉之利，不必定种秔稻，察其土之所宜，黍、稷、麻、麦，听从其便。"[4]

　　白田在北方原本一直存在，只是因为有"水田"或"水利田"的出现，相对应之下才有了"白田"一词的出现。要之，"白田"一词的出现可能与南方开发无关，而与北方水利灌溉事业的兴起有关。它是北方旱地农业体系内生出的概念，与南方水田稻作农业无关。倒是原本指水利田的"水田"一词演变成专指水稻田，受到了南方稻作的影响，不过时间是在唐宋以后。

　　一词多义是语文中常见的语言现象，更何况随着时代的变化词义也在发生变化，读者当视其在上下文中的意思加以揣摩，以求得正解。即如"白田"一词，在晋人傅玄的笔下表示没有人工灌溉的旱地，在东晋人俞益期的笔下则表示"种白谷"之田，[5] 而在宋人陈旉的笔下则表示没有种植作物的水田，我们没有必要将其通释为旱田，而在白田与旱地之间画上等号。同样，我们也不能将唐宋以前的所谓"水田"径视为"水稻田"，因为这势必影响到对中国农田水利史上一些重要问题的理解。

　　"奇文共欣赏，疑义相与析。"我虽然不同意辛先生的观点，但高度肯定辛先生的学术敏锐，及对于"白田"等相关问题讨论的首创之功。

---

　　① 如，魏史起引漳水溉邺，以富魏之河内。民歌之曰："邺有贤令兮为史公，决漳水兮灌邺旁，终古舄卤兮生稻粱。""稻"指水稻，"粱"则表示水稻之外的其他粮食作物。
　　② 〔明〕徐光启撰，石声汉校注：《农政全书校注》，上海古籍出版社1979年版，第214页。
　　③ 〔清〕吴邦庆辑，许道龄校：《畿辅河道水利丛书》，农业出版社1964年版，第24、71页。
　　④ 〔清〕吴邦庆辑，许道龄校：《畿辅河道水利丛书》，农业出版社1964年版，第634页。
　　⑤ 〔北魏〕郦道元：《水经·温水注》，据〔清〕王先谦：《合校水经注》，中华书局民国排印本《四部备要》卷三十六。

第二编

稻田农具

水稻插秧器具莳梧考

——兼论秧马*

一、种稻对插秧具械的需求

育秧移栽是传统水稻栽培特有而重要的环节。其不但可以加强秧苗的管理，清除杂草，解决多熟种植所引发的季节矛盾，更使移栽后的稻苗在大田中的分布趋合理，便于田间管理，利于通风透光，促进水稻生长，并最终提高水稻产量。正如明代农学家马一龙在《农说》中所说，"移苗置之别土，二土之气，交并于一苗，生气积盛矣。"但人工插秧是一项技术要求高，且极为劳累的体力劳动，需要占用较多时间。根据调查，插秧用工占水稻生产过程全部用工的比重很高，在中国水稻主产区，江苏、湖南、浙江、广东、广西、江西和安徽数省，插秧工占全部用工的 8%～16.8%[①]。况且插秧工作要集中在短促的期限内完成，否则将影响水稻的后期生长和收成；特别是宋代以后，随着稻田多熟制的发展，在一年两熟或三熟制地区，在插秧的季节里，要先进行前造作物的收获工作然后才能进行插秧，名为"双抢"，即抢收抢种，因之劳力不足情况更为严重。

古人对于插秧的劳累深有体会，为了缓解疲劳，人们总是想尽各种办法，进行各种精神和物质的鼓励。比如插秧时，"男女同下田，各居一边，俱以年老者界其间，排成湾一字形，各取秧把分插，皆伛偻，以退为进。另二人击鼓锣，唱秧歌，亦退而走。鼓缓插亦缓，鼓急插亦急，名'点艺'。横直成行为'上艺'，替换为'接艺'，一人太快上前，众

*　本文原载于《中国农史》2014 年第 2 期，第 125－132 页。

①　林体强等：《水稻插秧机设计研究》，《农业机械学报》1957 年第 1 期，第 1 页。

人俱落后为'勒艺'，鼓锣繁促不唱，插者亦繁促不语，为'催艺'。插毕，彼此互邀饮食，为'洗泥'，又曰'洗犁'。……栽插时，采木叶包裹鱼肉，每人一分，名曰'鲊包子'。"① 历史上田家也曾采取"或互相换工，或唤人代莳包莳"的办法来完成插秧作业，但同样存在问题，"奸人偷力，多将秧稞莳开，每稞相去或至一尺外及尺许不等者"，人为加大行株距，使"一亩地几减秧稞大半，收获鲜少，半由于此"。② 与此同时，人们还试图从工具入手，用机器来代替人工插秧，以减轻劳动负担，同时对劳动者进行保护。秧马和莳梧的出现，便是人们为此所做出的一种努力和尝试。

二、秧马不是插秧器具

北宋时，湖北武昌民间使用一种与水稻移栽有关的农具，名为"秧马"。苏轼于宋元丰三年至七年（1080—1084）谪居黄州（今湖北黄冈）时看到过这种农具。10 多年后的绍圣元年（1094 年）苏轼被贬惠州（今属广东省），南行经江西庐陵（今吉安市）泰和县时，获阅已致仕在家的曾安止所著《禾谱》。苏轼认为：该书"文既温雅，事亦详实。惜其有所缺，不谱农器也"。于是向曾安止介绍了秧马发现的经过及其形制："予昔游武昌，见农夫皆骑秧马。以榆枣为腹，欲其滑；以楸桐为背，欲其轻；腹如小舟，昂其首尾；背如覆瓦，以便两髀，雀跃于泥中，系束藁其首以缚秧。日行千畦，较之伛偻而作者，劳佚相绝矣。"并作《秧马歌》一首附于《禾谱》之末，诗曰：

> 春云蒙蒙雨凄凄，春秧欲老翠剡齐。嗟我妇子行水泥，朝分一垄暮千畦。腰如箜篌首啄鸡，筋烦骨殆声酸嘶。我有桐马手自提，头尻轩昂腹胁低，背如覆瓦去角圭，以我两足为四蹄。雀踊滑汰如兔鹭，纤纤束藁亦可贵，何用繁缨与月题，揭从畦东走畦西。山城欲闭闻鼓鼙，忽作的卢跃檀溪。归来挂壁从高栖，了无刍秣饥不啼。少壮骑汝逮老羸，何曾蹙轶防颠隮，锦鞯公子朝金闺，笑我一生蹋牛犁，不知自有木驲骎。③

苏轼抵惠州后又将秧马介绍给惠州博罗县令林天和，林建议略加修改，制成"加减秧马"④。苏轼又将秧马介绍给惠州太守，经过推广，"今惠州民皆已使用，甚便之"。以后粤北的龙川令将上任时也从苏轼处讨得秧马图纸，带往龙川推广。苏轼碰到浙江衢州进士

① 道光《长阳县志》卷三《土俗》。
② 〔清〕陆世仪：《思辨录辑要》卷十一《修齐类》。
③ 〔北宋〕苏轼：《苏轼文集编年笺注（十一）·秧马歌（并引）》，巴蜀书社 2011 年版，第 408 - 409 页。
④ 〔北宋〕苏轼：《苏轼文集编年笺注（七）·与林天和二十四首之十六》，巴蜀书社 2011 年版，第 229 页。

梁君管时建议梁将秧马在浙江推广，又将秧马图纸带给他在江苏吴中的儿子，嘱其在江苏推广。

　　根据宋代文人诗文集的记载，提到有使用秧马的地点，涉及今湖北武昌，江苏苏州，浙江台州、绍兴，江西上饶、南昌，福建福州等地。后来，秧马被收入元代农学家王祯《农器图谱》，并配上了插图；进而又辗转进入明代徐光启的《农政全书》等农书之中，影响广泛。

图1　王祯《农书·农器图谱》中的秧马

　　但是由于插图不甚精确，加上对于苏轼诗文的理解不同，更有人将误解当作证据，将传言当事实，遂致对秧马的功用产生了分歧：有人认为秧马是一种拔秧的工具，有人认为秧马是一种插秧的工具，还有的甚至认为秧马是一种运秧的工具，还有秧马兼具拔秧、运秧和插秧等多功能之说。以上说法或已远离苏轼当年所见之情形。要正确理解秧马必须正本清源，回归苏轼文本，回归苏轼到过的武昌。

　　本此，我认为秧马为一种辅助拔秧的农具。所据有三：一是苏东坡《秧马歌（并引）》中有"系束藁其首以缚秧"一语，因为根据江南水稻生产实际，双手拔秧满一把之后，需要用几根稻草将其捆成一束，以便抛掷田间插莳。①

二是《东坡先生外集·题秧马歌后》说："俯伛秧田非独腰脊之苦，而农夫侧胫上打洗秧根，积久皆至疮烂。今得秧马则又于两小颊子上打洗，又完其胫。"拔秧时往往拔起秧根带起泥，不便运输和插莳，需要打洗，在秧马发明以前，主要是拔秧人借助于秧田中的水在小腿上打洗，这种现象现在仍然能见到，秧马发明的用意之一便是便于秧泥的打洗，可见秧马的作用也在于拔秧，而非插秧。②

三是南方稻区拔秧时还在使用一种"秧马凳"或"秧凳"的工具，且这种"秧凳"与苏东坡所说的"秧马"在形制上有相似之处。清代文献中发现了不少有关秧马系拔秧工具的明确记载，如"其插禾，先数日，人骑秧马，入秧田取秧，扎成大把，名'秧把'。"③长阳和武昌一样都属湖北，这里清楚地记载了拔秧时才用秧马，而插秧时不用秧马。实际上，苏轼在武昌见到过的这种拔秧坐具在明初武昌一带还见有使用。据《明史》记载：

> 吴琳，黄岗人。太祖下武昌，以詹同荐，召为国子助教。经术逾于同。吴元年除浙江按察司金事，复入为起居注。命赉币帛求书于四方。洪武六年，自兵部尚书改吏部，尝与同选主部事。逾年，乞归。帝尝遣使察之。使者潜至旁舍，一农人坐小杌，起拔稻苗布田，貌甚端谨。使者前曰：此有吴尚书者，在否？农人敛手对曰：琳是也。使者以状闻。帝为嘉叹。④

此处农人所坐的"小杌"，即苏轼所说的秧马，它是供农人起拔稻苗时乘坐的，后世一直在使用。今人有误以秧马为插秧器具者，而一些讨论插秧机的文章更将秧马和莳梧相提并论，其实是对秧马的误解。实际上，秧马和莳梧是水稻移栽过程中分别与拔秧和插秧相关的两种器具。

三、最早的插秧器具——莳梧

关于莳梧的最早记载见于清乾隆二十年（1755 年）《直隶通州志》，其文曰：

> 南沙一带，插秧用手，曰："手搭秧。"惟丁堰、石港、马塘、白蒲，用莳梧，形如乙字，人可插二亩许。⑤

---

① 王瑞明：《宋代秧马的用途》，《社会科学战线》1981 年第 3 期，第 243 页。
② 刘崇德：《关于秧马的推广及用途》，《农业考古》1983 年第 2 期，第 199 - 200 页。
③ 道光《长阳县志》卷三《土俗》。
④ 《明史》卷一百三十八《吴琳列传》，中华书局 1974 年版，第 3965 页。
⑤ 乾隆《直隶通州志》卷十七《风土志·物产》。

　　清代南通本地的一些士人，如顾金菜、汪崇等，也在一些诗作中提到过莳梧。如，汪崇《插秧词》提到：

　　　　莳梧簇簇水棱棱，秧马相随厉绣滕，毕竟上行多整暇，平如剪截竖如绳。陇畔须臾兆屡丰，辛勤未敢自言功。固知国计先根本，只在农家掌握中。罜亩参差划尽开，不消支借踏车来。太平时节阴阳正，雨过迎梅又送梅。①

　　汪崇，字芸巢，清嘉庆时南通如皋人，曾任通州知州，有《咏兰轩诗稿》，《插秧词》为其中之一。此人还著有《州乘一览》一书，介绍南通。相关诗文的记载显示莳梧与南通有某种联系。

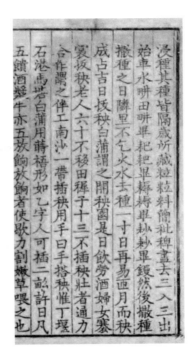

图 2　乾隆《直隶通州志》有关莳梧的记载

　　据《直隶通州志》所载，莳梧主要分布于江苏南通的丁堰（今如皋市丁堰镇）、石港（今通州市石港镇）、马塘（今如东县马塘镇）、白蒲（今如皋市白蒲镇）。这些地点都在今江苏南通市辖区内。

　　清乾隆三十六年（1771 年），白蒲镇举人顾金菜在白蒲胜景入画桥所作《倚霞楼观插秧》诗中也提到"莳梧"，其曰：

――――――――――――

　　① 潘超、丘良任、孙忠铨等编：《中华竹枝词全编（三）》，北京出版社 2007 年版，第 800 页。

满目新秧数寸青，超然霞外敞疏棂。莳梧使自先农手，堪补龟蒙耒耜经。①

从"莳梧使自先农手"一句可知，莳梧这种农具在清乾隆以前已流传了很长的时间，具体发明时间无考，但可以基本确定莳梧的使用范围不会超过南通。

南通市位于江苏省东南部，东临黄海，南临长江，与上海的崇明岛及苏州市隔江相望。这里虽有鱼盐之利，但水稻种植较为发达。《直隶通州志》卷十七《风土志·物产》载：

> 通郡稼穑之地十三、潟卤之地十七。种谷之法：谷雨浸种，其种皆隔岁所藏，粒粒料简，秕稗尽去，三入三出，始车水，耕田，耕毕耙，耙毕耪，耪毕耖，耖毕镘，然后撒种。撒种之日，邻里不乞火。水去种一寸，日再易，匝月而秧成，占吉日拔秧，白蒲谓之"开秧园"。是日饮劳酒，妇女褰裳拔秧，老人六十不移田，稚子十三不插秧，壮者通力合作，谓之"伴工"。②

莳梧的出现当与当地土壤、种植制度和生产习俗有关。南通一带传统水稻插秧在农历芒种前后，"芒种前五六日，农夫插秧谓之白梅秧，交夏至插者最多，迟至小暑便减收矣。"③ 而通常水稻插秧工作又是由 13 岁以上、60 岁以下的男性壮劳力完成，所以人手比较紧张。为了加速插秧进度，除了通力合作，实行"伴工"以外，还从工具入手，着眼提高效率，并据以对劳动者给予必要的保护，于是有莳梧的出现。

这种形如"乙"字的莳梧，在江苏如东等地 20 世纪六七十年代还有使用，写作"莳芴""莳武""莳扶"。"莳梧"是古籍中的写法，"莳扶"则是自 20 世纪 50 年代以来农业科技文献中所见到的名字④，而"莳芴"则由如东本地作家孙天浩⑤所命名。孙天浩在《秧马和莳芴》一文中将苏轼秧马与本地农人曾使用过的一种插秧工具——"莳芴"相提并论，不过他没有给出起名"莳芴"的理由。大概"shiwu"只是当地农人对这种农具的发音，有音无字，而作者也没有读过前人文献中已有的"莳梧"和"莳扶"的记载，因而依当地口音生造了"莳芴"一词。而我从"莳芴"的读音、功用，很自然地将其与古代文献中所记载的"莳梧"和近代文献中所记载的"莳扶"联系起来。于是，通过邮件与孙天浩对"莳梧"的命名进行了讨论。讨论中，我提到文献中记载的名称及其命名的可能原因，而孙天浩则又给出了"莳芴""莳稆""莳辅"等不同的名称，并认

---

① 朱友梅、朱加林：《钩沉与纪实》，南通市图书馆，第 151 页。原诗末句"堪补龟蒙耒耜经"，疑为有误，今改。
② 乾隆《直隶通州志》卷十七《风土志·物产》。
③ 乾隆《直隶通州志》卷十七《风土志》。
④ 蒋耀：《水稻插秧机》，《农业科学通讯》1956 年第 11 期，第 650 - 652 页；白木、子荫：《农田机械研发史话》，《湖南农机》2005 年第 2 期；吕亚洲：《我国水稻栽插机械发展介绍》，《农业机械》2009 年第 2 期；缪昌根、移小丽：《试论水稻机插秧现状及发展趋势》，《农业开发与装备》2013 年第 4 期。
⑤ 孙天浩，1966 年生，江苏如东新镇人。

为"莳辅"的可能性最大。孙天浩在 2009 年 10 月 28 日的日记中详细地记载了讨论的情况，其曰：

>　　……莳芴一物，今不多见。受曾先生所托，余多方寻觅，乃于一老农处购得白牛角所制者。然因于莳芴之"芴"写法不定。余文中生造作"楛"，信中作'笏'，不确。曾先生函中所言："就我所读到的文献，莳芴又写作莳楛、莳扶，皆为一音相转，不知何者为是。莳楛，更易使人想到的是制作材料，如东坡所言秧马，'以榆枣为腹，欲其滑；以楸梧为背，欲其轻'；莳扶，则可理解为'水稻移栽插秧时所手扶之物'；而先生所言莳芴，则以形似。考此物源自民间，百姓见上朝奏事的笏板机会较少，以此比附的可能性不大，民间器物因地制宜就地取材的情况很多，也不会过分强调制作材料，故称莳楛的可能性也不高，相比之下，'莳扶'可能更为恰当。此名可以请教用过此器的农民，他们的意见可能更为准确。"

>　　先生所言有据，本毋庸置疑。然作"莳扶"亦难近操作实际。余复函中道："但作为'莳扶'的可能性也不大，因为它不是水稻移栽插秧时的手扶之物，而是一种抓握工具，如使用锄头一样。我以为作'莳辅'的可能性最大，插秧时利用它来辅助，既能提高效率，又能防止手指被水浸泡。……"①

2009 年 10 月底，笔者专程到江苏如东县新店镇对"莳楛"进行调研。说来也巧，在去的路上，偶遇从北京度假回南通的两位古稀老年夫妇，便说起此行目的，老妇人回忆起她小时候，曾见过她母亲领着佣人用此具插秧的情形，据此推测此具于 1949 年前后在南通一带还有使用。问起"莳楛"二字如何写，老妇人说有音无字，如若写成汉字，当写成"莳武"较为合理。

最近在网上又见到一说法，叫"莳物"②。除了"莳芴"改为"莳物"，所述内容大致与孙天浩所撰《秧马和莳芴》一文相同。

"莳楛"只是当地百姓对这种插秧农具的称呼，有音无字。"楛"的各种写法都有，但发音大致相同。惟独"莳"则一也。也说明这种插秧农具，本文定为"莳楛"，从其溯也。

古人记载，莳楛形如"乙"字。现在还能见到的莳楛呈 T 形。由三部分组成，最下部分为插头部分，俗称"莳楛脚儿"，系由此插秧入土者，为竹制，削竹管成叉状；中间部分为装插头部分，为铁制；最上部分为手柄，弯似马鞍，前端昂起如舟，后边直立若钩。这也许就是古人认为"形如乙字"原因。手柄一般是硬木做成，但因牛角光滑，手感

---

①　七知园主人的 BLOG，http：//blog. sina. com. cn/s/blog _ 4b8b026c0100fimt. html.

②　《挖掘如东方言奥秘》，本文来源于"看如东，在如东"，http：//www. zaird. com/rudong/1384. html.

舒适，不伤皮肤，且自然弯曲，故考究者用牛角制成。操作时，左手执秧，右手握上部前端，分取秧苗，插入土中。这种农具在 20 世纪五六十年代江苏南通地区还有使用。[①]

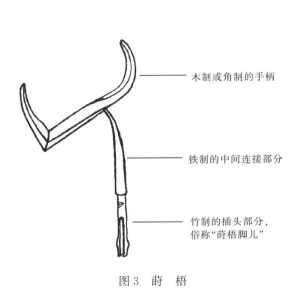

图 3　莳　梧

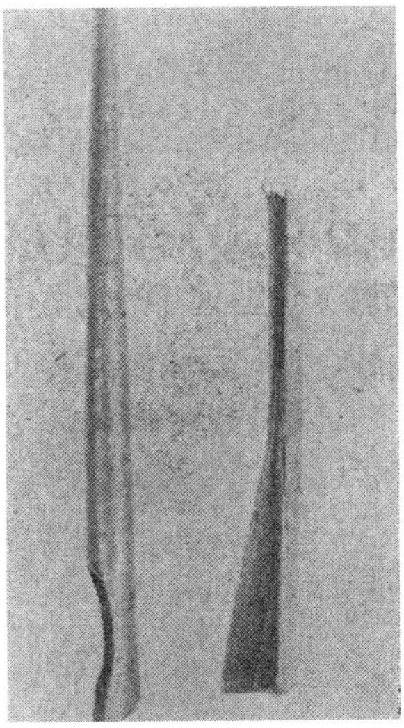

图 4　莳扶的插头

1. 改进前　2. 改进后

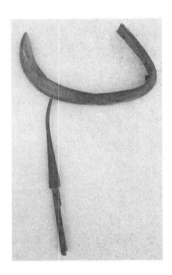

图 5　从民间收购的以牛角为手柄的莳梧

（藏于中国科学院自然科学史研究所办公室）

---

① 林体强等：《水稻插秧机设计研究（一）》，《农业机械学报》1957 年第 1 期；农业百科全书编辑部：《中国农业百科全书·农业机械化卷》，农业出版社 1992 年版，第 379 页；吕亚洲：《我国水稻栽插机械发展介绍》，《农业机械》2009 年第 2 期。

使用莳扶可以代替手工分秧，并将秧苗梳入泥中定植，可以加快分秧和定植的速度，一人一日可插二亩许[①]，效率高出人工手插的一倍[②]，这也在一定程度上起到劳动保护的作用。

四、从莳梧到插秧机

莳梧是最早见于记载的插秧农具，主要流行于江苏南通等地，其在历史上的影响力虽不及秧马，但却启发了当代水稻插秧机的发明。

1950 年 3 月，以原中央农业实验所为基础，并集中了原中央畜牧实验所、中央林业实验所、棉产改进处、烟产改进处等机关改组成立华东农业科学研究所，领导山东省、江苏省、安徽省、浙江省、福建省、上海市五省一市的农业科研工作。所址是原中央农业实验所所址南京东郊孝陵卫[③]。1952 年末和 1953 年初，华东农业科学研究所内成立了插秧机研究组。

1956 年，插秧机研究组首次提出群体逐次分格取秧、直接栽插的秧苗分插原理，从而在水稻插秧机的研制上取得了突破，研制出接近或适合农业要求的水稻拔取苗移栽的第一代畜力六行水稻插秧机的样机。

样机由船板、秧箱、分插轮、动力传递机构、操作杆、滚耙和刮板、座位等部件组成。其中分插轮是机子的最主要部分，它担任着分秧和插秧工作。一个分插轮上有六个分插手（即六角星的一角），每个分插手包括一个分秧爪和一个插秧杆（图 6），分秧爪形如四齿小梳子，梳住秧根，做到分秧。紧贴着分秧爪的一旁，装有一个能上下伸缩的插秧杆，当机子拉引前进时，分插轮就转动，分秧爪就像人的手一样，轮番地从左右移动的秧箱里抓出一束一束的秧苗，当抓到的一束秧随着分秧爪转到碰到田面时，插秧杆就自动地伸出，把秧的根基部分推入土中，完成了插秧工作。在这一工作以后，插秧杆又自动地缩

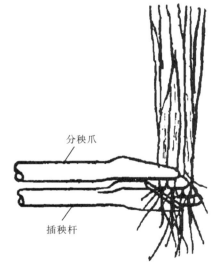

分秧爪

插秧杆

图 6　水稻插秧机的最主要部件——分插手

（蒋耀，1956）

---

① 乾隆《直隶通州志》卷十七《风土志·物产》。
② 蒋耀：《水稻插秧机》，《农业科学通讯》1956 年第 11 期，第 652 页。
③ 《华东农业科学研究所工作概况》，《科学通报》1950 年第 5 期，第 338－339 页。

进去准备第二次再抓，这样分秧轮每转一转就插好 6 穴，六个分插轮同时转动，一轮就插下 36 穴。[①]

分插轮的设计受到莳梧分秧方式的启发。南京距南通不远，这在客观上为插秧机的设计者接触莳梧提供了某种便利。插秧机研究组的组长为蒋耀，江苏宜兴人，1913 年出生。他曾对华东水田地区农机具进行过专门的调查，发表了相关报告。在他们发表的《水稻插秧机设计研究》一文中也对莳梧等进行了介绍[②]。这也是现在所见当代有关莳梧介绍的较早的文字和图像。只是他们似乎并不知道历史上已有关于"莳梧"的记载，因此，按照当地民间口语，将"莳梧"写作成"莳扶"，这一写法一直辗转于一些现今许多介绍水稻插秧机的文章及百科全书之中。

到 1960 年，各地推荐生产上使用的人力、畜力插秧机已达 21 种。1967 年，第一台自走式机动插秧机东风-2S 型通过鉴定定型并投入生产，每天可插秧 15～20 亩。[③] 从此莳梧开始淡出人们的视线。

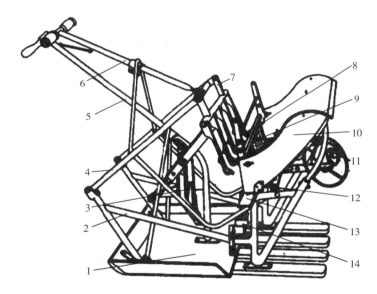

图 7　借鉴了莳梧工作原理的人力梳式插秧机

1. 船板　2. 机架　3. 摇杆滑道机构　4. 摇臂　5. 牵引架　6. 操作杆　7. 秧爪架

8. 秧爪　9. 秧帘　10. 秧箱　11. 移箱机构　12. 纵向送秧机构　13. 秧门板　14. 深浅调节片

---

①　蒋耀：《水稻插秧机》，《农业科学通讯》1956 年第 11 期，第 650－652 页。

②　林体强等：《水稻插秧机设计研究（一）》，《农业机械学报》1957 年第 1 期，第 1－28 页。

③　吕亚洲：《我国水稻栽插机械发展介绍》，《农业机械》2009 年第 3 期，第 76－79 页。

雨量器在古代中国的发明与发展[*]

中国自古以农立国，降水又是影响农业生产最主要的自然因素。对于农业的重视，使得人们非常关注降水的情况。至少自秦汉时期开始就出现了地方向中央上报雨泽的制度，唐宋时期便有了雨量概念的出现和雨量器的发明。但由于雨泽上报制度中所存在的各种弊端，不同的雨量标准的存在，以及传统文化对于降水的认识，雨量器及其所代表的科学技术在古代中国没能得到进一步的发展，甚至落后于原本向其学习的邻国。

一、雨量器发明的历史考证

中国自古以农立国，农业始终是上至最高统治者，下至普通老百姓所共同关心的问题。雨水是影响农业生产最主要的自然因素。中国位于亚洲东部太平洋西岸，受季风气候的影响，中国各地的降水量呈现出由东南向西北递减的趋势，并大体上以秦岭—淮河为界划分为南方和北方。北方以旱地农业为主，南方则以水田农业为主。但由于农业对于雨水的需求不同，多雨的南方时有干旱之虞，干旱的北方也常受雨水之灾。

古人认为："夫稼，为之者人也，生之者地也，养之者天也。"天、地、人合称为"三才"，三才之中，"论其要，则莫要于天时，而地利次之，人和又次之"。"天时"是农业收成的主宰，在"靠天吃饭"的情况下，人们最盼望的就是风调雨顺。这首先是因为作物生长需要适量雨水的灌溉；但同时雨量的多少又制约着农业生产：雨多导致水灾，而少雨又酿成干旱。而水旱又是农业的两大主要灾害，"水旱，天时也"，雨水是"天时"中最为重

* 本文原载于《义守大学人文与社会学报》第 2 卷（2008 年）第 2 期，第 43 - 70 页。

要的内容。古人往往根据特定日子雨水的大小来预测年成的好坏，即所谓"占雨"，如唐韩鄂《四时纂要》中就提到："凡甲申风雨，五谷大贵，小雨小贵，大雨大贵；若沟渎皆满者，急聚五谷。"雪作为一种特殊的雨泽，于农业的关系亦尤为重要，俗语"瑞雪兆丰年"即是此理。

（一）雨泽上报制度和尺度雨量观念的形成

对雨水的关注，促成了雨泽上报制度的形成。从现有的材料来看，奏报雨泽是自秦汉以来就已形成的一个惯例，州县一级的官员必须定期向朝廷上报当地的降水及农业生产情况。早在公元前3世纪，中国就出现了雨泽上报制度。《云梦睡虎地秦竹简·田律》中就有关于雨泽上报的法律，要求各县根据远近，采用步行上交，或邮递传送方式，上报雨水情况。内容大致包括三个方面：一是对及时的雨（澍），要上报已垦尚未种庄稼的土地得雨顷数，以及庄稼因得雨而抽穗结实的田顷数。二是对一般的雨按已有庄稼的田，分为三类上报：一类是雨水不足，一类是雨水过多，一类雨水适宜。三是对于灾害，要求上报受旱、受暴风雨、受水潦、受虫害及其他损伤的庄稼田顷数。原文如下：

> 雨为澍（澍），及诱（秀）粟，辄以书言澍（澍）稼，诱（秀）粟及狼（垦）田暘毋（无）稼者顷数。稼已生后而雨，亦辄言雨少多，所利顷数。早（旱）及暴风雨、水潦、众（螽）蚰，郡它物伤稼者，亦辄言其顷数，近县令轻足行其书，远县令邮行之，尽八月□□之。①

汉代也要求："自立春，至立夏，尽立秋，郡国上雨泽。若少，郡县各扫除社稷。其旱也，公卿官长以次行雩礼求雨。"② 即在整个农作物生长期间，各地都要向中央上报雨量情况。

萧规曹随，秦汉时所形成的一些制度一直为后世所沿用。以"半部《论语》治天下"而称于后世的宋代，国家的治理在很大程度上依赖于祖宗成法。虽然王安石为了推行新法而提出了"祖宗不足法"的口号，但因不符合当时的国情，而免不了失败。在旧法和新法之间，宁愿松懈地执行旧法，而不愿锐意地实行新法。就上报雨泽一事而言，宋代更趋于制度化和法律化。宋真宗咸平四年（1001年）二月，州司覆验县所上降雨雪时辰、尺寸诏：诸州降雨雪，并须本县具时辰、尺寸上州，州司覆验无虚妄，即备录申奏，令诸官吏

---

① 《云梦睡虎地秦墓》编写组：《云梦睡虎地秦墓》，文物出版社1981年版，第24页。
② 《后汉书》卷九十五《礼仪中》。

迭相纠察以闻。① 宝元元年（1038 年）夏六月立上雨雪限，诏诸州旬上雨雪限，并著为令。② 宋神宗熙宁年间先后出台了多个与上报雨泽相关的法令。熙宁元年（1068 年）二月辛亥，令诸路每季上雨雪。③ 神宗熙宁四年（1071 年）四月，诏自今天下上雨雪状，司农寺每月缴进。④ 并规定司农寺，"凡诸路奏雨雪之阙与过多者皆籍之"⑤。神宗熙宁七年（1074 年）三月，诏河北、河东、陕西、京东西淮南路转运司，具辖下已得雨州军以闻。⑥四月，诏开封府界提点司督，责诸县捕蝗得雨，实时以闻。⑦ 五月，诏河北东西路转运司，疾速契勘辖下未得雨州军，入急递以闻。⑧ 六月，又诏天下奏报雨雪贼盗之类，旧悉以状进，令通进司分门类次，略为奏目进入。⑨ 宋孝宗淳熙八年（1181 年）秋七月乙亥朔，是月定上雨水限，诸县五日一申州，州十日一申帅臣，监司类聚，候有指挥即便闻奏。⑩ 宁宗庆元年间（1195—1200 年）诸州县条具雨旸及黍禾稻分数（自四月一日至九月终），县五日一申州，州十日一申安抚转运司，逐司类聚。四川、二广每月，余路每半月开具闻奏。诸水旱监司帅守奏闻不实或隐蔽者，并以违制论。⑪

自从有"上雨泽"制度的秦汉开始，雨水的多少就一直是上报的主要内容。先秦以前，很早就确定了以平地积雪的厚度来确定降雪量的大小，如"平地尺为大雪"⑫。但早期用以确定雨水多少并没有一个统一的量化标准，虽然，人们也能直观地感受到雨水的大小和降雨时间的长短，也分别有不同的文字加以表示，如大雨为"澍"、为"潦"，久雨为"淫"、为"霃"、为"滈"、为"霖"、为"霂"，无雨为"旱"，小雨为"溟"、为"涑"、为"溦"、为"霡霖"、为"酻"、为"酉"、为"酼"、为"霋"，微雨为"濛"、为"郖"，疾雨为"瀑"，雨止为"霁"等；但量化起来却有困难，最初的量化在于降雨持续时间的长短，如"凡雨，自三日以往为霖"⑬。秦时注意到受雨面积，即秦朝律法中的"所利顷数"。或许由于受雨面积很难确定的缘故，上报受雨面积的情况并不多见，汉代以后，人们更多注意的是降雨时间的长短，如，《汉书·五行志》记曰：

① 〔清〕徐松：《宋会要辑稿》职官二之四五，中华书局 1957 年版。
② 《九朝编年备要》卷十；《宋史·食货上·农田之制》。《续资治通鉴长编》卷一百二十二。《宋史全文》卷七下。不过也有作月报的，如《宋史·仁宗本纪》："六月甲申，诏天下诸州月上雨雪状"。
③ 《宋史》卷十四《本纪·神宗》；《九朝编年备要》卷十。
④ 《续资治通鉴长编》卷二百二十二；《资治通鉴后编》卷七十九。
⑤ 《宋史》卷一百六十五《职官·司农寺》。
⑥ 《续资治通鉴长编》卷二百五十一。
⑦ 《续资治通鉴长编》卷二百五十二。
⑧ 《续资治通鉴长编》卷二百五十三。
⑨ 《续资治通鉴长编》卷二百五十四。
⑩ 《宋史全文》卷二十七上。
⑪ 《庆元条法事类》卷四《职掌》。
⑫⑬ 《春秋左传·隐公九年》。

"昭帝始元元年七月，大水雨，自七月至十月．成帝建始三年秋，大雨三十余日；四年九月，大雨十余日。"

气象学家竺可桢依据《西游记》中讲龙王降雨，提到"午时下雨，未时雨足，共得水三尺三寸零四十八点"有关雨量的说法，认为元明时期（1271—1644 年），我国曾有以尺度量雨之观念。[①] 气象史家王鹏飞更将这一观念产生的时间推前到南宋（1127—1279 年），认为秦汉时期尚不能上报相当于平地尺寸的雨量，因为这只有从南宋时期才开始换算出来。[②] 现有的证据表明，唐代甚至更早，中国对于雨水的多少和降雪一样是由尺寸，甚至是分来计算的。计算的对象为雨水过后，地面积水深度（或入土深度，或积雪厚度）。宋人李昉等编《太平御览》卷十一引《葛仙翁传》有"日午大雨，尺余水"[③] 的记载。葛仙翁，即葛洪（283—343），炼丹家。一说葛仙翁名玄，字孝先，为葛洪之从祖。于此可见，尺度量雨之观念，可能在公元 3—4 世纪的晋朝即已出现。但考虑到李昉所引为二手材料，本文更倾向于将尺度雨量之观念形成时间定在唐代（618—907 年）。唐李复言（775—833）《续玄怪录》卷四记李靖误入龙宫，夫人教其行雨的故事，故事中本约下雨一滴，李靖私下二十滴。没想到此一滴，乃地上一尺雨也。二十滴导致平地水深二丈。[④] 从唐代开始，雨水的尺寸已成为上报雨泽的内容。唐人李暠（682—740）《祭北岳报雨状》中也有"臣至邢州，雨降盈尺"[⑤]。张九龄（678—740）《贺祈雨有应状》："昨日申酉之间，云物果应，初含五色，正覆于坛场；未及终宵，更洒于城阙。遂使炎埃宿润，虐暑暂消，实冀肤寸之资，毕致普天之泽。"[⑥]

唐以后，尺度雨量之观念更为普及。五代晋高祖（936—941）时，曾祈雨于白龙潭，有白龙见于潭心，是夜澍雨尺余。[⑦] 宋人杨亿（974—1020）的《奏雨状》（约在 999 年）就提到，"本州……自夏至后来，绝少时雨，……臣遂率军州僚吏，精意祈求，……寻于前月十六日，相次降雨，不及寸余。清尘有余，沃焦无益。……十二日初旭，与知丽水县事殿中丞甄旦，诣城北集福院，如其法请祷。……忽有微云自东北起，良久弥漫，至午未间，暴雨及寸余。由是阴结未解，至十三日大雨，连昼夜，约及三四尺。溪谷涨满，沟塍流溢。"[⑧] 真宗天禧元年（1017 年），王旦言："兖州自春亢旱，行礼之夕，降雨及尺。"[⑨]

① 竺可桢：《竺可桢文集》，科学出版社 1979 年版，第 93 页。
② 王鹏飞：《中国和朝鲜测雨器的考据》，《自然科学史研究》1985 年第 3 期，第 239 页。
③ 《太平御览》卷十一。
④ 《太平广记》卷四百一十八《龙一》。
⑤ 〔清〕董诰等：《全唐文》卷三百三十《祭北岳报雨状》，中华书局 1983 年版，第 3347 页。
⑥ 《全唐文》卷二百八十九。
⑦ 《旧五代史》卷八十一《晋书·少帝纪一》。
⑧ 《武夷新集》卷十五。
⑨ 《续资治通鉴长编》卷八十九。

神宗熙宁七年（1074 年）十一月苏轼《论河北京东盗贼状》中提到，"臣所领密州，自今岁秋旱，种麦不得，直至十月十三日方得数寸雨雪，而地冷难种，虽种无生"①。又一再祈祷之后，"虽尝一雨，不及肤寸"②。熙宁七年是宋代历史上的一个干旱之年，各地旱情严重，为了及时地了解各地旱情，朝廷对各地上报的雨水情况十分关注，皇帝也盼望着上苍能够及时降下甘霖，地方官则揣摩上方的意思，在雨泽上报时弄虚作假，于是便有了司马光所提到的那种情况，"诸州县奏雨，往往止欲解陛下之焦劳，一寸则云三寸，三寸则云一尺，多不以其实。"③ 又哲宗元祐元年（1086 年）御史中丞刘挚言："臣累具奏请，以谓罢蔡确及悻可致雨。昨者罢确而相司马光，宣麻之日，遂雨。自后不出旬日，三得雨。都城近尺，而畿甸尤为沛然。"④ 宋人洪迈在《夷坚志》中就有"震电注雨，顷刻水深数尺"（甲志）、"雨大至……水积于地尺余"（丙志）等有关雨量的描述。"开宝二年雨及五寸，即庐舍多坏"⑤。南宋郑刚《祈雨祭文》中也有"与神为三日之约，傥能如约相报，惠雨盈尺，则躬率鼓吹饯归之"⑥。宋人诗歌中还可以举出许多的例子。

表 1　宋诗中雨水的尺寸

作者	诗　题	诗　句	出　处
梅尧臣	送韩玉汝太傅知洋州三首	太白山前一尺雨，桑下问蚕田问耕。	《全宋诗》卷二六〇第 5 册第 3297 页
石介	久旱	喙垂一尺雨一尺，得雨万丈成丰穰。	《全宋诗》卷二七〇第 5 册第 3421 页
韩琦	观稼二首	尺雨滂然涤旱灾，行田因得过家来。	《全宋诗》卷三二五第 6 册第 4032 页
韩琦	寒食开园	游人尽陟春台去，尺雨宜苏旱岁来。	《全宋诗》卷三三六第 6 册第 4107 页
韩琦	孟冬朔日祀坟二首	无限人心苏尺雨，有时天意活苍生。	《全宋诗》卷三三六第 6 册第 4110 页
黄庶	伊川喜雨	尺雨乘春慰望深，家家仓廪一年心。	《全宋诗》卷四五三第 8 册第 5485 页
郑獬	祈雨	平地三尺雨，农家三尺金。	《全宋诗》卷五八六第 10 册第 6894 页
释了元	沂山龙祠祈雨有应	一夜雷风三尺雨。	《全宋诗》卷七二一第 12 册第 8336 页
郭祥正	题泗州龟山寺	借僧百万人，下坛三尺雨。	《全宋诗》卷七五九第 13 册第 8833 页
苏轼	次韵孔毅父久旱已而甚雨三首	沛然例赐三尺雨，造物无心怳难测。	《全宋诗》卷八〇四第 14 册第 9320 页
苏辙	遗老斋绝句十二首	田中有人至，昨夜盈尺雨。	《全宋诗》卷八七〇第 15 册第 10129 页
苏辙	春旱	邂逅一尺雨，岂复阴阳和。	《全宋诗》卷八七一第 15 册第 10152 页
孔平仲	至日作	积晦弥旬三尺雨，新阳半夜一声雷。	《全宋诗》卷九二六第 16 册第 10889 页
李之仪	读渊明诗效其体十首	乘时得尺雨，吾农实难勤。	《全宋诗》卷九六七第 17 册第 11246 页

---

① 〔北宋〕苏轼：《论河北京东盗贼状》，见《三苏全书（第十一册）》，语文出版社 2001 年版，第 413 页。
② 〔北宋〕苏轼：《祭常山祝文五首密州》，见《三苏全书（第十五册）》，语文出版社 2001 年版，第 526 页。
③ 《续资治通鉴长编》卷二百五十二。
④ 《续资治通鉴长编》卷三百六十九。
⑤ 《挥麈前录》卷四。
⑥ 《北山集》卷十四。

（续）

作者	诗题	诗句	出处
陈师道	田家	昨夜三尺雨，灶下已生泥。	《全宋诗》卷一一一四第 19 册第 12641 页
张耒	苦寒二首	时倾墙下一杯酒，不怕檐前三尺雨。	《全宋诗》卷一一八二第 20 册第 13357 页
张扩	次韵石倅喜江令祷雨有应三绝句	借得丰年三尺雨，此郎那解世间书。	《全宋诗》卷一三九九第 24 册第 16090 页
周紫芝	雨余便有秋意夜闻络纬声甚急	朝来三尺雨，一洒遍原隰。	《全宋诗》卷一五〇〇第 26 册第 17116 页
吕本中	阻雨不出	一夜北风三尺雨，卧闻车马溅泥声。	《全宋诗》卷一六二六第 28 册第 18238 页
曾几	七月一日复大雨用前韵	山头一寸云，山下一尺雨。	《全宋诗》卷一六五三第 29 册第 18516 页
王之道	和秦寿之喜雨	滂沱一尺雨，旱魃惊辟易。	《全宋诗》卷一八〇九第 32 册第 20151 页
王之道	次韵张文伯喜雨	滂沱忽澍三尺雨，稻苗厌厌蘸绵绵。	《全宋诗》卷一八一〇第 32 册第 20164 页
王之道	追和东坡张昌言喜雨呈同官	旱魃正须三尺雨，飞廉旋布四天云。	《全宋诗》卷一八一五第 32 册第 20206 页
王之道	和徐季功舒蕲道中二十首	春旱正须三尺雨，江湖宁放老蛟潜。	《全宋诗》卷一八二〇第 32 册第 20257 页
朱翌	喜雨欲行园	洗沐江山三尺雨，庄严天地十分春。	《全宋诗》卷一八六四第 33 册第 20851 页
晁公遡	四月堰水甚小一雨灌田方足	滂沱三尺雨，泛溢千步堤。	《全宋诗》卷一九九三第 35 册第 22370 页
周麟之	忧旱	需然坐待三尺雨，拟赋云汉歌宣王。	《全宋诗》卷二〇八七第 38 册第 23541 页
范成大	初发太城留别田父	路逢田翁有好语，竞说宿来三尺雨。	《全宋诗》卷二二五九第 41 册第 25916 页
李处全	蜕龙洞	壁上梭飞三尺雨，匣中剑跃一声雷。	《全宋诗》卷二三九七第 45 册第 27712 页
赵蕃	趣章永丰祈雨	旱繇十日晴，潦自三尺雨。	《全宋诗》卷二六一九第 49 册第 30450 页
赵蕃	闵雨	惜此三尺雨，龙师恐不仁。	《全宋诗》卷二六一九第 49 册第 30450 页
吴昌裔	九吟诗：翠蛟	吐出英云千尺雨，须臾雷霁水痕收。	《全宋诗》卷二九九六第 57 册第 35657 页
范成大	送周直夫教授归永嘉	昨夜榕溪三寸雨，今朝桂岭十分寒。	《全宋诗》卷二二五五第 41 册第 25867 页
赵善括	过清江怀莫谦父	昨夜忽添三寸雨，今朝尤喜一帆风。	《全宋诗》卷二五五八第 47 册第 29679 页
史俊卿	祈雨有感	沛来三寸雨，感动九重天。	《全宋诗》卷三四四六第 65 册第 41065 页
何梦桂	赠懒然子刘高士二首	一坞闲云懒出关，惭无肤寸雨人寰。	《全宋诗》卷三五二八第 67 册第 42211 页
方一夔	喜雨	今年七月雨，稻田盈尺水。	《全宋诗》卷三五二九第 67 册第 42225 页

所有的这些材料都证明，唐宋时期已经形成了尺度雨量的概念。现在的问题是，这些雨量数值是如何得出的，是用雨量器量出的呢，还是目测的？

就唐宋时所留下的雨水数值来看，的确没有资料证实为雨量器所测，且也留下了估计的痕迹，如杨亿的《奏雨状》中，所有的三次记录雨的厚度：一次是"不及寸余"；一次是"及寸余"，未测出寸以下的分；另一次是"约及三四尺"，未确定三尺还是四尺，三尺与四尺相差有一尺，更不提到多少分与寸，却用了"约"字。其粗略已很明显，可见实为估计所得。但若因此认为唐宋时期的雨水厚度皆为"估计所得"而非实测所得，进而否定雨量器的存在则不尽然。

首先，制度不允许用估计来代替实测的降雨量。如，宋真宗咸平四年（1001 年）二月，州司覆验县所上降雨雪时辰、尺寸诏：诸州降雨雪，并须本县具时辰、尺寸上州，州司覆验无虚妄，即备录申奏，令诸官吏迭相纠察以闻。[①] 如果雨量为估计所得，那么，层层"覆验"，"迭相纠察"是难以行得通的。

其次，我们在宋代文献中也的确看到了精确到"分"的雨量数值。南宋某年，"黟县申本县得熟，即无旱伤，寻具黟县雨旸帐呈，九十日内止有十来日得雨，所谓雨者，止是二（分）或不及分，止有七月初九日雨及五分。"[②] 这么精确的数值显然是测量的结果。精确到分，其实也不是黟县一县的做法，实际上也是当时朝廷对各县的要求。宁宗庆元年间（1195—1200 年）诸州县条具雨旸及黍禾稻分数，（自四月一日至九月终）县五日一申州，州十日一申安抚转运司，逐司类聚。四川、二广每月，余路每半月开具闻奏。诸水旱监司帅守奏闻不实或隐蔽者，并以违制论。[③]

有了尺度雨量观念之形成，雨量器的发明也就是顺理成章的事情。

（二）雨量器的发明

雨水是流动的，和雪不同，雨水分寸尺丈的计算必须借助于专门的器物，这就涉及雨量器的发明和使用。起初人们或许只是依据生活经验对雨后地面积水的厚度进行推测，后来也可能对雨水进行测量，而用以测量的器具，便是生活中的一些器皿，如盆、盎等，公元前 4 世纪印度文献中所记载的雨量器，据称是最早有文献记载的量雨器，即直径约 18 英寸的盆（bowl）。[④] 当雨水灌满盆、盎，并从盆、盎中翻出时，称之为"翻盆"或"翻盎"，又称为"倾盆"。"翻盆""倾盆"之说，最早也见于唐代。诗人杜甫就有"白帝城中云出门，白帝城下雨翻盆"[⑤]，唐韩鄂《岁华纪丽》二《雨》"倾盆"注："大雨"。后来便用"翻盆"或"倾盆"，形容雨势之大之暴。一般人都将"倾盆"理解为雨水像从盆中倾倒而出，实际上最初所谓"翻盆"或"倾盆"可能是指雨水大且急，很快就将盆注满，并从盆中溢出。如果这种理解不错的话，那么这里的盆或盎就具有雨量器的作用。

南宋数学家秦九韶成书于理宗淳祐七年（1247 年）的《数书九章》中就有"天池测雨"和"圆罂测雨"二题：

> 问今州郡多有天池盆，以测雨水。但知以盆中之水为得雨之数，不知器形不

---

① 〔清〕徐松：《宋会要辑稿》职官二之四五，中华书局 1957 年版。
② 《后村先生大全集》卷之一百九十二，又《明公书判清明集》，中华书局 1987 年版，第 616 页。
③ 《庆元条法事类》卷四《职掌》。
④ Frisinger，H Howard，*The History of Meteorology：to 1800*，New York：Science History Pub.，1977，p. 89.
⑤ 〔唐〕杜甫：《白帝》，《全唐诗》卷二百二十九。

同，则受雨多少亦异，未可以所测，便为平地得雨之数，假令盆口径二尺八寸，底径一尺二寸，深一尺八寸，接雨水深九寸。欲求平地雨降几何？答曰：平地雨降三寸。

又：

> 问以圆罂接雨，口径一尺五寸，腹径二尺四寸，底径八寸深一尺六寸，并里明接得雨水深一尺二寸。圆法用密率。问平地雨水深几何？答曰：平地雨深一尺八寸七万四千四百八十八分寸之六万四千四百八十三。

气象学家和科学史家竺可桢认为，"雨量器是在中国最早应用的。宋秦九韶著《数书九章》，其中有一算题，乃关于雨量器之容积。"[①] 数学史家钱宝琮先生对"天池测雨"一题中提到的"天池盆"做了高度的评价，指出："天池盆是世界文化史上最早出现的雨量器。"[②] 然而，这一推论却引起了中外学者的质疑。研究中国科学史的杜石然等认为，从算题的内容来看，宋代可能还没有标准雨

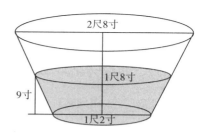

图 1 《数书九章》中的天池盆示意图

量器，"天池"是为了防火用的积雨容器，各州县都有，形状尚无一定的标准，可以说是我国雨量器的前身。[③] 专门研究气象史的王鹏飞认为，秦九韶并未发明测雨器，因为一个测雨器必须具备这样的功能，即从容器内所收集的雨水应能直接量出（而不是算出）平地雨水的厚度。秦九韶所用的承雨器（天池盆和圆罂）并不具备上述这种性能。[④] 韩国外国语大学朴星来（ParkSeong-Rae）也从东亚科学编史学角度对天池盆为雨量器的说法进行了否定，而他的立论依据正是来自于中国学者杜石然等人的著作。[⑤]

那么，宋代的"天池盆"是不是雨量器，或者说宋代到底有没有雨量器呢？的确，在一些中国古建筑物前面，人们至今仍然能看到许多过去曾用于贮水的大瓮，据说它的作用主要用于防火。但是据此来推断"天池盆"的作用在于防火则难以成立。远水救不了近火。很难以想象人们会用承接天然雨水的办法来防火，万一盆中之水尚未承满，就发生大

---

① 竺可桢：《论祈雨、禁屠与旱灾》；《中国过去在气象上的成就》，见《竺可桢文集》，科学出版社 1979 年版，第 90 - 93 页；第 267 - 268 页。

② 钱宝琮：《秦九韶〈数书九章〉研究》，见钱宝琮等：《宋元数学史论文集》，科学出版社 1966 年版，第 100 页。

③ 杜石然等：《中国科学技术史稿（上册）》，科学出版社 1982 年版，第 193 页。

④ 王鹏飞：《中国和朝鲜测雨器的考据》，《自然科学史研究》1985 年第 3 期，第 237 页。

⑤ Park Seong-Rae, *Pride and Prejudice in the Historiography of Science in East Asia* [M] // *Current Perspectives in the History of Science in East Aisa*, Edited by Yung sik Kim, Francesca Bray, Seoul National Uni. Press, 1999, pp. 9 - 11.

火，岂不哀哉。所以把天池盆当作防水用器从情理上是说不通的。用它来计算雨量也是在它没有水，或者是水位固定的情况下才能进行。其次，从题中天池盆的大小尺寸来看，盆中之水也很难以说是用来防火的。题中的天池盆是一个"口径二尺八寸，底径一尺二寸，深一尺八寸"的容器，按它的尺寸计算，以这个天池盆的容积，即便是承满盆也不足以防火救火。不仅如此，从规格来看，除口径和底径不一致外，其规格尺寸和后来留下数据的朝鲜的测雨器相当。1441 年朝鲜户曹提议制造的测雨器是长（深）二尺，径八寸；1442年朝鲜制测雨器的规格是长（深）一尺五寸，圆径七寸，至今保存在大丘、仁川等地；刻有乾隆庚寅年（1770 年）颁发的雨量器为高 1 尺，广 8 寸。第三，从题中所要解决的问题来看，也不是用于防火而是要得出地面的降雨量。所以，天池盆显然不是用来防火的，而是雨量器。

其实，天池盆是雨量器，秦九韶自己说得明白。他在《数书九章·序》中解释为何要叙述"天池测雨"等"天时"问题时，如是说：

> 七精回穹，人事之纪，追缀而求，宵星画暑，历久则疏，性智能革，不寻天道，模袭何益。三农务穑，厥施自天，以滋以生，雨膏雪零。司牧闵焉，尺寸验之，积以器移，忧喜皆非。述天时第二。

"天池盆"之所以称为"天池盆"，是与古人对于天地人"三才"及其与农业生产关系的认识分不开的。"三农务穑，厥施自天，以滋以生，雨膏雪零。"用"天池盆"来测雨水，正是为"司牧"（地方官）们了解当地农业生产服务的，跟防火无关。从文中不难看出，刻有"尺寸"的"器"是用来"验"雨雪的。"天池测雨"一题的述文也明确指出，天池盆是用以测雨水的，"今州郡多有天池盆，以测雨水"。它使用的方法也和雨量器一致，即"以盆中之水为得雨之数"。问题是天池盆和圆罂还不是标准的雨量器，"器形不同，则受雨多少亦异"，所以"未可以所测，便为平地得雨之数"，也即序中所称的"积以器移"。解决的办法就是计算。所有这些都充分说明"天池盆"是雨量器而非积水灭火用器。同时，秦九韶的这种认识也为标准雨量器的制定奠定了思想基础。

宋代已经使用水在盆盎中的水位来计算时间，并且在盆盎上标有刻度，田漏等就是这样制造出来的。梅尧臣有诗云："瓦罌贮溪流，滴作耘田漏。不为阴晴惑，用识早暮候。辛勤无侵星，简易在白昼。同功以为准，一决不可又。"[1] 这种时间的计量方法和雨量器的计量方法是可以相通的，它可能是借用了雨量器的方法，或者相反，这种方法也可以移植到雨量器上来。

---

① 〔北宋〕梅尧臣：《宛陵集》卷五十一。

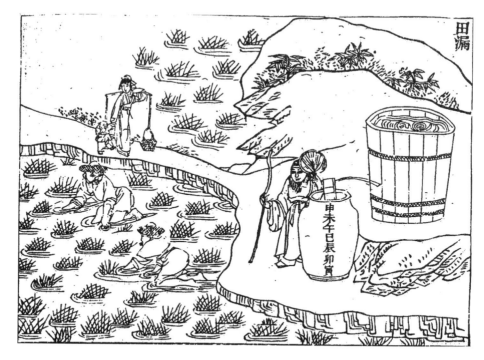

图 2 田 漏

宋代还将雨量器的原理用于测水。宋朝在各地的渠道、河道、陂塘及平原地区普遍设置水尺，用以观测水位①，其所用的方法和水位计量标准，均与雨量器有相似之处。

北宋熙宁十年（1077 年），范子渊奏称："熙宁八年八月，……臣契勘当年二股河次下埽分，各有河水长落尺寸月日。"② 当时黄河上已有长年依月日记载的水尺水位的变化数据，称为"埽上水历"。南方地区水网密布，雨水频繁，水尺的设置更多。如浙东鉴湖，"立石则水，一在五云桥，水深八尺有五寸，会稽主之；一在跨湖桥，水深四尺有五寸，山阴主之。"③ 而最著名的莫过于太湖地区的吴江水则碑。碑分左右：左水则碑"长七尺有奇树垂虹桥北之左，石长七尺有奇，横为七道，道为一则，以下一道为平水之衡。水在一则则高低田俱无恙，过二则极低田淊过，三则稍低田淊过，四则下中田淊过，五则上中田淊过，六则稍高田淊过，七则极高田俱淊。如某年水至某则为灾，即于本则刻曰：某年水至此。凡各乡都年报水灾，虽官司未及远临踏勘，而某等之田被灾不被灾者，已预知于日报水则之中矣。长民者时出垂虹以验之，俱得其实，而虚冒者无所容也。"右水则碑

---

① 张芳：《宋代水尺的设置和水位量测技术》，《中国科技史杂志》2005 年第 4 期，第 332 - 339 页。
② 《续资治通鉴长编》卷二百八十二。
③ 〔北宋〕曾巩：《元丰类稿》卷十三《序越州鉴湖图》。

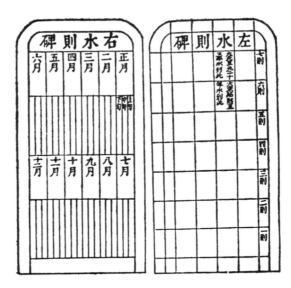

图 3　水则碑

"长七尺有奇树垂虹亭北之右……分上下为二横，每横六直，每直当一月，其上横六，直刻正月至六月，下横六直刻七月至十二月，每月三旬，月下又为三直，直当一旬，三季一十八旬，凡一十八直，其司之者，每旬以水之涨落到某，则报于官，其有过则为灾者刻之，法如前意。"①

　　测水除了用于预测灾害程度，还作为水资源的分配②甚至量刑定罪③的依据。测雨和测水多是同时进行的。朝鲜世宗二十三年（1441 年），朝鲜在推行铁质测雨器的同时，"又于马前桥西水中，置薄石，石上刻立跌石二，中立方木柱，以铁钩镂跌石，刻尺寸分数于柱上。本曹郎听审雨水浅深分数以闻；又于汉江边岩石上立标，刻尺寸分数，渡丞以此测水浅深，告本曹以闻。"④"树石测水，宋旧制也。"⑤追究测水的历史，也可上溯到宋代，甚至更早。

　　据上面的分析，"天池测雨"一题可以做以下几点解读：①从天池盆放置的地点"州郡"来看，天池盆应该具有某种政治上的功能，这一功能很可能就是上报雨泽，因为自秦汉以来，州郡就有定期上报雨泽的制度。宋时的州郡官员很可能就是依据天池盆中所承接

---

　　①　《吴中水利全书》卷十八；《嘉善志》，转引自唐启宇：《中国农史稿》，农业出版社 1985 年版，第 569 页。

　　②　郭子皋为解决蜀州高原和邛州大邑两县用水的矛盾，"均以夫井，断木为平，以限水广深多寡，自木为准，目曰水平。由是大邑之水，不买而足。号曰郭公平。"（范祖禹：《范太史集》卷四十二《朝奉郎郭君墓志铭》）

　　③　润州丹阳县，县有练湖，专为运河蓄贮水量，政府控制很严，规定"决水一寸，为漕渠一尺，故法盗决湖者，罪比杀人。"（欧阳修：《文忠集》卷三十三《尚书工部郎中充天章阁待制许公墓志铭》）

　　④　朝鲜《世宗实录》卷九十三。

　　⑤　《嘉善志》，转引自唐启宇：《中国农史稿》，农业出版社 1985 年版，第 569 页。

的雨水来上报朝廷的。其之所以称为天池盆还因为它有承接上天恩泽的意思，因为雨水常常被视为上天所赐的甘霖的意思；②天池盆是可以用来测雨的，"盆中之水为得雨之数"；③雨量指的是"平地得雨之数"，而并非雨水入土深度；④放置在各州郡的天池盆，其器形并不统一，还不足以称为标准的雨量器。

应该指出，尽管天池盆和圆罂不是标准的雨量器，但不能据此否认宋代有标准雨量器概念的存在。因为量雨是为了上报的，要上报必然要有标准，如果标准不同，上报就没有任何意义。《数书九章》是一部数学书，书中涉及的问题，必然要涉及计算，所以往往是非标准器形。同书中的"竹器验雪"和"峻积验雪"两题①也是从数学的需要来设计的。因为计量降雪的厚度只要用尺子一探，便可得知，根本不用去计算。实际上，"天池测雨"等题的出现表明当时人们对于雨量器的原理及运用已有相当的认识，根据这一认识制造出一种简便直观的雨量器也是非常容易的，只要将承接雨的器具做成口径和底径一般大小即可。因此，不能因为在一本数学书中采用了计算便否定当时有标准雨量器的存在，而恰恰应该看到数学问题之外，时人对于雨量器原理的认识，以及理论上存在标准雨量器的可能。

"天池测雨"和"圆罂测雨"两题所要求得的是"平地得雨之数"和"平地水深"。这正是宋代"上雨泽"的主要内容。这一内容在宋代一些地方官员"上雨泽"的奏折中得到了证实。前引杨亿《奏雨状》在"寻于前月十六日相次降雨，不及寸余"之后，接着"清尘有余，沃焦无益"，明显是指平地得雨之数而非入土深度。宋代上雨泽的资料通过史书保留下来，从中也可以看到当时上报雨泽的内容指的是平地得雨之数。如，《宋史·五行志》记载，太平兴国二年（977年），"道州春夏霖雨不止，平地二丈余。"又如，太平兴国五年（980年）五月，"京师连旬雨不止"。再如，大中祥符三年（1010年），"五月辛丑，京师大雨，平地数尺，坏军营、民舍，多压者，近畿积潦。"又据《玉海》载，淳化三年（992年）五月己酉以岁旱分遣官决狱，是夕降雨尺余。②从上面的例子中，可以发现宋代上雨泽可能包括下面的一些内容：时间、地点、持续长度、平地积水深度和受益或受害程度等内容。宋代还用同样的计量标准用于沙尘暴过后测量地面积土的厚度。熙宁七年（1074年）六月，吕惠卿执政。命下之日，京师大风，雨土翳席逾寸。③

有学者认为，唐宋时期的雨量尺寸值并非由可靠的雨量器测出，而是在下雨时或雨后

---

① 竹器验雪：问：以圆竹笭验雪。笭口径一尺六寸，深一尺七寸，底径一尺二寸。雪降其中，高一尺。笭体通风受雪多则平地少，欲知平地雪高几何？……答曰：平地雪厚九寸三千四百二十九分之七百六十四。

峻积验雪：问：验雪占年。墙高一丈二尺，倚木去址五尺，梢与墙齐，木身积雪厚四寸，峻积薄，平积厚，欲知平地雪厚几何？答曰：平地雪厚一尺四分。

② 《玉海》卷一百九十五；《群书考索》卷三十六。

③ 《宋资治通鉴·宋纪》七十。

目估地面积水的厚度或用犁锄估计出的雨后湿土深度，以此否定雨量器的存在。但问题是，唐宋以前并没有见到雨水的尺寸数值。众所周知，中国度量衡制度起源很早。《隋书·律历志》例举了从周代到隋代十五种尺进行长短比较。将雨水用厚度（尺子）表达，按理在周代就应当想到了，可是却迟迟没有实现，原因之一，就在于未发明可确切表示雨水多少的方法和工具。直至唐宋时期才开始见到用尺寸分来表示的雨量数值的记载。这不正好是唐宋以后出现雨量器的证明吗？虽然不排除有些数值是湿土深度，但更多的当是用雨量器测出的地面积水深度。否则的话，我们如何去解释周代便有度量衡，而在唐宋时期才出现雨水尺寸数值？

雨量数值，甚至非雨量器的水则的存在，就是尺度雨量观念形成的重要标志。因为在没有直接证据讲明雨量器存在的情况下，我们可以通过雨量器发明原理和雨量器使用所留下的一些数据来反推雨量器的存在。除非我们有理由否认这些数值不是雨量器量出的，而是"估计所得"。而我们认为，唐宋时期所留下的雨量数值虽然可能有目估的成分，但不能完全排除有雨量器的存在。

鉴于唐代，甚至更早就已出现雨量尺寸的记载，我们认为雨量器在至少唐代即已出现是可能的。如果以唐人李翱（682—740）、张九龄（678—740）等在上报雨量时用到了尺寸的概念为依据，则中国至少在 8 世纪前后应有雨量器的发明，比朝鲜的同类发明（1442年）提前了 740 余年，也比秦九韶《数书九章》中有关天池盆的记载早了 540 余年。

二、雨量器在古代中国之命运

中国自秦汉开始就有雨泽上报制度，至少从唐代开始雨量由尺、寸、分来表示，且自宋以后标准雨量器的概念也已形成，距标准雨量器的运用也只有一步之遥，但由国家制定并推广的标准雨量器在中国似乎并没有出现，更没有在此基础上建立起全国性的观测网点，各州县只是以"天池"中所承接的雨水上报朝廷，而且使用的标准也没有统一。这一点和朝鲜形成了鲜明对比。1441 年以前的朝鲜也是采用中国的上雨泽的成法。确切地说，采用的是明洪武时制定的"雨泽奏本式"，要求奏明："雨泽事，据某人状呈：洪武几年几月几日某时刻下雨至某时几刻止，入土几分"[①] 等项内容。如，朝鲜世宗七年（1425 年）四月庚子朔……壬子，"命诸道、郡、县，有雨泽，则入土深浅，开具驰报"[②]。但是，他们很快就发现，"土性燥湿不同，入土浅深亦难知之"，于是在户曹的建议之下，从世宗二

---

① 《大明会典》卷七十六《奏启题本格式》。
② 《李朝实录》七册《世宗实录》卷二十八，东洋文化研究所，昭和三十一年，第 419 页。

十三年（1441 年）开始，由官方铸造出标准的雨量器，并在全国各地推广，形成了全国性的雨器观测网点。① 至今在韩国的大丘、仁川等地还保存有乾隆庚寅年（1770 年）颁发的雨量器，均为黄铜制，刻有标尺，计高 1 尺、广 8 寸。这是世界现存最早的雨量器。

那么，何以很早就开始上报雨泽，并且至迟在自宋代以后即有标准雨量器概念出现的中国，没有更进一步，反而落后于一直跟在自己后面的朝鲜？这是本文所要关注的另一个问题。

（一）雨泽上报中所存在的弊端

雨泽上报制度如果从秦代开始算起，到宋代也已行用了上千年。只是有些制度时间一长，就难免变成例行公事，走过场，搞形式主义。秦汉草创，制度尚且完备。后世因循，因呈式微之态。宋代虽有复兴之意，奈何时冷时热，也没有严格执行。宋朝多次颁布过诏令，申明上报雨泽之令，但时紧时松，或一月三报，或三月一报。而且申明过多少次也就意味着被忽视过多少次。因为如果执行得很好是用不着一再重申的。频繁申明且号令不一，也使人感到无所适从。欧阳修就曾对于政令多出的弊政进行过批判，"夫言多变则不信，令频改则难从。今出令之初，不加详审，行之未久，寻又更张。以不信之言，行难从之令，故每有处置之事，州县知朝廷未是一定之命，则官吏咸相谓曰：'且未可行，不久必须更改。'或曰：'备礼行下，略与应破指挥。旦夕之间，果然又变。'"② 雨量上报制度也受到这种弊政的影响。

即便上报雨泽制度在一个朝代里或某一时期得到较好的执行，也会随着改朝换代而走样，乃至寝废。明清两朝的情况可以说明问题。"洪武中，令天下州县长吏月奏雨泽。……承平日久，率视为不急之务。……后世雨泽之奏，遂以寝废。"③ 明仁宗时抓了一抓，无赖好景不长，仁宗在位不到一年便不治身亡［永乐二十二年（1424 年）旧历八月即位，年号洪熙，次年五月，47 岁的仁宗皇帝即宣告病死］，此后，雨泽上报制度又趋式微。清代也是如此，清雍正以前，并没有很好地执行雨水上报制度，皇帝要了解各地雨情往往要通过别的渠道来实现。如康熙三十二年（1693 年）六月上谕大学士等曰："朕每见各省往来及请安之人，必问地方情形雨水沾足与否？"甚至要派官下去"详问督抚，观看雨水形势来奏"④。只是雍正朝时才要求，"所属境内无论远近一有雨泽即行奏闻"⑤。乾隆朝以后才

---

① 王鹏飞：《中国和朝鲜测雨器的考据》，《自然科学史研究》1985 年第 3 期，第 242－246 页。
② 〔北宋〕欧阳修：《文忠集》卷四十六《准诏言事上》。
③ 〔清〕顾炎武：《日知录》卷十二。
④ 《圣祖仁皇帝圣训》卷二十一。
⑤ 《世宗宪皇帝朱批谕旨》卷十上。

有"直省旬月奏报雨雪"①的规定。

问题的根源在于朝廷。上方只是要求下面如期上报，但上报之后，如何处置各地上报上来的材料却没有一个很好的办法，这本是一个技术性很强的问题，在这个问题没有得到很好的解决以前，处理各地上报来的数据甚至认为是一件烦琐的事情。有宋一代"先是雨雪状诸州径奏，朝廷以为繁，故改法令司农寺编排缴进，而司农亦以为疲于省览"，于是，熙宁七年（1074年）正月丙辰，诏自今诸州具属县旬申雨雪尺寸上提点刑狱司，本司类聚上司农寺类聚月奏，有稽违者纠之。② 同年七月癸卯，又诏天下奏报雨雪、贼盗之类，旧悉以状进，令通进司分门类次，略为奏目进入。③ 明朝的时候，最初各地上报雨泽的奏章都上交到主管内外奏章的通政司，但通政司觉得每年要处理大量的这类地方报告不胜其烦，于是，永乐二十二年（1424年）请求"以四方雨泽奏章类送给事中收贮"④。仁宗皇帝即位后认为此举失去了上报雨泽的初衷，"徒劳州县"，要求"亲阅"⑤。而明清时期大多数的皇帝根本不览"雨泽奏章"，而只是听任有司处理。如明朝曾规定，"凡天下府州县奏到本年雨泽本，年终面奏，类送户科；凡本司日逐收下奏本夹板，年终面奏，令锦衣卫差人运送司礼监交收。"⑥ 有些皇帝即便过问雨泽之事，也只是关心雨水如期与否、沾足与否，对于具体的数字并不感兴趣，甚至也没有概念。如清雍正二年（1724年）五月初五日，皇帝在给直隶巡抚利瓦伊钧臣所上报雨泽奏折所作的批示中写道："连降时雨，大约沾被宽广，朕忧岁之心已释。雨泽分数，此后可不必频频奏报矣。"⑦ 不仅如此，上报者也觉得"仅得微雨者，不敢繁叙，上渎宸聪"⑧。上雨泽奏中最多的就是"阙雨"或"沾足"之类的字眼。这种情况至少从宋代以来即便如此。如，南宋绍兴十七年（1147年）六月丙申，上谓秦桧曰："雨泽稍频，细民不易。"桧曰："前日蒙宣问常、润、江南阙雨，臣弟棣赴宣州新任，近得本州申报，雨已沾足"。上曰："此时多雨，陂塘有所潴蓄，秋或旱干，可备灌溉，农夫有丰稔之望，甚可喜也。"⑨ 只关心定性的结论而忽视定量的分析，也影响到雨量器的进一步发展。

由于大多数皇帝对于具体的雨泽数字并不感兴趣。各州县辛苦弄出来的数据也是"徒劳"，因此，虚报的现象时有发生，从宋真宗咸平四年（1001年）二月发布的诏令来看，

---

① 《清朝文献通考》卷一百五十二。
② 《续资治通鉴长编》卷二百四十九。
③ 《续资治通鉴长编》卷二百五十四。
④ 〔清〕顾炎武：《日知录集释》卷十二《雨泽》。
⑤ 〔清〕顾炎武：《日知录》卷十二；〔明〕余继登：《典故纪闻》卷八。
⑥ 《明会典》卷一百六十七。
⑦⑧ 《世宗宪皇帝朱批谕旨》卷十上。
⑨ 《建炎以来系年要录》卷一百五十六。

雨雪上报中存在的"虚妄"现象自宋初以来就已存在，否则的话何以会要求诸州州司覆验各县上报的降雨雪时辰、尺寸，在确定"无虚妄"之后，才可以"备录申奏"，还要命令"诸官吏迭相纠察以闻"。①

那么，官员们又为何要冒着风险去进行虚报呢？原因之一便是投上方所好。熙宁七年（1074 年），各地旱情严重，为了及时地了解各地旱情，朝廷对各地上报的雨水情况十分关注，但"诸州县奏雨，往往止欲解陛下之焦劳，一寸则云三寸，三寸则云一尺，多不以其实。"② 同年在京东、胶西、淮浙等地还发生了严重的蝗灾，但有人却说"蝗不为灾"，甚至说"为民除草"。③ 因为这种"现象"（假象）的出现，不仅可以表示皇帝的英明伟大，同时作为当地的守土之官也是面上有光，升迁可待。这种情形促使了虚报的盛行。本来在大灾之年，农民的赋税负担可以得到不同程度的减免，甚至可以得到政府的及时救助，但是，前面已经提到，由于地方官出于各种私心杂念，或曲意奉承，以图进身，或地方保护，以树立形象，往往对灾情进行虚报瞒报。北宋元祐五年（1090 年）七月龙图阁学士知杭州苏轼就发现了这样的现象，"诸路监司多是于三四月间先奏雨水调匀，苗稼丰茂；及至灾伤，须待饿殍流亡，然后奏知，此有司之常态，古今之通患也。丰熟不须先知，人人争奏，灾伤正合预备，相顾不言。若非朝廷广加采察，则远方之民，何所告诉？"④ 甚至"州郡岁常先奏雨足岁丰，后虽灾害，不敢上闻，故民赋罕得蠲者，乃下诏申饬之。"⑤ 这是先报雨水条件好，而后歉收的情况，有时候也有相反的情况，先报雨水条件不好，后报丰收的情况。南宋时某年，"黟县雨旸帐呈，九十日内止有十来日得雨，所谓雨者，止是二或不及分，止有七月初九日雨及五分"，从这个降雨情况来看，当年黟县的旱情是很严重的，但该县却"申本县得熟，即无旱伤"，这种情况不单发生在黟县，"诸郡率谓旱伤不至于甚，如信州虞守谓晚禾倍熟"。为了掩盖事实真相，诸郡还要"先移文胁制诸村诸邑不得申旱"，最终受害的是百姓。了解内情的刘克庄不无感慨地说："古人谓县令字民之官，不损犹应言损，今者所申何其与古语背驰也？"⑥ 在这种情况下，即使有标准雨量器也会形同虚设。这也就是宋代已完全具备制造和使用标准的雨量器，一些州郡却要用口径大（二尺八寸）而底径小（一尺二寸）的天池盆作为测雨器，以测雨水，用以上报的原因。因为用这种口大底小的雨量器，"平地雨降三寸"，天池盆中却显示"接雨水深九寸"，上报时便说成一尺，以此来解皇上的"焦劳"，保住自己的乌纱帽，甚至得以

---

① 〔清〕徐松：《宋会要辑稿》职官二之四五，中华书局 1957 年版。
② 《续资治通鉴长编》卷二百五十二。
③ 《东坡全集》卷七十三《上韩丞相论灾伤手实书》。
④ 《续资治通鉴长编》卷四百五十一；又《苏轼集》卷五十七。
⑤ 《宋史》卷一七四《食货志上二》。
⑥ 《后村先生大全集》卷之一百九十二；又《明公书判清明集》，中华书局 1987 年版，第 616 页。

升迁。此其一。

　　其二，虚报有时是出于某种程度的地方保护主义。大灾大害之年，国家往往会在"检踏"的基础上，依据灾情，对赋税征收进行适当的调整，一些地方官员出于地方保护主义，往往对灾情进行虚报，以减免应缴赋税，其手段之一就是在降雨量上做手脚，比如，为了夸大旱情，往往会将降雨量有意识地少报，以给人形成旱情严重的印象。比如，苏轼在杭州任职期间，由于当地"大旱，饥疫并作，轼请于朝"，获得了"免本路上供米三之一"等多项优惠。① 但也有人认为，苏轼在这一过程中弄虚作假。指出"累年灾伤不过一二分，轼则张大其言，以甚于熙宁七八年之患。彼年饥馑疾疫，人之死亡者十有五六，岂有更甚于此者。"并认为他这样做是为"邀小人之誉……窃忠荩之名"。②

　　有宋一代，虽然也采取了一些防止造假的措施，如，宋真宗咸平四年（1001年）二月诏令规定："诸州降雨雪，并须本县具时辰尺寸上州，州司覆验无虚妄，即备录申奏，令诸官吏迭相纠察以闻。"③ 通过"覆验""迭相纠察"等方式来防止弄虚造假。法律明确规定，"诸水旱监司帅守奏闻不实或隐蔽者，并以违制论"④。但这只能说明至少是历来造假现象并没有得到遏制。元代也有"验雨泽"之说，至元元年（1264年）八月颁布《至元新格》规定地方官要"均赋役，招流移，……劝农桑，验雨泽，……月申省部"⑤。这种造假现象也出现在其他科学领域，比如天文观测，在传统文化中，天象的变化被视作王朝兴衰的反映，历代朝廷出于对自身命运的关注，也十分关注天象的变化，为了加强天文观测的准确性，防止弄虚作假，宋朝同时设置了天文院和司天监两个天文机构，以"互相检察"，每天都要将两个部门独立完成的观测报告进行核对，"奏状对勘，以防虚伪"。但是在熙宁年间，这两个部门却串通起来，共同编写观测报告，并且成为公开的秘密，对于"日月五星行次"，只是根据历法推算出来的结果，而根本就没有去进行观察，有关人员纯粹是只拿俸禄不干活。熙宁七年（1074年），沈括提举司天监时，"尝按发其欺，免官者六人，未几其弊复如故"⑥。和上报天象记录相比，雨量上报似更容易一些，因为十里不同天，上方更难以稽查。因为虚报而受制裁的可能性更小，虚报的情况只会更加严重。

　　明清时期，也存在相同的情况。主要表现为：一是不及时上报，二是虚报。《康熙起居注》就可以查到许多这样的例子，如康熙二十八年（1689年），"山东、陕西等省已报雨泽沾足，惟盛京未见奏报，致烦圣虑。"康熙五十六年，礼部所上报雨奏中，"雨之大小

---

① 《宋史·苏轼传》。
② 《续资治通鉴长编》卷四百六十三。
③ 〔清〕徐松：《宋会要辑稿》职官二之四五，中华书局1957年版。
④ 《庆元条法事类》卷四《职掌》。
⑤ 《元史》卷五《世祖本纪二》。
⑥ 〔北宋〕沈括：《梦溪笔谈》卷八。

沾足与否，并未声明"，而且"寅时雨止"，至"未时方奏"，中间相距 5 个时辰，10 个小时。康熙帝称，"各处报雨，皆未有如此之糊涂者"。为此，康熙皇帝下令将报雨迟延、屡次朦混之礼部尚书殷特布（殷弐布）等革职，交刑部治罪。同年，因为上报雨泽问题受到康熙帝批评的还有大学士松柱，康熙当着松柱的面说："尔等今年报雨甚是荒唐。皇子等已奏雨泽均沾，尔等犹云甘霖未足，岂雨有终日祈祷不已之理耶？况今年粮米亦属丰收。"松柱只好推卸责任，奏曰："此系礼部所奏。"又遭到了皇帝的严厉批评，上曰："尔等诿之部臣，部臣诿之司官，司官乃微员，岂可竟以其言为实耶？尔等身为大臣，享厚禄，惟以己身衰老，希图安逸，于国计民生毫不筹画而行，是自取死也。"[1] 清乾隆帝就曾指出："阿桂等节次所奏雨水情形，与甘省常年被旱之言，迥不相符，其为捏饰浮冒，开销监谷，更属无疑。"[2] 数字出官，官出数字。上报的数字并不取决于量雨的结果，而取决于上方的需要以及下方对上方喜好的揣摩，使用和改进雨量器也就没有必要。

虽然总体上说来，雨泽上报制度并没有得到上方足够的重视。但在长达千余年的历史中，上方重视的时候也曾有过，只是这种重视到了基层往往会走样。政令不通也是导致雨量器得不到改进的一个原因。我们可以 20 世纪 20 年代的一个例子来推测雨量器的命运。1922 年，中华教育改进社在济南开年会时，中央观象台曾有请各省于每县择一中学或小学担任报告雨量及暴风雨案，当经大会议决。并由教育部行文至各省教育厅，训令各县办理其事。计其所费仪器一项，不过五元之数，洵可谓轻而易举。乃各省县均置若罔闻，视为虚文，至最近则教育部以经费支绌，竟有以中央观象台低押借款之说矣。[3] 还有一个从业人员的素质问题。由于对雨水多少的精度重视不够，从事测报的人员往往素质低下，也使测报数据难以精准。竺可桢据 W. Doberek《论 1886 年中国东南的气象》（1888 年）一文说，"我国自有海关以来，即有观测所，然观测员均系门外汉，所记不可靠。"[4] 这也是影响雨量器进一步发展的原因之一。

（二）雨量的双重标准

上报雨泽所依据的标准没有统一也是影响雨量器进一步发展的原因。雨量器所得出的是地面得雨之数，但从秦九韶的《数书九章》来看，各地使用的用以测量雨量的天池盆并没有统一的标准，"积以器移"的情况在所难免。更有甚者，中国历史上不仅雨量器的标准没有统一，即便是雨量的标准也没有统一。有时候所谓的"雨量"指的是"地面得雨之

---

[1] 中国第一历史档案馆整理：《康熙起居注（第一册）》，中华书局 1984 年版。
[2] 《钦定兰州纪略》卷十一。
[3] 竺可桢：《论祈雨、禁屠与旱灾》，《竺可桢文集》，科学出版社 1979 年版，第 93 页。
[4] 竺可桢：《中国之雨量及风暴说》，《竺可桢文集》，科学出版社 1979 年版，第 1 页。

数"，而有时候指的又是"雨水入土深度"。

从宋代的情况来看，天池盆所得之雨，自然为"地面得雨之数"，但宋代似乎还存在另一种标准，即以雨水入土深度为雨量标准。如，神宗熙宁七年（1074年）九月戊戌，上以连日阴雨，喜谕辅臣曰："朕宫中令人掘地及一尺五寸，土犹滋润，如此必可耕耨"①；更如，神宗元丰五年（1082年）四月，上以自春亢旱，靡神不宗，及此雨尺余，喜见于色，谓辅臣曰："禁中令人掘地，润及五寸，秋成当复有望，殆天助也。"② 在民间和文人笔下也有"一犁雨"的说法，如苏东坡"昨夜南山云，雨到一犁外"③。同类的诗句还有"柔桑蔽野麦初齐，布谷催耕雨一犁"（释道潜《游径山怀司马才仲》），"东皋好雨一犁足，麦半黄时秧半青"（葛绍体《溪上》）。虽然有注释家认为这只是表示"一场雨"较为形象的说法④，但也有说，"一犁雨"指雨水入土的深度，具体说来，"雨以入土深浅为量，不及寸谓之：一锄雨；寸以上谓之：一犁雨；雨过此谓之：双犁雨。"⑤

从明清时期的情况来看，确实存在以雨水入土深度作为雨量上报的情况。明初洪武年间制定的"雨泽奏本式"，就要求奏明"雨泽事，据某人状呈：洪武几年几月几日某时刻下雨至某时几刻止，入土几分"⑥ 等项内容。清代也能找到许多上报雨水入土深度的奏折。如，雍正八年（1730年）三月十三日吏部尚书署陕西总督查郎阿、西安巡抚武格的奏折中便提到"初九、初十、十一等日，连得时雨，入土一尺有余，土膏透润，麦豆秀颖。"⑦ 又如，"今于三月初五日戌时起细雨，至初六日巳时止，经阳曲等附近州县已报到者，俱云入土一二寸不等，于麦苗大为有益。"⑧

奏报雨泽中"入土几分"的引入，表明人们更加注意雨水的实际效果。但是，"入土几分"也没有成为上报雨水的唯一标准。首先，上报"入土深度"虽然更重视雨水的效果，但操作起来比测量地面得水之数要更加困难一些，且精确度也较差。朝鲜在英宗四十六年（1770年）之所以要推广雨量器就是因为雨量器"比诸一犁一锄之报，颇为详密"⑨。其次，入土深度除与雨量大小相关，还与土壤性质有很大的关系。1441年，朝鲜世宗二

---

① 《续资治通鉴长编》卷二百五十六。
② 《续资治通鉴长编》卷三百二十五。
③ 《苏东坡全集·前集》卷十四《诗·东坡八首》。
④ 王水照：《"一蓑雨"和"一犁雨"——量词的妙用》，《文史知识》1998年第11期。
⑤ 《凤台县志·食货志》。
⑥ 《大明会典》卷七十六《奏启题本格式》。
⑦ 《世宗宪皇帝朱批谕旨》卷二百三下。
⑧ 《世宗宪皇帝朱批谕旨》卷五。
⑨ 《增补文献备考》卷之三，英宗四十六。

十三年，提出用铁铸造雨量器，也是因为"土性燥湿不同，入土浅深亦难知之"①。同时，还有一个雨水下渗时间长短的问题。中国国土辽阔，各地土壤性质更是迥异，《尚书·禹贡》和《周礼·职方氏》早已言之凿凿。这样以入土深浅为上报标准更不可取。另外，作为雨泽的重要组成部分——雪，测量其入土深度更有困难，但平地得雪厚度却比雨水更易测量。因此，以"入土壤深度"为依据并没有成为"上雨泽"的唯一标准。

明朝虽然官方规定要求上报雨水入土分数，但从嘉靖年间成书的吴承恩《西游记》来看，测雨时还是以平地得水之数为多。如第九回："明日辰时布云，巳时发雷，午时下雨，未时雨足，共得水三尺三寸零四十八点"。第三十七回："寡人只望三尺雨足矣，他说久旱不能润泽，又多下了二寸。"第八十七回："若施寸雨济黎民，愿奉千金酬厚德！"

清代上雨泽的奏折中，有些奏折既有"入土数"，又有"得雨数"，如雍正元年（1723年）五月十八日直隶巡抚利瓦伊钧的上奏中提到"窃查顺德府属之沙河、南和、唐山、任县、邢台等县，于五月初十日得雨二寸五分；宣化府属之西宁县于初九、初十等日，得雨四寸；保定郡城于十七日酉时起微雨至十八日午时雨尚未止，入土约有三寸，此雨未足尚在祈求。"更有些奏折只有"得雨数"，而不提入土深度。如，雍正元年五月十三日直隶巡抚利瓦伊钧的上奏中提到："窃据各属陆续具报得雨日期前来，查顺天府属之武清，河间府属之交河、庆云，广平府属之成安，宣化府属之宣化、万全等县，于五月初二、三等日，得雨二、三寸不等，保定府属之蠡县、博野、束鹿，正定府属之安平、武强、武邑、晋州等州县，于五月初八、九、十等日，得雨一寸五六分，及二寸余不等，大名府属之元城、魏县、大名、开州、浚县、长垣、清丰、南乐、东明等州县，于五月初二、三等日，得雨三、四寸余不等，滑县得雨七、八寸，内黄县得雨四、五寸，其余各属俟报到另行奏。"②由此看来，至少在清代的上报雨量中就存在平地得雨之数和雨水入土深度两种标准。在双重标准并存的情况下，对于雨量器的使用和改进也就变得不那么迫切。

（三）中国古代对雨水的认识

雨量器为什么得不到进一步的改进？从上面的论述中可以看出，除了事实存在双重雨量标准之外，跟各级负责上报雨水的官员弄虚作假有关，而官员为何要弄虚作假？这和古人对于雨水的认识是分不开的。

古人对于雨水的形成有许多论述。有些论述其实已接近近代科学对雨水成因的解释。但古人对于雨水的解释并没有将人与自然区隔开来。从雨的发生来看，古人更认为雨是阴

---

① 朝鲜《世宗实录》卷九十三，引自王鹏飞：《中国和朝鲜测雨器的考据》，《自然科学史研究》1985年第3期，第242页。

② 《世宗宪皇帝朱批谕旨》卷十上。

阳相和的产物，是天地对人间的施舍，将天视为有意识的主宰者。《数书九章》中用以测量雨水的"天池盆"之所以称为"天池盆"，也是与古人对于雨水的认识分不开的。"夫雨者，盖阴阳之和而宣天地之施者也。"① 而阴阳是否相和，天地是否施舍，又与人事有关，这就涉及所谓"天人"关系的命题。

自古以来，一直占据大多数中国人心灵的便是天人感应的思想。汉代思想家董仲舒对这种天人感应的思想首先作了完整的表述，他认为"天"出于对人君的仁爱，会以灾异谴告的形式对国家政治的过失提出警告。所谓"灾者天之谴也；异者天之威也。谴之而不知，乃畏之以威。……凡灾异之本，尽生于国家之失。"②"国家将有失道之败，而天乃先出灾害以谴告之；不知自省，又出怪异以警惧之；尚不知变，而伤败乃至。"③ 在这种思想支配之下，当水、旱、蝗乃至地震等重大的自然灾害发生之时，人们首先想到的是自己有过错，引发天怒，进而要从人事上来找原因，"以为天有是变，必由我有是罪以致之"④。这是一种普遍的观念。

就雨水来说，古人认为雨既是云，云又是气，气又分阴阳，而阴阳又是由人事来调燮。若调燮得宜，自然雨旸时若，使民物无饥寒之患；若调燮倒置，阴阳失和，必然会引起水旱灾害。因此，当雨旸违时，危及农业生产时，人们便自然地将其与"时政"有失联系起来。⑤ 这种天人感应学说最终使得原本应该对自然的探索，转化为对人事的调整。

以北宋熙宁七年（1074年）为例，这一年发生了严重的旱灾，上自神宗皇帝，下至普通百姓，无不为此感到万分的焦急。按照天人感应的说法，旱灾的发生乃是由于人事所致。因此，许多人都将当年干旱的责任强加到当时正在进行新政的王安石身上。

尽管支持变法的一方极力否定干旱与新政之间有必然的联系，但他们也不能不接受干旱这样的一个事实。因此，他们要尽量将旱情说得轻微一些，这样一方面可以减轻皇帝由于旱灾所引起的"焦虑"，另一方面，也可以减轻自己的责任，毕竟还是有相当多的人认为旱灾是由新法引起的，旱情越严重，变法所要遭受的指控也就越严重。而反对变法的一方，则要尽可能地将旱情夸大一些，以置支持变法的一方于不利。这种情况在熙宁七年四月十八日司马光《应诏言朝政阙失状》中得到了充分的反映。司马光是反对新法的主要代表人物之一。根据他的立场，他必须将当时的旱情说得更严重一些，并且将旱灾的责任推

---

① 《事类赋》卷三。
② 《春秋繁露》卷八。
③ 《汉书·董仲舒传》。
④ 〔北宋〕王安石著，宁波等校点：《王安石全集》卷六十五，吉林人民出版社1996年版，第707页。
⑤ 王禹偁《秋霖》二首："时政苟云失，生民亦何辜。雨若是天泪，天眼应已枯。"（《全宋诗》卷六二）

到新法的支持者王安石一方，方能凸显出自己的正当性。于是，状中便有这样的一段文字：

> 又诸州县奏雨，往往止欲解陛下之焦劳，一寸则云三寸，三寸则云一尺，多不以其实，不可不察也。[1]

这一段文字可以做两个方面的解读。诸州县何以要如此奏雨？一是像奏中所说，"欲解陛下之焦劳"；二则是为自己开脱责任，因为按照天人感应的说法，某地出现干旱，可能是当地领导出了问题，所以就算为了自己也有虚报的必要；三是为王安石新法的歌功颂德，因风调雨顺会被看成新政的功绩，地方州县一级作为新法的执行者，在上报雨量时弄虚作假也有溜须拍马的意思。就像王安石也不忘对皇帝说："水旱常数，尧、汤所不免。陛下即位以来，累年丰稔"，以此迎合当时人们所普遍接受的天人感应的观念。反过来看，司马光在奏折中之所以要对州县奏雨作假进行揭露，也是想借干旱之机，对王安石新政发起攻击，因为按照一般人所理解的天人感应的理论，干旱的发生是人事所致，那么，王安石及其新政是脱不了干系的。司马光等人更是直截了当地将王安石和新政与干旱联系起来，并信誓旦旦地说，"天旱由王安石所致，若罢安石，天必雨"[2]。只要将新法废除，则"中外欢呼，上下感悦，和气熏蒸，雨必沾洽矣"[3]。出于攻击王安石及新法的需要，即便各州县没有虚报雨量，司马光等也要污蔑地方官员造假，以使皇帝相信干旱是"莫须有"的，从而早下决心废除新法，罢免宰相。同时，为夸大干旱的事实，也要在雨量上报上做文章。在这样的情况底下，雨量器的精确与否对于双方来说都并不重要，重要的是看哪种数据对己有利。

熙宁七年的大旱果真是帮了反对派一方的大忙，最终迫使王安石在新政实施五年之后"以旱引去"，新法遭到了前所未有的挫折。

需要指出的是，王安石的遭遇既非第一个，也不是最后一个。即便是在有宋一代，王安石的遭遇也非绝无仅有。晴雨被看作是天命，治理国家依天命而行，甚至个人的命运也被所谓天命所左右。因为在古人看来，雨量不完全是由自然决定的，而是人事导致的。这里的人事上关朝政，下及吏治，尤其是局部地区出现灾害性天气，当地的官员更是难辞其咎。当某地出现灾害性天气，当地的官员就可能因此要被革职查办，雨量大小有无决定官员的命运。历史上以水旱去职的官员并不在少数。地方官员出于自我保护，也需要对雨水进行虚报。同时，上报雨量也是由地方官员负责，而非由专门的机构执行，这也就为弄虚作假提供了方便。为了逃避自己的责任，虚报瞒报也就在所难免。

---

①③ 《续资治通鉴长编》卷二百五十二。
② 《续资治通鉴长编》卷二百五十四。

当雨水成为政治斗争和谋取个人私利的工具，雨水的计量必须服务于政治斗争和个人命运的需要，数字出官，官出数字。雨量器就是在这样的文化背景下失去了作用，计量雨水的器具也就变得可有可无，更失去了进一步改进的动力。而这一切的一切都是建立在天人感应这样一个基本的信仰之上的，这就是雨量没有在中国得到进一步发展的原因。

从江东犁到铁搭：9—19世纪江南的缩影[*]

　　江东犁和铁搭是两种水田整地农具，这两种水田整地农具在江南地区都曾经先后得到广泛的使用。江东犁主要用于唐宋时期，而铁搭主要用于明清时期。研究唐宋以后的中国经济发展史，特别是江南地区经济史的学者都不约而同地注意到这两种农具。有的人将江东犁视为唐宋时期经济发展的主要物质基础之一，而铁搭则是明清时期农业生产力停滞不前乃至衰落的重要证据。李伯重先生在《光明日报》上发表了一篇名为《曲辕犁与铁搭》的文章，试图改变以往人们对于这两种农具的评价。他认为，铁搭的重要性并不逊于江东犁，其对江南农业经济发展所起的实际作用甚至更大。以此作为明清江南经济发展的一个证据。这一说法与学术界颇有影响的所谓美国加州学派遥相呼应。作为加州学派的代表人之一彭慕兰在其所著《大歧变》（*The Great Divergence*，一译《大分流》）一书中提出，在19世纪之前，西欧与东亚比较，各方面的发展都处于大致同样的水平上，西欧没有任何内部因素（除了煤以外）比东亚更为优越，而两者进一步发展所受的制约也是同样的，实际上西欧与东亚是处在一种同样的发展模式中。从19世纪起，西欧和中国才走上不同的道路，开始了"大分流"的过程。我以为，江东犁和铁搭都是整地农具，其重要性是一样的，作用的大小完全取决于历史上农民的选择。从学术研究来说，两者的重要性和作用的大小并不重要，重要的是农民何以要去抢铁搭，而不去扶牛犁？

　　李伯重先生在文章中沿引了农史学家陈恒力、游修龄等人的观点，认为江南地区土壤黏重，适宜用铁搭，而不利于用牛耕。但我以为，技术上的不适应并不是铁搭取代江东犁

　　＊　本文原载于《中国经济史研究》2003年第1期。

的原因。首先，江东犁非舶来品，它是适应江东土壤耕作需要而出现的。一项技术或工具的发明，并不是凭空产生的，它是人们在实践中不断发明和改进的结果。江东犁正是适应江东地区生产需要出现的，尽管它的规制、结构方面还并非完善，还需要改进，但这并不是铁搭取代江东犁的原因，事实上，江东犁自发明之后，本身还在不断改进。李伯重先生也注意到宋代以后江南使用的耕犁在形制上与最初的江东犁有颇大的差别，但我并不认为宋代以后的耕犁只是受江东犁的启发而发明出来的新耕犁，而是对江东犁的一种改进。

江东犁经过改进是可以不断适应江东农耕的，它有铁搭所不可比拟的优越性。其集中体现便是效率，江东犁的效率来自于牛。按古人计算"一牛可抵七至十人之力"，"中等之牛，日可犁田十亩"（顾炎武《天下郡国利病书》，第2773册）。用铁搭翻地，虽然可以翻得很深，但效率很低，人日耕一亩，率十人当一牛。同时铁搭与耕作质量之间并没有必然的联系，耕作质量的好坏主要取决于人，而不是铁搭。从理论上来说，铁搭的使用并不会导致江东犁的淘汰。

也就是说，江南地区，江东犁被铁搭所取代，原因不在于江东犁存在某种不可改进的缺陷，或是铁搭有如何的先进性，如何适应江南地区的水田耕作，根本的原因在于铁搭用人，而江东犁用牛。在传统中国，人是最可宝贵的，养人是不计成本的，相比之下，养牛却要计算成本。牛可以不养，而人却不能不养。人长大之后可以干活，就有明末宋应星的算法，"会计牛值与水草之资，窃盗死病之变，不若人力之便"①。

农民不养牛，自然就没有牛去拉犁，而江东犁是由牛来牵引的，没有了牛，自然也就没有江东犁；农民只养人，人多力量大，铁搭就是一种人力工具，它正好可以发挥人力的作用。我以为，关键的问题不是铁搭取代了江东犁，而是人力代替了畜力。

农户何以不养牛？原因在于养牛的成本太高。何以养牛的成本会变得如此之高？我以为这与中国传统的农业结构有关。中国传统的农桑结构，把土地尽可能地用于衣食原料生产，以解决温饱问题，用于养人。结果是养牛的空间越来越小。养牛所需的水草难得，成本上涨，以致无力养牛。对此，我在《跛足农业的形成：从牛的放牧方式看中国农区畜牧业的萎缩》一文中进行了详细的论述。我发现，中国农区耕牛的放牧方式经过了一个由牧牛、到放牛再到縻牛的过程。而它的背后则是用于养牛的土地面积的减少，用于粮食等种植的土地面积增加。畜牧业的萎缩使养牛成本提高，而养牛成本的提高又加速了畜牧业的萎缩。

铁搭取代江东犁，便是出现在跛足农业形成过程中的一种现象。江东犁在明清江南的

---

① 〔明〕宋应星：《天工开物》卷一《乃粒·稻》。

出局，与江东犁本身的技术无关，只是好犁要用牛拉，没有牛再好的犁也派不上用场。唐宋时期，江东地区还有相当数量的耕牛，这是江东犁得以发明和使用的原因。明清时期，"吴郡力田者，以锄代耙，不蓄牛力"。但这只是对大多数的农户而言，对于一些家境较好的所谓"上农"来说，由于他们有能力维持少量的耕畜，所以牛耕仍是他们的首选，只有那些"无牛犁者以刀耕，其制如锄而四齿，谓之：铁搭"（顾炎武《天下郡国利病书》，第2773册）。如果说，铁搭在技术上优于牛犁，最有条件使用的应该是上农，何以他们不用铁搭而用牛耕。铁搭只是在无牛情况下的一种选择。清末，太平天国以后，人口减少，田地荒芜，水草资源相对丰富，养牛成本下降，外来移民"耕耘多用牛功，既省费，也省功，乡民亦有用牛力耕者"。

由江东犁到铁搭的变化，再来谈谈对明清时期农业发展水平的估计。从养活的人口来看，明清时期农业确有发展，这是不言而喻的，明清时期人口的增长意味着作物（粮、棉、桑、麻）总产量的提高。从劳动生产率来看，明清时期的农业发展水平下降了，主要表现是畜力的减少。从人们的生产和生活水平来看，明清时期的农业发展水平也有下降的趋势，一是劳动强度加大，工作时间增长；二是肉食量下降，由于畜牧业的萎缩，用于耕地的畜力尚且不足，用于肉食的牲畜更嫌少了。也就是说，明清时期，中国的市镇手工业工人为争取一人一月1斤猪肉的供应而斗争，而当时西方人每人一日有3磅。由此看来，西欧和东亚的大分流并非始于19世纪，19世纪以前两者之间的分流早已开始。从农业史的角度来看，这一分流可能最初源于农业结构。

农具的选择：以稻谷脱粒农具为例 *

子曰："工欲善其事，必先利其器。"所谓"利器"，不仅是指最锋利的技术、最先进的器具，而且也是指最适合、最有效的工具。常言道："杀鸡焉用解牛刀。"最为先进的工具并不等于最适合最有效的工具，于是就有了选择。同样是翻土农具，唐宋开始普及的江东犁在技术上胜过战国以来就一直使用的铁搭无数，但是明清时期的江东人却选择了铁搭而放弃了江东犁；今日的铁牛（拖拉机）更是令耕牛不可望其项背，可至今还有老农牵着黄牛不放。传统农业中的农民在选择农具时主要受到哪些因素的制约呢？这里我想以水稻脱粒为例来加以说明。

谷物成熟之后，必须经过脱粒，才最终进入到加工食用阶段。所谓脱粒就是将原来附着在茎秆上的谷粒脱落下来。在原始农业阶段，由于没有工具可供选择，人们可能是以直接用手捋的方式摘取植株上的谷粒。这种脱粒方式在中国和世界的许多民族中都曾存在过。至今在一些采用了其他较为先进的脱粒方式的地方，仍然能看到农民偶尔用手捋的方式将没有脱粒干净的谷粒捋下。

手捋的脱粒方式起初或许纯属赤手空拳，后来发明了一些手捻小刀。但这种小刀的作用与其说是割，不如说是刮。新石器时代的一些形制较小的石镰、蚌镰、石刀，可能就是用来辅助捋粒的。清代贵州还在使用的一种"刻木为篦状，中陷铁刃以摘禾"① 的农具，就是由手捋方式发展过来的。

从手捋来看，脱粒先于收割而存在，尽管它的效率很低，但这种脱粒方式并没有因为

---

* 本文原载于 2002 年 6 月 11 日《光明日报》。

① 康熙《湄潭县志》卷二《风俗》。

收割的出现而消失。《齐民要术》载："凡谷成熟有早晚"，由于种子的纯度不高，成熟不一致，且大田中杂草丛生，很难统一收割，这便是手捋脱粒长期存在的原因。至今农谚中还保留有"小暑捋，大暑割"的说法。

手捋脱粒方式长期存在的另一个原因就是选种的需要。传统农业中穗选是主要的选种方式，而穗选所用的脱粒方式就是捋粒。因为在手捋的过程中，不仅可以选择合乎需要的谷粒，淘汰不合要求的谷粒，还可以防止器械对种子的破坏，提高种子的出芽率。

手捋脱粒方式长期存在，与之相配套的农具也就必然存在。从技术上讲，手捋的方式完全可以满足一切脱粒的需要。但是这种方式不能满足经济发展的需要，随着农业的发展、种植规模的扩大，手捋方式不能满足生产的需要，于是就出现了各种各样的脱粒方式，要言之有两类：以物击于稻，以稻加于物。也就相应地有了各种各样的脱粒农具，如连枷、稻簟、稻床、禾桶以及碌石等。在这些脱粒方式和脱粒农具中，传统农业又是如何选择的呢？

从稻作史的研究中可以看出这样的一些迹象：一是根据稻种的类型。栽培稻大致可以分为籼亚种和粳亚种。这两种稻的一大区别是落粒性不同。云南是一个籼粳稻均有分布的稻作区。清代及民国云南安宁、易门、景东等地有一种稻为"连械（枷）谷"或"连秸（稭）谷"，连枷谷之所以称为连枷谷是因为这种稻成熟时，需要用连枷来脱粒。那么，这种需要用连枷来脱粒的稻属于何种稻种呢？在云南巧家县等地，水稻除有普通的粳糯、早晚、红白之分，"又因成熟时收取之方法不同而分为掼桶谷、粮械（俗呼连枷为粮械）谷两种"。[①] 用连枷来脱粒的稻谷往往是脱粒较为困难的粳稻。安宁县则将"谷熟，其蒂易脱，且粒长者为吊谷。不易脱落而粒圆者穤秨稻，俗呼连械（枷）谷。"[②] 很明显，吊谷就是籼稻，而连械谷即粳稻。太湖流域是另一个粳稻栽培中心，这里历史上也曾经盛行连枷脱粒的方式，从范成大《秋日田园杂兴》中的"一夜连枷响到明"到楼璹《耕织图诗》中的"连枷声乱发"，就可以听到到处都是连枷脱粒的声音。再来看看一向只种粳稻而鲜种籼稻的北方。宋人宋祁有一首描写许州地区水稻丰收景象的诗，诗中有"镰响枷鸣野日天"[③] 的诗句。"枷鸣"的存在表明当时许州使用的也是连枷脱粒的方式，也与当地种粳稻相吻合。清代四川也有两种脱粒方式。用"连枷掀打"的是"秠芒甚坚"，打后入谷，"而秠仍带芒"的稻谷，显然属于粳稻；而"拌桶捽打"的则是"易脱""工省收早"的稻谷，肯定是籼稻。[④]

---

① 民国《巧家县志》卷六《农政》。
② 民国《安宁县志·物产》。
③ 〔北宋〕宋祁：《景文集》卷二十三《湖上见担稻者》。
④ 《冕宁县志·物产》。

　　脱粒方式的选择与稻谷类型有关，而稻谷的类型则又涉及土壤、地势、地形等方面的因素。在云南有一类稻谷称"掼谷"，顾名思义是一种用掼稻方式来脱粒的籼稻，由于籼稻对温度的要求较高，"须土质较肥，地形向阳之田，方宜种植"①。因此，可以说土壤的性质也影响到脱粒工具的选择，这点在整地农具的选择上尤为明显。兹不详述。

　　在选择脱粒农具时，传统农民还要考虑当时的天气、脱粒后谷粒的用途、物力和财力等因素。同样是掼稻，如果"收获之时，雨多霁少，田稻交湿，不可登场者，以木桶就田击取。晴霁稻干，则用石板甚便也。"以物力和用途而言，"牛曳石滚压场中，视人手击取者力省三倍。但作种之谷，恐磨去壳尖减削生机，……（因）而来年作种者则宁向石板击取也。"② 同样，因系粳稻之故，而以连枷脱粒为主的太湖地区，对于用作种子的稻也采用掼稻的方式。③ 至于效率最高的牛碾脱粒，又称碾场，则并不是一般农户所能够使用的，只有"南方多种之家，场禾多藉牛力"。何以如此？主要是一般农户无力养牛。对此，宋应星在他的书中亦做过计算。由于无牛，牛碾脱粒也就无法进行，也由于无牛，"吴郡力田者，以锄代耜，不藉牛力。"④ 这也就是明清时期的江东人选择铁搭而放弃江东犁的原因。也是由于无牛，近二十年来，我家乡的父老放弃了他们在生产队时所熟悉的牛犁，而又重新拿起了镢头和铁搭。

　　脱粒农具的选择甚至还受到生产关系的影响，在租佃制下，地主更愿意佃户交来的田租是碾场的稻子，而佃农更愿意上交以禾桶脱粒的稻子。原因是"谷经碾则棱芒尽去，纳租时，升斗较赢也"⑤。

　　看来传统农业中的农民在选择农具时，既有理智，也有无奈。他们既要考虑技术上的可行性，更要考虑经济上的可能性，同时还要尽可能地保护自己的利益。

---

　　① 民国二十八年《云南史地辑要》卷九《云南农村》。
　　② 〔明〕宋应星：《天工开物》卷四《粹精》。
　　③ 姜彬主编：《稻作文化与江南民俗》，上海文艺出版社 1996 年版，第 148 页。
　　④ 〔明〕宋应星：《天工开物》卷一《乃粒·稻》。
　　⑤ 民国《云阳县志》卷十三《农田》。

第三编

稻史文献

告乡里文：一则新发现的徐光启遗文及其解读[*]

一、《告乡里文》释注

明崇祯《松江府志》卷六《物产》有徐宗伯玄扈《告乡里文》。徐宗伯玄扈，即徐光启。《徐光启文集》在明代即刊刻有《徐氏庖言》和《徐文定公集》两书。清光绪二十二年（1896 年）李杕（问渔，1840—1911）所编《徐文定公集》四卷出版；光绪三十四年徐光启十一世孙徐允希在李杕的基础上重编《增订徐文定公集》五卷；民国二十二年（1933 年）徐氏后代徐宗泽编《增订徐文定公集》五卷。1962 年，王重民辑校《徐光启集》上、下两册（中华书局 1963 年；上海古籍出版社 1984 年新版），凡辑录文 204 篇，诗 14 首，是迄今徐氏文集最完备的整理本。尽管如此，王先生说："徐光启的遗文是很多的，这里所搜辑的当然不够完备，以后应该随发现，随补充。"① 该书出版后，徐光启著述又有若干新发现，多已收入《徐光启著译集》（上海古籍出版社 1983 年版）。可以说，以上两书汇集了徐光启的大部分传世文字，但仍然还有遗漏。近年，汤开建、马占军又发现了保存在《守圉全书》中的徐光启、李之藻佚文。② 但现行文集和学者的研究似都未提及崇祯《松江府志》中所收录的徐光启《告乡里文》。

崇祯《松江府志》由方岳贡修，陈继儒纂。他们都与徐光启及其著作的整理出版有着不少的联系。方岳贡（？—1644），字四长，谷城（今湖北省谷城县）人。明天启二年

---

* 本文原载于《自然科学史研究》2010 年第 1 期，第 1–12 页。

① 王重民：《徐光启集·凡例》，中华书局 1962 年版，第 39 页。

② 汤开建、马占军：《〈守圉全书〉中保存的徐光启、李之藻佚文》，《古籍整理研究学刊》2005 年第 3 期，第 81–84 页。

（1622 年）进士。官至左都御史兼东阁大学士。在任松江知府时，他曾属意徐光启的学生陈子龙进士编辑徐光启的《农政全书》，使该书得以在作者身后得以出版。陈继儒（1558—1639），字仲醇，号眉公，又号糜公，是徐光启的同乡。明代著名学者，工诗文，善书画，"博学多通"，深得黄道周等人的称道，朝廷多次下诏征用，皆以疾辞，甘为隐士，自称"布衣"，为松江一代名流。为《松江府志》重修作序的董其昌也是徐光启的同乡好友。万历十六年（1588 年）徐光启和董其昌、张鼎、陈继儒到太平（今安徽当涂）去应乡试①。

《松江府志》全书共 58 卷，完成于崇祯三年（1630 年），此时距徐光启去世还有 3 年。作为从松江走出去的大学士，徐光启自然备受家乡人们的关注，他的入志自是在情理之中。比如，卷六《物产》中就提到"近海上徐玄扈劝人蚕桑，自植桑百本于家园。然习俗难化，蚕事未兴，贸丝皆他郡。"卷五十四《著述》也有关于《农遗杂疏》等徐光启著作目录的著录。② 除此之外，卷六《物产》中还直接引述了徐著《农遗杂疏》等文字，《告乡里文》即其中之一。③ 其资料的真实性和可靠性毋庸置疑。

原文如下：

> 徐宗伯玄扈《告乡里文》（时年庚戌④，水灾）：近日水灾，低田淹没。今水势退去，禾⑤已坏烂，凡我农人，切勿任其抛荒。若寻种下秧，时又无及，六十日乌⑥可种，收成亦少。今有一法，虽立秋后数日，尚可种⑦稻，与常时一般成熟。要从邻近高田，买其种成晚稻；虽耘耨已毕，但出重价，自然肯卖；每田二亩，买他一亩，间一科⑧，拔一科；将此一亩稻，分莳⑨低田五亩；多下粪饼，便与常时同熟；其高田虽卖去一半，用粪接力⑩，稻科长大，亦一般收成。若禾长难莳，须挼⑪去稍叶，存根一尺上下莳之。晚稻处暑后方做肚⑫，未做肚前尽

---

① 王重民：《徐光启集》，中华书局 1962 年版，第 14 页。

② 日本藏中国罕见地方志丛刊，崇祯《松江府志》影印本，书目文献出版社 1991 年版，第 1427 页。

③ 日本藏中国罕见地方志丛刊，崇祯《松江府志》影印本，书目文献出版社 1991 年版，第 144 - 146 页。

④ 庚戌：1610 年，也即万历三十八年，时年徐光启 49 岁。

⑤ 禾：禾本科作物的植株，这里指稻。

⑥ 六十日乌：水稻品种名。生育期约 60 天（实际可能稍长），谷壳为黑色，故名。

⑦ 种：指播种，此处当为移栽。

⑧ 科：也作"窠"，丛。《农桑衣食撮要》卷上："插稻秧：芒种前后插之，拔秧时，轻手拔出，就水洗根去泥，约八、九、十根作一小束，却于犁熟水田内插栽。每四五根为一丛，约离五六寸插一丛，脚不宜频那，舒手只插六丛，却那一遍，再插六丛，再那一遍。逐旋插去，务要窠行整直。"这里的"一丛"，即为一科。

⑨ 莳：移栽。

⑩ 接力：追肥。

⑪ 挼：拧。

⑫ 做肚：孕穗。稻麦等作物在抽穗前秆子呈现粗大饱满之状，俗称做肚。

好分种，不妨成实也。若已经插莳①，今被淹没，又无力买稻苗者，亦要车②去积水，略令湿润，稻苗虽烂，稻根在土，尚能发生，培养起来反多了稻苗，一番肥壅，尽能成熟。前一法是江浙农人常用。他们不惜几石米，买一亩禾，至有一亩分作十亩莳者。后一法，余常亲验之。近年水利不修，太湖无从浃泻，戊申③之水，到今未退，所以一遇霖雨④，便能淹没，不然已前何曾不做黄梅⑤？惟独今年，数日之雨便长得许多水来。今后若水利未修，不免岁岁如此。此法宜共传布之。若时大旱，到秋得雨，亦用此法，不信问诸江浙客游者。凶年饥岁，随意抛荒一亩地，世间定饿杀一个人。此岂细事，愿毋忽也。

下面再就该文内容，结合其背景，做如下解读。

二、《告乡里文》的写作背景

《告乡里文》作于庚戌，即万历三十八年（1610年），时年徐光启已是49岁，三年前，即1607年5月23日，他的父亲卒于京邸。徐光启扶柩归葬，回籍守制。回籍的第二年（戊申年，即1608年）夏，江南地区就遭遇到二百年一遇的特大水灾。这次江南水灾的特点是：水势大，持续时间长，波及范围广，损失惨重。水灾过后，伴有蝗灾和社会动荡的发生。然而，1608年这次大水灾的影响并没有很快消除，由于水利失修，水位迟迟没有退去，一遇持续降雨，便又涨起水来，《告乡里文》写作的庚戌年的情况便是如此。水灾原本就是困扰江南水乡农业生产和人们生活的最大不利因素。持续三年的大水，更让人不胜其扰。因此，文中除了开门见山地提到"近日水灾，低田淹没"之外，更提到"戊申之水，到今未退，所以一遇霖雨，便能淹没，……数日之雨便长得许多水来。今后若水利未修，不免岁岁如此。"

始于1608年的这次水灾给徐光启产生了深刻的影响。他在《甘薯疏·自序》一文中也提到，"岁戊申，江以南大水，无麦禾。"甚至他的某些学术观点的形成也可能与这次水灾的遭遇有直接的联系，比如他在《农政全书》中提出的"蝗虫为虾子所化"的观点。有学者对于徐光启提出这样一个没有科学依据的观点表示怀疑。⑥ 其实，徐光启自己说得很

---

① 插莳：插秧移栽。

② 车：水车；此处当动词用，指用水车排水。

③ 戊申：1608年，明万历三十六年，时年江南大水。

④ 霖雨：连绵大雨。《说文》："霖，雨三日已往"，意思是说雨连续下三天以上，称为霖。

⑤ 黄梅：又叫"黄梅雨""梅雨"或"霉雨"，指春末夏初江淮流域持续较长的阴雨天气。"做梅雨"，指的是梅雨持续时间太长，或雨量过大而导致的水灾。

⑥ 万国鼎：《徐光启的学术路线和对农业的贡献》，载《徐光启纪念论文集》，中华书局1963年版，第24页。

明确，"或言是鱼子所化，而臣独断以为虾子"。在徐光启之前早就有蝗为鱼虾所化的观点，如明万历二十五年（1597年）陈经纶在一篇题为《治蝗笔记》的文章中提到："因阅《埤雅》所载，蝗为鱼子所化，得水时则为鱼，失水则附于陂岸芦荻间，燥湿相蒸，变而成蝗。"《埤雅》为北宋陆佃（1042—1102）所作，因知宋代已有此说。明人谢肇淛（1567—1624）亦言："相传蝗为鱼子所化，故当大水之岁，鱼遗子于陆地，翌岁不得水，则变而为蝗矣。雌雄既交，一生九十九子，故种类日繁。"① 徐光启的发展在于将鱼子确定为虾子。而这种观点的提出和接受可能与他经历的1608年的水灾有关。因为当年在水灾过后，并发了蝗虫（荒虫），而且蝗虫过后，鱼虾特多，于是很多人都将蝗与虾联系起来，认为虾为蝗虫所化。② 在此基础上，徐光启推断出蝗为虾子所化的观点，认为虾蝗为一物，"在水为虾，在陆为蝗"。这也是当时多数人的看法。

面对1608—1610年的特大水灾，在家丁忧的徐光启一方面"建议留税金五万赈苏、松、常镇。发仪真盐课及税金各十五万赈杭、嘉、湖。诏从之，全活甚众"③；一方面设法生产自救，故于农事尤所用心。徐家有双园（桑园）在南门外，又有农庄别业在法华南徐家汇。因"江以南大水，无麦禾，欲以树艺佐其急，且备异日"。树艺指的就是大田作物之外的种植。徐光启认为，"方舆之内，山陬海澨，丽土之毛，足以活人者多矣。"在稻麦等大宗粮食作物因水灾而歉收的情况下，如何解决粮食问题，以保证灾民不因饥饿而死？他试图通过引种新作物来解决粮食问题，"每闻他方之产可以利济人者，往往欲得而艺之，同志者或不远千里致，耕获蓄菑，时时利赖其用。"闻闽、越引种甘薯利甚溥，特托友人自福建莆田"三致其种，种之，生且蕃，略无异彼土"。于是，"欲遍布之"，撰《甘薯疏》，广为宣传。④ 还积极试种从北方引种的芜菁、旱芋等，专门撰写《芜菁疏》一文，对芜菁作介绍，并在《农遗杂疏》中对旱芋加以记载。⑤ 还在家乡陆家浜其父冢四周，栽植女贞树数百本，拟养白蜡虫。又"自植桑百本于家园"⑥。

徐光启试图通过"树艺"，来解决水灾之后百姓的饥荒问题。即便是试种女贞树放养白蜡虫也与此有关。他认为利用荒山隙地种植乌桕、女贞等经济林木，制造照明燃料，可以减少麻、荏、荏、菜等常规油料作物的种植面积，腾出更多的土地用于粮食生产。⑦ 之

---

① 〔明〕谢肇淛：《五杂俎·物部一》卷九。

② 如，崇祯《吴县志》卷十一《祥异》："六月，有虫如蚊而大，抵暮聚集空中，望之如烟雾，声响成雷，经月忽不见，于积水中生细虾无数，饥民取以为食，或云即虫所化。"

③ 梁家勉：《徐光启年谱》，上海古籍出版社1981年版，第88页。

④ 〔明〕徐光启：《甘薯疏·序》，《中国科学技术典籍通汇·农学卷》，河南教育出版社1994版，第3-301页。

⑤ 日本藏中国罕见地方志丛刊，崇祯《松江府志》影印本，书目文献出版社1991年版，第153页。

⑥ 〔明〕方岳贡修，陈继儒纂：崇祯《松江府志》卷六《物产》。

⑦ 〔明〕徐光启撰，石声汉校注：《农政全书校注》，上海古籍出版社1979年版，第1068页。

前，北魏农学家贾思勰就曾提出过类似的主张，对于不适合生产粮食的土地，要因地制宜，通过种植果树、林木及其他一些经济作物，如枣、榆、柳等，加以合理的利用，以充分发挥土地的生产能力，做到地无遗利。但徐光启也知道，种植桑树、女贞、乌桕，并不能解决眼前的饥荒，甘薯、芜菁、芋等虽然丰产、易种，但由于当时人们的思想观念还受到风土论的影响，一时难以接受，而且对大多数的江南百姓来说，也缺少相关的知识和种子，推广起来也有相当的难度。要真正解决百姓的粮食问题，当务之急还在于恢复和发展当地的水稻生产。所以徐光启还是在水稻种植上做文章，这也是江南人民所最擅长的活计。《告乡里文》即是在这样的背景下出炉的。

三、《告乡里文》解读

《告乡里文》是针对 1608—1610 年三年江南连续水灾的现实写作的。江南水灾的发生往往与梅雨有关。农历四五月间，长江中下游的许多地区阴雨连绵，此时正是梅子黄熟的季节，故称梅雨；因较长时间的闷热潮湿，阴暗多雨，湿度大，室内物件易发黑，故又称"霉雨"。梅雨季节正是江南地区水稻育秧移栽、小麦成熟收获的季节。长时间的雨水浸泡，不仅使水稻播种难以进行，勉强播种下去之后，也可能导致烂秧，即使是移栽之后，也有可能被大水淹没而坏死。而对于黄熟期的二麦来说，也同样面临着因浸泡而腐烂的危险。梅雨一般持续一个多月的时间，到农历五六月，芒种（6 月 5 日）前后，梅雨停止，大水回落。水退之后如何抓住有利时机恢复水稻生产是徐光启《告乡里文》关注的重点。据此估计，《告乡里文》的成文时间当在五六月，更确切的可能是在立秋前后。

徐光启之前，江南地区的农民在应对水灾方面已经积累了丰富的经验。宋元以来，江南民间所流行的一本名为《田家五行》的占候书中就有"重种二禾"之说[①]。水稻播种、移栽之后，由于遇上水灾，稻田淹没，禾苗坏死，需要重新播种、移栽，此即所谓"重种二禾"。北宋苏辙有诗提到由于连雨江涨，引发水灾，以致"东郊晚稻须重插"[②]。南宋叶绍翁也有"田因水坏秧回放"[③] 的诗句。这样的情况大都发生在五月。如，乾道六年（1170 年）闰五月十一日诏，"浙西州军大水，……官为贷其种谷，再种晚稻，将来秋成，

---

① 《田家五行》卷上《四月类》载："朔日，值立夏，主地动；值小满，主凶灾；大风雨，主大水，小则小水；晴，主旱。老农咸谓：此日最紧要，若雨，有重种二禾之患。"
② 〔北宋〕苏辙：《栾城后集》卷二《次韵子瞻连雨江涨二首》。
③ 钱钟书：《宋诗选注》，人民文学出版社 1989 年版，第 265 页。

绝长补短，犹得中熟。"① 淳熙九年（1182 年）五月十六日诏，"近者久雨，恐为低田有伤，贫民无力再种，可令浙东西两路提举常平官，同诸州守臣，疾速措置，于常平钱内取拨借第四、第五等以下人户，收买稻种，令接续布种。"淳熙十一年正月二十八日诏，"江东提举司行下，……将被水人户，优加存恤，……劝谕人户，用心补种被水去处田亩。"②

《告乡里文》所要讨论的就是如何"重种二禾"。徐光启提到两种方式：一是"寻种下秧"，二是"买苗补种"。灾后恢复生产最先遇到的便是种子问题。大灾之年，种下去的种子没有收获，被白白浪费；即使在播种之前，准确地预见到了当年可能颗粒无收，未以播种，或者是播种之后剩余的部分种子，也会随着饥荒的来临，在不得已的情况下充当粮食，等到要恢复生产时却发现种子阙如。在"稻不遗种"的情况下，恢复生产必须从置办种子开始。于是有"寻种"之举，这也是当时地方政府和民间所共同关心的问题。1608年水灾暴发之后，时任吴中巡抚的周孔教（怀鲁）所提的救荒要领之一就是"贷种"③，在无种可贷的情况下，时任嘉兴桐乡县令胥之彦（日华）"出帑金三百两，委尉遄往江右买籼谷，颁发民间，即下谷种，……是秋，远近大祲，桐乡再种者，亩收三石，民乐丰年。"④ 明末清初桐乡人张履祥详细地记载了当时从外地引种赤米品种，进行抢救性补种的情况：

> 万历戊申夏五月，大水，田畴淹且尽。民以溢告，公抚慰之，劝以力救。不得已，则弃田之已种者而存秧。浃日雨不止，度其势不遗种，乃豫遣典史赍库金若干，凤夜进告，籴种于江西（或云江北泰州），而己则行水劝谕，且请于三台御史，乞疏免今年田租，以安民心。十余日，谷归，分四境粜之，教民为再植计。月余水落田出，而秧已长，民犹疑之，将种黄、赤豆以接食。公曰："无为弃谷也。"益劝民树谷。其秋，谷大熟，赋复减十之七，民以是得全其生者甚众，他郡邑弗及也。⑤

这是采用购买种子方式恢复生产、进行自救而取得成功的一个例子。

寻种下秧所遇到的另外一个最主要的问题是时间。水灾过后，再行播种，季节偏晚，对于常规的水稻品种而言，有效的生产时间太短，不足以完成正常的生产过程。只有个别生育期特别短的品种才能够完成一个生产周期，徐光启提到"六十日乌"这

① 〔清〕徐松：《宋会要辑稿》食货五八之七，中华书局 1957 年版，第 5825 页。
② 〔清〕徐松：《宋会要辑稿》食货五八之七，中华书局 1957 年版，第 5828、5829 页。
③ 〔清〕陆曾禹撰，倪国琏检择：《钦定康济录》，台北商务印书馆 1983 年版，第 404 页。
④ 〔清〕周广业：《乾隆宁志余闻·食货志》，引自许全可《阴行录》卷四。
⑤ 〔清〕张履祥：《杨园先生诗文·赤米记》卷十七。

一品种即是。

　　"六十日"是中国历史上著名的水稻早熟品种，据考证西晋时即已有之，唐玄奘《大唐西域记》中提到了"六十日而收获焉"的异种稻。宋代《琴川志》《玉峰志》《澉水志》《赤城志》《会稽志》《新安志》等方志中都有记载，明清方志中提到"六十日"的就更多了。"六十日"只是一种夸张的说法，并不表示其生育期一定就在六十日内。[1]但它作为一个极早熟的品种是可以肯定的。由于生育期短，可以在水旱灾害来临之前或之后，完成生产的全过程。但一般情况下，播种面积可能不会很大，主要原因在于其产量不高。《新安志》载："有斧脑白，有赤芒稻，并早而易成，皆号为六十日，然不丛茂，人不多种。"

　　与六十日稻相类的还有黄穋稻和乌口稻等。黄穋稻也具有晚种而早熟、生育期短的特点，根据《陈旉农书》记载，黄穋稻自种至收不过六七十天，而《王祯农书》记载则更短，只有不到六十天。其他文献记载也可证实，黄穋稻的全生育期不会超过九十天，加上其具有耐水的特性，所以一般都被选择用来作为水灾过后补种的水稻品种。南宋《陈旉农书》说："今人占候，夏至小满至芒种节，则大水已过，然后以黄绿谷种之于湖田。"这是针对灾后补种而言。也有时在水灾来临之前种植。元《王祯农书》说："黄穋稻自种至收，不过六十日则熟，以避水溢之患。如水过。泽草自生，穇稗可收。"这是针对灾前抢种抢收而言。由于其生育期短，有时也用作双季晚稻品种，"大暑节（7月23日前后）刈早种毕而种"。

　　乌口稻也是这样的品种。该品种最早见于南宋宝祐（1253—1258年）《重修琴川志》[2]，元代江阴人曾隐居上海乌泥泾的王逢也曾在诗中提到这一品种。[3] 因其具有"色黑而耐水与寒"的特点，又称乌谷子、冷水结、冷水稻、黑稻、晚乌稻。然而其最大特点便是生育期短。它在农历七月，甚至秋过已久，亦可播种。如果按照一般晚稻的收获期（九、十月）计算，则乌谷子的生育期只有两个月左右的时间，因此有些方志中把它与"六十日"这一品种相提并论[4]。徐光启所说的"六十日乌"，可能指的就是这个乌口稻。晚种而早熟的特点，使乌口稻可以用作双季晚稻品种来种植，这便是方志中所说的"再蒔晚熟"。而明清时期，它更多的是作为夏秋水灾过后的补种品种。[5] 明清时期，梅雨覆盖的长江中下游地区各地方志中几乎都有这一品种的记载，可能与此有关。

---

①　游修龄：《古代早稻品种"六十日"之谜》，载《农史研究文集》，中国农业出版社1999年版，第401 - 405页。
②　宝祐《重修琴川志》卷九："乌口稻，再蒔晚熟，米之最下者。"
③　《梧溪集》卷四《乙未八月避地前湖三首》："数畦乌口稻，满待熟天风。"
④　康熙《靖江县志》卷六《食货》："初秋可蒔，曰六十日、曰乌口稻。"
⑤　弘治《常熟县志》卷一《土产》："乌口稻，皮芒俱黑，以备水涝，秋初亦可插蒔，盖因晚熟故也。"

徐光启还曾推荐过一些特别适合水乡种植的品种，如一丈红，"吾乡垦荒者，近得籼稻，曰一丈红，五月种，八月收，绝能（古'耐'字）水，水深三、四尺，漫散种其中，能从水底抽芽，出水与常稻同熟，但须厚壅耳。松郡水乡，此种不患潦，最宜植之。"①但"六十日乌"这一类生育期短的品种，往往产量很低，而且食用品质欠佳，意义不大。徐光启更推荐"买苗补种"的方式。

买苗补种的出发点和选用"六十日乌"等短生育期品种重种是一致的，也是与水灾过后留给水稻的有效生长期太短有关。对于遭水淹浸的稻田，等到水退之后，再利用常规水稻品种重新育秧移栽，时间上已经来不及。很早的时候，江南低洼地区的稻农就采取了一种"寄秧"的办法，即在水淹不到的地方（高田，或高亩）种秧，等水退之后将这些在高田上育好的秧苗移栽在水退过后的稻田中，既可以保证有足够的生育期，又可以减少二次移栽所致种苗浪费，这种做法在宋代即已出现。苏轼说："苏、湖、常、秀皆水。民就高田秧稻，以待水退。及五六月，稍稍分种。"② 它是人们为了应对稻田长期雨水浸泡，不能及时种插而采取的一种主动的措施。明代宋应星说："湖滨之田，待夏潦已过，六月方栽者，其秧立夏播种，撒藏高亩之上，以待时也。"③ 这种做法至今还在南方一些水稻栽培区使用。与寻种下秧相比，买苗补种可以争取更多的有效生长时间，因而也就有可能获得更高的稻米产量和更好的稻米品质。

但是，寄秧也有一定的风险，如果当年没有发生水灾，寄秧可能就是一种浪费，浪费的不仅是稻种，也包括土地和劳力。明清时期的江南地区，由于人多地少，人均耕地面积稀少，耕地已非常宝贵。与水争田，使稻田不断向湖心进发，泄洪能力下降，一些原来不被水淹而能按期栽插的稻田也偶尔被淹，因而使原来在高田准备的秧苗更显不足。况且像嘉湖这样的一些地区"四平无山陵"④，没有更多的高田可以用来种秧。此外，对于"乡村四月闲人少，了了蚕桑又插田"的农家来说，此时又是劳动力最紧张的时候。因此，不是每户人家都愿意在"高田寄秧"，甚至也不是每家都有高田可供寄秧。因此，当不幸遇上水灾的时候，对于商品经济相对发达的江南地区而言，买秧（苗）补种成为一种很现实的选择。

既是买秧（苗），就要涉及买卖双方的利益，需要注意的是，徐光启说的还不是等待移栽的秧，而是"买其种成晚稻"，是已经移栽到大田中间的苗，这就使买卖的难度加大。如何买到自己所需，同时又尽量兼顾到对方利益，实现双赢，是买秧补种取得成功的关

---

① 日本藏中国罕见地方志丛刊，崇祯《松江府志》影印本，书目文献出版社 1991 年版，第 142 页。
② 〔北宋〕苏轼：《苏东坡全集（下）》，中国书店 1986 年版，第 354 页。
③ 〔明〕宋应星：《天工开物》一卷《乃粒·稻》。
④ 〔清〕张履祥：《杨园先生诗文》卷十七《赤米记》，上海古籍出版社 2002 年版，第 281 页。

键。因此，买卖双方各自采取措施，在保证自己利益的前提下，尽量减少损失也就成为徐光启论述的重点。徐光启认为，只要买方愿"出重价"，卖方"自然肯卖"。卖方可以"每田二亩，买他一亩，间一科，拔一科"，实际上也就是二亩田中的稻苗只剩下了一半。买方在买到之后，"将此一亩稻，分莳低田五亩"。也就是原来二亩稻田中的苗最后被分到了七亩稻田中，稻田密度降低，其中二亩只有原来密度的二分之一，而五亩只有原来的五分之一。据嘉靖年间的马一龙推测，江南地区的水稻种植密度，"疏者每亩约七千二百科，密者则数踰于万"①。以每亩一万科为计，间一科、拔一科之后，只剩下五千科，比原来疏者还疏，而要用买来的五千科稻秧去分莳低田五亩，则意味着每亩只有一千科。如何使这密度只有原来二分之一甚至十分之一的稻田获得和原来一样密度的产量？徐光启提出多施肥的主张，通过提高水稻的有效分蘖来弥补稻田植株的不足。这对于买方尤其重要，因为其稻田密度只有原来的五分之一，因此要"多下粪饼，便与常时同熟"，而对于卖方"其高田虽卖去一半，用粪接力，稻科长大，亦一般收成"。"买其种成晚稻"作秧还可能遇到一个问题，这就是"禾长难莳"，即植株太高，移栽困难，因此徐光启提出"须捩去稍叶，存根一尺上下莳之"。徐光启将晚稻移栽的临界点定在孕穗（做肚）阶段，"未做肚前尽好分种，不妨成实也"。而江南地区的"晚稻处暑后方做肚"，这就使得原来一般以"立秋"为水稻移栽的截止日期又向后推移了半个月。

徐光启说，买苗补种是"江浙农人常用"的应对水灾的一种方法，"他们不惜几石米，买一亩禾，至有一亩分作十亩莳者"。无独有偶，明末浙江湖州沈氏在其所著农书中也提到了"买苗补种"一事。《沈氏农书》提到："湖州水乡，每多水患。而淹没无收，止万历十六年、三十六年、崇祯十三年，周甲之中，不过三次耳。尝见没后复种（指重新移栽），苗秧俱大，收获比前倍好。盖淹后，天即久晴，人得车庠，苗肯长发。今后不幸，万一遭此，须设法早车、买苗、速种。"这里的"买苗、速种"是指水退过后，买苗、移栽。不过，沈氏更注重的是买家买苗时的注意事项和买苗的技术要领。为了保证移栽后的秧苗能够迅速成长，沈氏说："其买苗，必到山中燥田内，黄色老苗为上。下船不令蒸坏，入土易发生。切不可买翠色细嫩之苗，尤不可买东乡水田之苗，种下不易活，生发既迟，猝遇霜早，终成秕穗耳。"② 不过沈氏的方法与徐光启的方法稍有不同。沈氏买来的是山中燥田内的寄秧，移栽后，"种下只要无草，不可多做生活，尤不可下壅"；而徐光启买的是人家"种成晚稻"，称栽后，要"多下粪饼"，"用粪接力"。

买苗补种的前提必须是有人有苗可卖，有人有钱可买。倘若无钱又无苗，则最好的办

---

①　〔明〕马一龙：《农说》，齐鲁书社 1995 年版，第 36 页。

②　〔清〕张履祥辑补，陈恒力校释，王达参校、增订：《补农书校释（增订本）》，农业出版社 1983 年版，第 72 页。

法莫过于尽早车去田中积水。车水又分两种情况：一种是未插秧的稻田，淹过之后，为了及早地插上稻苗；必须尽可能地排掉田中积水；另一种是插秧过后，再受淹的稻田，要通过车水来保苗。徐光启说的显然是后者，"若已经插莳，今被淹没，又无力买稻苗者，亦要车去积水，略令湿润，稻苗虽烂，稻根在土，尚能发生，培养起来反多了稻苗，一番肥壅，尽能成熟。"徐光启还亲自试验过这种方法。

水稻具有再生性。车水保苗实际上就是对水稻再生性的利用。历史上利用再生稻的方式有两种：一种是双季再生稻，早稻收获之后，其茎基部的休眠芽萌发抽穗结实。宋人诗中所谓"田收长稻孙"①的诗句就是对此种现象的描述。宋代的再生双季稻遍及两浙、江淮，甚至于荆湖等许多地区。②另一种是单季再生稻，水稻受淹或受旱失收之后，利用其残存的根部休眠芽再生结实，实现一收。③宋元以来，江南地区一直是以单季稻种植为主，对于再生双季稻一般都持否定态度。徐光启《农遗杂疏》云："其陈根复生，所谓稆也，俗亦谓之'二撩'。绝不秀实，农人急垦之，迟则损田力。"④不过对于在水灾过后，补种已不可能、买苗又缺少资金的农户来说，残存在田中的稻根就成了唯一的希望。南宋时似乎就开始了对这种再生稻的利用，朱熹（1130—1200）曾对浙东台州、临海等地进行调查，曾经因为干旱，早晚稻受损严重，不过在"得雨之后"，"晚稻之未全损者，并皆长茂，可望收成"，而"早稻未全损者，亦皆抽茎结实，土人谓之'二稻'，或谓之'传稻'，或谓之'孕稻'，其名不一。"⑤徐光启虽然不赞成利用再生双季稻，但对于利用水稻的再生性来应对水旱灾害却大加肯定，因此他说："今后若水利未修，不免岁岁如此，此法宜共传布之。若时大旱，到秋得雨，亦用此法。"⑥

从后来有关的记载来看，此法也的确在江南得到应用。《沈氏农书》说："盖淹后天即久晴，人得车戽，苗肯长发。"又据张履祥的记载，崇祯庚辰年（1640年）"五月初六日雨始大，勤农急种插，惰者观望，种未三之一。大雨连日夜十有三日，平地水二三尺，舟行于陆。旬余稍退，田畴始复见，秧尽死，早插者复生，秋熟大少。"这次水没田畴的日子是在五月十三日，但"十二以前种者，水退无患；十三以后，则全荒矣。"⑦因为十二

---

① 〔北宋〕刘敞：《彭城集》卷十二《晨兴诗》，商务印书馆 1937 年版，第 157 页。

② 曾雄生：《宋代的双季稻》，《自然科学史研究》2002 年第 3 期，第 255－268 页。

③ 2009 年 10 月 6 日中国台湾"中央研究院分子生物研究所"特聘研究员余淑美实验室发表论文"Coordinated Responses to Oxygen and Sugar Deficiency Allow Rice Seedlings to Tolerate Flooding"，发现水稻耐淹水的关键基因，揭开水稻种子可在水中发芽及成长的秘密。

④ 日本藏中国罕见地方志丛刊，崇祯《松江府志》影印本，书目文献出版社 1991 年版，第 143 页。

⑤ 〔南宋〕朱熹：《晦庵先生朱文公文集·奏巡历至台州奉行事件状》卷十八，《四部丛刊初编》，商务印书馆 1922 年版。

⑥ 日本藏中国罕见地方志丛刊，崇祯《松江府志》影印本，书目文献出版社 1991 年版，第 144－145 页。

⑦ 〔清〕张履祥：《杨园先生诗文》卷十七《赤米记》，上海古籍出版社 2002 年版，第 174、139 页。

日以前插的秧已经扎根，所以水退之后还能再生。

　　徐光启还分析了 1608—1610 年江南水灾的原因。一般都是将江南水灾归之于梅雨，1608 年梅雨持续时间长，雨量大的确是导致这次江南水灾发生的重要原因，但徐光启认为，水利不修才是真正的原因。他说："近年水利不修，太湖无从浅泻，戊申之水，到今未退，所以一遇霖雨，便能淹没，不然已前何曾不做黄梅？惟独今年，数日之雨便长得许多水来，今后若水利未修，不免岁岁如此。"

　　何以徐光启要如此叮咛周至地向自己的乡亲们宣传上述内容呢？这与徐光启的思想是分不开的。人们在对徐光启所著《农政全书》做过简单的统计之后，便发现《农政全书》和先前的农书相比，有关水利和荒政所占篇幅最多。而在水利之中，以太湖为中心的所谓"东南水利"又是关注的重点，总论之后，便以三卷的篇幅讨论太湖治水之策。这与太湖水患及徐光启个人的经历不无关系。兴修水利是消弭灾荒的根本办法，而荒政则是灾荒发生之后所采用的措施。徐光启更提出了"预弭为上，有备为中，赈济为下"的应对灾荒的主张。《告乡里文》便是徐光启这种关注点的集中体现。

　　考察徐光启学术思想之转变与形成，1608—1610 年江南水灾可能是关键之所在。1604 年徐光启中了进士，被选为庶吉士，在翰林院学习。他把主要精力转移到科学研究上来，"习天文、兵法、屯、盐、水利诸策，旁及工艺、数学，务可施于用者"。馆课之余，他也关注政治、军事方面的改革，作《拟上安边御虏疏》《拟缓举三殿及朝门工程疏》《处置宗禄查核边饷议》等；同时向利玛窦学习西洋科学，翻译西洋科学书籍。可见，其间农田、水利、荒政诸项尚未成为徐光启关注的重点。改变始于 1607 年，父亲过世，徐光启回籍守制，第二年便赶上了江南地区特大水灾，并且持续了三年，导致饿殍遍野，社会动荡。这引发了徐光启对于农田、水利、荒政以及相关应对措施的思考与实践。他所进行的甘薯、芜菁、旱芋以及女贞、桑树等试种活动，写作《甘薯疏》《芜菁疏》宣传册，发布《告乡里文》等都是在这一期间进行的，目的在于"树艺佐其急"，以使更多的人免于饿死。故《告乡里文》最后说："凶年饥岁，随意抛荒一亩地，世间定饿杀一个人，此岂细事，愿毋忽也。"这种思想，其实就是后来徐光启写作《农政全书》的指导思想。徐光启的荒政思想是在 1608—1610 年的大水灾中形成的，而《告乡里文》便是这一思想形成的重要标志之一。

　　徐光启逝世于崇祯六年（1633 年），《农政全书》系徐光启身后第六年，即崇祯十二年（1639 年），由徐光启的门人陈子龙从徐光启的次孙徐尔爵处得到草稿数十卷，并受松江知府方岳贡的委托，校刊修订成书。遗憾的是，书中并未收录《告乡里文》，但《农政全书》中所体现的学术思想、科学精神和科学方法，在这一篇短文中已显露无遗。这也或许正是《告乡里文》这篇短文的价值所在。王重民先生指出："研究徐光启的科学思想和成就，阅读他的专门科学译著当然是最主要的，若是没有《文集》里所搜罗的这些文献互相参考，互相补充，就不能看出徐光启科学思想的全部发展过程，也不能看出他在科学成就上的全貌，所以在某种意义上来说，这个集子里面的文献，有时比他的专门科学译著还重要。"①《告乡里文》的发现不仅可以弥补现有徐氏文集之遗漏，还为徐光启的研究提供了十分宝贵的资料，对于研究徐光启生平事迹、农学思想之形成具有重要的学术价值。

---

① 王重民：《徐光启集·凡例》，中华书局 1962 年版，第 2 页。

传统农学知识的建构与传播

——以徐光启《告乡里文》为例[*]

中国古代的学者是如何获取知识，并将这些知识服务于大众？传统文化对他有什么影响？而他又是如何突破传统以获得新知？不同背景的知识又是如何交织在一起？在知识由精英向民众的扩散过程中，大众对于学者官员又有何种反应？一则新发现的徐光启佚文《告乡里文》（1610 年），可以为知识在传统中国的建构、传播及运用提供一个研究的样本。本文依据《告乡里文》的形式和内容，从文本、人际、地缘、传统等方面，对知识在传统乡村社会的建构与传播进行分析，以展示科学知识与社会、历史的多元互动。

万历三十五年（1607 年）八月，徐光启因父亲病逝，离开北京，回籍松江老家守制，第二年便赶上江南号称二百年一遇的大水灾。徐迅速地投入到救灾中来，他提出并采取了一些抗洪救灾、恢复生产的措施，发表《告乡里文》便是其中之一。^① 众所周知，水稻是中国南方的主粮作物。恢复农业生产的当务之急是要从水稻下手。自宋代以来，移栽已成为主要的栽培方式。经过一个月左右的育秧之后，便要将秧移植到大田中，如果在移栽过后不幸遇到水灾，便要设法使大田重新长出稻来。《告乡里文》便是围绕着这个目标来展开的：重新找来种子播种下秧，时间来不及，勉强播种，产量也低；买苗补种，又涉及买卖双方的利益，且有一个如何减少卖方损失，提高买方所买秧苗成活率的问题；还有无力购买秧苗的农户怎么办？对此《告乡里文》都一一作了回答。

除了文本所含内容，作为今天的读者，我们还可提出这样的一些问题，如徐光启何以

---

　*　本文原载于《湖南农业大学学报（社会科学版）》，2012 年第 13 卷第 3 期。
　①　曾雄生：《告乡里文：一则新发现的徐光启遗文及其解读》，《自然科学史研究》2010 年第 1 期，第 1 - 12 页。

要采用《告乡里文》这种方式来宣传自己的主张，它有什么历史渊源？作者与乡里是什么关系？它和官民关系这种中国传统社会的主要社会关系有何不同？这种不同又会对知识的传播产生什么样的影响？徐光启的这些知识又是如何得来的？对于这些问题的分析与阐释，不仅有助于理解《告乡里文》的真正意义，也可据此对传统中国科学与社会的多元互动做进一步的探讨，为知识在中国传统社会的产生、传播和运用提供一个案例。

本文将重点关注以下内容：《告乡里文》出现的历史背景，它与历史上广为流行的劝农传统的关联，作者（徐光启）与读者（乡里）的关系，《告里乡文》与《劝农文》的不同之处，《告乡里文》所传达的知识的建构，不同区域间的知识传播途径，作者对于已有知识的继承与创新等。

一、从《劝农文》到《告乡里文》

任何新知识都是在传统的基础上，应对现实的需要而产生的。中国自古以农立国，国家对农业的重视形成了一些传统，劝农便是其中之一。从最高统治者皇帝到地方官员，都肩负有劝农的使命。皇帝在每年的特定日子都要举行籍田大礼，地方官员也有相应之举。特别是宋代以后，州县官员在每年的二月或八月稻、麦将种之时（一般是在农历的二月十五日，也有在八月十五日加办者）都要下乡劝农。[①] 劝农活动的一项重要内容就是发布劝农文。先由地方官向父老宣读，再在各处张贴。朝廷每次举行籍田大礼，或有颁布其他与农事相关的诏文，也要印发各地张贴，这是中国传统社会官府向民众传递信息的主要形式。

劝农是古代中国重要的政治文化之一[②]，徐光启称之为"农政"，他的农书便以此命名，称为《农政全书》。在这种文化的内在强制之下，许多官员不管是在职还是离职，都以劝农为己任。古有九扈，乃劝农之官。徐光启自号玄扈，寓重农之意。作《告乡里文》时，他的身份并不是松江府的地方官员，但他并没有忘记劝农的使命。作为朝廷命官和地方精英（乡贤），他有义务，也有责任在抗洪救灾、恢复生产中发挥作用，发布《告乡里文》便是他发挥作用的方式之一。

《告乡里文》和先前由地方官所发布的《劝农文》虽然都采取文告的形式，但文告的

---

① 《田家五行》载：（二月十五日为劝农日）"有司官守属文散官内各乡社，躬率父老会于东郊，勉励以时兴工，谓之劝农。"

② Gabriel Almond 认为，政治文化是"一个民族在特定时期流行的一套政治态度、信仰和感情。这个政治文化是由本民族的历史和现在社会、经济、政治活动的进程所形成。人们在过去的经历中形成的态度类型对未来的政治行为有着重要的强制作用。"（阿尔蒙德、鲍威尔：《比较政治学：体系、过程和政策》，曹沛霖等译，上海译文出版社1987年版，第29页）

内容却大相径庭。先前的《劝农文》重在对劳动者进行政治和道德劝说，以提高其劳动积极性，对于农业生产技术性问题，则不在讨论之列。南宋吴泳（约 1224 年前后在世）的《劝农文》最为典型。

> 今春气向中，土脉渐起，正是东作之时，如谷之品，禾之谱，踏犁之式，戽水之车，辟蝗虫法，医牛疫法，江南秧稻书，星子知县种桑等法，汝生长田间，耳闻目熟，固不待劝也，惟孝悌与力田同科，廉逊与农桑同条，太守惧尔未必能家孝廉而人逊悌也，故躬率僚吏，申劝于郊，尔其修乃身，顺乃亲，睦乃邻，逊乃畔，既种既戒，自此月中气至八月寒露，谷艾而草衰，西畴毕事，则买羊豕酒醴，以祀田祖，以报丰年，岂不为汝农夫之庆，敬之哉，勿懈。①

相比之下，《告乡里文》要务实得多。它详细地指导农民在水灾过后、有效生长期不足的情况下，如何进行抢种、补栽、保苗，以及如何利用技术和经济手段解决种苗来源和移栽所引发的相关问题等。文中提到了"寻种下秧""买苗补种"和"车水保苗"三种应对水灾过后恢复水稻生产，并对每种办法适用的情况和效果都做了详细的说明。全文的重点放在"买苗补种"上面，对买苗补种涉及的经济和技术双重问题，《告乡里文》都一一提出了解决办法，如买家遭卖家拒绝怎么办？卖家卖后田中苗少又怎么办？买家在买到苗后，如果禾苗太长又该如何办？没有钱买苗又该怎么办？水利状况如果得不到改善又该怎么办？等等。这样切实的内容是以前《劝农文》中所没有的。

但这并不是说，《劝农文》对《告乡里文》没有影响，相反后者正是借用了前者的传播方式，并受到重农劝农这种政治文化的影响。如果说，历史上的《劝农文》是政治法律制度之下官员们的规定动作，通过组织的形式发挥作用，那么，徐光启的《告乡里文》则是政治文化之下的自选动作，通过个人的方式施加影响。也就是说，《告乡里文》是重农劝农这种政治文化传统之下，徐光启和 1608—1610 年江南水灾这种特殊背景相结合的产物。

二、从官民关系到乡里乡亲

《劝农文》所诉求的对象往往是官府管辖下的百姓。作者与受众关系是官民关系，这也是中国传统社会中最基本的社会关系。吴泳，潼川（今四川省三台县）人，曾在宁国府等处任职，对于其发布劝农文的宁国府等地的百姓而言，吴泳与他们之间并非乡里乡亲，

---

① 〔南宋〕吴泳：《鹤林集》卷三十九《宁国府劝农文》。

只是代表朝廷来管理一方百姓。在传统社会里，如何处理劝农过程中的官民关系是一个紧要的问题，它事关劝农的效果、政令的畅通乃至社会的基本运作。

从 10 世纪以来的实践来看，劝农过程中的官民关系显然没有处理好。地方官把劝农看作是例行公事，并不是要真正解决农业发展中所存在的问题。农民成了看客，他们对这种劳民伤财、贻误农时的活动不感兴趣，对有些官员以劝农之名，行游玩之实，并借机宴集宾客，鱼肉乡民，更是反感。至于《劝农文》的内容对农民也没有吸引力，由于农民大多不识字，自然无以卒读。复由于官员多非本地人，宣读起劝农文来，也都打着"官腔"，这对百姓来说，缺少亲切，听起来也兴致索然，甚至充耳不闻。这是一种普遍现象，时人便有诗曰："是州皆有劝农文，父老听来似不闻。"[1]

有名无实的劝农活动并没有取得预期的效果，甚至因扰民而带来了负面效果，因而受到多方的批评。[2] 有人建议略去劝农活动中的"繁文末节"，"以免亲诣烦扰之害"。朝廷也采取了一些措施，防止地方官员在劝农活动中出现不正之风。宋高宗赵构要求禁止各地官员下乡劝农期间置办酒席，请客送礼[3]。但这个禁令到底起到多大作用是值得质疑的，因为到了南宋末年仍然看到这样的规定，"诸守令出郊劝农（每岁用二月十五日）。不得因而游玩及多带公吏，辄用妓乐宴会宾客"。[4] 只是到了元代初年，元世祖忽必烈至元二十八年（1291 年），才废除了官员亲自下乡劝农的制度，改为发布书面文告。[5]

为什么一个好的制度，却得到了一个坏的结果？何以农民对劝农文不感兴趣，甚至嗤之以鼻？当事者在反思其中的原因。有人将其归结为《劝农文》所用的语言文字难懂。的确传统社会中，农民大多目不识丁，官员在《劝农文》中强调自己只是"识字一耕夫"，也说明耕夫是不识字的，他们的生产经验和技能主要是通过自身的经验积累、父子兄弟的言传身教而代代相传，甚至没有"文字下乡"之必要。[6] 《劝农文》在农民的眼里只见

---

① 〔南宋〕真德秀：《西山先生真文忠公文集》卷一《长沙劝农》。
② 宋末元初人刘壎（1240—1319）有诗描绘变了味的劝农："山花笑人人似醉，劝农文似天花坠。农令一杯回劝官，吏腊民肥官有利。官休休，民休休，劝农文在墙壁头。官此日，民此日，官酒三行官事毕。"（刘壎《隐居通议》卷八《花雨劝农日》）元代中期曾经担任过县令的张养浩说："常见世之劝农者，先期以告，鸠酒食，候郊原，将迎奔走，络绎无宁，盖数日骚然也，至则胥吏童卒杂然而生威，略遗征取，下及鸡豚。名为劝之，其实扰之，名为忧之，其实劳之。"（张养浩《三事忠告》卷一《牧民忠告上》）同样担任过县令的元代农学家王祯也持有同样的看法，他说："今长官皆以'劝农'署衔，农作之事，己犹未知，安能劝人？借口劝农，比及命驾出郊，先为文移，使各社各乡预相告报，期会责敛只为烦扰耳。柳子厚有言：'虽曰爱之，其实害之，虽曰忧之，其实仇之。'"（《王祯农书·农桑通诀集之四·劝助篇》）
③ 《建炎以来系年要录》卷一七九，绍兴二十八年正月戊子条。
④ 《庆元条法事类》卷四九《农桑·劝农桑·职制令》。
⑤ 《元史》卷九十三《食货一》："是年，又以江南长吏劝课扰民，罢其亲行之制，命止移文谕之。"
⑥ 费孝通：《乡土中国》，上海观察社 1949 年版，第 8-20 页。

"行行蛇蚓字相续"，根本无法读懂①，加上有的官员在写劝农文时喜欢"古语杂奇字"，以炫耀自己的知识和文采，更让"田夫莫能读"②。以前面提到的吴泳《劝农文》为例，他所提到的农作物品种、农具、水稻种植技术、治蝗技术和家畜防病技术等，对于农民来说的确是"耳闻目熟"，但他在《劝农文》中大量使用典故，则断不是他所管辖下的宁国府的一般农民所能知晓的。如所谓"禾之谱"，当指的是北宋曾安止所著水稻品种专著《禾谱》；"踏犁之式"，指的是北宋淳化五年（994年），宋、亳数州牛疫死者过半，太子中允武允成献踏犁，运以人力，即分命秘书丞直史馆陈尧叟等，即其州依式制造给民；景德二年（1005年），内出踏犁式，诏河北转运使询于民间，如可用，则官造给之③；"星子知县种桑法"，则指的是南宋朱熹任职南康军时，其管辖下的星子县（今属江西）县令王文林所著《种桑法》；至于"孝悌与力田同科"则用的是汉唐时期的典故，汉唐时都曾设立孝弟、力田等科，用以奖励在农业生产和孝敬老人等方面卓有成绩的人物。这些典故对于农民来说，是难以知晓的。他们出现在劝农文中只会拉大官府与农民的距离，无助于农民对劝农文的理解。有些官员也认识到这点，并为此做过努力，在行文上尽量少用冷僻生字④，在内容上也尽量通俗易懂，在语言上要"以里巷通晓之言"⑤，力求"浅易"⑥，拒绝"艰深"⑦。也有官员从更深层次去找原因，认为官员自己对农业缺乏了解⑧，劝农文"空话连篇"，没有真情实感，不能打动百姓⑨，才是《劝农文》遭到冷遇的原因。为此，有的官员改弦更张，另辟蹊径进行劝农。他们对农民"晓之以理、动之以情、施之以威"，方法就是讲述自己的出身和背景，试图拉近与百姓的关系，以提高农民对自己的信任度；也有的地方官员身体力行研究农业，写作农书，成为农学家，如吴泳《劝农文》中所提到的"星子知县种桑法"，便是适应劝农的需要而出现的。除《种桑法》之外，星子知县王文林还有《种田法》，"尤为详细"，朱熹在南康军任职期间也曾一再加以推广。⑩南宋以后的劝农文一改此前空洞说教的官样文风，而加入了一些技术内容，成为中国农学的传统之一。元代王祯、鲁明善，明代的袁黄、邝璠等都是出于劝农的目的，研究农业，成为农学家的。只是他们所写的劝农文和农书，有多少会被农民所接受，则还受到社会结构、官

---

① 〔南宋〕利登：《野农谣》，见〔南宋〕陈起：《江湖小集》卷八十二。
② 〔南宋〕真德秀：《西山先生真文忠公文集》卷四《泉州劝农文》。
③ 《宋史》卷一七三《食货志》。
④ 《南宋群贤小集》卷三百二《竹溪十一稿诗选》，《劭农》："已分镂板随人看，闻说今年僻字稀。"
⑤ 〔南宋〕陈傅良：《桂阳军劝农文》。
⑥ 〔南宋〕王炎：《双溪类稿》卷八《劝农道场山》。
⑦ 〔南宋〕真德秀：《西山先生真文忠公文集》卷一《长沙劝农》。
⑧ 〔元〕王祯：《王祯农书·农桑通诀集之四·劝助篇》。
⑨ 〔南宋〕真德秀：《西山先生真文忠公文集》卷一《长沙劝农》："只为空言难感动，须将实意写殷勤。"
⑩ 〔南宋〕朱熹：《晦庵先生朱文公文集》别集卷六《申谕耕桑榜》《辛丑劝农文》。

僚制度以及其他因素的影响。

官民二重结构是中国传统社会的一个重要特征，这一特征因为官僚制度而被强化。中国历来有"异地为官"或"地域回避"的传统，主要官员不得在本人成长地任职。但作为一个外乡人，《劝农文》作者与其所诉求的对象是对立的，一方面官员对其所管辖下的这片土地和人民没有感情，也不懂当地的语言，一口"官腔"，与百姓难以沟通，尽管官员们试图树立亲民形象，甚至说"从来守令与斯民，都是同胞一样亲"[1]，但他们的努力并没有奏效。更有甚者，压根没有为民服务的思想，而专心于鱼肉乡民，正如吴澄在为陈襄《州县提纲》所作序中指出，"（州县之官）近年多不择人，或贪黩，或残酷，或愚暗，或庸懦，往往惟利己是图，岂有一毫利民之心哉？"在这种情况下，官员们的所作所为自然很难得到地方百姓的拥护。劝农和《劝农文》不受农民的欢迎，便和中国传统社会结构及官僚制度有关。

当然，外来官员很难获得地方百姓的信任和配合，这当然不能全赖在官员身上，农民也要负一定的责任。中国农民向来有无政府主义倾向[2]，他们认为没有外人介入的必要，农业"是固吾事，且吾世为之，安用教？"[3]官员下乡劝农只会让农民觉得官府只是在劝农日当天想到农民，其他的时候便把农民忘了。农民的想法和官员的想法是不同的。农民关心的是政府减轻他们的负担，不要催租太急。[4]因此，他们对于各级官员的劝农活动总是消极应对。

相比之下，徐光启遇到的阻力可能要小一些。这也是明代以后《劝农文》已比较少见，而有《告乡里文》的原因。[5]发表《告乡里文》时徐光启不是地方官，他并不直接地向农民催租逼粮，相反作为地方走出去的官员，他对当地农民的负担深有感触。地处东南的松江本是经济发达的地区，但当地百姓并没有因此过上富裕的日子。这也是徐光启立志为乡民探索致富之道的初衷，他说："余生财赋之乡，感慨人穷。且少小游学，经行万里，随事咨访，颇有本末。"[6]几年前的1603年，他就曾拟订《量算河工及测量地势法》，送上海县官刘一爌参考，显示出他对家乡建设的关心。他试图在北方开发农田水利，以从根本上解决南粮北调引起的东南农民负担过重问题。面对1608年的特大水灾，在家丁忧的

① 〔南宋〕真德秀：《西山先生真文忠公文集》卷一《会长沙十二县宰》。
② 如先秦民歌《击壤歌》所说："日出而作，日入而息，凿井而饮，耕田而食，帝力于我何有哉？"宋人王禹偁《畲田词》："自种自收还自足，不知尧舜是吾君。""天高皇帝远"一语也是宋元以后开始流行的。
③ 〔元〕戴表元《王伯善农书序》，载王毓瑚校：《王祯农书》，农业出版社1981年版，第445页。
④ 〔南宋〕利登：《野农谣》，见〔南宋〕陈起编：《江湖小集》卷八十二。
⑤ 据笔者以"劝农文"对《四库全书》集部别集类进行粗略检索，共有130个匹配，其中北宋建隆至靖康167年2个，南宋建炎至德祐152年90个，元97年8个，明洪武至崇祯276年9个。
⑥ 〔明〕徐光启：《农政全书·种植·木部·乌臼》。

徐光启发挥乡贤的作用，一方面"建议留税金五万赈苏、松、常镇。发仪真盐课及税金各十五万赈杭、嘉、湖"①；一方面设法生产自救，他利用自家田园引种甘薯、芜菁等救荒作物，发布《告乡里文》以恢复和发展当地的水稻生产。他所做的一切都是为了服务桑梓。

乡土情怀拉近了作者与乡里的距离。徐光启在43岁之前基本上都是在家乡度过，以授徒为业。1604年，43岁那年，徐中进士，成为乡里的骄傲。虽然此后三四年，徐离开了家乡，在朝廷的翰林馆进修，1607年被署为翰林院检讨，但不久便因其父亲的过世又回到了家乡。乡里对他的身世背景了如指掌，所以《告乡里文》中他不要像某些《劝农文》的作者一样更多地去强调自己的身世和背景，他只是以乡贤的身份来跟乡亲谈心，在中国这种老乡关系远胜过官民关系，乡贤的训话更易为乡民所接受。徐在行文中也将诉求对象称为"凡我农人"，这正是乡土社会的本色。乡土社会是一个"熟悉"的社会，成员从熟悉得到信任。② 在乡土社会里，乡贤的《告乡里文》比官员的《劝农文》更有号召力。

没有资料可以反映乡里对《告乡里文》的反响。但显而易见的是，他的这篇文章还是引起了地方的重视。与《劝农文》多出自作者的个人文集，且大多是由作者的亲友和学生有意保留下来不同，徐的文章似乎不见于个人文集，却保留在崇祯《松江府志》中，当时徐光启尚在世。这也是目前所能找到的该文的唯一出处，这也在一定程度上反映了乡里对于作者徐本人的重视。志中称徐光启为"徐宗伯玄扈"，也显然较正式场合下称为"徐光启"要亲切。一些间接的资料表明，《告乡里文》中所提到的方法的确在后来的日子里得到采用。《告乡里文》发布之后的约二三十年，松江近邻的嘉湖地区就有采用"车水保苗"的做法。③ 于此也可间接地证明乡里对于徐的认同，即车水保苗技术由徐总结之后，为乡邻所采纳，再传播到附近的嘉兴、湖州等地。

三、从外乡到本地

徐光启的《告乡里文》显然是面向他的乡里乡亲。乡里作为一个地理概念，一般是指

① 《启祯野乘·徐文定传》，引自梁家勉《徐光启年谱》，上海古籍出版社1981年版，第88页。
② 费孝通：《乡土中国》，上海观察社1949年版。
③ 明末湖州《沈氏农书》说："盖淹后天即久晴，人得车戽，苗肯长发。"又据嘉兴桐乡张履祥的记载，崇祯庚辰年（1640年）"五月初六日雨始大，勤农急莳种，惰者观望，种未三之一。大雨连日夜十有三日，平地水二、三尺，舟行于陆。旬余稍退，田畴始复见，秧尽死，早插者复生，秋熟大少。"这次水没田畴的日子是在五月十三日，但"十二以前种者，水退无患；十三以后，则全荒矣。"因为十二日以前插秧已经扎根，所以水退之后还能再生。（〔清〕张履祥辑补，陈恒力校释，王达参校、增订《补农书校释》，农业出版社1983年版，第72、139、174页）

县以下的区域单位，县下为乡，乡下为里。这是自秦朝有郡县制以来所形成的地方基层组织结构。徐光启的乡里是南直隶松江府上海县法华汇（今上海市徐家汇），很明显它的读者对象就是上海县法华汇的百姓。《告乡里文》向法华汇的百姓介绍了三种水灾过后补种水稻的办法，其中"寻种下秧"是宋代以后本地和外地都通行的方法。[①]"车水保苗"是徐光启自己亲自试验得出的方法；"买苗补种"则是"江浙农人常用"的方法。这便引出了一个区域间农业文化交流的问题。

松江府本属于元代江浙行省，明代归南直隶管辖，因此，徐光启这里所说的"江浙"指的是松江以外的历史上所谓的"江南"和"浙江"两地，即以太湖流域为核心的长江中下游地区。地缘是影响交流的主要因素。长江中下游地区是一个以水稻生产为主体的农业生产区域，区域内农业文化的交流十分活跃。早在春秋时期，就有"吴种越粟"的记载，主要活跃在今江苏境内的吴国使用主要活动在今浙江境内的越国归还的稻谷作种子。虽然在事关粮食安全方面，难免有地方保护主义的考虑，以邻为壑的倾轧，关税的壁垒，甚至有各种人为的阻隔，但地区与地区之间的农业交流并没有因此而阻断，尤其是在灾害发生之后，灾民为了活命往往逃荒到外地，或为了恢复生产从外地购买或借贷种子、耕牛等农资产品，农业文化的交流更是活跃。

文化（无论是有形的物产，还是无形的技术）在本地和外地之间相互交流传播，扩大了文化的覆盖范围。一些以产地命名的品种，明显是交流的结果，如原产越州剡县的品种"剡籼"，在台州（赤城）安家；娘家在浙东婺州的品种"婺州青"，远嫁到了江东徽州；淮东泰州的品种"泰州红"，落户到了越州。一些品种同时在两个或两个以上的地区种植，如黄穋稻，在江苏、浙江以及江西等许多地区都有种植；"江西早"这一水稻品种则遍及浙江、江苏、安徽、福建、湖南、湖北等地。同一地区所种植的作物品种也可能来自两个或更多的地区。北宋曾安止《禾谱》所载水稻品种除本地江西泰和县水稻品种之外，还包括"近自龙泉（江西遂川），远至太平（安徽当涂）"的品种。明黄省曾《稻品》记载的苏

---

① 如南宋淳熙九年（1182 年）五月十六日诏，"近者久雨，恐为低田有伤，贫民无力再种，可令浙东西两路提举常平官，同诸州守臣，疾速措置，于常平钱内取拨借第四、第五等以下人户，收买稻种，令接续布种。"《宋会要辑稿》食货五八之一五）。1608 年水灾暴发之后，时任嘉兴桐乡县令胥之彦（日华）从县财政中拿出黄金三百两，派人到江西买籼谷，颁发民间，作为稻种，取得丰收。（〔清〕周广业《乾隆宁志余闻·食货志》引许全可《阴行录》卷四）明末清初桐乡人张履祥详细地记载了当时从外地引种赤米品种，进行抢救性补种的情况。（〔清〕张履祥《杨园先生诗文》卷十七《赤米记》）。自宋以来，江南地区的人们便通过选用黄穋稻、乌口稻（即徐文中的"六十日乌"）这样一些耐水而又早熟的品种，以适应水灾地区种植的需要。徐光启在其所著《农遗杂疏》中又推荐了一些适合家乡松江水灾区种植的品种，如麦争场、一丈红、松江赤等。于一丈红，徐玄扈云："吾乡垦荒者，近得籼稻，曰一丈红，五月种，八月收，绝能（古'耐'字）水，水深三四尺，漫散种其中，能从水底抽芽，出水与常稻同熟，但须厚壅耳。松郡水乡，此种不患潦，最宜植之。"又于松江赤，《农遗杂疏》云："其性不畏卤，可当咸潮，近海口之田，不得不种之。"

州 34 个水稻品种，也包括来自毗陵（今江苏常州）的 3 个、太平（今安徽当涂）6 个、闽 2 个、松江（今上海松江）8 个、四明（今浙江宁波）3 个、湖州 5 个。这样的例子也不单存在于江浙一带，区域与区域之间的农业交流普遍存在。有形的物产交流的背后，更多的是无形的非物质的知识和技术的传播。可以从一些技术的时空分布变化来考察技术的起源与传播情况。

区域间的交流动力来自很多方面，有官府的提倡，有民间的参与，有商人的运作，也有官员的作为。其中官员角色最值得注意，"地域回避"加上"定期轮换"的官僚制度，以及官员个人丰厚的人脉，使官员在频繁的迁任过程中，对于各地的风土人情和农业技术有较多的接触和了解，可谓见多识广，这是普通农民所不具备的，而由重农劝农传统所形成的政治文化又使他们能够把他们认为先进的经验和做法由一地向另一地推介，成为本地与外地农业文化交流的主要途径和方式。这在《劝农文》中就有反映。如南宋咸淳八年（1272 年）黄震在《抚州劝农文》中提到浙间（浙江）和（江西）抚州两地之间的农业生产情况。

> 太守是浙间贫士人，生长田里，亲曾种田，备知艰苦。见抚州农民与浙间多有不同，为之惊怪，真诚痛告，实非文具，愿尔农今年亦莫作文具看也。浙间无寸土不耕，田垄之上又种桑种菜；今抚州多有荒野不耕，桑麻菜蔬之属皆少，不知何故？浙间才无雨，便车水，全家大小日夜不歇；去年太守到郊外看水，见百姓有水处亦不车，各人在门前闲坐，甚至到九井祈雨；行大溪边，见溪水拍岸，岸上田皆焦枯坼裂，更无人车水，不知何故？浙间三遍耘田，次第转折，不曾停歇，抚州勤力者耘得一两遍，懒者全不耘。太守曾亲行田间，见苗间野草反多于苗，不知何故？浙间终年备办粪土，春间夏间，常常浇壅，抚州勤力者研得些少柴草在田，懒者全然不管，不知何故？浙间秋收后便耕田，春二月又再耕，名曰耕田，抚州收稻了，田便荒版，去年见五月间方有人耕荒，田尽被荒草抽了地力，不知何故？虽曰千里不同风，抚州不可以浙间为比，毕竟农种以勤为本……①

这种比较在改变人们观念的同时，对于技术的交流是有帮助的。

徐光启就非常热衷于作物的引种和农业的拓殖，"每闻他方之产可以利济人者，往往欲得而艺之，同志者或不远千里而致，耕获菑畬，时时利赖其用"。1608 年江南水灾发生后，他将甘薯、芜菁、旱芋、女贞和桑树等从外地引种到他的家乡。1613—1621 年又两

---

① 〔南宋〕黄震：《黄氏日抄》卷七八《咸淳八年春劝农文》。

次到天津，进行大规模的农业垦殖，把江南地区的水稻种植技术推广到海河地区。

但区域之间的农业文化交流更多的是以民间自发的方式来完成的，其中商人在物产交流方面起了很大的作用。历史上许多较长距离的交流都是由商人来完成的。比如，北魏时，蜀椒种子经商人之手引种到了山东青州等地。① 借助商人的力量，农业文化达到了远距离传播的目的。《告乡里文》中提到的"江浙客游者"实际上有一部分人就是商人。相比之下，普通农民引种的距离要短一些。但农民之间的交流以其经常性、持续性，其作用同样不可小觑。1608 年大水过后，浙江桐乡县从江西（一说泰州）引进了一种名为"赤籼"的品种进行补种，几十年后，浙江的嘉兴、湖州、海宁一带，也有了这个品种。有人推测是由"邻润"② 的结果，其实就是区与区之间农民接力传播、相互渗透所致。

"买苗补种"原是"江浙农人常用"的方法，1608 年水灾过后，经过"江浙客游者"和徐光启的推介，由江浙传到了徐光启的乡里松江。几十年后，在浙江湖州《沈氏农书》中再次提出了"买苗速种"的应对水灾的办法。只是不知道沈氏所提到的方法，是对湖州水乡古已有之的总结（因为湖州本来就属于江浙的一部分），还是受到了徐光启的启发？从时间和地域上来说，不排除这种可能。如果是后者，这也间接地证明了《告乡里文》在当地的接受程度以及在江浙沪三地的影响。知识的传播经历了一个从外地到本地，又从本地到外地的过程。这样的例子很多。③

四、从传承到创新

《告乡里文》中所蕴含的知识，就其来源而言，可以分为两类：一类是对他人知识的传承，如"寻种下秧"和"买苗补种"；一类是作者的创新，如"车水保苗"。

进一步去探究这两种不同来源的知识，就会发现所谓"传承"，并不是对旧有知识的照抄照搬，而所谓"创新"也并非无中生有。以"买苗补种"为例，早在宋代，江南水乡的百姓就采取了在水淹不到的地方（高田，或高亩）育秧，等水退之后将这些在高田上育好的秧苗移栽在水退过后的稻田中，这样既可以保证水稻有足够的生育期，又可以减少二

---

① 〔后魏〕贾思勰著，缪启愉校释：《齐民要术校释》，农业出版社 1982 年版，第 225 页。
② 乾隆《宁志余闻》卷四《食货志》。
③ 如苎麻，据《诗经》等文献的记载，周秦时期北方地区已有种植和利用，但此后似乎消失，直到宋元时期又从南方向北方推广。如麋鹿，现在中国境内饲养的麋鹿是 1985 年以后从英国引进的，而中国原本是麋鹿的故乡，而在 1900 年最后一批麋鹿在中国消失，而此前三四十年麋鹿已被引进到欧洲。又如《天工开物》（1637 年）传到日本等国后，在中国却失传了，直到 20 世纪 20 年代才又从日本"引进"。

次移栽所致种苗浪费，以此来应对水灾。① 这或许也是水稻移栽得以普及的原因之一。明清时期，移栽已成为长江中下游平原地区水稻生产的一种通行的做法。② "买苗补种"虽然在技术上与之有渊源，但一个"买"字说明，它已不是单纯的技术问题，同时也是一个经济问题。高田育秧虽然可以躲避水灾，但存在一定的风险，如果当年没有发生水灾，可能就是一种浪费，浪费的不仅是稻种，也包括土地和劳力。明清时期的江南地区，由于人多地少，人均耕地面积有限，耕地已非常宝贵。与水争田的，使稻田不断向湖心进发，泄洪能力下降，一些原来不被水淹而能按期栽插的稻田也偶尔被淹，因而使原来在高田准备的秧苗更显不足。一些"四平无山陵"③ 的地区，如嘉兴、湖州等，更没有高田可以用来种秧。另外，水稻移栽的四月，又赶上养蚕，是劳动力最紧张的时候，因此，不是每户人家都愿意在"高田育秧"，甚至也不是每家都有高田可供育秧。当不幸遇上水灾的时候，对于商品经济相对发达的江南地区而言，买秧（苗）补种就成为一种很现实的选择。既是买就会牵扯到卖方的经济利益。更何况徐光启所说的还不是等待移栽的寄秧，而是"买其种成晚稻"，是已经移栽到大田，甚至是"耘耦已毕"的禾苗，这不仅加大了移栽的难度，也加大了买卖的难度。这也就是需要徐光启在技术和经济上寻求创新与突破的地方。

　　农业创新往往是将他乡经验和本乡实际融会贯通的结果。以《沈氏农书》为代表的农学经验在湖州以外的地方并不可以照搬复制。也正是体认到区域间的差异，清初张履祥在得到了《沈氏农书》之后，又作了《补农书》，他认为"土壤不同，事力各异。沈氏所著，归安、桐乡之交也。予桐人，谙桐业而已，施之嘉兴、秀水，或未尽合也。"他认为，"天只一气，地气百里之内即有不同。"④ 即以水旱灾害而言，在同样的降水条件下，桐乡就与周边湖州等地的情况不同，张履祥说："吾乡视海宁为下，既不忧旱；视归安为高，亦不忧水。"⑤ 试把《补农书》和《沈氏农书》做一比较，就会发现，《补农书》更多地考虑防旱，而《沈氏农书》更多地考虑防水。不同的环境造就了不同的农业。沈氏的家乡湖州，以及张履祥的家乡桐乡东面的嘉善、平湖、海盐，西面的归安、乌程，明显是以水田农业为主，蚕桑等旱地农业次之，即田多地少；而桐乡"田地相匹，蚕桑利厚"，"多种田不如多治地"。⑥ 即便同是水稻种植，两地也不尽相同。以稻种而言，《沈氏农书》提出以

---

　　① 苏轼说："苏、湖、常、秀皆水。民就高田秧稻，以待水退。及五、六月，稍稍分种。"（〔北宋〕苏轼《苏东坡全集（下）》，中国书店 1986 年版，第 354 页）

　　② 〔明〕宋应星：《天工开物》卷一《乃粒·稻》："湖滨之田，待夏潦已过，六月方栽者，其秧立夏播种，撒藏高亩之上，以待时也。"

　　③ 〔清〕张履祥：《杨园先生诗文》卷十七《赤米记》，上海古籍出版社 2002 年版，第 281 页。

　　④ 〔清〕张履祥辑补，陈恒力校释，王达参校、增订：《补农书校释》，农业出版社 1983 年版，第 99、116 页。

　　⑤ 〔清〕张履祥辑补，陈恒力校释，王达参校、增订：《补农书校释》，农业出版社 1983 年版，第 145 页。

　　⑥ 〔清〕张履祥辑补，陈恒力校释，王达参校、增订：《补农书校释》，农业出版社 1983 年版，第 101 页。

"早白稻"为上,"黄稻"次之,这当然是针对湖州涟川一带的种稻而言;而张履祥在《补农书》中则说,"吾乡田宜黄稻,早黄、晚黄皆岁稔;白稻惟早糯岁稔,粳白稻遇雾即死。然自乌镇北、涟市西即不然,盖土性别也。"① 这也可以视为张履祥对于江南生态环境及其应对的一种认识。江南不同地区的生态环境及农业生产差异于此可见。

当买卖双方是邻里时,徐光启所突破的还不只是经济和技术,更是传统的邻里关系和思想观念。传统的邻里关系强调和睦互助,即孟子所说的"出入相友,守望相助,疾病相扶持"②。和睦的邻里关系主要靠道德来维系,"重义轻利"成为处理邻里关系的首要准则。即便涉及利益,也要"义"字当先,如"义仓"和"义桑"之例。日常生活中要求自我约束,切忌损人利己,当邻里发生困难的时候,强调借助,而不是买卖,不是利益交换。即便是稀有的资源,如普遍缺乏的畜力,也是如此。③ 当不幸发生争执时,要选择让步。只是在商品经济社会,这种单纯依靠道德维系的睦邻关系难以持久。尤其是每次灾害之后,物价踊腾,单纯的道德说教显然无济于事。徐光启提出以市场经济和技术手段来处理邻里关系,实现双赢,这是对于传统邻里关系学说的一大突破,是明清时期江南地区商品经济高度发展的必然结果,也是进入到中国传统社会后期所出现的现象。也就是说,虽然"买苗补种"传承的是已有的知识,但徐光启也根据新的情势,增加了新的内容,并结合实例,使这种从外地传入的技术更具操作性。

同样,"车水保苗"虽然是徐光启亲自验证的新知,但所谓"新知"也有来源。水稻具有再生性。汉唐以前广泛流行的"火耕水耨",宋代遍及两浙、江淮,甚至于荆湖等许多地区的再生双季稻,④ 其实都是对水稻再生性的一种应用。南宋时浙江台州、临海等地的农民利用水稻的再生性,使并未完全被干旱损毁的早晚稻,重新"长茂",并"抽茎结实",当地百姓称为"二稻""传稻",或"孕稻"。⑤ 车水保苗不过是把培育"二稻"的方法用于应对水灾而已。它们所要解决的问题是一样的,即灾害过后,补种已不可能,买苗又缺少资金,残存在田中的稻根就成了这部分农民唯一的希望。徐光启虽然不赞成利用再生双季稻,⑥ 但对于利用水稻的再生性来应对水旱灾害却大加肯定。车水保苗是继承上的创新,更是创新之上的继承。

---

① 〔清〕张履祥辑补,陈恒力校释,王达参校、增订:《补农书校释》,农业出版社 1983 年版,第 38、116 页。
② 《孟子·滕文公上》。
③ 〔南宋〕陈傅良《止斋集》卷四十四《桂阳军劝农文》:"火下牛畜,迭相借助,少有言气,且务休和。"
④ 曾雄生:《宋代的双季稻》,《自然科学史研究》2002 年第 3 期,第 255 – 268 页。
⑤ 〔南宋〕朱熹:《晦庵先生朱文公文集·奏巡历至台州奉行事件状》卷十八,《四部丛刊初编》,商务印书馆 1922 年版。
⑥ 〔明〕徐光启《农遗杂疏》云:"其陈根复生,所谓稆也,俗亦谓之'二撩'。绝不秀实,农人急垦之,迟则损田力。"

对已有知识的传承与创新，不仅是具体的技术和知识，也包括思想和观念。自古以来，水旱灾害常常被视为天灾，而天灾又是由人事导致的。徐光启继承了传统的天人学说，并以此解释太湖水灾，指出水旱灾害与水利失修有关。

徐光启作为知识的生产者和传播者，也参与到知识的建构中来。他是个充满探索精神的学者，和《告乡里文》一样，他的代表作《农政全书》中的许多论述，都是他把采访所得同亲身实践结合起来，所获得的新知。如提高乌臼结子率的方法，最初来自于山中老圃，经过他的反复试验，再写进书中。① 实践者（老圃）的知识，经过作者（徐光启）的采访、提炼、试验和总结，形成文字，再经由文字向更广大的读者传递，这就是知识在传统社会传播所遵循的一种模式。

徐光启是知识的传播者，更是知识传播的受益者。《农政全书》的内容和大多数农书一样，主要由两大部分构成：一是"杂采众家"，摘引前人的文献资料；一是"兼出独见"，发表自己的心得体会。前者延续了经学传统，而后者则体现了应用学科的特点。据统计，《农政全书》征引前人文献共225种，属于徐光启自己的文字约61 400字。② 当然，徐光启在传承原有知识的时候也存在以讹传讹，甚至错上加错的现象。比如他在《农政全书》中提出的"蝗虫为虾子所化"的观点就来自早前的"蝗为鱼子所化说"。③ 而这种观点的提出和接受可能与他经历的1608—1610年的三年大水灾有关。因为当年在水灾过后，并发了蝗虫（荒虫），而且蝗虫过后，鱼虾特多，于是很多人都将蝗与虾联系起来，认为虾为蝗虫所化。④ 在此基础上，徐光启推断出蝗为虾子所化的观点，认为虾蝗为一物，"在水为虾，在陆为蝗"。

总之，徐光启的《告乡里文》及《农政全书》乃至中国历史上的许多农书所展示的知识建构，既有历史的渊源，又有现实的依据，既有他人的经验，又有自己的实践，边界与接点交叉融合，相得益彰。

五、结语

何以不同学科的知识会出现在同一本以某一专业为对象的著作中？这是提出边界与接

---

① 〔明〕徐光启：《农政全书》卷三十八《种植·木部·乌臼》。

② 康成懿：《〈农政全书〉征引文献探原》，农业出版社1960年版，第16、34页。

③ 如，明万历二十五年（1597年）陈经纶在一篇题为《治蝗笔记》的文章中提到："因阅《埤雅》所载，蝗为鱼子所化，得水时则为鱼，失水则附于陂岸芦荻间，燥湿相蒸，变而成蝗。"《埤雅》为北宋陆佃（1042—1102）所作，因知宋代已有此说。明人谢肇淛（1567—1624）《五杂俎》卷九《物部一》亦言："相传蝗为鱼子所化，故当大水之岁，鱼遗子于陆地，望岁不得水，则变为蝗矣。雌雄既交，一生九十九子，故种类日繁。"

④ 如，崇祯《吴县志》卷十一《祥异》："六月，有虫如蚊而大，抵暮聚集空中，望之如烟雾，声响成雷，经月忽不见，于积水中生细虾无数，饥民取以为食，或云即虫所化。"

点的初衷。事实上，边界与接点无处不在。它不仅反映在文本之中，更体现在文本之外。从《告乡里文》来看，它的内容本身就涉及继承与创新、家庭与邻里、本地与外地、经济与技术、天灾与人事等问题；而文本之外它涉及传统与现实、作者与乡民、官员与百姓等问题。用边界与接点的框架可引导我们更多的思考。

《告乡里文》是以《劝农文》为代表的重农劝农政治文化的产物，其所传达的内容是科学与社会、历史与现实多元交汇的产物。《告乡里文》采用了《劝农文》的形式，却赋予了《劝农文》新的内容。他与读者的关系是乡亲关系，这种关系较之于《劝农文》所体现的官民关系，更能为农民所接受。徐光启在《告乡里文》中所提出的应对水灾、恢复生产方面的措施，继承了传统的"寻种下秧"和外地传入的"买苗补种"的固有技术，同时创造了"车水保苗"的方法。在邻里关系方面，徐光启主张用经济手段来取代传统的道德说教。他还以水利和水灾的关系为例对天人关系作了新的注释。徐光启正是在多元交汇的边界与接点上延伸与发展，继承与突破，他也因此成为多维坐标式人物。《告乡里文》也因之成为传统社会中知识建构的一个范例。

《告乡里文》所及稻作问题

中国传统的水稻栽培技术以育秧移栽为中心，辅之以耕、耙、耖为基本环节的整地技术，和以耘田、烤田为主的肥水管理技术，目的在于为水稻生长创造良好的生长环境，提高水稻的产量。这套行之有效的传统水稻栽培技术至宋元时期已基本定型，构成中国近千年来经济发展的一大基石。明清时期，水稻生产得到全面发展，但其所面临的自然灾害也越来越频繁。在原有稻作技术体系的基础上，如何应对自然灾害，增强抗御灾害的能力，成为稻作技术发展的新方向，而新方向的调整除了受制于自然因素之外，也要考虑到社会经济因素。收录在明崇祯《松江府志》卷六《物产》中徐光启的《告乡里文》，是研究徐光启生平及明清时期江南农业史的重要史料。其核心问题就是在水灾过后，如何恢复水稻生产。本文将在已有研究的基础上，对文中所涉及的品种、播种、育秧、移栽、买秧、水利排灌、农业改制等问题进行解读，试图为江南经济史研究提供新的理解。

一、徐光启和《告乡里文》

明崇祯《松江府志》卷六《物产》有徐光启《告乡里文》一则。原文如下：

> 近日水灾，低田淹没。今水势退去，禾已坏烂，凡我农人，切勿任其抛荒。若寻种下秧，时又无及，六十日乌可种，收成亦少。今有一法，虽立秋后数日，尚可种稻，与常时一般成熟。要从邻近高田，买其种成晚稻；虽耘耥已毕，但出重价，自然肯卖；每田二亩，买他一亩，间一科，拔一科；将此一亩稻，分莳低田五亩；多下粪饼，便与常时同熟；其高田虽卖去一半，用粪接

力，稻科长大，亦一般收成。若禾长难莳，须掞去稍叶，存根一尺上下莳之。晚稻处暑后方做肚，未做肚前尽好分种，不妨成实也。若已经插莳，今被淹没，又无力买稻苗者，亦要车去积水，略令湿润，稻苗虽烂，稻根在土，尚能发生，培养起来反多了稻苗，一番肥壅，尽能成熟。前一法是江浙农人常用。他们不惜几石米，买一亩禾，至有一亩分作十亩莳者。后一法，余常亲验之。近年水利不修，太湖无从泄瀉，戊申之水，到今未退，所以一遇霖雨，便能淹没，不然已前何曾不做黄梅？惟独今年，数日之雨便长得许多水来。今后若水利未修，不免岁岁如此。此法宜共传布之。若时大旱，到秋得雨，亦用此法，不信问诸江浙客游者。凶年饥岁，随意抛荒一亩地，世间定饿杀一个人。此岂细事，愿毋忽也。

万历三十六年（1608 年）夏季，江南地区遭遇特大水灾，其水势大、持续时间长、波及范围广，并伴有蝗灾和社会动荡的发生。由于水利失修，这次大水灾的影响未能很快消除，水位迟迟没有退去。每逢遇到持续降雨，便又涨起水来，《告乡里文》写作完成的万历三十八年即是如此情景。水灾原本就是困扰江南水乡农业生产和人们生活的最大不利因素，持续三年的大水更让人不胜其扰。如何在水灾过后恢复农业生产成为当时全社会关注的焦点，这也是《告乡里文》所要回答的核心问题。笔者曾结合相关背景和农学知识在传统社会的传播，对《告乡里文》进行了初步解读，[①] 本文将继续对其中所涉及的品种、播种、育秧、移栽、买秧、水利排灌、农业改制等江南稻作的核心内容再行解读，试图为江南经济史研究提供新的理解。

众所周知，水稻是中国南方的主粮作物，大灾之后，恢复和重建农业生产的当务之急是要从水稻下手。自唐宋以来，育秧移栽便已成为江南稻作的主要栽培方式。经过一个月左右的育秧期，便要将水稻秧苗移植到大田之中。如果秧苗在移栽过后不幸遇到水灾而夭折，便要设法使大田重新长出稻苗来。但是，重新找来种子播种下秧受到时间限制，勉强播种又会导致产量低下；买苗补种涉及买卖双方利益，存在如何减少卖方损失、提高买方所买秧苗成活率的问题；无力购买秧苗的农户又该怎么办？基于上述目标和问题，《告乡里文》详细指导了农民在水灾过后有效生长期不足的情况下，如何进行抢种、补栽、保苗，如何利用技术和经济手段解决种苗来源和移栽所引发的相关问题等。文中提到"寻种下秧""买苗补种""车水保苗"三种应对水灾过后恢复水稻生产方法的适用情况及其效

---

① 曾雄生：《告乡里文：一则新发现的徐光启遗文及其解读》，《自然科学史研究》2010 年第 1 期；曾雄生：《〈告乡里文〉：传统农学知识建构与传播的样本——兼与〈劝农文〉比较》，《湖南农业大学学报（社会科学版）》2012 年第 3 期。

果，且重点对于"买苗补种"涉及的经济和技术双重问题提出了解决办法。例如：买家遭卖家拒绝怎么办？卖家田中的禾苗减少之后怎么办？买家在买苗之后，禾苗太长怎么办？买家没钱买苗怎么办？水利状况得不到改善怎么办？这些问题涉及稻作技术及其相关的许多自然与社会的关键环节，在整个东亚稻作史上都具有典型意义。本文拟结合水稻和水利问题对《告乡里文》做出进一步解读。

二、关于水稻播种和移栽：兼谈江南农业改制问题

移栽是水稻栽培史上的一项重要变革，也是传统水稻栽培技术形成的主要标志之一。移栽可以发挥多项功能：首先，移栽过程可以除草。其次，在撒播状况下，移栽可以将稠密地段的苗补种到稀疏地段，使大田中的植株保持合理间距，有利于育秧的集中管理，还可调节农时以供给前作足够的生长时间，这对于轮作稻田更为重要。古人认为，通过一拔一插的移栽刺激，秧苗得到不同田块的营养，可以促进其生长。第三，从江南地区稻作历史来看，移栽在很大程度上可以规避灾害。也就是说，在大田上进行灾害防治比在相对面积较小的秧田上进行要困难得多，因此选择自然条件较好的地段育秧，等待灾害过后再移植到大田之中，可以规避风险。

江南的梅雨季节是当地水稻育秧移栽的季节。长时间的雨水浸泡，不仅使水稻播种难以进行，勉强播种下去也可能导致烂秧。即使是经过移栽，也有可能被大水淹没而坏死。梅雨一般持续一个多月的时间，到农历五六月（芒种前后）停止。大水回落之后，如何抓住有利时机、恢复水稻生产正是《告乡里文》所要传达的内容，该文的成文时间当在农历五六月份，更确切的可能是在立秋前后。

宋人刘敞写道："种田江南岸，六月才树秧。借问一何晏？再为霖雨伤。"① 此处"树秧"，就是种秧或插秧，原因是受到长时间梅雨的影响，江南田家要到农历六月才开始播种或移栽水稻。然而，一般水稻的播种期是在清明前后（约农历三月初），秧龄为一个月左右，即农历四月就当移栽，因此"六月才树秧"要比一般情况晚1～2个月。值得注意的是，这并不是个别年份的个别现象。苏轼也多次提到浙西地区因雨水而推迟播种甚至移栽的情况。元祐四年（1089年）十一月初四日的奏状称，"勘会浙西七州军，冬春积水，不种早稻，及五六月水退，方插晚秧"②。元祐六年三月二十三日的奏状提到："窃以浙西二年水灾，苏湖为甚。……自下塘路由湖入苏，目睹积水未退，下田固已没于深水，今岁

---

① 〔北宋〕刘敞：《彭城集》卷六《江南田家》，商务印书馆1937年版，第67页。
② 〔北宋〕苏轼：《苏东坡全集·奏议集》卷六《乞赈济浙西七州状》，中国书店1996年影印本，第470页。

必恐无望，而中上田亦自渺漫，妇女老弱，日夜车亩，而淫雨不止，退寸进尺。见今春晚，并未下种。"对此，苏轼言："自今已往，若得淫雨稍止，即农民须趁初夏秧种。"① 也就是说，苏、湖一带的水田在当年由于淹水，到了三月下旬（即"春晚"）还没有下种，其水稻播种期须推迟到四月以后，加上不少于一个月的秧龄，水稻移栽的时间最早也得在五月初以后。一些在五月或五月以前即已播种移栽的水稻，如果不幸赶上大水，则需"用心补种被水去处田亩"②。这样做，虽然能够起到绝长补短的作用，但已产生了人力和物力（如种谷等）的浪费，因此从宋代开始人们便有意识地推迟播种和移栽时间。另外，选择在高田播种可以避免水灾，也解决了水退之后方才播种所引起的有效生长时间不足的问题，这也是后来江南地区应对季节性水灾所采取的主要办法，如"去年浙中，冬雷发洪，太湖水溢，春又积雨。苏、湖、常、秀皆水。民就高田秧稻，以待水退。及五、六月，稍稍分种，十不及四五分"③。明代宋应星说："湖滨之田，待夏潦已过，六月方栽者，其秧立夏播种，撒藏高亩之上，以待时也。"④ 对于地势较高、水源困难的地区来说，"撒藏高亩"也有等雨水的用意，即必须等待雨水将大田灌满后，才能整地和插秧。

就江南地区来看，育秧移栽是应对灾害的主要办法。在这种情况下，播种日期可以是相对固定的，移栽时间则可视水旱情况而定，一般以立秋（8月7日或8日）为移栽临界点。若立秋之后再移栽，由于秧龄偏老，距离成熟收获期的日子太近，大田中的营养生长期太短，会严重影响产量。沈氏认为，"立秋前可种（笔者注：指移栽）。若遇天气老晴，热气尚盛，便过立秋几日，尚可种。"⑤

何以太湖地区的水稻移栽时间要推迟到农历五六月份，比一般南方地区的种稻时间要晚 50 多天？通行的观点认为这跟南宋江南地区开始的稻麦两熟制有关。⑥ 江南地区的大麦收割通常在五月上旬，小麦收割在五月末，而水稻移栽必须在麦收之后。⑦ 清代以后江南地区曾提出农业改制，废除二麦种植，改移栽为直播，改晚稻为早稻，进而实现两熟稻。⑧ 如《潘丰豫庄本书》提到："盖区田首重春耕，播种极早，秧不移插，新苗在田，五月间已高数尺，根深干大，设遇小小水旱，不能损伤，此实早种之致。""种得早，到底

　　① 〔北宋〕苏轼：《苏东坡全集·奏议集》卷九《再乞发运司应副浙西米状》，中国书店 1996 年影印本，第 507 页。
　　② 〔清〕徐松：《宋会要辑稿》食货五八之十六，中华书局 1957 年版，第 5829 页。
　　③ 〔北宋〕苏轼：《苏东坡全集·续集》卷十一《上执政乞度牒赈济及因修廨宇书》，中国书店 1996 年影印本，第 354 页。
　　④ 〔明〕宋应星著，钟广言注释：《天工开物·乃粒》，中华书局 1978 年版，第 14 页。
　　⑤ 〔清〕张履祥辑补，陈恒力校释，王达参校、增订：《补农书校释》，农业出版社 1983 年版，第 73 页。
　　⑥ 〔清〕张履祥辑补，陈恒力校释，王达参校、增订：《补农书校释》，农业出版社 1983 年版，第 29 页。
　　⑦ 〔清〕潘曾沂：《潘丰豫庄本书》，收于陈祖椝主编：《中国农学遗产选集·甲类第一种·稻·上编》，中华书局 1958 年版，第 358 页。
　　⑧ 中国农业科学院等编著：《中国农学史》下，科学出版社 1984 年版，第 170－171 页。

省多少惊吓。下种后不用拔秧，自然根底牢硬，耐得水旱，后有恶雾风潮等变卦，往往在八月中。若这时候已经收割，是不怕的了，所以劝你们要赶忙早种。"① 强调"早"，如早种、早锄、早获等，是中国传统农业的特征之一。江南历史上的确有早种胜晚种的例子，如崇祯十三年（1640 年）五月十三日，"水没田畴，十二以前种者，水退无患；十三以后，则全荒矣"。② 但早种的成功并没有使晚稻变早稻的农业改制得以实现，崇祯十三年"早种"的胜出仍是在晚稻基础上的早种，并非早稻。那么江南地区何以盛行晚稻，而不是早稻？江南地区农业改制的阻力在哪里？

从后世的历史来看，稻麦两熟的确是影响江南种植早稻的原因，但问题是江南地区在没有实现稻麦两熟之前，即以晚稻种植为主，种植二麦等春花作物只是对以晚稻为主的农作制度的一种补充。从宋代以后的历史来看，江南推迟水稻移栽的主要原因不在稻麦两熟，更多的是来自雨水等自然因素的影响。③ 改制虽然注意到了自然因素，试图通过早播和直播的方式来对付水旱风潮等不利因素，但似乎不能从根本上解决水灾问题。因此，推迟移栽、种植晚稻仍然是避灾的首选办法。在此基础上，辅以二麦等春花作物，使冬春两季的空闲农地和农时得以运用。如果能够收成，对于农民（特别是佃农）来说，自然是望外之喜；如果因为雨水等原因，春花不能收成，就当是绿肥作物，为晚稻提供基肥。④"南方稻田，有种肥田麦者，不冀麦实，当春小麦、大麦青青之时，耕杀田中，蒸罨土性，秋收稻谷，必加倍也。"⑤ 只是农民有时见近小之获，而忘远大之利，加上宋以后"获麦之利独归佃户"的不成文习惯，使原本为补充稻田地力的春花变成了贴补农民收入的夏实。稻麦两熟取代稻麦一熟，更使早稻在江南地区难以推行。

其实，江南地区选择移栽晚稻还有其他原因，但都似与稻麦两熟不相干。《沈氏农书》云："种田之法，不在乎早。本处土薄，早种每患生虫。若其年有水种田，则芒种（6 月 5 日左右）前后插莳为上；若旱年，车水种田，便到夏至（6 月 21 日或 22 日）也无妨。只要倒平田底，停当生活，以候雨到；雨不到则车种，须要一日车水，次日削平田底，第三日插秧，使土中热气散尽，后则无虫蛀之患矣。"⑥ 这里提倡的移栽晚稻还与避免虫、旱有关。

① 〔清〕潘曾沂：《潘丰豫庄本书》，收于陈祖棨主编：《中国农学遗产选集·甲类第一种·稻·上编》，中华书局 1958 年版，第 358 页。
② 〔清〕张履祥辑补，陈恒力校释，王达参校、增订：《补农书校释》，农业出版社 1983 年版，第 139 页。
③ 曾雄生：《宋代的早稻和晚稻》，《中国农史》2002 年第 1 期。
④ 江南地区有种植绿肥作物的传统，而春花作物中的二麦、萝卜等原本就是绿肥作物。
⑤ 〔明〕宋应星著，钟广言注释：《天工开物·乃粒》，中华书局 1978 年版，第 87 - 88 页。
⑥ 〔清〕张履祥辑补，陈恒力校释，王达参校、增订：《补农书校释》，农业出版社 1983 年版，第 28 页。

三、关于水稻品种

徐光启之前，江南地区的农民在应对水灾方面已经积累了丰富经验。宋元以来，江南民间就有"重种二禾"①之说。所谓"重种二禾"，指在播种、移栽之后，稻田因遇水灾而被淹没，禾苗坏死，需要重新进行播种和移栽。针对如何"重种二禾"，《告乡里文》提到两种方式：一是"寻种下秧"；二是"买苗补种"。

灾后恢复生产最先遇到的便是种子问题。大灾之年播下的种子没有收获，就会被白白浪费。即使是准确预见到可能会颗粒无收而未播种，或是播种之后剩余的种子，也会随着饥荒来临而被充当粮食，等到要恢复生产时发现种子阙如。在"稻不遗种"的情况下，恢复生产必须从置办种子开始，于是有"寻种"之举。这也是当时地方政府和民间所共同关心的问题。

从历史上来看，灾后措置种子是官府的职责。乾道六年（1170 年）闰五月十一日诏，"浙西州军大水，……官为贷其种谷，再种晚稻，将来秋成，绝长补短，犹得中熟。"② 淳熙九年（1182 年）五月十六日诏，"近者久雨，恐为低田有伤，贫民无力再种，可令浙东西两路提举常平官，同诸州守臣，疾速措置，于常平钱内取拨借第四第五等以下人户，收买稻种，令接续布种，毋致失所。"③ 1608 年水灾暴发之后，时任吴中巡抚的周孔教提出的救荒要领之一就是"贷种"。④ 在无种可贷的情况下，时任嘉兴桐乡县令胥之彦"出帑金三百两，委尉遄往江右买籼谷，颁发民间，即下谷种，……是秋，远近大祲，桐乡再种者，亩收三石，民乐丰年。"⑤ 桐乡人张履祥则详细记载了当时从外地引种赤米品种，进行抢救性补种的情况，这也是采用购买种子恢复生产并取得成功的一个例子。

> 万历戊申夏五月，大水，田畴淹且尽。民以溢告，公抚慰之，劝以力救。不得已，则弃田之已种者而存秧。浃日雨不止，度其势不遗种，乃豫遣典史赍库金若干，夙夜进告，籴种于江西（或云江北泰州），而己则行水劝谕，且请于三台御史，乞疏免今年田租，以安民心。十余日，谷归，分四境粜之，教民为再植计。月余水落田出，而秧已长，民犹疑之，将种黄、赤豆以接食。公曰："无为

① 据载："朔日，值立夏，主地动；值小满，主凶灾；大风雨，主大水，小则小水；晴，主旱。老农咸谓：此日最紧要，若雨，有重种二禾之患。"（〔元〕娄元礼、〔明〕张师说校订《田家五行》卷上《四月类》，第 6 页）

② 〔清〕徐松：《宋会要辑稿》食货五八之七，中华书局 1957 年版，5824 页。

③ 〔清〕徐松：《宋会要辑稿》食货五八之一五，中华书局 1957 年版，5828 页。

④ 〔清〕陆曾禹撰，〔清〕倪国琏检择：《钦定康济录》卷四，《文渊阁四库全书》史部第 663 册，台北商务印书馆 1983 年版，第 404 页。

⑤ 乾隆《宁志余闻》卷四《食货志》。

弃谷也。"益劝民树谷。其秋，谷大熟，赋复减十之七，民以是得全其生者甚众，他郡邑弗及也。①

　　寻种下秧所遇到的另外一个主要问题是时间。水灾过后再行播种，季节就会偏晚。对于常规的水稻品种而言，有效生长时间太短，不足以完成正常的生长过程。只有个别生育期特别短的品种才能够完成一个生产周期，徐光启提到"六十日乌"即属于该品种。"六十日"是中国历史上著名的水稻早熟品种，据游修龄考证，西晋时即已有之。唐玄奘《大唐西域记》提到了"六十日而收获焉"的异种稻，宋代《琴川志》《玉峰志》《澉水志》《赤城志》《会稽志》《新安志》等都有记载，明清方志中提到"六十日"的就更多了。"六十日"只是一种夸张说法，并不表示其生育期一定就在六十日内，② 但其作为一个极早熟的品种是可以肯定的。由于生育期短，故可以在水旱灾害来临之前或之后完成生产的全过程。但一般情况下，其播种面积可能不会很大，主要原因在于产量不高。《新安志》载："有斧脑白，有赤芒稻，并早而易成，皆号为六十日，然不丛茂，人不多种。"③

　　与六十日稻相类似的还有黄穋稻、乌口稻等。黄穋稻也具有晚种而早熟、生育期短的特点。根据《陈旉农书》记载，黄穋稻自种至收不过六七十日，而《王祯农书》记载则更短，只有不到 60 天。其他文献记载也可证实，黄穋稻的全生育期不会超过 90 天，加上其具有耐水特性，所以一般都被选择用来作为水灾过后补种的水稻品种。南宋《陈旉农书》云："今人占候，夏至小满至芒种节，则大水已过，然后以黄绿谷种之于湖田。"④ 这是针对灾后补种而言。元代《王祯农书》载："黄穋稻自种至收，不过六十日则熟，以避水溢之患。如水过。泽草自生，穋稗可收。"⑤ 这是针对灾前抢种、抢收而言。由于其生育期短，有时也用作双季晚稻品种，"大暑节（笔者注：7 月 23 日前后）刈早种毕而种"⑥。

　　乌口稻最早见于南宋宝祐《重修琴川志》⑦，元代江阴人王逢也曾在诗中提到这一品种，"数畦乌口稻，满待熟天风"⑧。因具有"色黑而耐水与寒"的特点，又称乌谷子、冷水结、冷水稻、黑稻、晚乌稻，其最大特点便是生育期短。该品种在农历七月，甚至秋过已久，亦可播种。如果按照一般晚稻的收获期（九、十月）计算，乌口稻的生育期只有两

　　① 〔清〕张履祥：《杨园先生诗文》卷十七《赤米记》，《续修四库全书》集部第 1399 册，上海古籍出版社 2002 年版，第 281 页。
　　② 游修龄：《古代早稻品种"六十日"之谜》，载《农史研究文集》，中国农业出版社 1999 年版，第 401－405 页。
　　③ 《新安志》卷二《物产》。
　　④ 〔南宋〕陈旉著，万国鼎校注：《陈旉农书》，农业出版社 1965 年版，第 25 页。
　　⑤ 〔元〕王祯著，王毓瑚校：《王祯农书》，农业出版社 1981 年版，第 188 页。
　　⑥ 曾雄生：《中国历史上的黄穋稻》，《农业考古》1983 年第 1 期。
　　⑦ 宝祐《重修琴川志》卷九载："乌口稻，再莳晚熟，米之最下者。"
　　⑧ 〔元〕王逢：《梧溪集》卷四《乙未八月避地前湖三首》，中华书局 1985 年版，第 214 页。

个月左右的时间，因此有些方志中将其与"六十日"相提并论。① 徐光启所说的"六十日乌"，可能指的就是这个乌口稻。晚种而早熟的特点使乌口稻可以用作双季晚稻品种来种植，即方志中所谓"再莳晚熟"。明清时期，乌口稻更多的是作为夏秋水灾过后的补种品种。② 明清时期，梅雨覆盖的长江中下游各地方志几乎都有该品种的记载，可能与此有关。

徐光启非常重视此类生育期特别短的品种的选用和推广，并在《农遗杂疏》中提到其他一些类似的适合松江水灾区种植的品种：

> 麦争场，以三月种，六月熟，谓与麦争场也。松江耕农稍有本力者，必种少许，以先疗饥。《农遗杂疏》曰：此种早熟，农人甚赖其利，新者争市之价贵也。若荒年新稔则倍称矣。

> 一丈红，徐玄扈云："吾乡垦荒者，近得籼稻，曰一丈红，五月种，八月收，绝能（古'耐'字）水，水深三四尺，漫散种其中，能从水底抽芽，出水与常稻同熟，但须厚壅耳。松郡水乡，此种不患潦，最宜植之。"

> 松江赤，其粒尖色红而性硬，四月种，七月熟，即金城稻也。是惟高仰之所种。《农圃四书》云：松江谓之赤米，乃谷之下品。今郡中亦少，所用赤米，皆籴之楚中，《杂疏》云：其性不畏卤，可当咸潮，近海口之田，不得不种之。③

"麦争场"，顾名思义，与麦同熟，是个极早熟品种，少量种植（受产量和可利用的耕地等因素影响，也只能少量种植），可以收到与麦同样的继绝续乏的作用。"一丈红"是一种耐得水淹的高秆品种。"松江赤"可以对付水灾，尤其是"不畏卤，可当咸潮"的特征，更使得"近海口之田，不得不种之"。利用耐水品种对付水灾是整个亚洲稻作区的通行做法。元人周达观《真腊风土记》"耕种"条提到今柬埔寨"有一等野田，不种常生，水高至一丈，而稻亦与之俱高"④，与"一丈红"是一样的。

水旱灾害加快了引种速度，但引种也可能引发生态上的连锁反应。一个品种由一地引种到另一地的时候，最初可能会有尚佳表现，被称为"生态释放"。1608 年夏季水灾暴发后，从江西等地引进的赤籼品种，某种程度表现出了"生态释放"效应。"是秋，远近大祲，桐乡再种（笔者注：赤籼）者，亩收三石，民乐丰年。"⑤ 但就在这个水稻品种引进

① 康熙《靖江县志》卷六《食货》载："初秋可莳，曰六十日、曰乌口稻。"
② 弘治《常熟县志》卷一《土产》载："乌口稻，皮芒俱黑，以备水涝，秋初亦可插莳，盖因晚熟故也。"
③ 〔明〕徐光启：《农遗杂疏》，见中国农史遗产研究室编辑，王达、吴崇仪、李成斌编：《中国农学遗产选集·甲类第一种·稻·下编》，农业出版社 1993 年版，第 57 页。
④ 〔元〕周达观著，夏鼐校注：《真腊风土记校注》，中华书局 1981 年版，第 137 页。
⑤ 乾隆《宁志余闻》卷四《食货志》。

浙西很多年后，人们发现在常年所种植的黄白稻品种中常常杂有赤米品种。张履祥记载："吾邑四平无山陵，川泽之间，土滋田沃，宜黄白稻，民间所植，秫一而粳十，其大较也。然每获，辄有赤米杂于其间，虽岁去之，来年复如故，越境即否。""是谷晚植早熟，不刈则随落，后虽他植，厥种恒在田间，岁复岁不绝"①，以至于"顺治间桐邑令，以上仓米色多赤，苛责粮长"②。赤米俨然成为恼人的"杂草"。经向老农打听，张履祥才知道这是由于 1608 年大水之后引种所造成，故又在《补农书》中提出："惟赤籼一种稻色，尤为早熟，今田家皆有。或云江西籼。或云泰州籼。人皆欲芟去之，终不能尽。"③ 从张履祥"越境即否"的记载来看，赤籼的影响在当时似仅限于桐乡一县之内，但随着时间推移，赤籼稻也对周边稻作生态产生了影响。比如乾隆年间，浙江海宁县由于地近嘉兴、湖州一带多种晚稻，然"间有籼米，色赤者"，进而推断"宁之有赤米，实由邻润也"。④ 于此可见 1608 年水灾之后引种对于当地生态之影响。

四、关于育秧和买秧

买苗补种的出发点和选用"六十日乌"等短生育期品种重种是一致的，也是与水灾过后留给水稻的有效生长期太短有关。对于遭水淹浸的稻田，等到水退之后，再利用常规水稻品种重新育秧移栽，时间上已经来不及。至少自宋代开始江南低洼地区的稻农就采取了一种"高田育秧"的办法，即在水淹不到的地方（高田，或高亩）种秧，等水退之后将这些在高田上育好的秧苗移栽在水退过后的稻田中，既可以保证有足够的生育期，又可以减少二次移栽所致种苗浪费。因此，"凡人家种田十亩，须下秧十三亩，以防不足，且备租田"。⑤ 多种秧苗以备不虞，是长期应对水灾所积累起来的经验，而且在自家秧苗未受水灾的情况下，还可以卖给受水灾的人家栽插，或租佃田块来种，构成了秧苗买卖的基础。

当然，多种秧苗也有一定风险。如果当年没有发生水灾，也没有受灾人户前来购买，多种秧苗就造成了稻种、土地和劳力等多方面的浪费。多备 30% 的秧苗只是个理论值，具体下秧多少还要依据当年的占候来确定，当地农谚曰："二月清明多下种，三月清明少撒秧。"⑥ 明清时期的江南地区，由于人多地少，人均耕地面积稀少，耕地已非常宝贵。

---

① 〔清〕张履祥：《杨园先生诗文》卷十七《赤米记》，《续修四库全书》集部第 1399 册，上海古籍出版社 2002 年版，第 281 页。

②④ 乾隆《宁志余闻》卷四《食货志》。

③ 〔清〕张履祥辑补，陈恒力校释，王达参校、增订：《补农书校释》，农业出版社 1983 年版，第 116 页。

⑤ 〔清〕张履祥辑补，陈恒力校释，王达参校、增订：《补农书校释》，农业出版社 1983 年版，第 67 页。

⑥ 〔清〕张履祥辑补，陈恒力校释，王达参校、增订：《补农书校释》，农业出版社 1983 年版，第 27 页。

与水争田使稻田不断向湖心进发，泄洪能力下降，一些原来不被水淹而能按期栽插的稻田也偶尔被淹，因而使原来在高田准备的秧苗更显不足。况且像嘉、湖这样的一些地区"四平无山陵"①，没有更多高田可以用来种秧。此外，对于"乡村四月闲人少，才了蚕桑又插田"的农家来说，此时又是劳动力最紧张的时候。因此，不是每户人家都愿意多种秧苗，甚至也不是每家都有田可供种秧。当不幸遇上水灾的时候，加上这里的商品经济相对发达，买秧（苗）补种就成为一种很现实的选择。

既是买秧（苗），就涉及买卖双方的利益。值得注意的是，徐光启说的还不是等待移栽的秧，而是"买其种成晚稻"，是已经移栽到大田中间的苗，这就使买卖难度加大。如何既能买到自己所需，又尽量兼顾到对方利益来实现双赢，是买秧补种取得成功的关键。因此，买卖双方在采取措施保证自己利益的前提下，尽量减少损失，也就成为徐光启论述的重点。徐光启认为，只要买方愿"出重价"，卖方"自然肯卖"。卖方可以"每田二亩，买他一亩，间一科，拔一科"，实际上也就是二亩田中的稻苗只剩下了一半。买方在买到之后，"将此一亩稻，分蒔低田五亩"，也就是原来二亩稻田中的苗最后被分到了七亩稻田中，稻田密度降低，其中二亩只有原来密度的 1/2，而五亩只有原来密度的 1/5。据嘉靖年间的马一龙推测，江南地区的水稻种植密度，"疏者每亩约七千二百科，密者则数踰于万"②。以每亩 1 万科为计，间一科、拔一科之后，只剩下 5 000 科，比原来疏者还疏，而要用买来的 5 000 科稻秧去分蒔低田五亩，则意味着每亩只有 1 000 科。如何使这密度只有原来 1/2（甚至 1/10）的稻田获得和原来一样密度的产量？徐光启提出多施肥的主张，通过提高水稻的有效分蘖来弥补稻田植株的不足。这对于买方尤其重要，因为其稻田密度只有原来的 1/5，因此要"多下粪饼，便与常时同熟"，而对于卖方"其高田虽卖去一半，用粪接力，稻科长大，亦一般收成"。"买其种成晚稻"还可能遇到一个问题——"禾长难蒔"，即植株太高，移栽困难。徐光启提出"须掞去稍叶，存根一尺上下蒔之"。"买其种成晚稻"移栽可将晚稻移栽的临界点推迟到孕穗（做肚）阶段，"未做肚前尽好分种，不妨成实也"。而江南地区的"晚稻处暑后方做肚"使得原来一般以"立秋"为水稻移栽的截止日期又向后推移了半个月。

徐光启说，买苗补种是江浙农人常用的应对水灾的一种方法，"他们不惜几石米，买一亩禾，至有一亩分作十亩蒔者"。无独有偶，明末浙江湖州沈氏在《农书》中也提到了"买苗补种"一事："湖州水乡，每多水患。而淹没无收，止万历十六年、三十六年、崇祯十三年，周甲之中，不过三次耳。尝见没后复种（笔者注：指重新移栽），苗秧俱大，收

---

① 〔清〕张履祥：《杨园先生诗文》卷十七《赤米记》，《续修四库全书》集部第 1399 册，上海古籍出版社 2002 年版，第 281 页。

② 〔明〕马一龙辑：《农说》，中华书局 1985 年版，第 10 页。

获比前倍好。盖淹后，天即久晴，人得车庠，苗肯长发。今后不幸，万一遭此，须设法早车、买苗、速种。"这里的"买苗、速种"是指水退过后，买苗、移栽。不过，沈氏更注重的是买家买苗时的注意事项和技术要领。为了保证移栽后的秧苗能够迅速成长，沈氏说："其买苗，必到山中燥田内，黄色老苗为上。下船不令蒸坏，入土易发生。切不可买翠色细嫩之苗，尤不可买东乡水田之苗，种下不易活，生发既迟，猝遇霜早，终成秕穗耳。"① 不过，沈氏的方法与徐光启的方法稍有不同：沈氏买的是山中燥田（即苏轼所言"高田"、宋应星所言"高亩"）内的老秧，移栽后，"种下只要无草，不可多做生活，尤不可下壅"；徐光启则买的是"种成晚稻"，移栽后要"多下粪饼""用粪接力"。

从自家育秧到从邻家买秧也是传统社会经济发展的产物。中国传统的邻里关系强调和睦互助，即孟子所言"出入相友，守望相助，疾病相扶持"②。和睦的邻里关系主要靠道德来维系，"重义轻利"成为处理邻里关系的首要准则，即便涉及利益，也要"义"字当先，如"义仓"和"义桑"之例。日常生活中要求自我约束，切忌损人利己，当邻里发生困难的时候，强调借助，而不是买卖和利益交换。即便是稀有资源，如普遍缺乏的畜力，也是如此。③ 只是在商品经济的社会里，这种单纯依靠道德维系的睦邻关系难以持久。尤其是每次灾害之后，物价踊腾，单纯的道德说教显然无济于事。徐光启提出以市场和技术手段来处理邻里关系并实现双赢，是对传统邻里关系学说的一大突破，是明清时期江南地区商品经济高度发展的必然结果，也是中国传统社会后期所出现的现象。到《沈氏农书》中，农业生产中的买卖现象已非常普遍。

五、关于车水保苗

买苗补种的前提必须是有人有苗可卖，有人有钱可买。倘若无钱又无苗，最好的办法莫过于尽早车去田中积水。车水又分两种情况：一种是未插秧的稻田被淹过之后，为了及早插上稻苗，必须尽可能排掉田中积水；另一种是插秧之后又受淹的稻田，要通过车水来保苗。徐光启说的显然是后者，且已经过其亲自试验。"若已经插莳，今被淹没，又无力买稻苗者，亦要车去积水，略令湿润，稻苗虽烂，稻根在土，尚能发生，培养起来反多了稻苗，一番肥壅，尽能成熟。"

水稻具有再生性，车水保苗实际上就是对水稻再生性的利用。历史上利用再生稻的

---

① 〔清〕张履祥辑补，陈恒力校释、王达参校：《补农书校释》，农业出版社1983年版，第72页。
② 《孟子·滕文公上》。
③ "火下牛畜，迭相借助，少有言气，且务休和。"参见〔南宋〕陈傅良：《止斋集》卷44《桂阳军劝农文》，《影印文渊阁四库全书》第1150册，台北商务印书馆1986年版，第850页。

方式有两种：一种是双季再生稻，早稻收获之后，其茎基部的休眠芽萌发抽穗结实。所谓"田收长稻孙"就是对此种现象的描述。① 宋代的再生双季稻遍及两浙、江淮，甚至于荆湖等许多地区。② 另一种是单季再生稻，水稻受淹或受旱失收之后，利用其残存的根部休眠芽再生结实，实现一收。③ 宋元以来，江南地区一直是以单季稻种植为主，对于再生双季稻一般都持否定态度。徐光启《农遗杂疏》云："其陈根复生，所谓稆也，俗亦谓之'二撩'。绝不秀实，农人急垦之，迟则损田力。"④ 对于水灾过后补种已不可能、买苗又缺少资金的农户来说，残存在田中的稻根就成了唯一希望。南宋似乎就开始了对这种再生稻的利用，据朱熹调查，浙东台州、临海等地曾经因为干旱，早晚稻受损严重，不过在"得雨之后"，"晚稻之未全损者，并皆长茂，可望收成"，而"早稻未全损者，亦皆抽茎结实，土人谓之'二稻'，或谓之'传稻'，或谓之'孕稻'，其名不一。"⑤徐光启虽然不赞成利用再生双季稻，但对于利用水稻的再生性来应对水旱灾害却大加肯定："今后若水利未修，不免岁岁如此，此法宜共传布之。若时大旱，到秋得雨，亦用此法。"⑥

　　一些间接的资料表明，《告乡里文》发布二三十年之后，松江近邻的嘉湖地区就有采用"车水保苗"的做法。⑦ 于此也可间接证明车水保苗技术由徐总结之后，为乡邻所采纳，并被传播到附近的嘉兴、湖州等地。

六、关于水灾和水利

　　车水保苗的目的在于解决农田内涝，其前提条件是必须有良好的圩堤系统，否则洪水此出彼进，于事无补。沈氏认为："修筑圩岸，增高界墚。预防水患，各自车庫，此御灾

---

　　① 〔北宋〕刘攽：《彭城集》卷12《晨兴诗》，商务印书馆1937年版，第157页。
　　② 曾雄生：《宋代的双季稻》，《自然科学史研究》2002年第3期。
　　③ 2009年10月6日中国台湾"中央研究院分子生物研究所"特聘研究员余淑美实验室发表论文"*Coordinated Responses to Oxygen and Sugar Deficiency Allow Rice Seedlings to Tolerate Flooding*"，发现水稻耐淹水的关键基因，揭开水稻种子可在水中发芽及成长的秘密。
　　④⑥ 〔明〕徐光启：《农遗杂疏》，中国农史遗产研究室编辑，王达、吴崇仪、李成斌编：《中国农学遗产选集·甲类第一种·稻·下编》，农业出版社1993年版，第57页。
　　⑤ 〔南宋〕朱熹：《晦庵先生朱文公文集》卷18《奏巡历至台州奉行事件状》，《四部丛刊初编》集部，商务印书馆1922年版。
　　⑦ 明末湖州《沈氏农书》说："盖淹后天即久晴，人得车庫，苗肯长发。"又据嘉兴桐乡张履祥的记载，崇祯庚辰年（1640年）"五月初六日雨始大，勤农急种插，惰者观望，种未三之一。大雨连日夜十有三日，平地水二三尺，舟行于陆。旬余稍退，田畴始复见，秧尽死，早插者复生，秋熟大少。"这次水没田畴的日子是在五月十三日，但"十二以前种者，水退无恙；十三以后，则全荒矣。"因为十二日以前插的秧已经扎根，所以水退之后还能再生。参见〔清〕张履祥辑补，陈恒力校释、王达参校、增订：《补农书校释》，农业出版社1983年版，第72、139、174页。

捍患之至计。"① 但圩堤只能防止外水进入，车水也只是降低圩内的水位，只有疏浚河道，加快泄洪速度，才是从根本上解决水灾的办法。

徐光启分析了 1608—1610 年江南水灾的原因："近年水利不修，太湖无从泄泻，戊申之水，到今未退，所以一遇霖雨，便能淹没，不然已前何曾不做黄梅？惟独今年，数日之雨便长得许多水来，今后若水利未修，不免岁岁如此。"水灾发生与当年持续降雨的天气因素有直接关系，但江南成为重灾区则又与地势有关，且与人事交织在一起。大抵"大江之南，镇江府以往，地势极高，至常州地形渐低……秀州及湖州地形极低，而平江府居在最下之处。使岁有一尺之水，则湖州、平江之田，无高下皆满溢。每岁夏潦秋涨，安得无一尺之水乎？"② 在水利失修的情况下，低洼的地理环境使江南成为水灾多发区，有"十年九潦"之说。水潦成为江南地区农业发展最大的不利因素。"大水之岁，湖、秀二州与苏州之低田，潴没净尽"③，并由此波及整个东南地区，"东南所殖唯稻，大水一至，秋无他望"④。唐代陆龟蒙就曾深受其害，其居淞江甫里"有田数百亩，屋三十楹，田苦下，雨潦则与江通，故常苦饥"⑤。

江南历史上曾经发生过多次重特大洪涝灾害，"水灾流行，自昔不免，唯吴田洼下，岁雁水患滋多，自汉而下，殆不胜书"⑥。北宋熙宁至元祐年间，两次大水灾使苏州等地居民丧生百余万之多。1608 年前，江南地区先后在元至顺元年（1330 年）、明成化十七年（1481 年）、明正德五年（1510 年）、明嘉靖四十年（1561 年）、明隆庆三年（1569 年），明万历七年（1579 年）、十五年等年份遭遇重特大水灾。如嘉靖四十年，"宿潦自腊春霪徂夏，兼以高淳东坝决，五堰下注，太湖襄陵溢海，六郡全潴，秋冬淋潦，塘市无路，场圃行舟，吴江城垣崩圮者半，民庐漂荡垫溺无算，村镇断火，饥殍相望，幼男、稚女抛弃津梁，寒士、贞妇刎缢自毙，兼之疫疠相仍，更多殀札。量水者谓多于正德五年五寸。国朝以来之变所未有也。"⑦ 当年无锡、丹徒、丹阳、金坛、宜兴、溧阳、武进、苏州、太仓、昆山、青浦、嘉定、娄县、嘉兴、湖州、嘉善、平湖、石门等 28 府县都遭受了巨大的洪水袭击，"苗种淹没，田成巨浸，民大饥"。

此后，1608 年发生的水灾达到二百年一遇的程度，且其后第二、第三年又出现了继

---

① 〔清〕张履祥辑补，陈恒力校释，王达参校、增订：《补农书校释》，农业出版社 1983 年版，第 74 页。

② 〔清〕徐松：《宋会要辑稿》食货八之三一，中华书局 1957 年版，第 4950 页。

③ 〔南宋〕范成大：《吴郡志》卷十九《水利上》，江苏古籍出版社 1999 年版，第 270 页。

④ 〔南宋〕朱长文：《吴郡图经续记》卷下，江苏古籍出版社 1999 年版，第 52 页。

⑤ 《新唐书》卷一九六《陆龟蒙传》，中华书局 1975 年版，第 5613 页。

⑥ 〔明〕张国维：《吴中水利全书》卷八《水年》，影印文渊阁四库全书第 578 册，台北商务印书馆 1983 年版，第 310 页。

⑦ 〔明〕张内蕴、周大昭：《三吴水考》卷六，影印文渊阁四库全书第 577 册，台北商务印书馆 1983 年版，第 235 页。

发性水灾。许多老人指出这次水灾"较之嘉靖四十年间被灾更惨","水势比嘉靖辛酉更甚"。嘉靖的那次水灾从水位上来说"多于正德五年五寸",而1608年的水灾"比嘉靖间水增尺"。时人庄元臣《上巡抚救荒议》将1608年水灾与嘉靖四十年、隆庆三年、万历七年和十五年发生的水灾进行对比,指出前几年的水灾"皆号称稽天巨浸",但成灾时间"胥在五月以后",对小麦等的收成影响不大;从水位来看,"高不过六七尺而止",受害农田只有一半左右,且灾民的房屋等财产也没有受到很大损失。相较之下,1608年的水灾"起自四月初旬",成灾时间要比前几次早一个多月,且水位高,"泛滥至一丈余",给小麦等夏收作物带来了毁灭性破坏,"三农春熟扫地无余"。农田道路被淹,室庐败坏,农业生产受到严重影响。加上水灾过后的社会动荡、百姓流离,上百岁的老人都说,"吴中水灾未有目击如此之酷者也"。庄元臣因此感叹:"东南之凋敝旧矣,然卒未有横流泛溢饥馑卒斩如今岁之甚者。"①

放宽历史的视野,我们还可以将这次大水灾与其他一些水灾进行比较。如北宋元祐五年(1090年),江南也发生了严重水灾,"至五六月间,浙西数郡,大雨不止,太湖泛溢,所在害稼。"转运判官张璪调查水灾情况,"亲见吴江平望八尺,间有举家田苗没在深水底,父子聚哭,以船栈捞摅,云:'半米犹堪炒吃,青穟且以喂牛。'正使自今雨止,已非丰岁,而况止不止,又未可知。则来岁之忧,非复今年之比矣。"②苏轼也预感到次年的情况会变得更加严重。但和1608年相比,当年成灾时间较短,只有个把月左右。雨水出现在五月,而成灾则到了六月,此时水稻已经进入孕穗灌浆时期,虽然受到雨水灾害,谈不上"丰岁",但并非颗粒无收。再如1640年的江南水灾,也是一次被称为"奇荒"的水灾。据时人沈氏记载,这次水灾发生在五月十三日,因"昼夜倾盆大雨"所引发。但由于此次水害发生时间相较于1608年水灾为迟为短,只有一些地势低洼的稻田"委弃不救",而高田在"六月廿日立秋之后买秧补种",并取得了"上农所收一石六斗,中户数斗"的收成,③因此其灾害程度和损失也相对小一些。

水灾是江南水乡最主要的自然灾害,人们对其恐惧程度远远超过旱灾。在常被水患之区,雨水小的年份,甚至是干旱之年,往往能有更大收成,苏州即是如此,"大旱之岁,常、润、杭、秀之田及苏州岗阜之地,并皆枯旱,其堤岸方始露见,而苏州水田,幸得一熟耳。"④有一年,两浙全境发生干旱,"浙民苦之,而郡境(笔者注:指苏州境内)独

① 〔明〕庄元臣:《上巡抚救荒议》,载震泽镇、吴江市档案局编:《震泽镇志续稿》,广陵书社2009年版,第54－59页。
② 〔北宋〕苏轼撰,〔明〕茅维编:《苏轼文集》,中华书局1986年版,第884页。
③ 〔清〕张履祥辑补,陈恒力校释,王达参校、增订:《补农书校释》,农业出版社1983年版,第169页。
④ 〔南宋〕范成大:《吴郡志》卷十九《水利上》,江苏古籍出版社1999年版,第272页。

丰，临壤嗷嗷，尔民嬉嬉。"①

从宋代开始就有树石衡量水位高下的方法，以确定水位高下与田收的丰歉关系，"树石测水，宋旧制也，石长七尺有奇，横为七道，道为一则，最下一道为平水之衡。水在一则高低田俱熟，过二则极低田淹过，过三则稍低田淹过，过四则下中田淹过，过五则上中田淹过，过六则稍高田淹过，过七则极高田淹过。如水至于其则某乡之田被灾，不待各乡报到亦不待官府勘视，已预知于日报水则之中矣。"② 对于江南水乡来说，水位越低，收成越好。

七、《告乡里文》与江南经济史研究

《告乡里文》是篇短文，加上现代标点也不过区区 500 字，但其探讨的却是中国水稻栽培的核心区，也是中国乃至东亚经济核心区有关稻作生产的各种问题，在经历了数千乃至上万年的发展之后，进入明清时期的集中反映。对于它的解读，可以加深我们对于明清时期江南稻作农业及社会经济文化等方面的理解。

江南地区一直是东亚最发达的地区，甚至是东亚文明的起源地之一，江南经济史因此也成为中外学术研究的热点。秦汉时期，江南就已作为一个基本经济单元而受到关注。司马迁采用比较方法，从自然环境、民风民俗等方面指出江南所在的楚越之地与关中、三河（河东、河内、河南）、齐、鲁、燕、赵、岭南等地区有大段的不同。③ 今人发现在关于中国历史的研究成果中，1/3 是研究长三角的，另外 1/3 是研究全国性问题的，但都涉及长三角，剩下的 1/3 则是与长三角无关的。以往的长三角经济史研究存在着不少问题，包括研究的平面化、碎片化以及不恰当的比较等，④ 江南地区农业史研究也存在同样问题。1990 年出版的《太湖地区农业史稿》是目前为止最全面的太湖地区农业史研究成果，虽然其研究者认识到太湖地区的农业是"一个有机的整体"⑤，但从全书所呈现的状况来看，依然不过是将水稻、蚕桑、茶叶、棉麻、油菜、果树、蔬菜、花卉、畜牧、水产等碎片化的内容整合而成的"一个平面的整体"。

---

① 〔南宋〕陈造：《江湖长翁集》卷三十《代平江守王仲衡尚书》，《宋集珍本丛刊》第 60 册，线装书局 2004 年版，第 670 页。

② 光绪《嘉兴府志》卷二九《水利》。

③ 《史记·货殖列传》。

④ 李伯重：《量化史学中的比较研究》，载陈志武、龙登高、马德斌主编：《量化历史研究》第 2 辑，浙江大学出版社 2015 年版，第 214 页。

⑤ 中国农业遗产研究室太湖地区农业史研究课题组编著：《太湖地区农业史稿》，农业出版社 1990 年版，第 5 页。

为了扭转研究中所呈现的平面化、碎片化问题，以李伯重、彭慕兰为代表的中外学者引入了比较和量化的方法，将明清时期的江南与同时期英国、荷兰等国家联系起来，指出 1800 年前的中国江南与世界上最发达的几个国家和地区可有一比，而只是在其后才出现了所谓"大分流"。近年来兴起的量化史学方法，用数据来说话，通过计算 GDP，从而判定 19 世纪初的江南和西欧经济发展几乎处于同一水平，1820 年以后才出现分流。[①]

是的，从富裕程度或经济发展水平而言，1800 年以前的荷兰和乌克兰之间或者长三角和甘肃之间，不可同日而语。而江南与英国或荷兰，乃至日本的关东地区、印度普吉拉特地区等少数核心地区在很多方面可以等量齐观。但如果我们把经济看作是一种谋生手段，则不同经济发展水平和不同的富裕程度下的人们还是可以进行比较的。量化史学是经济学介入历史研究的产物，但经济学中的量化（或数学化）也是受到质疑的。因为"复杂且不稳定的社会规律（因果关系）很难甚至不可能用方程精确地表示出来"[②]；"经济学永远无法成为自然科学意义上的科学"[③]，经济逻辑不能代替深入的社会、政治和历史分析，GDP 不能告诉我们真实的生活。任何方法都有其适用性和有限性。

其实比方法更重要的是提出问题，方法是服务于解决问题的。在没有引入 GDP 量化之前，明清江南经济"高度发达"的观点已经形成，引入量化方法只是强化了这一观点而已。江南经济史研究所呈现的平面化、碎片化，不是因为缺少可用的方法，而是因为缺少一个共同关心的核心问题。由于核心问题的缺失，研究没有交集，平面化和碎片化也就不可避免，虽比较、量化方法也莫之能救。

那么，什么才是明清江南经济的核心问题？我们必须回到经济的基本面，去看看明清时期江南众多的人口是如何养活自己的，这就如同马克思从商品的属性入手去分析资本主义的形成及其本质。《太湖地区农业史稿》在讲到水稻生产对于江南开发、漕运以及对于杭州、苏州等城市繁荣的影响时指出，"太湖地区水稻对全区经济的影响，绝不就表现为这些细微方面，而是其对整个社会经济的发展，都具有其决定的意义。因为在古代，一个国家或地区脱离农业的人数，是与这个国家或地区农业能够提供的粮食和其他食物而定的。所以，唐朝以后太湖地区的欣欣向荣，都是与这一地区的粮食，首先是水稻生产的发展相联系的。"[④] 只可惜该书没有按照这样的理路去写，而是从便于编写操作，把太湖地

① 李伯重：《量化史学中的比较研究》，载陈志武、龙登高、马德斌主编：《量化历史研究》第 2 辑，浙江大学出版社 2015 年版，第 219 页。
② 杨民：《反思经济学的数学化》，《经济学家》2005 年第 5 期。
③ 姚洋：《经济学的科学主义谬误》，《读书》2006 年第 12 期。
④ 中国农业遗产研究室太湖地区农业史研究课题组编著：《太湖地区农业史稿》，农业出版社 1990 年版，第 4 页。

区的农业史平行地划分为水利、水稻、经济作物、蚕桑、茶叶、果树、蔬菜、花卉、园林、畜牧、渔业、市镇等方面，因此未能摆脱平面化的魔咒。

尽管明清时期江南经济在手工业、商业、金融业等诸多领域都有了长足发展，在有些领域里甚至出现了所谓"资本主义萌芽"，但毋庸置疑的是，水稻生产仍然是江南经济活动的核心。这个核心自有农业以来，历经近万年的演变，至今未发生太大改变。从万年前的农业遗存到《史记》《汉书》的相关记载，直至今日江南地区普通大众的一日三餐，稻米就是这千万年来亿万大众的生活主题。只是因为它太普通，人们熟视而无睹，习见而不察。其实，古人以农为本，本就是问题的核心。在江南，这个本就是水稻生产。

毋庸讳言，以棉业（主要是纺织业）为代表的手工业和商业在明清时期江南经济生活扮演了重要的角色。但棉业主要还是利用水稻生产之外的劳动力和农暇之时，从事"一机一杼"的生产，它在人们心目中仍然被视为"女红末业"①，虽然"有力"，但也不过是"以织助耕"而已。② 棉纺的高额利润也促进了棉花种植发展，在江南一些地势相对较高的地方，甚至也出现了"棉争稻田"的现象，一部分耕地实行了棉稻轮作。但以整个江南地区而言，植棉并没有取代种稻而成为江南经济的核心。桑争稻田和棉争粮田只是局部地区的个别现象，并没有形成像西方圈地养羊一样的影响力。③

水稻生产始终是江南经济的主角，明清江南相当多的人口还是以种稻为生，江南百姓的一日三餐仍主要依靠生产稻米来维持。尽管在一些特殊年份（比如灾荒之年）需要从周边地区、甚至从东南亚进口粮食，尽管纺织业在江南经济中扮演着越来越重要的角色，尽管徐光启等也把新传入的番薯等高产作物引种到了江南，但江南经济的基本面或常态仍然取决于水稻生产。稻米是明清江南百姓命脉之所系。惟其如此，当发生水灾时，徐光启发布《告乡里文》，专注于水灾过后水稻生产的恢复与重建，而只字未提棉及其他作物的生产。以此可见，徐光启最重视的就是水稻，这也是当时江南的实际。

从《告乡里文》来看，明清时期的江南经济依然非常脆弱，一亩地的产量也就够一个人吃一年；人们战胜自然灾害的能力还非常有限，一有水旱发生，便会导致饥荒。然而经过成千上万年的实践，江南地区也累积了丰富的应对自然灾害的经验；晚稻的盛行可能与躲避梅雨这种特殊的季风气候有关；品种的多样化，特别是生育期短的水稻品种的存在以及移栽的采用，也都是为这种自然环境下的水稻种植准备的，而江南地区商品经济的发育又为这些技术的实施提供了更多可能。至少在宋代，江南的种苗市场就已出现了一定程度

---

① 〔明〕徐光启著，石声汉校注：《农政全书》卷三五《蚕桑广类》，台北明文书局 1981 年版，第 969 页。
② 《华亭县志》卷二三《杂志》。
③ 曾雄生：《明清桑争稻田、棉争粮田与西方圈地运动之比较》，《中国农史》1994 年第 4 期。

的专业化。当时柑橘产地洞庭东山一带所种柑橘的树苗就是"皆用小舟买于苏、湖、秀三州,得于湖州者为上"①。这种专业化和商品化的趋势也出现在水稻生产中。于是,水灾过后江南有了买种重种和买秧重栽的选择。经济与技术手段相结合,以应对日益频繁的自然灾害,加强农业抗灾害能力,这正是明清时期中国农业的发展方向。

---

① 〔北宋〕陈舜俞:《山中咏橘长咏》,载北京大学古籍文献所编:《全宋诗》第 8 册卷 404,北京大学出版社 1992 年版,第 4974 页;曾雄生:《橘诗和橘史——北宋陈舜俞〈山中咏橘长咏〉研读》,《九州学林》2011 年夏季号,第 146 - 164 页。

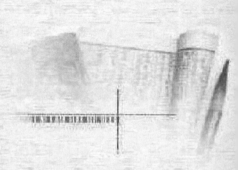

《王祯农书》中的"曾氏农书"试探[*]

一、《禾谱》《农器谱》和《王祯农书》成书介绍

北宋绍圣元年（1094 年），五十九岁的苏东坡遭贬，从南康军（今江西星子）起程，过庐山下、经湖口、溯赣江而上，过庐陵（今江西吉安），八月二十一日到达虔州（今江西赣州）。泰和在庐陵与虔州之间，属庐陵管辖，路过泰和的时间当在八月二十一日以前。在泰和，苏东坡见到了曾安止。

曾安止^①，字移忠（一作"中"），号屠龙翁。江西泰和人。熙宁五年（1072 年），25 岁时，解试中第，熙宁六年中第乙科。熙宁九年"复应，得大学举，又试于廷，得进士出身"，时年 28 岁。入仕之后"初调洪州丰城主簿"，后曾任江州彭泽县令。程祁在为《禾谱》所作序中提到："元丰辛酉年，余初举进士于鄱阳，时泰和曾公安止为考试官。"以此证明，曾安止在彭泽任县令当在元丰四年（1081 年）前后。元祐五年（1090 年），曾安止的父亲曾肃逝世。后安止也"以目疾而退"，年仅四十余岁。时间当在绍圣元年以前。程祁在序中说："及绍圣……丁丑（1097 年）春，始过螺川，是时，曾公丧明，退居泰禾。"弃官后授宣德郎。退居后，从事调查和著述，在"周爰咨访，不自倦逸"和"善究其本"的基础上写作《禾谱》一书^②。

---

* 本文原载于《古今农业》2004 年第 1 期，第 63 - 76 页。

① 曾安止，又作"曾安正"，按周必大《周益国文忠公集》卷五〇《跋东坡秧马歌》、卷五二《曾南夫提举文集序》、卷五四《曾氏农器谱题辞》都提及《禾谱》一书，作者为曾安止，字移忠。《四库阙书目》正作"曾安止移忠撰"，据改。

② 曹树基：《〈禾谱〉及其作者研究》，《中国农史》1984 年第 3 期，第 84 - 91 页；曹树基：《〈禾谱〉校释》，《中国农史》1985 年第 3 期，第 74 - 84 页。

苏轼见过曾安止之后，曾安止出所作《禾谱》。据此可以肯定《禾谱》的成书年代当在绍圣元年之前。读过《禾谱》之后，苏轼在《秧马歌（并引）》中写道："过庐陵，见宣德郎致仕曾君安止。出所作《禾谱》。文既温雅，事亦详实。"

但苏轼对于《禾谱》也有美中不足之感，"惜其有所缺，不谱农器也"。当时曾安止已经失去了目力，不能补写，过了一百多年，曾之谨才替他实现了这个愿望，弥补了祖先所遗留下来的缺憾。

曾之谨是曾安止的侄孙，写作《农器谱》时，身为耒阳县令。耒阳位于湖南省，是个稻作较为发达的地区。很久以前，这里的稻农就掌握了温泉种稻技术，并成功地实现了一岁三熟。①《农器谱》写成之后，曾之谨曾请他的同乡周必大（1126—1204）为其书题辞，周必大于嘉泰辛酉（1201 年）八月为该书作序，以此知该书成书时间当在 1201 年以前。②陆游也曾给该书题诗③。

受到苏东坡、陆游、周必大等宋代文化名人的赏识，应该说《禾谱》和《农器谱》在宋代还是一本比较有影响的农学著作。可是这样一部有影响的著作却在后来的岁月中却失传了，王毓瑚说："从明代末期起，书就不再见了。"④ 这不能不说是个遗憾。研究者们在为寻找失去了的《禾谱》等而努力，并且找到了一些《禾谱》的片断，而《农器谱》甚至连片断也没有找到，作为有影响的著作难道真的就这么容易失传？

还在人们找到《禾谱》部分文字之前，王毓瑚在为《禾谱》所做的解题中，就提到："元王祯农书中多次引到曾氏农书，所指的也许就是此书。又王氏农书的祈报篇引了一段曾氏农书，文句都与《陈旉农书》略同；如果不是王书原来把'陈'字误为'曾'的话，根据这一点可以知道，陈氏农书是有因袭本书的地方的。"⑤ 在为《农器谱》所做的解题中提到："王祯农器图谱曾引曾氏耧鼓序，大约就是出于本书。"⑥因此，有必要对《王祯农书》中的"曾氏农书"作一番探讨。在此之前，首先对《王祯农书》作一简要交代。

王祯，字伯善，山东东平（今东平县）人，生活于 13—14 世纪。元成宗元贞元年（1295 年）出任宣州旌德（今属安徽）县令，大德四年（1300 年）又调任信州永丰（今江西广丰）县令。王祯在出任宣州旌德县令时就开始了《农书》的写作，时间当在 1295—1298 年；到永丰任职时，《农书》已经写成，时间当在 1300—1304 年；前后经历了约十

---

① 《水经注》卷三十九："温泉水在郴县之西北，左右有田数十亩，资之以溉，常以十二月下种，明年三月谷熟。温水所溉，年可三登，其余波散流入于耒水也。"

② 〔南宋〕周必大：《周益国文忠公集》卷五四《曾氏农器谱题辞》。

③ 〔南宋〕陆游：《剑南诗稿》卷六十七《耒阳令曾君寄〈禾谱〉〈农器谱〉二书求诗》。

④⑥ 王毓瑚：《中国农学书录》，农业出版社 1964 年版，第 97 页。

⑤ 王毓瑚：《中国农学书录》，农业出版社 1967 年版，第 77 页。

年的时间①。

《王祯农书》系由三部分组成，即"农桑通诀""百谷谱"和"农器图谱"。全书的特点主要有两个方面：一是它第一次将南北农业技术写进在同一本农书之中。王祯是山东人，却在南方担任地方官，所以他对南北方的农业生产都有一定的了解。反映在书中，即王祯多处对南北农业生产的异同进行比较。第二大特征就是"农器图谱"的写作。《农器图谱》不仅记载了历史上已有的各种农具，而且对宋元时期出现的新农具作了介绍。由于具备这两个方面的特点，《王祯农书》被中外学者看作是中国古农书中"篇幅比较大而价值也比较高的"（王毓瑚语），"最有魅力的"（天野元之助语）的一种。理所当然，它引起了学者们的广泛注意。

二、《王祯农书》之《曾氏农书》

但是在肯定《王祯农书》价值的同时，有学者也发现，《王祯农书》中的《农桑通诀》和《百谷谱》两个部分，"基本上是就以前的几部农书改写的"。② 其中就包括所谓的"曾氏农书"。翻检《王祯农书》我们发现，提到"曾氏农书"的一共有两处：

一处是《农桑通诀三·锄治七》，其文如下：

> 《曾氏农书·芸稻篇》谓：记礼者曰：仲夏之月，利以杀草，可以粪田畴，可以美土疆。盖耘除之草，和泥渥漉，深埋禾苗根下，沤罨既久，则草腐烂而泥土肥美，嘉谷蕃茂矣。大抵耘治水田之法，必先审度形势，先于最上处潴水，勿致走失，然后自下旋放旋芸之。其法须用芸爪。见《农器谱》。不问草之有无，必遍以手排漉，务令稻根之傍，液液然而后已。荆、扬厥土涂泥，农家皆用此法。又有足芸，为木杖如拐子，两手倚以用力，以趾塌拔泥上草秽，壅之苗根之下，则泥沃而苗兴，其功与芸爪相类，亦各从其便也。今创有一器，曰耘荡，见《农器谱》。以代手足，工过数倍，宜普效之。《纂文》曰：养苗之道，锄不如耨。耨，今小锄也。《吕氏春秋》曰："先生者为米，后生者为秕，是故其耨也，长其兄而去其弟"。"不知稼者，其耨也，去其兄而养其弟，不收其粟而收其秕。"此失耨之道也。锄后复有薅拔之法，以继成其锄之功也。夫稂莠秕稗，杂其稼出，盖锄后茎叶渐长，使可分别，非薅不可，故有薅鼓、薅马之说。事见《农器谱》。③

---

① 董恺忱、范楚玉主编：《中国科学技术史·农学卷》，科学出版社2000年版，第458—460页。

② 〔元〕王祯撰，王毓瑚校：《王祯农书》，农业出版社1981年版，第2页。

③ 〔元〕王祯撰，王毓瑚校：《王祯农书》，农业出版社1981年版，第34页。

一处是《农桑通诀六·祈报篇十六》，其文如下：

《曾氏农书》云：《记》曰："有其事必有其治。"故农事有祈焉，有报焉，所以治其事也。天下通祀，惟社与稷；社祭土，勾龙配焉，稷祭谷，后稷配焉。此二祀者，实主农事。《载芟》之诗，"春，籍田而祈社稷也"；《良耜》之诗，"秋，报社稷也"。此先王祈报之明典也。匪直此也，"山川之神，则水旱疠疫之不时，于是乎禜之；日月星辰之神，则雪霜风雨之不时，于是乎禜之。"与夫法施于民者，以劳定国者，能御大菑者，能捍大患者，莫不秩祀。先王载之典礼，著之令式，岁时行之，凡以为民祈报也。《周礼·籥章》："凡国，祈年于田祖"，则"龡豳雅，击土鼓，以乐田畯。"《尔雅》注曰：畯音俊，乃先农也。于先农有祈焉，则神农、后稷与世俗流传所为田父、田母，皆在所祈报可知矣。《大田》之诗言："去其螟螣，及其蟊贼，无害我田稚。田祖有神，秉畀炎火。有渰萋萋，兴雨祁祁，雨我公田，遂及我私。"此祈之之辞也。《甫田》之诗言："以我齐明，与我牺羊，以社以方。我田既臧，农夫之庆。"此报之之辞也。继而"琴瑟击鼓，以御田祖，以祈甘雨，以介我稷黍，以谷我士女"，此又因所报而寓所祈之义也。若夫《噫嘻》之诗，言春夏祈谷于上帝，盖《大雩》、帝之乐歌也；《丰年》之诗，言秋冬报者，烝尝之乐歌也。其诗曰，"为酒为醴，烝畀祖妣，以洽百礼"，然于上帝，则有祈而无报，于祖妣、有报而无祈，岂阙文哉？抑互言之耳。此又祈报之大者也。

《周礼》："大祝掌六祈，以同鬼神示。"示与"祇"同。六祈，谓类、造、祆、禜、攻、说，皆祭名。"小祝掌小祭祀，将事侯禳、祷祠之祝号，以祈福祥，顺丰年，逆时雨，宁风旱，弭灾兵，远罪疾。"举是而言，则祈报祆禳之事，先王所以媚于神而和于人，皆所以与民同吉凶之患者也。凡在祀典，乌可已耶？记礼者曰：伊耆氏之始为蜡也，岁十二月合聚万物而索飨之也。主先啬而祭司啬，飨农及邮表畷，禽兽，迎猫迎虎而祭之。祭坊与水庸，其辞曰："土反其宅，水归其壑，昆虫无作，草木归其泽。"由此观之，飨先啬先农而及于猫虎，祭坊水庸而及于昆虫，所以示报功之礼大小不遗也。考之《月令》，有所谓"祈来年于天宗"者，有所谓"祈谷实"者，有所谓"为麦祈实"者，而《春秋》有一虫兽之为灾害，一雨旸之致愆忒，则必雩，圣人特书之，以见先王勤恤民隐，无所不用其至也。夫惟如此，是以物由其道，而无夭阏疵疠，民遂其性，而无札瘥灾害，神之听之，有相之道，固如此也。后世从事于农者，类不能然。借或有一焉，亦勉强苟且而已，岂能悉循用先王之典故哉？田祖之祭，民间或多行之，不过豚蹄、盂酒；春秋社祭，有司仅能举之，牲酒等物，取之临时；其为礼、盖蔑如也。水旱相仍，虫螟为败，饥馑荐臻，民卒流亡，未必不由祈报之礼废，匮神乏祀，以致然也。

今取其尤关于农事者言之。社稷之神，自天子至郡县，下及庶人，莫不得祭。在国曰大社、国社、王社、侯社，在官曰官社、官稷，在民曰民社。自汉以来，历代之祭，虽粗有不同，而春秋二仲之祈报，皆不废也。又育蚕者亦有祈禳报谢之礼。皇后祭先蚕，《淮南子》云：黄帝元妃西陵氏始蚕，即为先蚕。考之《后汉·礼仪志》，祭菀窳妇人与寓氏公主。至庶人之妇，亦皆有祭。秦观《书》云：庶人冢妇以下，再拜，诘旦升香，各贵设醴而祭。此后妃与庶人之祭，虽贵贱之仪不同，而祈报之心则一。古有养马一节，春祭马祖，夏祭先牧，秋祭马社，冬祭马步，此马之祈谢，岁时惟谨。至于牛，最农事之所资，反阙祭礼。至于蜡祭，迎猫迎虎，岂牛之功不如猫虎哉？盖古者未有耕牛，故祭有阙典。至春秋之间，始教牛耕，后世田野开辟，谷实滋盛，皆出其力。虽知有爱重之心，而曾无爱重之实。近年耕牛疫疠，损伤甚多，亦盍禳祷祓除，祛祸祈福，以报其功力，岂为过哉？故于此篇祭马之后，以祭牛之说继之，庶不忘乎谷之所自，农之所本也。①

按：经过比对发现，题名《曾氏农书》的这两段文字与现存《陈旉农书》中的"薅耘之宜篇"和"祈报篇"有相同之处，特别是"祈报篇"相同之处更多，于是王毓瑚推测，如果不是王书原来把"陈"字误为"曾"字的话，根据这一点可以知道，陈氏农书是有因袭《曾氏农书》的地方的。②

《王祯农书》除了提到"曾氏农书"之外，还多处提到"农书"，一处是《农桑通诀集之一·授时篇第一》：

《农书·天时之宜篇》云，万物因时受气，因气发生，时至气至，生理因之。今人雷同以正月为始春，四月为始夏，不知阴阳有消长，气候有盈缩，冒昧以作事，其克有成者，幸而已矣。

按：此段引文，连同《农器图谱集之一·田制门》"授时之图"一节引文，从篇名到内容，都与现存《陈旉农书·天时之宜篇》相合，它的出处不容置疑。

一处是《农桑通诀集之一·地利篇第二》：

---

① 〔元〕王祯撰，王毓瑚校：《王祯农书》，农业出版社 1981 年版，第 71-73 页。
② 〔元〕王祯撰，王毓瑚校：《王祯农书》，农业出版社 1981 年版，第 77 页。

《农书》云：谷之为品不一，风土各有所宜。①

王毓瑚校：这里所引的两句话，不见于《陈旉农书》，是否出自所谓《曾氏农书》（即北宋曾安止的《禾谱》），因其书并不传世，不得而知，但确确实实是《农桑辑要》卷二"论九谷风土及种莳时月"一节开头的两句。怀疑王氏是把出处弄错了。②

缪启愉译注："农书"，似指《农桑辑要》。

按：《王祯农书》中多处引用《农桑辑要》，并没有将《农桑辑要》称为"农书"的迹象，加上现存《陈旉农书》中也没有上述引文，因此，"农书"指的可能是别的农书，其中"曾氏农书"的可能性比较大。

一处是《农桑通诀集之二·耕垦篇第四》：

《农书》云：早田获刈才毕，随即耕治，晒暴，加粪壅培而种豆麦蔬茹，因以熟土壤而肥沃之，以省来岁功役，其所收又足以助岁计。晚田宜待春乃耕，为其薰秸坚韧，必待其朽腐，易为牛力也。

……

《农书》云：古者分田之制，一夫一妇，受田百亩，以其地有肥垆，故有不易、一易、再易之别。不易之地、家百亩，谓可以岁耕之也；一易之地、家二百亩，谓间岁耕其半也；再易之地、家三百亩，谓岁耕百亩，三岁而一周也。先王之制如此，非独以为土敝则草木不长，气衰则生物不遂也，抑欲其财力有余，深耕易耨，而岁可常稔。今之农夫既不如古，往往租人之田而耕之，苟能量其财力之相称，而无卤莽灭裂之患，则丰穰可以力致，而仰事俯育之乐可必矣。

按：这两段引文与现存《陈旉农书》中的"财力之宜篇"和"耕耨之宜篇"相同，所以学者对其出处并没有提出异议，但早田和晚田的存在，表明当时存在早稻和晚稻，这和现存《禾谱》佚文中的内容相吻合，《禾谱》载："曰稻云者，兼早晚之名。大率西昌俗以立春芒种节种，小暑大暑节刈为早稻；清明节种，寒露霜降节刈为晚稻。"又说："今江南早禾种率以正月二月种之，惟有闰月，则春气差晚，然后晚种，至三月始种，则三月者未为早种也。以四月五月种为稺，则今江南盖无此种。"现存《禾谱》所载品种名称，也是按早禾和晚禾来划分的。以这个标准衡量，陈旉生活时的太湖一带的早稻似乎并不普遍，一直到清代仍是如此，清人更有将康熙颁御稻种于江浙两省，

① 〔元〕王祯撰，王毓瑚校：《王祯农书》，农业出版社1981年版，第13页。
② 〔元〕王祯撰，王毓瑚校：《王祯农书》，农业出版社1981年版，第11页。

当作是"东南有早稻之始"。① 由此看来，这个《农书》是《曾氏农书》的可能性也是存在的。

一处是《农桑通诀集之二·播种篇第六》，其文曰：

　　《农书》云：种莳之事，各有攸叙，能知时宜，不违先后之序，则相继以生成，相资以利用，种无虚日，收无虚月，何匮乏之足患，冻馁之足忧哉？正月种麻枲，二月种粟，脂麻有早晚二种，三月种早麻，四月种豆，五月中旬种晚麻，七夕以后，种莱菔、菘、芥，八月社前，即可种麦，经两社即倍收而坚好。

按：这段与现存《陈旉农书·六种之宜篇》大致相同，对其出处不持异议，但这段文字还见于《种艺必用》之中。

一处是《农桑通诀集之三·粪壤篇第八》，其文曰：

　　记礼者曰：仲夏之月，利以杀草，可以粪田畴，可以美土疆。今农夫不知此，乃以其耘除之草，弃置他处，殊不知和泥渥漉，深埋禾苗根下，沤罨既久，则草腐而土肥美也，江南三月草长，则刈以踏稻田。岁岁如此，地力常盛。《农书》云：种谷必先治田。积腐薪败叶，划薙枯朽根荄，遍铺而烧之，即土暖而爽，及初春，再三耕耙，而以窖罨之，肥壤壅之。麻枯、谷壳，皆可与火粪窖罨。谷壳朽腐，最宜秧田。必先渥漉精熟，然后踏粪入泥，荡平田面，乃可撒种。

按：这段从"《农书》云"之后，与现存《陈旉农书·善其根苗篇》略同，但《农器图谱集之六·杷朳门·田盪》，又有这样的说法：

　　《农书·种植篇》云：凡水田渥漉精熟，然后踏粪入泥，荡平田面，乃可撒种。

《农书》可以说是指《陈旉农书》，但"善其根苗篇"却变成了"种植篇"。"《农书》云"前的一段，虽然没有提到出处，但却与现存《陈旉农书·薅耘之宜篇》内容相同。因为前面我们已经发现，相同内容出现在《王祯农书·锄治之宜篇》时，却被冠以《曾氏农书·芸稻篇》的篇名，因此，此《农书》即《陈旉农书》之说也是值得怀疑的，说不定此"农书"也有可能是所谓"曾氏农书"。

一处是《农桑通诀集之三·粪壤篇第八》，其文曰：

---

① 〔清〕李彦章：《江南催耕课稻编·国朝劝早稻之令》。

《农书·粪壤篇》云：土壤气脉，其类不一，肥沃硗确，美恶不同，治之各有宜也。夫黑壤之地信美矣，然肥沃之过，不有生土以解之，则苗茂而实不坚。硗确之土信恶矣，然粪壤滋培，则苗蓄秀而实坚栗。土壤虽异，治得其宜，皆可种植。今田家谓之"粪药"，言用粪犹用药也。

按：这段引文与《陈旉农书·粪田之宜篇》略同，并且是《陈旉农书》中最为引人注目的论述，且被看成是陈旉最了不起的思想之一。但王祯在引述时并没有称篇名为"粪田之宜篇"，而称为"粪壤篇"，这使人们对于王书引文的真实出处提出疑问。

一处是《农桑通诀集之三·灌溉篇第九》，其文曰：

《农书》云：惟南方熟于水利，官陂官塘，处处有之；民间所自为溪堨、水荡，难以数计，大可灌田数百顷，小可溉田数十亩。若沟渠陂堨，上置水闸，以备启闭；若塘堰之水，必置涧窦，以便通泄。此水在上者。若田高而水下，则设机械用之，如翻车、筒轮、戽斗、桔槔之类，掣而上之。如地势曲折而水远，则为槽架、连筒、阴沟、浚渠、陂栅之类，引而达之。此用水之巧者。若下灌及平浇之田为最，或用车起水者次之，或再车、三车之田，又为次也。其高田旱稻，自种至收，不过五六月；其间或旱，不过浇灌四五次，此可力致其常稔也。[1]

按：这段引文不见于今传各种版本的《陈旉农书》，也不见于现存的早于本书的其他农书。于是王毓瑚提出疑问，"不知是否出自所谓《曾氏农书》?"我们认为这种可能是存在的，同时也证明王书中所引《农书》并不一定是《陈旉农书》。

一处是《农器图谱集之一·田制门·架田》

考之《农书》云，若深水薮泽，则有葑田。以木缚为田坵，浮系水面，以葑泥附木架上，而种艺之。其木架田坵，随水高下浮泛，自不淹浸。

按：文字与《陈旉农书·地势之宜篇》相同，但仅提书名，不提篇名。

一处是《农器图谱集之三·钁臿门·锋》

《农书》云：无镵而耕曰耩。

按：仅提书名，不提篇名，内容也不见于现存农书。

一处是《农器图谱集之六·杷朳门·田荡》，其文曰：

---

① 〔元〕王祯撰，王毓瑚校：《王祯农书》，农业出版社1981年版，第41页。

《农书·种植篇》云：凡水田渥漉精熟，然后踏粪入泥，荡平田面，乃可撒种。

按：这段与《陈旉农书·善其根苗篇》内容有相似之处，但却称为"种植篇"，与王书所引"曾氏农书"在篇名上更能保持一致。

一处是《农器图谱集之十二·舟车门·田庐》：

《农书》云：古者制，五亩之宅，"以二亩半在鄽，《诗》云'入此室处'是也；以二亩半在田，《诗》云'中田有庐'是也。"此盖古制。

按：这段与现存《陈旉农书·居处之宜篇》近似，但不提篇名。

一处是《农器图谱集之十六·蚕缫门·火仓》：

《农书》云：蚕，火类也，宜用火以养之。用火之法，须别作一炉，令可抬舁出入。火须在外烧熟，以谷灰盖之，即不暴烈生焰。

按：这段与《陈旉农书·用火采桑之法篇》相同，但不著篇名。

提到"曾氏薅鼓序"的有一处，见于《农器图谱集之四·钱鎛门·薅鼓》，其文曰：

曾氏《薅鼓序》云：薅田有鼓，自入蜀见之。始则集其来，既来则节其作，既作则防其笑语而妨务也。其声促烈清壮，有缓急抑扬而无律吕，朝暮曾不绝响。悲夫！田家作苦，绮襦纨袴不知稼穑之艰难，因作《薅鼓歌》以告之：

炎风灼肌汗成雨，赤日流空水如煮，穉苗森森苗方乳，田家长养过儿女。秭根秚实藏深土，得水滋萌疾机弩，老农忧煎走旁午，子汲妇炊具鸡黍。百端劝相防莽卤，尚恐偷忙贪笑语，长梏斮桐三尺许，促烈轩轰无律吕，双手俱胼折腰膂，朝走东皋夕南亩。锦堂公子调乐府，终日灵鼍缓歌舞，庖人择精挥鸟羽，小槽真珠色胜琥。归来醉饱月停午，囊瓮犹嫌不胜贮，万钱弃掷在盘俎，厌饫台舆腒鱐鼠。老农此时独凄楚，长镵为命锄为伍，归见桐梏音不吐，只有呻吟满环堵。但得一瓯置龟腑，敢较人间异甘苦。吁嗟！公子远知否？请听薅田一声鼓。

提到《禾谱》的有一处，见于《农器图谱集之六·杷朳门》，曰：

朳，无齿杷也，所以平土壤，聚谷实。《说文》云：无齿为朳。《禾谱》字作"夏"。周生烈曰：夫忠謇，朝之杷朳；正人，国之帚篲。秉杷执篲，除凶扫秽，国之福、主之利也。

表 1 　《王祯农书》提到的相关农书

农书在《王祯农书》中的出现情况	次数	在《王祯农书》中的出处
提到《禾谱》者	1	《农器图谱集之六·杷朳门》
提到"曾氏"者	1	《农器图谱集之四·钱镈门·耧鼓》
提到"曾氏农书"者	2	《农桑通诀集之三·锄治篇第七》《农桑通诀集之六·祈报篇第十六》
篇名及内容与现存《陈旉农书》相同者	2	《农桑通诀集之一·授时篇第一》《农器图谱集之一·田制门·授时指掌活法之图》
内容与现存《陈旉农书》相同，但篇名不同者	3	《农桑通诀集之三·锄治篇第七》《农桑通诀集之三·粪壤篇第八》《农器图谱集之六·杷朳门·田荡》
内容与现存《陈旉农书》相同，但不载篇名者	5	《农桑通诀集之三·垦耕篇第四》《农桑通诀集之二·播种篇第六》《农器图谱集之一·田制门·架田》《农器图谱集之十二·舟车门·田庐》《农器图谱集之十六·蚕缫门·火仓》
内容不见于现存《陈旉农书》者	3	《农桑通诀集之一·地利篇第二》《农桑通诀集之三·灌溉篇第九》《农器图谱集之三·镢臿门·锋》

　　一般都认为，《王祯农书》中的"农书"，系指《陈旉农书》，但从上面的比照中可以看出，从内容到篇名完全与现存《陈旉农书》相同的只有两处，内容与现存《陈旉农书》相同的虽然有六处，但或者不具篇名，或者篇名与现存《陈旉农书》不同，且篇名和内容比现存《陈旉农书》更符合体例。更为值得注意的是，有两处虽然与现存《陈旉农书》内容相似，但却明确地提到出自"曾氏农书"，且其中一篇名为"耘稻篇"，而不是现存《陈旉农书》中的"薅耘之宜篇"。由此也可以进一步推论，出现在《王祯农书》之中的，内容虽与现存《陈旉农书》相同，但不具篇名，或篇名与现存《陈旉农书》不同的农书，也可能是"曾氏农书"，至于那些不见于现存《陈旉农书》和其他农书的内容，出自"曾氏农书"的可能性更大。

　　缪启愉在校注《王祯农书》时注意到这种内容相同而篇名不同的现象，但同时也注意到，与现存《陈旉农书·薅耘之宜篇》内容相同的《耘稻篇》题为《曾氏农书》，因此，提出这样的疑惑，"是曾氏承袭陈书而有意改篇名，还是王祯改篇名而误题'曾氏'?"但考虑到曾书和陈书的成书先后，我们更倾向于王毓瑚的疑问，"如果不是王书原来把'陈'字误为'曾'字的话，根据这一点可以知道，陈氏农书是有因袭本书的地方的。"现在问题的关键是，是否王书将陈氏错成了曾氏？我们认为，这种可能性比较小。

　　首先，"陈""曾"二字没有共同之处，出错的可能性很小。且两处出现"曾氏"，而并没有提到"陈氏"。

其次，"祈报篇"在《陈旉农书》中有不协之处。《陈旉农书》卷上为"十二宜"，这十二宜组成较为完整的体系，其后又加上了"祈报篇"和"善其根苗篇"二篇，显然有续貂之嫌，尽管书中声称"十有二宜或有未曲尽事情者，今再叙论数篇于后，庶纤悉毕备，而无遗阙以乏常用尔。"我们甚至可以认为，这数篇（实际上只有2篇）是陈旉，或某个编者后加进去的，而且篇名也不太合乎规范。

再次，有迹象表明，《曾氏农书》中有"祈报"的内容，"祈报篇"中讲到有关对于耕牛的祈报，进而引出牛耕起源的话题，后来他的侄孙曾之谨在《农器谱》中也重点谈到牛犁的问题，① 他们的观点是"古者未有耕牛，故祭有阙典，至春秋之间，始教牛耕"。宋人周必大为曾氏《农器谱》题辞，"因演其说"，重点谈到有关牛耕的起源问题，他认为牛耕起源于春秋之间，这与"祈报篇"的观点是一致的。我们认为，这不过是借题发挥而已，而这个题就是《曾氏农书》中的内容。

无独有偶，清嘉庆十八年《珠里小志·风俗》也提到"曾氏农书"，而非"陈氏农书"，其文曰：

> 按曾氏《农书》芸稻篇，芸有足芸、手芸。手芸谓之"芸爪"，不问草之有无，必遍以手排滤，务令稻根之傍液液然而后已。芸稻之法，与吾里相似，足芸则无之。

这段文字，与上引《王祯农书》相近，也可能另有所本。值得注意的是，这里提到了"足芸"，这正是《禾谱》作者曾安止家乡江西自古以来就沿用的一种耘稻方法，东晋诗人陶渊明最先提到这种耘田法，"或植杖而耘耔"，到明末宋应星《天工开物》中也提到这种方法，称为"耔"，俗名"挞禾"，至今江西稻农仍然用的是这种方法。有理由相信，上述内容可能是出自曾安止的《禾谱》。如此看来，《王祯农书》中的"曾氏农书"，并非"陈氏农书"之误。

如果这个推论不误的话，曾氏《农书》加上现存的部分佚文，就应该包括：稻名篇、稻品篇、种植篇、芸稻篇、粪壤篇、祈报篇等。但这只是相当于《禾谱》的部分内容，《王祯农书》中引用最多的是曾氏农书中的《农器谱》。

三、《农器图谱》和《农器谱》的关系

王毓瑚先生提到，《王祯农书》中"农桑通诀"和"百谷谱"两个部分，基本上是就

---

① 周必大序《农器谱》说："其叙牛犁，盖一编之馆辖。"

以前的几部农书改写的，似乎不包括《农器图谱》在内，实际上《王祯农书》中的《农器图谱》，可能和前两部分一样，大部分内容引自曾之谨的《农器谱》。

（一）《农器谱》的内容

周必大在序中提到，《农器谱》记述了耒耜、耨镈、车戽、蓑笠、铚刈、篠簣、杵臼、斗斛、釜甑、仓庾十项，还附有"杂记"①。从书名到书中所列项目的名称不难看出，曾之谨的《农器谱》和王祯的《农器图谱》，有许多相同或相似的地方。因此，虽然曾氏《农器图》已失传，但还是可以根据《王祯农书》的内容来考察曾氏《农器图》的内容。

耒耜，根据"农器图谱"的记载，主要包括整地和播种农器，有耒耜、犁、牛、方耙、人字耙、耖、劳、挞、耰、礰礋、礰礋、耧车、砘车、瓠种、耕槃、牛轭、秧马。

耨镈，在《王祯农书·农器图谱》中做"钱镈"，是为中耕农具，主要有钱、镈、耨、耰锄、耧锄、镫锄、铲、耘荡、耘爪、耨马、耨鼓等。

车戽，则可能相当于"农器图谱"中的"舟车"和"灌溉"两门，也可能仅仅是指"灌溉门"。倘若是前者，则指的是农业运输、农用建筑和农田灌溉工具，包括农舟、划船、野航（舴艋）、下泽车、大车、拖车、田庐、守舍、牛室、水栅、水闸、陂塘、翻车、筒车、水转翻车、牛转翻车、卫转筒车、高转筒车、水转高车、连筒、架槽、戽斗、刮车、桔槔、辘轳、瓦窦、石笼、浚渠、阴沟、井、水笕等。

蓑笠，为遮雨和遮阳的农器，根据《王祯农书》的记载，这部分农器主要包括蓑、笠、扉（草鞋）、屦（麻鞋）、檋（一种适合于泥中行走的木鞋）、覆壳（一中背在后背的用以遮阳遮雨的农器）、通簪（一名气筒，插于束发中通气筒）、臂篝（一种竹篾编制而成的袖套）、牧笛、葛灯笼。其中牧笛和葛灯笼可能是王祯新加入的。

铚刈，收割农器，根据《王祯农书》的记载，这部分农器除铚、艾、镰、推镰、粟鉴、镣、钹、劚刀等外，还有斧、锯、鑱、砺等农用工具。

篠簣，各种装粮食的工具，据《王祯农书》所载，包括篠（竹制品，主要用以装谷种）、簣（草编制品）、筐、筥（圆形竹筐）、畚、筥、篝、籭、谷匣（木制方形存粮器）、箩、篷、儋、篮、箕、帚、篦、奚、筲、筛谷筤、飏篮、种箪、晒槃、掼稻簟等。

杵臼，脱壳和碾精农器。《王祯农书》记载的有杵臼、碓、埘碓、砻、碾、辊辗、飏扇、磨、连磨、油榨等。

斗斛，衡器。《王祯农书》并无专门的一门，而合并在"仓廪门"中，有升、斗、概、斛四种。

---

① 〔南宋〕周必大：《周益国文忠公集》卷五四《曾氏农器谱题辞》。

　　釜甑，炊器。相当于《王祯农书》中的"鼎釜门"，包括鼎（作为农器，主要用于缲丝）、釜、甑、簞、老瓦盆、匏樽、瓢杯、土鼓等。

　　仓庾，贮藏粮食的建筑物。根据《王祯农书》的记载，主要有仓、廪、庾、囷、京、谷窌、窖、窦等。

表 2　《农器图谱》和《农器谱》门类比较

	农器图谱	农器谱
田制	—	
耒耜	—	—
钁臿	—	
钱镈	—	一作耨镈
铚艾	—	—
杷杴	—	
蓑笠	—	—
篠簣	—	
杵臼	—	—
仓廪	—	一作仓庾
鼎釜	—	一作釜甑
舟车	—	
灌溉	—	一作车戽
利用	—	
麰麦	—	
蚕缲	—	
蚕桑	—	
织纴	—	
纩絮	—	
麻苎	—	
斗斛	一并入仓廪	—

（二）《农器图谱》对《农器谱》的继承

　　有迹象表明，王祯在《农器图谱》中不仅沿用了曾氏《农器谱》的名目，而且也大量地保留了曾氏农书中的内容。最明显的例子就是"钱镈门"中的"薅鼓"一节就直接引述了"曾氏薅鼓序"。王祯不仅沿用了《农器谱》的正文部分，而且对周必大为《农器谱》

的题辞也加以引用。周必大为曾氏《农器谱》题序中有这样一段：

> 《山海经》曰：后稷之孙"叔均始作牛耕"。世以为起于三代，愚谓不然。牛
> 若常在畎亩，武王平定天下，胡不归之于三农，而放之桃林之野乎？故《周礼》
> 祭牛之外，以享宾、驾车、犒师而已，未及耕也。不然牵以蹊田，正使藉稻，何
> 足为异，乃设夺而罪之之喻耶？在《诗》有云："载芟载柞，其耕泽泽。千耦其
> 耘，徂隰徂畛。"又曰："有略其耜，俶载南亩。"以明竭作于春，皆人力也。至于
> "获之"，"积之"，"如墉"，"如栉"，然后"杀时犉牡，有捄其角"，以为社稷之报。
> 若果使之耕，曾不如迎猫、迎虎，列于蜡祭乎？……窃疑耕犁起于春秋之间，故
> 孔子有"犁牛"之言，而弟子冉耕字伯牛。彼《礼记》、《吕氏》"月令"：季冬
> "出土牛"，示农知耕早晚。①

这段文字，王祯在稍作删改之后，悉数收入《农器图谱》之中，② 这也表明，王祯看
过曾氏《农器谱》。需要指出的是，王祯在书中并没有给出这段文字的出处，如果不加比
对，很容易误认为是王祯自己所作。《王祯农书》中，这样的例子必然还有。从前面《农
器谱》和《农器图谱》的门类比较中可以看出，曾氏《农器谱》中并无"杷朳门"，但据
周必大为《农器谱》的题序来看，书中包括有关于杷朳的内容，其曰：

> 若杷之属，扬雄《方言》往往三名，耒阳既书之矣。③

耒阳就是曾之谨。也就是说，曾之谨的《农器谱》中写到过"杷"这种农器，并且引
用了扬雄《方言》中的材料。巧的是，王祯《农器图谱》有关"杷"的内容，也首先是引
用扬雄的《方言》。因此，我们推测，王祯《农器图谱》中有关"杷"的内容很有可能是
直接从曾之谨那里移过来的，也就是说，曾之谨所写的有关农器"杷"的内容也被王祯所
吸收。王祯的"发明"在于将"杷朳"另作一门。

再从结构、写作方法、行文中的用语和写作时的时态上来分析，也能够判断一些王书
中的内容可能来自曾书。

从结构上来说，王祯在《农器图谱》中以"田制门"为篇首，其曰：

> 《农器图谱》首以"田制"命篇者，何也？盖非田不作，田非器不成。《周
> 礼·遂人》：凡治野，"以土宜教甿稼穑"，而后"以时器劝甿"，命篇之义，遵所
> 自也。

---

① ③ 〔南宋〕周必大：《周益国文忠公集》卷五四《曾氏农器谱题辞》。
② 《王祯农书·农器图谱集之二·耒耜门·牛》。

然而，在接下"耒耜门"中，我们又读到这样的序言：

> 昔神农作耒耜以教天下，后世因之；佃作之具虽多，皆以耒耜为始。然耕种有水陆之分，而器用无古今之间，所以较彼此之殊效，参新旧以兼行，使粒食之民，生生永赖。仍以苏文忠公所赋秧马系之。又为《农器谱》之始。所有篇中名数，先后秩序，一一用陈于左。

前面既言"首以'田制'命篇"，后面又说以耒耜"为《农器谱》之始"，前后矛盾，唯一可以解释的是，王祯在收录曾氏《农器谱》的有关内容时，没有对有关的内容作适当的处理，因为曾氏的《农器谱》正是以耒耜"为《农器谱》之始"。这也正好说明，耒耜门等的内容是曾氏旧作。

从写作方法来看，首先，《农器谱》系采用古今对比的方式来写作的，用周必大的话来说，即"考之经传，参合今制"①。在叙述时，先条列经传中的论述，再把当时的实际情况与之对照，这种方法也是《禾谱》的方法。从现存《禾谱》佚文来看，《禾谱》在介绍某一事物之前，先是引经据典，接着才是注明当时江南（曾氏所在的西昌泰和在宋代属江南西道）事实，如对于"谷"的解释，就先引述了《尚书》、《周礼》和《孟子》等经典，接着说："今江南呼稻之有稃者曰'稻谷'，黍之有稃者曰'黍谷'。"曾之谨为曾安止的侄孙，《农器谱》是《禾谱》的姊妹篇，它们在写作方法上是一脉相承的；周必大所言曾之谨有关"杷"的内容也可证明这一点。如果前面王祯《农器图谱》中有关"杷"的内容系沿用曾之谨《农器谱》这种猜测不错的话，王祯《农器图谱》中其他与之相类似的写法，也可能是源自曾氏《农器谱》。因为这正是曾氏的写法。

其次，《农器图谱》在写法上采用了先事后诗的方法，每一种农器都附有一首或若干首诗，以前这些诗往往被人们看作是王祯的创作，甚至有人认为王祯"诗学胜农学"（徐光启语，《农政全书》卷五）。实际上，《农器图谱》中的诗正是秉承了前人的一贯做法，且大都可能出自前人之手。何以见得？一则，先事后诗，是宋人的一种写作方法，宋人陈景沂的《全芳备祖》就采用了这种方法。二则，《农器谱》的出笼就与这种写法结下了不解之缘。《农器谱》系补《禾谱》之缺而作，苏轼在《秧马歌》中述之甚详。苏轼在写秧马歌时，除了引述经典之外，还陈述自己见到的事实以及器物的结构和原理，还附上一首诗歌。为了弥补这一缺憾，曾之谨补写了《农器谱》一书，写法上自然也受到了苏轼写作秧马的影响。"薅鼓"一节就非常明显。王祯《农器图谱》中的农器大多也是采用这种写法，而这种写法最初便是源于《禾谱》，源于苏轼为《禾谱》所题，并附于《禾谱》之末

---

① 〔南宋〕周必大：《周益周文忠公集》卷五四《曾氏农器谱题辞》。

的《秧马歌》。明末徐光启曾经评说王祯的"诗学胜农学"，殊不知王祯的诗学是对宋人的仿效。如果硬要将王祯诗和宋人诗作比较，则会发现王祯所写作的一些项目，如"田制门"，所附的诗，篇幅较长，有时甚至长过正文。这也许就是王祯被讥讽为"诗学胜农学"的原因。

真正能将《农器谱》和《农器图谱》联系在一起的不单单是写法，而是其中的某些用语。从用语来看，曾氏为江西人，在湖南做官，两地方言都称稻为"禾"，《禾谱》实即"稻谱"。犹如北方人称"粟"为"谷"一般，北方农书中的"种谷"，实即"种粟"。现存《禾谱》佚文中提到一种稻品种"黄穋禾"，而同一品种在王祯《农器图谱》新添的"田制门"中则称为"黄穋稻"①；"钱镈门"中的耘荡、耥马，以及"蓑笠门"中的臂篝，"蓧蒉门"中的筛谷笭、掼稻簟等是几种典型的稻田中耕农器，但书中在介绍这两种农具时，都以"禾"字表示"稻"字，因此，它们可能都是曾氏《农器谱》的内容。倘若如此，耘荡出现的时间就不是王祯所在的元代，而是曾之谨生活的南宋。又从"铚艾门"中多用"禾"字这一事实来看，"铚艾门"可能基本上保留了原来曾书中的内容，且补充的地方也不多。典型的还有"杷朳门"中的"禾担"，禾担并非普通的扁担，而是一种负禾与薪的专用扁担。主要用于稻禾在收割捆绑之后，从田间挑到谷场。禾担的形制、用途和名称，至今还保留在江西吉安一带的农事和方言之中。种种迹象表明，曾氏《农器谱》中虽然没有专列"杷朳"一门，但王祯《农器图谱》"杷朳门"中的许多农器却可能系来自曾氏《农器谱》。

还有一点可以用来考察《农器图谱》的某些内容可能出自曾氏《农器谱》的线索是作者在写作时所流露出来的时代感。曾和王分属宋代和元代。曾氏在写作《农器谱》时，引用当代人的诗歌，因时间较近，没有时代感，因此在人名前面并不加朝代，而直呼其名，且多用敬词，这就如同今人在写作时，提到古人时直乎其名，名前还加上朝代，如宋代王安石、沈括之类，而提到今人则要加上"某先生""某同志""某教授"之类，以示尊敬。如"耒耜门"中，称苏轼为"苏文忠公"，而没有加上"昔"或"宋"的字样，据此，我们可以进一步判断，《农器图谱》的"耒耜门"可能有因袭《农器谱》的地方，或者说，是从原书中直接移植过来的。王祯在提到前代的史实时，往往要加上"昔"或"宋"这样的字眼，如"田制门"沙田一节提到，"昔司马温公言，今阙政，水利居其一。"又说，"宋乾道年间，梁俊彦请税沙田，以助军饷。既施行矣，时相叶颙奏曰……"显而易见，这两段文字系王祯新加。又如，可以肯定为王祯新添的"蚕缫门"中，王祯写道："昔梅圣俞有《蚕具·茧馆》诗，今不揆，续为之赋曰……"梅圣俞与王安石同时，他们之间有

---

① 详见本书《中国历史上的黄穋稻》一文。

许多唱和之诗，可是在"蚕缫门"以外的《农器图谱》的其他"门"中，如"蓑笠门""簑蒉门"等在引用王安石诗时，却称为"王荆公"，而不称安石或介甫，更不加上"昔"字，证明这些地方《农器图谱》沿袭了《农器谱》。

能否肯定上述篇名相同的内容都是来自曾之谨《农器谱》？回答是否定的。我们认为，王祯在《农器图谱》中虽然保留了曾之谨《农器谱》原来的篇目，但也增加了一些新的内容，并重新加以编排。这从书中引述了《农器谱》成书之后问世的文献可以得到证明。如，"耙"一节引了《种莳直说》一书，由于宋代公私书目中都没有《种莳直说》一书的著录，所以一般认为该书成书于元初（灭金后并宋前，1234—1279 年），而《农器谱》则早在 1201 年以前即已成书。同样的情况还有"耧锄"一节，本节中除引用了《种莳直说》，还引用了《韩氏直说》，而《韩氏直说》也是蒙古灭金并宋之前出现的一本农书。文中用语也能反映北方农书的特点，如称禾谷类作物为"谷"、称植株为"苗"。

王祯《农器图谱》中的"舟车"和"灌溉"两门可能系由曾氏《农器谱》中的"车戽"发展而来，而更为可能的是"舟车门"是新添的内容，"灌溉门"才是由曾氏《农器谱》中的"车戽"发展出来的，因为这里的"车"更有可能是指"翻车"的"车"，而非"舟车"的"车"。尽管如此，"灌溉门"中还是增加了不少新的内容。王祯在"灌溉门"的引言中说，"今特多方搜摘，既述其旧以增新，复随宜以制物。"我们认为，"灌溉门"中的水栅、水闸、陂塘、水塘以及浚渠、阴沟等，可能是王祯《农器图谱》新增的内容，因为他们与严格说来的灌溉工具没有关系。也许正是增加了这些内容，使王祯觉得以原有的"车戽"不足以概括全部的内容，因此，便改为"灌溉门"。有迹象表明，水转翻车、牛转翻车、水转高车等都是王祯新加的内容。

如同旧篇目增加了新内容一样，新篇目中也保留了一些旧内容。如，"钁臿门"是王书新添的一个篇目，从其中"劚"一节引用《农桑辑要》的内容，也可以看出一些痕迹。但"钁臿门"中的农具，从形制到功用都与"耒耜门"相同，特别是其中提到的镵、䥬等，原本为江东犁的一个部件，内容也多取自陆龟蒙的《耒耜经》，因此，它可能是从原来曾氏《农器谱》耒耜类分出来并加以补充而成的。另外，"锋"一节提到："《农书》云：'无鑺而耕曰耩。'"这里所说的《农书》，不见于现存各农书，因此，也可能就是曾之谨的《农器谱》①。

"杷杉门"也是王书新添的一个篇目。但从其内容来看，可能大多取自曾氏《农书》。首先，"杉"一节中直接提到"《禾谱》字作'叜'"一句，这一句可能是王书新添，也可

① 〔元〕王祯撰，缪启愉译注：《东鲁王氏农书译注》，上海古籍出版社 1994 年版，第 617 页。

能是沿袭了曾之谨《农器谱》的说法；考虑到《王祯农书》在引用《禾谱》内容时，多用"曾氏农书"或"农书"这一事实，这里提到《禾谱》很有可能是沿袭了曾之谨《农器谱》的说法；因为曾之谨的《农器谱》乃是其祖父《禾谱》的续作，他在自己书中不可能称《禾谱》为"农书"或"曾氏农书"，而直接称为《禾谱》。其次，这一门中大多是与稻作有关农具，如耘稻禾用的"耘耙"，平摩种秧泥的"平板"，均泥的"田荡"，辊辗草禾的"辊轴"，插秧用的准绳"秧弹"，叉取禾束用的"杈"，晾晒用的"筡"和"乔扦"，收稻用的"禾钩""搭爪""禾担"，脱粒用的"连枷"等，符合曾氏农书的主旨，《禾谱》是以水稻为主要写作对象的农书，这从现存《禾谱》佚文中可以得到反映，作为其补充的《农器谱》自然也应以稻作农具为主，因此，王祯尽管将《农器谱》所提到的各种农器门类都收入到他的《农器图谱》中，但显然还觉得不够，于是又在《农器图谱》中增加了"麰麦门"，专叙北方与麦子收获有关的农具。以此也可证明，原来的《农器谱》是以稻为主。第三，文中称稻为"禾"，符合江西、湖南一带语言特点和曾氏农书的行文特点。最典型的例子当属"辊轴"，"辊轴，辊碾草禾轴也。……江淮之间，凡漫种稻田，其草禾齐生并出，则用此辊辗，使草禾俱入泥内，再宿之后，禾乃复出，草则不起。"辊轴的使用与历史上在江淮地区流行的"火耕水耨"一样，巧妙地利用了稻和草对于淹水的不同反应，从而达到除草的目的。东汉应劭解释说："烧草下水种稻，草与稻并生，高七八寸，因悉芟去。复下水灌之，草死，稻独长。所谓火耕水耨。"第四，"筡"一节提到"今湖湘间收禾，并用筡架悬之"，更似出自曾之谨的笔下，没有证据证明王祯曾到过湖湘一带，而曾之谨写《农器谱》时的身份正是耒阳县令，这样的语句出现在他的笔下就很自然。实际上，乔扦和筡架在宋代江浙一带也有使用。"浙西刈禾，以高竹叉在水田中，望之如群驼"[1]。楼璹的耕织图诗和陆游的诗中也可见到此类晾晒工具的影子，如"黄云满高架，白水空西畴"（《耕织图诗·登场》），"禾把纷纷满竹篱"（陆游《雨中遣怀》）。宋代江西也有此种晾晒工具。邓深在《丰城道中》有诗提到："湖田不薅草，沙畦多蒔麻，露空立禾架，结屋卧牛车。"[2] 这里的"禾架"即"筡架"一类的晒禾工具。王祯既然到过江浙和江西一带，[3] 不可能不提到江浙和江西一带的情况。可是《王祯农书》中并没有写到他可能看到的情况，相反却写到了他可能并没有看到的情况，最好的解释就是，王祯可能只是沿用了曾氏的文字，加上一段按语而已。

---

① 〔宋〕曹勋：《松隐集》卷二〇。
② 〔宋〕邓深：《大隐居士诗集》卷上。
③ 〔元〕王祯撰，缪启愉译注：《东鲁王氏农书译注·前言》，上海古籍出版社 1994 年版，第 5 页。

表3

条目	可能出自曾氏《农器谱》的部分	可能是王祯新增部分
筐	《集韵》作筤，竹竿也。或省作筐。今湖湘间收禾，并用筐架悬之，以竹木构如屋状，若麦若稻等稼，获而聚之，悉倒其穗，控于其上。久雨之际，比于积垛，不致郁浥。	江南上雨下水，用此甚宜。北方或遇霖潦，亦可仿此，庶得种粮，胜于全废。今特载之，冀南北通用。
乔扞	挂禾具也。凡稻，皆下地沮湿，或遇雨潦，不无浔浸；其收获之际，虽有禾稇，不能卧置。乃取细竹，长短相等，量水浅深，每以三茎为数，近上用篾缚之，叉于田中，上控禾把。又有用长竹横作连脊，挂禾尤多。凡禾多则用筐架，禾少则用乔扞，虽大小有差，然其用相类，故并次之。	

综上所述，《王祯农书·农器图谱》中的"耒耜门"，除"牛"一节加入了周必大为《农器谱》所题序词，可能都来自《农器谱》的"耒耜"目；"钁臿门"除"劚"一节来自《农桑辑要》，其余可能都来自《农器谱》的"耒耜"和"耨铸"两目；"钱镈门"中除"耧锄"为《农器图谱》新加，其余可能均沿自《农器谱》。

从《农器图谱》和《农器谱》门类比较中还可以看出，真正属于王祯《农器图谱》增加的项目主要有利用、䉪麦、蚕缲、蚕桑、织纴、纩絮、麻苎等主要与纺织相关的农器。这些在曾氏《农器谱》中是没有的，因为曾氏《农器谱》是从曾安止《禾谱》中发展出来的，《禾谱》是以水稻栽培为对象的谱录性著作，《农器谱》自然也是以水稻栽培农具为主要对象，同时也涉及历史典籍中所提到的一些大田农具，从现存《农器谱》的类目中也看不出与蚕桑、麻苎有关的内容。

四、《王祯农书》与江西

何以曾氏农书会对《王祯农书》产生如此巨大的影响呢？王祯是通过怎样的途径接触到"曾氏农书"的呢？有必要对《王祯农书》从写作到出版的背景作一番考察。

王祯为北方人，却南北游历有年，元成宗元贞元年（1295年）出任宣州旌德（今属安徽）县令，大德四年（1300年）又调任信州永丰（今江西广丰）县令。《农器图谱集之十四·利用门·水转连磨》中提到"尝到江西等处"，表明王祯在写作农书之前便已到过江西。

农书最后完稿和最初刻印也是在江西。《王祯农书》所附"造活字印书法"一文提到：

"前任宣州旌德县县尹时，方撰《农书》，因字数甚多，难于刊印，故用己意命匠创活字，二年而工毕。试印本县志书，约计六万余字，不一月而百部齐成，一如刊板，始知其可用。后二年，予迁任信州永丰县，挈而之官，是时《农书》方成，欲以活字嵌印。今知江西，见行命工刊板，故且收贮，以待别用。"

从上文中可知，王祯在出任宣州旌德县县令时就开始了《农书》的写作，时间当在1295—1298年；到永丰任职时，《农书》已经写成，时间当在1300—1304年；前后经历了约十年的时间。成书之后，王祯本想用活字嵌印，得知江西官方已决定刊印而作罢。而据《元帝刻行王祯农书诏书抄白》所示，江西官方决定刊行《王祯农书》并获得批准，时间是在大德八年（1304年），当时王祯在永丰任上。《元诗小传》记载："王祯，字伯善，东平人，大德四年知永丰县事，以课农兴学为务……著有《农器图谱》《农桑通诀》诸书，尝刊于卢（庐）陵（今江西吉安）云。"又据康熙《永丰县志·贤牧传》，王祯"著有农书，刻于庐陵"，因此，江西最早刻印农书的地方大概是在庐陵，而庐陵正是曾氏农书作者的故乡。但元代的刻印本已不复存在，现存最早的刻本为明刻本。其中便有邓渼在万历四十五年（1617年）所刻的三十六卷本。而邓渼则是江西新城人。所有这些过程都有可能使王祯接触到曾氏农书，或者是在刻印过程中，加入曾氏农书的内容。

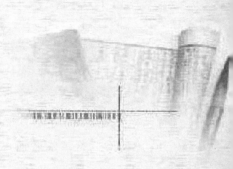

傣族古歌谣中的稻作年代考[*]

　　傣族是中国西南地区少数民族之一，有着悠久的文化传统；作为百越民族的后裔，种稻是傣族文化的特征之一。傣族人民在生产和生活的过程中，创作了许多歌谣，其中有些歌谣还以自己民族的文字记录下来，为研究傣族的历史和文化提供了宝贵的资料。游修龄教授在新著《中国稻作史》中介绍了傣族的稻作情况，而所依据的材料便是《傣族古歌谣》[①]。但由于篇幅关系，游先生并没有对所引歌谣中的内容展开来加以分析，也没有把它们放在整个中国稻作史这样一个大的背景下进行讨论，而仅仅依据语言、历法等研究结论，推测傣族古歌谣约产生在东汉以前[②]。也就是说，歌谣中所看到的稻作生产过程都是东汉以前的情况。但是，这一推论能够成立吗？本文将从稻作技术、傣族历法等方面对傣族古歌谣中的稻作年代及其相关问题进行考察，以求教大家。

一、从稻作技术探讨傣族古歌谣及稻作的年代

　　种子要泡透，最好泡三天。抬出深水处，支在鱼塘边，两天就发芽。妻子起来忙蒸饭，丈夫早已赶牛到田边。撒秧犁田男人忙，女人可以起得晚。秧田犁好了，秧田耙平了，芒果蓓蕾刚破半，恰是撒秧好时光。姑娘啊，别偷懒，伙子们，别眼馋，秧田不是纺线场，快快撒下秧。

　　犁田季节男人最忙，天刚蒙蒙亮，星星还挂在天边，哥就要牵牛到田里，天

　　[*] 本文原载于《自然科学史研究》1998年第4期。

　　[①] 岩温扁、岩林译：《傣族古歌谣》，中国民间文艺出版社1981年版。本文所引古歌谣均出自该书。

　　[②] 游修龄：《中国稻作史》，中国农业出版社1995年版，第236页。

黑了才回来。

栽秧育苗是一件细活，抓住节令啊，比什么都重要。八月土松水温和，栽下苗棵发蓬快，半个月秧苗便变绿。今天已是八月十五，我们田才栽了一半。妹妹呀，你还得抓紧时间，要把宝贵的时间追赶，月底得把秧栽完，不能拖到九月了。

妹妹呀，你是农家女，农家最讲好季节，八月光阴赛黄金，九月来了缅王（蝉）叫，如果听到缅王叫汪汪，手中的秧把还不放，栽下的秧苗会发黄，秋收时谷穗会很小。

芳香的八月，鱼儿在谷棵间打闹。

九月是薅秧的季节，田里的水要保持一拃深。有水苗棵旺，杂草也不会生。稗子是秧苗的敌人，专吸土中肥，比秧苗长得还旺。阿妹啊，薅秧时要提防，别把稗子当秧薅①。

从上面所引的歌谣中可以看出，当时的稻作已具有很高的水平。不仅使用了牛耕整地，还有了浸种育秧、插秧、除草甚至稻田养鱼技术，远非东汉以前当时江南稻作的水平所能比，而与唐宋以后的江南稻作技术水平相当。从汉文文献来看，傣族古歌谣中所提到的稻作技术大多都是东汉以后才出现的。

先说牛耕。春秋战国时期，牛耕虽然已然得到了使用，但并不普及，到了汉代经过赵过的改进之后，牛耕才得到了一定程度的推广。历史上有赵过始教牛耕的说法，这当然是错误的。但要说赵过所处的时代所有的地区都用上了牛耕，那也同样是错误的。西汉时期，牛耕似乎并没有在南方，特别是岭南地区得到推广应用。直到东汉时期，今天傣族近邻的九真地区（今越南清化、河静两省及义安省东部地区）仍然是"烧草种田""不知牛耕"，与之相应的是这些地区尚处在原始氏族社会阶段，人们"不识父子之性、夫妇之道"②，只是当任延担任九真太守之后，"始教耕犁，俗化交土，风行象林"③。象林，就是后来傣族的聚居地，说明傣族地区使用牛耕也可能是东汉以后的事情。故而，傣族古歌谣中哥哥牵牛耕田的情景出现显然与历史记载不符。

次说浸种。浸种是水稻栽培的一种较为特殊的种子处理措施。稻种的外壳组织坚硬，水分不易渗透。将干燥的种子播于秧田，如不能即刻发芽，则可能招致鸟害。同时浸

---

① 原文如此。有说句末"薅"，宜改作"留"；有说全句应是"别把秧当稗子薅"。实际上，薅秧作为一个田间作业环节，包括拔草和留秧两方面的意义。不能把"薅"简单地理解为拔，否则薅秧岂不成为拔秧，这种做法显然是不对的。既然，薅秧有拔草留秧的意思，薅稗子自然有拔秧留稗子的意思，所以原文"别把稗子当秧薅"也说得通。

② 《后汉书·任延传》。

③ 〔北魏〕郦道元注，王国维校：《水经注校》卷三十六，上海人民出版社1984年版，第1144页。

种更有催芽的作用，这对气候相对于傣族地区寒冷的北方更有必要。因为北方地区气温偏低，播种后不易发芽，致使种子腐烂，所以浸种往往结合催芽进行。浸种催芽最早见于《齐民要术》（成书于 533—544 年），其法是"渍，经三宿，漉出，内草篅中裹之。复经三宿，芽生长二分，一亩三升掷"①。出于文献的限制，江南地区到了宋代以后才有浸种的记载。

三说移栽。关于水稻移栽的最早记载见于东汉崔寔（约 103—170）的《四民月令》："三月可种粳稻，五月可别稻及蓝，尽至止。"但是水稻移栽似乎并没有得到广泛的运用，《齐民要术》中虽然提到旱稻移栽，所谓"科大，如概者，五六月中霖雨时，拔而栽之"，即将植株从生长稠密的地方移到生长稀疏的地方，并非从秧田移植到本田，而当时北方的水稻栽培仍然是采用直播的方法。江南地区的水稻移栽是从唐宋以后发展起来的。

四说中耕除草。文献中最早提到稻田除草的是东汉的应劭，他在解释"火耕水耨"时说："烧草下水种稻，草与稻并生，高七八寸，因悉芟去。复下水灌之，草死，稻独长。"② 这里的除草系将草与稻同时割掉，显然与耨秧不同。真正的耨秧记载最早见于《齐民要术》，"稻苗长七八寸，陈草复起，以镰侵水芟之，草悉脓死。稻苗渐长，复须耨。"到了南宋初年《陈旉农书》中才对耘田技术进行了系统的总结。

末说稻田养鱼。与稻田养鱼有关的文字最早见于三国。《魏武四时食制》载："郫县子鱼，黄鳞赤尾，出稻田，可以为酱。"③ 出稻田的鱼也许并非人工养殖，有意识在稻田中进行人工养鱼的记载见于唐代的《岭表录异》，但也并不是在种稻的同时养鱼，而只是在种稻之前，养鱼开荒，然后再种稻。真正现代意义上的稻田养鱼文献见于清康熙年间成文的李晋兴的《稼圃初学记》。

从表 1 中可以看出，根据汉文文献记载，稻作技术除灌溉可能是在先秦以前出现的外，其他技术措施都是在汉代以后北方地区首先出现的。如果傣族与北方汉族的稻作技术处在同一发展水平，则可以证明，傣族古歌谣中所述的稻作技术可能是汉代以后的情况，而傣族古歌谣也可能是汉代以后出现的。

---

① 〔后魏〕贾思勰著，缪启愉校释：《齐民要术校释》，农业出版社 1982 年版，第 100 页。
② 《汉书·武帝纪注》。
③ 引自《太平御览·鳞介部》。

中国稻史研究

表 1　傣族古歌谣所述稻作技术在汉文文献中的最早记载

技术项目	见于文献记载的年代	汉文文献出处
浸种	北魏	《齐民要术·水稻》
犁田	东汉	《后汉书·任延传》
耙田	宋代	《耕织图诗·耙》
移栽	东汉	《四民月令·五月》
薅秧	北魏	《齐民要术·水稻》
灌溉	商周	《诗经·白华》
稻田养鱼	清代	《稼圃初学记》

事实上，汉代以后相当长的一段时间里，南方稻作技术比起北方来要落后许多。自汉代以来直到隋唐时期，许多历史文献在记载南方水稻生产的情况时，都要用到"火耕水耨"这样一个成语，其中又以《史记·货殖列传》最早也最具代表性："楚越之地，地广人稀，饭稻羹鱼，或火耕而水耨。果隋蠃蛤，不待贾而足。"古今中外学者对于"火耕水耨"有过多种解释，虽有分歧，但"火耕水耨"的一些基本特点还是为大家所共同接受，如以火烧草，不用牛耕；直播栽培，不用插秧；以水淹草，不用中耕。

历史上的楚越之地，包括长江以南的广大地区，傣族即古越族的一支。据文献记载，傣族的先民早在公元纪元以前，就已定居在云南省西南部和中印半岛的中部及北部一带。最早见于古书记载的傣族先民，当是《史记·大宛列传》中所记的"滇越"；魏晋时，傣族的族称是"濮""越""僚"；唐代称为"齿蛮""茫蛮"；后又称为"白衣""白夷""百夷""摆夷""摆衣"等。

傣族先民虽然是最早的种稻农人之一，但长期以来一直处在一种相对落后的原始农业状态。春秋战国时期，当中原地区汉族的先民开始进入精耕细作的时期，傣族的先民百越族还处在"鸟田"农业阶段①；两汉时期，傣族地区近邻的交趾一带，尚不知牛耕，想必傣族先民亦如之。唐宋时期，当长江中下游地区的水田稻作农业开始使用江东曲辕犁、耙、碌碡、礰礋乃至秒等农具作业，并形成精耕细作技术体系的时候，傣族的先民还在使用"象耕"②。而象耕并不是人们所想象的以象挽犁耕地，据笔者考证，所谓"象耕""鸟田"最初乃动物践踏觅食之后为人所直接用于种植的农田，这是一种甚至比刀

① 《吴越春秋·越王无余外传》："无余始受封，人民山居，虽有鸟田之利，租贡才给宗庙祭祀之费。乃复随陵陆而耕种，或逐禽鹿而给食。"
② 〔唐〕樊绰《蛮书》卷七《云南管内物产》："通海以南多野水牛，或一千二千为群。弥诺江已西出犦牛，开南已南养象，大于水牛，一家数头养之，代牛耕也。"又，"象，开南已南多有之。或捉得人家多养之，以代耕田也。"同书《名类》四："茫蛮部落，并是开南杂种也。……孔雀巢人家树上，象大如水牛，土俗养象以耕田，仍烧其粪。"

• 154 •

耕火种还要落后的整地方式①。傣族养象以耕田虽然已脱离了原始的"象田""鸟田"，是有意识地饲养动物踏田（蹄耕），但和牛挽犁而耕相比仍属于一种落后的生产技术。明代以后，由于大批内地农业人口涌入傣族地区，接近内地的孟密以上地区已进入"犁耕栽插"，至于离内地较远的孟密以下地区，则还处于"耙泥撒种"的粗放阶段②。直到 20 世纪 50 年代以前，傣族的稻作技术仍然处于较为落后的状态，远非汉族稻作技术所能比。从生产工具来说，虽然整地作业中也使用了犁、耙等，但犁头等铁制农具主要从外地买来，耙齿为竹制，犁、耙构造较为原始，工效不高。耕作技术也较为粗放，一般是犁一道，耙两三道，不施肥，也不薅秧，栽后即等待收获③。傣族古歌谣中的稻作技术显然超越了"火耕水耨"的年代，甚至比 20 世纪 50 年代一些傣族地区的稻作技术水平还要高。

从傣族稻作技术发展的历史来看，古歌谣中较为先进的稻作技术不可能是东汉以前的情况，而更可能是唐宋，特别是明代以后的情况。

二、从历法探讨傣族古歌谣及稻作的年代

上引古歌谣中的稻作技术水平和唐宋以后汉族地区并没有太大的差异，真正差异较大的是进行这些农事操作的月份。

汉族地区水稻播种期一般是在农历三月前后，加上一个月左右的秧龄期，至农历四月左右便要移栽，移栽一个月后便要耘田，经 2～3 次耘田之后，到九月便要收获。傣族古歌谣中虽然也有三月播种和九月收获的歌词④，但移秧和耘田的时间却分别出现在八月和九月。

从表 2 中可以看出，汉族和傣族的稻作农事除了播种和收割所在月份相同，在移栽和耘田的月份上却存在着 4 个月的差距。汉族稻作中，移栽到收割历时 5 个月，初耘到收割

---

① 曾雄生：《"象耕鸟耘"探论》，《自然科学史研究》1990 年第 1 期。
② 《西南夷风土记》，引自江应樑：《傣族史》，四川民族出版社 1983 年版，第 340 页。
③ 黄兆槐等：《景洪县曼竜枫寨解放前社会生产力水平调查》，《西双版纳傣族社会综合调查（一）》，云南民族出版社 1983 年版，第 12－15 页。中央访问团二分团：《南峤县情况》，《傣族社会历史调查（西双版纳之一）》，云南民族出版社 1983 年版，第 30 页。

中央访问团二分团：《车佛南农业及棉花生产的调查》，《傣族社会历史调查（西双版纳之一）》，云南民族出版社 1983 年版，第 63 页。中央民委会西南民族工作视察组：《西双版纳自治区（州）农业生产情况》，《傣族社会历史调查（西双版纳之一）》，云南民族出版社 1983 年版，第 83 页。

④ 傣族古歌谣中有一首《叫谷魂》的歌谣，歌中唱道："你在仓库里，舒服又平安。待到明年三月时，你再到田里，打苞扬花，吐香争艳。"又"女：芳香的八月，鱼儿在谷稞间打闹，八月要过去，镰刀磨得亮闪闪。男：金黄的九月，稻谷波浪翻，丰收的银镰舞不停，姑娘的手上起老茧。女：金黄的九月，稻谷堆成山，欢乐的歌声绕彩云，哥哥累得腰疼背又酸。男：收成的十月，人人都是笑脸，富庶的十月，赶摆的铓锣也敲响。女：收成的十月，家家都把酒来酿。富庶的十月，是不是办喜事的时光。"

也有 4 个月；而傣族稻作中，移栽到收割只有 1 个月的时间，甚至耘田、收割在同一个月份。产生这种现象的一种可能性是傣族古歌谣中使用了汉族和傣族两种历法。

表 2　汉族、傣族稻作农事月令对照

农事	汉族所在月份	傣族所在月份
播种	三月	三月
移栽	四月	八月
耘田	五月	九月
收割	九月	九月

三月播种和九月收割可能是按汉族农历来计算的。根据 20 世纪 50 年代对于景董曼旷寨生产情况的调查①，当地傣族的农事生产节令，按农历计算分别如下：

正月：驮柴、修沟；二月：月头挡坝，放水田，寨内同时抽补田地，月尾评公粮；三月：月头送公粮，月尾挖地，点种包谷、瓜类；四月：月头做秧田，月尾种花生及棉花；五月：月头教秧，月尾翻犁田地，准备栽秧；六月：薅秧、拔草；七月：割埂草、挡鱼坝、捕鱼；八月：做纸花、赕佛；九月：割谷、堆谷；十月：打谷、挑谷入仓；十一月：割山草、砍柴；十二月：编草排、砍木料，修建房子。

虽然，上述农事月令中，播种的时间较古歌谣中所说的时间略为晚些，但收割的时间完全相同，这也就证明一些傣族古歌谣中播种和收获时间可能是按照汉族农历来计算的。

但若按汉历来理解歌谣的八月移栽、九月耘田则很难说得通。因为按汉历计算，八、九月份水稻都应该灌浆成熟了，这时才移栽、耘田，很难会有收成，而且实际调查中也没有按农历计算八月移栽、九月耘田的说法。显然，八月移栽和九月耘田是按傣族历法来计算的②。傣历年表的顺序为六月、七月、八月、九月、（闰九月）、十月、十一月、十二月、一月（正月）、二月、三月、四月、五月，第二年又从六月开始，傣历的元旦（即新年的第一天）多半在六月，有时在七月。例如，傣历 1321 年（公元 1959 年）元旦是傣历的六月八日。

傣族的月序一般比汉历早三个月，即傣历的四月相当于汉历的正月，傣历的正月相当于汉历的十月（表 3）。

---

① 云南省编辑组编：《傣族社会历史调查（西双版纳之七）》，云南民族出版社 1985 年版，第 140-149 页。
② 云南省编辑组编《傣族社会历史调查（西双版纳之一）》（云南民族出版社 1983 版）插图中就有"傣历八月栽秧忙"的照片一幅。

表 3 汉历、傣历月份对照

汉族月份	1	2	3	4	5	6	7	8	9	10	11	12
傣族月份	4	5	6	7	8	9	10	11	12	1	2	3

由于汉历与傣历置闰月的时间不同，每遇汉历置闰月之后、傣历闰月之前这一年左右的时间里，傣历的月序则比汉历早四个月。例如，1963 年汉历癸卯年二月，相当于傣历 1324 年五月，由于汉历四月有一个闰月，汉历的五月则相当于傣历的九月，两者之间相差四个月，一直到第二年六月即傣历 1325 年闰九月之后，才又恢复三个月的月序差距。因此，傣族古歌谣中所谓的"八月移栽""九月薅秧"，实际相当于汉族地区的四月移栽和五月耘田或五月移栽和六月耘田，这和汉族农事生产节令是一致的。

当然，汉族地区稻作分布广泛，由于各地自然条件和栽培制度不尽相同，水稻播种月份也有很大差异（表 4）。

表 4 古农书所载水稻播种期

书名	原 文	折合阳历
汜胜之书	冬至后一百一十日可种稻。	约 4 月 10 日前后
四民月令	三月，可种粳稻。	约 4 月中到 5 月中
齐民要术	三月种者为上时，四月上旬为中时，中旬为下时。	约 4 月中至 6 月中
宋会要辑稿	南方地暖，二月中下旬至三月上旬，用好竹笼，周以稻秆，置此稻于中。……入池浸三日，出置宇下，伺其微熟如甲拆状，则布于净地，俟其萌与谷等，即用宽竹器贮之。于耕了平细田停水深二寸许，布之，经三日，决其水。至五日，视苗长二寸许，即复引水浸之一日，乃可种莳。如淮南地稍寒，则酌其节候下种，至八月熟。	3 月中下旬至 4 月初
禾谱	立春、芒种（疑为"雨水"之误）节种，小暑、大暑节刈为早稻；清明节种，寒露、霜降节刈为晚稻。……今江南早禾种率以正月、二月种之，惟有闰月，则春气差晚，然后晚种，至三月始种，则三月者，未为早种也；以四月、五月种为稚，则今江南盖无此种。	约 2 月初到 2 月中，种早稻；4 月初，种晚稻

从表 4 中看出，《齐民要术》所载北方水稻播种期前后相差一个月左右，《禾谱》所载江南水稻播种期也有一至两个月之差，南北考虑起来，其时差可能有三个月。

同样，傣族地区由于自然条件优越，几乎一年四季都可以种水稻，水稻播种期也存在差异。古歌谣中讲的移栽期是八月，这与 20 世纪 50 年代对于勐腊等地的调查结果一致。① 假定秧龄为一个月，则傣历六、七月份便要下秧，这正相当于汉历的三月，又与傣族古歌谣《叫谷魂》中提到的播种期相吻合。也就是说，傣族地区存在汉历三月份播种的情况。而根据调查，傣族地区也有些地方是由农历五月（傣历八月）中旬开始犁田、撒秧，六月（傣历九月）底栽秧，十月（傣历次年一月）初收割②；还有些地方的傣族水稻下种约在傣历九月（夏历六月）初，30 天后拔秧栽插，次年二月（夏历当年十一月）收割，和古歌谣中所反映的情况有所差异。如，景洪县曼竜枫寨在 1949 年前全年农事活动情况如下：

> 九月：犁、耙秧田、撒种；十月：月底开始犁板田，过了关门节七天——赕佛；十一月：犁、耙板田、插秧；十二月：砍木料、制打谷床、砍竹编席、准备秋收。过开门节；一月：种烟，收早熟籼稻；二月：正式秋收，割谷、打谷；三月：上山砍柴，捉鱼，编制小竹器；四月：开荒，割盖房用的草，砍木料；五月：砍竹编竹器，编草排、盖房，开旱谷地；六月：挑木柴，过年；七月：种旱谷；八月，休息。③

也就是说，傣族地区的水稻播种期也有一至两个月的时差，傣族古歌谣中的八月移栽时间正好在这个误差之内。由此可见，傣族古歌谣中同时也使用了傣历。证之物候也然。古歌谣中有"九月来了缅王（蝉）叫"，显然不是农历九月而是傣历九月，因为傣历九月即农历五六月，正是鸣叫期，而农历九月蝉已进入终鸣期。

在肯定了傣族古歌谣中使用了傣历这一基本事实之后，再来推测傣族古歌谣及其稻作所在的大致年代。首先可以肯定的是，傣族古歌谣及稻作的年代肯定是在傣历使用之后。因此，对于现行傣历的来源和使用年代的确定是确定傣族古歌谣形成年代的重要依据。

傣历属于印度支那系统，同时受到过中国和印度两方面的文化影响。傣族地区虽然在秦汉时期就开始受到汉文化的影响，汉历中的干支纪年和纪日法可能在两汉时期就已传入到傣族地区，以后汉族的十二生肖、置闰方法、二十四节气等又在傣族地区得到运用，但受印度文化的影响则较晚，而现行傣历又是在引入了印度历法中的数字纪年法之后才逐渐形成的。

---

① 云南民族调查组勐腊小组：《勐腊、勐拿政治经济调查》，《西双版纳傣族社会综合调查》，云南民族出版社 1983 年版，第 99 页。

② 中央民委会西南民族工作视察组：《西双版纳自治区（州）农业生产情况》，《傣族社会历史调查（西双版纳之一）》，云南民族出版社 1983 年版，第 83 页。江应樑：《傣族史》，四川民族出版社 1983 年版，第 475 页。

③ 黄兆槐等：《景洪县曼竜枫寨解放前社会生产力水平调查》，见《民族问题五种丛书》云南省编辑委员会编：《西双版纳傣族社会综合调查（一）》，云南民族出版社 1983 年版，第 11－20 页。

印度文化在傣族地区的传播，与佛教的传播有着密切的关系。佛教是何时传入傣族地区的呢？游先生之所以推断傣族古歌谣所反映的稻作在东汉以前，主要是依据印度小乘佛教传入的时间来推测的。

傣族居住的云南地区，近邻印度，按理说来佛教传入应不在东汉后，但事实上正好相反。傣族人民普遍信仰小乘佛教，傣语称为"沙斯那"（Sasana），或称"卜塔沙斯那（Buddha Sasana），都来自印度巴利语，也称楞加宗或大寺派佛教。根据对西双版纳傣族地区佛教的调查，西双版纳最早的缅寺是在佛涅槃 1 000 年后才有的，但有缅寺时还无宗教，宗教是在佛涅槃后 1600 年从泰国传入的①。佛教创始人释迦牟尼大约是在公元前 486 年入灭的，据此推测佛教应该是在公元 500—1100 年传入傣族地区的。

傣族地区的佛教分别由暹罗、缅甸传入。据说暹罗北部有个"哈里奔猜国"（南奔），《蛮书》及《元史》都称为"女王国"，是孟族建的小国。663 年，国主占玛黛维公主带五百名佛教僧侣在哈里奔猜建云佛寺传教，这是暹罗北部有佛教之始。但尚未传入泰族部落，直到 1292 年，兰那国芒来王（泰族）征服南奔，小乘佛教才传到了兰那，然后从清迈传到景栋，再从景栋传入西双版纳，其时期当在 14 世纪下半叶到 15 世纪上半叶，至于小乘佛教从缅甸传入德宏傣族地区，时期当稍晚于西双版纳②。《明史》中也有这样一条记载："初，平缅俗不好佛，有僧至自云南，善为因果报应之说，伦发信之。"③ 说明元代直到明初，德宏傣族地区还不信奉佛教。也说明，德宏傣族地区的佛教是明初由内地传入的。到了明代中期，根据《明实录》的记载，佛教才在傣族地区普遍传播。由此也可以推想现行的傣历也大致只能在明代以后才得到行用，这与法国学者 R. Billard 根据柬埔寨的历法资料推论印度支那历法开始行用于 14 世纪下半期④，在时间上是吻合的。

不过也有学者从傣族的历史文献中发现，早在傣历 132 年（公元 770 年），当时的历法中就确实包含了现行傣历的特点，如六月过年、天王到来时的日子为新年、闰九月以及周日的推算等，并进一步推测现行傣历的测制、行用于公元 638 年前后⑤。但这两条傣族历史文献，也有可能是傣族人用后来傣历去追述自己祖先历史的产物，并不表示当时就有

① 杨志敏：《西双版纳傣族佛教调查》，见《民族问题五种丛书》云南省编辑委员会编：《西双版纳傣族社会综合调查（一）》，云南民族出版社 1983 年版，第 148 页。

② 谢远章：《召树屯渊源考》，《1981 年傣族文学学术讨论会论文》，引自江应梁：《傣族史》，四川民族出版社 1983 年版，第 344 页。

③ 《明史·云南土司传》。平缅，明初设立的土司之一，全称麓川平缅军民宣慰使司，前身系元代麓川路，麓川本境为今德宏傣族景颇族自治州之瑞丽、陇川、遮放全境，南甸、干崖两司之南部地区，兼及瑞丽江以南今缅甸掸邦的一部分地区。

④ Par Roger Billard, L'Astronomie Indienne, Paris, 1971 年，引自张公瑾、陈久金：《傣历研究》，《中国天文学史文集（二集）》，科学出版社 1981 年版，第 259 页。

⑤ 张公瑾、陈久金：《傣历研究》，《中国天文学史文集（二集）》，科学出版社 1981 年版，第 258 - 259 页。

了傣历。笔者个人更倾向于明代说。

综上所述，傣历的行用时间绝不可能在东汉以前。尽管傣历中包含了东汉以前汉历中的某些因素，如称干支为"母""子"等，但并不能说明东汉以前傣历业已形成，而只能说明汉族的干支可能在汉代就已传入傣族地区。现行傣历是在佛教传入之后，引入了数字纪年法才逐渐形成的，时间当在公元 6 世纪以后，具体一点可能就是傣历纪元开始的公元 638 年。也就是说，傣族古歌谣及其稻作最多只能是公元 638 年（更可能是明代中叶）以后的情况。

三、结论和讨论

以上根据对稻作技术发展水平和历法行用年代的分析，可以推断，古歌谣及其稻作很可能是唐代，特别是明代以后形成的。

唐宋以后，以汉族为主体的南方稻作农业技术得到了飞速的发展，形成了以耕、耙、耖为主要环节的整地技术，以培育壮秧为目标的育苗技术和以耘田、烤田为核心的田间管理技术，这些技术极大地促进了水稻生产的发展，并有力地支撑着中国人口的迅速增长。但是随着人口的增长，一些地方出现了人多地少的局面，于是由人口密度大的所谓"狭乡"向人口密度小的"宽乡"移民也就成为必然之势。傣族聚居的云南地区正是所谓的"宽乡"，虽然内地人民入居傣族地区，早在秦汉时期就已有了，以后又连绵不断，但移居的高潮则是在唐宋以后，特别是在明代才出现的，其中傣族地区又是云南移民的重点①。根据 20 世纪 50 年代的调查，有些傣族人甚至认为他们的祖先是明洪武年间从南京等地迁入傣族地区的。大量移民的迁入，对傣族地区的发展变化，起着很重要的作用。傣族古歌谣中所反映的稻作技术，可能正是移民进入傣族地区以后，傣族受到汉族先进稻作技术的影响而形成的，所以在傣族古歌谣中既能看到以傣历为依据的农事安排，又似乎能看到以汉历为依据的农事安排。汉族对于傣族的影响于此可见。直到 20 世纪 50 年代，汉族地区先进的生产工具和技术，仍然是傣族人民购买的物品和学习的榜样。这就引出一个问题，即傣族稻作与汉族稻作的关系问题。

我们认为，可以从稻作文化的源流来考察汉族与傣族等稻作文化的关系。一从源来说，古越族稻作文化是汉族和傣族稻作文化的共同祖先。古越族在创造了稻作文化之后，一部分古越族人带着他们的稻作文化向北发展，汇合到汉族文化中去，成为汉族稻作文化的一部分。如以河姆渡遗址为东南沿海百越诸族中文化程度最高的一支，这支文化的居民

---

① 江应梁：《傣族史》，四川民族出版社 1983 年版，第 312－335 页。

向北还创造了大江南北的青莲岗文化，把稻作带入苏北、山东境内①。百越族的另一部分散处南方各地，在保留自己固有文化传统的同时，吸收周边农业文化，包括汉族的稻作文化。

二从流来说，汉族地区是先进稻作技术的策源地。尽管稻作文化起源于江南地区，但稻作技术却最先在北方发展起来。江南地区由于具备稻作的天然条件，往往不需要太多太复杂的技术就可以获得收成，因此长期以来，沿用了一种比较原始的生产方式，或象耕而鸟耘，或水耕而火耨。北方却不然，由于自身不具有稻作的天然条件，进行稻作生产时需人工地造就各种适合稻作生产的条件，这就促进了稻作技术的进步。如，北方降水稀少，发展稻作首先要解决水源问题，这就促进了水稻灌溉技术的发展。中国历史上早期有关稻作的文献记载大都与水稻灌溉有关。如《诗经·小雅·白华》"滮池北流，浸彼稻田"，这是有关水稻灌溉的最早记载；又如《战国策》"东周欲为稻，西周不下水"，表明当时人们已经认识到水对于水稻生产的重要性。为了解决稻田用水问题，《周礼》中专门设立了"稻人"一职，其职责是："掌稼下地。以潴畜水，以防止水，以沟荡水，以遂均水，以列舍水，以浍泻水，以涉扬其芟，作田。"表明当时北方已具有较为完备的水田灌溉措施。缺水的自然环境，造就了先进的灌溉技术。有迹象表明，旱稻（又称"陆稻"）最先也是在北方地区培育出来的。由于缺水的缘故，北方地区的农民按照黍、稷、麦、菽等旱地作物的栽培方法，来栽培水稻，于是有了旱稻。"旱稻"之名最早见于《礼记·内则》："淳熬，煎醢加于陆稻上，沃之以膏，曰淳熬。"《管子·地员》中也有："觳土之次曰五凫。五凫之状，坚而不觳，其种陵稻。"此陵稻，即陆稻。旱稻在北方曾有过大量的栽培，北魏贾思勰的《齐民要术》中就专门辟有"旱稻"一节，放在"水稻"一节之后，这在农书中是不多见的，表明旱稻在北方的稻作中几与水稻平起平坐。

在北方地区发展水稻种植，不仅受到缺水的限制，有时还受到气温的限制。采用浸种催芽措施的原因之一可能就是为了解决气温偏低所致的种子萌发困难问题。为了调节稻田温度，北方地区还很早就发明了稻田水温调节技术。稻田水温调节技术是针对水稻不同的生长时期，对于田中水温的不同要求提出来的。现存最早的农书西汉《氾胜之书》说："始种稻欲温，温者缺其塍，令水道相直；夏至后大热，令水道错。"这是说，水稻在播种的时候，需要较高的水温，稻田水层浅，受日光照射水温较高，用水温较低的外水灌溉时，办法是使田埂上所开的进水口和出水口，安排在田边的同一侧，使得过水道在田的一边，灌溉的水从田地的一边流过，即所谓"水道相直"，对田里原来有的水牵动较少，原有水的水温就能保持，这样就能保证水稻刚刚播种的时候，对较高水温的需要；而到了盛

①　游修龄：《中国稻作史》，中国农业出版社 1995 年版，第 30 页。

夏时，水温过高不利于水稻的生长，为了降低稻田的水温，就要使田塍上所开的进水口和出水口错开，即"令水道错"，使灌溉水流斜穿过田面，这样稻田里原有的水就会较多地为新引进的灌溉水所代替，从而能相对地降低稻田水温，以适应水稻生长发育的需要。

实际上，许多后来所看到的包括少数民族地区在内的稻作技术，都首先起源于北方地区。仍以移栽为例，虽然最早记载见于东汉，但似乎并没有得到广泛的运用，《齐民要术》中提到的旱稻移栽，不过是补株而已，即将植株从生长稠密的地方移到生长稀疏的地方，尽管它可能与水稻移栽的发明有关①，但不能称为真正的移栽，当时北方的水稻栽培盛行的是直播法。移栽之所以不能普及，是因为移栽必须有良好之本田整土，栽植时期有大量人工，及适时之中耕除草与补植，这些条件往往在原始农作制度条件下无法实现。长期以来都是地广人稀、火耕而水耨的江南之地自然没有，也不可能实施水稻移栽。中唐以后，随着经济重心的南移，水稻移栽才在江南地区得到了普遍的推广。水稻移栽的普及，究其原因主要是由于水稻种植面积的扩大，一些水源不甚丰富的地区，如所谓的高仰之地也都种上了水稻，这就扩大了对水源和种子的需求。移栽不但使稻株生长良好，且抽穗期甚为一致，分蘖均能生穗，倒伏亦少，更为重要的是移栽使得本田及秧田之杂草防除较有效；在春间缺水时期内能充分利用水源，节约用水，减少播种量，扩大播种面积；便于作物苗期的集中管理，以及移栽后的田间管理；缩短本田之种植时期，有助于水稻及其他作物的轮作。种种好处，正好适应了唐代以后江南地区水稻生产发展的需要，因而得到广泛的采用。

移栽技术随着人口的南迁，传入了傣族地区，并在傣族地区得到了发展，教秧（一作"较秧"，又作"寄秧"）即其中的一例。所谓"教秧"就是在撒下秧20天后，拔出来插在田里，插得很密，再过20天后，又拔出来插一次，这样可以提高产量②。这种措施在汉族地区比较少见。

中国稻作文化正是汉族和傣族等稻作民族共同创造的。汉族和其他民族之间的稻作文化交流与融合，使得各民族独有的稻作文化特点在消除，共性在增强。因此，当有学者看到云南等一些少数民族稻作文化中有妇女插秧、祭神等现象时，就提出了所谓"非汉族稻作文化"的概念，殊不知这些现象在汉族稻作文化中也同样存在，而且有些可能即来源于汉族地区。

---

① 水稻遗传学家张德慈先生认为，移栽的起源可能与农民从较密之部分将稻苗拔出重植于缺苗之处的所谓"补株"有关。见张德慈：《中国早期稻作史》，《农史研究》第2辑，农业出版社1982年版，第89页。
② 云南省民族工作队二队：《景东戛东村调查》，《傣族社会历史调查（西双版纳之一）》，云南民族出版社1983年版，第108页；云南民族调查组勐腊小组：《勐腊、勐拿政治经济调查》，见《民族问题五种丛书》云南省编辑委员会编：《西双版纳傣族社会综合调查》，云南民族出版社1983年版，第99页。

《天工开物》水稻生产技术的调查研究[*]

一、缘起

对古农书进行实地调查研究工作开始于 20 世纪 50 年代，1959 年南京农史室的研究工作者用了两个半月的时间到黄河中下游的山西、河北和山东等许多县市对《齐民要术》进行了实地调查，发表了《〈齐民要术〉调查研究的尝试》一文，[①] 这一尝试不仅为《齐民要术》的研究提供了许多新的成果和有用的参考资料，更重要的是他们在史学方法上为农史研究找到了一条新的途径。在探讨传统农业为农业现代化服务的今天，这种方法尤为重要。有鉴于此，我们在江西省中国农业考古研究中心陈文华先生的倡导下，深入到《天工开物》作者宋应星的老家江西奉新县，走访了奉新县农业局、农业区划委员会办公室、宋应星纪念馆、宋埠乡、澡溪乡等地的许多人士，对《天工开物·乃粒》中的水稻生产逐一进行了调查。[②] 兹在调查的基础上，采用今昔对比的方法进行研究，希望能够找到一些古今农业演变的规律。要说明的是，宋应星写的《天工开物》，其内容不仅是水稻，而是以水稻为主几乎囊括了当时所有的粮食作物；其范围也不光局限于奉新一县，而是以江西为主涉及全国的农业生产情况，但由于时间和专业的限制，我们只是到奉新县对《天工开物·乃粒》中的水稻生产进行了调查，因此是很不全面的，现加以整理，作为研究《天工

---

  * 本文原载于《农业考古》1987 年第 1 期，第 334 - 341 页。

  ① 中国农业科学院，南京农学院中国遗产研究室编辑：《农史研究集刊》第 1 册，科学出版社 1959 年版。

  ② 这次调查得到了江西省中国农业考古研究中心陈文华、刘壮已，奉新县农业局局长胡衍仕、农业区划委员会办公室主任邹传祥，宋应星纪念馆馆长刘行令，宋埠乡乡长胡文林等的大力支持和帮助，导师游修龄先生审阅了全文，谨表谢意。

开物·乃粒》的参考。

二、自然条件[①]

奉新县位于江西省西北部，总面积为 1 644.87 平方公里，是一个"七山半水二分田，半分道路和庄园"的县份，这个县地形多样，气候温暖湿润，自然资源丰富，为农业生产特别是水稻生产，提供了较为有利的自然条件。

1. 地形、地势

奉新县的西部、西北部及西南部是山区，海拔 500～2 000 米不等，面积 78.17 万亩，占全县总面积的 31.6%，以林业生产为主。在种植业方面，主要是粮食生产，由于地势较高，气温偏低，一般以种一季为主，单产较低。

丘陵主要分布在中部，是全县粮产区之一，海拔在 500 米以下，面积 81.42 万亩，占全县总面积的 33%。丘间沟谷交错，形成了山冲田、坑垄田、垄田和段田等多种类型的稻田，在水稻种植的布局上主要是单双混栽区。

低丘平原分布在县境东部，海拔 100 米以下，面积 87.14 万亩，占全县总面积的 35.4%。低丘平原相间，耕地集中，土壤肥沃，光热充足，以种粮食作物为主，粮食作物又以水稻为主，是双季稻产区。

2. 土壤肥力

奉新县土壤种类多，水稻土分布广，全县 499 271 亩水田，占全县总耕地面积的 97.79%。可分为四个亚类：潴育型水稻土、淹育型水稻土、潜育型水稻土、侧渗型水稻土。

潴育型水稻土面积约 490 904 亩，占水稻面积的 93.81% 左右，分布于平原的段田、丘陵的垄田，和水源灌溉条件较好的高岸田、排田等，土壤素质好，有机质含量 1.7%～2.63%；碱解氮含量中等；缺磷，少钾；pH 为 6～6.3；产量一般在 800 斤/亩左右。

淹育型水稻土面积约 2 075 亩，占水田面积的 0.39%，多分布在平原高岸田、丘陵、山区的高排田和梯田等，水源条件差，有机质含量为 2%～2.4%，碱解氮 40～110 毫克/千克，有效磷 1.8～7.2 毫克/千克，速效钾 40～50 毫克/千克，pH 为 6～6.3，严重缺磷，含钾较多，一般亩产 400～500 斤。

潜育型水稻土面积约 28 158 亩，占 5.38%。以冷浆田、沤水田、冷水田、锈水田为主，分布于平原的低洼地，山丘垄田、坑田、冲田的下部，全部或局部终年积水，地下水

---

①　资料来源：奉新县区划委员会办公室编《奉新县农业资源调查和区划文集》（内部资料），数字未经核实。

位高，水温土温低，即《天工开物·乃粒》中所谓"土性带冷浆者"。有机质含量2.2%～2.3%，碱解氮70～91.2毫克/千克，有效磷5.1～12.6毫克/千克，速效钾20～37.5毫克/千克，pH为6～6.2，表现为缺磷、钾，氮肥又不易分解，单产很低。

侧渗型水稻土面积约2 121亩，占水田面积的0.40%，分布于平原低级阶地、山地和丘陵排田、梯田的中、下部，有机质含量2%左右，碱解氮65～95毫克/千克，有效磷6.5～14.4毫克/千克，速效钾25.3～41.7毫克/千克，pH为6.3，氮、磷、钾养分都不足，肥力较低，单产很低。

3. 气候资源

奉新县气候特点是四季分明，气候温暖，降水充沛，光照充足，无霜期长。

平原、丘陵地区夏、冬季长；山区是春夏两季相等，秋短冬长；大部地区平均气温15～17.4℃，0℃以上积温为5 200～6 360℃；10～20℃积温3 740～5 340℃，年平均降水量为1 609.9毫米，约有70%以上的降水量集中在作物生长的需水期，其中4—6月为最多，占年平均降水量的51%，10—12月只占9.9%，年日照时数有1 802.5小时，4—10月作物生长盛期，各月平均日照数都在100小时以上，无霜期235～260天不等。

总体说来，奉新的自然条件对水稻生产来说既有有利的一面，又有不利的一面，奉新县的水稻生产正是在这种自然条件下，因地制宜，扬长避短，不断发展起来的。

三、水稻品种

粮食作物，古代统称为"五谷"。"五谷"谓谁，孰先孰后？莫之能一，或曰：麻、菽、麦、黍、稷；或曰麦、黍、稻、稷、菽。产生这种混乱，大概亦是受时代和地区的局限吧？在今天谁也不会将大麻列为"五谷"之一；宋应星认为"五谷"中"独遗稻者，以著书圣贤，起自西北也"。不过根据这些不同说法，我们大致可以推测出某个时代、某个地区的粮食生产结构，即各种粮食作物的地位。如战国时黄河流域以菽、粟生产为主，则"五谷"中必有菽、粟，而且排在首位，到西汉以粟、麦为主，麦则已取代了菽的地位，菽已退居第三了。

水稻作为重要的粮食作物，在历史上曾名不见经传，宋以后，随着中国经济重心的南移，水稻已跃居五谷之首，到了明代"育民人者，稻居十七，而来、牟、黍、稷居十三"。因此《天工开物·乃粒》以叙述水稻为主，也就可想而知了。此外还有麦、黍、稷、粱、粟、菽等粮食作物。

现在奉新县的粮食生产仍以水稻为主，此外还有大豆、薯类、杂粮、麦类等。1980年粮食作物总收面积为696 576亩，水稻680 516亩，占97.7%；大豆7 749亩，占

1.11%；薯类 6 916 亩，占 1%；杂粮 1 001 亩，占 0.1%；麦类 394 亩，占 0.06%。[①] 就奉新一县来看，这种粮食作物的构成与明代相比没有多大变化，水稻仍占绝对优势。

变化最大的要数水稻品种，且不说从明代到中华人民共和国成立以前的变化，仅就 1949 年以后奉新县的水稻品种来说，就发生了三次飞跃，20 世纪 50 年代推广"南特号"，水稻品种发生了一次重大变化；60 年代盛行矮秆良种，品种又为之一变；70 年代以后发展杂交水稻，又产生了一次革命性的飞跃。水稻品种几乎是十年一变。因此《天工开物·乃粒》中诸如"婺源光""浏阳早""吉安早""救公饥""喉下急""金包银"之类的水稻农家品种，在奉新早已销声匿迹，至于其他地区是否还在种植则不得而知。

从水稻品种分类来看，现代栽培稻有籼和粳两个亚种，籼稻作为基本型，粳稻作为籼稻向高纬度和高海拔地区发展演变出的一种气候生态型。在古代，则一般根据稻的黏性将水稻划分为粳稻和糯稻，《天工开物·乃粒》载："不粘者，禾曰秔，米曰粳；粘者，禾曰稌，米曰糯。"古人认为：粳者硬也。相当于今日江西农村的"粘"（zhan），即栽培学上的"粘稻"；糯稻即今日之糯。粘与糯的区别主要在于米粒淀粉的结构不同，粘稻米粒中含直链淀粉较多，糯稻米粒中则含支链淀粉多。粘稻米黏性较差，胀性大，出饭率高；糯稻米黏性强，胀性小，常用作酿酒的原料。所以，古代的粳稻和现代的粳稻是不同的，古代的粳稻即今天的粘稻，古代的粘稻即今天的糯稻，当然，古代亦用糯稻这个名称。

再有，现代栽培上常常根据不同的生育期，将品种划分为早熟、中熟和晚熟，《天工开物·乃粒》中也有早、晚之分，"凡秧既分栽后，早者七十日即收获，最迟者历夏及冬二百日方收获"。前者属于早熟早籼，后者属于单季晚稻晚熟品种，这种品种现在很少见。

另外，古代还有按"形""色"来区分水稻品种的，《天工开物·乃粒》中载："凡稻谷形有长芒、短芒、长粒、尖粒、圆顶、扁面不一。其中米色有雪白、牙黄、大赤、半紫、杂黑不一。"可谓形形色色，多彩多姿，品种十分丰富。据调查，现在奉新全县有水稻品种 106 个，其中早中稻 68 个，一季晚稻 18 个，双季晚 20 个[②]，为数亦相当可观。但从"形色"来看，随着水稻品种的变化发展，日益呈现单一化、规范化的趋势。尽管如此，一些传统的地方名贵稻米的生产还是经久不衰。在奉新县有一种红米，据说就已有近千年的栽培历史，其品质独特，色泽红艳，食味可口，明清时期曾被征调为"贡米"。可以预见，随着水稻生产的发展，人们对于"色香味"俱佳的优质米的需求日益增加，传统名产将得到新的发展，与此同时，曾经被宋应星所否定的"香稻"也会重新得到重现。

但也有些品种，由于社会经济和自然条件的变化，已经在奉新消失，如《天工开物·

---

①② 参见奉新县区划委员会办公室编《奉新县农业资源调查和区划文集》（内部资料）。

乃粒》中提到的"旱稻"，尽管在中华人民共和国成立以后曾试种过，但随着山区水电设施的发展，已经失去了其存在价值。

品种的改变，一方面使丰产、耐肥的现代新品种迅速推广普及，取代地方品种，另一方面也使地方品种的一些优良特点，如抗病虫害、耐瘠、耐不良环境条件、品质优等被淘汰，导致可以用以培养新品种的基因资源日益减少，而品种的单调，将会使农业面临重大灾难。因此在推广良种的同时，必须注意保存地方品种资源，只有这样才能够使农业持续稳定发展。

四、耕作制度

除水稻以外，《天工开物·乃粒》还记载了其他作物，如小麦、大麦、穬麦（一名"青稞"）、黑麦、雀麦、荞麦、黍、稷、粱、粟、芝麻、豆类、蔬菜等许多作物，各种作物的布局、间作套种、复种和轮作有机组合形成种植制度。根据《天工开物·乃粒》的记载，我们大致可以归纳出以下几种复种轮作方式：

1. 稻—稻

《乃粒》："天工开物·南方平原，田多一岁两栽两获者。其再栽秧，俗名晚糯，非粳类也。六月刈初禾，耕治老稿田，插再生秧。其秧清明时已偕早秧撒布。"今天这种连作方式基本上保留下来了，早稻在平原地区无论是早熟、中熟还是晚熟，都在七月底以前（农历六月）收割完毕，然后翻耕，插上晚稻，晚稻秧也一般采用旱秧，所不同的是，晚稻秧的播种期已经推迟，并不是在清明时"偕早秧撒布"，而是在六月中旬（芒种到夏至这段时间），原因可能是品种的变化，晚稻所需要的光热缩短，另外还一反糯稻垄断晚稻的局面，主要以生产粘（zhan）稻（即古之"粳稻"）为主，特别是随着近年来杂交水稻的推广，粘稻在晚稻的栽种面积和产量中都已独占鳌头，尽管如此，糯稻还主要用作晚稻种植，在晚稻中占有一定比例。

《乃粒》中所载平原地区的这种双季稻生产，后来演变为一年三熟制，即稻—稻—肥或稻—稻—油。这种多熟制在奉新占有相当的优势，据 1980 年的统计，三熟制占58.29%[①]，今后随着耕作技术的改进（如薄膜育秧、温室育秧的运用）以及水稻品种的改良，三熟制所占比例将会有所增加。

2. 稻—菽（肥、荞麦、麻、蔬菜等）和稻—草

《乃粒·稻工》记载："假如有牛者供办十亩，无牛用锄而勤者半之，既已无牛，则秋

---

① 参见奉新县区划委员会办公室编《奉新县农业资源调查和区划文集》（内部资料）。

获之后，田中无复刍牧之患。而菽、麦、麻、蔬诸种，纷纷可种，以再获偿半荒之亩，似亦相当也。"这段话说明当时存在着两种经营方式：一种是有牛人家，在水稻收割以后，任稻田中生长牧草，成为"半荒之亩"用于养牛；另一种是无牛人家，在秋收之后，再种上旱地作物，所谓"菽、麦、麻、蔬诸种"。如《乃粒·菽》有："江南又有高脚黄，六月刈早稻方再种，九、十月收获"，"凡已刈稻田，夏秋种绿豆。"再如《乃粒·麦工》："凡荞麦南方必刈稻，北方必刈菽、稷而后种。"此外，还有稻—肥，麦—稻等方式。"南方稻田，有种肥田麦者，不冀麦实，当春小麦、大麦青青之时，耕杀田中，蒸罨土性，秋收稻谷必加倍也。"种麦作绿肥，还有"南方大麦有刈之后，乃种迟生粳稻者"，这些都大致相当于一年二熟制。

如今奉新一年二熟制主要分布在丘陵地区，有稻—稻—闲，稻—肥，稻—油等方式。另外，在平原双季稻区（如该县的宋埠乡）还有少量的稻—荸荠—闲或稻（豆）—豆（稻）—闲（肥）或稻—稻—麦（蚕豆、豌豆）的方式。这些方式都是在原来的基础上发展而来的。如稻—荸荠—闲及稻—油是对古代稻—蔬的继承和发展；稻—豆则古已有之；至于稻—肥则只是将原来作为绿肥的大、小麦改为红花草，没有实质上的变化。

除了三熟制、二熟制，在山区还有一熟制，主要是稻—闲田。这种一熟制古今都存在，不过古代的比重要大些。

纵观奉新古今耕作制度的变化发展，可以看出以下两个趋势：一是多熟制发展，一熟变二熟、二熟变三熟，复种指数提高；二是水旱轮作变为水旱分家，原来一般在稻熟之后，再种上旱作，现在是水田归水田，旱地归旱地，泾渭分明。这种耕作制度的变化发展，促进了生产的发展，同时也带来了一些问题，多熟制的发展、对土地的多次利用，影响到地力的恢复，不能做到用养结合，《乃粒》中就注意到刈稻之后种荞麦"能使土瘦"的现象。因此，《乃粒》中也反映出古人在轮作的同时，也有实行农牧结合的，即在秋获之后，田中种草刍牧，在西方也有这种方式，称为谷草式农业（Ley farming）。这种方式不仅使牛得到刍牧，还能够使地力得到恢复，二得之便。但现已不存在了。水、旱分家也有很多弊病。双季稻连作，种植时间长，土壤淹水达7个月之久（3月下旬至10月下旬），长期处于板田状态，结果土壤板结僵化，通透性差，年复一年，土壤还原，次生潜育化不断加剧。有的常年种植同种作物，没有与其他作物，特别是豆科作物的合理轮作，导致土壤肥力下降，还不利于防病灭害（虫害、草害）。近年来，奉新正在着手进行耕作制的改革，推行水旱轮作，如豆—稻—闲，早稻—大豆—油菜和一季稻—马铃薯—冬作等，有的地方已初见成效。[①] 可以预见，这种改革必将使传统的耕作制度的精华发扬光大。

---

① 参见奉新县区划委员会办公室编《奉新县农业资源调查和区划文集》（内部资料）。

五、栽培技术

《乃粒》作为农业科技文献，详细地论述了水稻生产过程的各个方面，从耕耘到收获，包括浸种、育秧、移栽、施肥、耘籽、灌溉、防害等栽培技术，这些栽培技术大部分被保留下来，在现在的水稻生产中还斑斑可见，使我们不得不惊叹传统农业的影响力。

1. 浸种、育秧和移栽

浸种首先遇到的是浸种期，过早则气温低，易引起烂秧、缩短大田生长期，造成早穗，穗小粒少；过迟就推迟了移栽，甚至影响到二晚的栽插，最终影响到产量。《乃粒》载："湿种之期，最早者春分以前，名为社种，遇天寒有冻死不生者，最迟后于清明。"社种就是在社日（春分前后十天内的戊日）浸种，在今奉新也有春分以前 6～7 天浸种的习惯，称为"浸社种"，而在奉新稳定通过 10℃ 保证率 80% 的初日是在 3 月底 4 月初，因此社种常有"遇天寒有冻死不生"的危险。当地一般根据物候来确定浸种期，所谓"枫树叶躲得雨，禾种下得水"。现在最迟不过清明，因为早稻过晚，必然影响到晚稻移栽。而古代多为单季稻，则不受此影响。现在提出"稳中求早"的要求，浸种期普遍有所提前，"懵懵懂懂，清明下种"已成了老皇历。与此相反，今天晚稻育种期则推后了，原来南方平原双季稻区的晚稻秧"清明时偕早秧撒布"，而现在一般在芒种后（六月中旬）、最晚在六月底以前。无论如何，古今有一点相同的，那就是早稻多为水秧、晚稻多为旱秧，"早秧一日无水即死"，晚秧"任从烈日暵干无忧"。

至于在单季稻区，一般在谷雨前一两天浸种，到仲秋时收获。

浸种方法古今也是相同的。《乃粒》载："凡播种先以稻麦稿包浸数日，俟其生芽，撒于田中。"这种做法现在农民称为"包禾种"，具体做法：在竹筐内，垫上稻草，将浸了 24～48 小时的水谷滤起，倒入竹筐中，盖好压实，用热水清芽，6～7 天以后，幼芽冒出，然后再播种到秧田里去，撒种时也要求均匀。"秧生三十日，即拔起分栽"，这也和现代相似，现在秧龄一般也为 30 天，但根据具体情况有所不同，如三留田（红花、油菜、小麦），其秧龄则长达 40 天左右。播种量偏少，只有 100 斤左右。相反，有的秧龄只有 10 来天。《乃粒》强调秧龄适中，忌讳秧龄过长，因为"秧过期老而长节，即栽于亩中，生谷数粒，结果而已"。亦就是说秧龄过长，在苗床中已拔节孕穗，"带崽上轿"，在大田中的营养生长期短，分蘖少，每亩的穗数和每穗的粒数都受到影响。

秧田的播种面积常常是根据秧田和大田的比例关系来确定的，《乃粒》："凡秧田一亩所生秧，供移栽二十五亩。"据说，直到 20 世纪 50 年代初期，江西地区的秧田和大田的比例关系，基本上还是这样的。^① 50 年代后期，为了提高光能利用率，采取了合理密植的方式，秧田和大田的比例关系开始改变，现在根据不同情况分别采用 1∶8 或 1∶7 或 1∶6 的比例，大田的行株距为 5 寸×6 寸，每亩可达 20 000 株，比古代要密得多。

2. 施肥、耘籽、灌溉、防害

水稻移栽之后，接着转入了田间管理。《乃粒》认识到"凡稻，土脉焦枯，则穗实萧索"。因此，施肥是夺取水稻高产的关键。如何解决粪源？当时主要仰仗于"农家肥"，所谓"人畜秽遗，榨油枯饼，草皮木叶，以佐生机，普天所同也。"此外，还有"磨绿豆粉者，取溲浆灌田"；有"豆贱时，撒黄豆于田"；"有种肥田麦者，不冀麦实，当春小麦、大麦青青之时，耕杀田中，蒸罨土性"作绿肥的。现在化肥已广泛使用，但《乃粒》中所提到的这些农家肥，还不失为重要的肥源。中华人民共和国成立以后，也曾直接把黄豆撒到田中作为肥料，但发现这种做法不合算，后来就改为用黄豆养猪、猪粪肥田的办法，一些枯饼也采用了同样的办法，如麻枯，这样多层利用，提高了豆、枯等的经济效益。

在施肥方面，《乃粒》不仅注重肥料的肥效，如"胡麻、莱菔子为上，芸苔次之，大眼桐又次之，樟、柏、棉花又次之"，而且还注意到因地施肥，如"土性带冷浆者，宜骨灰蘸秧根，石灰淹苗足"。所谓"土性带冷浆者"即潜育型水稻土，这是一种酸性土壤，表现为严重缺磷，以"骨灰蘸秧根"是补充土壤中有效磷的不足，而"石灰淹苗足"则是用石灰中和土壤中的酸性，以改良土壤。今天奉新还有用骨灰和石灰的习惯，使用骨灰时，先将禽兽骨烧或直接研成粉末和水搅拌，将秧根在骨汁中浸蘸，然后下播。使用石灰时，早稻田是将石灰撒于绿肥田中和绿肥一道翻耕，晚稻田则是翻之后再撒于田中，然后再插秧，和古代做法也是大同小异。

水稻返青之后，就要耘田。耘田主要是"扶泥壅根"清除杂草，这样"非类既去而嘉谷茂焉"，耘田关系到水稻的丰产，"倘若风雨不时，耘籽失节，则六穰而四秕者容有之"。^② 因此，古人很重视耘田。古时耘田有耘、籽之分，《乃粒》说："凡稻分秧之后，数日旧叶萎黄，而更生新叶。青叶既长，则籽可施焉（俗名'挞禾'）。植杖于手，以足扶泥壅根，并屈宿田水草，使不生也。凡宿田萮草之类，遇籽而屈折。而稗、稗与茶、蓼非足力所可除者，则耘以继之。"现在耘、籽不分，统称为"耘田"。在奉新农村，多采取"籽禾"的方式，俗名仍旧称为"挞禾"。这里还有个传说，说宋应星在家时，颇留心农事，备尝稼穑之艰难，传说以前农民多采用"耘禾"的方式，这种方式"耘者苦在腰手，辨在两眸"，很是吃力。因此，宋应星积极推广"籽禾"，以减轻劳动强度，后来农民多以

---

① 〔明〕宋应星著，钟广言注释：《天工开物》，广东人民出版社 1976 年版，第 13 页。
② 〔明〕宋应星：《天工开物》卷四《精粹》。本文未注明出处者均见《天工开物》卷一《乃粒·稻》。

籽代耘了。在籽禾时，为了加大足部与稻田的摩擦，还常常用稻草做成"脚箍"，套在足上，从《乃粒》的插图中可以看到这点。据说前几年还有人使用。现在耘田一般是两次，第一次在移栽后的 10～15 天，以后隔 10 天又耘一次。耘田的方法和《乃粒》所述一模一样。

《乃粒》在叙述了"耘籽"之后，接着指出"从此泄以防潦，溉以防旱，旬月而奄观铚刈矣"，把管水当作水稻后期管理的重点。的确，《乃粒》很强调"管水"，不厌其烦地说："凡稻旬日失水，即愁旱干"，"则死期至"，强调水对水稻的重要性。

《乃粒》说："早秧一日无水即死"，在今日奉新早稻育秧中最主要的风险是低温危害，即"春寒"引起的烂种烂秧。但管好用好水对于早稻育秧的保温防寒，仍有一定作用。

《乃粒》在管水方面还很注意因地制宜，根据地势高低，合理安排农业生产。山区地势高，水源短缺；湖边地势低，多发生洪涝，因此"夏种冬收之谷，必山间源水不绝之亩"。"湖滨之田，待夏潦已过，六月方栽者，其秧立夏播种，撒藏高亩之上，以待时也。"气象资料表明：奉新一般从五月起进入汛期，六月底结束，因此推迟播种、移栽正好可以避过洪峰，免遭水害。

早稻收割以后，常常出现干旱危险。奉新春旱、伏旱、秋旱、伏秋旱都曾出现，以秋旱出现为多，伏秋旱为害严重，构成对二晚和其他秋季作物的威胁，因此，《乃粒》主张："凡再植稻遇秋多晴，则汲灌与稻相始终。"

《乃粒》对每株稻的需水量做了统计，指出："凡苗自函活以至颖栗，早者食水三斗，晚者食水五斗，失水即枯。"日本科学史家薮内清教授认为这种说法大体上是正确的。[①]现在奉新县早稻全生育期总需水量一般是 450.8 毫米，二晚为 508 毫米，与宋应星的统计略有出入。水稻一生的需水量是很大的，在黄熟期也不例外，以早稻为例，黄熟期的需水量占全生育期的 16%，如收割时，过早断水，势必引起早衰，影响后期光合作用和干物质累积，正如《乃粒》所说："将刈之时，少水一升，谷数虽存，米粒缩小，入碾臼中亦多断碎。"因此，现在奉新早稻一般采取带水收割的办法，二晚杂交水稻也强调断水不能过早。

在防治病虫害方面，《乃粒》并没有留下什么可咨借鉴之处。这是由于历史条件的限制，人们还没有弄清产生病虫害的真正原因，也就找不到防治病虫害的真正办法。这一点集中地表现在稻瘟病的防治方面。稻瘟病是古今水稻生产所面临的主要病害之一，是由真菌引起的水稻病害，水稻被侵染致病后，严重时稻株变红，像火烧一样，所谓"尽发炎火"。《乃粒》错误地把它归结为晒种时"入仓廪关闭太急，则其谷粘带暑气"的结果，因

---

①　（日）薮内清等：《〈天工开物〉研究论文集》，商务印书馆 1959 年版，第 64 页。

此提出"种谷晚凉入廪，或冬至数九天收贮雪水冰水一瓮，清明湿种时，每石以数碗激洒"的解决办法，实际上这种办法是无效的。这种做法在奉新也早已不复存在了。这也使我们认识到，历史的发展是一个不断"扬弃"的过程，正确的且行之有效的东西总是被人们所接受，而代代相传，错误的东西则常常为人们所抛弃。

六、一点感想

"国以民为本，民以食为天。"历代政治家、思想家和农学家都很重视粮食生产，今天我们又重新提出了抓粮食生产的问题。如何发展粮食生产，从奉新水稻生产的历史中我们可以得到某种启示，奉新县 1949 年的水稻种植面积是 34.8 万亩，总产 8 048.18 万斤，平均亩产 231 斤；1985 年水稻种植面积为 64 万亩，总产 42 000 万斤，平均亩产 656 斤。虽然这种水平在全国来说并不先进，但他们在这三十多年的时间内粮食产量翻了两番，也是很不简单的。依我之见，主要有下面三点经验：一是抓品种引进与改良。1949 年以后，奉新的水稻品种发生了三次重大的变化，选用高光效、耐肥品种使产量发生了变化，特别是杂交水稻的引进与推广，使晚稻超早稻得以真正实现。二是改进耕作制度，提高复种指数。原来奉新县多为单季稻生产，复种指数很低，后来单季改双季，一熟变多熟，复种指数提高使年产量也相应提高。三是改进栽培技术。品种和耕作制度的变化，必须要求改进栽培技术，如杂交水稻的推广，必须学会杂交制种。在光热条件不足的地区发展双季稻，就必须采取相应措施抓早稻，攻晚稻，提高单产。一言以蔽之，要解决粮食问题，必须在政策既定的条件下，依靠科学，发展生产。

在这次调查中，我们看到：尽管农业生产已经发生了质的飞跃，但农民使用的还是传统的生产工具——犁、耙、水车，除了说明传统农业的现实价值以外，还说明农民劳动负担的加重，我们在赞叹农民用简单生产工具创造出惊人成就的同时，也深深地感到：只有现代化、机械化才是农业的根本出路，才能把农民从几千年来繁重的体力劳动中解放出来。

第四编

耕作制度

直播稻的历史研究[*]

　　2001 年 11 月底 12 月初，在北京中国农业博物馆召开的中、日、韩农史研讨会上，聆听了韩国人文社会科学学会金荣镇教授和庆北大学李镐澈教授有关韩国稻作史的论文，[①] 后来又读到了釜山大学崔德卿教授的论文，[②] 对韩国农业史有了初步的了解，其中印象最深的就是韩国历史中稻的栽培法。据三位教授的文章介绍，韩国历史上存在过直播法和移栽法两种水稻栽培方法。其中直播法又分为水耕法和干耕法。水耕法是直接把稻种撒到水田里去的一种做法；干耕法则是在没有水利灌溉的情况下，把稻种在干燥的土地上，像旱稻一样栽培，等到雨季灌满雨水后，才像一般水稻那样栽培。移栽法也可分为湛水养苗移秧栽培和干田育苗移秧栽培（即干畓稻）。

　　韩国的水稻栽培法对于我们来说并不陌生。以韩国所谓的"干畓稻"为例，这种栽培方法类似于中国所谓"旱地育秧"或称为"水稻旱秧田法"。这种旱地育秧方法至今还在使用，但追查历史则会发现，出现于 17 世纪韩国农书中的这种方法至少在 11 世纪

　　* 本文原载于《中国农史》2005 年第 2 期，第 3 - 16 页。

　　① （韩）李镐澈、朴宰弘：《朝鲜后期农书中水稻品种分析》，《古今农业》2003 年第 1 期，第 32 - 45 页；金荣镇：《17 世纪韩国水稻栽培技术体系》，《古今农业》2003 年第 2 期，第 48 - 60 页。

　　② （韩）崔德卿：《韩国的农书和农业技术——以朝鲜时代的农书和农法为中心》，《中国农史》2001 年第 4 期，第 81 - 95 页。

宋代中国就已出现，并一直延续到近代。① 类似朝鲜的"干耕法"似乎也在宋代出现。②以直播稻而言，20世纪50年代中国北方曾大面积推广水稻直播，黑龙江省80年代以前水稻直播占到70%，中国南方60年代也采用过直播。近年来，随着经济的发展，大量农村青壮年劳动人口进入城市劳务市场，农村劳动力的减少，以及化学除草剂等广泛使用，直播稻栽培又呈现迅速发展的态势。或许有人以为直播稻是近年发展起来的新技术，殊不知水稻直播栽培古已有之，甚至比移栽出现更早，即先有直播，而后有移栽。从全球来看，水稻直播栽培也比较普遍，美国、澳大利亚、俄罗斯全部采用直播，亚洲的马来西亚、菲律宾、韩国、日本等国家的直播面积呈上升趋势。从中国来看，虽然直播在唐宋以后的水稻栽培中已不再是主流，但直播稻一直保留下来。近代一些以刀耕火种为特点的山区少数民族地区仍然以直播的方式来种稻，他们"将山坡上之天然草木纵火焚去，迹其余烬，就地播种，不再分秧，任其生长"。虽然有些地方已经注入了精耕细作的农业元素，如驾牛将地犁松，以长圆石轮顺土滚拖，碾土为细末，再以木耙钩尽芜草，始将谷种撒于细土上，以犁翻土，又用齿耙拖拽，则谷种即掩于细土中二三寸许。③ 但在不移栽这点上仍然延续了刀耕火种时代的老路。我们的问题是：为什么在移栽技术出现之后，被视为"耕种灭裂"的落后的生产方式——直播技术依然存在？

在中国，水稻移栽最早可追溯到汉代，而大规模的普及则是在唐宋以后。但在水稻移栽普及之后，直播并没有完全消失，反而还在许多地方一直流传下来。我们并不是要带着民族主义或爱国主义的情感，说韩国的直播栽培、"干畓稻"一定是从中国引进的，但理智地分析水稻栽培的历史，对于探讨水稻栽培技术在东亚的交流与比较还是有意义的，同时，它还具有一定的现实意义。就直播稻而言，随着当代农业可持续发展受到关注，为了减少农业生产成本，直播法越来越得到重视。历史上的直播栽培技术和直播稻品种值得重新认识，因为这些技术和品种都是在长达数千年的文化和自然环境因素下积淀下来的。基于丰富的农业遗产资源，是开发未来粮食资源的重要手段之一。

---

① 〔北宋〕王得臣《麈史》卷三载："安陆（今湖北安陆）地宜稻，春雨不足，则谓之'打干种'。盖人、牛、种子倍费。元符己卯（1099年）大旱，岁暮，农夫告曰：'来年又打干矣。盖腊月（农历十二月初八）牛曝泥中则然。明年果然。'"〔清〕程瑶田《九谷考》载："吾徽播种生秧，有水旱二法。然皆必拔而更莳，及其更莳也，则皆为水田中。"又民国八年（1919年）《建德县志》卷二载："他处有不施水之秧田，谓之'畑秧田'，其利或出水田之上。"民国时，四川省立教育院的曾吉夫教授则总结了一套"水稻旱秧田法"。（中国农业遗产研究室编辑，王达、吴崇仪、李成斌编：《中国农学遗产选集·甲类第一种·稻·下编》，农业出版社1993年版，第177、549页）

② 〔宋〕叶廷珪《海录碎事》卷一七载：宋代"果州、合州等处（今重庆直辖市）无平田，农人于山陇起伏间为防，潴雨水，用植粳糯稻，谓之畽田，俗名'雷鸣田'，盖言待雷鸣而后有水也，戎州亦有之。"

③ 民国二十一年（1932年）《罗平县志》卷六，引自中国农业遗产研究室编辑，王达、吴崇仪、李成斌编：《中国农学遗产选集·甲类第一种·稻·下编》，农业出版社1993年版，第904页。

截至目前，中国农史学界还没有对于中国历史上的水稻栽培法做过系统的研究。本文将针对其中的一个问题进行讨论，即中国历史上的水稻直播法。① 本文的重点将放在移栽法出现之后的直播法，从技术和经济两个方面，探讨在移栽技术出现之后，为什么在许多地区相当长的时间里还存在直播技术？同时，本文还将对中国历史上的水稻直播技术和直播稻品种作一分析。

一、中国历史上直播稻的分布

按照金荣镇教授的提法，朝鲜水稻栽培技术发展进步的顺序是湛水直播栽培、干田直播栽培、湛水养苗移秧栽培和干田育苗移秧栽培。也就是说，由直播栽培向移秧栽培发展是历史发展的必然趋势。但审视中国稻作史，则会发现虽然移栽取代直播是总的趋势，但直播在相当长的时间内还一直存在，这与许多方面的因素有关。

一般认为，最初的水稻栽培肯定是直播。虽然有资料表明，汉代北方就已采用水稻移栽法，即《四民月令》所提到的"别稻"，但移栽并没有得到普及。北魏时贾思勰《齐民要术》在谈到北方水稻和旱稻的栽培时中都提到"拔而栽之"②，但这里所谓的"拔而栽之"，并不等同于育秧移栽，而仅仅是出于除草和间苗的需要所采取的原田拔栽。即拔出之后，经过除草仍旧栽在原田上，或是将稠密地方的稻苗拔起补栽在稀疏的地方。虽然有学者认为，水稻移栽起源与拔苗补栽有关，但《齐民要术》所谓的"拔而栽之"还不能说是移栽。如果田中杂草不多，稀密大体均匀，拔而栽之也就没有必要了，也就是说，"拔而栽之"只是偶尔为之的现象，③ 对于稻田中大多数的稻株来说，仍然是直播。上述所谓的"拔而栽之"还只是在北方连作稻田和旱稻田中所发生的情况，对于大多数的稻田，特别是南方的稻田来说，所采用的可能都是直播法。

唐宋以后，移栽法得到了普及，但直播依旧在江淮及其以南的广大地区存在（表1）。

---

① 游修龄在《中国稻作史》中有一节提到直播，指出直播有两种情况：一是旱稻（陆稻）的直播，二是水稻的水田直播。并认为，旱稻的直播起源早于水田的直播；《齐民要术》中仍然沿用的是直播法。

② 《齐民要术·水稻篇》："北土高原，本无陂泽。随逐隈曲而田者，……既生七八寸，拔而栽之（既非岁易，草稗俱生，芟亦不死，故须栽而薅之）。"《齐民要术·旱稻篇》："科大，如概者，五六月中霖雨时，拔而栽之。入七月，不复任栽。"

③ 这种现象在移栽普及的今天仍可看到。今日农民在耘稻时，看到一杂草与稻株盘根错节时，也会偶尔采用拔而栽之的办法来清除杂草，然后将稻苗回栽。

表1　唐宋以后历史文献中有关直播的记载

地　区	时代	情　况	类型	出　处
淮河流域 湖北	南宋	湖北地广人稀，耕种灭裂，种而不莳，俗名"漫撒"。	水稻	〔宋〕彭龟年《止堂集》卷六《乞权住湖北和籴疏》
淮河流域	宋元	尝见淮上濒水及湾泊田土，待冬春水涸耕过，至夏初，遇有浅涨所漫，乃划此船（指划船，别名"秧塌"），就载宿浥稻种遍撒田间水内；候水脉稍退，种苗即出，可收早稻。	水稻	〔元〕王祯《农书·农器图谱集之十二》
安徽泗州	明代	泗之农惰，四方所无。每岁必俟播种始耕，而又不知用粪。黄牛力小，不能深入，耕即下种，虽块如升斗不顾，稻田亦未插秧者，间或有之，千百之什一耳。	水稻	明万历二十七年（1599年）《帝乡纪略》卷五《风俗》
安徽颍上县	清代	其渠种，多撒稻，少树秧。	水稻	清道光六年（1826年）《颍上县志》卷五《风俗》
河南光山	清代	深水晚，夏种秋收，性耐水，能从深浸抽茎出水面，但须厚壅。	水稻	清乾隆五十一年（1786年）《光山县志》卷十三
江苏北部灌云、东海	民国	灌云、东海间植少数旱稻，播种以后，遇雨即成水田，稻秧不再移栽，此与纯粹水稻者不同。	旱稻	民国十五年（1926年）《江苏分省地志·农业》
长江流域 江苏泰州	晋	海陵县扶江接海，多麏兽，千千为群，掘食草根，其处成泥，名曰"麏畯"，民人随此种稻，不耕而获，其收百倍。	水稻	〔晋〕张华《博物志》
湖北德安	明	布种即茂，不待莳插而芒黑者，谓之"乌漫儿"。……谷宜深水种，谓之"骑牛撒"。布种不插而芒白者，谓之"白芒儿"。	水稻	明正德十二年（1517年）《德安府志》卷二《土产》
江苏如皋	清代	水乡多以稻散布于田，听其自熟，米色红而味香。	水稻	清康熙《如皋县志》卷六《食货》
江苏海曲	清代	若水乡则不莳秧，惟以稻散布于田，听其自熟。	水稻	清嘉庆二十三（1818年）《海曲拾遗》卷六《物产》
吴下、南海	清代	莳耘之后，有锄抓法。又不用牛，则吴下泥沃也。南海田乘柈播刈，与湖退之圩*，漫撒同法。	水稻	〔明〕方以智《物理小识》卷六
江苏太仓	清代	予闻东乡有撮谷法，种必倍收，而人每不肯种，又不能多种。……人何不略仿此意而小试之？撮谷区田之倍收有故。盖秧不移，元气未泄也。	水稻	〔清〕陆世仪《思辨录辑要》卷十一《修齐类》
江苏吴县	清代	撒谷种，莫插秧。四月底，二尺长。拔秧损禾根，其时土干日燥，萎而复苏，元气伤矣，故宜撒种。	水稻	〔清〕《潘丰豫庄本书·丰豫庄诱种粮歌》

（续）

地　区		时代	情　况	类型	出　处
长江流域	上海	清代	粳稻，宜水田，春分浸谷，四月莳秧，八月熟。亦有播谷散种者。	水稻	清同治九年（1870年）《上海县志》卷八
	上海崇明	民国	散植畎地。	旱稻	民国十八年（1929年）《崇明县志》
	浙江建德	民国	不为秧田即播种籽于本田。	水稻	民国八年（1919年）《建德县志》卷二
	四川江津	清代	近得一夹种之法：……随犁随布种，……种布既毕，再耙一过，使细土覆种，数日后秧苗有行列，宛如栽插，其根深入土中，最能耐旱。	水稻	清乾隆三十三年（1748年）《江津县志》卷六《食货志》
	四川潼川	清代	有一种旱谷，不必浸种分秧，但耕田下子，其性耐旱，宜于高阜。	旱稻	清乾隆五十年（1785年）《潼川府志》卷三
	云南孟密以下	明代	孟密以上，犹用犁耕栽插，以下为耙泥撒种。其耕犹易，盖土地肥腴故也。	水稻	〔明〕朱孟震《西南夷风土记》
	云南罗平	民国	将谷种洒于细土上，……月余秧长五六寸时，以牛拖拽长圆石轮，滚于秧苗上，……不数日，秧苗旺发，绿叶成丛，仍复旧状。……嗣苗高尺许，以小钩锄将芜莠恶草铲除，捶其根旁，如此耘锄二次或三次后，工作始毕，迨八、九月之间，谷熟登场。	旱稻	民国二十一年（1932年）《罗平县志》卷六
	云南腾冲	民国	四月小满节前后，均匀播种，不须再行插秧，坐待秋获。	旱稻	民国三十年（1941年）《腾冲县志稿》卷十七《农政》
岭南地区	岭南	南宋	其耕也，仅取破块，不复深易，乃就田点种，更不移秧。既种之后，旱不求水，涝不疏决，既无粪壤，又不籽耘，一任于天。	水稻	〔宋〕周去非《岭外代答》卷三《惰农》
	钦州	南宋	钦州田家卤莽，牛种仅能破块。播种之际，就田点谷，更不移秧。其为费种莫甚焉。既种之后，不耘不灌，任之天地。	水稻	〔宋〕周去非《岭外代答》卷八《花木门·月禾》
	海南	清代	生黎不识耕种法，亦无外间农具，春耕时用群牛跣地中，践成泥，撒种其上，即可有收。	水稻	〔清〕张长庆《黎岐纪闻》
	海南	清代	生黎不识耕种法，惟于雨足之时，纵牛于田，往来践踏，俟水土交融，随手播种粒于上，不耕不耘，亦臻成熟焉。	水稻	〔清〕《琼黎一览》

（续）

地 区		时代	情 况	类型	出 处
岭南地区	广西桂平	清代	岭禾，一名玉米，其种在于岭坡，耕地如畦町，播种散在地上，随生随熟，不用插。	旱稻	清乾隆三十三年（1768年）《桂平县资治图志》卷四
	广西	清代	畬禾……彼人无田之家，并瑶僮人皆从山岭上种此禾，亦不施多工，亦惟薅草而已。	旱稻	清嘉庆五年（1800年）《广西通志》卷八十八《南宁府》
	广西	民国	火稻，又呼大米……种法如种麦。……陆稻俗名干禾，系旱地作物，栽种时以种子撒播于土中，任其生长，可不施肥。多种于山丘斜坡之地，瑶苗特种民族，种者较多，往往与幼桐间作。	旱稻	民国三十八年（1949年）《广西通志稿（上）》
	广西贵县	民国	浮禾。苗长径丈，谷有芒，米粒大如粳……春雨未濡，播种于积潦之区（俗呼塱塘），及长，苗随波上下，不患淹。	水稻	民国三十八年（1949年）《广西通志稿（上）》
	广东廉州	清代	廉人将种谷撒田，听其自生，密如栉比，禾根紧促，不能舒长，故穗短而实寥寥。	水稻	道光十三年（1833年）《廉州府志》卷四
	广东钦县	民国	平原淡田，春久不雨，泥块被烈日晒结，早造耕作，须用石碾碾过，木椎椎过，使泥块粉细，再耙平，撒种下田，用泥覆之，谓之旱（旱？）种。	水稻	民国二十三年（1934年）《钦州府志》卷八《农业》
	海南各山僻地	民国	焚去山坡之自然草木，就地播种，不再分秧，任其生长者。	旱稻	民国二十二年（1933年）《海南岛志·物产》
	广东东部沿海	清代	唯粤东有咸水稻种，撒于海滩，不劳而收。	水稻	〔清〕包世臣《中衢一勺》
黄河中下游流域	山东诸城	明	海上斥卤原隰之地，皆宜稻。播种苗出，芸过四五遍，即坐而待获。	水稻	明万历三十一年（1603年）《诸城县志》
	河北丰润	清代	丰润水田更莳。旱田直播種而生之。	旱稻	〔清〕程瑶田《九谷考》
	河北张北	民国	先将地分成畦，再将水灌入，然后撒种于土内，十余日即出土，须拔草三四次。	水稻	民国二十四年（1935年）《张北县志》卷四
	河北怀安	民国	每年立夏前后，将地堰叠筑完成，灌以清水，深入三寸，浸二三日后，将水放尽，刨土使松，再灌以水，不须肥料，即堪下种。至大暑前后，将水放出，即行刈获。	水稻	民国十七年（1928年）《怀安县志》卷六《物产》
	河北滦县	民国	粳子，旱种曰粳……每年清明下种，不分秧，秋分收获。	旱稻	民国二十六年（1937年）《滦县县志》卷十五《物产志》

（续）

地　区		时代	情　　况	类型	出　　处
西北	甘肃高台	清	稻，高台宜种，人鲜知法。间有种者，亦非插秧。但洒谷种，任其自生耳。	水稻	清乾隆二年（1737 年）《肃州新志》卷六《物产》
	甘肃高台	民国	土人不谙置畦、插秧之法，只散播种籽于田间，听其自生，故收入不及南方优胜。	水稻	民国十年（1921 年）《高台县志》卷二
	新疆阿克苏、玛纳斯	清	水田犁行，一周布籽泥淖中，用耙覆之。不知分秧之法，稂莠蔓生……	水稻	清宣统二年（1910 年）《新疆志稿》卷二《农田》
	宁夏东部沿河各县	民国	农民耕种，只于春暖时，将田土翻犁耙平，引渠水灌注，于芒种（六月初）时，将稻种播散田中，使其自行苗苗生长以至收获，从无分秧者。	水稻	民国三十六年（1947 年）《宁夏纪要》

注：＊"湖退之圩"，一作"湖湘之圩"，表明今湖南地区在明末清初时也有水稻直播的存在。

　　唐宋以前，直播是一种普遍现象，有关直播的记载并不多；唐宋以后，水稻移栽已普及，直播反倒是少见多怪，因此有关直播的记载多了起来，从这些记载中可以看出，稻的直播栽培在江淮及其以南的稻区一直都存在。黄河流域种稻不多，且多以旱稻为主，其所用的栽培方法自然和北方旱地作物栽培方法一致，即直播而非移栽。不过从现有的材料来看，明代山东沿海地区的水稻栽培采用直播的方式。民国时期河北在保留原来的旱稻直播栽培的同时，出现了水稻直播。淮河流域是中国农业的水旱交错地带，唐宋以后，稻作得到了发展，直播稻占有相当的分量。淮河流域的直播稻以水稻为主，间或也有旱稻，甚至是介于水稻、旱稻之间的类型，既非旱稻，又与纯粹的水稻不同。长江流域是水稻的主产区，自宋代以后，这里便有直播稻的记载，除了在一些地势较高、水源缺乏的地方，如上海崇明、四川潼川存在旱稻直播以外，本区的直播稻都以水稻为主。长江上游地区的直播稻则多为旱稻，种植者多为当地的少数民族。岭南地区的直播稻分布也比较普遍。

二、直播稻存在的原因分析

　　直播稻是一种原始的稻栽培方式。原始农业时期，人们采取刀耕、火耕，乃至象耕鸟耘的方式整地，然后撒上种子，直至收获[①]。这个过程中并没有移栽环节，最多只是将个

---

　　① 曾雄生：《象耕鸟耘探论》，《自然科学史研究》，1990 年第 1 期，第 67-77 页；《没有耕具的动物踩踏农业——农业起源的新模式》，《农业考古》1993 年第 3 期，第 90-100 页。

别植株由稠密处移至稀疏处，进行补苗。这种原始的栽培方式一直保留下来，直到清代，乃至 20 世纪 50 年代，海南黎族等少数民族地区都有直播稻的存在。问题是在移栽技术出现之后，为什么在有些地区仍然存在直播栽培方式？

先从移栽说起。移栽增加了育秧、拔秧和插秧的工序，使得整个生产过程对劳动力的需求量很大，特别是拔秧和插秧两个环节更是劳动密集型的工种。[1] 因此，移栽的实行有赖于大量劳动人口的存在。而在强壮劳动力得不到有效供给的情况下，一些老弱妇孺也被迫参与到水稻移栽的队伍中。在传统的中国社会里，一夫一妻为一个生产单位，男耕女织，男主外，女主内，一般女性是不参与大田生产的，最多是给在田中忙活的男人们送送饭而已，但在水稻移栽的这个环节上，我们却看到了例外，妇女们广泛地参与拔秧和插秧劳动。而当人口减少，即便老弱妇孺齐上阵，也不能够正常完成移栽的时候，直播就是最好的选择。近年来，直播现象有所抬头，很大程度上可能与农民大量外出务工经商，而农村劳动力减少有关。历史上也曾出现过改移栽为直播的现象。湖北地区是最早使用秧马的地方[2]，秧马是一种拔秧（或插秧）的工具，表明北宋时期湖北地区已使用移栽，但随着宋廷南迁，湖北一带成为宋金交战的主战场，人口大量流失，[3] 虽然有原来生活在狭乡的江南百姓"远来请佃"[4]，但南宋时湖北人口减少的趋势并没有得到扭转。在人少地多的情况下，直播就是最好的选择。彭龟年（1142—1206）在湖北为官时，记载了那里由于地广人稀，劳动力缺乏，"耕种灭裂，种而不莳"，实行"漫撒"式的直播方式。[5]

需要指出的是，采用这种"种而不莳"，"漫撒"直播的不光是原本已采用移栽的湖北农民，也包括新近迁入湖北的原来的江南农民。江南狭乡原本也是耕作非常精细的地方，可是这里的农民在移民到人口较少的荆湖北路的新环境之后，原有的移栽传统并没有得到继承，而采用了直播方式，以适应新的形势。由此看来，在技术的选择上，人口因素要大于耕作传统。漫撒的直播方式，虽然有"灭裂"之嫌，但却可能是利用荒地最有效的办法，因为在经受战争破坏的地区，人少地广，没有必要也难于实行精耕细作，以期提高单位面积的产量，而是广种薄收，通过总产量的提高来提高劳动生产率。于是人们便自然而然地选择了直播方式，其中的一种情形便是在"旧稻塍内，开耕毕，便撒稻种，直至成

---

① 据家父告知，一个强劳动力一天只能插一亩，弱者只能插六七分田，这还不包括拔秧在内，同时也与插莳的疏密有关。在我们当地，早稻的行株距为五六寸，晚稻七八寸，一季晚稻（迟禾）为八九寸。

② 〔北宋〕苏东坡《秧马歌序》："予昔游武昌，见农夫皆骑秧马。以榆枣为腹欲其滑，以楸桐为背欲其轻，腹如小舟，昂其首尾，背如覆瓦，以便两髀，雀跃于泥中，系束藁其首以缚秧。日行千畦，较之伛偻而作者，劳佚相绝矣。"

③ 如《宋会要·食货》载："庆元四年（1198 年）八月二十九日，臣僚言：湖北路平原沃壤，十居六七。占者不耕，耕者复相攘夺，故农民多散于末作。"

④ 《宋史·食货志》：淳熙三年（1176 年），臣僚言："……今湖北惟鼎、澧地接湖南，垦田稍多，自荆南、安、复、岳、鄂、汉、沔污莱弥望，户口稀少，且皆江南狭乡百姓，扶老携幼，远来请佃，以田亩宽而税赋轻也。"

⑤ 〔南宋〕彭龟年：《止堂集》卷六《乞权住湖北和籴疏》。

熟，不须薅拔"①。农业劳动人口少是选择直播的主要因素，这点在宋代的岭南地区表现更为明显。宋代岭南还属蛮荒之地，人口稀少，因而农业生产技术较为粗放。直播便是其表现之一。

人口因素还从土地的开发利用方面影响种稻方式的选择，也就是说，直播的选择还与土地开发利用以及自然条件有关。唐宋以后，虽然有局部地区因战争等因素出现人口减少的现象，但从全国总的情况来看，人口仍然呈现出快速增长的趋势。为了应对日益增长的人口的需要，与山争地，与水争田，在江湖沿海地区更是出现了围水造田运动，出现了圩田、沙田、涂田等多种土地利用形式，稻作的边缘地带不断向外扩展。这些新垦的农田和旧有的农田有很大的不同，于是需要特殊的栽培方式和作物品种。主要表现为这些新开水田受自然因素的影响较大，水源得不到有效的控制和保障，正常的播种时节往往因雨水的浸注而中断，而等到水退之后，若按照常规的育秧移栽程序来种植常规的稻种，又因生育期的限制不能正常的结实，因而只能采用直播的方法，以极大限度地利用有效的生产时间。还有些地方，如淮河及南海等地的濒水之田，水退之后已经到了冬天，过了种稻的季节；而等到可以种稻的夏季，水位又涨起来了，水深以致没牛，人要下田，只能乘坐小船或小筏。此种稻田，纵有现成的秧苗，也难以进行移栽，只能采用直播方式。方法是待冬春水涸耕过，至夏初，遇有浅涨所漫，划船载浸过的稻种遍撒田间水内；候水脉稍退，种苗即出，可收早稻，亦即方以智所谓的"乘桴播刈"。

如果说水稻的直播与相对多水的自然环境有关的话，那么，旱稻的直播则与一些地区相对干旱少雨有关。有些地方"春久不雨，泥块被烈日晒结"，无水育秧，即便是采用旱地育秧的办法育成了旱秧，移栽时，也会因本田中缺水，而不能下插；加上一些地方土壤过黏，育成旱秧，拔插都困难。在这些情况下，直播是最好的选择。如清代四川潼川以及民国时期四川、苏北灌云、东海等地所植的旱稻，就属于这种情况。

直播稻的存在，特别是旱稻直播，可能还与北方旱地农业传统有关。中国北方向来以旱地农业为主，但也存在一些零星的稻作，北方稻作受旱地农业的影响，广泛地使用直播法。河北丰润等地，古属渔阳，东汉太守张堪曾在这里开稻田 8 000 余顷，是北方地区稻作一直较为发达的地区。然而，到了清代，这里的水稻已实行了移栽，但旱稻仍然采用的是直播旧法。② 江苏灌云、东海间的旱稻直播，除了可能与干旱少雨的自然因素相关之外，也可能因距旱地农业的中心北方较近，受旱地农业传统的影响有关。从这个意义上来说，这里所谓的直播，不过是用旱地农业的方法来种稻而已。

---

① 〔元〕王祯：《王祯农书・农桑通诀・垦耕篇》。

② 〔清〕程瑶田：《九谷考》，见陈祖槼主编：《中国农学遗产选集・甲类第一种・稻・上编》，中华书局1958 年版，第 248 页。

　　表面上看来，直播稻似乎只是在经济技术和自然条件限制下的一种被动的接受，但我们在了解到古代（特别是进入清代以后，太湖流域的）农学家有关直播栽培的论述之后，则会发现直播不只是一种权宜之计，更是一种理智的选择。这种选择是在权衡了移栽和直播的利弊之后所做出的决策。因为在他们看来，直播比移栽有利，这也是明清时期一些原本采用移栽的地区改用直播的一个重要原因。

　　中国的水稻移栽法，自汉代开始使用，经过唐宋时期的推广，到明清时期已经基本普及开来，但恰恰是到了明清时期，也就是移栽法最为普及的时期，一些稻作最为发达的地区，如太湖流域，移栽所引发的各种问题也日益显现出来。在这种情况下，有人重新提出了直播的主张。表现上看来，直播是对移栽的一种"反动"，但这种反动并非是简单的复古，而是在新的条件下，综合了移栽的长处，而提出的一种新的直播法。如果说，一些地区实行直播法是耕作粗放的表现，那么，明清时期直播法的提出，则是理性的回归。因为，新的直播法是在移栽法实行多年，发现了种种弊端以后，所提出的解决问题的办法。

　　应该说，明清时期人们对于水稻移栽技术基本上还是肯定的，移栽是稻作的主流。明代农学家马一龙在《农说》中还对移栽在水稻栽培中的作用进行了理论概括，指出"移苗置之别土，二土之气，交并于一苗，生气积盛矣"。但是进入清代以后，有人就开始对移栽的作用表示怀疑。

　　怀疑最初是由移栽的过程可能会对秧苗的正常生长产生不利影响而引起的。清初思想家陆世仪认为，"今田家莳秧，先一日拔秧浸水中，或一宿或再宿不等，甚者或经三四宿而后始莳。莳之时，抛掷堆垛，略不少惜。莳后遇赤日则黄萎，数日而后始醒。盖秧之元气泄尽矣。其值阴雨而易醒者，则稻必胜。早莳之胜于晚莳。亦以过小暑则气渐热，秧难遽醒也。由此观之，同一莳也，醒之难易，犹系禾之善否，而况移种不移种之分乎？"[①]清道光年间的潘曾沂用更为通俗的语言，表达了他对于移栽所持的反对意见。他说："秧田内刚要发科，拔了起来插莳。这一拔伤得不小，等醒转来，直要到六月里方才发科。所以科头瘦小，结的穗头短，秕谷多，升合少，都是这个缘故。大凡一粒谷，总有一茎先出的，叫做命根。你们拔秧先把这一茎拔断了，所以不肯长养，可恨可惜。""拔秧损禾根，其时土干日燥。萎而复苏，元气伤矣。""你们莳秧，预先拔浸水中，或一夜或两夜不等，若手里来弗及。便搁过三四夜后头，方才插完。莳的时节，抛掷堆垛，全不爱惜。莳后，晒在老太阳里，日惭黄瘦。隔几天醒转来，秧的元气都泄尽了。而且根头的泥，又要洗净

---

　　①　陆世仪（1611—1672），江苏太仓人。明末清初著名学者，著有《思辨录辑要》，是书卷十一《修齐类》阐述了对于农业生产技术的见解，主张以直播来取代移栽。

的，秧的命根是棵棵拔断的。所以稻不得法。种得迟，已经是不得法的了，拔起来另种，如何便能起发？这一耽搁，又要半个月，可惜可惜。"①

　　移栽对秧苗产生不利的影响，可能会随着劳动量的增加而变得更加糟糕。因移栽意味着增加了一道工序，也就增加了劳动量，而且这道工序在大多数情况下是增加在前作收获之后、农作物最佳生长期之前，抢收抢种，而且还有其他事情需要打理，时间紧，任务重，劳动强度大。这在江南水田耕作技术体系趋于形成的宋代的一些诗歌中就有反映，"乡村四月闲人少，才了桑蚕又下田"②；插秧时男女老少齐上阵，"田夫抛秧田妇接，小儿拔秧大儿插"。宋人真德秀提到种田"四苦"，其中的"始耕之苦"和"立苗之苦"都与移栽有关，特别是所谓"立苗之苦"："燠气将炎，农兴以出，伛偻如豚，至夕乃休，泥涂被体，热烁湿蒸，百亩告青"，指的就是插秧。双倍的付出，若能有双倍的回报，农民是不会吝啬劳力的。但实际上可能事与愿违。由于时间紧，任务重，移栽质量没有保障，也影响了禾苗正常生长。明清时期的太湖稻区，由于移秧属劳动密集工序，多采用"田家或互相换工，或唤人代莳包莳"协作方式。这过程中有人偷工减料，本应合理密植，但有人为了偷懒省事，多将秧莳开，人为拉大行株距，原本每人一行，每行横莳六稞，每稞相距八寸，结果每稞相去或至一尺外及尺许不等者，一亩地几减秧稞大半③，直接影响单位面积产量。尽管有些所谓"有力"之家为了保证插秧质量，提高佣工的伙食标准，并用秧弹来加以规矩，但无形中又加大了成本和劳动量。

　　水稻移栽的初衷之一原本是为了保障农作物，如小麦等，在本田中有足够的生长期，以获取稻麦二熟，但由于事多工烦，前后作都受到影响，甚至两获之利不如一收。于是经过长期的实践之后，清代江南地区有人提出了直播取代移栽的主张。陆世仪在一次稻熟时发现田旁一稻穗高出其他稻穗约尺余，穗上的粒数达二百余，也高出其他稻穗九十余粒的两倍，"因思此禾盖未尝移种，元气未泄故也"，这一发现使他对于直播法有了新的认识。当时他的邻村东乡正在实行一种叫做"撮谷法"的直播法，这种撮谷法比之移栽法有成倍的收成。他认为，"撮谷区田之倍收有故，盖秧不移种，元气未泄也。"不过他也认为，撮谷法有不足之处，一则耘锄难；一则易酣，不能耐风潮也。于是他在参考古代代田法和区田法的基础上，结合当时农民的种田方法，提出了一种新的直播法。无独有偶，清道光年

---

①　潘曾沂，江苏吴县人，长期生活在原籍，对农业生活颇有研究。道光八年（1828年），他在庄地（丰豫庄）试行区种法，写成《课农区种法直讲》三十二条，详细讲解区制、播种、耕耘、用粪的方法，主张深耕早播，稀种多收。道光十四年（1834年），又刻了《丰豫庄诱种粮歌》和《课农区种法图》。后来潘氏的侄子把这些文字连同其他文字，合编为《丰豫庄本书》，于光绪三年（1877年）付刻。《丰豫庄书》中对丰豫庄的稻作生产技术进行了总结，其所阐述的稻作技术的核心却是水稻直播。

②　〔南宋〕翁卷：《西岩集·乡村四月》。

③　〔清〕陆世仪：《思辨录辑要》卷十一《修齐类》。

间的潘曾沂也力主水稻区田直播法。他认为"拔秧损禾根，其时土干日燥。萎而复苏，元气伤矣，故宜撒种"，撒种即直播，直播法"不用移插，自然命根直下，入土坚深，四月里就要发科，发科既早，不独主根上的一本，将来穗头结得饱绽，就是根旁边发出来的枝干，都是有用的。后首结的稻穗头，自然是一样长大的了，这就是早稻的功效。"

三、直播栽培技术和直播稻品种

直播栽培是一种原始的栽培技术，这种技术往往是与粗放经营、广种薄收联系在一起，"纵使收成，亦甚微薄"①。尤其是在移栽已成为主流的情况下，人们更将其视为一种落后的栽培技术。然而，在移栽技术尚未普及之前，或是尚未普及的地区，或者是在移栽已经普及，而又由于水旱灾害等原因，而不得不采用直播的地区，人们并没有把直播当作是一种落后的技术，而是将其作为一种合理的选择。在做出了直播的选择之后，人们依然会通过各种技术措施，解决直播所带来的各种问题，以期获得最大的收成。尤其是对于那些倡导直播法的人来说，直播更有移栽所不可比拟的优越性，因此，他们对于直播技术就更为讲究，这就推动了直播技术的发展。下面是中国历史文献中有关直播稻的主要论述，从中可以了解到不同时代和地区的直播稻技术。

1.《齐民要术》中的直播法

中国北方以旱地农业为主，虽然也有水稻栽培，但其技术也受到了旱地农业的影响。直播即其中之一。后魏贾思勰的《齐民要术》历来被视为中古时期北方旱地农业技术的集大成之作，其中所记载的水稻和旱稻栽培，虽然提到了"拔而栽之"，用以清除杂草或匀苗、间苗，但基本上来说是属于直播法。其中的水稻直播栽培主要包括整地、浸种催芽、播种、除草、烤田、灌溉等环节，由于没有移栽的环节，草害比较严重，因此，《齐民要术》中提到"岁易为良""净淘种子""镰浸水荭""薅""拔而栽之"等预防草害的措施。

和水稻直播相比，旱稻直播法在浸种、播种、镇压等环节上稍有不同。在浸种方面，旱稻只要浸到"裛令开口"即可，而水稻则要浸到"牙生长二分"。也就是说，在旱地直播的情况下，不要像水田直播一样，浸种的时间不要太长，稍微浸一下就可以下。这是因为浸久了，芽已发出，将其下种到旱地上，反把谷种的水分吸走了，这样一来，谷就难于生长。同时，在旱地上直播，为了防止干旱，还采取了"耧耩掩种"的播种办法，这样还可以节省种子。也是出于防旱的目的，播种之后、未生之前，还要采用镇压的办法，即

① 〔南宋〕彭龟年：《止堂集》卷六《乞权住湖北和籴疏》。

"令牛羊及人履践之"。这些措施都是针对旱地这种特殊的情况下所采取的。[①]

2. 《王祯农书》中的直播法

元代《王祯农书》中至少有两处提到水稻直播法。一处是《农器图谱集之十二》："尝见淮上濒水及湾泊田土，待冬春水涸耕过，至夏初，遇有浅涨所漫，乃划此船，就载宿泡稻种遍撒田间水内；候水脉稍退，种苗即出，可收早稻。"一处是《农器图谱集之六》："辊轴：辊辗草禾辊也，其轴木，径可三四寸，长约四五尺，两端俱作转簨挽索，用牛拽之。夫江淮之间，凡漫种稻田，其草禾齐生并出，则用此辊辗，使草禾俱入泥内；再宿之后，禾乃复出，草则不起。又尝见北方稻田，不解插秧，惟务撒种，却于轴间交穿板木，谓之'雁翅'，状如砘碌而小，以碌打水土成泥，就碾草禾如前。江南地下，易于得泥，故用辊轴；北方涂田颇少，放水之后，欲得成泥，故用雁翅碌打。此各随地之所宜用也。"前一处指的是江淮洪水泛滥区，利用划船直播水稻；后一处专述直播稻的除草。

水稻在大田生长过程中，经常要遭受杂草的侵袭，于是有除草的出现。采用漫撒直播最为人所诟病的是除草困难；而人们选择移栽的理由之一就是为了去除杂草。因为在拔秧和插秧的过程中，农人可以有选择地剔除杂草，防止杂草进入大田。在漫撒直播的情况下，如何进行除草呢？隋唐以前，普遍采用的是水耨的除草方式，这种方式根据应劭和《齐民要术》的解释，是在稻苗长到七八寸的时候，用镰刀割去稻田中的杂草，然后灌水，或是在稻田有水的情况下，直接割去杂草，由于这种除草方式仍然将根株留在土里，因此过了一段时间，杂草又会重新长出来，因此，还要通过薅锄等方式进行第二次或第三次的除草。这是一种直播条件下所用的除草方式，这种方式在后世一些地区仍有采用。[②] 不过在一些情况下也会出现一些变化，如直播面积较大，用薅锄的办法难以应付，于是有辊轴的出现。《王祯农书》所载的就是这种大面积漫撒直播下的除草方式。这种方式和先前流

[①]　民国时期南方地区的旱稻直播法也有镇压环节，但用于出苗之后，方法和作用也与《齐民要术》中所载不同，主要用于促长。"二月清明节后，驾牛将地犁松，以长圆石轮，顺土滚拖，碾土为细末，再以木耙钩尽芜草，始将谷种洒于细土上，以犁翻土，又用齿耙拖拽，则谷种即掩于细土中二三寸许。月余秧长五六寸时，以牛拖拽长圆石轮，滚于秧苗上，嫩叶被碾后，踩折腐绒，似觉枯萎，再用木齿耙拖拽梳苗使顺。不数日，秧苗旺发，绿叶成丛，仍复旧状。因石轮滚后，土平贴，根稳固，秧苗遥因之怒长。"[民国二十一年（1932年）《罗平县志》卷六，载于中国农业遗产研究室编辑，王达、吴崇仪、李成斌编：《中国农学遗产选集·甲类第一种·稻·下编》，农业出版社1993年版，第904页]

[②]　早稻直播除草："俟苗长八九寸或尺许时，用竹笼套手臂，拔草或以锄铲草。"[民国三十一年（1942年）《墨江县志稿·农业》载于中国农业遗产研究室编辑，王达、吴崇仪、李成斌编：《中国农学遗产选集·甲类第一种·稻·下编》，农业出版社1993年版，第907页]"嗣苗高尺许，以小钩锄将芜莠恶草铲除，捶其根旁，如此耘锄二次或三次后，工作始毕。"[民国二十一年（1932年）《罗平县志》卷六，载于中国农业遗产研究室编辑，王达、吴崇仪、李成斌编：《中国农学遗产选集·甲类第一种·稻·下编》，农业出版社1993年版，第904页]

行的水耨一样都是利用了水稻与杂草对淹水的不同反映①。稻苗不怕水淹，而杂草则被淹死。水耨的方式虽然不致将稻淹死，但也会对稻的生长发育产生不利的影响。

漫撒直播省去了通过移栽拔插来清除杂草的过程，加大了草害发生的可能性，更有甚者，由于漫撒无行，农人在田间行走不便，不利于除草作业。有些地方甚至省去了除草这环节。南宋时，邓深在《丰城道中》就看到了"湖田不薅草"②的情况。漫撒直播也影响了田间的通风透光，实为作物栽培之大忌，因为"既种而无行，耕而不长，则苗相窃也"，必使"衡行必得，纵行必术，正其行，通其风，央心中央，帅为泠风"③，方为得法。如何解决草害、保证通风透光，成为直播法发展所要解决的问题之一，也影响着直播的发展方向。

3. 陆世仪的撮谷区田直播法

清初，陆世仪说："予闻东乡有撮谷法，种必倍收，而人每不肯种，又不能多种。予问其详。云：撮谷有二难，一则耘锄难；二则易酣，不能耐风潮也。盖撮谷之法，先耕地，车水浸田，然后下种，以三指撮谷种下之，约五六寸一撮，如莳秧状，撮毕，以足徐退，复撮如初。足从水中行，水微荡漾，则谷种不定，多四散，不能成棵簇，故不便耘锄；又根出浮面，入土不深，稞长大，上实下虚，故易酣，且不耐风雨也。以此知区田之法之善。隔区分种，则下种有地，不必足立水中，以手按实，则无荡漾之患。苗出，看稀稠存留，则无耘锄之艰。渐耨陇草，以壅其根，则根深蒂固无酣侧之虞而耐风与旱。以此征之，区田之倍收必矣。人何不略仿此意而小试之？撮谷区田之倍收有故。盖秧不移种，元气未泄也。……秧苗入土深，则难出；秧根入土不深，则难久。故农人于播种之始，则撒秧于一处，以浮灰轻盖之，既长，则另分而插莳，所以顺其浅深之性也，是亦可谓得其术矣。然孰若区田之法，不用移植，而尽浅深之宜，为尤得其术哉。"④类似的做法早在明代江南地区的旱稻栽培中即已出现，所不同者即水田的撮谷点播为旱地穴播而已。具体做法是："治地毕，豫浸一宿，然后打撺下子，用稻草灰和水浇之。每锄草一次，浇粪水一次。至于三即秀成矣。"这种种法"大率如种麦"。⑤陆世仪的贡献在于将区田的概念引入到撮谷法之中，使之成为一种新的水稻直播技术。

区田撮谷法是在总结当地农民实践经验和历史文献记载的基础之上所提出的一种水稻直播法，它保留了撮谷法的直播的优点，避免了移栽法在拔插过程对于苗根的伤害，吸收

---

① 游修龄：《中国稻作史》，中国农业出版社 1995 年版，第 142 页。
② 〔南宋〕邓深：《大隐居士诗集》卷上。
③ 〔战国〕吕不韦：《吕氏春秋·辨土》。
④ 〔清〕陆世仪：《思辨录辑要》卷十一《修齐类》。
⑤ 〔明〕徐献忠：《吴兴掌故集》。

了移栽分行的好处，便于播种后中耕除草和田间管理，保证通风透光，同时又借用了古代区田法的遗意，解决了撮谷法所带来的"耘锄难""易酣，不能耐风潮"的缺点，系对水稻直播技术的一大贡献。但这一技术也同样存在"工力甚费，人不耐烦"、劳动生产率不高的问题，这也是此法难以推广的原因之一。

4. 夹种之法

清代乾隆年间，四川江津为了应对当地干旱少雨的自然条件，创造了一种被称为"夹种之法"的水稻直播栽培方法，其法：

> 凡旱田，平时耕犁，遇有雨时，再翻犁一过，随犁随布种，其犁路须不疏不密，所布之种乃得均匀。种布既毕，再耙一过，使细土覆种，数日后出秧苗有行列，宛如栽插，其根深入土中，最能耐旱。些须得雨，即有收获。与其待雨足而失时，不如此法之善。①

这种方法采用旱地播种的方法，随犁随种，并形成行列，等待雨水的来临，提高了秧苗的耐旱能力，也避免了失时的风险。

5. 潘曾沂的水稻区种直播法

清后期，潘曾沂《丰豫庄本书》对丰豫庄的稻作生产技术进行了总结。书中所提到的施肥、整地、选种留种、播种、耘耥、灌溉、烤田等都与当时江南稻区所采用的精耕细作技术，以及《劝农书》《天工开物》和《补农书》等书中的相关记载大同小异，如基肥垫底、麦苗肥田、深耕细耙、雪水拌种、耘锄培土、灌溉烤田等，所不同者，这些技术措施都是围绕着直播法来展开的。

潘氏的主张和做法与陆世仪有相同之处，即以直播取代移栽。用他的话来说，就是"撒谷种，莫插秧"，他认为移栽会"损禾根"，甚至"伤元气"。同时为了防止直播所可能引起的耘锄难的问题，提出了"苗要稀，种要开"要求，"每一撮，用谷五六粒，离开寸许地，再下一撮。愈稀愈妙。苗出太密，就要赶早删去。""横里竖里，都要分行清楚，才撒种子。忽遇著暴风，急忙放干了水，免得风浪淘薄，聚谷在一处。忽大雨到，要稍增水。怕暴雨漂飚，浮起谷根。"通过这种办法，在抛弃移栽方式的同时，把移栽的好处在直播中尽可能地保留下来。潘氏和陆世仪一样也主张用区种法和代田法的方式来实行直播稀种，书中给出了一个黑白相间的示意图。在示意图中，白行种稻，掘深八九寸。每行种二尺，空一尺。黑（墨）行不种稻，起楞头（即垄），高八九寸，阔一尺五寸，留楞头泥壅根。

---

① 清乾隆《江津县志》卷六《食货志》。

和陆世仪相比，潘氏的发展主要有以下三个方面：一是引入了代田法的概念。代田法最初是由汉代农学家赵过提出来的。基本的意思是土地休闲利用。用潘氏的话来说就是"今年种的一行是明年不种的，明年种的一行是今年不种的"，可以起到恢复地力的作用。种一行空一行，还为行走和耘锄提供了方便，同时可以结合耘锄进行壅泥培根。二是通过区种直播，潘氏不仅试图解决耘锄难的问题，还试图解决漫撒直播所致的费种问题。直播在历史上所受非议之一便是费种。"钦州田家卤莽，牛种仅能破块。播种之际，就田点谷，更水移秧。其为费种莫甚焉。"[1] 后魏《齐民要术》所载直播的情况下的播种量是"一亩三升掷"[2]；明代《天工开物》所载的"凡秧田一亩所生秧，供移栽二十五亩"[3] 计算，则每亩大田所用的稻种实际为 30（升）/25 亩＝1.2 升。两者相差 1.8 升。也就是说，直播的用种量是移栽的两倍还多。但《齐民要术》中所用的播种量可能是在撒种直播的情况下出现的。在穴种或条种直播的情况下，用种量可能会减少。潘曾沂《丰豫庄本书》中提到了两个播种量："每亩下种子一升"，这是区种法情况下的播种量；而一般情况下，"每田一亩，下种三升足矣。"也就是说，在穴种或条种直播的情况下，用种量为 1～3 升/亩，这个数字和移栽情况下的用种量是差不多的。在移栽情况下，由于移栽密度不同，其用种量也是不尽相同的。不过大致也是在 1～3 升/亩。[4] 三是潘氏的区田直播法，并非单纯地改移栽为直播，而是涉及整个稻田耕作制度的改革。自宋以后，江南地区已经较普遍地实行了稻麦二熟制，水稻移栽法在一定程度上也是适应二熟制的需要而出现的。但相应的问题也随之出现，如小麦产量不高，又影响到水稻按时种植，进而影响水稻产量。潘氏的区田直播"首重春耕，播种极早，秧不移插"，这就要求对整个稻田耕作制度进行改革，具体来说就是要废除小麦种植，通过提高水稻产量来弥补。但在推广的过程中也遇到了阻力，很多人对此举"疑信参半，一则谓春花弃之可惜，一则嫌工本费而用力烦。因此视为难事，不甚踊跃。"为此潘氏曾借助官方的力量，通过行政干预来加以推广。

6. 曾吉夫的水稻干田直播法

民国时期，四川省立教育院曾吉夫教授针对当地连年干旱、春耕时无水播秧的情况，提出了水稻干田直播法。这种方法主要包括以下要点：第一，整干田。把干田的泥巴挖起

---

① 〔南宋〕周去非：《岭外代答》卷八《花木门·月禾》。

② 日本金泽文库抄北宋本《齐民要术》则将"升"改为"斗"，资料主要辑自《齐民要术》等书。《四时纂要》亦说"每亩下三斗"，有人认为这是指移栽情况下的秧田播种量。

③ 〔明〕宋应星：《天工开物》卷一《乃粒·稻》。

④ 南宋朱熹在《乞给借稻种状》中提到："各请田主每一石地借与租户种谷三升。"石作为面积单位，用以计量土地，其具体数量各地不一：有以十亩为一石的，也有以一亩为一石的。如果按一石一亩计算，则大田平均每亩的播种量大致是每亩 3 升。又据史料记载，南宋时军屯稻田"一百二十一顷五十八亩，计用种一千一百一十五硕七斗五升"（《宋会要辑稿》食货三之二一），平均每亩的用种量约为 0.95 升。

来，弄得平平整整的，就打起很深的窝窝。① 窝窝的稀密，跟上年的栽秧远近一样，若是找得到水，就淋点水更好，不淋也要得。第二，谷种。打好的窝窝，如果是完全干的，就点下几十颗干谷种，若是淋过水或落过雨的泥巴有点湿的，就把谷种先泡过三四天才点下去，这是顶好的法子。第三，盖草灰。谷种点在窝窝内，就盖点草灰，若是没有草灰，就盖点细沙沙也可以。第四，时期。点的秧子比栽的秧子长得快，就迟一点也不要紧，总在阳历四月十日到五月一日内都可以点的。若是你们不信点谷种的话，过了这个时期，就有水来亦没法。第五，淹水。谷种点在窝窝内，慢慢地发芽，长到三四寸高的时候，天若下雨就可以淹一点水。若是再迟一些时候才下雨，亦不怕得，因为点的秧子比栽的秧子经干得多，就是田干开口了，秧子干黄了，也不要紧，等雨一来它就转青了，所以只要点下去，横顺就有收的。第六，粮食田内点谷种。你们的田内若是已经点得有麦子、胡豆、豌豆的时候，那就更好点谷种。照上面的法子在粮食的空空头一窝一窝地点下去，盖点灰更不怕干。收入粮食时秧子就长起来了，这样更收得多了。② 曾吉夫的直播法和明代所谓"打撺下子"的旱稻直播法是一样的，只不过多了一个淹水的环节，所以称为"水稻干田直播法"。曾教授还将这种直播法用于间作套种，在旱粮田中直播稻子，提高土地的利用率。

综观中国历史上的直播稻技术，大致可以分为两种类型：一种是以《齐民要术》和《王祯农书》为代表的漫撒直播。这种直播法比较简便，也比较原始，适合人少地多的情况下使用，但也存在一些缺点，比如浪费种子，不利于播种之后的田间管理和中耕除草等作业。一种是以陆世仪和潘曾沂为代表的区种直播（穴播或条播）。它借用了移栽的许多特点，节约了种子，同时为播种之后的田间管理、耘耔等提供了便利，还有利于作物的通风透光，其缺点是播种时稍费工夫。

7. 直播稻品种

适应直播，特别是漫撒直播的需要，历史上还出现了一批直播的品种。前面提及，在圩田、湖田和涂田地区，由于水源得不到有效的控制，正常的播种时节往往因雨水的浸注而中断，而等到水退之后，若按照常规的育秧移栽程序来种植常规的稻种，则会因生育期的限制不能正常的结实。为此，这些新开发的稻田，除了采用直播的方法，以极大限度地

---

① 民国时，四川出现的旱（干）田直播法，除了采用穴播（即挖成一个一个的窝窝播种），也采用条播的方式，开成一条一条深二寸的沟，然后下种。并强调沟和窝要尽可能深一些，把种子上土后盖一点灰，并且用脚轻轻踏一下。这是因为黏土，以后把水蓄起时，泥就很稀，谷子就容易倒，所以沟和窝要深，并且稍稍要踏一下，使其定根较深。[民国二十六年（1937 年）《合川文南特刊一》，载于中国农业遗产研究室编辑，王达、吴崇仪、李成斌编：《中国农学遗产选集・甲类第一种・稻・下编》，农业出版社 1993 年版，第 550 页] 这又和《齐民要术》中所记载的旱稻直播法有相似之处。

② 民国二十六年（1937 年）《合川文南特刊一》，载于中国农业遗产研究室编辑，王达、吴崇仪、李成斌编：《中国农学遗产选集・甲类第一种・稻・下编》，农业出版社 1993 年版，第 547－548 页。

争取有效的生产时间，选用一些晚种而早熟的品种，也是至为关键的。历史上著名的黄穆稻就是适应水田直播需要而出现的一个晚种早熟品种。它具有晚种而早熟的特点，全生育期只有 60～90 天，同时具有耐水的特性，这使得黄穆稻适合在地下水位较高甚至长年淹水的环境下种植。由于具有这样的一些特性，黄穆稻常常作为一种汛期过后补种品种，并采用直播的方式来种植。① 与黄穆稻相类似的品种还有许多，这些品种有的因生育期短而称为"百日稻"，有的因其外观称为"乌谷"，有的还因其直播漫种而称为"撒苗""散稻"或"点谷早"，有的因其种植粗放，而称为"野籼""芒草"或"薔谷"。有些地方，如所谓水乡，即使是在水退之后，水位仍然很高，即使有现成的秧苗，也难以进行移栽，只能采用直播方式，"以稻散布于田，听其自熟"②。这时候，所选用的稻种必须是深水稻，或者是耐水性强的品种，如"深水红"之类。在一些海滨地带，如广东东部沿海地区，则还要考虑咸潮的不利影响，选用咸水稻种。③

表 2　中国历史文献中记载的直播稻种举例

品种名	内　容	出　　处	播种地区
黄穆稻		〔宋〕《陈旉农书》；〔元〕《王祯农书》	长江中下游广大稻作区
乌漫儿	布种即茂，不待莳插而芒黑者，谓之乌漫儿。	明正德十二年（1517 年）《德安县志》卷二《土产》	湖北德安
骑牛撒	谷宜深水种，谓之骑牛撒。	明正德十二年（1517 年）《德安县志》卷二《土产》	湖北德安
白芒儿	布种不插而芒白者，谓之白芒儿。	明正德十二年（1517 年）《德安县志》卷二《土产》	湖北德安
薔谷，一作稆谷*	其种法不必浸种分秧，但耕田下子，五六十日可实，湖人被水害者，水退不遑他谷，故多布此，然亦须田，山原不多艺。	清乾隆七年（1742 年）《授时通考》卷二十二；光绪八年（1882 年）《孝感县志》卷五《土物》	湖北德安、孝感、随州
深水红		清乾隆七年（1742 年）《授时通考》卷二十二	安徽六合、五河，江苏扬州、仪真、高邮、泰州、通州，上海青浦、靖江

---

① 曾雄生：《中国历史上的黄穆稻》，《农业考古》1998 年第 1 期，第 292 - 311 页。

② 〔清〕嘉庆《海曲拾遗》卷六《物产》，载于中国农业遗产研究室编辑，王达、吴崇仪、李成斌：《中国农学遗产选集·甲类第一种·稻·下编》，农业出版社 1993 年版，第 132 页。

③ 〔清〕包世臣：《中衢一勺》，见陈祖槼主编：《中国农学遗产选集·甲类第一种·稻·上编》，中华书局 1958 年版，第 355 页。

（续）

品种名	内　容	出　处	播种地区
一丈红	徐玄扈云：吾乡垦荒者，近得籼稻曰一丈红。五月种、八月收。能水。水深三、四尺。漫撒水中。能从水底抽芽出水，与常稻同熟，但须厚壅耳。	明崇祯四年（1631 年）《松江府志》卷六《物产》；《群芳谱·谷谱·稻》；清乾隆三十五年（1770 年）《光州志》卷二十七《食货》	上海松江、河南光州、广西贵县
浮禾	苗长径丈，谷有芒，米粒大如粳……春雨未濡，播种于积潦之区（俗呼埌塘），及长，苗随波上下，不患淹。	民国三十八年（1949 年）《广西通志稿》上	广西贵县
撒子谷	一岁两熟，若遇水旱，耕种愆期，则处暑前后亦可播种。	民国二十三年（1934 年）《贵县志》卷十《物产》	广西贵县
乌口稻、六月乌	其稻种每夏初移动一次，即几年可浸可撒。若一年不移动，便不可用矣。若遇水灾或缺秧，秋水退犹可莳，但少收耳。	〔明〕王藏《稼圃集》，引自胡道静《农书·农史论集》，农业出版社 1985 年版，第 18 页	江苏苏州一带
黄花稻、鹤脚乌	以上二种，春可陆种，以待时雨。秋前大水，撒种于泽田，不栽而生。农家蓄此种，以备旱潦。	清嘉庆《东台县志》卷十九	江苏东台、仪真、高邮、兴化等地
散稻	水乡多以稻散布于田，听其自熟，米色红而味香。	清康熙《如皋县志》卷六《食货》	江苏如皋
野籼	谷雨种，处暑收。不用小秧，径行撒播，漫无行列，收成较多。	民国《江阴县续志》卷十一《稻》	江苏江阴
中科稻	立夏种，寒露收。有用谷种撒播，不栽小秧者，收成颇丰，与籼稻同种，收时约晚二十日。	民国《江阴县续志》卷十一《稻》	江苏江阴
芒草	撒置田中，不须栽插，成熟最早。陂泽卑下之处，每多种之。	清乾隆十二年（1747 年）《汉阳府志》卷二十八《物产》	湖北汉阳
撒苗	又一种漫种者，名撒苗，收最早，间种之以救饥。水淹后亦可晚种，种类数十，土人各因时令之早晚，土脉之宜否，以为播种，不能齐也。	清嘉庆《常德府志》卷十八，同治《武陵县志》卷十八。	湖南常德
乌谷	秋过已久，撒于水田，能自生，或种之凶岁以御荒。	民国八年（1919 年）《南昌县志》卷五十六《物产》	江西南昌
点谷早	点谷早者，径以禾种摄种田内，不必打秧。	〔清〕何刚德《抚郡农产考略》卷上	江西抚州

（续）

品种名	内　　容	出　　处	播种地区
百日稻	计渍种迄收成百余日，皆于立夏渍种，布于水田，不必插秧成列，总谓之川珠。其性柔而甘味。	〔清〕叶梦珠《阅世编》	上海松江
咸水稻		〔清〕包世臣《中衢一勺》	
深水晚	夏种秋收，性耐水，能从深浸抽茎出水面，但须厚壅。	清乾隆五十一年（1786 年）《光山县志》卷十三	河南光山
穊禾糯	性有黑白两种，山岭可种，用点播法，无须移植。	民国二十四年（1935 年）《罗城县志·农产》	广西罗城

注：＊穊谷可能在宋以前即已存在，又称为赤稻。司马光《类篇》卷二十："穊，庄加切，红稻也。"

　　中国的水稻直播栽培技术及其品种对邻近的朝鲜等国产生了直接的影响。在 1928 年 8 月，朝鲜平安南道用于干田直播的稻种中就有一种名为"牟租（稻）"，相传是数百年前平安南道的观察使李某（一名五厘先生）从中国携带来的。这是朝鲜最早的干田稻品种。据李镐澈等人的考证，五厘先生可能是指梧里李元翼先生，他是 1592 年倭乱时平安道观察使。这表明至少在 17 世纪已经开始形成干田稻这一独特稻种。[①] 来自中国的干田稻品种还有一种，称为芮租（稻），相传是从中国颖泽的芮国[②]传入，具体年代不详。可以肯定的是，朝鲜的干田稻受到中国直播稻的影响，只是中国的直播稻可以追溯到比 17 世纪更早的年代。

　　直播稻是一种较为原始的稻作栽培技术，但它在水稻移栽技术出现之后，并没有彻底消失，而是顽强地保存下来。在人口稀少，经济、技术相对落后，以及水旱灾害频繁的地区，它不失为一种合理的选择。经过明清时期的推陈出新，直播稻不仅保留了直播的优势，同时也吸收了移栽技术中的一些优点，由漫撒直播发展到区种直播。适应直播，特别是漫撒直播的需要，历史上还出现了一批直播稻品种。直播稻充分尊重稻作植物自身的生长规律，避免了由于移栽所致的生长挫折，同时也减少了劳动力的支出，降低了稻作生产成本。直播稻对于土地的开发利用，粮食产量和人口的增长起到了积极的作用，并对邻近的朝鲜等国产生了直接的影响。直播稻技术的更新使我们有理由相信，直播技术能够适应稻作技术的可持续发展。

---

　　①　（韩）李镐澈、朴宰弘：《朝鲜后期农书中水稻品种分析》，《古今农业》2003 年第 1 期，第 36 页。
　　②　具体地点待查。

析宋代"稻麦二熟"说[*]

　　所谓"稻麦二熟"是指在同一块田中，水稻收获之后种麦子，麦子收获之后种水稻。它的实现，提高了土地利用率，还增加了农民的收入，是技术和经济的一大进步。宋代是中国历史上经济发展最快的时期之一，其表现之一就是粮食产量的提高和人口的增长。有学者认为，宋代粮食产量的提高得力于复种指数的增加，而其中影响最大的是长江流域及太湖地区的稻麦两熟制。^① 然而，宋代的稻麦二熟制的普及程度到底如何？它在粮食生产中扮演着怎么样的角色？怎样评估宋代长江流域的稻麦二熟制呢？目前学术界尚存在着分歧。

　　有学者根据云南地区在唐代就已出现稻麦二熟制的事实推测，当时长江中下游地区稻麦二熟已较为发达。甚至认为，稻麦复种技术，大约在高宗武后时期，在长江流域少数最发达的地方已出现，作为一种较为普遍实行的种植制度，则大约形成于盛唐中唐时代，实行的地域主要是长江三角洲、成都平原和长江沿岸地带。到晚唐以后，更进一步扩大。宋代以来，直到近代，长江流域稻麦复种区的扩大，正是以此为基础。^②但也有人认为，云南地区稻麦二熟制的实施，有其特殊的自然条件，江南的情况与云南不同，不能根据云南地区在唐代出现了稻麦二熟制就进而推断，江南地区已普遍实施了稻麦二熟制。^③ 最近又有一种观点认为，长江下游的稻麦复种到宋代、尤其南宋有

　　* 本文原载于《历史研究》2005年第1期，第86－106页。在写作过程中，曾与我的老师游修龄教授和李根蟠教授商讨，他们的意见有助于本文的完善，特此致谢。
　　① 游修龄：《稻作史论集》，中国农业出版社1995年版，第266页。
　　② 参见李伯重：《唐代江南农业的发展》，农业出版社1990年版，第110页。《我国稻麦复种制产生于唐代长江流域考》，《农业考古》1982年第2期，第71页。
　　③ 韩茂莉：《宋代农业地理》，山西古籍出版社1993年版，第214页。

一个较大的发展，形成一种有相当广泛性的、比较稳定的耕作制度[1]，"处于稳定的成熟的发展阶段"[2]。

的确，宋代，特别是南宋，南方麦作得到了前所未有的发展，史书上经常引用宋人庄绰在《鸡肋编》中的一句"极目不减淮北"来形容当时南方麦作的盛况。但是麦作的发展并不等于是稻麦二熟的发展。同时，麦作在南方发展程度到底如何？"极目不减淮北"是南宋初年特定历史条件下的产物，还是宋代普遍存在的现象？是值得重新考虑的。

南方自古以水稻生产为主，在此基础上，麦在南方的发展客观上有利于稻麦二熟的形成。稻作的存在有利于稻麦二熟的形成，但同时也阻碍着麦作在南方的发展。特别是要将稻田改变成麦地，更不是一件轻而易举的事，它涉及自然环境、历史传统、经济技术以及人们的生活习惯等方面的因素。众所周知，水稻属于水生作物，麦子则是旱地作物，要使水稻收割之后及时地种上麦子，必须排干田中积水；同样，要使麦子收割之后，及时地种上水稻，也必须解决灌溉问题。也许对于江南这样一个水稻主产区来说，由于水源充沛，灌溉不成问题；最大的困难还在于水稻收之后的稻田排水。而把这些问题和困难都解决之后，又会遇到季节上的矛盾。因为麦收之后种稻，水稻收割之后种麦子，互相之间留给对方的有效生产时间不多，这又涉及种子、劳动力的安排等方面的问题，与之相关的还有物力，特别是土壤肥力方面的问题，这些问题的解决，直接影响到稻麦二熟的普及和推广程度。还有一个大田种植技术以外的问题，即粮食生产最终都是为了满足人的需要，江南自古饭稻羹鱼，不习惯麦食，在一个自给自足的社会里，这种饮食习惯也影响到麦作在江南的发展。在研究宋代稻麦二熟制时，必须对上述因素加以通盘的考虑。

宋代麦作在南方得到了发展，但由于自然条件、经济和技术发展以及人们的生活习惯等历史原因，稻麦复种还是有限的。文献中所看到的稻麦二熟，大多数情况下，并不是稻麦在同一块田地中轮作复种的结果，而是因地制宜，宜稻则稻、宜麦则麦的产物。宋代麦作在南方的发展，对于复种指数的提高有一定的帮助，但更重要的意义还在于促进南方山地和坡地的开发和利用，这些原本不宜种稻的土地，现在种上了麦子，对于粮食总量的增加起到一定的作用。稻麦复种也主要分布所谓"高田"。

---

① 李根蟠：《长江下游稻麦复种制的形成和发展》，《历史研究》2002 年第 5 期。
② 王曾瑜：《宋代的复种制》，《平准学刊》第 3 辑，上册，中国商业出版社 1986 年版，第 199－209 页。

一、麦作在南方的发展及稻麦复种的形成

麦类原是种植于北方的旱地作物。虽然引入南方的时间较早，但分布不广，种植也不多。东晋南朝，麦类在江南地区有所发展。入宋以后，由于习食面食的北方人口大量南移，社会对麦类的需要量空前增加，因而促使小麦在南方的大发展。不仅长江流域广泛种植小麦，就是在气候炎热的珠江流域也推广种植麦类。

淮南距北方最近，自然条件相当，麦作发展最为迅速。戴复古（1167—1249 或更后）在《刈麦行》诗中"我闻淮南麦最多"①句，足为佐证。其次是长江下游地区，现存宋代江浙两省的地方志如嘉泰《吴兴志》、嘉泰《会稽志》、乾道《临安志》、宝祐《琴川志》、淳祐《玉峰志》、绍定《吴郡志》中都有麦类的记载。麦类中不仅有小麦和大麦，而且还有不同的品种。再就是长江中游的湖南等地也有麦类的种植。《宋史·食货志》说："湖南一路，惟衡、永等数郡宜麦。"陈了翁《自廉到郴》中有"瘴岭只将梅作雪，湘山今见麦为春"②的诗句，证明当时郴州一带山地上有麦的种植。麦这时亦被推广到岭南，北宋时，已"诏岭南诸县令劝民种田种豆及黍、粟、大麦、荞麦，以备水旱"。北宋初年，陈尧佐出任惠州知州，当时"南民大率不以种艺为事，若二麦之类，盖民弗知有也。公始于南津闢地，教民种麦，是岁大获，于是惠民种麦者众矣。"③惠州博罗有香积寺，寺去县七里，三山犬牙，苏轼在游此寺时，就曾看到"夹道皆美田，麦禾甚茂"④。岭南的连州、桂林等地也有麦类种植。吕本中在连州有诗云："今年饱新麦，忧虑则未已。"⑤范成大在桂林也留下了"秀麦一番冷，送梅三日霖"⑥的诗句。

随着两宋之交人口大量南迁，麦作在南方得到了前所未有的发展。两宋之交，北方人大量南迁，将食麦的习惯带到了南方，使得原来产麦不多的南方，麦价上涨，加上可以独享种麦之利，于是种麦一度成为有利可图的行当。据当时人的记载，麦类在南方的分布，当时已到达江、浙、湘、湖、闽、广等地。庄季裕在《鸡肋编》中说："建炎（1127—1130 年）之后，江、浙、湖、湘、闽、广西北流寓之人遍满。绍兴

---

① 〔南宋〕戴复古：《石屏诗集》卷1。
② 〔南宋〕王象之：《舆地纪胜》卷57《荆湖南路·郴州》，江苏广陵古籍刻印社1991年版，第552页。
③ 〔北宋〕郑侠：《西塘集》卷3《惠州太守陈惠公祠堂记》。
④ 〔北宋〕苏轼：《苏东坡全集》上，中国书店1986年影印本，第508页。
⑤ 〔南宋〕吕本中：《东莱先生诗集》卷12《连州行衙水阁望溪西诸山》。
⑥ 〔南宋〕范成大：《石湖居士诗集》卷14《宜斋雨中》。

（1131—1162 年）初，麦一斛至万二千钱，农获其利倍于种稻；① 而佃户输租，只有秋课，而种麦之利，独归客户。于是竞种春稼，极目不减淮北。"这个记载中没有提到四川的情况，实际上当时"四川田土无不种麦"②。各种迹象表明，南宋之后麦作在南方得到了广泛的发展。

随着麦作的发展，麦类在以水稻为主粮的南方地区的粮食供应中也开始起到举足轻重的作用，其重要性仅次于水稻。范成大有诗云："二麦俱秋斗百钱，田家唤作小丰年；饼炉饭甑无饥色，接到西风稻熟天。"③ 可见当时二麦已成稻农之家数月之食，二麦的丰收也因此称作"小丰年"。在水稻因干旱等原因导致歉收的情况下，更起到继绝续乏的作用。北宋初年杨亿在《奏雨状》中提到浙东处州的情况，说："本州自去年已来，秋稼薄熟，时物虽至腾踊，人户免于流离，爰自今春雨水调适，粟麦倍稔，蚕绩颇登，馈粮渐充，菜色稍减。"④ 麦子不仅缓解了粮食紧张的状况，麦子的收成还直接影响到市场的粮价。⑤

随着人口南迁，北方人将面食习惯带到了南方，使社会对麦的需要量增加、麦价猛涨，种麦的利益超出种稻，在经济利益的驱动之下，南方出现了"竞种春稼""不减淮北"的局面。麦作在南方的发展，除此之外，还同政府及一些地方官吏的提倡也不无关系。据《宋史·食货志》载，宋政府十分重视在南方推广种植麦类等旱谷：北宋初年，"诏江南两浙、荆湖、岭南、福建诸州长吏，劝民益种诸谷，民乏粟、麦、黍、豆者，于淮北州郡给之"。南宋时亦屡有诏下，劝民种麦，孝宗淳熙七年（1180 年），"诏两浙、江淮、湖南、京西路帅、漕臣督守令劝民种麦，务要增广"。宁宗嘉定八年（1215 年），又"诏两浙、两淮、江东西路，谕民杂种粟、麦、麻、豆，有司毋收其赋，田主毋责其租"。稻田种麦不收租赋，这对于减轻农民负担，保护农民的种麦积极性起到重要作用。

一些地方官也劝民种麦，晓以利害，以提高农民对种麦之利的认识。如《宋史·食货志》载余杭知县赵师恕"劝民杂种麻、粟、豆、麦之属……使之从便杂种，多寡皆为己有"。黄震在《咸淳七年中秋劝种麦文》中说："近世有田者不种，种田者无田，尔民终岁辛苦，田主坐享花利，惟是种麦不用还租，种得一石是一石，种得十石是十石，又有麦

---

① 北宋元祐六年（1091 年），苏轼在《乞赐度牒籴斛斗准备赈济淮浙流民状》中提到两组粮食的价格，一组是粳米每斗计一百一十八文有畸，小麦每斗计五十四文有畸；一组是粳米每斗八十文，小麦每斗六十文。这两组价格中，小麦的价格都明显要低于粳米。（〔北宋〕苏轼：《苏东坡全集》下，中国书店 1986 年影印本，第 532-533 页）

② 〔南宋〕汪应辰：《文定集》卷 4《御札再问蜀中旱歉》。

③ 〔南宋〕范成大：《石湖居士诗集》卷 27《四时田园杂兴·夏日田园杂兴之三》。

④ 〔北宋〕杨亿：《武夷新集》卷 15。

⑤ 〔南宋〕陆游：《剑南诗稿》卷 32《麦熟市米价减，邻里病者亦皆愈，欣然有赋》，《陆放翁全集》中，中国书店 1986 年版，第 509 页。

秆，当初夏无人入山樵采之时，可代柴薪，是麦之所收甚多也。"① 方大琮《将乐劝农文》也说："汝知种麦之利乎？青黄未接，以麦为秋，如行千里，施担得浆，故禾则主佃均之，而麦则农专其利。"② 这是促进稻麦两熟制在长江流域形成的一个重要因素。

从自然条件来看，南方地势低洼，降水充沛，总体上说来是宜稻不宜麦，但在一些排水条件较好的丘陵缓坡地带及干旱少雨年份，麦作可能比稻作有更好的收成。也就是说，不宜种稻的地方或年份往往适宜种麦。这也就是宋代各级政府在干旱之年极力推广种麦的主要原因。

从文化传统来看，中国农业自古以来便有"杂种五谷，以备灾害"的传统。宋代的许多劝农文都劝告农民，因地制宜进行种植，"高者种粟，低者种豆，有水源者艺稻，无水源者播麦"。又"有水者为田，其无水之地可以种粟麦……粟麦所以为食，则或遇水旱之忧，二稻虽捐，不至于冻馁也"。③ 而在干旱的年份，水稻歉收，地方官员们更致力于推广麦类杂作。比如，《宋史·食货志》载宁宗嘉定八年（1215 年），由于"雨泽愆期，地多荒白"，余杭知县赵师恕劝民杂种麻、粟、豆、麦之属。有时这种做法的确可以起到救荒的作用。元代江西抚州人危素（太朴，1303—1372）在《暮冬》一诗中写道："种稻南谷口，凶岁困仓虚，晚值老农语，出口三嘻吁，幸有高亢田，种麦给群需，有麦且勿忧，无麦将焉如。"④

麦作在南方发展的另一个重要原因来自于麦子本身。由于麦子可以越冬，可以利用秋收之后空闲的土地进行种植，并且在青黄不接的夏季收成，起到"继绝续乏"的作用，这对于过去单纯种稻的稻农来说，无疑是额外的收成。而当这种收成成为一种依靠、一种指望，稻收之后种麦，也就成了一种习惯，以至欲罢不能。⑤ 这也就是稻麦复种在南方形成和发展的重要原因之一。

麦作在南方的发展，使得原来农业景观较为单一的南方地区，同时出现了稻、麦两种景观，尤其是在阴历四五月份麦子收割、水稻移栽的季节，这在宋人的笔下多有反映（表 1）。

---

① 〔南宋〕黄震：《黄氏日抄》卷 78。
② 〔南宋〕方大琮：《铁庵集》卷 30。
③ 〔南宋〕韩元吉：《南涧甲乙稿》卷 18《建宁府劝农文》。
④ 〔元〕孙存吾：《元风雅后集》卷 6。
⑤ 近代潘曾沂在推广区田种稻时，就遇到了这种阻碍。潘推广的区种法，要求播种极早，这便与传统的做法相抵触，因为在稻麦复种情况下，"直待刈麦毕后莳秧，近有迟延至六月内方得莳秧者"（陈祖槼主编：《中国农学遗产选集·甲类第一种·稻·上编》，中华书局 1958 年版，第 371 页）。

表 1　宋人笔下的割麦移稻景观

时间	地区	作者	诗　　文	题　　目	出　　处
	木末 （南京?)	王安石	缲成白雪桑重绿，割尽黄云稻正青。	《木末》	《临川先生文集》卷 27
五月	黄州	王安石	缲成白雪桑重绿，割尽黄云稻正青。	《壬戌五月与和叔同游齐安》	《临川先生文集》卷 29
五月	不详	欧阳修	宿麦已登实，新禾未抽秧。	《喜雨》	《欧阳修全集》卷 4《居士集》
	苏州	朱长文	刈麦种禾，一岁再熟。		《吴郡图经续记》卷上
	泰州	陆佃	谪守海陵，逮麦禾之再熟。	《海州到任谢二府启》	《陶山集》卷 13
	苏州	范成大	腰镰刈熟趁晴归，明早雨来麦沾泥，犁田待雨插晚稻，朝出移秧夜食歺。	《刈麦行》	《石湖居士诗集》卷 11
五月	苏州	范成大	五月江吴麦秀寒，移秧披絮尚衣单。	《四时田园兴十二绝》	《石湖居士诗集》卷 27
四至 五月	鄂州	罗愿	蚕沙麦种，四月收贮……月建在午（五月)，秧苗入土。	《鄂州劝农》	《罗鄂州小集》卷 1
	抚州	黄震	收麦在四月，种禾在五月。	《咸淳八年中秋劝种麦文》	《黄氏日抄》卷 78
	湖州	虞俦	腰镰刈晚禾，荷锄种新麦。	《和姜总管喜民间种麦》	《尊白堂集》卷 1
	吴中	吴泳	吴中之民，开荒垦洼，种粳稻，又种菜、麦、麻豆，耕无废圩，刈无遗陇。	《隆兴府劝农文》	《鹤林集》卷 39
		方岳	含风宿麦青相接，刺水柔秧绿未齐。	《农谣》	《秋崖集》卷 2
		陆游	稻未分秧麦已秋，豚蹄不用祝瓯窭。	《初夏》	《剑南诗稿》卷 32
五月	山阴	陆游	处处稻分秧，家家麦上场。	《五月一日作》	《剑南诗稿》卷 27
六月	金陵	杨万里	九郡报来都雨足，插秧收麦喜村村。	《夏日杂兴》	《诚斋集》卷 31
		曹冠	雨余干鹊报新晴，晓风清。……麦垅黄云堆万顷，收刈处，有人耕。	《燕喜词　江神子·南园》	《御选历代诗余》卷 46

　　稻麦景观同时存在，为稻麦复种制的形成在客观上准备了条件。现有关于稻麦复种制的最明确的记载首见于唐代云南地区。① 长江中下游地区的稻麦复种则始见于南宋《陈旉农书》，其文曰："早田刈获才毕，随即耕治晒暴，加粪壅培，而种豆麦蔬茹，以熟土壤而肥沃之，以省来岁功役；且其收，又足以助岁计也。"② 徐经孙《秀岩》诗中的"早田得雨秋耕遍"③，也可能与稻麦复种有关，秋耕是为种麦等作准备。这是早稻收获之后用稻田种麦的情况，当时也有二麦收割后再用麦田种晚稻的记载。绍兴初年，江东一带"二麦收刈后，合重行耕犁，再种晚禾。今已将毕，约于六月终周遍。"④ 杨万里在途经江山（属浙东）道中也看到"却破麦田秧晚稻，未教水牯卧斜晖"⑤ 的稻麦复种景象。乾道年间，浙东台州也有"隔岁种成麦，起麦秧稻田"⑥ 的记载。淮南地区也出现了麦地种稻、稻田种麦的记载。陈造《田家谣》提到："半月天晴一夜雨，前日麦地皆青秧。"⑦ 当时"土豪大姓、诸色人就耕淮南，开垦荒闲田地归官庄者，岁收谷麦两熟，欲只理一熟。如稻田又种麦，仍只理稻，其麦佃户得收。"⑧ 据此，江淮流域在宋代已出现稻麦复种是可以肯定的。

二、稻麦复种在宋代江南并不普遍

　　但是，宋代南方的稻麦复种是否成为一种种植制度，它有多大程度的普遍性？这是一个值得考虑的问题。宋人笔下有关"刈麦栽禾"的描述并不能全部看成是稻麦复种，因为复种必须具备两个条件：一是在一年之内；二是在同一块田地之中。根据这两条硬性标准，我以为历史上许多有关"稻麦二熟"或"一岁二熟"都很难说是稻麦复种，因为它们可能发生在同一地区不同的田块上，古人所说的"稻麦二熟"是从收成上来说的，说农民一年中有二次收成，比如东田夏收有麦，西田秋成有稻。而实际上是东田不干西田，稻麦并不构成轮作复种。甚至像《吴郡图经续记》所载的"刈麦种禾"也仅仅是农事安排上的衔接，并非土地利用上的衔接。原文在"刈麦种禾"之后，提到"农夫随其力之所及，择

　　① 樊绰《云南志·云南管内物产》说："水田每年一熟，从八月获稻，至十一月十二月之交，便于种稻田种大麦，三月四月即熟。收大麦后，还种粳稻。"（《云南志校释》，中国社会科学出版社1985年版，第256页）
　　② 〔南宋〕陈旉：《陈旉农书》卷上《耕耨之宜篇》。
　　③ 〔南宋〕徐经孙：《秀岩》，引自《全宋诗》卷3114，第59册，第37183页。
　　④ 〔南宋〕叶梦得：《石林奏议》卷11《奏措置买牛租赁与民耕种利害状》。
　　⑤ 〔南宋〕杨万里：《诚斋集》卷13《江山道中蚕麦大熟》。
　　⑥ 〔宋〕曹勋：《松隐集》卷21《山居杂诗》。
　　⑦ 〔南宋〕陈造：《江湖长翁集》卷9《田家谣》。
　　⑧ 〔清〕徐松：《宋会要辑稿》食货六三之一一七。

其土之所宜，以此种焉"。① "刈麦种禾"，也应视为"择其土之所宜"，因地种植的结果。即使像真德秀所说的："今禾既登场，所至告稔，拜神之赐渥矣。乃季秋以来，雨不时至，高田之麦欲种而无水以耕，下田之麦，已种而无水以溉。此农人之所甚忧。"② 也很难说"都是在水稻收获后复种的"③。因为没有证据证明麦一定是种在原来的稻田之中，而之所以在收稻之后种麦，是因为麦的播种期是在稻收之后，即仲秋到初冬这段时间，在此之前，即使田地中没有别的作物，也不会将麦种上，因为过早出苗容易遭受后期的低温影响。

这种猜想在客观上是存在的。就像北方以旱作为主，同时也存在水稻种植一样，南方虽然是以水田为主，但并非只有水田。南方地形多样，有山有水，高低错落，为因地制宜种植稻、麦等各种农作物提供了有利的条件。在南方的许多地方是有田又有地，或者是半田半地。在南方人的观念中，田和地是有区别的。田，指的是水田；地，指的是旱地。作田、整地是两种不同的作业。在分析宋代的情况以前，我先说一点个人的经验。我的家乡江西省新干县三湖镇，和南方的其他地区一样，这里也是以水稻种植为主，但在 20 世纪70 年代以前，这里也有小麦种植，只不过小麦仅种于旱地上，而非水稻收获之后的稻田中。这并不是说，当时的稻田不存在复种制，实际上在水稻收获之后，也会种植一些黄豆或荞麦之类的作物。据说邻近的一些县乡，也有在稻田中种麦的情况，但仅限于高田。70年代以后，我的家乡已不见有麦子种植，稻麦复种更无从说起。

宋代虽然在南方广泛地推广种麦，但并不是在南方的稻田上推广种麦，而只是在一些不宜种稻的地方推广种麦。这就像在江北诸州推广种稻时，并不是在麦田中种稻，而只是如《宋史·食货志》所云"令就水广种秔稻"一样。这在宋人的许多劝农文中都写得清楚明白。韩元吉《建宁府劝农文》："高者种粟，低者种豆，有水源者艺稻，无水源者播麦。"④ 朱熹《劝农文》："山原陆地可种粟、麦、麻、豆去处，亦须趁时竭力耕种，务尽地力。"⑤ 真德秀《再守泉州劝农文》："高田种早，低田种晚，燥处宜麦，湿处宜禾，田硬宜豆，山畲宜粟，随地所宜，无不栽种，此便是因地之利。"⑥ 黄震在江西抚州任上时，也劝百姓利用山坡高地种麦。⑦ 前引元人危太朴的诗也证明抚州的麦子系种于高田之上，

① 〔北宋〕朱文长：《吴郡图经续记》卷上。
② 〔南宋〕真德秀：《西山先生真文忠公文集》卷 48《诸庙祈雨祝文》。
③ 李根蟠：《长江下游稻麦复种制的形成和发展——以唐宋时代为中心的讨论》，《历史研究》2002 年第 5 期，第 13 页。
④ 〔南宋〕韩元吉：《南涧甲乙稿》卷 18《劝农文》。
⑤ 〔南宋〕朱熹：《晦庵先生朱文公文集》卷 99。
⑥ 〔南宋〕真德秀：《西山先生真文忠公文集》卷 40。
⑦ 〔南宋〕黄震《黄氏日抄》卷 78《咸淳七年中秋劝种麦文》："今绕城既已盛水种稻，何为不可乘高种麦。"

所以说："幸有高亢田，种麦给群需。"

因地种植的结果，使南方出现了"有山皆种麦，有水皆种秔"① 的景象，于是在春日里人们便看到"水陂漫漫新秧绿，山垅离离大麦黄"②，"高田二麦接山青，傍水低田绿未耕"③。最典型的旱地农业和水田农业交错出现的景观要数荆门军，"此间田不分早晚，但分水陆，陆亩者只种麦、豆、麻、粟，或莳蔬栽菜，不复种禾，水田乃种禾"④。邻近的襄阳府也是"里人种麦满高原，长使越人耕大泽"⑤。高原种麦，大泽种稻，泾渭分明。宋代诗文中大量出现的"陂稻""陇（垅、垄）麦"的说法，正是这种土地分工利用的反映。

北魏时有一首民歌："高田种小麦，秫穄不成穗；男儿在他乡，那得不憔悴。"意思是说，在水分不足的高田上种麦子，没有好的收成。但这只是北方的情况，各种迹象表明，宋代南方麦作主要分布于山地或坡地，即所谓"高田"。宋朝政府劝南方地区种麦，也主要是针对高田而言，如朱熹就要求稻收之后，"人户速将所收禾谷，日下打持，趁此土脉未干，并力耕垦。其高田堪种麦处，即仰一面种麦；其水田不堪种麦处，亦仰趁早耕翻，多著遍数，务要均熟，庶得久远，耐旱宜禾。"⑥ 并未强调所有稻田都应种麦，而仅指所谓"高田"。宋人的诗文中也多是将麦与山或山坡联系在一起。如，苏东坡的"破甑蒸山麦"⑦；杨万里的"山麦掀鬐翠拂天"⑧；苏辙的"山上麦熟可作醪"⑨；陆游的"山村处处晴收麦"⑩、"又见山坡下麦忙"⑪。在题为《山家暮春》的诗中也有"新麦已磨镰"的诗句。戴复古的"梯山畦麦秀"⑫。《陈旉农书》也说可种蔬茹、麻、麦、粟、豆的地方是"欹斜坡陁之处"。而"山有宿麦，海无飓风"⑬ 更是人们的理想。"小麦"和"麦地"一类的字眼，也多见于"山家"和"山居"这样的一些诗题中。⑭ 这一切表明两宋时期南方麦作的发展主要是依靠山坡来实现的。

---

①　〔南宋〕陆游：《陆放翁全集》中，中国书店 1986 年版，第 502 页。

②　〔南宋〕陆游：《陆放翁全集》中，中国书店 1986 年版，第 503 页。

③　〔南宋〕范成大：《石湖居士诗集》卷 27《春日田园杂兴》。

④　〔南宋〕陆九渊：《象山集》卷 17《与章德茂书三》。

⑤　〔北宋〕苏辙《栾城集》卷 1《襄阳古乐府二首·襄阳乐》："汉水南流岘山碧，种稻耕田泥没尺。里人种麦满高原，长使越人耕大泽。泽中多水原上干，越人为种楚人食。"

⑥　〔南宋〕朱熹：《晦庵朱先生朱文公文集》别集卷 9《再谕上户恤下户借贷》。

⑦　〔北宋〕苏轼：《苏东坡全集》下，中国书店 1986 年版，第 30 页。

⑧　〔南宋〕杨万里：《诚斋集》卷 34《明发黄土觅过高路》。

⑨　〔北宋〕苏辙：《苏辙集》卷 1《巫山庙》。

⑩　〔南宋〕陆游：《陆放翁全集》中，中国书店 1986 年版，第 594 页。

⑪　〔南宋〕陆游：《陆放翁全集》中，中国书店 1986 年版，第 578 页。

⑫　〔南宋〕戴复古：《石屏诗集》卷 2《山中即事二首》。

⑬　〔北宋〕苏轼：《白鹤新居上梁文》，引自魏齐贤：《五百家播芳大全文粹》卷 92。

⑭　〔南宋〕周南：《山房集》卷 1《山家》。

在山坡上种麦的同时，山坡底下可能就种稻。对于一些既有山坡地又有山下田的农民来说，他可以在收完山坡地上的麦子之后，又赶着去山下插秧。于是人们才会在看到"小麦连湖熟"的同时，看到"妇姑插秧归"。① 元人戴表元也有诗描写兄弟二人同时在不同的两块田中进行收麦移秧的情形："伯收东冈麦，仲移西塍秧。"② 这就是所谓的"割麦栽禾"，等到秋收之后，他在一年之内所获的收成就是所谓"稻麦两熟"，即夏熟的麦子和秋收的稻子。但"东冈麦"和"西塍秧"并不构成复种关系。

稻麦在南方的并存有时会在农事活动上产生重合，这种重合有时被误以为是稻麦复种，但稻麦复种必须是时间和土地利用上的连续，即在同一块土地上，先收麦，再整地，再插秧；稻收之后，再整地，再种麦。而从苏轼的"插秧未遍麦已秋"③，到洪适"冬耕春复犁，麦秀禾方插"④，从张舜民的"麦秋正急又秧禾"⑤，再到杨万里的"插秧收麦喜村村"⑥ 的诗句来看，当时收麦和插秧并非两项在时间上衔接的作业，而是同时进行的，甚至是先插秧后收麦，显然稻麦并非在同一块田地中的轮作复种。这种情况在元代诗人刘诜（1268—1350）的一首描写江南农夫插秧的诗中最能说明问题："五更负秧栽南田，黄昏刈麦渡东船。我家麦田硬如石，他家秧田青如烟。"⑦ 这里的插秧和收麦显然不是在同一块田中先后衔接的两个过程。

宋代江南地区的水稻移栽时间一般是从夏初（即阴历四月）开始，如果要实行稻麦复种的话，则此时麦必须收割完毕，而且麦田要经过重新整地灌水。但从范成大《四月十日出郊》⑧ 和陆游的《初夏道中》⑨ 等诗中所反映的情况来看，初夏时节，农民正忙于稻田插秧，而此时的麦还正在黄熟，并无收割，更谈不上整地。这种情况一直可以持续到五月，"五月江吴麦秀寒，移秧披絮尚衣单"，水稻移栽的五月时节，天气还有些寒意，麦子还正在孕穗结实，显然也不是在麦收之后才进行水稻移栽。洪适《饭牛亭》诗中所说的"冬耕春复犁，麦秀禾方插"⑩ 也属于这种情况。"冬耕春复犁"，系指稻田在收获之后，要经过冬耕和春耕两次整地，显然，稻田中是没有麦子的；"麦秀禾方插"，是指在麦子孕

---

① 〔南宋〕周南：《山房集》卷1《山家》。
② 〔元〕戴表元：《剡源文集》卷27。
③ 〔北宋〕苏轼：《苏东坡全集》上，中国书店1986年版，第66页。
④ 〔南宋〕洪适：《盘洲文集》卷8《饭牛亭》。
⑤ 〔北宋〕张舜民：《画墁集》卷1《打麦》。
⑥ 〔南宋〕杨万里：《诚斋集》卷31《夏日杂兴》。
⑦ 〔元〕刘诜：《桂隐诗集》卷4《秧老歌五首》。
⑧ 〔南宋〕范成大《石湖居士诗集》卷17《四月十日出郊》："约束南风彻晓忙，收云卷雨一川凉。涨江混混无声绿，熟麦骚骚有意黄。吏卒远时信马，田园佳处忽思乡。邻翁万里应相念，春晚不归同插秧。"
⑨ 〔南宋〕陆游：《陆放翁全集》中，中国书店1986年版，第16页。
⑩ 〔南宋〕洪适：《盘洲文集》卷8《饭牛亭》。

穗时，才进行水稻移栽。此处的"麦秀"仅是一种物候，它指示着农人要去插秧了，而并非稻麦复种。如果是稻麦复种的话，则此处的诗句应该改为"麦收禾又插"。即便是有些地方在四月份已经收获麦子，也不能肯定水稻移栽是在收获后的麦田上，从陆游《五月一日作》"处处稻分秧，家家麦上场"①的顺序来看，是分秧在前，麦收在后。同样的情况还有杨万里的《夏日杂兴》"金陵六月晓犹寒……插秧收麦喜村村"②。就算是麦收在前，分秧在后，也难以说它们就发生在同一块地中，如"麦苗黄熟稻苗青，饷妇耘夫笑语声"③。又据朱熹所言，二麦和早稻的收获期相隔不过四五十日。④显然，二麦和早稻是被分别种植在不同的地方，它们之间不存在复种关系。否则的话，在麦子收割之后，经过整地、移秧，再到稻子成熟、收割，四五十天的时间是无论如何也不够的。

另外，稻麦复种除了要求麦收之后种稻，还要求在收稻之后种麦。收稻种麦的季节一般都是在秋天。而从陆游《剑南诗稿》卷68篇目次序的安排来看，先有"种麦"诗，后有"秋获后即事"诗，⑤也意味着种麦是在稻收获之前，显然麦不可能是种在稻田中。因为此时，稻子尚未收获。又从方回的诗"麦田下种稻田干，秋尽江南亦未寒"⑥来看，麦子下种时，稻田中的积水已经干涸，但稻子尚未收获。在稻子尚未收获之前，一切耕种活动都可能与稻田无关，而只能是在稻田以外的田地中进行的。罗愿的《鄂州劝农》也属于此种情况："七月芟草，烧治荒田。大麦小麦，上戊社前。禾欲上场，九月涂仓。"⑦种麦的田需在七月芟草烧治，显然不是稻田，而是荒田，而且大麦小麦都须在上戊社前播种完毕，而此时稻尚未收割，还处在"欲上场"的阶段，这显然是稻麦异地而种。同样的情况也出现在许纶的《田家秋日词》中："晚禾未割云样黄，荞麦花开雪能白，田家秋日胜春时，原隰高低分景色。……牧童牧童罢吹笛，领牛下山急归吃，菜本未移麦未种，尔与耕牛闲未得。"⑧将首句与末句联系起来看，显然"耕牛闲未得"与"晚禾未割"无关，如果要实行稻麦复种的话，晚禾未割，耕牛正好可以闲暇。可能是耕牛还要在晚稻田以外的田地中忙活，所以才"闲未得"。因此，此处稻麦也不构成复种，它仅仅是构成了诗中所描绘的一幅画"原隰高低分景色"：耕牛在原田上耕作，准备播种麦、菜，隰处未割的晚稻如黄云。与此意境完全相同的还有一首诗："开塍放余水，经霜谷将实。更黎原上畴，

①　〔南宋〕陆游：《陆放翁全集》中，中国书店1986年版，第440页。
②　〔南宋〕杨万里：《诚斋集》卷31《夏日杂兴》。
③　〔北宋〕韩维：《南阳集》卷10《登城楼呈子华》。
④　朱熹在奏书中提到："又幸目今雨泽以时，原野渐润。窃料不过四五十日，则二麦可收；又四五十日，则早稻相继，决不至于复有流离捐瘠之祸，以勤陛下宵旰之忧矣。"（《晦庵先生朱文公文集》卷16）
⑤　〔南宋〕陆游：《陆放翁全集》下，中国书店1986年版，第952－953页。
⑥　〔元〕方回：《过石门》，引自《全宋诗》卷3493，第66册，北京大学出版社1995年版，第41631页。
⑦　〔南宋〕罗愿：《罗鄂州小集》卷1《鄂州劝农》。
⑧　〔南宋〕许纶：《涉斋集》卷4《田家秋日词》。

坎麦亦云毕。老叟呼儿童，敲林收橡栗。乃知田家勤，卒岁无闲日。"① 前两句表明，稻田中的水稻尚未成熟，后两句则是说，原上的田畴已耕毕，并种上了麦，显然麦不是种在收获后的稻田中。这里有必要对"原"字作一解释，"原"与"隰"相对，指高平之地，由于地势较高，易干，故宜麦而不宜稻；相反，"隰"则由于低湿，适宜种稻，一般又称之为田。

种种迹象表明，宋代在南方地区所出现的稻、麦两种作物，在多数情况下并非复种的产物，而只是在不同地块上因地种植的结果。因为只有在不同的地块上种植才有可能在夏季出现先插秧再收麦，在秋季先种麦再收稻的景象。循着这种情形来看，宋代许多所谓"稻麦两熟"的记载，实际并不表示当时已实现了稻麦复种制。如，"熙宁四年（1071年）大水，众田皆没，独长洲尤甚，昆山陈、新、顾、晏、淘、湛数家之圩高大，了无水患，稻麦两熟，此亦筑岸之验。"② 学者将其视为稻麦复种的记载。实际上，此处稻麦两熟也可以理解为由于圩堤高大，避免了水患，稻麦都有收成。又如，许多论者都将《吴郡图经续记》所载的"其稼则刈麦种禾，一岁再熟"视为苏州地区稻麦复种的最早确切记载，但"刈麦种禾，一岁再熟"，也可以理解为仅是农事季节上的衔接，并非一定是土地利用上的衔接，即在刈过麦后的麦田中再去种稻（或插秧）。因为文献中接着提到水稻尚且有早晚多个品种，要求"农夫随其力之所及，择其土之所宜，以此种焉"。稻麦这两种性质完全不同的作物，更应因地制宜，宜麦种麦，宜稻种稻，而并非稻麦复种。还有乾道七年（1171年）江浙一带的"麦已登场，稻亦下种"③，也只是说，当时天气晴好，两项农活均告完成，并非一定指稻麦复种。至于陆佃所说的"谪守海陵，逮麦禾之再熟"④，则很可能是因为泰州地属淮南，原本多稻，而距淮北为近，复又宜麦，此处之再熟未必是稻麦复种之结果。同样，"吴中之民，开荒垦洼，种粳稻，又种菜、麦、麻豆，耕无废圩，刈无遗陇"⑤，也不一定指的就是稻与菜、麦、麻豆的复种，而是指所有可以种植的土地都种上了作物，粳稻种于洼地，而菜、麦、麻、豆则种于荒地。从明清两代的情况来看，江南地区的麦子也仍然只种于高田，而所谓水田，则因"田中冬夏积水"⑥，显然是无法种麦的，更不用说稻麦复种了。这种情况一直持续到20世纪40年代。据调查，1949年前松江县的小麦往往主要种在较高的旱地。在薛家埭等村，单季稻之后往往种绿肥（苜蓿），

① 〔北宋〕郭祥正：《青山集》卷4《田家四时》。
② 〔南宋〕范成大：《吴郡志》卷19，引赵霖奏。
③ 《皇宋中兴两朝圣政》卷50，宋孝宗语。
④ 〔北宋〕陆佃：《陶山集》卷13《海州到任谢二府启》。
⑤ 〔南宋〕吴泳：《鹤林集》卷39《兴隆府劝农文》。
⑥ 〔明〕陆世仪：《思辨录辑要》卷11。

而不是小麦。① 前面沿引朱熹的话，提到宋朝政府劝南方稻作地区种麦，也主要是针对宜麦的高田而言，并未包括水田在内。

由于麦类对于高田旱地的特殊要求，在一定的技术条件下，决定稻麦复种也主要存在于既种稻又复种麦的高田之上。曹勋的"隔岁种成麦，起麦秧稻田"②，为山居时所作，固然离不开山地。《陈旉农书》所载的用于稻麦复种的"旱田"，以及徐经孙《秀岩》诗中的"得雨秋耕遍"的"旱田"，也属于高田一类。高田易旱，为此，人们往往选择一些生育期较短、成熟较早的品种进行种植，所以有"高田种早"③的说法。占城稻也是为适应高田生产的需要而引进的。高田在秋季或以前即可收获，较其他稻田为早，所以又称为早田。又由于高田排水性好，收获过后可以用来种植麦菜蔬茹等旱地作物，于是便有了稻麦等多种形式的复种。这样看来，对于高田来说似乎是先有稻而后有麦，其实，正好相反。高田原本只种麦、粟等旱地作物。④ 经过改造之后，有水源灌溉，方可种稻，⑤ 于是才有稻麦复种的可能。两宋时期，江西和两浙一带的农民都努力将山地和陆地"施用功力，开垦成水田"，如果是硗确之地，也把它垦辟成可以常植的田亩。两浙和江西抚州等地的地方官吏均一度对这种改造过的田亩增收亩税，⑥ 可见当时改良过的田亩为数之多。据南宋江西金溪人陆九渊的估计，当时荆门军的陆田如果在江东、江西，80%～90%都改为旱田。⑦ 旱田在收获之后，种上二麦等作物，便有了稻麦复种。表面上看来，稻麦复种的出现是麦作发展的结果，实际上是稻作向山上发展并试图取代麦作的结果。当高田旱地改为水田之后，易旱的特性还是使它有可能像沙漏一样翻转过来，在水稻因旱灾等因素歉收的情况下，重新种上二麦，以备灾荒，就是一种最佳的选择。

宋代有关稻麦复种的确切记载都跟山田（或高田）有关，稻麦复种的普及程度取决于稻麦在山区的发展程度，那么，高田早稻在收获之后是否都种上二麦？平原稻田是否真的就与二麦无缘？这是考察稻麦复种是否普及的关键。下面将就此作进一步的分析。

稻麦复种的存在必然会对农事安排产生影响，其是否普遍还可以从其他的一些农事活动中得到反映。冬麦在秋季播种，则必须在夏季整地，即阴历五、六月份。这也是古来成法。崔寔曰："五月、六月蔺麦田也。"《齐民要术》载："大、小麦，皆须五月、六月暵

---

① 黄宗智：《长江三角洲小农家庭与乡村发展》，中华书局 2000 年版，第 226 页。
② 〔宋〕曹勋：《松隐文集》卷 21《山居杂诗》。
③ 〔南宋〕真德秀：《西山先生真文忠公文集》卷 40《再守泉州劝农文》。
④ 〔南宋〕范成大：《石湖居士诗集》卷 16《劳畬畬（并序）》。
⑤ 〔元〕王祯：《王祯农书·农器图谱·田制·梯田》。
⑥ 〔清〕徐松：《宋会要辑稿》食货六之二六至二七。
⑦ 〔南宋〕陆九渊：《象山先生全集》卷 16《与章德茂三书》。

地。不暵地而种者，其收倍薄。"元人《劝农文》也说："二麦可敌三秋，尤当致力，以尽地宜。如夏翻之田胜于秋耕，犁耙之方，数多为上，既是土壤深熟，自然苗实结秀，比之功少者收获自倍。"① 这些都是北方传统小麦栽培制度下的麦田整地。尽管它很重要，并且影响到麦子的产量，但是在南方稻麦复种的情况下，要在五、六月份菑田、暵地是行不通的，因为此时正是水稻生长的旺季。稻麦复种制下的麦田整地最早只能发生在秋季。如果稻麦复种普遍存在的话必然会在秋耕上得到反映。因为稻收之后必须经过整地才进入播种程序，冬麦多在秋季播种，江南地区冬麦的播种期可以适当推迟到初冬，但整地也必须在争取在秋季完成。可是，笔者在检索有关秋耕的资料时，却发现宋代有关秋耕方面的资料非常之少。利用网络对宋诗进行粗略的检索，发现只有 2 首提到秋耕。② 四库全书宋人文集中也只有 3 处提到秋耕，且这仅有的几处秋耕是否为种麦做准备还难断定。这也在一个侧面说明当时稻麦复种之不普遍。从陆游的一些诗作来看，当时农家虽然在秋季已有耕地的准备，但也需要等待晚秋或入冬天气转寒以后才进行耕地，甚至有的由于缺乏耕牛，到仲冬尚在备耕。③

从后来的情况来看，江南地区种麦也有简便的办法，秋收之后，不经翻耕，便直接通过打"潭子"的穴播办法完成播种，这也可能导致秋耕的缺失。但无论是整地再播，还是打穴直播，麦种播下之后都会对后续的农事活动产生影响。苏辙有诗曰："一冬免锄犁，二麦盈瓮盎"④，意思是说麦子在秋季播种之后，整个冬天也不用整地中耕了，到时自然会有满满的收成。如果秋收之后的稻田都种上了麦子的话，那么，冬季就应该是相对有闲的时期，可是，宋代南方各地广泛地存在冬耕。仅陆游《剑南诗稿》中提到冬耕的就不下16 处（表 2）。

表 2　陆游《剑南诗稿》所载冬耕情况

诗　　句	诗　　题	出　处
郊极目冬耕遍，小妇篸花晚饷归。	《丰城村落小憩》	《剑南诗稿》卷 12
锄犁满野及冬耕，时听儿童叱犊声。	《初冬》	《剑南诗稿》卷 13
稻垄受犁寒欲遍	《初冬出扁门归湖上》	《剑南诗稿》卷 15
一醉又驱黄犊出，冬晴正要饱耕犁。	《今年立冬后菊方盛开小饮》	《剑南诗稿》卷 25

---

① 〔元〕王恽：《秋涧先生全集·文集》卷 62。

② http://cls.admin.yzu.edu.tw/qss/home.htm.

③ 陆游在《初秋即事》诗中提到"却媿邻家常作苦，探租黄犊待寒耕"（《剑南诗稿》卷 72）；在《晚秋农家》诗中提到："苦寒牛亦耕，甚雨鸡亦鸣"（《剑南诗稿》卷 23）；在《初冬出扁门归湖上》诗中提到："稻垄受犁寒欲遍"（《剑南诗稿》卷 15）；在《仲冬书事》诗中则提到："苍头租犊待冬耕"（《剑南诗稿》卷 73）。

④ 〔北宋〕苏辙：《栾城集三集》卷 1《迟往泉店杀麦》。

（续）

诗　句	诗　题	出　处
赖有东皋堪事力，比邻相唤事冬耕。	《祠禄满不敢复请作口号》	《剑南诗稿》卷 38
乘暖冬耕无远近，小舟日晚载犁归。	《冬晴与子坦子聿游湖上》	《剑南诗稿》卷 41
暑耘日炙背，寒耕泥没脚。	《读苏叔党汝州北山杂诗次其韵》	《剑南诗稿》卷 44
废寺僧寒多晏起，近村农惰阙冬耕。	《新晴出门闲步》	《剑南诗稿》卷 44
相逢无别语，努力事冬耕。	《雨后至近村》	《剑南诗稿》卷 48
乡邻无事冬耕罢	《晚晴闲步邻曲间有赋》	《剑南诗稿》卷 49
霜清枫叶照溪赤，风起寒鸦半天黑。 鱼陂车水人竭作，麦垄翻泥牛尽力。	《记老农语》	《剑南诗稿》卷 55
冰开地沮洳，云破日瞳瞳。鸿入青冥际，草生残烧中。 方欣毕公税，已复始农功。稻垄牛行处，泥翻夕照红。	《雪后》	《剑南诗稿》卷 56
十月东吴草未枯，村村耕牧可成图。	《书喜》	《剑南诗稿》卷 60
却媿邻家常作苦，探租黄犊待寒耕。	《初秋即事》	《剑南诗稿》卷 72
苍头租犊待冬耕	《仲冬书事》	《剑南诗稿》卷 73
我不如老农，占地亩一锺。 东作虽有时，力耕在兹冬。	《农圃歌》	《剑南诗稿》卷 85

冬耕的存在说明冬季田间无麦，这显然不是稻麦复种下所应有的现象；同时冬耕也不是为种麦做准备，因为冬耕之后再种上麦子，在季节上已来不及了。冬耕，甚至是秋耕，只是为了明年种稻。对此，朱熹说得非常明确："大凡秋间收成之后，须趁冬月以前，便将户下所有田段一例犁翻，冻令酥脆，至正月以后，更多著遍数，节次犁耙，然后布种，自然田泥深熟，土肉肥厚，种禾易长，盛水难干。"[1]

从耕地技术及其相关措施上也能反映出整地的意图。假使收稻之后种麦，必须首先排干稻田中的积水。可是宋代许多地方在水稻秋收之后，不是排干稻田中的积水，而是反其道而用之，配合冬耕，进行冬灌，将水引入稻田，使之成为冬水田。冬灌可以使田中结冰，消灭害虫和杂草，同时改良土壤结构，为作物生长创造一个良好的生态环境。在一些地方，冬季蓄水还可以防止春季干旱。乾道六年（1170 年）六月二十七日户部尚书曾怀言提到："或有丰熟去处，收割禾稻了，当却开塌围岸，放水入田。"并鼓励检举，对不履行号令、瞒昧官司之人，进行惩处。[2] 毋庸置疑，在浸水的条件下，种麦是无法进行的。需要指出的是，当时长江中下游地区及珠江流域都有冬季田间蓄水这一做法，只不过各地

---

① 〔南宋〕朱熹：《晦庵先生朱文公文集》卷 99《劝农文》。

② 〔清〕徐松：《宋会要辑稿》食货一之一二至一三。

有不同的称呼。① 冬水田的广泛存在也表明稻麦复种并不普遍。

有冬耕和冬水田的地方，就不可能有冬麦，自然谈不上是轮作复种。即使没有冬耕和冬水田，也不见得就已在稻田中种麦。淳熙七年（1180 年）十二月中旬朱熹在对南康军（今属江西省）管辖下的三县（建昌、星子、都昌）所作的调查中，发现"除种麦田地外，尚有未犁田地去处稍多"，这些未翻耕的土地和一些虽已翻耕但尚未上粪的土地一道，并不是用来种麦的，而是准备"来春布种"水稻的。② 由此可见，在朱熹管辖下的三县种麦不多，稻麦复种就更为有限。

麦作的不普遍还可以从春耕上得到反映。朱熹《劝农文》："秋收后便耕田，春二月再耕，名曰：耖田。"春耕是水稻播种前的最后一道整地工序，即便是有些地方因劳力和畜力等方面的原因没有实行冬耕，春耕也是必需的。春耕是对冬季"尚有未犁田地去处"的一种"补课"。春耕必须在田无宿麦的情况下进行，但如果稻田里都种上了麦子，那么春耕没有必要，也难以进行，因为麦子必须等到夏初才能收获。明清时期，在稻麦复种已经定型的情况下，就因"田有宿麦，遂废春耕"。③ 但在宋代由于稻麦复种尚不普遍，春耕比较常见。宋人文集中检索到的春耕达 193 次之多，远多于秋耕和冬耕，仅宋诗中提到春耕的诗就有 66 首。④

冬春两季田无宿麦显然就不存在稻麦复种，然而即使有麦也不见得就是稻麦复种，因为稻麦不是相继种在同一年同一地。实行稻麦复种，必须当年收当年种，如果今年稻收之后，没有及时种上麦，等到明年才种麦，也谈不上复种。有些地方麦作虽然种于稻田中，却不是在稻收之后的当年，而可能是在稻收之后的次年。具体说来，可能是稻子在霜降前后收获之后，稻田就处于休闲摺荒状态，到次年立秋后才又种上麦。汉江流域的洋州（今陕西洋县）就存在这种情况。南宋绍兴十九年（1149 年）宋莘在洋州《劝农文》中提到："余尝巡行东西两郊，见稻如云雨，稻田尚有荒而不治者，怪而问之，则曰：'留以种麦'"。⑤ 还有一种情况就是麦子在今年夏收之后，当年并不种稻，而要等到次年种稻。陆游有一诗提到老农在入冬之后将麦田灌溉和翻耕，使其成为稻田的情形，⑥ 显然这是稻麦

---

① 南宋吴怿《种艺必用》提到："浙中田，遇冬月水在田，至春至大熟。谚云谓之'过冬水'，广人谓之'寒水'，楚人谓之'泉田'。"

② 〔南宋〕朱熹：《晦庵先生朱文公文集》别集卷 10《取会诸县知县下乡劝谕布种如何施行事》。

③ 〔清〕潘曾沂：《潘丰豫庄本书》，引自陈祖槼主编：《中国农学学产选集·甲类第一种·稻·上编》，中华书局 1958 年版，第 358 页。

④ http：//cls. admin. yzu. edu. tw/qss/home. htm.

⑤ 〔南宋〕宋莘：《洋州劝农文》，见陈显远：《陕西洋县南宋〈劝农文〉碑再考释》，《农业考古》1990 年第 2 期，第 169 页。

⑥ 〔南宋〕陆游《记老农语》："霜清枫叶照溪赤，风起寒鸦半天黑。鱼陂车水人竭作，麦垄翻泥牛尽力。"（《剑南诗稿》卷 55）

轮作。但轮作并不构成复种，因为它们并不是发生在同一年之内，而是今年收麦，明年种稻。具体说来，很可能就是在夏季麦收之后，任其荒白，然后在秋冬季节灌水翻耕，使其成为冬水田，等到次年春耕之后，再种上水稻，至秋季收获。至于水稻收获之后，是否再种上麦和其他越冬作物，则视情况而定。有些可能种麦，比如所谓的"旱田"，有些可能种菜，有些可能荒白，等到次年再种稻。在这种水旱轮作制下，只能做到一年一熟，或二年三熟，而不是稻麦复种一年二熟。

这种安排是有益的，也可能是有意的。同样，有些地方不是有意地安排水旱轮作，而只是根据当年的具体情况所做出的选择。如《金史·食货志》载，贞祐四年（1216 年）八月，言事者程渊言："砀山诸县陂湖，水至则畦为稻田，水退种麦，所收倍于陆地。"又宋宁宗嘉定十三年，金宣宗兴定四年（1220 年），金统治下的唐、邓、裕、蔡、息、寿、颍、亳及归德府的被水田，就被命令"已燥者布种，未渗者种稻"。这些地方虽然有水旱轮作的出现，但并非在一年之中进行，不足以称为稻麦复种二熟制。

还有些地方虽然明确地实行了稻麦轮作，但却并非出于自愿，而多少有些迫不得已。比如原来打算种水稻的田，或者是已经种上水稻的田，由于受旱，早晚稻损失，而被迫种上麦子。朱熹《劝谕救荒》中提到："早禾已多损旱，无可奈何，只得更将早田多种荞麦及大小麦，接济食用。"[①] 淳熙六年（1179 年）九月，朱熹有见于"秋来久旱，晚田失收，兹幸得雨，可种二麦。今劝人户趁此天时，多耕阔种，接济口食"。[②] 淳熙九年（1182 年）七月十六日至十九日，朱熹在对浙东的上虞、嵊县和新昌等地作实地调查之后，也提到"沿路人户，已损田段不堪收割，皆欲及早耕犁，布种荞麦、二麦之属，接续吃用"。[③] 张耒也有"晚田既废麦初耕"[④] 的诗句。这种情况的确是很普遍的，前作（一般为稻），由于"大水大旱，田全无收"，而在秋冬时种麦。为此，民间不敢向上报水旱。因为"假如报官，水则不敢车戽，旱则不敢翻耕，或以存所浸之水，或以留旱苗之根，查以待官府差吏核实"，这样势必影响种麦，乃至明年的收成。所以百姓只好选择不报官而种麦的做法。[⑤] 在这种情况下，由于稻作已经损失，虽然在稻田中种上了"三麦"，但也不能称为稻麦复种。

还应该指出的是，稻麦复种仅是稻田复种的一种形式，从《陈旉农书》中可以看出，早田收获之后，可种"豆麦蔬茹"，麦类只是其中之一，可供选择的还有豆和蔬菜之类。

---

① 〔南宋〕朱熹：《晦庵先生朱文公文集》卷 99《劝谕救荒》。
② 〔南宋〕朱熹：《晦庵先生朱文公文集》别集卷 9《劝谕趁时请地种麦榜》。
③ 〔南宋〕朱熹：《晦庵先生朱文公文集》卷 17《奏巡历沿路灾伤事理状》。
④ 〔北宋〕张耒：《柯山集》卷 17《和李令放税》。
⑤ 〔元〕方回：《续古今考》卷 19《附论汉文复田租不及无田之民》。

这在其他文献中也得到证明。从上引曹勋的"晚禾亦云竟，冬菜碧相连"[1]，到陆游"秋获春耕力尚余，雨中被襫种寒菜"[2] 的诗句中可以看到，今秋收稻之后到明年种稻之前，还有余力，可以种植一些越冬的蔬菜，主要是指越冬的白菜之类。此外，还可能种植大豆和荞麦等作物。多种选择的存在，也会对稻麦复种制的普遍性产生影响。

即便是在获稻之后，田中也种上了大麦和小麦，也不一定是为了取得麦子的收成，而是为了给稻田提供绿肥。清人《潘丰豫庄本书》提到"古法有用麦苗肥田者"，《天工开物·乃粒·麦工》载："南方稻田有种肥田麦者，不冀麦实，当春小麦、大麦青青之时，耕杀田中。蒸罨土性。秋收稻谷，必加倍也。"这里虽然也可以看作是稻麦复种，但麦在其中不过是充当一种绿肥作物而已，不能称为稻麦二熟。虽然还没有直接找到宋代有关此类资料，但可以肯定此种做法是从宋代以来所一直沿用的。很可能是在宋代南方发展麦作的过程中，由于自然的原因，麦子尚未成熟，春雨便已来临，等不及小麦成熟的农民，便将麦地翻了，种上了水稻，结果发现水稻的收成很好，从此便成为一种制度。须知在江南，水稻永远是第一位的，麦作仅是一种"副业"，遂有"种麦肥田"之举。

综上所述，宋代南方稻作和麦作大多是采用分作的方式来发展的，即高田种麦，低田种稻，轮作复种主要存在于高田之上，且稻麦复种也只是其中的一种方式。简而言之，宋代江南地区的稻麦复种指数并不高。前人搜集的有关宋代稻麦复种的资料，[3] 有许多尚需论证。

三、稻麦复种未能普及的原因

尽管北方人口的大量南迁带动了南方麦作的发展，但南方麦作的发展似乎不能满足北方人对于麦粮的需求。由于自然条件的限制，南方麦作的产量很低。20 世纪 70 年代以前，我的家乡江西省新干县三湖公社也有部分的小麦种植，麦子的产量最高为每亩 300 市斤左右，大大低于同期的水稻单产。宋朝的时候，南方麦子的产量更低。南宋淳熙十年（1183 年），朝廷命令郭杲开垦襄阳府木渠下高低荒芜田段，用于种植二麦，本指望有好的收成，可是却并不尽如人意。淳熙十二年（1185）九月，郭杲在向朝廷申报屯田二麦的

---

① 〔宋〕曹勋：《松隐文集》卷21《山居杂诗》。
② 〔南宋〕陆游：《陆放翁全集》下，中国书店 1986 年版，第 953 页。
③ 参见李根蟠：《长江下游稻麦复种制的形成和发展——以唐宋时代为中心的讨论》，《历史研究》2002 年第 5 期，第 9 - 14 页。

产量时，帝问："下种不少，何所收如此之薄？"① 由于南方种麦的产量低，面积也不是很大，麦粮的供应不足，② 对于生活在南方习惯于面食的北方人来说很不适应。张耒在一首诗中就提到，他家在北方，喜欢吃面食，可是到了南方以后，由于南方水乡麦子产量低，不能满足他的需求，只能勉强地进食鱼和米饭，盼望着麦子有个好收成。③ 这也说明当时南方麦作不甚发达。其实各级政府三令五申在南方推广麦作的背后也正好说明，南方地区的麦作并不普及。北宋时，苏轼就曾说过"浙中无麦"④。两宋之交，虽然在绍兴（1131—1162 年）初年有过短暂的麦作发展高峰，但江浙一带的情况也不容乐观。尽管宋政府曾多次向江南地区推广小麦种植，"劝民种麦，务要增广"，江浙水田还是"种麦不广"。绍兴六年（1136 年）四月壬子，大臣赵鼎在回答宋高宗的问话时说："大抵江、浙须得梅雨，乃能有秋，是以多不种麦。"⑤ 南宋中期，董煟还在他的书中说道："今江浙水田种麦不广"。⑥ 嘉定八年（1215 年），宋廷还应知余杭县赵师恕之请，令江浙等地劝民杂种麦粟，以解决饥荒的威胁。这正好说明到了南宋后期，江浙一带的麦作仍然不广。江浙以外的其他南方地区也有类似情况。《宋史·食货志》载，淳熙六年（1179 年）十有一月，臣僚奏："比令诸路帅漕督守令劝谕种麦，岁上所增顷亩。然土有宜否，湖南一路唯衡、永等数郡宜麦，余皆文具。"由此看来，对宋代南方地区的种麦情况不宜估计过高。种麦尚且如此，稻麦复种更无从说起。

江南地区麦作和稻麦二熟的不普遍，与地理环境有着密切的关系。以襄阳府为例，虽然在宋代划归京西南路，但由于位于汉水下游，地近长江，与南方自然条件相类，不太适宜麦作，故产量低。江南地区更是如此，农田大多数只宜种稻，而不宜种麦。如湖州"郡地最低，性尤沮洳，特宜水稻"。特宜水稻，并非是就特别适合种植水稻，而是说只适合种植水稻，不适合种麦等旱地作物。不光湖州，整个"两浙水乡，种麦绝少"⑦。

除地形地势之外，气候也是个原因。南方高温多雨，对麦作的生长极为不利。唐代刘恂在《岭表录异》中就曾指出："广州地热，种麦则苗而不实。"对于江南来说，气候寒冷多雪是丰收的前兆，而暖冬对于江南麦作来说不啻为灾难。就雨水而言，南方在水稻收割

---

① 《续资治通鉴》卷 149、150。
② 据朱熹对浙东一些地区的调查，"其丰熟处，常岁所收，亦不过可为两月之计。"（《晦庵先生朱文公文集》卷17《乞给降官会等事仍将山阴等县下户夏税秋苗丁钱并行住催状》）
③ 〔北宋〕张耒《雪中狂言五首（之三）》："我家中州食嗜面，长罗如船碾如电。烂银白璧照中厨，膳夫调和随百变。江乡种麦几数粒，强进腥鱼蒸粝饭。雪深麦好定丰登，明年一饱偿吾愿。"（《全宋诗》卷1182，第20册，第13358 页）
④ 〔北宋〕苏轼：《苏东坡全集》下，中国书店 1986 年版，第 353 - 354 页。
⑤ 〔南宋〕李心传：《建炎以来系年要录》卷 100。
⑥ 〔南宋〕董煟：《救荒活民书》卷中。
⑦ 〔北宋〕苏轼：《苏东坡全集》下，中国书店 1986 年版，第 470 页。

之后进入到了一个多雨的季节，田中积水势必影响到二麦的播种。其次，雨水影响到麦的播种和生长。《宋史·五行志》中记载了许多霖雨伤麦的气候灾害，其中许多便涉及南宋以后南方州县。江南地区在入冬之后至春夏之交有个较长的降水过程，降水给当地的农业生产带来很大的负面影响。由于冬春积水，严重影响到水稻的播种和插秧，一般要到阴历五、六月水退之后才插秧。① 水稻尚且如此，麦子就更可想而知。即便在头年秋季赶在雨水来临之前抢种上麦子，也会因为接下来的雨季而影响其正常的生长发育。更何况江南地区由于水稻迟播晚收，等到麦子要播种时，已经进入雨季，播种都会受到影响。即便是麦子在下种和生长的初期侥幸赶上好天气，但也是躲过初一躲不过十五。朱熹就曾提到："本军管下去秋种麦甚广，春初亦极茂盛，……近缘雨水颇多，大段伤损。"② 陆游就有一首诗描写邻翁在春雨中抢救受损麦子的情形。③ 这一方面表明，南宋以后南方的麦作得到一定的发展，同时也表明南方麦作步履维艰。

不利的气候因素又集中地出现在刈麦插秧时节。麦子在成熟的时候极易枯黄落粒，一有雨水便会导致损失，所以有"收麦如救火"的说法。但水稻插秧却需要阴雨天，因为阴雨天有利秧苗返青。正所谓"秧欲雨，麦欲晴。补创割肉望两熟，家家昂首心征营；一月晴，半月阴。宜晴宜雨不俱得，望岁未免劳此心。"④ 理想的状态是"半月天晴一夜雨"⑤，但天有不测风云，如果前期晴天的天数超过半个月则会影响到水稻育秧，"前之不雨甫再旬，秧畴已复生龟纹"⑥。到五月初，雨水增加，本来可以移栽，却由于秧苗不能及时跟上而贻误农时。如果前期雨水过多，又会影响麦子的收成。因此，稻麦二熟十分难得。

稻麦二熟制没有在江南地区得到推广，除了自然条件的原因，还有经济、技术以及食物习惯上的原因。

从经济上来说，麦作等受到抵制的原因涉及劳动生产率及利益分配问题。麦的产量远低于稻，因此劳动生产率也较低，如果佃农在稻收之后费力种上麦子，而田主又想从中分得一杯羹，加上其他的一些摊派，最终收入无多，徒劳无益，势必影响佃农种麦的积极性。据《宋史·食货志》载，嘉定八年（1215年），左司谏黄序上奏，建议佃农利用所谓的"荒白"之地（即灾荒或稻收之后的空地），杂种麻、粟、豆、麦之属，多寡皆为己有，

---

① 苏轼："勘会浙西七州军，冬春积水，不种早稻，及五六月水退，方插晚秧。"（《苏东坡全集》下，中国书店1986年版，第470页）

② 〔南宋〕朱熹：《晦庵先生朱文公文集》卷16《张邦献待补太学生黄澄赈济饥民斗斛》。

③ 〔南宋〕陆游《春雨绝句》："千点猩红蜀海棠，谁怜雨里作啼妆。杀风景处君知否，正伴邻翁救麦忙。"（《陆放翁全集》中，中国书店1986年版，第374页）

④ 〔南宋〕陈造：《江湖长翁集》卷9《田家叹》。

⑤ 〔南宋〕陈造：《江湖长翁集》卷9《田家谣》。

⑥ 〔南宋〕陈造：《江湖长翁集》卷7《田家叹》。

主毋分其地利，官毋取其秋苗，以提高农民的生产积极性，使农民得以续食，官免赈救之费。黄序的这个建议得到了采纳。但"种麦之利，独归客户"，也有问题，因为"田主以种麦乃佃户之利，恐迟了种禾，非主家之利，所以不容尔（指佃户）种。"① 其实，田主们担心的还不仅仅是季节上迟了种稻的问题，更担心的是怕种麦子抽了地力，影响水稻的收成。这种担心是不无根据的。即使是主户允许佃户在稻田中种麦也还会遇到一些问题，如种子问题，佃户一般较为贫困，无力备种，如淳熙八年（1181 年）"十有一月，辅臣奏：'田世雄言，民有麦田，虽垦无种，若贷与贫民，犹可种春麦。'臣僚亦言：'江、浙旱田虽已耕，亦无麦种。'于是诏诸路帅、漕、常平司，以常平麦贷之。"朱熹在其管辖下的星子、都昌、建昌三县调查时就发现一些农民因为"难得粮种"，而放弃种麦，便一再恳请上户向下户提供借贷。② 贫困的农民如果没有麦种，种麦也会成为一句空话。而麦种的缺乏也在一定程度上说明，当时种麦并不普遍，稻麦二熟并成为制度。

　　从技术上来说，水稻在收割之后，为了能及时种上小麦，必须尽快排干田中的水份。《陈旉农书》只提到"旱田获刈才毕，随即耕治晒暴，加粪壅培，而种豆、麦、蔬茹"。这种办法对于旱田来说，也许还可以应付，因为旱田地势一般都比较高，积水问题并不严重，对于种水稻来说，其最大的担心是干旱，而对于种麦来说，正好可以扬长避短。但《陈旉农书》基本上没有涉及和反映"低田"水改旱的技术，有学者认为这是其局限性之一。③ 其实，低田水改旱技术的核心是垄作，而垄作技术早在战国时期便已形成，后世的开沟作畦也不过是古代"畎亩法"的翻版，宋代麦作技术中也采用了垄作，所以诗文中多有"垄麦"或"麦陇"一类的说法。《陈旉农书》之所以没有涉及低田的水改旱问题，是因为当时低田大多并不种麦，因此并不涉及水改旱的问题。有宋一代，南方地区的人们致力于发展水稻生产，即便是原有的旱地也要施用功力改造成水田，故水改旱的技术没有得到发展。

　　没有需要自然也就没有技术，没有技术，与之相关的活动也就难以开展。然而即便是有了技术，是否被普遍采纳还是个问题。习惯于因陋就简的农民，对于技术也有抵触。且不说，垄作技术早已有之，将垄作运用于稻麦复种的"开沟作畦"的水改旱技术，也已在元代有明确记载，但即便是稻麦复种已经定型的明清时期，这项技术并没有被广泛采纳。清初张履祥就提到"惰农苦种麦之劳，耽撮子之逸，甘心薄收，甚至失时，春花绝望。"④ 也就是

　　①　〔南宋〕黄震：《黄氏日抄》卷 78《咸淳八年中秋劝种麦文》。
　　②　〔南宋〕朱熹：《晦庵先生朱文公文集》别集卷 9《再谕上户恤下户借贷》。
　　③　李根蟠：《长江下游稻麦复种制的形成和发展——以唐宋时代为中心的讨论》，《历史研究》2002 年第 5 期，第 15 页。
　　④　〔清〕张履祥辑补，陈恒力校释：《补农书校释》，农业出版社 1983 年版，第 106 页。

说到清初仍就有些农民没有采纳开沟作㙻整地技术，而固守点播，其产量自然可想而知。

也是因为在宋代低田的旱改水技术没有得到发展，低田排水问题没有解决，因此，只有地势较高的"旱田"才在收获后进行复种，至于"平坡易野"和"山川原隰多寒"之地，则一般采用耕后冬浸或晒垡的方式，使其成为冬闲田。于是到了春天范成大就看到："高田二麦接山青，傍水低田绿未耕"（《春日田园杂兴》）的情景。二麦主要种于"高田"，至于傍水"低田"，还处于淹水状态，没有进入春耕阶段，也就是说，低田上没有种植越冬作物。明清两代江南地区的麦子也只种于高田，而所谓水田，则因"田中冬夏积水"①，显然是无法种麦。可见，当时只有一部分地势较高的土地种植了越冬作物，复种的面积并没有覆盖占稻田面积多数的平原稻田。

此外，还有季节矛盾。稻麦复种，即收稻之后种麦，收麦之后种稻。宋代虽然出现了早稻盛行的趋势，但一季晚稻仍然占主导地位，尤其是在江南地区。② 而晚稻的收获期一般都是在霜降前后（10月23日或24日前后），甚至有晚至阴历十月末的，③ 即阳历的十一月到十二月。再经过整地，还需要一个多月到两个月的时间才能种上麦子。④ 如果是赶上多雨天气，则收获的日期还要往后推迟，直到天开放晴。宋代颍州一带就曾因秋雨大作，"稻阻刈收，麦妨敷播"⑤。在江南地区这种情况也不少见。苏轼在《吴中田妇叹》一诗中就提到："今年粳稻熟苦迟，庶见霜风来几时。霜风来时雨如泻，把头出菌镰生衣。眼枯泪尽雨不尽，忍见黄穗卧黄泥。茆苫一月垅上宿，天晴获稻随车归。"⑥ 霜降在阳历10月23日或24日交节，接近阴历的九月下旬，如果赶上下雨在田垄上呆上一个月，便要到十月下旬。杨万里有"十月久雨妨农收，二十八日得霜，遂晴，喜而赋之"⑦ 诗一首。阴历的十月二十八日，已是阳历的11月下旬。雨过之后，再收稻整地种麦，在季节上已经偏晚了。因为冬麦的播种时间一般都是以"秋社"为标

---

① 〔明〕陆世仪：《思辨录辑要》卷11。
② 详见曾雄生：《宋代的早稻和晚稻》，《中国农史》2002年第1期。
③ 〔北宋〕沈括《梦溪笔谈》卷26："稻有七月熟者，有八九月熟者，有十月熟者谓之晚稻。"朱熹也提到晚禾的成熟期为十月（《晦庵先生朱文公文集》卷27《与赵帅书》）。南宋时期，曾要求各地屯田官员将"每岁所收二麦于六月终，稻谷于十月终"具数上报，后来又考虑到襄汉等地的具体情况，改为"二麦于七月终，稻谷于十一月终，具数开奏"。
④ 据明末《沈氏农书·逐月事宜》的记载，从九月斫早稻、垦麦棱开始，经十月斫稻、垦麦棱，到十一月才种大小麦，要一个多月的时间。（〔清〕张履祥补，陈恒力校释：《补农书校释》，农业出版社1983年版）
⑤ 〔北宋〕陆佃：《陶山集》卷13《颍川祈晴祝文》。
⑥ 〔北宋〕苏轼：《苏东坡全集》上，中国书店1986年版，第76页。
⑦ 〔南宋〕杨万里：《诚斋集》卷41。

准，[①] 即秋分（阳历 8 月 7 日至 9 日）前后，如果赶上秋雨可能适当推迟一些，[②] 但一般不会拖过秋季。[③] 这也是黄震选择在中秋发布劝种麦文，并指出麦"及秋而种"的原因。小麦种子发芽的最适温度为 15～20℃。大致相当于南方阳历 10 月下旬到 11 月初的天气。尽管江南地区可以推迟到阴历初冬十月（阳历 11 月上旬），[④] 但过迟播种，特别是迟至温度很低的寒冬腊月来播种，必然会导致出苗晚，发棵差，苗不足，穗形短小，产量低。在江南的一些地方也有这样的说法，"秋社下麦，春社下稼。麦迟则凌寒，稼迟则苦旱。"[⑤] 所以只要可能，南方依然会选择秋社日播种麦子，这也为现代农学试验所证实（表 3，表 4）。

表 3　不同播种期对大麦产量和经济性状的影响

播种期 （日/月）	株高 （厘米）	每亩有效 穗数（万）	每穗 总粒数	每穗结实 粒数	每穗空壳 粒数	单穗粒重	千粒重 （克）	产量 （斤/亩）
11/11	112.6	31.07	29.28	27.92	1.36	1.40	41.30	412
21/11	109.5	28.66	24.04	22.92	1.12	1.13	39.52	388
01/12	101.4	29.44	22.20	21.24	0.96	1.02	39.25	325

表 4　大小麦播种期与出苗的关系

	播种期	出苗期	播种到出苗 天数	分蘖（1972 年 2 月 1 日）	单株干重 调查（克）
大　麦	11 月 11 日	11 月 18 日	7	3.0	0.291
	11 月 21 日	12 月 4 日	13	2.7	0.13
	12 月 1 日	12 月 23 日	22	1.8	0.075
	12 月 11 日	1 月 3 日	23	1.0	0.045

---

① 参见《齐民要术·大小麦第十》《陈旉农书·六种之宜篇》《罗鄂州小集·鄂州劝农》等。南方原本没有种麦的传统，北人南渡之后将种麦的传统带到南方，自然也包括种麦所依据的历法。江南种麦可以适当推迟是在实践中总结出来的，不过这需要时间。

② 范成大有"去岁秋霖麦下迟"（《石湖诗集》卷 17《初四日东郊观麦苗》）的诗句。

③ 例如嘉泰《会稽志》说："浙东艺麦晚，有至九月者。"也就是说到九月种麦已经是很晚了。陆游《剑南诗稿》卷 68，在《秋分后顿凄冷有感》诗之后，《秋晚》诗之前，有《种麦》一诗，也表明麦子是在晚秋以前（即阴历九月以前）播种的。尽管如此，还要担心失时，因此，诗中有"未能贪佛日，正恐失农时"一句。范成大《刈麦行》中有"黄花开时我种麦"一句，也证明宋代江南地区小麦的播种期是在秋季。此诗的许多版本作"梅花开时我种麦"，似乎不妥，因为梅花开时，已是腊月，而宋代一般的小麦播种都在秋季；范成大在另一首诗中提到"去岁秋霖麦下迟"，也表明是在秋季播种。20 世纪 70 年代以前，江西省新干县三湖公社也有少量麦子种植，当地的小麦播种期一般都是在阴历 9 月底 10 月初，即秋末冬初。

④ 张福春等：《中国农业物候图集》，科学出版社 1987 年版，第 20 页。

⑤ 《江西通志》卷 1。

（续）

	播种期	出苗期	播种到出苗 天数	分蘖（1972年 2月1日）	单株干重 调查（克）
	11月2日	11月9日	7	3.0～3.8	0.3～0.44
	11月9日	11月20日	11	3.2～3.8	0.26～0.21
小　麦	11月16日	11月28日	12	2.4～2.9	0.14～0.17
	11月23日	12月8日	15	1.8～2.9	0.08～0.12
	11月30日	12月22日	22	1.9	0.05

资料来源：浙江农业大学农场，1971—1972 年（浙江农业大学作物栽培教研组：《作物栽培学》，1983 年，第 108 页）。

迟播还会导致鸟害，浪费种子。[1] 因为此时田野中的粮食已归仓，本地和南来越冬的鸟儿便以种在地里的麦种为食。而在秋社前后播种，鸟儿在田地里能找到的食物很多，对于种在地里的麦子危害也就相对减少。鸟对麦子为害的另一个多发期便是在麦子的成熟期。南方种麦不多，但鸟害却十分严重。在一些地方有"麦鸟"之称。小面积种植更是不堪其扰，而在土地零细化严重的南方地区，大面积种植又不可能，这也是导致麦作不能推广的原因之一。

在九、十月（江南地区大多数晚稻的收获期）晚稻收割之后再整地种麦，已经错过种麦时机一两个月或更多。加上还有其他一些农事，使得季节矛盾更为突出。朱熹在调查时发现，有些地方因忙于稻谷的收割脱粒，使得本该用于种麦的麦田也"多有未施工处"[2]。更毋庸说一些不宜种麦的水田。

需要指出的是，尽管明清时期，稻麦复种在江南得到发展，但获稻之后播麦在季节上的矛盾始终没有解决。明清之际，沈氏和张履祥就已认识到迟播是小麦产量低下的原因，指出"知种麦之多收，而不知所以多收之故，在得秋气，备四时也。"[3] 为了赶在秋季播种，备足四时之气，又照顾到晚稻的生产，明清时期在江南地区出现了小麦移栽技术，小麦育秧播种期定在七月，[4] 或八月十五中秋前，"下麦子于高地，获稻毕，移秧于田，使备秋气"[5]。但小麦移栽并没有普遍推广，稻麦复种在季节上的矛盾依然如故。清道光年间陶澍在为李彦章《江南催耕课稻编》所作的序中就提到："吴民终岁树艺一麦、一稻。麦刈毕，田始除。秧于夏，秀于秋，及冬乃获。故常有雨雪之患。""癸巳（1833 年）秋

---

① 〔明〕徐光启撰，石声汉校注：《农政全书校注》，上海古籍出版社 1979 年版，第 656 页。
② 〔南宋〕朱熹：《晦庵先生朱文公文集》别集卷 9《再谕人户种二麦》《再谕上户恤下户借贷》。
③ 〔清〕张履祥辑补，陈恒力校释：《补农书校释》，农业出版社 1983 年版，第 106 页。
④ 〔清〕张履祥辑补，陈恒力校释：《补农书校释》，农业出版社 1983 年版，第 19 页。
⑤ 〔清〕张履祥辑补，陈恒力校释：《补农书校释》，农业出版社 1983 年版，第 105－106 页。

杪，稻将熟矣，忽雨雪交加，既实而空，岁以大歉，冬田积水，不能种麦，民皆艰食。"于是提出了农业改制的问题，即"易麦而为早稻"。①

在尚没有发明小麦移栽技术的宋代，只有两种可能：一是接受迟播所致的产量不高的事实；一是将麦与早稻结合。从前面所引徐经孙"早田得雨秋耕遍，晚稻如云岁事登"的诗句来看，南方地区的稻麦复种最有可能选择的是麦与早稻结合的形式，而与晚稻不相干。但从江南地区的情况来看，一直以来早稻就不甚发达，有些地方甚至就没有早稻，② 要进行稻麦二熟，只能将种麦与晚稻结合。而晚稻收获之后再整地种麦，必然因迟播而减收，甚至还可能影响到晚稻自身的收成，农民不会因小而失大。上述分析表明，以晚稻种植为主的江南地区，稻麦复种不可能有大的发展。如宋代湖州"管内多系晚田，少有早稻"③，甚至有些地方"纯种晚秋禾"④。与之相对应的是，直到明末清初，尚有"湖州无春熟"⑤ 的说法，也就是说没有麦作，这当然不能绝对，但至少说明当地的稻麦复种是不普遍的。⑥

以上说的是收稻后种麦，对于麦子的影响；再来看看，麦收之后种稻，对稻子的影响。麦子在南方一般是在阴历五月前后收割，晚者可能迟至六月，⑦ 而江南地区水稻的播种期是在阴历二、三月，⑧ 如果等麦收之后再整地播种，势必太晚，好在是自唐以来发明了育秧移栽技术，使问题得以缓解，但由于要"待麦毕后莳秧"，甚至"迟延至六月内方得莳秧"，稻在秧田中的时间太长，移栽到本田后，生长期短，影响分蘖发棵，加上"旱涝难必，苗嫩根浅，极易受伤"，产量受到影响，如果小麦"所收寥寥"，更是得不偿失。这种情况到近代仍是如此。因此有人提出："稻田种稻，麦田种麦，不可夹杂。若先种麦，再种稻，时候已来不及。"⑨ 所以有些地方在麦收之后，当年干脆什么也不种，而只是到了秋冬季节灌水翻耕，为来年种稻做准备。这也是水旱轮作，但却是一年一获，即头年麦，次年稻。

---

① 〔清〕李彦章：《江南催耕课稻篇》，引自陈祖槼主编：《中国农学遗产选集·甲类第一种·稻·上编》，中华书局 1958 年版，第 375 页。

② 参见曾雄生：《宋代的晚稻和早稻》，《中国农史》2002 年第 1 期，第 54-63 页。

③ 〔南宋〕王炎：《双溪类稿》卷 23《申省论马料札子》。

④ 〔宋〕曹勋：《松隐集》卷 20《浙西刈禾，以高竹叉在水田中，望之如群驼》。

⑤ 〔清〕张履祥辑补，陈恒力校释：《补农书校释》，农业出版社 1983 年版，第 106 页。

⑥ 据调查，1952—1955 年，松江的大、小麦种植面积只占总耕地面积的 6.5%。（黄宗智：《长江三角洲小农家庭与乡村发展》，中华书局 2000 年版，第 231 页）

⑦ 南宋时期，曾要求各地屯田官员将"每岁所收二麦于六月终，稻谷于十月终"具数上报，后来又考虑到襄汉等地的具体情况，改为"二麦于七月终，稻谷于十一月终，具数开奏"。

⑧ 〔清〕张履祥辑补，陈恒力校释：《补农书校释》，农业出版社 1983 年版，第 105-106 页。参见曾雄生：《宋代的晚稻和早稻》，《中国农史》2002 年第 1 期，第 54-63 页。

⑨ 〔清〕潘曾沂：《潘丰豫庄本书》，引自陈祖槼主编：《中国农学遗产选集·甲类第一种·稻·上编》，中华书局 1958 年版，第 373 页。

从宋代有关稻麦复种的材料来看，当时的稻麦复种存在两种方式：一是早田收获之后种麦（《陈旉农书》所载）；二是麦收之后种晚稻（叶梦得和杨万里提到的情况）。这两种复种方式并不能组合形成人们所想象的稻收之后种麦、麦收之后种稻这样一种固定的一年二熟制，而至多只能形成早稻—麦—晚稻这样一种二年三熟制，即在同一块田中，每年二月至八月种早稻，八月至次年六月种麦；六月至十月种晚稻；十月以后冬耕灌水，或种冬菜。这只是理论上的推测，而实际上，早田收获之后种麦，以及麦收之后种晚稻，可能是分别出现在不同的地区、不同的地块上的不同的耕作制度。

第三，肥料不足。原来稻收之后，一般都是让田中自然长草，使之成为"半荒之亩"，可以通过放牧，让耕牛等家畜的粪便直接遗在田中，具有休养地力的作用，如今要想再种上麦子之类，地力得不到休养，还必须"加粪壅培"，这就加剧了肥料紧张状况。这也是当时地主们最担心的。他们以此为借口不让佃农用自己的稻田去种植麦子。麦子的收成本来就不如水稻高，加之以上种种原因，还要影响水稻的产量，这使得稻麦二熟未能在宋代得到大的发展。直到现在还有"种了麦，亏了稻"的说法。这样的例子很多，如广东潮州在1949年以前，因粮食缺乏，政府提倡冬耕，故于晚稻收获后多种一次冬季作物，普通栽植以麦、蒜及豆类等为多，但农民们多愿意任其休闲。经过调查发现，其原因约有三端：一为冬耕作物多系杂粮，因气候关系，收成不丰，州属地滨大海，虽在冬季常有雨水，而冬季作物不宜多量水分，往往因降水过多至收成不佳。且气温亦高，即在冬季虫害容易发生，影响冬季作物产量。若生长期稍长者，且有碍来年早稻种植。盖稻的产量多，价值亦高，故农民多愿放弃冬耕，以保全来年耕种便利。一为本州农民生活较易解决，苟早稻、晚稻有收，则生活自可充裕，易于养成好逸恶劳习惯。一为肥料来源有限，倘多一次冬耕，常致来年稻作肥料短少。① 由于肥料等方面的原因，在宋代甚至还存在休闲耕作。特别是对于那些"田美而多"的"富人之家"来说，"更休"（定期轮休）更是使"地力得完"（地力得到恢复）的一种方式。② 在休闲制尚且存在的情况下，稻麦复种自然不被看好。要想种麦，只得另觅它地。

两宋时期，稻麦复种在南方受阻，还有饮食习惯方面的原因。从饮食习惯上来说，两宋之交，南方一度麦作盛行，以致"极目不减淮北"，究其原因之一在于北方人口的大量南迁，把北方的麦食习惯带到了南方。③ 但随着时间的推移，南迁的北方人，特别是他们

① 民国三十五年（1946年）《潮州志》卷9《农业》，引自陈祖櫐主编：《中国农学遗产选集·甲类第一种·稻·上编》，中华书局1958年版，第712-713页。
② 〔北宋〕苏轼：《苏东坡全集》上，中国书店1986年版，第298页。
③ 当时西北人聚集的临安（今浙江杭州），面食种类不下汴梁。仅蒸制食品就有50多种，其中大包子、荷叶饼、大学馒头、烧饼、春饼、千层饼、羊肉馒头等都是典型的北方面食。临安城内不但有许多流寓至此的食厨仍操旧业，如李婆婆羹、南瓦子张家团子等，而且当地人开张的食店也"多是效学京师人"。

的后代，慢慢适应了南食，麦食渐渐成为副食，稻米成为主食。而占人口大多数的南方人自古以来就形成了"饭稻羹鱼"的习惯，对于北方地区出产的一些旱粮，如麦、粟之类，不会吃，也不爱吃。虽然宋代南方地区也已有了麦类种植，但由于南方广泛推广种植小麦的时间并不长，面积有限，许多人还没有掌握面食复杂的操作过程，往往如同稻米一样处理麦类食品，整粒蒸煮为食，其口感自然在稻米之下，被人们视为粗粮。有这样一个故事，绍兴年间江东信州玉山县有不孝之媳谢七妻，每日给婆婆吃麦饭，而自食粳饭，后受法所报，变而为牛。[1] 故事宣扬的是因果报应思想，但也反映了人们在食物上的喜好。朱熹访婿蔡沈不遇，其女出葱汤麦饭留之，以为简亵不安，朱熹便题写了《麦饭诗》上首，"葱汤麦饭两相宜，葱补丹田麦疗饥。莫谓此中滋味薄，前村还有未炊时"，也可见麦饭之不受欢迎。黄震在咸淳七年（1271年）中秋《劝种麦文》中提到："抚州田土好，出米多，常年吃白米饭惯了，厌贱麦饭，以为麁粝，既不肯吃，遂不肯种。祖父既不曾种，子孙遂不曾识，闻有碎米尚付猪狗，况麦饭乎?"[2] 由于不吃，导致不种，口粮主要靠稻，"俗不种麦，惟秋是俟"[3]，这必然会影响到麦作的发展，稻麦复种更是可想而知。

种稻食米的习惯还从另一个方面影响到麦作的发展，这就是梯田的使用。在南方地区发展小麦生产较为适宜的地方是山坡地带，宋代在南方地区出现了许多梯田，但是由于没有麦食的习惯，也缺乏麦作技术，梯田主要用来种稻。只有在缺乏水源的情况下，才种植麦子等旱地作物。有些梯田在一般年份都种水稻，但在某些年份，由于干旱，便改种麦子等旱地作物。如前面提到的宁宗嘉定八年（1215年），由于"雨泽愆期，地多荒白"，余杭知县赵师恕劝民杂种麻、粟、豆、麦之属，这里的麦稻之间可能构成轮作，但并不是复种，更谈不上是二熟，因为不在一年之中。

由于上述种种原因，稻麦复种在宋代长江中下游地区虽然存在，但并不普遍。宋代经济的发展和人口的增加，主要还是依靠稻米来支撑。

---

① 〔南宋〕洪迈：《夷坚志》丙集卷8《谢七妻》。
② 〔南宋〕黄震：《黄氏日抄》卷78。
③ 〔南宋〕黄震：《黄氏日抄》卷94。

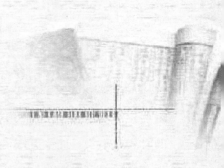

宋代的双季稻[*]

　　在宋代稻作史研究中，有一个至为关键，且至今尚存争议的问题，这就是稻田的种植制度。它不仅关系到对宋代稻作发展水平的估计，同时也关系到对整个宋代农业经济、技术及其发展水平的估计。有学者认为，宋代江南农业革命或重大变革的标志之一就是占城稻的广泛种植以及由此所致的一年二熟制的普及[①]，其中最引人注目的就是双季稻的发展[②]。不过上述观点近几年来开始受到国内学者的质疑。研究稻作史的游修龄教授认为，宋代粮食单

　　[*]　本文原载于《自然科学史研究》2002 年第 3 期。

　　[①]　（日）大泽正昭：《唐宋变革期农业社会史研究》，汲古书院 1996 年版，第 236 - 249 页。

　　[②]　最早提出此一观点的人是清代的林则徐，他在为李彦章《江南催耕课稻编》所作的序中说："固吾闽所传占城之稻，自宋时流布中国，至今两粤、荆湘、江右、浙东皆艺之，所获与晚稻等，岁得两熟。"（陈祖櫐主编：《中国农学遗产选集·甲类第一种·稻·上编》，中华书局 1958 年版，第 376 页）日本史学家加藤繁（1939 年）在对占城稻做过系统的研究之后，认为："在占城稻输入以前，中国就已经有早稻，可是不妨这样看：早稻的盛行栽种，却是由于占城稻普遍地分布于南方各地，稻的双季作、三季作的盛行，也是广为栽种占城的结果。"（《中国经济史考证》三卷，吴杰译，商务印书馆 1973 年版，第 195 页）华人历史学家何炳棣（1956 年）认为，"近古时期中国农业革命的核心是农作物栽培方式，其中早熟稻起了主要作用。……正是早熟稻才保证了获得两倍有时甚至是数倍的收成，中国稻作区的这种栽培制度也因此而著名。11 世纪初从印度支那中部的占城国引进了一种比较耐旱的水稻以后，导致了早熟品种的不断增加。"（《中国历史上的早熟稻》，谢天祯译，《农业考古》1990 年第 1 期，第 119 页）研究宋代中国农村历史的美国学者戈拉斯（Peter J Golas，1980 年）也持相同观点，说："试种早稻，包括宋朝初年在帝国主持下从越南输入著名的占城稻，导致迅速成熟的品种，随之而来的两熟制（或甚至三熟制）的推广，这不仅使稻谷和其他作物实行轮作，而且还使两种或更多品种的稻谷和其他作物实行轮种。"（《宋代中国农村》，一山摘译，《中国史研究动态》1981 年第 5 期）李约瑟（J Needham）主编《中国科学技术史·农业卷》的作者白馥兰（F Bray）也认为："占城稻种到来之前，早稻品种自始至终在中国及多熟制中都只起到非常次要的作用。当中国南方传统农业快速达到它的极限的时候，新进的早熟占城稻品种有了用武之地，它们的引进使南方农作制度的根本改变和农业生产力的重大进展成为可能。""一项最有名的措施之一就是真宗在 1012 年从占城引进新的早熟稻品种到长江三角洲。我们已经知道这项措施是如何改变生产的类型，允许双季稻或是夏稻冬麦的轮作。"（*Science and Civilization in China*，Vol. 6：2. Cambridge University Press，1984：492，598）

位产量的提高得力于复种指数的增加，但宋代的双季连作稻及间作稻局限于华南，比重也不大，福建一带是双季稻的北界①。同时他还对占城稻提出了质疑，认为占城稻的作用被史家夸大②。最近又有经济史学家李伯重从研究方法入手，对"宋代江南农业革命"说提出了彻底的否定③。

无论是赞成还是反对宋代农业革命说法的人，都没有系统地研究过宋代以稻田为中心的种植制度，这就使得赞成和反对都多少显得空洞无力。鉴于稻田耕作制度，特别是双季稻在宋代稻作史和经济史中的特殊重要性，以及目前学术界所存在的争议，有必要对宋代的稻田耕作制度做一系统的研究。本文将重点讨论宋代有关双季稻的问题。我们的问题是，宋代的双季稻如何？普及程度如何？在粮食供应中地位如何？它与占城稻的关系如何？

一、宋代以前的双季稻

在回答上述问题以前，我们有必要先了解宋代以前的双季稻情况。双季稻是指同一块稻田中一年之内有二次收成。双季稻的栽培最早开始于秦汉时期的岭南地区。汉杨孚《异物志》记载："交趾稻夏冬又熟，农者一岁再种"④，这是岭南地区双季稻的最早记录。长江流域双季稻的最早记载见于西晋。西晋左思《吴都赋》提到："国税再熟之稻"，吴都即现今苏州，证明西晋时期（265—317 年）苏州一带已有双季稻。⑤ 晋代郭义恭在《广志》中曾记有一双季稻品种"盖下白稻"，这种品种"正月种，五月获；获讫，其茎根复生，九月熟"⑥。东晋张湛《养生要集》载："稻已割而复抽（萌发）曰稻孙。"⑦ 隋唐时期，岭南地区仍然有"稻岁再熟"和"土热多霖雨，稻粟皆再熟"的记载（《旧唐书·南蛮传》《宋史·蛮夷四》）。地处长江下游地区的扬州也有稆生稻和再熟稻的报道（《唐会要·祥瑞上》）。

宋代以前的双季稻似以再生稻为主。《广志》和《养生要集》的记载明显属于再生稻。唐代扬州的稆生稻是落粒自生的稻，而再熟稻则可能是再生稻。只有《吴都赋》

---

① 游修龄：《稻作史论集·宋代的水稻生产》，中国农业科学技术出版社 1993 年版，第 266 - 267 页。
② 游修龄：《稻作史论集·占城稻质疑》，中国农业科学技术出版社 1993 年版，第 158 - 171 页。
③ 李伯重：《"选精""集粹"与"宋代江南农业革命"》，《中国社会科学》2000 年第 1 期，第 177 - 192 页。
④ 〔北宋〕李昉：《太平御览》卷 839。
⑤ 不过也有学者认为赋中所咏虽以吴都为对象，但却囊括其辖境在内的所有地区。此处再熟之稻指的是岭南地区的再熟稻。李善的注文也与《异物志》的记载相类似。
⑥ 原书已佚，此处引自〔后魏〕贾思勰撰，缪启愉校释：《齐民要术·水稻》，农业出版社 1982 年版，第 99 页。
⑦ 陈祖椝主编：《中国农学遗产选集·甲类第一种·稻·上编》，中华书局 1958 年版，第 37 页。〔宋〕叶廷珪《海录碎事》卷 17，引《番禺杂记》亦载："稻经获再生者名稻孙。"

中的"再熟之稻"存在争议。"再熟之稻"可理解为同一田块中种早稻和晚稻的再熟，也可理解为不同田块分别种植的早稻和晚稻，也是一年再熟。前者属于双季稻，而后者仍是单季稻。即便是双季稻也存在再生稻和连作稻争议。宋人认为《吴都赋》中的"再熟之稻"为再生稻（详后）。而游修龄据唐李善（江都人，距吴都不远）注："农者一岁再种"，将其视为连作稻[①]，但仍然不能确定是同一块田中的再种，还是不同田中的再种。

我在另一篇文章中提到，宋代甚至宋代以前就已出现了早稻和晚稻的概念，但宋人所说的"早稻"并非是真正意义上的早稻[②]，同时，早稻和晚稻之间也不构成复种关系[③]。但这并不排除宋代已经有了现代意义上的真正的早稻品种。大中祥符五年（1012年），宋真宗从福建引进了早熟且又耐旱的占城稻。据游修龄估计，占城稻作为早稻，其生育期从100天左右至110天左右，可以遍及浙闽及淮南一带，是一个名副其实的早稻品种[④]。宋代还有一个很著名的早熟稻品种——黄穋稻。黄穋稻自种至收全生育期大致为60～105天，同时它还具有很强的耐水性[⑤]。属于早稻品种的还有麦争场、归生稻、节澳稻（早稻）、六十日、乌粘早白、宣州早、早占城、斧脑白、赤芒稻。这些品种有的成熟期在六月，如麦争场[⑥]；或尽六月，如早归生；有的标榜六十日[⑦]，更多的则直接以"早"来命名。这些品种的生育期都较短，可视为真正的早稻。真正意义上的早稻的存在，为双季稻的发展奠定了基础。宋代存在再生、间作和连作三种形式的双季稻。

二、再生双季稻

再生稻是水稻收获（或败收）之后，其茎基部的休眠芽萌发抽穗结实。宋人诗中所谓"田收长稻孙"[⑧]的诗句就是对此种现象的描述。再生稻最初是一种自然现象，后来被人

①　游修龄：《中国稻作史》，中国农业出版社1995年版，第222页。
②　现代农学将全生育期在120天以内的稻称为早稻；150天以上的称为晚稻；二者之间者为中稻。
③　曾雄生：《宋代的早稻和晚稻》，《中国农史》2002年第1期。
④　但也有不同意见，陈志一认为，占城稻是个中籼品种，在福建的生育期约155天，而在开封的生育期则长达178天。（《关于"占城稻"》，《中国农史》1984年第3期，第25页）
⑤　曾雄生：《中国历史上的黄穋稻》，《农业考古》1998年第1期，第292-311页。
⑥　据〔明〕黄省曾《稻品》载："其三月而种，六月而熟，谓之·麦争场。"（陈祖槼主编：《中国农学遗产选集·甲类第一种·稻·上编》，中华书局1958年版，第104页）大略算来，生育期为90多天。
⑦　游修龄认为，真正自种到收六十日的水稻是不存在的（《古代早稻品种"六十日"之谜》，载《农史研究文集》，中国农业出版社1999年版，第401-405页）。但不论实际的生育期如何，其作为早稻是可以肯定的。有诗为证："六十日白最先熟，食新且领晨炊香。"诗作者陆游自注："六十日白，稻名。常以六月下旬熟。"（陆游：《喜雨》，引自陈祖槼主编：《中国农学遗产选集·甲类第一种·稻·上编》，中华书局1958年版，第71页）
⑧　〔北宋〕刘攽：《彭城集》卷十二《晨兴诗》，商务印书馆1937年版，第157页。

为地加以利用，便成了一种种植制度。宋代的再生稻遍及两浙、江淮，甚至荆湖等许多地区。

浙东：《宋史·太宗本纪》载：至道二年（996年）"处州（今浙江丽水）稻再熟"。杨亿（974—1020）《贺再熟稻表》："臣某言，据本州丽水等县状申，今年人户所种早稻自秋初刈后，为雨水调适，元根再发青苗，结实成熟，共得两收，已具州司别状闻者，多稼并熟，所谓有年嘉谷再登，斯为上瑞。"① 真宗天禧元年（1017年）十一月，戊戌两浙转运使言婺处等州水田早禾刈毕复生。② 由此可见，宋初浙东处州的丽水等地已有再生双季稻。又南宋朱熹（1130—1200）在《奏巡历台州奉行事状》中提到："臣所经历去处，得雨之后，晚稻之未全损者，并皆长茂，可望收成，但民间所种不多，仅当早稻十之一二。其早稻未全损者，亦皆抽茎结实，土人谓之'二稻'，或谓之'传稻'，或谓之'孕稻'，其名不一。"③ 清代有人认为，二稻、传稻、孕稻之类即后来广泛种植的间作稻"寄晚"。④ 但也有人认为，如清光绪《太平续志》载："'寄晚'亦作'继晚'，言继早稻而晚收也。'传稻'俗名稻传谷，乃早稻割后，其根株再抽成谷者，非继晚也。"⑤ 我们也认为，从朱熹的文义来看，二稻、传稻、孕稻之类属于再生稻的可能性较大。嘉泰元年（1201年）《会稽志》卷十七草部："再熟曰魏撩，刈稻之后，余茬再熟。"据游修龄说，"魏"疑是"回"的同音通假，"回撩"即再收一次之意。⑥ 上述材料表明浙东地区的再生双季稻自宋初以来，到南宋时期一直相沿不断。

浙西：苏籀《双溪集》记载："吴地海陵之仓，天下莫及，税稻再熟。"⑦ 范成大《吴郡志》："再熟稻，一岁两熟。《吴都赋》：'乡贡再熟之稻'。蒋堂《登吴江亭》诗云：'向日草青牛引犊，经秋田熟稻生孙。注云：是年有再熟之稻'，细考之，当在皇祐间（1049—1053年）。"⑧ 范成大做出上述推论的依据是蒋堂在皇祐年间曾经担任枢密直学士左谏议大夫。⑨ 从皇祐年间到《吴郡志》成书的宋绍熙三年（1192年），吴郡似一直有再

---

① 〔北宋〕杨亿：《武夷新集》卷十二。

② 《续资治通鉴长编》卷九十。

③ 〔南宋〕朱熹：《晦庵先生朱文公文集》卷十八。

④ 嘉庆十六年（1811年）《太平县志》卷二："迩年竞尚寄晚，于早稻初活之时，即庤水布秧其内，早稻收时，高已尺数，遍野皆青。然自宋来已有之。朱晦庵巡台州札中，所言土人谓之二稻、或谓之传稻、或谓之孕稻是也。诸邑皆有，太邑为盛。"（中国农业遗产研究室编辑，王达、吴崇仪、李成斌编：《中国农学遗产选集·甲类第一种·稻·下编》，农业出版社1993年版，第176页）

⑤ 中国农业遗产研究室编辑，王达、吴崇仪、李成斌编：《中国农学遗产选集·甲类第一种·稻·下编》，农业出版社1993年版，第176页。

⑥ 游修龄：《中国稻作史》，中国农业出版社1995年版，第216页。

⑦ 〔宋〕苏籀：《双溪集》卷九《务农札子》。

⑧ 〔南宋〕范成大：《吴郡志》，大化书局1987年版，第2465页。

⑨ 〔南宋〕范成大：《吴郡志》，大化书局1987年版，第2312页。

生双季稻的存在，于是《吴郡志》接着载："今田间丰岁已刈，而稻根复蒸，苗极易长，旋复成实，可掠取，谓之'再撩稻'，恐古所谓'再熟'者即此。"① 范成大还有"吴稻即看收再熟"② 的诗句。直到宋淳祐十一年（1251 年）《玉峰（江苏昆山）志》中还有再生稻的记载。③ 这表明，皇祐到淳祐年间，浙西地区一直就有再生双季稻的存在。

福建泉州：《太平寰宇记》载："春夏收讫，其株有苗生，至秋薄熟，即《吴都赋》所云'再熟稻'。"④

淮南：《宋史·仁宗本纪》载：庆历八年（1048 年），"庐州合肥县（今安徽合肥市）稻再熟"；著名书法家米芾（1051—1107）在无为军（安徽无为县）任太守时也见过再生双季稻，"米元章为无为守。秋日与寮佐登楼燕集。遥望田间，青色如剪。元章曰：秋已晚矣，刈获告功，而田中复青者，何也？亟呼老农问之。农曰：稻孙也。稻已刈，复雨复抽余穗，故稚色如此。元章曰：是可喜也。而门楼无榜，即大书榜曰稻孙。"⑤ 这表明，当时淮南也有再生双季稻的分布。

江南：《续资治通鉴长编》卷二十一载：太平兴国五年（980 年）春正月"癸未歙州言稻再熟"。《宋史·五行志》载：元丰六年（1083 年），"洪州七县稻已获，再生皆实"。成书于绍圣元年（1094 年）以前的曾安止《禾谱》载："今江南之再生禾，亦谓之女禾，宜为可用。"⑥ 女禾除了表示其再生的特性，还可能说明再生之后的植株较原来的植株要矮。

荆湖：《宋史·五行志》载：景祐元年（1034 年）十月，"孝感、应城二县稻再熟。"《续资治通鉴长编》卷九十，真宗天禧元年（1017 年）十二月，"戊辰内出再生稻穗，以示辅臣。时中使自荆湖来言，亢阳害稼，及秋雨足，再蓄实。"

从上面叙述中可以看出，再生双季稻的记载主要出现于北宋。据《文献通考·物异考》等文献记载，北宋安徽无为军（今无为县）、洪州（今江西南昌）六县、淮西路（今江北淮南地区）都曾经收获过再生稻。再生稻栽培广泛，各地名称也不尽相同。史书中多统称为"稻再熟"，而玉峰（江苏昆山）等地则称为"再撩稻"，安徽无为等地的再生稻则称为"稻孙"，浙江会稽称"魏撩"，台州则称为"二稻""传稻"或"孕稻"，江西等地则

① 〔南宋〕范成大：《吴郡志》，大化书局 1987 年版，第 2465 页。
② 〔南宋〕范成大《石湖诗集》卷三十《次韵袁起岩瑞麦》："此麦，两岐已黄熟，其间又出一青枝，亦已秀实，传记所未载也。"
③ 宋淳祐《玉峰志·土产》："再熟稻，田家遇丰岁，苗根复蒸长，旋复成实，可掠取，俗谓之'再撩稻'。《吴都赋》云：国税再熟之稻。"
④ 〔北宋〕乐史：《太平寰宇记》卷一〇二《泉州》。
⑤ 〔南宋〕叶寘：《坦斋笔衡·稻孙》。
⑥ 《禾谱》原书已佚，本文所引《禾谱》佚文均见曹树基《〈禾谱〉校释》（《中国农史》1985 年第 3 期，第 74 - 84 页。

称为"女禾"。从地方官将其作为一种奇特现象上报，到曾安止的"宜为可用"，再到米芾的赞赏，可见当时再生稻虽然已较为普遍，但还正处在推广阶段。

至南宋时期，或许再生稻已让位于其他形式的双季稻，或许已司空见惯，有关再生双季稻的记载反而不及北宋时多。不过南宋玉峰、会稽等地种植有软秆青和软秆白这样的软秆品种。据后来有关方志的记载推测，这一品种可能是再生稻[①]。

三、间作双季稻

除了再生双季稻，宋代还出现了间作双季稻和连作双季稻。14 世纪中期一本名为《农田余话》的书中提到了福建地区再熟稻的情况，曰："闽广之地，稻收再熟，人以为获而栽种，非也。予常识永嘉儒者池仲彬，任黄州黄陂县主簿，询之，言其乡以清明前下种，芒种蒔苗，一垄之间，释行密蒔，先种其早者，旬日后，复蒔晚苗于行间。俟立秋成熟，刈去早禾，乃锄理培壅其晚者，盛茂秀实，然后收其再熟也。"这里是以福建的近邻浙江永嘉的情况去推测闽广再熟稻的情况的。也是过去学界认为关于间作稻最早的记述[②]。

永嘉的间作双季稻又起源于何时呢？现有资料表明，永嘉的间作稻最早至少可以追溯到宋代。因为在浙江永嘉的邻近地区浙江台州，已经出现了间作稻品种——寄生。南宋嘉定《赤城志》载："以次言之：则献台、相连、寄生、第二遍之类是也。"[③]

"寄生"是什么？宋代的志书中并没有明确的记载。但我们可以在后来的一些方志找到对于"寄生"的解释。明嘉靖《太平县志》载："寄生，以寄种早禾中，故名，一曰晚儿。"后来，"寄生"和"晚儿"这两个名字又合二为一称为"寄晚"。清嘉庆《太平县志》载："迩年竟尚寄晚，于早稻初活之时，即厔水布秧其内，早稻收时，高已尺数，遍野皆青。"所以，清光绪《黄岩县志》说："曰寄生，亦曰寄晚。"由"寄晚"又引出了"继晚"这一概念。清光绪《太平续志》载："稻禾，迩年竟尚寄晚，或谓之'传稻'，或谓之'孕稻'。按：'寄晚'亦作'继晚'，言继早稻而晚收也。'传稻'俗名稻传谷，乃早稻割后，其根株再抽成谷者，非继晚也。传稻治痫甚验。孕稻之名未闻。"和"寄晚"同时，还有

---

①　明弘治十六年（1503 年）《温州府志·土产》记载："软秆，色白，粒大而味甘，以八月获，获后其根复苗，无异初稻，谓之'孕稻'，亦曰'二稻'。以十月获，佃者先获入租，而以后获自赡及偿他负。其实出于一根，而有早晚之异，盖非土力有余沃不能全也。"（中国农业遗产研究室编辑，王达、吴崇仪、李成斌编：《中国农学遗产选集·甲类第一种·稻·下编》，农业出版社 1993 年版，第 254 页）

②　游修龄：《中国稻作史》，中国农业出版社 1995 年版，第 217 页。

③　中国农业遗产研究室编辑，王达、吴崇仪、李成斌编：《中国农学遗产选集·甲类第一种·稻·下编》，农业出版社 1993 年版，第 233 页。

一个概念在流行，这便是"补晚"。明弘治《温州府志》载："春夏之交，分早秧曰：插田；又分晚秧，插于空行之中，曰：补晚。"①

一言以蔽之，寄生者，间作双季稻也。这种间作双季稻在明清时期福建南靖、长汀、长乐、福清、连江、龙岩、泉州、永定，浙江鄞县、温州、瑞安、乐清、平阳等地，江西赣西地区龙泉、莲花、萍乡、万载、宜春、临江及赣东的宜黄等地，湖南与江西邻近的浏阳、醴陵等地，多有种植，名为"养儿""寄种""稏""补晚""秠禾"或"丫禾"。

宋代方志中"寄生"的存在表明，间作双季稻在宋代即已存在，这比先前的说法要早出近 300 年。游修龄在一篇文章中提到，浙江的连作稻主要是 1949 年后发展起来的，历史上延续最久的是间作稻（浙南为主）和单季稻（浙北为主）。若问浙江的间作稻起始于什么时候？可以从《平阳县志》（乾隆二十四年，1759 年）中找到满意的记载。不过游先生并没有把乾隆二十四年作为浙江南部间作稻的起始时间，他在文章中进一步提到，"浙南一带的间作稻还可上溯至明朝。弘治十六年（1503 年）《温州府志》中也有间作稻的记述。"② 我们这里所发现的，嘉定十六年（1223 年）《赤城志》有关"寄生"的记载，连同这一地区后来方志对于"寄生"的解释，更可以将间作稻的记载上溯到宋代。

四、连作双季稻

连作双季稻是指早稻收割后，经过整地，再插晚稻的一种双季稻。连作双季稻的发展受到地理环境的影响。学界普遍认为，岭南地区在汉代就有连作稻的种植，有些学者认为，长江流域地区在唐宋时期也已出现连作稻，但没有给出明确的证据。也有学者否认宋代江南有连作稻的存在。如清人李彦章在《江南催耕课稻编》中说："江南再熟之稻，首见于左太冲《吴都赋》，……由此观之，此邦再种再熟，事最古矣。宋时江南，又止一收。"③ 游修龄的《中国稻作史》中虽然提到了宋代福建地区的连作稻情况，但也大多是用明代方志中的材料来推测，而对于宋代江浙的连作稻则基本上采取否认的态度。游修龄认为，虽然长江流域的吴都（苏州一带）在西晋时即已有连作稻，但是由于种种原因（温度下降恐是重要的原因之一），吴都的再熟之稻后来消失了。到宋代，太湖地区的水稻品种明确记载有早、中、晚之分，但都是一熟田。以后江浙一带的连作稻明中后期和清初才

① 中国农业遗产研究室编辑，王达、吴崇仪、李成斌编：《中国农学遗产选集·甲类第一种·稻·下编》，农业出版社 1993 年版，第 237、176、234、176、185 页。
② 游修龄：《方志在农业科学史上的意义》，载《农史研究文集》，中国农业出版社 1999 年版，第 204-205 页。
③ 陈祖槼主编：《中国农学遗产选集·甲类第一种·稻·上编》，中华书局 1958 年版，第 427 页。

有记载，自清初康熙乾隆时期开始，直到清末民初，连作稻的记载逐渐增加起来①。

我们认为，作为一项技术，宋代不仅有连作稻的存在，而且分布较为广泛。《中国稻作史》中许多关于连作稻的证据，最初都可以上溯到宋代。

江苏：游修龄在《中国稻作史》中用明代黄省曾（1522—1566）《稻品》所记载的一个品种"乌口稻"，作为明中叶苏州一带连作稻存在的证据。《中国稻作学》甚至将其视为迄今所知最早的关于连作稻的文献②。实际上，乌口稻最初见于南宋。南宋淳祐《玉峰志》中就已提到这一品种，说"其谷色黑，稻米最晚者"③，证明当时江苏昆山一带已有乌口稻的种植。不仅如此，南宋宝祐年间（1253—1258 年）《琴川志》也记载有这一品种，而且明确指出其特点是"再莳晚熟"④，证明当时江苏常熟不仅有乌口稻，而且还有连作稻。自宋以后，直到明清，江浙水灾多发地区一直保有这一品种。《稻品》和《群芳谱》对其特征都有提及，归纳起来，乌口稻具有如下特点：（1）色黑；（2）耐水与寒，又谓之冷水结；（3）晚熟；（4）稻之下品。由于乌口稻具有晚熟的特点，在生产中往往用于水灾之后的补种，成为一季晚稻，也可以用在早稻收获之后"再莳"，而成为连作晚稻。再莳晚熟的乌口稻的存在，表明宋代江苏也已有连作稻的存在，但由于乌口稻自身的品质，作为双季稻种植的面积可能不大，更多时可能是用作"潦后补种"的救荒作物。

浙江：南宋嘉定十六年（1223 年）《赤城志》中除"寄生"，还有一个稻种——"第二遍"，也可能是连作双季稻品种。清末《抚郡农产考略》中就将双季晚稻称为"二遍秔"或"二遍稻"，其定义是"刈去早秔，重复插秧，亦间有早秔未刈之时，插秧其中者，为二遍秔，俗亦混称曰晚秔，此则再熟秔也。"⑤ 可见，这里的二遍秔包括间作双季稻和连作双季稻两种，但由于《赤城志》有专门的名词称呼间作双季稻，所谓"第二遍"应该指的是连作双季稻。这证明当时浙江台州一带已有连作稻的栽培。又，南宋宝庆年间（1225—1227 年）所修《昌国县志》卷上《叙产》和南宋《四明志》卷四《叙产》中都有糯秫、赤秫、乌秫这类品种。秫，有些地方又写作"秈"，故糯秫、赤秫、乌秫等，在光绪《慈溪县志》等一些方志中又写作糯秈、赤秈和乌秈。⑥《群芳谱·谷谱》载："乌秈，早稻也。粒大而芒长，秸柔而韧，可织屦，饭之香美，浙中以供宾客及老疾、孕妇，三月

---

① 游修龄：《中国稻作史》，中国农业出版社 1995 年版，第 222－223 页。

② 中国农业科学院：《中国稻作学》，农业出版社 1986 年版，第 21 页。

③ 中国农业遗产研究室编辑，王达、吴崇仪、李成斌编：《中国农学遗产选集·甲类第一种·稻·下编》，农业出版社 1993 年版，第 93 页。

④ 宋宝祐《重修琴川志》卷九："乌口稻，再莳晚熟，米之最下者。"（中国农业遗产研究室编辑，王达、吴崇仪、李成斌编：《中国农学遗产选集·甲类第一种·稻·下编》，农业出版社 1993 年版，第 98 页）

⑤〔清〕何刚德：《抚郡农产考略》卷上《秔稻》。

⑥ 中国农业遗产研究室编辑，王达、吴崇仪、李成斌编：《中国农学遗产选集·甲类第一种·稻·下编》，农业出版社 1993 年版，第 224 页。

种，七月收。其田以莳晚稻，可再熟。"① 可见，乌秈（即宋之乌糯）便是连作早稻品种。证明当时浙江定海和宁波等地已有连作稻种植。

江西：曾安止《禾谱》中提到一个水稻品种"黄穋禾"，"江南有黄穋禾者，大暑节刈早稻种毕而种，霜降节末刈晚稻而熟。"黄穋禾就是黄穋稻，或曰黄绿谷，这个水稻品种在《陈旉农书》和《王祯农书》中也曾提到，《陈旉农书》说："《周礼》所谓'泽草所生，种之芒种'是也。芒种有二义，郑谓有芒之种，若今之黄绿谷是也；一谓待芒种节过乃种。今人占候，夏至小满至芒种节，则大水已过，然后以黄绿谷种之于湖田。则是有芒之种与芒种节候二义可并用也。黄绿谷自下种至收刈，不过六七十日，亦以避水溢之患也。"由此可见，黄穋稻是一个有芒而生育期很短的水稻品种，其特点是耐涝，适于湖田地区种植②。又由于它的生育期很短，在发展连作双季稻方面起着重要的作用。

黄穋稻虽然主要用于易涝稻田，但同时可作连作晚稻品种。这一品种在《禾谱》《陈旉农书》及《王祯农书》中都有记载，表明长江中下游地区在宋代可能出现了以种植黄穋稻为连作晚稻的双季稻。这种推测在宋代福建可以得到部分证实。宋诗中不少关于福州双季稻的诗句，而这些双季稻又大多出现在湖田上，这些在湖田上种植的双季稻也可能就是黄绿谷。黄绿谷是中国最早的双季稻水稻品种，它的出现对于深水湖田的利用和提高土地利用率，都起到重要的作用。

福建：唐人《闽中记》载："春种夏熟曰早稻，秋种冬熟曰晚稻。……岁再熟者曰金洲、曰白香秋，又曰糯。"③ 这表明唐代福建已有连作稻的记载，而且连作晚稻多种糯稻。这种情况在后世也有存在。笔者在江西农村时得知，一般连作早稻都不种糯稻，而连作晚稻中则有部分是糯稻。宋诗中有不少讲到福建福州地区的双季稻，如"潮（一作湖）田种稻重收谷"④，"潮田岁再获，海错日两渔"⑤，"负山之田岁一收，濒海之稻岁两获"⑥；淳熙《三山志·物产》除引用时人马益《福州诗》中"两熟潮田世独无"的诗句，还提到"今州倚郭三县两熟"⑦，甚至还提到"一岁再插之田"⑧。上述记载，虽然可以肯定宋代福建福州的双季稻非再生稻，但这里的双季稻是间作稻还是连作稻？宋代文献中并没有明确的记载。《三阳志》记载的情况是："其熟于夏五六月者曰早禾，冬十月曰晚禾"⑨，并没

① 陈祖槼主编：《中国农学遗产选集·甲类第一种·稻·上编》，中华书局 1958 年版，第 121 页。
② 曾雄生：《中国历史上的黄穋稻》，《农业考古》1998 年第 1 期。
③ 〔明〕何乔远：《闽书·南产志》，福建人民出版社 1994 年版，第 4434 页。
④ 〔南宋〕徐经孙：《矩山存稿》卷四《福州即景》。
⑤ 〔宋〕李弥逊：《筠溪集》卷十一《次韵学士兄发昆陵之作》。
⑥ 〔南宋〕卫泾：《后乐集》卷一九《福州劝农文》。
⑦ 〔南宋〕梁克家：《三山志》卷四十一《物产》。
⑧ 〔南宋〕梁克家：《三山志》卷八。
⑨ 《永乐大典》卷五三四三。

有明确熟于冬十月的晚禾是种于早禾田中。宋人还提到福闽只要"早禾既获，晚禾既坚"，就"可谓乐岁"①，也未明确早晚稻之间的关系。14世纪《农田余话》的作者，依据浙江永嘉的情况推测，福建的双季稻为间作稻，而明代福建方志作者黄仲昭基本上承袭了《三阳志》的记载，但却明确指出："早稻，春种夏熟。晚稻，盖早稻既获再插，至十月再熟者。其米皆有红、白二色。宋马益诗云：两熟潮田世独无。盖谓是也。"②认为宋代记载的两熟（或再熟）是连作稻。

　　现在，有确切的证据证明宋代福建有连作稻的出现，这便是宋代福建出现了专门的连作稻品种。游修龄《中国稻作史》提到，福建兴化（今莆田仙游）对连作晚稻有一个专名，叫'穖'，并引明万历三年（1575年）《兴化府志》卷一《物产》说："稻有一岁两收者，春种夏熟，曰早谷，既获再插，至十月方熟，曰穖。"这"穖"字，查《中文大辞典》也无。大概是修志者根据当地称连作晚稻为"庶"的音，加一个"禾"旁表示稻，所创造的形声字。这"穖"是单音词，而单音词多用于汉代以前，双音字则是在南北朝以后开始盛行，"穖"在众多的品种中仍保留其单音词的习惯，说明它的历史必很悠久③。《群芳谱》中有"摅稻"，"春种夏获，七月初再插，至十月熟。"④此"摅稻"，疑即"穖"。现在，我们已在南宋宝祐五年（1257年）今福建莆田的《仙溪县志》中找到了穖的出处，比《兴化府志》的记载又早出近300年。此其一。其二，《仙溪县志》不仅记载了"穖"这样的一个连作晚稻品种，而且还记载了"献台"这样的一个连作早稻品种。南宋宝祐《仙溪县志》载："稻，种类非一，有一岁两收者，春种夏熟曰早谷，《闽中记》谓之献台，既获再插，至十月熟，曰穖，有夏种秋熟，曰晚稻，无芒而粒细曰占城稻。"⑤再回到淳熙《三山志》的记载来看，"今州倚郭三县两熟，早种曰献台、曰金州林；晚种曰占城、曰白芒，通谓之稻。"也证明献台等是连作早稻品种。又，福建人陈藻也有诗曰："早禾收罢晚禾青，再插秧开满眼成。谁道秋风专肃杀，依然四月雨中行。"⑥

　　就目前所知，宋代，"穖"这一稻品种仅见于《仙溪县志》，而"献台"却在浙江台州《赤城志》、福建福州《三山志》和莆田《仙溪县志》中都有记载。和"穖"一样，"献台"这个品种很难从字面上理解清楚，《赤城志》只说它最贵，《三山志》则说它是早熟，但从《仙溪县志》可知，献台是双季早稻品种，穖是双季晚稻品种。由此可见，

---

①　〔南宋〕方大琮：《铁庵集》卷三十《将邑丙戌秋劝种麦》。

②　〔明〕黄仲昭：《八闽通志·食货·土产·福州府·谷之属》，福建人民出版社1989年版，第511页。

③　游修龄：《中国稻作史》，中国农业出版社1995年版，第122、223页。

④　陈祖椝主编：《中国农学遗产选集·甲类第一种·稻·上编》，中华书局1958年版，第122页。

⑤　中国农业遗产研究室编辑，王达、吴崇仪、李成斌编：《中国农学遗产选集·甲类第一种·稻·下编》，农业出版社1993年版，第659页。

⑥　《全宋诗》第50册，第31301页。

上述三地在宋代都有连作双季稻栽培，而这三地正好囊括了从浙南到闽南的东南沿海的广大地区。

　　岭南：南宋周去非在《岭外代答》中提到广西钦州的双季稻种植情况，"正二月种者曰早禾，至四月、五月收；三月、四月种者曰晚早禾，至六月、七月收；五月、六月种曰晚禾，至八月、九月收。而钦阳七峒中，七八月始种早禾，九十月始种晚禾，十一月、十二月又种，名曰月禾。"① 这里的所谓"月禾"，实际上就是双季或三季连作稻。如《太平寰宇记》载：雷州"地多沙卤，禾粟春种秋收，多被海雀所损。相承冬耕夏收，号芥禾，多谷粒，又云再熟稻，五月、十一月再熟。"② 我们还发现了这样一个有趣的现象，有些宋代稻品种既是早稻种，又是晚稻种。这种现象以江西泰和和江苏琴川最多。在泰和的水稻品种中，白糯、稻禾、黄栀糯、青稿糯、竹枝糯、住马香禾 6 个品种，既出现在早稻品种中，同时又出现在晚稻品种中，并且秔、糯都有；琴川的水稻品种也有同样的情况，当地的白稻、红莲、稻公拣、金成、鼠郎黄、野稻 6 个品种亦既是早稻品种，也是晚稻品种。三山的稻种中，早晚稻中都有占成，而会稽的稻种中则有早占城和寒占城之分。这种情况的出现也可能和连作稻有关。因为有一种连作稻就是在早稻收获后，即以早稻的种子当晚稻种。③

　　综上所述，宋代时期的连作双季稻不仅存在，而且广泛分布在岭南、福建、江西、浙江和江苏的广大地区，奠定了明清乃至此后中国连作稻发展的地理基础。

五、对宋代双季稻的估计

　　尽管双季稻作为一种技术在宋代已经发展起来了，但其对于当时的粮食生产和经济发展却不能估计过高，这主要是因为当时双季稻的普遍程度还极为有限。有些地区虽然这些技术都有了，但由于推广面积不大，在整个粮食生产中的作用有限。以江西的隆兴府（今江西南昌）为例，尽管早熟稻也已有了，双季稻栽培技术也已出现，但普遍实行的还是一年一熟制。此地"襟江带湖，湖田多，山田少，禾大小一收……豫章所种占米为多，有八十占、有百占、有百二十占，率数月以待获，而自余三时，则舍稿不务，皆旷土。"④ 至于湖南，虽然我们缺少直接的材料去证明当时各地的稻田耕作制度情况，但我们可以通过后来情况加以推测。如清乾隆《湘潭县志》载："田为艺稻，一熟之外，土不复耕，虽劝

---

　　① 〔南宋〕周去非著，杨武泉校注：《岭外代答校注》，中华书局 1999 年版，第 338 页。
　　② 〔北宋〕乐史：《太平寰宇记》，中华书局 2007 年版，第 3231 页。
　　③ 游修龄：《中国稻作史》，中国农业出版社 1995 年版，第 220 页。
　　④ 〔南宋〕吴泳：《鹤林集》卷三十九《隆兴府劝农文》。

种杂粮，无有应者。"① 直到 20 世纪 40 年代，有些向来被认为发达的地区还停留在一年一熟阶段。如江苏金山县"大部农田，除秋收稻谷外，农人狃于习惯，不肯冬耕，故春令毫无收入。大抵秋谷登场而后，并不翻松泥土，即撒播紫云英种子，春间茁长，翻入土中，作为肥料。间有种植油菜及蚕豆，不过南部少数乡村而已。"② 由于双季稻的种植面积有限，其在粮食生产中的作用自然不大③。据近人的调查，1955 年以前，松江无双季稻可言，全县 80% 以上的耕地种水稻，但几乎都是单季稻（在薛家埭等村，1940 年时94.8% 的耕地种植单季稻）。④

即使是在双季稻区，双季稻在粮食生产中的地位也不能估计过高。如岭南地区，虽然有了所谓的"月禾"，实现了一年二熟甚至三熟，但这种多熟制完全是自然的恩惠，而并不是技术进步的结果。从自然条件来说，这里"天地之气，冬夏一律。物不凋瘁，生意靡息。冬絺夏葛，稻岁再熟"⑤；从技术上来说，则毫无可取之处，"钦州田家卤莽，牛种仅能破块，播种之际就田点谷，更不移秧，其为费种莫甚焉。既种之后，不耘不灌，任之于天。"⑥ 在这种情况下，尽管有三熟，但也不过是广种薄收而已，对于产量增产的作用不大。

发展多熟制的目的在于提高土地生产率，但由于技术等方面的原因，农民双倍的投入并没有得到双倍的报酬。也就是说，在土地生产率有所提高的同时，劳动生产率却没有得到相应的提高，甚至出现下降的趋势，这必然影响到多熟制的发展。究其原因，多熟制产量不高是主要的。

双季稻的发展必须以早稻的发展为前提，然而，早稻由于生育期短等因素，产量不高，种植面积不大，如在新安就有斧脑白、赤芒稻等早稻品种，"早而易成，皆号为六十日，然不丛茂，人不多种。"⑦ 同样在早稻收获之后所再生或继种的晚稻，也由于地力、干旱、病虫害等因素，产量甚至比早稻还不如，从明清以来有关双季稻的产量来看，晚稻

① 中国农业遗产研究室编辑，王达、吴崇仪、李成斌编：《中国农学遗产选集·甲类第一种·稻·下编》，农业出版社 1993 年版，第 396 页。
② 中国农业遗产研究室编辑，王达、吴崇仪、李成斌编：《中国农学遗产选集·甲类第一种·稻·下编》，农业出版社 1993 年版，第 23 页。
③ 匿名审稿人提出，福建的双季稻为什么叫"穤"，是否与封建社会中的宗法制度有关？凡家庭的旁支都称为"庶"，如甘蔗之所以称"蔗"，就是因为其腋芽旁出会意得名。二季稻对单季稻而言，它是旁出的，不是正统正宗，故称为庶，加上禾，就称为"穤"。笔者认为，这种分析极有道理，也说明双季稻（特别是其中之晚稻）在当时不占重要地位。在此向审稿人致谢。
④ （美）黄宗智：《长江三角洲小农家庭与乡村发展》，中华书局 2000 年版，第 225 页。
⑤ 〔南宋〕苏过：《斜川集》卷六《志隐》。
⑥ 〔南宋〕周去非著，杨武泉校注：《岭外代答校注》，中华书局 1999 年版，第 338 页。
⑦ 中国农业遗产研究室编辑，王达、吴崇仪、李成斌编：《中国农学遗产选集·甲类第一种·稻·下编》，农业出版社 1993 年版，第 283 页。

的产量只有早稻的一半①。据 1919 年《南昌县志》的记载，再生稻的产量，以"亩获十钟"的稻田为例，再生稻只可获二三钟。② 宋代也是如此，其于再生稻则更有甚之。朱熹认为，二稻、传稻、孕稻之类虽然在青黄不接之时，"村民得此接济，所益非细，但其稻茎稀疏，秕多谷少"③。由于早稻产量不高，晚稻产量更低，所以双季稻的产量没有优势④，甚至两熟不如一熟。这种情况在宋代双季稻较为集中的福建就已出现，"福之为州，土狭人稠，岁虽大熟，食且不足，田或两收，号再有秋，其实甚薄，不如一获。"⑤ 产量不高，始终是制约早稻发展的关键因素，清福建人林则徐在为《江南催耕课稻编》作序时，引当时人的话说："地力不可尽，两熟之利，未必胜一熟。"⑥

这里所谓的两收不如一获，系指双季稻不如单季晚稻。众所周知，在早稻收获之后，再种植晚稻，就等于要再付一倍的劳动量，如果双季稻不如单季稻，那么，农民为什么不选择单季稻，而要选择双季稻种植？这主要是因为单季晚稻产量虽高，但对稻田肥水条件要求也高，"非膏腴之田不可种"，而早稻"不问肥瘠皆可种"⑦，因此在一些肥水条件相对较差的地方，人们往往选择种植早稻，但由于肥水条件欠佳，加之早稻生育期短，产量偏低，于是人们又在早稻收获之后再连作晚稻，以弥补早稻产量的不足，同时缩短与单季晚稻之间的产量差距。《永春县志》卷一载："按二熟之谷，较之一熟所获亦相当，但二熟之谷少怕亢旱，故种之广。"⑧ 于是我们看到，尽管浙西地区也有双季稻种植，但其普及程度远不及浙东、福建乃至江西等地，原因在于浙西的肥水条件要好于浙东等地。尽管由于土地瘠薄，两熟之收未必胜于一熟，但在中国传统农业中，人们更多的是关心土地生产率，而不太计较劳动生产率，有收没收是主要的，收多收少是次要的。

但是用发展双季稻的方式来弥补由于肥水条件欠佳所致的产量低下，势必引起更大的肥水问题，因为双季稻对于肥水的需要量要远远大于单季稻，而双季稻产量之所以不高的

① 如，明万历《闽大记》卷十一说："平地之农为洋田，早晚二收，早稻春种夏收，晚稻季夏种仲冬获，利仅早稻之半。"（中国农业遗产研究室编辑，王达、吴崇仪、李成斌编：《中国农学遗产选集·甲类第一种·稻·下编》，农业出版社 1993 年版，第 613 页）又清乾隆《石城县志》："粳稉（双季稻晚稻），必田之腴者方可种，每亩所收不及秋熟之半。"（中国农业遗产研究室编辑，王达、吴崇仪、李成斌编：《中国农学遗产选集·甲类第一种·稻·下编》，农业出版社 1993 年版，第 376 页）

② 中国农业遗产研究室编辑，王达、吴崇仪、李成斌编：《中国农学遗产选集·甲类第一种·稻·下编》，农业出版社 1993 年版，第 314 页。

③ 〔南宋〕朱熹：《晦庵先生朱文公文集》卷十八《奏巡历至台州奉行事件状》。

④ 〔明〕嘉靖《永春县志》载："按二熟之谷，较之一熟，所获亦相等。"（中国农业遗产研究室编辑，王达、吴崇仪、李成斌编：《中国农学遗产选集·甲类第一种·稻·下编》，农业出版社 1993 年版，第 660 页）

⑤ 〔南宋〕真德秀：《西山文集》卷四十《福州劝农文》。

⑥ 陈祖槼主编：《中国农学遗产选集·甲类第一种·稻·上编》，中华书局 1958 年版，第 377 页。

⑦ 〔南宋〕舒璘：《舒文靖集》卷下《与陈仓论常平》。

⑧ 中国农业遗产研究室编辑，王达、吴崇仪、李成斌编：《中国农学遗产选集·甲类第一种·稻·下编》，农业出版社 1993 年版，第 660 页。

原因之一在于地力不足，因为双季稻必须在肥水条件较好的情况下，才能得到较好的收成，所谓"非土力有余沃不能全也"（明弘治《温州府志·土产》）。倘若地力不足，农民不会因小利吃大亏。明崇祯《松江府志》引徐光启《农遗杂疏》云："其陈根复生，所谓稻也，俗亦谓之'二撩'。绝不秀实，农人急恳之，迟则损田力。"例如江西南昌等地在宋代就有再生稻的明确记载，但到民国时期，仍然没有得到推广，原因是"稻孙米颗细而坚，罕蓄之者，不欲尽地力也"。[①] 在地力不足的情况下，不仅双季稻得不到发展，就是稻麦二熟等也受限制。有些地方虽然早稻有收，但受旱涝影响，晚稻却不能按时播种。

双季稻产量不高，还有季节和劳动力矛盾方面的原因。连作双季稻系在早稻收获之后，再进行整地和移栽的，由于早稻收获之后，晚稻的有效生长时间十分有限，因此必须抢收抢种。但由于劳动力短缺，农时往往得不到保证，结果是晚稻的产量得不到保障。这个问题也一直是后来发展双季稻的主要问题。《抚郡农产考略》："凡二遍，迟至立秋栽，则不成熟。谚云：立秋栽禾，够喂鸡母。言其得谷少也。"[②] 乾隆江西《龙泉县志》："翻稻，早（一作中）稻刈后始种，然气候早寒，则秀而不实。"[③] 这也就限制了双季稻的发展。

畜牧需要是双季稻不能推广的另一个原因。自先秦开始，中国农区就有秋后放牧的习俗，即在农作物收获之后，利用农隙之地进行放牧。《王居明堂礼》载："孟冬命农毕积聚，继放牛马。"[④] 作物在收获之后，由于谷物已经归仓，不必担心牲畜的践踏，同时收获时所遗留下的残茬、余穗等物，特别是水稻在收割之后，在其基部所萌发出来的所谓"稻孙"（即"再生禾"）等，也为牲畜提供了一些可食之物，而牛畜等所遗粪便又是田中难得的有机肥料。于是，庄稼收获之后放牧是历史上一种普遍的做法。这种习俗必然同多熟制的发展相抵触。清初湘西和湘南可以作为一个例子：乾隆以前，湘南、湘西地区每年七八月间获稻之后，八九月间便有抛牛之俗，即在早稻收割后，放牛于野，不加管束，这样，"稻孙"被牛食尽。而作为农家则必须在白露节以前，将田中所有作物收获归仓，以免遭牛群践踏而无收。这就限制了晚稻等后作发展。直到清乾隆年间，湖南衡阳等地的晚稻仍然非常之少[⑤]。多熟制的发展必然要以牺牲畜牧业为前提，但在中国农区这需要一个

---

① 中国农业遗产研究室编辑：王达、吴崇仪、李成斌编：《中国农学遗产选集·甲类第一种·稻·下编》，农业出版社 1993 年版，第 254、57、314 页。

② 〔清〕何刚德：《抚郡农产考略》卷上《秔稻》。

③ 中国农业遗产研究室编辑：王达、吴崇仪、李成斌编：《中国农学遗产选集·甲类第一种·稻·下编》，农业出版社 1993 年版，第 328 页。

④ 引自〔后魏〕贾思勰撰，缪启愉校释：《齐民要术·养牛、马、驴、骡》，农业出版社 1982 年版，第 278 页。

⑤ 中国农业遗产研究室编辑：王达、吴崇仪、李成斌编：《中国农学遗产选集·甲类第一种·稻·下编》，农业出版社 1993 年版，第 410 页。

漫长的过程。①

由于上述问题没有得到解决，所以多熟制并没有得到很大的发展，不仅如此，在一些地区还存在休闲耕作制度。休闲自古以来就是恢复地力的一种方式。对于宋代的农民来说，这不仅是一项传统，也是在实践中所取得的一种共识。宋人发现，在一些新开垦的地方，往往有较高的产量，这引起了他们对于地力一种看法。宋廷南迁之后，江淮之间成为战场，人口大量外流，田地出现荒芜，但在战争间隙，南宋政府也曾组织较大规模的屯田开荒，开荒往往能取得较好的收成。② 在此之前，苏东坡在自己的实践中也得出同样的结论，他说："吾昔求地（一作田）薪水，田在山谷间（者），投种一斗，得稻十斛。问其故云：连山皆野草散水（一作木），不生五谷，地气不耗，故发如此。吾以是知五谷耗地气为最甚也。王莽末，天下旱蝗，黄金一斤，易粟一斛，至建武二年，野谷旅生，麻菽尤盛，野蚕成茧，被于山泽，人收其利，岁以为常。至五年，谷渐少，而农事益修。盖久不生谷，地气无所耗，蕴蓄自发而为野蚕、旅谷，其理明甚。"③ 欧阳修也有这样的认识，"久废之地，其利数倍于营田"④。

基于对于地力的认识，苏轼主张休闲地力。"曷尝观于富人之稼乎？其田美而多，其食足而有余。其田美而多，则可以更休，而地力得完。其食足而有余，则种之常不后时，而敛之常及其熟。故富人之稼常美，少秕而多实，久藏而不腐。今吾十口之家，而共百亩之田，寸寸而取之，日夜以望之，锄耰铚艾相寻于其上者如鱼鳞，而地力竭矣。种之常不及时，而敛之常不待其熟。此岂能复有美稼哉？"⑤ 其实，休闲不仅在一些人口相对稀少、耕地相对富余的地区存在，就是在一些人多地少、农业生产较为发达的地区也同样存在，如"吴人以一易、再易之田，谓之'白涂田'，所收倍于常稔之田。而所纳租米亦依旧数，故租户乐于间年淹没也。"⑥ 洪水淹没导致休闲，有益于地力恢复，同时淹没所留下的淤泥也有肥田之效，这就是白涂田所收倍于常稔之田的原因，也是休闲耕作得以在经济、技术较发达地区得以存在的原因，同时也是部分地区水利年久失修的原因之一。需要指出的

---

① 曾雄生：《跛足农业的形成——从牛的放牧方式看中国农区畜牧业的萎缩》，《中国农史》1999 年第 4 期，第 35—44 页。

② 《王祯农书》述及此种情形："今汉沔淮颍上率多创开荒地，当年多种脂麻等种，有收至盈溢仓箱速富者。如旧稻畦内，开耕毕，便撒稻种，直至成熟，不须薅拔。缘新开地内草根既死，无草可生，若诸色种子年年拣净，别无稗莠，数年之间，可无荒秽，所收常倍于熟田；盖旷闲既久，地力有余，苗稼豸茂，子粒蕃息也。谚云：'坐贾行商，不如开荒'，言其获利多也。除荒开垦之功如此。"（〔元〕王祯著，王毓瑚校：《王祯农书·农桑通诀·垦耕篇》，农业出版社 1981 年版，第 21 页）

③ 〔北宋〕苏轼：《东坡志林》卷六。

④ 〔北宋〕欧阳修：《欧阳文忠公文集居士集》卷四十五。

⑤ 〔北宋〕苏轼：《苏东坡全集·杂说一首 送张琥》，中国书店 1986 年版，第 298 页。

⑥ 〔南宋〕范成大：《吴郡志》，大化书局 1987 年版，第 2371 页。

是，这种休闲的做法只是在苏州等地的一些地势低下田地里采用，在地势较高的所谓中高之地，还是以连年种植为主，所以有"中高不易之地"（郏亶之子郏侨语）的说法[①]，但连年种植者并不是双季稻。

六、占城稻对宋代双季稻的影响

再生双季稻多是在原来的一季晚稻的基础上，由于雨水调适，重新抽茎结实，不需要特别的品种，与占城稻的关系不大；间作稻，在早稻的行间种上晚稻，虽然要求早稻尽可能地早熟，以留给晚稻更多空气、水分和阳光，占城稻可以起到一定的作用，但从现有的材料来看，尚不能找到占城稻作为间作早稻的直接证据；连作稻对于早熟品种的需要量更大，但作为连作稻的一些品种，如乌口稻、乌糯、黄穋稻、献台、穮等，都与占城稻无关，它们的历史有的甚至可以追溯到引进占城稻以前。如连作早稻品种献台，最早见于唐人所撰的《闽中记》。至于稻麦二熟制，由于其本身在宋代的发展有限，且在太湖地区又多是晚稻与麦类的轮作，作为早熟稻的占城稻作用更小。因此，占城稻对于稻田多熟制的影响不大。此其一。其二，稻田多熟制虽然在宋代有所发展，主要的技术也已出现，但只限于局部地区，对全国的粮食生产影响不大，即使说占城稻的引进对多熟制产生了影响，其对于整个的粮食生产的影响也是很小的。要而言之，占城稻虽然在扩大耕地面积方面，特别是梯田的开发方面发挥了重要的作用，但对于多熟制的影响不大。

---

① 〔南宋〕范成大：《吴郡志》，大化书局1987年版，第2377页。

宋代的早稻和晚稻[*]

早、晚稻的划分既是稻作技术自身发展的需要，也是社会经济和自然条件相结合的产物。虽然早稻和晚稻的概念在宋代以前既已出现，但大多在一些非常偶然的场合，并且早稻和晚稻都是孤立存在。随着稻作技术的发展，早稻和晚稻的概念在宋代非常流行，且常常是相提并论，以致后来的一些学者往往以今概古，以为宋代已经出现了现代意义上的早稻和晚稻，甚至更有人认为是双季稻，从而错误地估计了宋代稻作的发展水平。本文试图从宋人有关早稻和晚稻的基本概念入手，考察早稻、晚稻在各地的分布，并分析形成此种分布的原因，以期对宋代的稻作有更好的把握。

一、早稻和晚稻的概念及其分布

现代农学对于早稻、中稻和晚稻的界定主要是依据生育期的长短来决定的。而宋代最通行的做法是依据收获期的先后来划分早、中、晚稻，如"早禾收以六月，中禾收以七月，晚禾收以八月"①。由于各地的水稻成熟期并不一致②，所依据的历法标准也不统一，有的分之以月份，有的别之以节气，即便是都按节气或月份，其差异也是显而易见，所以各地早、中、晚稻的划分不尽相同。如福建三阳，"其熟于夏五六月者曰早禾，冬十月曰

　＊　本文原载于《中国农史》2002 年第 1 期。
　①　〔清〕徐松：《宋会要辑稿》食货五八之二四。只有一个例外，如北宋曾安止《禾谱》："大率西昌，俗以立春、芒种（？）节前，小暑、大暑节刈为早稻；清明节前，寒露、霜降节刈为晚稻。"又，"今江南早禾种率以正月、二月种之，惟有闰月，则春气差晚，然后晚种，至三月始种，则三月者未为早种也；四五月种为稚，则今江南盖无此种。"这实际上也就考虑到了生育期。
　②　〔南宋〕戴侗《六书故》曰："稻……南方自六月至九月而获，北方地寒，故诗曰：十月获稻。"

晚禾"①；陆游有《秋词》三首，第一、二首分别提到七月、八月，第三首依时序当为九月，七月中提到"早禾"，九月中提到"晚稼"②；又如浙江四明，"早禾以立秋成，中禾以处暑成"③；而江西西昌（今泰和）则以小暑、大暑节收割为早稻，寒露、霜降节收割为晚稻。早、晚稻只是相对而称，此外并无严格的科学界定。

表 1　文献中所见水稻成熟收获期举例

收获期	内　容	出　处
六月	麦争场，六月熟	《重修琴川志》卷八
七月	交秋糯，七月熟，米亦好，酿之可以及社节，然无丛箭，其粒赤而长，故又名金钗糯。	《新安志》卷 2《物产》
七月	浙中无麦，须七月初乃见新谷。	《苏东坡全集·续集》卷十一《上吕仆射论浙西灾伤书》
七月	知杭州苏东坡在元祐五年七月十五日的奏状中提到："陌见今新米已出。"	《苏东坡全集·奏议集》卷七《奏浙西灾伤第一状》
七月	江东早稻七月即熟	《宋史·食货志》
七月	七月早禾才熟	黄震《黄氏日抄》卷七十五《乞借旧和籴赈粜并宽减将来和籴申省状》
七月	东吴七月暑未艾……早禾玉粒自天泻，村北村南喧地碓。	陆游《剑南诗稿》卷六十七《秋词》
七月	七月既望，谷艾（收割）而草衰。	《苏东坡全集·前集》卷三十二
八月	闪西风，八月熟。	《重修琴川志》卷八
八月	八月暑退凉风生，家家场中打稻声。	陆游《剑南诗稿》卷六十七《秋词》
八月	河北霜早而地气迟，江东早稻七月即熟，取其种课令种之，是岁八月，稻熟。	《宋史·食货志》
九月	稻粱寒未收	张耒《柯山集拾遗》卷五《九月十八日梦中作闻雁诗》
九月	（黄）懋以晚稻九月熟	《宋史·食货志》
十月	禾头耳欲生	杨万里《诚斋集》卷四十一《十月久雨妨农收，二十八日得霜（一作宿），遂晴，喜而赋之》
十月	霜降稻实，千箱一轨。	《苏东坡全集·续集》卷三《和劝农诗》

　　尽管宋代的早晚稻概念并非是现代意义上的早晚稻概念，但各地都已对自己所生产的

---

① 《永乐大典》卷五三四三，引《三阳志》。
② 〔南宋〕陆游《剑南诗稿》卷六十七《秋词》。
③ 宝庆《四明志》。

稻做了早稻、晚稻甚至于中稻的划分则是事实。早、中、晚三稻在各地稻作中所占比例如何，对于了解宋代的稻作情况来说是重要的。游修龄说："宋代的水稻，在同一地区已有早、中、晚的不同，一般以早、中稻为多，晚稻较少。"① 实际上，早、中、晚的播种面积因时因地各不相同。

两浙的浙东地区，早稻多于晚稻，如四明（今浙江宁波）："中最富、早次之，晚禾以八月成，视早益罕矣。"② 台州："晚稻……民间所种不多，仅当早稻十之一二。"③ 越州："统计会稽八县田亩，……晚稻居十分之四。"④ 十分之六则是早稻和中稻。浙西虽然在"七月初乃见新谷"，证明有早、中稻的存在，但却以晚稻为主，如湖州："管内多系晚田，少有早稻。"⑤ 甚至有些地方"纯种晚秋禾"⑥。但这种情况也主要局限于太湖沿岸地区，远离太湖沿岸的浙西一些地区，也是早稻多于晚稻。如临安府之新城县（今浙江富阳县西南）"山田多种小米（即早籼），绝无秔稻（即晚粳）"⑦。

宋代，另一处晚粳种植比较集中的地区，是淮南地区。这里的水稻一般要到夏初，甚至于农历五月方始插秧。"淮南夏早收，晚秧亦含风"⑧，"积雨涨陂塘，田塍插晚秧"⑨ 等宋人诗句描写的就是淮南插莳晚稻秧的情形。而在一些近水低洼地区，甚至到夏初才始撑着一种短小轻便的小划船在稻田中进行撒播⑩。插秧在初夏，收获却在初冬，贺铸有"楚泽初冬正获田"⑪ 之句，此诗作于历阳（今安徽和县）姥矶，时间是在戊辰十月晦日（十月的最后一天）。苏轼提到，元祐六年（1091年），汝阴县（今安徽阜阳）百姓，因旱伤，"稻苗全无"，而被迫至淮南籴晚稻种⑫。乾道九年（1173年）十一月，江南东路安抚使奉命收籴粳米，但江东诸州"尽是籼禾小米"，无奈只得"差官往淮南收籴"，可见淮南产粳米之盛⑬。但淮南也有籼米，宋廷在淮南所收籴的粮草中既有大禾米（晚粳），又有占米（早籼），只是不占多数⑭。

---

① 游修龄：《稻作史论集·宋代的水稻生产》，中国农业科技出版社1993年版，第267页。
② 宝庆《四明志》卷四《叙产》。
③ 〔南宋〕朱熹：《晦庵先生朱文公文集》卷十八《奏巡历至台州奉行事状》。
④ 〔南宋〕洪适：《盘洲文集》卷四十六《奏水潦札子》。
⑤ 〔南宋〕王炎：《双溪类稿》卷二十三《申省论马料札子》。
⑥ 〔南宋〕曹勋：《松隐集》卷二十《浙西刈禾，以高竹叉在水田中，望之如群驼》。
⑦ 〔清〕徐松：《宋会要辑稿》食货七〇之一〇九。
⑧ 〔北宋〕晁补之：《鸡肋集》卷四《饮酒二十首同苏翰林先生次韵追和陶渊明之十七》。
⑨ 〔北宋〕贺铸：《庆湖遗老诗集》卷五《高望道中，庚午五月乌江赋》。
⑩ 《王祯农书·农器图谱集之十二》载："尝见淮上濒水及湾泊田土，待冬春水涸耕过，至夏初，遇有浅涨所漫，乃划此船，就载宿渨稻种遍撒田间水内；候水脉稍退，种苗即出，可收早稻。"
⑪ 〔北宋〕贺铸：《庆湖遗老诗集》卷七《历阳姥矶下，马上有怀京都游好，戊辰十月晦日赋》。
⑫ 〔北宋〕苏轼：《苏东坡全集·奏议集》卷十《奏淮南闭籴状二首》。
⑬ 〔清〕徐松：《宋会要辑稿》食货四〇之五六。
⑭ 〔清〕徐松：《宋会要辑稿》食货四〇之五四。

属于江南西路，与淮南西路毗邻的兴国军（今湖北阳新）及其相邻的荆门军（今湖北武汉）也以晚稻为主。陆九渊在《与章德茂书》中提到："江东、西，田分早晚。早田者种占早米，晚田种晚大禾。此间田不分早、晚，但分水、陆。"不分早晚稻，表明当地的水稻仍然是以传统的一季晚稻为主。南宋王十朋有《途中遇雨》诗，提到"晚稻短长熟"之句，此诗作于某年的八月二十六日到兴国军之后①，不久王十朋又入鄂州（今湖北武汉）境，留下了"秋深余晚稻，地旷僻闲田"②的诗句。

福建八州，上四州（建宁、剑州、邵武、汀州）似以早稻种植为主，而下四州（福州、兴化、泉州、漳州）则是以晚稻为主。这从南宋乾道六年（1170 年）六月，提举福建常平茶事郑伯熊报告中可以看出，他说："福建路八州军府县，自入夏以来，阙少雨泽，其上四州军府虽时得甘雨，犹未霑足，早禾多有伤损；下四州军亢旱尤甚，晚种有不得入土者。"③或认为，这里郑伯熊把上四州军入夏后"早禾"雨水不足和下四州军晚稻不能插秧并提，说明下四州军在南宋已普遍种植两季水稻，上四州军恰恰只种一季稻。④这种理解是错误的。首先，这个报告出台于农历六月，事发在六月之前，即文中所称"入夏以来"，宋以四月为夏首，入夏以来指的是四月以来，也即四月至六月这段时间，如果是双季稻的话，这段时间正是双季早稻生长到成熟的季节，双季晚稻不能插秧是正常的，并不是一件大惊小怪的事，而作为一季晚稻，六月份尚不能入土就比较紧张，因为一季晚稻一般是在五月前后移栽的。

江西也是以早稻居多，然而各州县有所区别。洪州："据洪州申……缘本州管下诸县，民田多种早占，少种大禾。其所种大禾，系在向去十月，方始成熟。……本司契勘，本司管下乡民所种稻田，十分内七分，并是占米，只有三二分布种大禾。"⑤此处，占米指的是早禾，大禾指的是晚禾。江州："星子、都昌晚禾绝少，独建昌邑大苗米居多……此间土产皆占米，晚禾不多。"⑥"敝郡今秋少雨，晚田多早，除星子、都昌，多是早田，被灾处少，唯有建昌一县，晚田数多。"⑦"夫都昌田禾，例宜早籼，非若星子早田，十居七八。"⑧抚州："临川境内早禾最多"⑨，"乐安、宜黄两县管下，多不种早禾，率待九、十

---

① 〔南宋〕王十朋：《梅溪集·后集》卷十《途中遇雨》。
② 〔南宋〕王十朋：《梅溪集·后集》卷十《朝离华容暮宿孟桥》。
③ 〔清〕徐松：《宋会要辑稿》食货五八之七、八。
④ 郑学檬、魏洪沼：《论宋代福建山区经济的发展》，《农业考古》1986 年第 1 期，第 65 页；徐晓望：《〈占城稻质疑〉补正》，《中国社会经济史研究》1984 年第 3 期。
⑤ 〔南宋〕李纲：《梁溪集》，卷一〇六《申省乞施行籴纳晚米状》。
⑥ 〔南宋〕陈宓：《龙图陈公文集》卷二十一《与江州丁大监》。
⑦ 〔南宋〕朱熹：《晦庵先生朱文公文集》卷二十六《与颜提举札子》。
⑧ 〔南宋〕朱熹：《晦庵先生朱文公文集》别集卷六《施行邵良陈诉踏旱利害》。
⑨ 〔南宋〕黄榦：《勉斋黄文肃公集》卷二十九《临川申提举司住行账籴》。

间，方始得熟。"① 总体说来是"本州早禾少，而晚禾多"②。吉州："早稻不过二三分"③，十分之七八为晚稻。

江东诸州"尽是籼禾小米"④，似也是以早稻为主。不过也有例外，饶州（今江西波阳）似晚稻较多。洪迈《容斋五笔》卷七："庆元四年，饶州……余干、安仁乃于八月罹地火之厄。地火者，盖苗根及心，蟛虫生之，茎干焦枯，如火烈烈，正古之所谓蟊贼也。九月十四日，严霜连降，晚稻未实者皆为所薄，不能复生，诸县多然。"由此可见，饶州是以晚稻为主，所以才会在八月稻苗生长的盛期遭受虫害，而在九月中旬晚稻未实之时遭受霜害。因此，正常情况下饶州诸县的晚稻当在九月中旬以后收获。

荆湖的潭州（今湖南长沙）："早稻甚多，晚米甚少"⑤，早稻约占全州稻谷种植的70％⑥。"只有早稻，收成之后，农家便自无事。"⑦ 成都府之眉州（今四川眉山县）似也以早稻为主⑧，苏轼在《眉州远景楼记》中提到："七月既望，谷艾而草衰，则卜鼓决漏，取罚金与赏众之钱。买羊豕酒醴，以祀田祖，作乐饮食，醉饱而去，岁以为常。其风俗盖如此。"⑨ 可见眉州的水稻一般都是在农历七月十五日以前收割。范成大在题为《峨眉县（今四川乐山县）》的诗中也有"泉清土沃稻芒蚕"⑩ 的诗句。

北方地区水稻分布较为分散，但以一季晚稻为多。史料记载，占城稻在皇家御苑中的收获期多在十月。晁说之（1059—1129）《秋吟》诗中有"崔子稻畦晚"之句，诗注云"崔德符监稻田务"⑪，稻田务的所在地在京西北路的汝州（今河南临汝县）一带，证明当地稻田务管辖下的稻田是以晚稻为主。但由于北方易受干旱影响，所以江翱也曾在汝州鲁山县推广一种早稻。⑫

尽管现有的材料还不足以全部勾勒出宋代早稻和晚稻的分布图，但综上所述，宋代南方水稻主产区，除浙西等地区晚稻较为集中，其他地区都是早晚搭配，并出现了早稻盛行

---

① 〔南宋〕黄震：《黄氏日抄》卷七十八《劝勉宜黄、乐安两县账粜未可结局榜》。
② 〔南宋〕黄震：《黄氏日抄》卷七十五《七月二十一日雨旸申省状》。
③ 〔南宋〕文天祥：《文山全集》卷六《与知言（吉）州江提举万顷》。
④ 〔清〕徐松：《宋会要辑稿》食货四〇之五六。
⑤ 〔南宋〕真德秀：《西山文集》卷一七《回申尚书省乞裁减和籴数状》。
⑥ 〔南宋〕真德秀：《西山文集》卷一〇《申朝省借拨和籴米状》。
⑦ 〔南宋〕朱熹：《晦庵先生朱文公文集》卷一百《约束榜》。
⑧ 游修龄教授在与作者的私人通信中指，七月既望是农历，相当于阳历八月十五左右。与其说是早稻，还不如说是中稻或早熟中稻为是。但这里我要强调的是，七月既望，虽已入秋，但水稻在此之前已经收获。真正的成实、收获期当在六月底七月初。
⑨ 〔北宋〕苏轼：《苏东坡全集·前集》卷三十二《眉州远景楼记》。
⑩ 〔南宋〕范成大：《石湖诗集》卷十八《峨眉县》。
⑪ 〔北宋〕晁说之：《景迂生集》卷五《秋吟》。
⑫ 〔北宋〕杨亿：《谈苑》。

的趋势。北方地区自古至今则都以晚稻为主。

二、早稻盛行的原因

早稻主要分布在长江流域的四川、荆湖、江东、江西、浙东、福建等地。这些地方选择早稻种植，从其初衷来看，首先是着眼于抗旱。自古以来，长江中下游地区就是水稻的主产区，但这个地区的降水量分布极不均匀，以江西为例，大部分地区春夏两季的降水量占全年的 75％，秋季只占 15％。进入小暑后便转入到久晴少雨的干旱期，降水量明显减少。其他省份，如浙江、江苏、安徽等，也有类似情况。而与此同时，由于气温高，蒸发量大，水稻的需水量加大。《种艺必用》引老农言云："稻苗，立秋前一株每夜溉水三合，立秋后至一斗五升，所以尤畏秋旱"；《种艺必用补遗》则进一步指出："凡晚禾最怕秋旱。秋旱则槁枯其根。虽美得雨，亦且收割薄而勘矣。故谚曰：'田怕秋时旱，人怕老时贫。'诚哉是言也。"提出把立秋作为水稻水分临界期。立秋前后是水稻开始孕穗（古人称为秀，或做胎）的时期，这以后水稻对水的需要量很大。明代《沈氏农书》说："干在立秋前，便多干几日不妨；干在立秋后，才裂缝便要车水。盖处暑正做胎，此时不可缺水，古云：'处暑根头白，农夫吃一吓'……自立秋以后，断断不可缺水；水少即车，直至斫稻方止。俗云：'稻如莺色红，全得水来供。'"又据宋应星的计算，"凡苗自函活以至颖栗，早者食水三斗，晚者食水五斗，失水即枯"，"将刈之时，少水一升，谷数虽存，米粒缩小，入碾臼中，亦多断碎。"从分布区来看，也主要是缺水较为严重的地区，这些地区种一季都显差强，早稻因需肥水较少所以得到垂青。

宋人对干旱危及晚稻多有提及。如李纲在其江南西路安抚制置大使任内（1135—1139年）曾上奏说："（洪州）自入秋以来，阙少雨泽，已觉亢旱，又生青虫，食害苗稼……若更旬日内无雨，晚田决致旱伤"，"难以指准。"而早禾则因"春夏之间，雨旸调适，早禾已是成熟收割了当"，"管下乡民所种稻田，十分内七分，并是早占米，只有三二分布种大禾"。抚州知府黄震在咸淳七年（1271 年）七月二十一日《雨旸申省状》曰："自六月初三日有雨，亢旱一月，至七月初二、初三，而后得雨，早禾虽赖以有收，自七月初三以后，又复兼旬无雨，晚禾凛乎可虑，本州早禾少，而晚禾多，关系非小。"[①] 相比之下，"临川境内早禾最多，晚禾虽被蝗旱，然所在有大歉之处，亦有大熟之乡，长短相补，亦得半收，早晚禾通计已是七八分成熟。"[②] 朱熹在南康军任上也提到："敝郡今秋雨少，晚

---

① 〔南宋〕黄震：《黄氏日抄》卷七十五《七月二十一日雨旸申省状》。
② 〔南宋〕黄榦：《勉斋集》卷二十九《临川申提举司住行赈粜》。

田多旱。"① 陈宓在《与江州丁大监》信中说："此月初以来不雨，……建昌邑大苗米（即晚稻）居多，遭此晚稻大可虑。"② 有见于晚稻易旱，宋代的一些地方官员积极致力于早稻的推广。朱熹就曾在晚稻种植面积较大的都昌推广早稻，他说："夫都昌田禾，例宜早籼，非若星子旱田，十居七八。"③

早稻需水量少，所以在一些易旱的山区发展较快。闽北山区宋初就有一种耐旱高产的稻种。据宋人杨亿《谈苑》记载："江翱，建安人，文蔚之兄子也。为汝州鲁山令，邑多旷土，连岁枯旱，艰食。翱自建安取早稻一种，此稻耐肥、旱，实早，可久蓄，宜高原，至今邑人多之，岁岁足食。"④ 这里未言明此种早稻即占城稻，而且出现在有占城稻记载之前，应属早已有之。

除了干旱，早稻的推广还有其他方面的原因。如避水：早稻的生育期短，可以在每年的大雨到来之前完成收获。这使得早稻除了适于丘陵山区种植，也适于在低洼易涝的地区种植。长江中下游流域虽然在入秋之后进入干旱期，但是在一些年份也有暴雨成灾的可能，这对于成熟收获期的晚稻来说是不利的。如，乾道元年（1165 年）九月二十四日，臣僚言："伏见前月（即八月）以来，天作淫雨，江淮浙闽皆被其害，……稻穗之在田未刈者，经此巨浸已同腐草，高田虽无甚损，亦多芽蘖。"⑤ 解决办法就是尽量播种早稻。早稻品种之一的黄穋稻即具有这方面的优势，"浅浸处宜种黄穋稻，……黄穋稻自种至收，不过六十日则熟，以避水溢之患。"⑥ 早稻可以避水溢之患，所以"湖田多，山田少"的豫章（今江西南昌），"所种占米为多，有八十占、有百占、有百二十占，率数月以待获。"⑦ 又如避霜：一季晚稻常常要到霜降之后才始成熟，如果某年霜早，则要面临前功尽弃的风险。何承矩在河北种稻时，头年因霜，未能收成，险些使屯田种稻难以为继，第二年改种江东早稻，取得成功。还有耐瘠：早稻对肥料的需求量比晚稻少。

丘陵山区往往比较容易干旱，且土壤肥力不及平原，复由于地势较高，易受冷害，所以早籼稻种植较多。如江东徽州"大率宜籼而不甚宜粳"⑧，临安新城县"山田多种小米，绝无粳稻"⑨。这也是宋真宗向高仰易旱之地推广早熟占城稻的原因。早稻与山冈联系在

① 〔南宋〕朱熹：《晦庵先生朱文公文集》卷二十六《与颜提举札子》。
② 〔南宋〕陈宓：《龙图陈公文集》卷二十一《与江州丁大监》。
③ 〔南宋〕朱熹：《晦庵先生朱文公文集》别集卷六《施行邵良陈诉踏旱利害》。
④ 〔北宋〕杨亿：《谈范》。
⑤ 〔清〕徐松：《宋会要辑稿》食货四○之四六。
⑥ 《王祯农书·农器图谱·柜田》。
⑦ 〔南宋〕吴泳：《鹤林集》卷三九《隆兴府劝农文》。
⑧ 《新安志》卷二《物产》。
⑨ 〔清〕徐松：《宋会要辑稿》食货七○之一○九。

一起，如"早禾饱熟收山场"①、"北乡田少尽茅冈，早禾有种何妨种"②。福建上四州军早稻多于晚稻，也与此有关。这种格局到近代仍然没有多大的变化，据近人的调查，南京、镇江一带，地势高亢，山田多于圩田，亦只宜需水较少之籼稻。③

"救饥"也是早稻盛行的原因之一。宋代一般以晚米为籴纳对象，早稻很大程度上是农民自产自销，文天祥就曾提到，"吾州（江西吉州，今吉安）从来以早稻充民食，以晚稻充官租"④。农民生产的早稻除了大部分自我消费，剩余部分也进入市场，满足中下层百姓的粮食需求，早籼稻成为"自中产以下皆食之"⑤ 的大众食物。中产以下的大众，由于其自身的经济实力不济，不可能有很多的存粮，一遇青黄不接，就需要有一种早熟品种来接济，这就更为早稻的存在提供了契机。最早见于宋代方志记载的、中国历史上著名的水稻品种——六十日，又名救公饥，其出现即与此有关："六十日稻，名救公饥。传有孀妇居贫乏食，撷稻中先熟者，以养翁姑，因传其种。"⑥ 宋代新安也有这样一个品种，名红归生，米粒红，成熟最早，但不广种，仅少莳以接粮。宋人有诗云："前村后村水车声，伊伊扎扎终夜鸣，皇天不雨四十日，高田何止龟兆出。田家眼穿望早禾，早禾不熟赖饥何？"⑦ 从中也可看出早稻在抗旱救饥方面的用意。

早稻盛行的原因也为近人的调查所证实。民国二十四年（1935 年）夏秋，江西农业院作物组乘指导农民混合选种及采集单穗之便，附带进行水稻品种及栽培方法之调查，知各县水源缺乏为未种粳稻之首要原因。"普遍粳稻生长期较籼稻为长，所需水分总量亦较多，本省雨量最多之月为五、六月份梅雨期内，七、八月以后，遂逐渐减少，故多数地方，均栽早熟籼稻，以期避免干旱之损失，此粳稻之变天然因子所限制而被摒弃者一也。又因本省盛行二熟制，早稻收获后，可栽二季稻或其他旱作，如晚大豆、芝麻、荞麦等。粳稻生长期较长，不适于二熟制，此受栽培制度之限制而被摒弃者二也。各县所栽之品种，有芒者绝无仅有，盖一般农民对于有芒之品种，多感脱粒之费力，调制之不易，交租时又被田主所拒绝而厌恶之。粳稻品种有芒者居多，此不合农民心理而被摒弃者三也。"⑧ 由于饥饿和干旱古已有之，因此，我们估计，早稻出现的时间比

① 〔北宋〕张守：《毗陵集》卷一四《丰岁行》。
② 〔南宋〕许纶：《涉斋集》卷十五《劝农口号十首之六》。
③ 《江苏分省地志·民国十五年（1926 年）农业》，引自中国农业遗产研究室编辑：王达、吴崇仪、李成斌编：《中国农学遗产选集·甲类第一种·稻·下编》，农业出版社 1993 年版，第 1 页。
④ 〔南宋〕文天祥：《文山全集》卷六《与知吉州江提举万顷》。
⑤ 〔南宋〕舒璘：《舒文靖集》卷下《与陈仓论常平》。
⑥ 《蓬岛樵歌》注，载民国十四年（1925 年）《象山县志》卷十二《物产考》，引自王达、吴崇仪、李成斌编：《中国农学遗产选集·甲类第一种·稻·下编》，农业出版社 1993 年版，第 231 页。
⑦ 〔北宋〕章甫：《自鸣集》卷三《悯农》。
⑧ 江西农业院作物组：《赣西各县水稻调查报告》，《江西农讯》1936 年第 2 卷第 2 期，第 30 页。

实际材料中的记载更早。

虽然早稻的种植初衷在于抗御自然灾害，但它的存在毕竟为多熟制的发展提供了条件。早稻可以避旱、救饥，但产量不高，救得一时救不了四季，同时在早稻收获之后还有较长的生长季节可以利用，于是古代农民可能很自然地就在早稻收获之后，种上晚稻或其他作物，以弥补早稻产量的不足。于是多熟制形成了。宋谢邦彦诗："嘉谷传来喜两获，薄田不负四时耕。"① 说的就是早稻的存在为多熟制的发展创造了条件。

三、太湖地区种植晚稻的原因

然而，在宋代水稻的主产区，拥有"苏湖（常）熟，天下足"美誉的浙西地区，早稻仍然没有取代晚稻的地位，在水稻生产中仍然是以单季晚稻为主，并且一直保留到了近代。江南地区的晚稻一般是五月插秧，入秋后才能陆续成熟，直到九、十月份。宋人吴文英有词曰："重来雨过中秋……看黄云、还委西畴……信吴人有分，……重到苏州。"② 从中可知，农历八月十五日中秋节时，水稻尚未收割。浙西晚稻收获的临界日期是霜降。苏轼有"乌程霜稻袭人香"③ 之诗，曹组亦有"霜落吴江，万畦香稻来场圃"④ 之词，楼璹《耕织图诗·收刈》亦云："田家刈获时，腰镰竞仓卒。霜浓手龟坼，日永身馨折。"上述诗词中不提别的收获期，显然表明浙西地区的水稻一般都是在霜降前后收获的。回过来再看看播种期。苏轼有"种稻清明前……分秧及初夏"的诗句，表明北宋时期，湖州是在清明（四月上旬）前下种，立夏（五月上旬）初插秧。杨万里有诗"浸种二月初，插秧四月中……吴盐雪花白，村酒粥面浓"，又表明南宋时期的吴中是在农历二月初（比清明稍早）浸种，四月中（比初夏稍迟）插秧。也就是说，太湖地区的水稻一般是在清明前后播种，霜降前后收割，即农历的二、三月到九、十月这段时间。一季晚稻的种植情况在许多品种的生育期上可以得到反映。

何以在各地盛行早稻之时，太湖等地区依然以晚稻为主呢？游修龄总结了两个方面的原因。一是和宋代的温度变化有关。籼稻和粳稻在最低萌发温度方面，籼稻要求高，粳稻可以耐低温；在最低萌发湿度方面，籼稻要求强，粳稻要求弱。总之，籼稻耐寒性弱，粳稻耐寒性强。现在一般籼稻地区年平均温度在 17℃ 以上，粳稻地区则在 16℃ 以下。宋代

① 明嘉靖《福宁州志》卷三《土产》。
② 〔南宋〕吴文英：《梦窗丙稿》卷三《声声慢》。
③ 〔北宋〕苏轼：《苏东坡全集·前集》卷四《赠莘老七绝》。
④ 〔北宋〕曹组：《点绛唇》。

气候转寒，北宋时期，我国东部的气温略低于现今①，南宋时期杭州 4 月份平均温度比现在要低 1～2℃。② 在这种温度条件下，太湖地区发展为粳稻中心。③ 二是稻麦两熟制扩展后，因小麦收迟，以种晚稻为宜，因而晚稻的比例扩大了。太湖地区晚稻品种的多样化，同宋代以后稻麦两熟制发展有密切关系。④

　　除此之外，我们认为，太湖地区选择晚稻还有社会经济和自然地理等方面的原因。从经济上说，宋代政府的籴纳政策是太湖地区种植晚稻的一个重要原因。隋唐大运河开通以后，太湖地区是稻米的主要输出地，政府规定收纳一律以晚米为准，这可能与晚米的品质及贮藏寿命有关，晚稻的品质好且耐贮藏，适合漕运并供给政治中心的居民，而早米在这两方面的表现较差，故不在收纳之列。舒璘在论及粮食贮藏时说："古之积储在谷不在米，验之于今，藏米者四五年而率坏，藏谷者八九年而无损，而谷之中又有高下焉。有大禾谷，有小禾谷。大禾谷今谓之粳稻，粒大而有芒，非膏腴之田不可种；小禾谷今谓之占稻，亦曰山禾稻，粒小而谷无芒，不问肥瘠皆可种。所谓粳谷者，得米少，其价高，输官之外，非上户不得而食；所谓小谷，得米多，价廉，自中产以下皆食之。"⑤ 孝宗乾道九年（1173 年）十一月十二日知建康府洪遵在上奏中也提到："籼禾小米，久远不可贮储。"⑥ 由于晚粳具有食用品质好、耐贮藏的特点，所以规定晚稻为赋税征收对象，这不光是太湖地区如此，其他地方也是如此，政府还将税收的起征日期放在晚稻成实之后。⑦ 适应政府的政策，虽然宋代各地都有晚稻栽培，但由于赋税较轻，有些地方在满足税收需要之后，可以种植早稻以满足自身的需要，而太湖等地的农民由于赋税负担重，必须大量种植晚稻才可完成。不仅如此，一些邻近地区由于自身生产的晚稻不衍交纳税收，也到太湖沿岸地方来收购，如临安府之新城县，"山田多种小米，绝无籼稻，一岁所收，仅足支民间数月之食，虽丰岁亦须于苏、秀邻境籴运交纳。"⑧ 由于对晚稻需求量大，所以太湖沿岸农民种植早稻的选择余地较小。这也是太湖沿岸地区，自古以来直到近代一直是以一季晚稻为主的原因之一。江南赋税负担沉重可能与晚稻种植相

　　① 郑斯中等：《气候变迁和超长期预报文集·我国东南地区近两千年气候湿润状况的变化》，科学出版社 1977 年版。
　　② 研究历史时期的气候，今人主要是依据史籍所载之动、植物生长情况来加以推断，但由于所依据的材料不同也可能得出不同的结论，一般认为南宋时期气候转寒，但我们也可以找到南宋时期与现在气候差不多的证据，如陆游《十月苦蝇》诗中有"十月江南未拥炉"的诗句（《剑南诗稿》卷一），证明当时江南十月的天气与现代相同，或略高。
　　③ 游修龄：《稻作史论集·太湖地区稻作起源及其传播和发展问题》，中国农业科技出版社 1993 年版，第 43 - 44 页。
　　④ 游修龄：《稻作史论集·宋代的水稻生产》，中国农业科技出版社 1993 年版，第 267 页。
　　⑤ 〔南宋〕舒璘：《舒文靖集》卷下《与陈仓论常平》。
　　⑥ 〔清〕徐松：《宋会要辑稿》食货四〇之五六。
　　⑦ 《宋史·食货志》载："江南、两浙、荆湖、广南、福建土多籼稻，须霜降成实，自十月一日始收租。"
　　⑧ 〔清〕徐松：《宋会要辑稿》食货七〇之一〇九。

互关联。

无独有偶，在其他一些赋税较重的地方，晚稻的比重也比较大。北宋时期，发运到京师的米超过百万石的除两浙路一百五十万石外，还有淮南一百三十万石，江南西路一百二十万八千九百石。① 淮南是晚稻的重要分布区已如上述。江西各地早晚稻比重不同，也可能与赋税轻重有关，在江西的一百二十万石之输中，以吉州所占份额最多，宋人曾安止估计"漕台岁贡百万斛，调之吉者十常六七"②。李正民也说："江西诸郡，昔号富饶；庐陵小邦，尤称沃衍。一千里之壤地，秔稻连云；四十万之输将，舳舻蔽水。朝廷倚为根本，民物赖以繁昌。"③ 从漕粮一项来说，吉州"实为江西一路之最"④。适应漕运的需要，这里种植的水稻十分之七八是晚稻，只有二三分种植早稻。

从自然条件来说，我们认为，水旱变化比气候转冷对太湖地区晚稻种植的影响更大。这里再具体地分析一下降水状况对于江南地区稻田种植制度的影响。明李乐《乌青志》中说："种田之法忌过早，本处土薄，太早则虫易生。若其年有水，则必芒种前后可插莳也。如遇旱暵，即不妨迟至夏至。"可见，决定当地水稻移栽早晚的因素主要在于水旱，而非冷暖，当然水旱也与冷暖有关。这段话还转辗于明清时期乌青、乌程等地志书及《沈氏农书》等农书中，应该是浙西地区农民的共识。翻开所有的中国农书，几乎均主张种田趁早，种得早有诸多的好处，惟独在太湖地区提出"种田之法，不在乎早"，这与太湖地区特殊的自然环境有着密切的关系，这里提到了虫、水、旱三个方面的原因，实际上这三个方面的问题在几乎所有的地区都同样面临，就浙西而言，我们认为水灾是导致浙西地区种植晚稻的主要原因。

浙西地区在入冬之后至春夏之交有个较长的降水过程，如果在这一段时间播种插秧，势必面临水灾。元祐四年（1089 年）十一月初四日，两浙西路兵马钤辖龙图阁学士朝奉郎苏轼状奏，"勘会浙西七州军，冬春积水，不种早稻，及五六月水退，方插晚秧"⑤。可见，冬春积水是浙西七州军选插晚稻的主要原因。积水不仅影响到插秧，还影响到下种。元祐六年三月二十三日，苏轼在一份奏状中又提到："窃以浙西二年水灾，苏湖为甚。……自下塘路由湖入苏，目睹积水未退，下田固已没于深水，今岁必恐无望，而中上田亦自渺漫，妇女老幼，日夜车畎，而淫雨不止，退寸进尺。见今春晚，并未下种。"从这个奏状中可以看出，苏、湖一带的水田在当年，地势低的可能整年都种不上水稻，因此

① 〔北宋〕沈括：《梦溪笔谈》卷十二《官政二》。
② 〔北宋〕曾安止：《禾谱·序》。
③ 〔南宋〕李正民：《大隐集》卷五《吴运使启》。
④ 〔南宋〕王象之：《舆地纪胜》卷三一《吉州》。
⑤ 〔北宋〕苏轼：《苏东坡全集·奏议集》卷六《乞赈济浙西七州状》。

收成无望，而地势较高的，也由于淹水，到了三月下旬（所谓"春晚"），还没有下种。所以苏轼接着又说："自今（即三月二十三日）已往，若得滛雨稍止，即农民须趁初夏秧种。"① 也就是说，苏、湖等地的水稻播种期须推迟到四月以后，加上不少于一个月的秧龄，水稻移栽的时间最早也得在五月初以后。一些在五月或五月以前即已播种移栽的水稻，如果不幸赶上大水，则需再种。如，乾道六年（1170 年）闰五月十一日诏，"浙西州军大水，……官为贷其种谷，再种晚稻，将来秋成，绝长补短，犹得中熟。"② 淳熙九年（1182 年）五月十六日诏，"近者久雨，恐为低田有伤，贫民无力再种，可令浙东西两路提举常平官，同诸州守臣，疾速措置，于常平钱内取拨借第四第五等以下人户，收买稻种，令接续布种。"③ "开庆元年（1259 年）五月，苦淫潦不止，低田凡三莳秧，浍没而僵，民搏手无策，祷禳无所不用其极。"④ "用心补种被水去处田亩"⑤ 虽然能够起到绝长补短的作用，但已付出了的人力和物力（如种谷等）浪费了，因此，自宋代始人们便有意识地推迟播种和移栽的时间。明代宋应星说："湖滨之田，待夏潦已过，六月方栽者，其秧立夏播种，撒藏高亩之上，以待时也。"⑥ 这种做法在宋代的太湖地区就已普遍采用。苏轼说："去年浙中，冬雷发洪，太湖水溢，春又积雨。苏、湖、常、秀皆水。民就高田秧稻，以待水退。及五、六月，稍稍分种，十不及四五分。"⑦ 刘敞在一首自问自答的诗中写道："种田江南岸，六月才树秧。借问一何晏？再为霖雨伤。"⑧ 其他一些低洼地区，如淮南，种植晚稻也都出于同样的原因。甚至岭南地区种植晚稻也是受到了降水的影响。苏辙在《次韵子瞻连雨江涨二首》诗中提到由于连雨江涨，引发水灾，致"东郊晚稻须重播"⑨。叶绍翁也有"田因水坏秧重播"⑩ 的诗句。除水灾之外，太湖地区盛行晚稻还有其他的一些考虑，如虫、旱等，如"五月将次尽，早秧都未移，雨师懒病藏不出，家家灼火钻乌龟"，描写的就是由于干旱，早秧不能及时移栽，家家以龟卜占雨的情景。凡此种种，都是浙西种植晚稻的重要原因。

太湖地区的一季晚稻一般是在农历四月底五月初移栽，至九、十月才能收获，自宋代

---

① 〔北宋〕苏轼：《苏东坡全集·奏议集》卷九《再乞发运司应副浙西米状》，《续资治通鉴长编》卷 456，元祐六年三月。

② 〔清〕徐松：《宋会要辑稿》食货五八之七。

③ 〔清〕徐松：《宋会要辑稿》食货五八之一五。

④ 开庆《四明续志》卷八。

⑤ 〔清〕徐松：《宋会要辑稿》食货五八之一六。

⑥ 〔明〕宋应星：《天工开物》卷一《乃粒·稻》。

⑦ 〔北宋〕苏轼：《苏东坡全集·续集》卷十一《上执政乞度牒赈济及因修醮宇书》。

⑧ 〔北宋〕刘敞：《江南田家》，载钱钟书：《宋诗选注》，人民文学出版社 1989 年版，第 53 页。

⑨ 〔北宋〕苏辙：《栾城后集》卷二《次韵子瞻连雨江涨二首》。

⑩ 〔南宋〕叶绍翁：《田家三咏》，载钱钟书：《宋诗选注》，人民文学出版社 1989 年版，第 265 页。

以后，随着大小麦及油菜在南方的发展，有些农民开始在收获水稻的稻田中种植大小麦、油菜等春花作物，而大小麦及油菜等都必须在次年农历四五月以后才能收获，收获过后，再种早稻显然已来不及，所以只得种植晚稻。正如清代《潘丰豫庄本书》所说："田有宿麦，遂废春耕，而大概莳秧在刈麦后。"因此，稻麦二熟水旱轮作进一步强化了一季晚稻在太湖地区的地位。

四、宋代早稻的性质

宋代依据成熟期将稻分为"早稻"和"晚稻"，且其中的确有一些在五六月份即可收获的早稻，这可能会引起一些人的误解，认为宋代有了真正意义上的早熟稻，即生育期在120天以内。但我们认为，宋代这样的品种不是没有，而是很少，只有占城稻[①]、黄穋稻[②]等几种。宋代所谓的"早稻"，大多属于中晚熟品种，生育期为120～180天。以曾安止《禾谱》所说的早稻为例，其播种收获期分别是立春、芒种（?）[③]和小暑、大暑。假使按立春（2月3—5日交节）播种、小暑（在7月6、7或8日交节）收割来计算，这里的早稻全生育期在150天以上，应属于晚稻。又如《陈旉农书》中讲到的所谓高田早稻自种至收不过五六个月，生育期也在150～180天，非早稻也。

"早田栽已成，晚田耕未遍。……自兹日不百，早稻期入囊。"[④] 这里提到的是早稻移栽之后本田的生育期为近百日，如果加上一个多月的秧龄，早稻的实际生育期也当在120天以上。如此说来，宋代的晚稻可能是真正的晚稻，而早稻却不是真正的早稻，宋代所谓的"早稻"和"晚稻"实际都属于晚稻，只不过晚稻中的"早熟"或"晚熟"品种而已。宋代文献中"早稻"和"晚稻"的出现更不意味着双季稻的发展。宋人笔下就有"早田栽已成，晚田耕未遍"[⑤]、"早禾已秀半且实，晚禾已作早禾长"[⑥]、"早禾饱熟收山场，晚禾硕茂青吐芒"[⑦]、"早稻青已黄，晚稻亦垂穗"[⑧] 这样的诗句。从中可以看出，早稻和晚稻

---

① 游修龄估计，占城作为早稻，其生育期从100天左右至110天左右，可以遍及浙闽至淮南一带是肯定的。

② 《陈旉农书》中说，黄穋稻自种至收不过六七十日。详见曾雄生：《中国历史上的黄穋稻》，《农业考古》1998年第1期。

③ 这里的"芒种"二字可能有误，可以用《禾谱》原文来加以修正，《禾谱》说："今江南早禾种率以正月、二月种之，惟有闰月，则春气差晚，然后晚种，至三月始种，则三月者未为早种也；四五月种为稚，则今江南盖无此种。"在正月、二月交节，除立春之外，只有雨水、惊蛰、春分。因此，这里的"芒种"很可能是雨水、惊蛰或春分之误。

④⑤ 〔南宋〕赵蕃：《淳熙稿》卷二《栽田行》。

⑥ 〔南宋〕赵蕃：《章泉稿》卷一《抚州城外作》。

⑦ 〔北宋〕张守：《毘陵集》卷十四《丰岁行　庚申年秋，自豫章赴会稽》。

⑧ 〔南宋〕方回：《桐江续集》卷十一《富阳田家》。

的生育期前后只相差一个月，显然不是早熟收获之后再在原地上耕地移植的双季稻。宋代的早稻和晚稻只是当时农民根据当地自然条件以及自身的需要所做的农事上的安排，它可能会对复种制度产生一些影响，但早、晚稻之间在大多数情况下并不构成复种关系。

第五编

水稻品种

试论占城稻对中国古代稻作之影响[*]

宋真宗大中祥符五年（1012 年），为防旱灾，朝廷派人从福建，取占城稻种，分给江、淮、浙三路，命令农民择高田种植[1]。中外学者对占城稻给中国稻作、经济乃至人口所带来的影响，做了大量的研究[2]，也存在不小的分歧。本文试图从稻作发展的历史、地理及语言等方面，探讨占城稻对中国古代稻作的影响。

一、一季晚粳：占城稻传入前中国水稻品种的主要类型

江、淮、浙即淮河以南、长江中下游地区，属《禹贡》"扬州"之域，"其谷宜稻"，是我国最古老的稻作区之一。据不完全统计，现已出土的新石器时代稻作遗存近 70 处，其中有一半分布在这一地区，而浙江余姚河姆渡和桐乡罗家角又是最早的两处。此外，这里还有野生稻分布，除古代文献记载的以外，在江西东乡又发现了普通野生稻[3]。进一步证明这里可能是中国的稻作起源地之一。现有的稻作遗存表明，江、淮、浙的栽培稻经历了一个由籼到粳的过程。罗家角遗址中籼占 70.1%；河姆渡遗址中籼占 66.2%；

　＊　本文原载于《自然科学史研究》1991 年第 1 期，第 61－69 页。
　①　《宋史·食货志》《宋会要辑稿·食货》，释文莹《湘山野录》。
　②　（日）加藤繁：《中国占城稻栽培的发展》，见《中国经济史考证》三卷，中译本，商务印书馆 1973 年版；何炳棣著，谢天祯译：《中国历史上的早熟稻》，《农业考古》1990 年第 1 期，第 119－131 页；游修龄：《占城稻质疑》，《农业考古》1983 年第 1 期，第 25－31 页；陈志一：《关于占城稻》，《中国农史》1984 年第 3 期，第 24－31 页；等等。
　③　邹柏梁等：《我省东乡一带发现野生稻》，《江西农业科技》1983 年第 2 期；陈叔平：《东乡普通野生稻性状观察》，《作物品种资源》1983 年第 2 期；潘熙淦等：《江西东乡野生稻考察及特性鉴定报告》，《江西农业科技》1982 年第 7 期。

江苏吴县草鞋山遗址中粳占 40%；上海青浦崧泽遗址中粳占 40%；江西新干县界埠战国粮仓中大多数为粳；湖南长沙马王堆汉墓中粳占 60%[①]；又据统计，现有汉代的稻作遗存 16 处，其中长江流域及其以南地区约 11 处，黄河流域 5 处。16 处中，3 处籼粳未明，4 处为籼，6 处为粳，3 处有籼有粳而以粳为主[②]。粗略估计，粳占比例亦在 60%以上。

粳稻比例上升的趋势晋代以后还在延续。晋郭义恭《广志》记载的 13 个品种中，除蝉鸣稻、盖下白稻、青芋稻、累子稻、白汉稻分别出自南方（一般认为指岭南）和益州，其余 8 个可能产自西晋统治下的其他地方，如江、淮、浙。8 个之中，乌粳、黑犷、青函、白夏为粳；其他 4 个：虎掌稻、赤芒稻、紫芒稻、白米稻，至少有 2 个有芒的，具有粳的特征，陈文华研究员认为，这几个品种也"应是粳稻"[③]。因此，西晋时期江、淮、浙的水稻品种应以粳为主。北魏贾思勰《齐民要术·水稻》中记载了 24 个品种，其中豫章青和长江秫很明显是从长江流域引进北魏统治区的，但北方地寒，一般不适合籼稻生长，因此，此二种亦可能是耐寒性好的粳稻。明清时期，江西有青占（有芒）、寒青（耐寒）两品种，都具有粳的特征。另外，长江流域的糯稻（秫）也一般以粳为主。从外观上来看，宋代以前的品种多有芒，古称水稻为芒种，所谓"泽草所生，种之芒种"[④]，又元黄公绍《韵会》卷十四载："稻，有芒谷，即今南方所食之米。"北宋曾安止的《禾谱》也载："今西昌早晚种中，自稻禾而外，多有芒者。"[⑤] 有芒是粳的特征之一，籼多无芒。

粳的生育期一般较籼为长。据《禾谱》所说："大率西昌俗以立春、芒种节种，小暑、大暑节刈为早稻；清明节种，寒露、霜降节刈为晚稻。"又说："今江南早禾种率以正月、二月种之，惟有闰月，则春气差晚，然后晚种，至三月始种，则三月者，未为早种也。以四月、五月种为稚，则今江南盖无此种。"较之于今日的播种期，北宋时，早、晚稻的播种期分别要提前一个多月到两个多月。一般说来，粳种子发芽最低温度为日平均气温 10℃，籼为 12℃。提早一个多月或两个月播种，则可能是对日平均气温要求较低的粳稻。另外，在收割期不变的情况下，播种期的提前，就意味着生育期的延长。据此计算，北宋时期早稻的全生育期为 150～165 天，晚稻为 180～200 天。

生育期长是宋代以前水稻品种的普遍特征。栽培稻是从野生稻进化而来的。据笔者的调查，江西东乡野生稻为宿根发芽，到十月下旬开始抽穗、开花、结实，和一季晚稻相

① 周季维：《长江中下游出土古稻考察报告》，《云南农业科技》1981 年第 6 期，第 1－9 页。
② 陈文华：《中国汉代长江流域水稻的栽培技术和有关农具的成就》，《农业考古》1987 年第 1 期，第 91 页。
③ 陈文华：《中国汉代长江流域水稻的栽培技术和有关农具的成就》，《农业考古》1987 年第 1 期，第 92 页。
④ 《周礼·地官·稻人》，十三经注疏阮刻影印本。
⑤ 曹树基：《〈禾谱〉校释》，《中国农史》1985 年第 3 期，第 74－84 页。本文有关《禾谱》引文均同此。

同。宋代以前，一般是三月种稻：《氾胜之书》载："冬至后一百一十日可种稻。"崔寔曰："三月，可种稉稻。"《齐民要术·水稻》说："三月种者为上时，四月上旬为中时，中旬为下时。"《齐民要术·旱稻》则说："二月半种稻为上时，三月为中时，四月初及半为下时。"《四时纂要·三月》有："种水稻，此月为上时。"十月收获：《诗·七月》云："十月获稻。"《齐民要术·水稻》则说："霜降获之。"唐宋时依旧是九、十月获稻，有诗为证，杜甫"香稻三秋末"，"烟霜凄野日，秔稻熟天风"[①]；陆龟蒙"遥为晚花吟白菊，近炊香稻识红莲"[②]；元稹"年年十月暮，珠稻欲垂新"[③]；苏轼"今年秔稻熟苦迟，庶见霜风来几时"[④]。即使是占城稻引进之后，一些没有栽种占城稻的地区，水稻一般还是在九、十月间成熟，如江西的"乐安、宜黄两县管下多不种早禾，率待九、十月间，方始得熟"[⑤]。如此算来，唐宋以前水稻的生育期一般长达 7 个月之久，200 多天，和《禾谱》中的晚稻相同。即令按《杂阴阳书》所说："稻生于柳或杨，八十日秀，秀后七十日成。"也在 150 天以上，与《禾谱》中的早稻相同。从生育期上来说，宋代以前的水稻品种多属晚稻类型。因为早稻不仅要求成实早，大暑前收获，而且要求生育期短，90～120 天。150 天以上，即令在小暑、大暑收获也不能算作真正的早稻。

实际上，占城稻引进以前，江、淮、浙一带并没有真正的早稻。尽管早稻之名，早在东晋陶渊明的诗题中就已出现，但《九月中于西田获早稻》[⑥] 的"早稻"并非现代意义上的早稻，而只能算作晚稻之中的早熟品种，因为古代一般是十月获稻，故九月所获者就是早稻。宋代以前，提到早稻的还有陆龟蒙，他有诗云："自春徂秋天弗雨，廉廉早稻才遮亩。"[⑦] 可秋熟者，并非早稻。曾安止《禾谱》中虽有"早稻"，且在小暑、大暑时收获，因生育期在 150 天以上，也非真正的早稻。即使到了南宋，有些地方的早稻也是如此。《陈旉农书》载："高田早稻，自种至收，不过五六月，其间旱干不过灌溉四五次，此可力致其常稔也。"[⑧] 此处早稻的生育期当在 150～180 天，实非早稻。

综上所述，可以得出一个初步结论，即宋代以前江、淮、浙普遍种植的是一季晚粳，而没有真正的早稻。尽管《禾谱》中已有早稻、晚稻之分，但随着南宋气候的转冷，在正月、二月播种的"早稻"很难作为早稻存在。

---

① 〔唐〕杜甫：《茅堂检校收稻二首》，《移居东屯》，见《全唐诗》七册，中华书局 1960 年版，第 2502、2501 页。
② 〔唐〕陆龟蒙：《别墅怀归》，见《全唐诗》十八册，中华书局 1960 年版，第 7173 页。
③ 〔唐〕元稹：《赛神》，见《全唐诗》十二册，中华书局 1960 年版，第 4465 页。
④ 〔北宋〕苏轼：《东坡集》卷四《吴中田妇叹》。
⑤ 〔南宋〕黄震：《黄氏日抄》卷七十八《七月初一日劝勉宜黄、乐安两县赈粜未可结局榜》。
⑥ 〔晋〕陶潜：《陶渊明集》卷三《庚戌岁九月中于西田获早稻》。
⑦ 〔唐〕陆龟蒙：《刈获》，见《全唐诗》十八册，中华书局 1960 年版，第 7148 页。
⑧ 〔宋〕陈旉：《陈旉农书》卷上《地势之宜篇二》，农业出版社 1965 年版，第 25 页。

二、旱改水所遇到的问题

一季晚粳生育期长，单季产量较高，但对土壤肥力、水分等的要求也很高，以致"非膏腴之田不可种"①，耐旱和耐瘠性差，尤其是耐旱性差。据明宋应星的估计，"凡苗自函活以至颖粟，早者食水三斗，晚者食水五斗，失水即枯。"② 干旱易导致歉收，甚至"稍旱即水田不登"③。例如南宋初年江西洪州（今南昌）所管辖的各县民田 70% 都种上了早占，只有 20%～30% 仍种大禾（即一季晚稻）。大禾一般在 10 月前后成熟，遇有秋旱常常歉收，而国家指定征购的又只是大禾，大禾歉收势必影响国计民生。④ 一季晚粳的这一特征使它很难适应北宋以后的新形势。

宋代以后随着经济重心南移，江、淮、浙一带人多地少的矛盾日益突出，因此，出现了"田尽而地，地尽而山"的局面。一是与水争田，出现了圩田、围田、柜田、葑田、沙田、涂田等多种水田，促进了黄穋谷等耐水性品种的发展。一是改旱地为水田，当时江西和两浙一带的农民都努力把自己所有的山地和陆地"施用功力，开垦成水田"，如果是硗确之地，也把它垦辟成可以常植的田亩。两浙和江西抚州等地的地方官吏均一度对这种改造过的田亩增收亩税⑤，可见当时改良过的田亩为数之多。据南宋江西金溪人陆九渊估计，如果以当时荆门军的陆田为标准，江东西有 80%～90% 的陆地改为早稻田⑥。再就是开山为田，即梯田。当时闽、江、淮、浙等地都有许多梯田的分布。福建号称"八山一水一分田"，山多田少，人多地少，矛盾最突出，因此梯田最多。据方勺《泊宅编》卷三载："七闽地狭瘠而水源浅远……垦山陇为田，层起如阶级。"梁克家《淳熙三山志》载："闽山多于田，人率危耕侧种，膝级满山，宛若缪篆。"⑦ 又《宋会要辑稿》瑞异二之二九载："闽地瘠狭，层山之巅，苟可置人力，未有寻丈之地不丘而为田。"安徽也有许多梯田。据方岳《秋崖先生小稿》卷三十八载："凿山而田，高耕入云者，十倍其力。"又沈与求《龟溪集》卷一《宁国道中》载："两山之间开畎亩"。又罗愿《新安志》卷二《叙贡赋》载：徽州处于万山之间，"大山之所落，深谷之所穷，民之田其间者，层累而上，指十数级不能为一亩，快牛剡耜不得旋其间。"浙东一带亦有许多梯田。倪朴《投巩宪新田利害剳子》

---

① 〔南宋〕舒璘：《舒文靖集》卷下《与陈仓论常平》。
② 〔明〕宋应星：《天工开物》一卷《乃粒·稻》。
③ 《宋史·食货志》。
④ 〔北宋〕李纲：《梁溪全集》卷一〇六《申省乞施行籴纳晚米状》。
⑤ 〔清〕徐松：《宋会要辑稿》食货六之二六至二七。
⑥ 〔南宋〕陆九渊：《象山先生全集》卷十六《与章德茂三书》。
⑦ 〔南宋〕梁克家：《淳熙三山志》卷十五《水利》。

载：婺州"浦江居山僻间，地狭而人众，一寸之土垦辟无遗"①。又陈耆卿《嘉定赤城志》卷十三《版籍门》载：台州"濒海，沃土少而瘠地为多"。浙西亦有少量梯田。据谈钥嘉泰《吴兴志》卷五载：湖州武康"四围皆山，自绍兴以来，民之匿户避役者，多假道流之名家，于山中垦开岩谷尽其地力"。当时江西的抚州、袁州、信州、吉州、江州等地都有梯田分布②。

由山地和陆地改造的水田，由于地势较高，水源不便；其次，水利尚不发达，以江西为例，南宋江西袁州知州张成己说："江西良田多占山冈上，资水利以为灌溉，而罕作池塘以备旱暵。"③ 黄榦也曾说："江西之田，瘠而多涸，非藉陂塘井堰之利，则往往皆为旷土，比年以来，饥旱荐臻，大抵皆陂塘不修之故。"④ 其他地方也有类似情况。再次，长江中下一带夏秋两季常常发生干旱，特别是秋季的降水量只占全年的15％左右。因此种种，水田往往缺水，加上土地硗确，原来的晚粳品种已不适应。在这种情况下，选用一种能种于"高仰之地""不择地而生"的早熟耐旱性品种就势在必行。占城稻就是在这样的背景下传入江、淮、浙等地并逐渐推广的。

三、占城稻在内地的传播

占城稻在江、淮、浙的传播始于宋大中祥符五年（一说四年），从此很快在各地得到传播。据《湘山野录》载："占城得种二十石，至今在处播之。"《湘山野录》乃僧文莹于熙宁年间（1068—1077年）在荆州金銮寺所作，表明在占城稻传入江、淮、浙约60年左右，荆州一带已有占城稻的种植。但荆州并非占城稻的推广区，其所种占城稻大概是从江西一带传入的，可以想见当时江西一带，占城稻的栽种已较为普遍。苏轼（1036—1101）有《白塔铺歇马》诗云："吴国晚蚕初断叶，占城蚤稻欲移秧"⑤。据考证，白塔铺在江西北部或西部，说明当地已有占城稻栽培。曾安止《禾谱》载："今西昌早种中有早占禾，晚种中有晚占禾，乃海南占城国所有，西昌传之才四五十年。"西昌，是今江西泰和县的古称，说明当时江西中部的吉泰盆地也已有占城稻。到南宋初年，推广的面积剧增，占江西水稻种植面积的70％还强。李纲在其江南西路安抚制置大使任内（1135—1139年）曾上奏说："据洪州申……缘本州管下诸县，民田多种早占，少种大禾……本司契勘，本州

---

① 〔南宋〕倪朴：《倪石陵书》。
② 见本书《宋代江西水稻品种的变化》一文。
③ 〔清〕徐松：《宋会要辑稿》食货七之四六。
④ 〔南宋〕黄榦：《勉斋集》卷二十五《代抚州陈守》五"陂塘"。
⑤ 〔北宋〕苏轼：《东坡诗集注》卷一《白塔铺歇马》。

管下乡民所种稻田，十分内七分，并是早占米，只有三二分布种大禾。"①

占城稻在福建、江西的种植又影响到周围的一些地区。以广东而言，宋代岭南有不少闽赣侨民从事耕作，如梅州地区"悉籍汀（福建汀州）赣（江西赣州）侨寓者耕焉"②。又以湖南而言，据《宋史·地理志》载：荆湖南北路，"其土宜谷稻，赋入稍多。而南路有袁（江西宜春）、吉（江西吉安）壤接者，其民往往迁徙自占，深耕概种，率致富饶。"占城稻的种植面积就是在这种移民的过程中扩大的。当然，广东、湖南等地也可能直接从占城引进稻种，特别是广东更与占城有着密切的地域联系。

江浙是占城稻的推广区。据罗愿《尔雅翼》载："今江浙间，有稻粒稍细，耐水旱而成实早，作饭差硬，土人谓之占城稻。"范成大《劳畲耕（并序）》记载"吴中米品"8种，其中便有占城稻一品，并指明"来自海南"。在宋代江浙一带的地方志中，提到"占城稻"的有：嘉泰《会稽志》、嘉定《赤城志》、宝庆《四明志》、咸淳《临安志》四部。但据嘉泰《会稽志》载："凡占城，土人皆谓之金成，不知何义也，一名六十日"。提到"金城稻"的有：嘉泰《吴兴志》、宝庆《四明志》、绍定《海盐澉水志》、淳祐《玉峰志》、宝祐《琴川志》等；提到"六十日"的有：绍定《海盐澉水志》、嘉定《赤城志》和宝祐《琴川志》。又据淳熙《三山志》和嘉定《赤城志》载，占城稻即"百日黄"。提到"百日稻"的还有宝祐《玉峰志》、绍定《海盐澉水志》等。

综上所述，占城稻在引进之后经 200 多年的推广，已遍及江、淮、浙以及湘、粤等地。但这仅是一般的情况，实际上占城稻在各地的种植面积上存在很大的差距。江西在南宋初的推广面积已达 70％还强，相比之下，吴中的种植面积似要小些。吴泳曾将豫章与吴中的作物结构做过比较，指出："吴中之民，开荒垦洼，种粳稻，又种菜、麦、麻、豆，耕无废圩，刈无遗陇；而豫章所种，占米为多。"③ 又从两浙路的情况来看，宋代提到"占城稻"之名的方志中，有三部在浙东，意味着占城稻在浙东的种植面积比浙西大。从占城稻在各地的种植情况来看：福建是中国占城稻的故乡；江、淮、浙是占城稻的推广区，其中江西的种植面积大，江浙的种植面积小，而浙西比浙东又小；湘、粤是占城稻的传播区。由于占城稻在各地的种植面积不同，其所产生的影响也有不同。

四、早籼对晚粳的冲击

占城稻的引种改变了原来晚粳独尊的局面，出现了粳与占的对立。这点在和籴赋税上

---

① 〔北宋〕李纲：《梁溪全集》卷一〇六《申省艺施行籴纳晚米状》。
② 〔南宋〕王象之：《舆地纪胜》卷一〇二《梅州·风俗形胜》。
③ 〔南宋〕吴泳：《鹤林集》卷三十九《隆兴府劝农文》。

表现得很明显：占城稻引进前，只有晚粳米，和籴赋税用的都是晚粳；但占城稻引进后，由于大面积推广，在水稻总产量中占有相当的份额，用占城稻还是原来的晚粳作为和籴赋税就成了问题。占城稻的稻米品质并不如原来的晚粳，市场价格偏低。于是在市场上就出现了时人欧阳守道所说的现象："当籴前一日，呈样定价，一听官判，价随样而低昂……然去年有以甚白占米，官定为一升八钱者矣，小民乐得白占甚于得白稻，有何不可而如此裁之，此虽上熟之年，未有此贱，当此饥歉，但得富家出籴价平，小民有处可籴则足矣，何必限以一色晚稻，而轻视白占如此乎？"① 在税收上，占城稻不能充缴赋税，以致出现了"以早稻充民食，以晚稻充官租"② 的局面，这在一定程度上限制了占城稻的推广。但随着早占的发展，人们便要求改变这种局面。江南东路安抚大使兼知江州朱胜非说："窃见自江以南，稻米二种，有早禾，有晚禾，见行条令，税赋不纳早米，乞权行许纳，诏令江南东、西、两浙路转运司，量度急阙数目，许纳早禾米，应副支用。"③ 谯令宪（景源）也曾请求以占谷为赋，"（江州）郡境产占谷，而总领所以粳为赋，人病之，公请随所宜输纳以便民。"④ 近代走到了另一个极端，由于以早籼生产为主，缴纳田租也用早籼，粳谷则由于脱粒困难而又多芒，为田客田主所厌恶，这是后话。

却说早籼与晚粳二者的对立与消涨是从占城稻引进开始的。南宋中期舒璘对早籼与晚粳做了划分："有大禾谷，有小禾谷。大禾谷，今谓之粳稻，粒大而有芒，非膏腴之田不可种；小禾谷，今谓之占稻，亦曰山禾稻，粒小而谷无芒，不问肥瘠皆可种。所谓粳谷者，得米少，其价高，输官之外，非上户不得而食。所谓小禾谷，得米多，价廉，自中产以下皆食之。"⑤ "大禾谷"之所以称为粳稻是因为占城稻引进之前江淮浙一带的水稻品种属于粳型；而占城稻之所以称为"小禾谷"则是因为占城稻比原来中国故有的晚粳"粒差小"的缘故。

"大禾谷"在宋代又称为粳稻、大禾、晚大禾、大苗米，而"小禾谷"又称为占稻、占米、早占、占禾、早籼等。那么，占禾是否就是占城稻呢？我们认为占禾就是占城稻，至少宋代如此。首先，占禾的出现是在占城稻引进之后，此前似找不到占禾的字样，只是在《玉篇》中有个"秥"字，其音为"黏"，其意为禾。而"禾"乃禾本科粮食作物的统称，既可释为稻，又可释为其他粮食作物。因此，"秥"与"占"在音义上均有区别。其次，宋代的一些记载，如《禾谱》、淳熙《新安志》等都明确指出占禾来自占城。第三，

① 〔南宋〕欧阳守道：《巽斋文集》卷四《与王吉州论郡政书》。
② 〔南宋〕文天祥：《文山先生全集》卷五《与知吉州江提举万顷》。
③ 〔清〕徐松：《宋会要辑稿》食货七〇之三一。
④ 〔南宋〕真德秀：《西山先生真文忠公文集》卷四十四《谯殿撰墓志铭》。
⑤ 〔南宋〕舒璘：《舒文靖集》卷下《与陈仓论常平》。

传统水稻分类一般都是按用途分为糯和粳，尽管存在籼、粳两亚种，而并无近代籼、粳的生物学分类，因此，一些本属于籼的品种也往往划入粳稻之列，不致出现以占概籼的现象。第四，由于占禾出自占城，所以占城及附近地区占禾种植普遍。宋人周去非（1135—1178）就做过这样的推测："（安南国）兵士月给禾十束，元日以大禾饭鱼鲊犒军，盖其境土多占禾，故以大禾为元日之犒。"① 安南国即今之越南，原本为占城的邻国，15世纪以后占领了全部的占城国，其境土多占禾自然与这种地理位置有关，足见宋人所说的占禾就是占城稻。但由于占城稻确属于籼稻品种，"占"又与"籼"音相近，而且占城稻又较原来的品种先熟，"先"又通"籼"，"籼"又通"占"，故有些书中便将"占禾"写成"籼禾"。

占城稻的引进、发展，并成为与原有品种相抗衡的品种，是与其自身的特点分不开的。占城稻的特点即早熟、耐旱和耐瘠。早熟使它能避免江、淮、浙夏秋季的干旱；耐旱使它得以在灌溉条件差的梯田等稻田中种植；耐瘠使它不问肥瘠皆可种，不择地而生，与原来的粳稻"非膏腴之田不可种"，形成了鲜明的对照。因此，肥水条件与占城稻的推广有着密切的关系。兹以浙东和浙西为例，考察占城稻在各地的影响。

浙东，相当于浙江衢江流域、浦阳江流域以东地区，主要包括越、衢、婺、温、台、明、处七州，近邻福建。两宋时期，江浙一带的梯田主要分布在这些地区。据南宋瑞安陈傅良说："闽浙（指浙东）之土，最是瘠薄，必有锄耙数番，加以粪溉，方为良田。"② 这里虽然也兴修过一些水利工程，但旱灾仍然严重，据《宋会要辑稿》食货一之十三载：（乾道）九年八月九日诏，"浙东州军，间有阙雨去处，不无损伤田亩。"又九月廿六日臣僚言："伏见今夏以来，雨不及期，浙东诸郡，旱者甚众。"朱熹对浙东的旱情多有提及。③ 可见干旱对浙东地区造成的损失是严重的，这就是浙东地区选用占城稻的一个根本原因。

相比之下，浙西地区对占城稻的需求就小一些。浙西相当于今江苏长江以南，茅山以东及浙江新安江以北的地区，主要包括润、苏、常、杭、湖、睦六州，是宋代最大的水稻产区，有"苏湖熟、天下足"的称誉。《宋史·杜范传》说："浙西，稻米所聚。"究其原因主要在于水利发达，土壤肥沃。浙西地区地处长江三角洲平原，以太湖为中心的大小湖泊，星罗棋布，水利资源丰富。《宋会要辑稿》食货七之四九载史才言："浙西诸郡，水陆平夷，民田最广，平时无甚水甚旱之忧者，太湖之利也。"其次，自吴越以来这里就形成

---

① 〔南宋〕周去非：《岭外代答》卷二《外国门上·安南国》。
② 〔南宋〕陈傅良：《止斋文集》卷四十四《桂阳军劝农文》。
③ 〔南宋〕朱熹：《晦庵先生朱文公文集》卷十七《奏明州乞给降官会及本司乞再给官会度牒伏》，卷二十一《乞禁止遏籴状》，卷二十六《上宰相书》，卷九十九《约束籴米及劫掠榜》等。

了一套水利系统，郏亶《吴中水利书》言："天下之利，莫大于水田；水田之美，无过于苏州。"此外，这里的土壤肥沃。《宋会要辑稿》食货一之七载两浙运副李谟言："契勘本府乡村田亩，比之他处，最系肥田。"高斯得也说："见浙人治田，比蜀中尤精，土膏既发，地力有余，深耕熟犁，壤细如面。……虽其田之膏腴，亦由人力之尽也。"① 由于水利发达，土壤肥沃，对耐旱、耐瘠和早熟的品种需求很小，这就是占城稻在浙西一带没有得到发展的根本原因。除此之外，还有气候的因素，太湖地区本是个籼粳均宜的地区，但宋代以后太湖一带的气候加剧转寒，自然选择的结果有利于耐寒性较强的粳稻的发展，作为籼稻的占城稻，其发展却受到了限制。除自然因素外，还有社会经济方面的原因。唐宋以后，北方人的大量南迁，导致了长江流域稻麦二熟制的发展，麦给佃农，稻给地主，因此佃农不乐意种稻；其次，供赋主要用粳稻，不用籼稻，因此种籼稻不能供赋；再次，粳稻的品质较好，除饭食以外，还有多方面的用途，而籼稻一般只能做饭，因此，人工选择有利于粳稻的发展。总体说来，浙西一带虽有占城稻种植，但面积不大，仍以原来的粳稻品种为主。

由于占城稻在各地的种植面积不一，所以其在各地所引起的结果也不同。占城稻引进前，江、淮、浙一带已有双季稻（主要有再生稻和连作稻）种植，但占绝对优势的仍然是一季晚粳；占城稻引进以后，在江西、福建、浙东以及后来的湖南、湖北、广东一带的种植面积很大，原有的一季晚稻大部分为一季早稻所取代，这就为明清以后双季稻在这些地方的发展奠定了基础。事实证明，明清时期的双季稻首先就是这些地方，而并不是在宋代稻作最为发达的浙西地区发展起来。据14世纪《农田余话》记载，浙东永嘉一带已有间作双季稻，据15—16世纪弘治《温州府志》和嘉靖《瑞安县志》载，浙江温州、瑞安有间作双季稻。据17世纪《天工开物》载，南方平原已有连作双季稻。清代李彦章在《江南催耕课稻编》中对当时双季稻的地区分布做了总结，其中间作双季稻主要分布在浙东温州、台州、江西袁州、临江以及福建等地；而连作双季稻则主要分布在湖南、湖北、安徽（桐城、庐江等县）、广东、广西等地。浙西地区无论是间作还是连作，双季稻分布都是很小的。明清时期太湖地区仍以稻麦二熟制为主，这在《沈氏农书》和《补农书》中可以得到证实。从宋明两代太湖一带的水稻品种比较中也可以得出这样的结论：明代太湖地区的水稻品种和宋代的水稻品种在属性和成熟期方面，基本上是一致的。② 另据文献统计，江苏在宋代有46个品种，明代118个，清代259个，绝大多数都是中晚型粳稻；在从唐代

---

① 〔南宋〕高斯得：《耻堂存稿》卷五《宁国府劝农文》。
② （日）加藤繁：《中国稻作的发展——特别是品种的发展》，见《中国经济史考证》三卷，中译本，商务印书馆1973年版。

到民国的 57 个优良品种中，籼 5 个，粳 28 个，糯 24 个，也以粳稻占绝对优势。① 因此，太湖地区的水稻品种无论是占城稻引进前还是引进后，都是以一季晚粳为主，直到近代才提出了农业改制的问题，即晚稻改早稻，单季改双季。太湖地区在宋代一度是中国稻作农业最为发达的地区，在明清以后的双季稻发展方面反而落后于周围地区，粮食出口转为粮食进口，"苏湖熟，天下足"为"湖广熟，天下足"所取代，湖广地区后来居上，这过程与占城稻的影响是分不开的。

占城稻对中国稻作的影响在语言上也得到了反映。宋代许多文献把占城稻称为"旱稻"，如《宋史·食货志》说，占城稻"盖旱稻也"，《宋会要辑稿·食货》也说，"是稻即旱稻也"。实际上，占城稻只是一个耐旱的水稻品种，与旱地种植的稻子不同。由于占城稻是一个成实早的水稻品种，明清时期许多地方志把占城稻与早稻等同起来，或曰"占稻即早稻"②，或曰"早稻即占城稻"③。此说虽未必全对，但在占城稻引进之前，长江中下游地区似没有真正的早稻品种，而占城稻确是一个真正的生育期短（110 天左右）、成实早的早稻品种。由于占城稻是一个粒小而长的籼型品种，所以有的方志又称"籼即占稻"④，这虽然是一种误解，但在占城稻之前，长江中下游普遍种植的是粳稻。又由于占城稻是一个非糯性的品种，在占城稻前，非糯性的稻种都称为秔（或作粳、稉），以与糯性的"秫"相对，但随着占城稻的引进与发展，原有的非糯性秔稻品种多为非糯性占稻所取代，所以明清时期与非糯性的品种都统称为"占"，或写作"秥""黏""粘"等。直到今天江西、湖南、湖北、广东、广西等地的农民仍旧将稻米划分为占米（非糯性）和糯米。明清时期，上述这些地方的方志中出现了许多带"占（或粘、秥、黏）"字尾的水稻品种，而安徽、江苏、浙江等省的许多品种则以"籼"字结尾，据此，有人认为占即籼也，而并非专指占城稻。实际上，苏、浙、皖一带的"籼"，并非真正的籼，而是粳。据《广雅》说："籼，粳也。浑言不别也。"又《方言》说："江南呼秔为籼。"因此，许多带"籼"字尾的水稻品种，实际上多是粳稻，而带"占（或秥、粘、黏）"字尾的品种虽然不一定都是占城稻，但却与占城稻的引进与传播有关。总而言之，太湖流域一带自古至今就是我国粳稻的发展中心，籼稻很少。而江西、湖南、湖北等地原本也是粳稻区，却在宋代以后成了籼稻区，这种变化与占城稻的影响是分不开的。

① 闵宗殿：《江苏稻史》，《农业考古》1986 年第 1 期，第 254－266 页。
② 同治《金溪县志》。
③ 光绪《杭州府志》。
④ 同治《新淦县志》。

中国历史上的黄穋稻*

引言：一个尚不为人所重视的水稻品种

黄穋稻，是一个水稻品种的名称。按其读音，它虽然在《齐民要术》（6 世纪）中即已出现，但只是到了宋元以后才引起人们的广泛注意。说起宋元时期的水稻品种，知名度最高的恐怕莫过于占城稻。占城稻是宋真宗大中祥符五年（1012 年），"帝以江、淮、两浙稍旱即水田不登，遣使就福建取占城稻三万斛，分给三路为种，择民田高仰者莳之，盖旱稻也。"[①] 由于它是由皇帝出面所发起的一次水稻引种，所以它在历史上产生了很大的影响，正史和野史中都有关于它的记载。同时也由于占城稻的确适应了宋代以后南方水稻生产发展（如，梯田的发展、旱地改作水田的实施等）和自然条件（干旱）的需要，对水稻生产起到了促进作用。特别是一季早籼的普及，为以后双季稻的发展奠定了基础。[②]

但是，从现存宋元时期有关南方水稻生产的农书，如《陈旉农书》和《王祯农书》等的记载情况来看，其影响似乎不及黄穋稻。《陈旉农书》成书于南宋绍兴十九年（1149年），其时占城稻引种已 138 年，作者自称"西山隐居全真子"，曾"躬耕西山"，书成之后，又曾访问洪兴祖于仪真。据此，有学者认为，此西山可能是扬州西山，[③] 但也有学者

　＊　本文原载于《农业考古》1998 年第 1 期，第 292－311 页。
　①　《宋史》卷一七三《食货志》，中华书局 1977 年版，第 4162 页。
　②　曾雄生：《试论占城稻对中国古代稻作之影响》，《自然科学史研究》1991 年第 1 期，第 61－67 页。
　③　万国鼎：《〈陈旉农书〉评介》，见陈旉撰，万国鼎校注：《陈旉农书》，农业出版社 1965 年版，第 7 页。

认为可能是杭州西山，[①] 理由是书中有关于湖中安吉（今浙江省安吉县）种桑法等的记载。[②] 然而，不论是扬州的西山，还是杭州的西山，都不出宋真宗推广占城稻的江淮、两浙的范围，而《陈旉农书》中对于占城稻却只字未提，是陈旉生活的小范围内不需要占城稻吗？不是，占城稻适合"高仰"之地种植，陈旉隐居西山，《陈旉农书》中对于高田的利用规划说得最详细，且其中提到了所谓"高田早稻"[③]，却没有提到占城稻。那么，这个"高山早稻"是否是占城稻呢？从生育期上加以推测，"高田早稻，自种至收，不过五六月。"生育期为150～180天，而非真正意义上的早稻。[④] 而占城稻"作为早稻，其生育期从100天左右至110天左右，可以遍及浙闽至淮南一带是肯定的。"[⑤] 因此，从生育期上来判断，高田早稻不是占城稻。

《王祯农书》中虽有"占城稻"的记载，不过这里的占城稻，是作为一个旱稻品种收录的，其曰："今闽中有得占城稻种，高仰处皆宜种之，谓之'旱占'。其米粒大且甘，为旱稻种甚佳。"这条记载很明显因袭了前人的一些有关占城稻的记载，如引种的地点、适宜种植的地方等，但和前人的记载相比，也有一些很大的出入，最突出点便是"米粒大且甘"，因为《宋史·食货志》等在记载占城稻时，提到"稻比中国者穗长而无芒，粒差小"。都是占城稻，为何一个粒差小，一个粒大呢？这里有两种可能：一是王祯因袭记载有误；二是闽中所引进的是另外一个占城稻品种，这个占城稻品种在王祯那个时候还主要在闽中一带种植，长江流域及其以北地区种者不多，王祯的用意也在于推广，但此占城稻非彼占城稻也。结论只有一个，即宋真宗引种的占城稻在《陈旉农书》和《王祯农书》中都没有记载。

真正记载了占城稻的是现已基本失传的另一本农书曾安止《禾谱》。《禾谱·三辩》中记载："今西昌早种中有早占禾，晚种中有晚占禾，乃海南占城国所有，西昌传之才四五十年。"[⑥]《禾谱》成书于1086—1094年，当时真宗引种已七八十年，但就西昌（今江西泰和）一地而言，"传之才四五十年"，在时间上是衔接的。但《禾谱》除《三辩》外，现存正文中并没有"占禾"的记载，在正文中的44个水稻品种中，只有"赤米占禾"一品，可能属占城稻品种，其在水稻品种中的地位也不过是四五十分之一而已。

① 姜义安：《陈旉〈农书〉中两个问题的商榷》，见华南农学院农业历史遗产研究室主编：《农史研究》第4辑，农业出版社1984年版，第108页。

② 〔南宋〕陈旉撰，万国鼎校注：《陈旉农书》卷下《种桑之法一》农业出版社1965年版，第55页。

③ 〔南宋〕陈旉撰，万国鼎校注：《陈旉农书》卷上《地势之宜篇二》，农业出版社1965年版，第25页。

④ 早稻、中稻和晚稻一般是按生育期的长短而划分的。凡全生育期（即从播种到成熟）在120～130天范围内的为早稻或早熟种，在120～130天到150～160天的叫中稻或中熟种，150～160天的叫晚稻或晚熟种。

⑤ 游修龄：《稻作史论集·占城稻质疑》，中国农业科技出版社1993年版，第158页。

⑥ 曹树基：《〈禾谱〉校释》，《中国农史》1985年第3期，第79页。

相比之下，宋元时期的农学家对于黄穋稻可能要熟悉一些。因为，不仅宋元时期有关南方农业生产的农书中都提到了黄穋稻，而且他们对于黄穋稻的播种与收刈期、适宜种植的地区、性状特征（如有芒）等都了如指掌，这似乎说明在宋元时期黄穋稻的影响要大于占城稻。黄穋稻这一名称在各地的不同写法也表明，当时中国水稻的主产区大江南地区都有黄穋稻的栽培。

遗憾的是，人们对于黄穋稻的研究却远不及占城稻，甚至可以说有关黄穋稻的研究至今还是一个空白，而在连篇累牍的有关占城稻和中国历史上的早熟稻研究中，对于早熟品种的黄穋稻也只字不提，这不能不说是一种遗憾，本文意在填补这一缺憾。文章将从黄穋稻的名称入手，分析黄穋稻的特点，并试图从土地开发利用、粮食供给、人口增长等方面，考察黄穋稻在中国历史上的作用。文章中不可避免地要将黄穋稻与占城稻做些比较。

一、黄穋稻的名称

黄穋稻的名称最早见于北魏贾思勰的《齐民要术》（成书于 6 世纪 30 年代），称为"黄陆稻"，其曰："今世有黄瓮稻、黄陆稻、青稗稻、豫章青稻、尾紫稻、青杖稻、飞蜻稻、赤甲稻、乌陵稻、大香稻、小香稻、白地稻；菰灰稻，一年再熟。有秫稻。"[①] 由于《齐民要术》对于"黄陆稻"没有作性状的描述，学者只是从字音和字形上，认为此处的"黄陆稻"可能就是宋元以后在江南地区所普遍种植的黄穋稻。[②]《齐民要术》之后，《新唐书·地理志》在记载扬州广陵郡的贡品时，也提到了"黄稑米""乌节米"[③] 两种贡米。唐诗中也有"黄稑米"的出现。[④]"稑"与"穋"，在古文中是相通的，且后来也有的地方将"黄穋稻"写成黄稑稻。唯"米"可能是大米，也可能是小米或其他禾谷类的米，古有"九谷六米"之说，九谷之中黍、稷、稻、粱、苽、大豆皆有米，麻与小豆、小麦三者无

---

① 〔后魏〕贾思勰著，缪启愉校释：《齐民要术校释》卷二《水稻第十一》，农业出版社 1982 年版，第 99 页。

② 曹树基说："《禾谱》'三辩'中提到的'黄穋禾'，我疑即是《齐民要术》中提到的'黄陆稻'一品。'穋'（亦写作'稑'）意为成熟早，'陆'则为陆地之意。贾思勰《齐民要术》专有早稻一节，'黄陆稻'列于水稻品种之中，当不致与早稻混淆。如是，作为水稻品种的'黄陆稻'的含义是很难理解的。'穋'（稑）、'陆'同音，且'稑'与'陆'近形，故认为'黄陆稻'品名很可能是'黄穋（稑）禾'由南方传入北方时的误衍。我们知道，南北朝时期，尽管政治上南北分治，军事上两朝对垒，但并没有隔绝南北双方民间的相互往来和农业生产上的相互交流。北朝有不少稻种就来自江南地区。《齐民要术》记载的'豫章青稻'，就是原产于豫章的一个水稻品种。豫章郡属南朝统辖，包括今江西北部鄱阳湖平原的大部分，是江南一个著名的水稻产区。又有'长江秫'一品，也是以品种原产地命名的，可能也来自江南的某个地区。由此看来，北朝'黄陆稻'与北宋'黄穋（稑）稻'为同一品种是极可能的。"（《〈禾谱〉及其作者研究》，《中国农史》1984 年第 3 期，第 90 页）

③ 《新唐书》卷四十一《地理志五》。

④ 游修龄：《中国稻作史》，中国农业出版社 1995 年版，第 85 页。

米，故云。但扬州之域，厥土涂泥，其谷宜稻。因此，黄穋米可能就是黄穋稻。10 世纪以前还有一条与黄穋稻有关的记载见于徐畅《祭记》，其文曰："旧穋稻熟。常用九月九日荐稻。"[1] "穋稻"虽然没有明确为"黄穋稻"，但如下文将要叙述的那样，黄穋稻的特征在于"穋"，而不在于"黄"，所以"穋稻"的出现对于研究黄穋稻也是非常珍贵的。

宋元时期最早记载黄穋稻的农书是北宋曾安止所作的《禾谱》（成书于北宋哲宗元祐年间，1086—1093 年）一书。其曰："江南有黄穋禾者，大暑节刈早种毕而种，霜降节末刈晚稻而熟。"[2] "黄穋禾"即黄穋稻。其后，《陈旉农书》（成书于 1149 年前）中也有关于黄穋稻的记载，称为"黄绿谷"。其曰："《周礼》所谓'泽草所生，种之芒种'是也。芒种有二义，郑谓有芒之种，若今之黄绿谷是也；一谓待芒种节过乃种。今人占候，夏至、小满至芒种节，则大水已过，然后以黄绿谷种之于湖田。则是有芒之种与芒种节候二义可并用也。黄绿谷自下种至收刈，不过六七十日，亦以避水溢之患也。"[3] 南宋时期，地方志中也有关于黄穋稻的记载，称为"黄穋"，嘉泰元年（1201 年）《会稽志》曰："七月始种，得霜即熟，曰黄穋。后种先熟曰穋。《说文》云：穋，疾熟也。"[4] 又其后，元代《王祯农书》（成书于约 1300 年）中又两次提到了黄穋稻。除了在《架田》一节重复《陈旉农书》中上述有黄绿谷的内容以外，还在《柜田》一节中提到了"黄穋稻"，其曰："浅浸处宜种黄穋稻。《周礼》谓'泽草所生，种之芒种'，黄穋稻是也。黄穋稻自种至收，不过六十日则熟，以避水溢之患。"[5]

综上所述，宋元时期，黄穋稻就有四种名称存在，即黄穋禾、黄绿谷、黄穋稻和黄穋稻四种。明清时期，虽然在农书中缺乏有关黄穋稻的记载[6]，但却出现在许多地方志中，其名称又发生了一些变化（表1）。

表 1 明清时期方志中的黄穋稻异名

名 称	分 布	摘 要	出 处
黄陆稻	松江	又有蝉鸣稻、半夏稻、黄陆稻……种类至繁，吴之农不尽识也，今姑存其略。	崇祯四年（1631 年）《松江府志》卷六《物产》
黄陆公	安徽凤阳	一名黄花稻	万历二十七年（1599 年）《帝乡纪略》卷三

---

① 徐畅，时代不详。引文见《太平御览》卷八三九《百谷部三·稻秔》，中华书局 1963 年版，第 3751 页。
② 曹树基：《〈禾谱〉校释》，《中国农史》1985 年第 3 期，第 79 页。
③ 〔南宋〕陈旉撰，万国鼎校注：《陈旉农书》卷上《地势之宜篇二》，农业出版社 1965 年版，第 25 页。
④ 嘉泰《会稽志》卷十七《草部》。
⑤ 〔元〕王祯撰，王毓瑚校：《王祯农书·农器图谱集之一》，农业出版社 1981 年版，第 188 页。
⑥ 明徐光启的《农政全书·田制》只是重复了《王祯农书》的内容；专门记载水稻品种的明黄省曾的《稻品》也不见其名目。

第五编　水稻品种

（续）

名　称	分　布	摘　要	出　处
黄六公	安徽凤阳	种之墟者其别有黄六公、胀破壳……	天启元年（1621年）《凤阳新书》卷五
黄鹭公稻*	安徽五河		康熙十二年（1673年）《五河县志》卷二《物产》
黄露公	安徽六安		嘉靖三十四年（1555年）《六安州志》卷上《物产》
黄龙稻**	浙江乌程、嘉善、平湖、湖州	芦籼，湖滩成田，无圩岸者曰"湖田"，则种芦籼，其性如芦，不畏水淹，盖即黄龙稻也。	同治十三年（1874年）《湖州府志》卷三二《物产》
黄龙	浙江乐清、平阳	芒黑者曰乌芒龙、红者曰红芒龙……乌嘴龙，一名黄龙儿，为乌芒龙之变种。	民国十四年（1925年）《平阳县志》卷十五《食货志》四《物产》上
黄六禾	江西余干	（洼田）七月水落，以晚稻，种宜乌谷子、黄六禾、绵子糯，又宜种宗稗子。	康熙八年（1669年）《余干县志·卷二·土产》
六禾	广西思恩	六禾，即穄红粘，即秫也。***	民国二十五年（1936年）《来宾县志》卷一
黄稑	江苏江都、甘泉、东台、通州、江西泰和		康熙《江都县志》
黄稑稻	浙江萧山	六月种，八月熟。	嘉靖三十六年（1557年）《萧山县志》卷三《物产》
黄穋	定海、浦江	《群芳谱》名拖犁归，高仰处宜之。四月初种，五月终熟。	乾隆四十一年（1776年）《浦江县志》卷九
黄穋粳	宁国	香粳……红穋粳……黄穋粳、冷水白、乌穋粳	嘉庆十七年（1812年）《宁国府志》卷三
稑禾	广西思恩	稻之早种早熟者，谓之稑禾……四月种，七月熟。谓之稑禾，即蝉鸣稻也。	《思恩府志》，引自《江南催耕课稻编》
穋谷	广西思恩	一名穋谷，三月下种、七月熟。	《思恩府志》，引自《江南催耕课稻编》

注：*黄鹭公稻，在康熙十二年（1673年）《五河县志》中只存其名，不过在光绪十九年（1893年）同县县志中却有如下介绍："成熟时色纯黄，粒如黄鹭，故名。早种晚收，味香，惟不耐旱，故种者少。"

**乾隆二十五年（1760年）《乌青镇志》卷2作"黄帝己（疑即"龙"字）稻"，并注曰："明湖守陈幼学访购，以济水灾者。"

***把"六禾"说成是秫（糯性品种）固然有失牵强，但"六"释为穋却是对的。

从表1可以看出，黄穆稻的名称除宋元时期的四种，又出现了黄陆稻、黄露公、黄六公、黄六禾、黄龙等多种名称。为什么黄穆稻会有如此之多的名称呢？禾和谷是怎么来的？"穆"何以又写作成稑、陆、绿、鹭、龙和六？

对于"稻"又称为"谷"和"禾"的问题，人们似乎可以从方言历史地理学中找到答案。研究语言地理学的学者发现，"稻"是中国文字统一后，全国范围内通用的书面语，而中国南方口语则一直保留称稻为"谷"或"禾"的习惯。如地处长江上游的云南昆明、曲靖、昭通、文山，贵州的毕节、关岭，四川的灌县、忠县，都称稻为"谷"；地处东南沿海的福建长乐、浦城，浙江温州、宁波、嘉兴，上海，江苏的苏州等地也称为"谷"。而从海南岛的澄迈、琼山，广东的阳江、台山、新会、广州、梅县，广西的东兴、钦州、玉林、桂平、苍梧、钟山，江西的赣州、吉安、南昌，福建的上杭、长汀、建宁、邵武，湖南的衡阳、湘乡、长沙等地则都称为"禾"。进入北方语言区域以后，便普遍称"稻"了。①《禾谱》的作者是西昌（今江西泰和，属吉安地区，在地理上与吉安构成吉泰盆地）人，其内容也主要是西昌一带的水稻品种，故水稻品种志被称为《禾谱》，而《禾谱》中所记载的"黄穆稻"也被称为"黄穆禾"。而《陈旉农书》的作者，曾隐居躬耕在"西山"，无论是扬州的西山，还是杭州的西山，大体上都没有超出称稻为"谷"的方言区，所以黄穆稻在《陈旉农书》中称为"黄绿谷"。其他如"黄陆公""黄六公""黄鹭公"等都是"黄绿谷"同音通转的结果。而黄龙稻之"龙"字，除了表示其具有不怕水的特性，在读音上也有与"穆"相似之处。《王祯农书》的作者乃东鲁名儒，其母语自然属北方语言，尽管他曾在南方做官，但《王祯农书》则是一本兼顾南北方农业的农书，他所选用的语言自然是全国范围内通用的书面语，这也就难怪，在南方农学家笔下被称为"黄穆禾"和"黄绿谷"的水稻品种，在《王祯农书》中变成了"黄穆稻"。又由于粳为稻之别名，所以个别地方又称之为"黄穆粳"。

真正需要解释的倒可能是"穆"到了陈旉的笔下变成了"绿"，而在其他一些方志中又有稑、稑、陆、六、鹭、龙等多种写法。笔者曾经考证了《陈旉农书·六种之宜篇》中之"六种"为何物，得出结论，认为"六种"即陆种，指的是旱地作物。六、陆是同音通借的结果。② 文章写成之后，曾呈请我的导师游修龄教授审阅，游先生在回信中说："我看了你的六种之宜的分析，以六为陆的同音通假，觉得是说得通的，因为六种之宜说的都是旱地作物。……我觉得不放心的是，陈旉是文字修养很高的知识分子，为什么将陆用六代替呢？通常使用同音代替的都是文化水平较低的，如地方志中不规范的同音代替字就很

---

① 游汝杰：《从语言学角度试论亚洲栽培稻的起源和传播》，《农史研究》3辑，农业出版社1983年版，第141页。
② 曾雄生：《六道、首种、六种考》，《自然科学史研究》1994年第4期，第359－366页。

多见。陈旉在书中提到的'黄绿谷'就不作'黄六谷'，而其他方志等就用'黄六谷'。陈旉在祈报篇中曾提及'故陆禾之数非一……'，这里的'陆禾'也不作'六禾'，值得注意。"① 游先生提出的问题的确是当时我没有注意，但应是值得注意的，但若据陈旉没有将"黄绿谷"如其他志书一样写作为"黄六谷"，从而证明陈旉不会将"陆"用"六"代替则难以成立。因为"黄绿谷"之"绿"本身也是与"穋"同音替用的结果。从陈旉自己所记载的一些有关"黄绿稻"的生育期等情况来看，只有"穋"字才能真正体现"黄绿稻"的特色，它的本名应该是"黄穋谷"，事实上，《王祯农书》在引述《陈旉农书》有关内容时，已将"黄绿稻"恢复其本来面目"黄穋稻"，所以尽管陈旉（也许是某个版本）没有将"黄绿谷"写成"黄六谷"，但却将"黄穋谷"写成了"黄绿谷"。"黄绿谷"三字的出现，是同音通借的产物，证明陈旉有可能将"陆种"写作"六种"，毕竟人非圣贤，孰能无过，即便像陈旉这样具有很高文字修养的知识分子，更何况这种通借还可能是出自某个雕版印刷者之手。陈旉本人就曾对初版中存在严重的出版质量问题很有意见，他说："此书成于绍兴十九年。真州虽曾刊行，而当时传者失真，首尾颠错，意义不贯者甚多。又为或人不知晓旨趣，妄自删改，徒事缔章绘句，而理致乖越。"为此，陈旉自己曾"取家藏副本，缮写成帙，以待当世君子，采取以献于上"②。但经陈旉再次缮写的副本是否出版一直是个问题，倒是绍兴十九年刻本可能未失传。③ 果真如此的话，则原刻中所存在的一些问题必定还保留下来一些，无规则的通借则是其中之一。这是题外话。这里所要表达的意思是，既然像陈旉这样具有很高文字修养的知识分子笔下，黄穋稻可以通转为"黄绿谷"，因此，在一些方志中出现陆、稑、六、鹭、露、龙等多种写法也就不奇怪了。于是同一个广西的水稻品种，却有"六禾""稑禾""穋禾""穋谷"等不同写法④，甚至同一个广西柳州的品种，雍正时写作"晚陆禾"，而在道光时就变成了"晚六禾"了。⑤ 这

---

① 1994 年游修龄教授给笔者的信。

② 〔南宋〕陈旉撰，万国鼎校注：《陈旉农书·陈旉跋》，农业出版社 1965 年版，第 65 页。

③ 姜义安：《〈陈旉农书·后记〉质疑》，《中国农史》1991 年第 1 期，第 101－105 页。

④ 〔清〕李彦章《江南催耕课稻编》七《各省早稻之种》引广西《思恩府志》云："稻之早种早熟者，谓之稑禾。"又云："四月种、七月熟，谓之稑禾，即蝉鸣稻也。"又云："一名穋谷，三月种，七月熟。"又云："上林县大禾下秧，恒在三月……又有二月下秧，三、四月插，六、七月收，是种六禾也。"又云："上林县黏有二种：五月收者曰夏至禾，六月收者曰六禾。"该书九《再熟之稻》再引广西《思恩府志》云："六月熟者曰六禾。"又云："黏禾之种有穋禾，七月获。"又云："上林县种大禾与六禾。"又引《广西宾州志》云："一种立夏插，至立秋收，谓之六禾。"又引广西《思恩府志》云："一名混交谷，下秧时与穋谷交匀齐种。可省两次犁田之劳，至七月穋谷既获，混交谷即大发。"（以上俱见陈祖槼主编：《中国农学遗产选集·甲类第一种·稻·上编》，中华书局 1958 年版，第 410－411、424－425 页）又壮族《时令歌》中有"夏至来到收六禾"。（梁庭望编著：《壮族风俗志》，中央民族学院出版社 1987 年版，第 111 页）

⑤ 雍正十一年（1733 年）《广西通志》卷三十一《物产》。〔清〕李彦章：《江南催耕课稻编》，见陈祖槼主编：《中国农学遗产选集·甲类第一种·稻·上编》，中华书局 1958 年版，第 409 页。

种情况之产生主要是因为前人在编纂方志时只记录了品种的读音，而并没有考证名称的由来。

二、黄穋稻的性质

黄穋稻何以称之为黄穋稻呢？这与黄穋稻之性质有着密切关系。黄穋稻的名称虽然几经变化，但它作为一个或一群品种的特性却没有变。这个特性可以概括为一个字——"穋"。穋，作为一种品种，早在《诗经》时代即已出现。《诗经》中有"黍稷重穋，禾麻菽麦"①，又有"黍稷重穋，稙穉菽麦"②两句，其中重、穋、稙、穉指的都是不同类型的作物品种。毛亨传曰："后熟曰重，先熟曰穋"，又曰："先种曰稙，后种曰穉。"重，又作"種"；穋，又作"稑"。《周礼》说："上春，诏王后帅六宫之人，而生種稑之种，而献之于王。"③这也就是一些方志上出现"種稑"这一水稻品种名称在词源上的原因。实际上，種、稑是两类不同类型的品种。《说文》云："稑，疾熟也。先种后熟曰種，后种先熟曰稑。"郑司农（众）注《周礼》也云："先种后熟谓之種，后种先熟谓之稑。"可见，穋的本义即后种而早熟的意思，而黄穋稻正是一个后种而早熟的水稻品种。这从黄穋稻和一般水稻品种播种、收获期的比较中不难得出结论。

（一）后种

黄穋稻是个播种期较晚的水稻品种。水稻播种期之早晚，与各地的自然条件和耕作制度有着密切关系，黄穋稻所谓的"后种"也只是相对于当地一般水稻播种期而言。因此在确定黄穋稻是否"后种"时首先应该确定一般水稻的播种期。从有关史料的记载中，可以得出这样的一个结论，即从古代到黄穋稻开始盛行的宋元时期，一般水稻都是在农历三月中旬或四月上旬以前播种（表2）。

表2 古农书所载水稻播种期

文献出处	原文	折合阳历
《氾胜之书》	冬至后一百一十日可种稻。	约4月10日前后
《四民月令》	三月，可种粳稻。	约4月中到5月中
《齐民要术》	三月种者为上时，四月上旬为中时，中旬为下时。	约4月中至6月中

① 《诗经·豳风·七月》。
② 《诗经·鲁颂·閟宫》。
③ 《周礼·天官·内宰》。

（续）

文献出处	原　　文	折合阳历
《宋会要辑稿》	南方地暖，二月中下旬至三月上旬，用好竹笼周以稻秆，置此稻于中。……入池浸三日，出置宇下，伺其微熟如甲坼状，则布于净地，俟其萌与谷等，即用宽竹器贮之，于耕了平细田停水深二寸许布之。经三日决其水。至五日。视苗长二寸许。即复引水浸之一日。乃可种莳。如淮南地稍寒，则酌其节候下种。	3月中下旬至4月初
《禾谱》	立春、芒种（疑为雨水之误）节种，小暑、大暑节刈为早稻；清明节种，寒露、霜降节刈为晚稻。……今江南早禾种率以正月、二月种之，惟有闰月，则春气差晚，然后晚种，至三月始种，则三月者，未为早种也；以四月、五月种为稚，则今江南盖无此种。	约2月初到2月中，种早稻；4月初，种晚稻

从表2可以看出，以《氾胜之书》和《齐民要术》为代表的北方水稻播种期，一般都是在每年的三月，晚些可以迟至四月上旬或四月中旬，但这已不是播种的最佳时期，也即《齐民要术》所谓的"上时"。而南方由于气候转暖较早，加上存在早晚两季稻作，水稻播种期更有提前的趋势。早稻比北方要早一至两个月，即每年的正月或二月播种，农历三月播种已算不上早稻，而根本就没有在农历四月份播种的早稻；而晚稻也在四月初播种。

再来看看黄穋稻的播种期。黄穋稻的播种期虽然不太固定，或"待芒种节（6月6日前后）过乃种"，或"大暑节（7月23日前后）刈早种毕而种"，这和一般的水稻品种相比，其播种期要晚2～3个月，甚至5个月。晚种是黄穋稻的第一个特点。由于黄穋稻具有晚种的特点，所以在季节上，人们往往把它当作晚稻来加以种植。在地方志中它也常常被列入晚稻之属。明清江浙一带的红稑晚稻①和清代广西地区的晚六禾②可能就是从黄穋稻发展而来。

（二）先熟

穋，从《诗经》中出现开始，其本义就是"先熟"或"疾熟"的意思。黄穋稻，虽然晚种，但它的成熟收获期却没有因此而相应地推迟，甚至还有可能提前。因为它是一个生育期极短的早熟品种。根据《陈旉农书》记载，黄穋稻自种至收不过六七十天，而《王祯农书》记载则更短，只有不到60天。其他文献记载也可证实，黄穋稻的全生育期不会超过90天。考虑到古人在计算水稻生育期时，往往是从移栽后开始，如果再加上一个月左

---

① 嘉靖二十九年（1550年）《武康县志》卷四《物产》；嘉靖三十七年（1558年）《吴江县志》卷九《谷之属》。
② 〔清〕李彦章：《江南催耕课稻编》七《各省早稻之种》，见陈祖槼主编《中国农学遗产选集·甲类第一种·稻·上编》，中华书局1958年版，第409页。

右的秧龄，实际生育期当在 100 天左右（表 3）。

表 3　文献所载黄穋稻生育期

播种期	收获期	生育期	文献出处
大暑节 7 月 22—24 日	霜降节 10 月 23—24 日	90	《禾谱》
7 月（阴历）	得霜（初霜日）	90	嘉泰《会稽志》
6 月	8 月	60～90	嘉靖《萧山县志》
4 月初	5 月终	60	乾隆《浦江县志》
惊蛰（3 月 6 日）	夏至（6 月 21 日）	105	壮族时令歌

从表 3 播种期和收获期的计算来看，黄穋稻的生育期大致在 60～105 日，如此生育期，在今天看来也是非常短的，而在宋元及以前更是如此。它可能是中国历史上最早的生育期最短的水稻品种。

宋代以前，除黄穋稻，一般水稻都是在霜降节（10 月 23—24 日交节）前后，即农历十月收获，《诗经》云："十月获稻"[①]；《齐民要术》载："霜降获之"[②]；而唐元稹《赛神》诗云："年年十月暮，珠稻欲垂新。"[③] 如果按最普遍的三月为播种期计算，则一般水稻的全生育期长达 7 个月，200 余天；《杂阴阳书》曰："稻生于柳或杨。八十日秀，秀后七十日成。"[④] 如此算来，稻的生育期也在 150 天以上。又据计算，北宋时期，早稻的全生育期为 150～165 天，晚稻的全生育期为 180～200 天。[⑤] 南宋初年，《陈旉农书》中有关"高田早稻，自种至收，不过五六月"的记载，也表明当时所谓的"早稻"生育期也为 150～180 天。如此算来，黄穋稻的生育期只有不足普通稻二分之一到三分之一。所以，黄穋稻是个生育期极短的早熟品种。

需要指出的是，穋的本义仅是"疾熟"或"先熟"的意思，而并不包括"后种"，因为《诗经》中另有"稑"字表示"后种"，且与"穋"并提。穋，只是到了后来才发展出了"后种先熟"的意思，用以强调其"疾熟"。而黄穋稻在宋代的时候，也许是因为其有"疾熟"的特点，多作为水灾过后的补种品种，或双季晚稻品种，是一个名副其实的"后种先熟"品种。但由于自然环境和社会经济等方面的原因，黄穋稻自身所具有的"早熟"和"疾熟"的特点，也可能把它当作一种早种先熟品种来使用，而成为真正意义上的早熟稻。从《王祯农书·柜田》一节的记载来看，黄穋稻在元代的时候即已作为水灾到来之前

---

① 《诗经·豳风·七月》。
② 〔后魏〕贾思勰著，缪启愉校释：《齐民要术校释》，农业出版社 1982 年版，第 100 页。
③ 《全唐诗》卷三百九十八，中华书局 1960 年版，第 4465 页。
④ 引自《齐民要术·稻》。"秀"，指的是水稻孕穗。（参见游修龄：《稻作史论集·释"秀"》，中国农业科技出版社 1993 年版，第 225 - 227 页）但"八十日"，不知是从播种之日起开始计算，还是从插秧之日始开始计算。
⑤ 曾雄生：《宋代江西水稻品种的变化》，《中国农史》1989 年第 3 期，第 48 页。

播种、收获的早稻品种。① 明清时期，也有人把它与当时各地最为流行的早稻早熟品种"带犁归"等联系起来。② 带犁归，又名"六十日"，它既可以作为特早熟早稻品种，"三月种，五月熟"③，或"四月初种，五月终熟"，又可以作为晚植早熟品种，迟至"秋初可莳"。④ 这正好是秉承了黄穋稻"疾熟"的特点。

（三）耐水

黄穋稻适合在地下水位较高，甚至于长年淹水的环境下种植，这也许是它在一些地区被称为"黄龙稻"或"芦种"的原因。在神话传说里，龙是雨水的化身，以"龙"字命名的水稻品种，自然也具有龙的秉性，适宜在水中生存。这种不畏水淹的性格又正好和芦苇一样，所以在太湖沿岸地区又给它命名为"芦籼"⑤ 或"芦种"⑥。和"龙"一样，"芦"除了表示其耐水的特性，可能还与"穋"有同音相通的关系。而籼，除了表示其为稻属之外，还有表示其先熟的意思。⑦ 证之方志，芦籼也的确是个早熟品种，《盛湖志》载："稻早熟者，为芦籼，贫无力者种之，可得先食，然味较劣。"⑧ 不过有记载表明，黄穋稻在耐水的同时，还具有耐旱的一面，所以在一些易旱地区也选择黄穋稻种植。如"浦地（今浙江省浦江县）多山，少水泉灌溉之利，故常忧旱。黄穋，《群芳谱》名拖犁归，高仰处宜之。"⑨

综上所述，黄穋稻是个生育期短、早熟而又耐水旱品种，可以作为连作晚稻品种在早稻收获之后播种，但更多的时候，是作为救灾品种，在水灾之前，低洼易涝的稻田中抢种，或水灾过后补种。除此之外，黄穋稻还有其他一些特点。这些特点主要包括：（1）可以直播。由于黄穋稻常常作为一种汛期过后补种品种，所以它常常是采用撒播的方式来种植。（2）色黄。黄穋稻，顾名思义具有黄色的外观。不过这只是最初的性状，后来或许是人工选择和自然选择的结果，出现了红、黑等几种颜色，于是便出现了红穋粳、乌穋粳、

---

　　① 《王祯农书》在叙述柜田时提到："浅浸处宜种黄穋稻。《周礼》谓'泽草所生，种之芒种'，黄穋稻是也。黄穋稻自种至收，不过六十日则熟，以避水溢之患。如水过，泽草自生，穋稗可收。"（〔元〕王祯撰，王毓瑚校：《王祯农书》，农业出版社1981年版，第188页）

　　② 乾隆四十一年（1776年）《浦江县志》卷九《土产》："黄穋，《群芳谱》名拖犁归，高仰处宜之。四月初种，五月终熟，贫农藉以续食，但收成甚减，丰年亩不过二石，故种之者少。"

　　③ 康熙二年（1663年）《松江府志》卷四《土产》。

　　④ 康熙八年（1669年）《靖江县志》卷六《食货》。

　　⑤ 同治十三年（1874年）《湖州府志》卷三二《物产》："湖滩成田，无圩岸者曰'湖田'，则种芦籼，其性如芦，不畏水淹，盖即黄龙稻也。"

　　⑥ 民国二十四年（1935年）《澉志补录·物产》。

　　⑦ 李时珍说："籼，亦粳属之先熟而鲜明之者，故谓之籼。"（〔明〕李时珍：《本草纲目》下册，人民卫生出版社1982年版，第1469页）

　　⑧ 同治十三年（1874年）《盛湖志》卷三。

　　⑨ 乾隆四十一年（1776年）《浦江县志》卷九《土产》。

粳红稃①、红稃②等名目。（3）有芒。陈旉在解释"芒种"一词的意义时指出，"芒种有二义，郑谓有芒之种，若今之黄绿谷是也。"这说明，黄穆稻是个有芒的品种。

三、黄穆稻的同类

黄穆稻自宋元时期引起人们的广泛关注之后，明清时期它仍然在继续发挥作用。与此同时，一些与黄穆稻具有相同或相似性质的品种也在不断地出现。就生育期而言，宋代就出现了六十日③、八十日④、百日稻⑤等生育期与黄穆稻大致相同的品种，仅豫章（今江西南昌）就有八十占、百占、百二十占⑥等多个品种。其他生育期短的早熟品种还有很多，它们或以其外观，称乌、称红；或以早熟称"穆"；或以有芒而称"芒稻"；或以直播漫种而称"撒苗"。名称虽然各异，但它们都具有黄穆稻的一些基本特征，有时它们甚至是异名而同实。这其中最典型的当属乌谷和红稻。

乌谷，又称乌谷子、乌口稻⑦、冷水结、冷水稻、黑稻、晚乌稻⑧。最早见于南宋琴川（今江苏常熟）⑨，明清时期，在江苏松江、常熟⑩、靖江、上海、崇明、苏州、吴县、吴兴、长兴、元和⑪、吴江、昆山、昭文、金匮、通州、海曲，安徽宿松⑫、无为、太平⑬、当涂⑭，浙江乌青⑮，江西九江、余干⑯、南昌，湖北黄梅等湖区地区广泛种植的一个水稻品种。乌谷系由其外观而得名，它的特点是"皮芒俱黑"，皮，即稃，乌谷的稃厚，

---

① 民国七年（1918年）《浙江地理志·植物·谷类》。
② 康熙二十四年（1685年）《秀水县志》卷三《物产》。
③ 宝祐《重修琴川志》卷九。
④ 嘉泰元年（1201年）《会稽志》卷十七《草部》。
⑤ 淳祐十一年（1251年）《玉峰志·土产》。
⑥ 〔南宋〕吴泳：《鹤林集》卷三十九《隆兴府劝农文》。
⑦ 〔明〕黄省曾《稻品》云："其再莳而晚熟者，谓之乌口稻，在松江，色黑而耐水与寒，又谓之冷水结，是为稻之下品。"（陈祖槼主编：《中国农学遗产选集·甲类第一种·稻·上编》，中华书局1958年版，第104页）
⑧ 民国十八年（1929年）《崇明县志》："晚乌稻，色黑，品下，性耐寒水，备潦后补种，亦呼冷水稻。"
⑨ 宝祐《重修琴川志》卷九："乌口稻，再莳晚熟，米之最下者。"
⑩ 弘治十二年（1499年）《常熟县志》卷一《土产》："乌口稻，皮芒俱黑，以备水涝，秋初亦可插莳，盖因晚熟故也。遇秋热，最结实，米性硬，谷之下品也。"
⑪ 宣统《吴、长、元三县志》卷十五："乌口稻，谷色黑，秋初亦可莳，以备潦余补种，下品稻也。"
⑫ 道光八年（1828年）《宿松县志》卷十一《物产》："乌谷，色黑、米少，后时则补种之。"
⑬ 康熙十二年（1673年）《太平府志》卷十三《谷品》："黑稻，厚稃，长芒，深黑，米赤，性硬，立秋前插莳，十月熟，宜水亦宜旱。"
⑭ 康熙三十四年（1695年）《当涂县志·物产》："黑稻，厚稃，长芒，稃黑，米赤，性硬，立秋前插莳，十月熟，水旱并宜，旱涝过时乃种之，可以薄收。"
⑮ 康熙二十七年（1688年）《乌青文献》卷三："其再莳而晚熟者，为乌口稻。"
⑯ 康熙八年（1669年）《余干县志》卷二《土产》："洼田，气壤最润厚而沃，七月水落，以晚稻、种宜乌谷子、黄六禾、绵子糯，又宜种宗稉子。"

芒长。这也和黄穆稻被称为"有芒之种"是相同的。然而，乌谷的最大特点，据各地方志的记载，首先是晚种，播种期或在农历七月，或在秋初，甚至秋过已久亦可播种，如果按照一般晚稻的收获期（九、十月）计算，则乌谷子的生育期只有两个月左右的时间，60～90 天，有些方志中便把它与"六十日"这一品种相提并论①，这和黄穆稻的生育期是一样的。晚种的特点可以使它作为双季晚稻来播种，这便是方志中所说的"再莳晚熟"。而明清时期，它更多的是作为夏秋水灾过后的补种品种。而这又有赖于这一品种所具有的耐水特征，乌口稻和黄穆稻一样适宜种植于湖田（洼田）。在外观上和乌谷相类似，而在性质上又与黄穆稻相同的还有"鹤脚乌"，这个品种在清代江苏东台、仪真、高邮、兴化等地有种植，据《东台县志》记载："黄花稻、鹤脚乌，以上二种，春可陆种，以待时雨。秋前大水，撒种于泽田，不栽而生。农家蓄此种，以备旱潦。间或昂贵，异于常种。"② 黄花稻，即黄穆稻的别名③，鹤脚乌与其并提，表明二者之间除颜色之外没有本质上的区别。

乌谷仅是因为其稃芒俱黑而得名，但它的米仁却是红的，也许是因为这一缘故，有的地方又称之为红稻或赤米。在《国语·吴语》（约公元前 4—前 3 世纪）中，提到吴国因闹饥荒，"市无赤米"。据宋人程大昌考证，赤米是一种品质较差的米，俗称"红霞米"，在"田之高仰者，乃以种之，以其早熟且耐旱也"④。《南史·周颙传》提到周颙山居时，每天吃的都是"赤米、白盐"等⑤。可见赤米的品质和早熟的特点也和乌口稻相似。不过早期的红稻似乎主要作为耐旱性品种种植于高仰之处，而后来的红稻却主要是作为耐涝性品种来利用的。

明清时期，虽然赤米这一名称还在使用，却又增加了许多的不同名称。在湖北孝感、随州、德安等地称红稻为"穆谷"或"蓍谷"⑥，在广东珠江三角洲则称为"赤粘"或"大粘"⑦，而在江苏金坛⑧、常州⑨、丹阳⑩等地则又称为"穜稑"。严格说来，穜稑是两种类

①　康熙八年（1669 年）《靖江县志》卷六《食货》："初秋可莳，曰六十日、曰乌口稻。"
②　嘉庆二十一年（1816 年）《东台县志》卷十九。
③　万历二十七年（1599 年）《帝乡纪略》卷三。
④　〔南宋〕程大昌：《演繁露》卷三。
⑤　《南史》卷三四《周颙传》，中华书局 1975 年版，第 894 页。
⑥　乾隆五十五年（1790 年）《随州志》卷三《物产》："穆谷，宜于湖田被水后。穆，府志作蓍。按蓍，水中浮草，非谷也。《集韵》：穆，红稻。"
⑦　〔清〕屈大均《广东新语》卷二《地语·沙田》"以十月熟者曰大禾，赤粘是也。沙田咸卤之地，多种赤粘，粒大而色红黑，味不大美，亦名大粘，皆交趾种也。"
⑧　康熙二十二年（1683 年）《金坛县志》卷六："穜稑一种，俗名红稻，其栽宜晚，岁涝早稻被淹，秋期种以备饥。"
⑨　康熙三十三年（1694 年）《常州府志》卷九："有极低易没者，则秋前莳穜稑。"
⑩　乾隆十五年（1750 年）《丹阳县志》卷十："穜稑一种，俗名红稻，其栽宜晚，岁涝早稻被淹，入秋水退，种之以备饥。"

型的作物品种，不能作为一个水稻品种名，但从地方志的记载来看，这个品种的确又是一个品种，且具有与黄穆稻相同的性质，这也就是它命名为"稑"的原因，但它写成"穜稑"，而不直接写成"黄穆"，又表明它的得名可能受到《诗经》等古籍的影响，而且与黄穆稻之间可能存在外观颜色方面的区别。

红稻在明末引种到浙江之后，称为"赤籼"或"赤斑籼"，复因其产地又称"江西籼"和"泰州籼"①。根据明末清初农学家张履祥的记载，这个品种的特点是"晚植早熟"②，生育期极短。同样，稑谷也有这个特点，据记载，稑谷在湖北孝感地区的生育期只有五六十天。除此之外，红稻还和黄穆稻等品种一样，具有很强的耐水性。稑谷之得名，即与此有关，因为稑的本意为"水中浮草"，故在一些方志中与"黄龙稻"（即黄穆稻）并称，甚至认为是黄穆稻的一个变种。③它适合在"极低易没"的湖田被水之后直播，"其种法不必浸种、分秧，但耕田下子，五六十日可秀实。湖人或涝后水退，不遑他稻，故多布此。"④

有趣的是，赤米的这一特点，即便是漂洋过海，到了日本仍然保留了早熟、适合低湿地区种植的特点。日本文献指出，赤米在有明海周围的开荒地分布较多，在贫瘠的土地即使少施肥也有一定产量。赤米都是早熟品种，赤米与现代水稻品种比较，是很粗放的品种，反映出它的古老性。⑤

明清时期，具有黄穆稻特征的水稻品种还有很多，在洞庭湖流域就有"撒苗"和"芒草"，在长江下游地区如皋、乌青等地则有"散稻"等品种。撒苗和散稻⑥，顾名思义，是以其直播方式命名的，除此之外，它还具有早熟、耐水，适合水灾后补种等特点，故方志载："一种漫种，名撒苗。收最早，间种之以救饥。水淹后亦可晚种。"⑦"芒草"很显然是以其有芒而命名的，它和黄穆稻一样适宜在地势低下的稻田直播，晚种早熟⑧，但以"草"称稻，表明它又具有某些野生种的特征，这也是上述赤籼所具有的特点，赤籼除晚

---

① 《补农书》下卷："惟赤籼一种稻色，尤为早熟，今田家皆有。或云'江西籼'，或云'泰州籼'，人皆欲芟去之，终不能尽。"乾隆二十五年（1760年）《乌青镇志》卷二："泰州籼，种自泰州来，其色赤，俗名赤籼，或云江西籼，今田家皆有，欲芟去之，终不能尽。"

② 〔清〕张履祥：《杨园先生全集》卷十七《赤米记》。

③ 光绪十九年（1893年）《嘉善县志》卷十二："白芦籼，即黄龙稻，其性如芦，不畏水淹，多于湖田种之，米长而尖，性硬色白。其籼之赤者，俗名赤斑籼，最粗粝。"

④ 光绪八年（1882年）《孝感县志》卷五《土物》。

⑤ 游修龄：《中国稻作史》，中国农业出版社1995年版，第114页。

⑥ 康熙二十二年（1683年）《如皋县志》卷六《食货》："水乡多以稻散布于田，听其自熟，米色红而味香"；嘉庆二十三年（1818年）《海曲拾遗》卷六《物产》："若水乡则不莳秧，惟以稻散布于田，听其自熟。"

⑦ 嘉庆十八年（1813年）《常德府志》卷十八。

⑧ 同治七年（1868年）《汉阳县志》卷九《物产》："其稻则陂泽宜芒草，初夏播种，不莳不耘，若无水潦，则熟与它稻等。"

植早熟的特性，还有"不刈则随落"的落粒性，因此出现"后虽他植，厥种恒在田间，岁复岁不绝"的情况，这种情况在《补农书》和《乌青镇志》等中都有记载，赤籼成为一种杂草稻。然而作为黄穋稻类型品种，它具有"撒置田中，不须栽插，成熟最早。陂泽阜下之处，每多种之"①等特征，表明它还有直播、早熟、耐水等黄穋稻类型品种所具有的特征。同样类型的品种还有安徽五河县等地的"芒稻"。芒稻，"俗名穇子。苗随水之高下而长，籽如稗，可磨面，以防荒。"②清代江西临川一带的所谓"福建粳"也是这样的一个品种，据《抚郡农产考略》记载："地利：临之北乡，地势极低，田庐村茔俱恃沿河堤障以为命，河水暴涨，溢过堤面，或至冲塌堤身，早稻往往无收。人事：凡近河早稻被水后即耕地改种晚稻及二遍稻。"

四、黄穋稻之普及

黄穋稻众多的名称表明，黄穋稻是个流传很广的水稻品种。各种不同写法的出现，正是由于它在流传的过程中，受各地方言影响所致。而各地方志中所载的与黄穋稻具有相同性质的水稻品种更是不胜枚举。从黄穋稻的名称来看，这个品种远在唐代以前，甚至是北魏时期即已出现，但真正广为人知则是在宋代以后。黄穋稻及其同类型的水稻品种，何以在宋元以后大行其是呢？根本原因在于黄穋稻自身的特点适应了宋元以后社会经济发展和自然环境的需要。

唐宋以后，随着经济重心的南移，南方人口显著增加，同时作为政治中心的北方还要"仰江淮以为国命"，这就使得水稻在粮食供应中的地位显著提高，由五谷之一，而成为五谷之首。据明代宋应星的估计，"今天下育民人者，稻居什七，而来、牟、黍、稷居什三。"③经济重心南移的背后是水稻在粮食供应中地位的提高。因此，南方要维持经济重心的地位，必须发展水稻生产。

发展水稻生产必须首先需要稻田。经过成千上万年的开发，南方地区在一定条件下适合种植水稻的土地都已得到了充分利用，剩余的可供开发者惟有山陵和水泽，于是各种与山争地、与水争田的土地利用方式出现了。梯田便是与山争地的结果，它的发展促进了占城稻的普及。而黄穋稻类型水稻品种的流行则是与水争田的产物。

与水争田形式，最初可能是湖田、沙田或涂田一类，而后才是围田、圩田或柜田等。前者是利用湖水、江水或潮田退落之后，或干旱之年，在显露的湖荡、沙洲或滩涂上进行

---

① 乾隆十二年（1747年）《汉阳府志》卷二十八《物产》。
② 光绪十九年（1893年）《五河县志》卷十。
③ 〔明〕宋应星：《天工开物》卷一《乃粒·稻》。

垦种的一种农田，相对来说比较原始。

先以湖田为例，长江中下游的许多湖泊，如太湖、鄱阳湖等都是吞吐型的连河湖，水位有明显的季节性变化。据现代人的观察，江西鄱阳湖每年三月下旬至七月上旬是洪水期，尤其是五六月间，浩森无涯，波浪滔天，把与鄱阳湖连接的赣江、抚河、信江、饶河、修水五大河下游三角洲的低平地带全部淹没。而在十月至次年的三月是枯水期，尤其十二月、一月之时，众水归槽，四面是连片的湖滩洲地，小湖泊星散在港汊之中。这种"洪水一片，枯水一线"的自然景观，使湖区高水位与低水位之间的地区非常广阔。据现在的测算，在洪水期，高程为 22 米，湖面积为 2 935 平方公里；枯水期，高程为 11 米时，湖面积为 340 平方公里，高低水位之间的面积达 2 596 平方公里，占高水位时湖面积的 88%。这大片的洲滩地大致分为三种类型：一是沙滩，数量最少；二是泥滩，范围较大；三是草洲，即长满各种青草的泥滩，海拔高程多在 14～16 米，全年显露的时间在 250～327 天[①]。湖田便是在湖水退落之后，稍加改造，便利用显露出来的湖滩进行种植的一种农田。

尽管后来有些地方将圩田或围田等也统称为"湖田"[②]，但严格说来，湖田和圩田或围田是有区别的，宋代学者马端临说："圩田、湖田多起于政和以来"[③]，此处圩田和湖田同时出现说明它们是区别的，其区别在于有没有圩岸围堤。有圩堤的为圩田或围田，而湖滩成田，无圩岸者曰"湖田"[④]，洞庭湖地区又称为"圻田"[⑤]。由于湖田和圻田地处湖心，地势最低，四周又没有圩堤捍护，洪水可以自由进出。在一般情况下不适宜种稻，而只种菱、茭、藕等水生植物，只有在干旱年份，或大水过后才可种植水稻。[⑥] 湖田由于没有任何防洪圩岸，所以稍溢即没，加之地势低洼，地下水位高，选择一种耐水性较好的品种也就成为必须。

再来看看沙田。沙田者，乃"南方江淮间沙淤之田也，或滨大江，或峙中洲，四围芦苇骈密，以护堤岸"[⑦]，它是在原来沙洲的基础上开发出来的。沙洲，原本为"水中可居"之地，经开发成沙田之后，其最大特点就是极易受水的冲击，形状和面积极不稳定。对此，王祯如是说，沙田"旧所谓'坍江之田'，废复不常，故亩无常数，税无定额，正谓

① 许怀林：《明清鄱阳湖区圩堤围垦事业》，《农业考古》1990 年第 1 期，第 202 页。

② 乾隆二十二年（1757 年）《湖南通志》："其筑堤湖中，障水以艺稻者，名曰湖田。"

③ 〔元〕马端临：《文献通考》卷六《田赋六》，浙江古籍出版社 1988 年版，第 71 页。

④ 同治十三年（1874 年）《湖州府志》卷三十二《物产》。

⑤ 梅莉：《洞庭湖区垸田的兴盛与湖南粮食的输出》，《中国农史》1991 年第 2 期，第 90 页。

⑥ 嘉庆十三年（1808 年）《北湖小志》："湖滨之田宜稻，居民多力农，其田自上下至上上，相去二三丈，为等六七。最下者，为湖荡草场，种菱、种芰草，或长苽台三棱，至旱岁亦栽稻。"又曰："昔时管家尖种藕，夏月花开，为湖中大观。乾隆四十年大旱，饥民掘食之尽，因改为稻田。然在湖心，稍溢则没。"

⑦ 〔元〕王祯撰，王毓瑚校：《王祯农书·农器图谱集之一》，农业出版社 1981 年版，第 194 页。

此也。"他还引述了发生在宋代的一段故事来说明沙田的特点。宋乾道年间（1165—1173年），梁俊彦请税沙田，以助军饷。"既施行矣，时相叶颙奏曰：'沙田者，乃江滨出没之地，水激于东，则沙涨于西；水激于西，则沙复涨于东；百姓随沙涨之东西而田焉，是未可以为常也。且比年兵兴，两淮之田租并复，至今未征，况沙田乎？'"① 宋元时期，围绕着是否应对沙田征税一直是许多朝廷命官议论的焦点，但最终因沙田易受水冲击而面积极不稳定而作罢。显而易见，水对于沙田的危害是严重的，这也就迫使沙田地区的农民也选择一些早熟耐涝的品种，以适应沙田开发的需要。

　　然而仅仅耐涝还是不够的。由于大水过后，种植水稻在季节上偏晚，尽管人们想出了一些解决办法，如宋应星《天工开物》所载之寄秧，"湖滨之田，待夏潦已过，六月方栽者，其秧立夏播种，撒藏高亩之上，以待时也。"② 此法需要在地势较高的地方选一块地育秧，占用一定数量的土地，且水灾的大小和频率难以预测，如果当年没有水灾，则寄秧就有可能浪费，因此，太湖地区的农民多采用从外地购买秧苗的方式，从《沈氏农书》对于买苗经验的总结来看，水灾过后买苗补种是一种较为普遍的办法③。显然，买苗补种是一种比较麻烦的办法，且只有实力相当的农户才能做到，"无力种秧者全白"④。看来寄秧和买秧并不能完全解决季节偏晚的问题。只有早熟品种才能在不添加任何不便的情况下，取得速收之效，解决由于季节差晚而寄秧又不太方便的问题。因此，湖田等对于水稻品种的要求，于耐水之外还要求早熟。

　　黄穋稻正是这样的一个品种。黄穋稻具有较强的耐水性，在一般淹水条件下可以种植，所以《王祯农书》说："浅浸处宜种黄穋稻。"明清时期太湖周围乌程、嘉善、平湖等地的湖田广泛使用这种品种，就是看中了"其性如芦，不畏水淹"特性，并称之为"黄龙稻"或"芦籼"。⑤ 又由于黄穋稻生育期很短，可以在季节性的洪水到来之前抢种抢收，也可以在洪水过后补种。《王祯农书》说："黄穋稻自种至收，不过六十日则熟，以避水溢之患。如水过，泽草自生，穋稗可收。"这是针对灾前抢种抢收而言。《陈旉农书》说："今人占候，夏至、小满至芒种节，则大水已过，然后以黄绿谷种之于湖田。"这是针对灾后补种而言。对于湖田来说，灾后补种比灾前抢种的时候似乎更多一些。如明末湖州等地曾发生大水，当时的郡守陈幼学访购得黄龙稻，下发灾民，

---

① 〔元〕王祯撰，王毓瑚校：《王祯农书·农器图谱集之一》，农业出版社1981年版，第194页。
② 〔明〕宋应星：《天工开物》卷一《乃粒·稻》。
③ 〔清〕张履祥辑补，陈恒力校释：《补农书校释》，农业出版社1983年版，第73页。
④ 〔清〕张履祥辑补，陈恒力校释：《补农书校释·附录》，农业出版社1983年版，第169页。
⑤ 光绪十二年（1886年）《平湖县志·物产》："芦籼，即黄龙稻……湖田则种之。其性如芦，不畏水淹。"光绪十九年（1893年）《嘉善县志》卷十二："白芦籼，即黄龙稻，其性如芦，不畏水田，多于湖田种之。"

以便大水过后补种。① 黄穆稻除作为一种应急品种，在一些地区，如江西鄱阳湖地区，却是作为一种水退之后的常规品种来种植。如《余干县志》载："湖田，在湖荡间，如大慈南北之鱼池塘、南河万年乡之白马、万春乡之古步，草港之大湖塘。洼田，气壤最润厚而沃，七月水落，以晚稻，种宜乌谷子、黄六禾、绵子糯，又宜种宗稗子。"②

明清时期，除黄穆稻继续使用之外，作为水退之后补种的品种，在江苏、江西、湖南、湖北、浙江、安徽、广东等地还出现了乌谷子（又称乌口稻③、冷水结等）、绵子糯、穄谷、赤籼、芒草、撒苗、赤秸等。其中赤籼最引人注目，它曾经因在战胜 1608 年洪水中的不俗表现，引起了农学家和地方志作家的广泛关注。

赤籼，可能原产于江西、江苏等地，明万历年间曾引种到浙江桐乡一带，后来这个品种又从桐乡引种到邻近的海宁等地。据《宁志余闻》记载："宁产多晚稻，间有籼米，色赤者。按许全可《阴行录》云：前明万历间，嘉定胥公之彦，字日华，以进士令桐乡。当戊申（1608 年）大水，新苗浮没，公出帑金三百两，委尉遄往江右买籼谷，颁发民间，即下谷种，以谷本完公帑，亩不过数分。是秋，远近大熟，桐乡再种者，亩收三石。既去，立庙皂林驿祀之，国初庙貌尤存。籼色赤，数十年犹存其种，皆曰此胥侯之遗爱也。顺治间桐邑令，以上仓米色多赤，苛责粮长。邑人张履祥，字考夫，贻书于所知客县幕者，述其由来，客闻于令，令意遂解。然则宁之有赤米，实由邻润也。"④ 张履祥述"赤籼"由来的文字，称为《赤米记》。其记云："万历戊申夏五月，大水，田畴淹且尽。民以溢告，公抚慰之，劝以力救。不得已，则弃田之已种者而存秧。浃日雨不止，度其势不遗种，乃豫遣典史赍库金若干，夙夜进告籴种于江西（或云江北泰州），而己则行水劝谕，且请于三台御史，乞疏免今年田租，以安民心。十余日谷归，分四境粜之，教民为再植计。月余水落田出，而秧已长。民犹疑之，将种黄赤豆以接食。公曰：无为弃谷也。益劝民树谷。其秋谷大熟，赋复减十之七，民以是得全其生者甚众，他郡邑弗及也。是谷晚植早熟，不刈则随落，后虽他植，厥种恒在田间，岁复岁不绝。"⑤

湖田必须在旱岁或水退之后水进之前才能利用。但因没有堤圩捍护，又时刻面临着水灾的威胁，种稻是没有保障的。和湖田相类似的是为滩田。滩田较湖田地势略高，被水淹的时期相对较后，但也无圩岸，洪水也可以自由进入。为了使湖田和滩田变成永久性的稻

---

① 乾隆元年（1736 年）《浙江通志·湖州府·物产》引崇祯《乌程县志》："郡大水，陈郡侯幼学，访有黄龙稻可播，购求以济。潘士达诗云：'相传白乌能招水，却道黄龙可济民。'"乾隆二十五年（1760 年）《乌青镇志》卷二，黄龙稻作"黄帝已稻"，并注曰："明湖守陈幼学访购，以济水灾者。"
② 康熙八年（1669 年）《余干县志》卷二《土产》。
③ 乾隆七年（1742 年）《金匮县志》卷十一《谷》："乌口，晚熟，荡田以备潦余补种。"
④ 乾隆五十一年（1786 年）《宁志余闻》卷四《食货志》。
⑤ 〔清〕张履祥：《杨园先生全集》卷十七《赤米记》。

田，就必须修筑围堤圩岸，使湖田、滩田变成圩田或围田。南宋《陈旉农书》载："其下地易以淹浸，必视其水势冲突趋向之处，高大圩岸环绕之。"① 陈旉所说的"高大圩岸环绕之"，即元代农学家王祯在其《农书》中所指的"围田"或"圩田"。"围田，筑土作围，以绕田也。盖江淮之间，地多薮泽，或濒水，不时淹没，妨于耕种。其有力之家，度视地形，筑土作堤，环而不断，内容顷亩千百，皆为稼地。后值诸将屯戍，因令兵众分工起土，亦效此制，故官民异属。复有'圩田'，谓叠为圩岸，捍护外水，与此相类。"② 另有一种柜田，"筑土护田，似围而小，四面俱置涵穴，如柜形制，顺置田段，便于耕莳，若遇水荒，田制既小，坚筑高峻，外水难入，内水则车之易涸。"③ 南宋杨万里说："圩者，围也；内以围田，外以围水。盖河高而田反在水下。沿堤通斗门，每门疏港以溉田，故有丰年而无水患。"④ 很显然圩田等是着眼于地势低下易遭水患的农田（如湖田或滩田等）兴修的。当湖田或滩田被四周圩岸围起来的时候，湖田或滩田也就变成围田了。

但圩田并不能从根本上改变对于耐旱而又早熟等黄穋稻类型的水稻品种的需求。圩田改变了湖田等"稍溢则没"，甚至长期淹水的状况，使湖滩草荡不至于在旱岁方可种稻，显然比湖田和滩田更有保障，更由于推迟了稻田被水的时间，为早稻的种植创造了难得的机会。然而若因此而得出如杨万里所言"有丰年而无水患"，则未免言过其实，由于圩田或围田是在原来湖田草荡的基础之上开发出来的，地势低洼的自然条件不能得到根本性的改变，洪涝灾害仍在所难免，水对于稻的危害却依然存在。《儒林六都志》有载："邑号称泽国，厥田下下，故农民不苦旱而苦水。以旱，则田之四周皆深溪巨港，可以车庳，而水则一望汪洋。每当霉雨久淋，山水暴发，田低于水三四尺，仅于圩岸上添土以护之，再遇北风迅发，太湖水涌，则溃堤决岸，顷刻沉于水底矣。"⑤ 清湖南巡抚王国栋在给雍正帝的奏折中说："缘洞庭一湖，春夏水发，则洪波无际。秋冬水涸，则万顷平原。滨湖居民，遂筑堤堵水而耕之。但地势卑下，水患时有，惟恃堤垸以为固。"⑥ 即便是在正常年景，圩田的地下水位也比正常偏高，对于耐水性品种仍有依赖。更为严重的是，圩堤的高度和厚度很难得到保证。一些圩田只要"偶遇涨潦，皆沦巨浸。或将告西成，一经飙浪，终归水乡……究之十岁之中，其有秋者不一二也。"⑦ 圩田上十年仅有一二年的收成，在江西

---

① 〔南宋〕陈旉撰，万国鼎校注：《陈旉农书》卷上《地势之宜篇二》，农业出版社 1965 年版，第 25 页。
② 〔元〕王祯撰，王毓瑚校：《王祯农书·农器图谱集之一》，农业出版社 1981 年版，第 186 页。
③ 〔元〕王祯撰，王毓瑚校：《王祯农书·农器图谱集之一》，农业出版社 1981 年版，第 188 页。
④ 〔宋〕杨万里：《诚斋集》卷三十二《圩丁词十解》。
⑤ 乾隆二十八年（1763 年）《儒林六都志·土田》。
⑥ 《续行水金鉴》（十）卷一五二《江水》，商务印书馆 1937 年版，第 3546 页。
⑦ 乾隆二十二年（1757 年）《湖南通志》。

鄱阳湖流域也大致如此，如清乾隆五十九年（1794 年），江西南昌县的圩堤，由于有头一年的加高培厚、极力补苴，才使得这年遇春涨时，"并未冲决，有十余年未见早稻者，皆获丰收"①。当圩堤遭到洪水破坏的时候，仍然需要早熟耐旱的水稻品种进行补种。所有这些都要求圩田兴修和使用者们在加高加厚圩堤的同时，积极选用耐涝早熟的品种，以避免灾害。

可见圩田等的出现并不能改变与水争田对于早熟耐涝稻种的需求，相反，圩田面积的扩大，意味着可能受水灾的农田面积也在扩大，对于早熟耐涝型水稻品种的需求量也在扩大。原来在与水争田以前，受灾的至多只是河流两岸，或湖泊四周的农田，现在由于湖床和河道被围成田，一有水灾发生，受害的不仅是沿岸和四周的农田，首当其冲还有围田或圩田。如果仅是圩田或围田受灾，两岸和四周的农田没有受灾，在过去就等于没有发生水灾，现在由于圩田或围田的出现，水灾出现的频率加快，而随着圩田和围田的扩大，水灾受害面积也在加大，如果进一步波及两岸和四周的农田，则受害程度要比原来大得多。

上述分析只是理论上的推测，而实际情况比理论推测更糟。由于盲目开发圩田，大量的水面变成田面，潴水面积减少，蓄洪能力下降，使得原本一些水旱无忧的农田，现也成为受害对象。宋代对于太湖的围垦就出现了上述问题。南宋绍兴二十三年（1153 年）谏议大夫史才言："浙西民田最广，而平时无甚害者，太湖之利也。近年濒湖之地，多为兵卒侵据，累土增高，长堤弥望，名曰坝田。旱则据之以溉，而民田不沾其利，涝则远近泛滥，不得入湖，而民田尽没"②。对此，宋人议论纷纷，有说："浙西围田相望，皆千百亩，陂塘漊渎，悉为田畴，有水则无地可潴，有旱则无水可庠。不严禁之，后将益甚，无复稔岁矣。"③有说："今所以有水旱之患者，其弊在于围田。由此水不得停蓄，旱不得流注，民间遂有无穷之害。"④这个问题在其他一些圩田发展比较快的地区也存在。如鉴湖被围之后，"春水泛涨之时，民田无所用水……至夏秋之间，雨或愆期，又无潴蓄之水为灌溉之利。于是两县（山阴、会稽）无处无水旱。"⑤南宋李光说："政和以来，创为应奉，始废湖为田，自是两州之民，岁被水旱之患。"⑥绍兴知府史浩说："然则非水为害，民间不合以湖为田也。"⑦又如永丰圩修成之后，"四州岁有水患"⑧。

① 乾隆《南昌县志》，引自许怀林：《明清鄱阳湖的圩堤围垦事业》，《农业考古》1990 年第 1 期，第 200 页。
②③ 《宋史》卷一七三《食货志上一》。
④ 〔南宋〕龚明之：《吴中纪闻》卷一。
⑤ 〔南宋〕次铎：《复镜湖议》，引自〔明〕徐光启：《农政全书》卷十六。
⑥ 《宋史·食货志》，第 4183 页。
⑦ 〔清〕徐松：《宋会要辑稿》食货八之一一，中华书局 1957 年版，第 4940 页。
⑧ 〔清〕徐松：《宋会要辑稿》食货八之三，中华书局 1957 年版，第 4936 页。

　　明清时期，随着人口的增长，与水争田又进入新一轮的高潮，"不独大江大湖之滨，及数里数顷之湖荡，日渐筑垦……数亩之塘，亦培土改田，一湾之涧，亦截流种稻。"① 围水造田的中心区域已由长江下游的太湖流域一带扩展到长江中游的鄱阳湖和洞庭湖流域。这其中最有名的当属江西的圩田和湖广的垸田。而与此同时，水灾也日益加剧。以江西鄱阳湖地区的鄱阳县（今波阳县）为例，这个县历史上共发生水灾 88 次，有 61 次发生在明清两代，占 69.3％；明代从洪武至崇祯 276 年中发生 25 次，平均每 11 年 1 次；清代从顺治至同治九年（1870 年）226 年中发生 36 次，平均每 6.3 年 1 次。

　　明代的有识之士对于水灾盛行与围水造田的关系即有深的认识。顾炎武指出："河政之坏也，起于并水之民，贪水退之利，而占佃河旁污泽之地，不才之吏因而籍之于官，然后水无所容，而横决为害。"② 特别是明代中叶以后，"土民利其膏腴，或偃而为田，或筑而为圉，是以淹灭田畴，漂沦庐舍，固其所也。方弘治四年一涝，迨五年复涝，今岁大水视昔犹甚。"③ 这些虽是针对黄河水患而言，其实明清时期，其他大江大河也都是有过之而无不及。

　　围湖造田的结果使圩垸区洪水调蓄出现困难，洪水对圩田和垸田的破坏力加大。所谓"院（即垸）益多，水益迫；客堤益高，主堤益卑。故水至不得宽缓，湍怒迅激，势必冲啮。"④ 围湖造田的本义在于扩大耕地面积，生产出更多的粮食，以满足人口日益增长的需要，可是滥围的结果，有时甚至得不偿失。是以顾炎武又说："政和以后，围湖占江，而东南水利亦塞，于是十年之中荒恒六七，而较其所得反不及于前人。"⑤ 光绪《南昌县志》的编纂者在《河渠》篇的序言中写道：赣水、旴江"初不为患，厥后河日淤而堤日增，堤增而河益淤，害乃不可胜穷矣。"

　　水灾对于新增稻田的危害，甚至是架田也不能幸免。架田，又名葑田。王祯说："架田，架犹筏也，亦名葑田。"《陈旉农书》说："若深水薮泽，则有葑田，以木缚为田坵，浮系水面，以葑泥附木架上而种艺之。其木架田坵，随水高下浮泛，自不淹溺。"葑原本是菰的地下根茎，菰即今天所称的茭白。古代茭白是食用其籽粒，称为菰米，不食用其茎。凡沼泽地水涸以后，原先长的菰，水生类的根茎残留甚为厚密，称为葑。天长日久，浮于水面，便可耕种，成为葑田。葑田之名在唐诗中已有提及，唐秦系诗："树喧巢鸟出，路细葑田移"，这首诗名为"题镜湖野老所居"，说明唐时浙江绍兴一带已应用葑田了。北

---

①　〔清〕杨锡绂：《请严池塘改田之禁疏》，见《清朝经世文编》卷三十八《户政·农政下》。
②　〔清〕顾炎武著，黄汝成集释：《日知录集释》上册，卷十二《河渠》，上海古籍出版社 1985 年版，第 990 页。
③　〔明〕孙旬：《皇明疏钞》卷六六《河渠·赈饥治水疏》。
④　嘉靖《沔阳志》卷八《河防志》。
⑤　〔清〕顾炎武著，黄汝成集释：《日知录集释》上册，卷十《治地》，上海古籍出版社 1985 年版，第 777 页。

宋苏颂《图经本草》（1061 年）对葑田之形成和利用作了记载，其曰："今江湖陂泽中皆有之，即江南人呼为茭草者。……二浙下泽处，菰草最多，其根相结而生，久则并土浮于水上，彼人谓之菰葑。刈去其叶，便可耕莳，俗名葑田。"葑田浮系水面，地下水位必然很高。因此，对于葑田的利用仍然有赖于耐水品种。所以《陈旉农书》接着说："《周礼》所谓'泽草所生，种之芒种'是也。芒种有二义，郑谓有芒之种，若今之黄绿谷是也；一谓待芒种节过乃种。"唐宋以前，虽然不见葑田的名字，但却很早已开始了对葑田的利用。晋郭璞《江都赋》中有"标之以翠翳，泛之以浮菰，播匪艺之芒种，挺自然之嘉蔬"，江都在今江苏省仪征县东北。诗中的"浮菰"指的就是葑泥所铺的木筏，芒种和嘉蔬指的都是稻[①]，说明早在晋代今江苏仪征一带即开始利用葑田种植水稻。但当时所谓的"芒种""嘉蔬"是否就是后来之黄穋稻呢？文献中并没有明确的记载，但至少有一点可以肯定，它们和黄穋稻一样都是耐水品种，且外观上都有芒，应是黄穋稻的前身。而宋元时期的黄穋稻，根据曾安止、陈旉、王祯等人的记载，除了用于双季晚稻田和柜田之外，最早出现便是在架田上。

综上所述，随着与水争田的发生与发展，中国历史上的水灾出现了如下三种情况：一是湖田、圩田等成为水灾受灾农田。二是湖田、圩田等的面积增加意味着受害面积的增加。三是滥围使得原本免遭水灾的农田也成了新的受灾田亩。这三者交织在一起，使中国水灾的发生频率，随着与水争田的而发展而呈现上升趋势。水灾取代旱灾而成为中国农业首屈一指的自然灾害（参见附录 1）。黄穋稻类型水稻品种普及的根源就在于圩田等与水争田的土地利用方式所导致的水灾的日趋频繁。

然而，圩田、围田及柜田，与湖田、沙田和涂田等相比，其对水稻品种的要求还是有所不同的。由于圩堤的捍护作用，圩田等改变了湖田等"稍溢则没"的状况，至少是推迟了洪水为害的时间，使圩田能够有相对更充裕的时间去从事生产，这就为早稻的发展提供了宝贵的时机。因此，面临水灾威胁的圩田，除了可以利用黄穋稻类型水稻品种在水灾过后进行补种，还多了一种选择，即在洪峰到来之前抢种抢收一季早稻。由于地势有高低，水灾有先后，所用早稻品种的生育期也有长短，一般说来，地势越低，灾害来临越早，则所用品种的生育期越短。如《北湖小志》在叙述了湖荡草场"至旱之岁亦栽稻"之后，接着说："次之为滩田，栽早色稻，拖犁归、四十子两种。再上为圩田，栽五十子。再上为高圩田，栽六十子及望江南。"品种生育期之长短，虽因地势之高低和洪水到来之早晚而异，但它们都必须在洪灾到来之前收获，这又强化了圩田对于早熟品种的需要。

---

① 《礼记·曲礼》："凡祭宗庙之礼，……稻曰嘉蔬。"郑玄注："嘉，善也。稻、蓏、蔬之属也。"又《周礼·地官》："泽草所生，种之芒种。"郑玄注曰："芒种，稻麦也。"这里只能是稻。

第五编 水稻品种

早熟早稻不仅栽莳最先，不忧夏旱，而且刈获最早，不忧秋潦①，同时可以解决青黄不接的问题，因此这一类型的品种在一些地区特别受欢迎。如民国时期，江苏省的江北之大部分（除去沿海沙地）及西南丘陵地属之淮扬一带，由于水道不畅，时有水患，只宜植生长期短之籼稻。历年秋水发时，早熟籼稻业已登场，能免水灾矣。与此相类似的还有里下河一带，因淮水失治，易遭水患，农民多望于秋汛以前提早收获，不然，收割过迟，易遭淹没也。② 又如扬州，"洲圩防秋汛，多种早稻，沿江滩田，亦多无秋熟。……江洲低下之地，多种四十日、五十日、六十日、秋前五、望江南，此类皆早熟。"③ 这一点在所谓"边缘稻作区"，如江苏高邮、宝应、盐城等更是如此。以高邮为例，由于地势低下，"上河滨湖，下河近闸，水发于时伏，农人壅圩运轴，劳不安枕，若遇大水，望秋而庐舍没者多矣！故早禾宜家种数亩，可当古之下熟。"④ 到民国时期，高邮之东乡"止收早稻一熟"⑤。适应早稻生产的需要，各种早熟品种也就非常之多，清乾隆时期仅高邮一地就有"四十日""五十日""六十日"等九种早熟品种⑥，但还是满足不了生产的需要，于是发生了道光十五年（1835年），江苏巡抚林则徐委购楚省早稻种"三十日"发借高邮的故事。⑦ 以后这一品种又推广到江苏的宝应、阜宁、淮安，浙江湖州府的长兴、德清、孝丰、乌青等地。直到20世纪50年代仍是江苏部分地区的水稻优良品种⑧。

值得注意的是，圩田上所种植的名目繁多的早熟早稻品种，虽然有相当多的品种是后来新发展出来的，但宋元时期的黄穋稻并没有完全退出历史舞台。明代安徽凤阳一带仍然有在圩田中种植黄穋稻的记载："种之墟者其别有黄六公、胀破壳、闪风齐、苏州白、救公先、雀不知、下马看、金裹银、泰州红、飞上仓（即鱼麻）、羊须，凡十四种。"⑨ 墟，即圩，圩田也；黄六公，即黄绿谷，也即黄穋稻。可见黄穋稻仍然是明清时期部分圩田中的当家品种，甚至是首选品种。

---

① 光绪二十一年（1895年）《盐城县志》卷四，见陈祖槼主编：《中国农学遗产选集·甲类第一种·稻·上编》，中华书局1958年版，第50页。
② 民国十五年（1926年）《江苏分省地志·农业》。
③ 民国十年（1921年）《江都县续志》卷七《物产考》。
④ 乾隆四十八年（1783年）《高邮州志》卷一。
⑤ 民国十一年（1922年）《高邮州志》卷一。
⑥ 乾隆四十八年（1783年）《高邮州志》卷四。
⑦ 三十日，这一品种在明末朱国祯《涌幢小品》卷二《杂记》中已提到，但不知所出。道光二十三年（1843年）《高邮州志》卷二《物产》载："三十日，道光十五，江苏巡抚林委购楚省早稻种，发借高邮，三十日熟。"
⑧ 三十日，又名三十子，为早籼稻品种。据调查，20世纪50年代在江苏仪六山区及里下河稻麦区仍有种植。一般于谷雨前播种，小满前插秧，夏至到小暑抽穗，立秋前成熟，生长期109～110天。盐城秦南区于4月18日播种，5月22日栽秧，7月上旬抽穗，8月8日前后成熟，全生长期为110天左右。"三十日"不过是形容其早熟而已。江苏省农林厅：《江苏省作物优良品种介绍》上册，上海科学技术出版社1959年版，第162页。
⑨ 天启元年（1621年）《凤阳新书》卷五。

五、黄穋稻之意义

何炳棣在《中国历史上的早熟稻》一文中分析了中国人口增长的原因。指出中国人口从 11 世纪开始较快增长，一个基本的原因在于一场"农业革命"，在这场农业革命之中，早熟稻起了主要作用。而在这起主要作用的早熟稻中，占城稻的引进又是其中的关键因素。文中写道："11 世纪初从印度支那中部的占城国引进了一种比较耐旱的水稻以后，导致了早熟品种的不断增加。从而使中国农民能够扩大其农业边域，从低地、三角洲、盆地、河谷到易于灌溉的丘陵。由于适宜种植本土迟中熟的低地面积相当有限，而耐旱早熟品种的发展又带来了土地利用的重大革命，并使中国的水稻种植面积扩大了一倍以上。通过直接加倍扩大中国稻作区面积和间接地改进栽培方式，早熟稻对中国的粮食供应和人口增长所产生的长期作用是巨大的。"[1] 简而言之，占城稻的引进是 11 世纪以后中国人口增长的主要原因。何先生从作物与土地利用的关系来探讨粮食供应和人口增长的原因是很有见地的，并为一些学者所接受[2]，后来在他有关美洲甘薯和玉米等作物引进的论文中也沿用了这种方法。问题是占城稻只是一个耐旱早熟的品种，它适合"高仰"之地种植，这是宋真宗引进占城稻的初衷，也是后来的一贯做法。从这个意义上来说，它确能并且事实上也促进了丘陵和山区的开发，对于水稻种植面积扩大、粮食供应和人口增长都起到巨大作用。

但是，宋代以后的水稻种植区域并非单一地向上扩展，即从低地向丘陵扩展，如梯田，同时也存在向下扩展，即从低地向更低地扩展，如圩田、架田等。也就是说，宋元以后，在与田争地的同时，还存在着与水争田。这就涉及一个问题，即梯田的开发到底在中国粮食供应中起多大的作用？是与山争地生产的粮食多，还是与水争田生产的粮食多？

我们认为，宋代以后的粮食供应和人口增长主要还是靠与水争田来获得的。虽然梯田在宋元以后得到很大的发展，并且解决了山区人口的口粮问题，使相对稀少的山区人口免于对外来粮食的依赖，客观上增加了粮食供应的总量，从这个意义上来说，梯田对于人口的增长的确起到积极作用。但是，从全国的粮食供应来看，梯田所占比重并不大。在梯田分布比较集中的东南丘陵、山区，如福建等地，并没有成为中国粮食的主要供应基地，虽然这里"垦山陇为田，层起如阶级然，每远引溪谷水以灌溉"，甚至达到"水无涓滴不为

① （美）何炳棣：《中国历史上的早熟稻》，《农业考古》1990 年第 1 期，第 119 页。
② Chang，T T，*The Origin，Evolution，Dissemination and Diversification of Asian and African Rice*，Euphytica，1976；25（1）：425-441.

用，山到崔嵬犹力耕"① 的地步，而且最早种植占城稻，但梯田的开发和占城稻的使用并没有从根本上解决当地的粮食问题，相反还要依靠周围一些地方的接济，甚至于"虽上熟之年，犹仰客舟兴贩二广及浙西米前来出粜"②。因此，占城稻的引种和山区的开发并没有从根本上改变中国粮食供应的格局。

宋元明清时期中国的粮食供应基地还主要集中于长江中下游的太湖、鄱阳湖和洞庭湖等平原和湖沼地区。这些地区不仅自身人口稠密，还要运出大量的粮食供应其他地区，所以从宋代以后就流行有"苏湖熟，天下足""苏常熟、天下足""湖广熟，天下足"的民谚。而在苏湖、湖广等地的水稻生产中扮演主要角色的，并不是梯田，而是圩田（又称围田）或垸田。

尽管圩田等的迅速发展，破坏了原有的生态平衡，使水灾出现了不断加剧的趋势，遭到了一些人士的强烈反对，但由于圩田等在耕地面积扩大和粮食总产量提高方面起到至关重要的作用，大规模的圩田修筑自宋代以来，一直没有停止过。据宋淳熙十一年（1184年）的统计，浙西一带的圩田多达 1 489 所。这 1 489 所圩田的面积有多大呢？范仲淹曾说"每一圩方数十里，如大城"，这个说法未免笼统，我们还可以从当时的圩岸长度上加以推测。据史料记载，乾道九年（1173 年），户部侍郎叶衡在核实宁国府、太平州圩岸之后，言："宁国府惠民、化成旧圩四十余里，新筑九里余；太平州黄池镇福定圩周四十余里，延福等五十四圩周一百五十余里，包围诸圩在内，芜湖县圩周二百九十余里，通当涂圩岸共四百八十余里。"③ 这四百八十余里的圩岸长度，可以使多少农田受益呢？以万春圩为例来加以推测，据沈括记载，万春圩圩堤总长八十四里，圩田一千二百七十顷④，平均圩长一里的受益面积是十五顷。以此计算，则四百八十余里的圩堤可使七千二百余顷的农田受益。

修筑大规模的圩堤，必须投入大量的人力和物力，这显然是个体小农所不能完成的，而必须依靠政府出面组织修筑。而政府在组织修筑圩堤时，往往要涉及若干县的人力和物力的安排，工程大小的计算，工程数量的分摊等问题，这些在宋代数学家秦九韶所著的数学著作《数书九章》中都有所反映⑤。沈括详细地记载了地方政府出面组织修筑万春圩的

---

①　〔北宋〕方勺：《泊宅编》一，卷三，见《丛书集成初编》，中华书局 1991 年版，第 37 页。

②　〔明〕杨士奇等：《历代名臣奏议》卷二四七《赵汝愚奏》。

③　《宋史·食货志》。

④　〔北宋〕沈括：《长兴集》卷九《万春圩图记》。

⑤　曾雄生：《〈数书九章〉与农学》，《自然科学史研究》1996 年第 3 期，第 214 - 215 页。

情况①。为了修筑万春圩，当时政府一共动用了八个县一万四千多名劳力，花费了近三个月的时间。政府的重视和一些有识之士的关心，正是圩田重要性的反映，也是圩田得以发展的原因之一。

明清时期，圩田的规模还在进一步的扩大。有史料记载，湖南湘阴县在 1 644 年，堤垸长 15 172 丈，受益面积 21 000 亩；百年之后的 1746 年堤垸长达 123 766.2 丈，受益面积达 167 000 亩，增长了 8 倍。圩田的发展使得其在整个耕地面积中所占比重越来越大。早在宋代，太平州当涂、芜湖两县的田地，十之八九都是圩田。

大规模圩田的开发，极大地增加了水稻的种植面积，而水稻种植面积的增加，正是苏湖熟或湖广熟"天下足"的基础。明人吴敬盛在《地图综要》中写道："楚固泽国，耕稼甚饶。一岁再获，紫桑吴楚多仰给焉。谚曰'湖广熟，天下足'，言其土地广沃，而长江转输便易，非他省比。"② 显然，"湖广熟，天下足"的出现，与"楚固泽国，耕稼甚饶"分不开，而在泽国上进行耕稼则非"圩田"，楚地称为"垸田"等与水争田的土地利用方式不行，对此已有学者做过专门的研究，认为洞庭湖区粮食输出的增加，主要得益于本地的开发，尤其是明清时期垸田的兴筑。③ 宋元明清时期重要的产粮大省江西就有"江右产谷，全仗圩田"的说法。④ 根据以上分析，可以得出这样的一个结论，即宋元以后中国人口的增加主要是与水争田的结果，而非梯田。

圩田等虽然也存在干旱的威胁，但洪涝水灾对其为害最大，而且，随着圩田的发展，洪涝灾害有日益加剧之势，其危害性也远非旱灾可比。因此，适应湖区稻田种植，早熟而又耐涝的水稻品种，如黄穋稻类型，比之耐旱的占城稻更符合实际的需要，因之它在中国粮食供应和人口增长起的作用比占城稻要大。现在看来，过去史学家们对于占城稻的评价也应在很大程度上让位于黄穋稻及其同类。

---

① 〔北宋〕沈括《万春圩图记》："方是时，岁饥，百姓流冗，县官方议发粟，因重其庸以蔡穷民，旬日得丁万四千人，分隶宣城、宁国、南陵、当涂、芜湖、繁昌、广德、建平八县。主簿宣子骏、舜元泽、瑾杰载分部作治仪，披总五县之丁，授其方略。转运使移其治于芜湖，比日一自临观。于是发原决渠，焚其菑翳，五日而野开。表堤行水，称材赋工，凡四十日而毕。其为博六丈，崇丈有二尺，八十四里以长。夹堤之脊，列植以桑，为桑若干万。圩中为田千二百七十顷，取天地、日月、山川、草木杂字千二百七十名其顷。方顷而沟之，四沟浍之为一区，一家之浍，可以舫舟矣。隔落部伍，直曲相望，皆应法度。圩中为通途，二十二里以长，北与堤会，其袤可以两车。列植以柳，为水门五。又四十日而成。凡发县官粟三万斛，钱四万，岁出二十而三，总为粟三万六千斛。菰、蒲、桑、枲之利，为钱五十余万。"
② 〔明〕吴敬盛：《地图综要》内卷《湖广部分》，引自张建民：《"湖广熟，天下足"述论》，《中国农史》1987年第 4 期，第 55 页。
③ 梅莉：《洞庭湖区垸田的兴盛与湖南粮食的输出》，《中国农史》1991 年第 2 期，第 88 页。
④ 〔清〕包世臣：《郡县农政·留致江西新抚部陈玉生书》，农业出版社 1962 年版，第 104 页。

附录1 中国水旱灾害变化情况

中国是个水旱灾害多发的国度。自周代以来，中国历史上的水旱灾害大致可以分为两个分阶段，前一阶段在唐宋以前，旱灾多于水灾；后一阶段在唐宋以后，水灾多于旱灾。这个变化是与中国经济重心的变化联系在一起的，同时也对中国的农业生产，特别是作物和作物品种产生了重大的影响。附表1是中国历史上水旱灾害发生的一般情况。

附表1 中国历代水旱次数

灾害	两周秦汉	魏晋南北朝	隋唐五代	宋元	明清
水灾	16	60	9	193	196
旱灾	30	56	5	183	174

资料来源：邓云特：《中国救荒史》，商务印书馆1993年版，第1－62页。

从附表1可以看出，宋元以后，水灾超过旱灾，而成为中国最大的灾害，这其中肯定跟与水争田有密切的关系。

再来具体地看一看明代的情况，有明一代除成化到嘉靖四朝，旱灾年次略高于水灾之外，其余朝都是水灾多于旱灾若干倍（附表2）。

附表2 明代水旱灾害年次

灾害	洪武	永乐	宣德	正统	景泰	天顺	成化	弘治	正德	嘉靖	隆庆	万历	天启	崇祯	总计
水灾	26	15	8	19	11	8	10	8	12	12	6	30	4	13	184
旱灾	6	2	6	11	5	5	12	13	10	23	3	19	4	10	128

资料来源：陈关龙，高帆：《明代农业自然灾害之透视》，《中国农史》1991年第4期，第9页。

显而易见，有明一代水灾多于旱灾，这其中还不包括40次的雨灾。这个结论在局部地区也能成立。据统计，明代276年间，江汉平原共发生水旱灾害67次，其中水灾49次，占73%，[1] 旱灾18次，占27%，也体现了"旱少而涝多"的特点。

---

① 张国雄：《明代江汉平原水旱灾害的变化与垸田经济的关系》，《中国农史》1987年第4期，第29页。

附录 2　早稻与占城稻、黄穆稻的关系

前人在研究中国早熟稻的普及时，把它与占城稻的引进联系起来，认为占城稻的引入导致了早熟品种的不断增加。同时他们也承认，在占城稻之前，中国即已有早熟稻品种，只不过在水稻栽培中不占主要地位①。问题是中国本土已经有早熟稻，为什么要等到占城稻引进之后才得到迅速的发展呢？照前人的逻辑，中国早熟稻的发展在很大意义上是占城稻引进的结果。而我们知道，占城稻除了早熟，唯一的优点是耐旱，适合"高仰"之地种植，如果说它的引进促进了高田耐旱性早熟品种的不断增加则顺理成章，可是宋代以后的早熟稻不仅有适合梯田等易旱稻田使用的品种，更多的还有适合低湿稻田种植的耐涝性品种。这些耐涝性早熟品种是从耐旱性的占城稻稻种中选育出来的，还是从中国本土的耐涝性早熟品种选育出来的呢？也就是说，宋元以后的早熟稻与占城稻、黄穆稻的关系如何呢？

何炳棣先生认为，早熟稻在古代及中古时期中国水稻栽培中不占主要地位的最有力证据是获得早熟意义的"籼"字的出现，而"籼"又是与占城稻的"占"联系在一起的。我们认为，"籼"与"占"有关，但"占"所指的并不都是占城稻。

的确，从宋代以后出现了许多以"占"或"籼"命名的早熟稻品种，但它们却并不一定都是占城稻。因为在南方口语中，占米或籼米指的都是饭食的稻米，与酿酒用的糯米相对称，实际上相当于北方人所说的"粳"。

粳，一作"秔"。一字多音，北方读为"jing"，南方读为"geng"，而"jing"与"geng"在古语中或许是同音，至今在客家语言中，"geng"还读为"jing"。粳，有硬的意思，原本为稻之不黏者。黏者为秫，亦谓之糯。粳和糯是中国传统水稻的两个基本分类。它们的分类标准是黏与不黏。黏者为糯，主要用以酿酒；不黏者为粳，主要用以饭食②。

籼，最初只是江南对于粳稻的称呼③，也就是说，籼最初指的也是不黏之稻。后来，人们才发现，江南所谓的"籼"还有与北方的"粳"不同的地方，一是和短圆外形的粳相比，粒稍细而尖长；二是口感上较之粳稻差硬；三是成熟期较粳稻为早。所以，后来的

---

① （日）加藤繁：《中国占城稻的栽培发展》，见《中国经济史考证》三卷，中译本，吴杰译，商务印书馆 1973 年版，第 183 - 196 页；（美）何炳棣：《中国历史上的早熟稻》，谢天祯译，《农业考古》1990 年第 1 期，第 119 页；P J 戈拉斯：《宋代中国农村》，《美国亚洲研究》1980 年第 39 卷第 2 期，摘译见《中国史研究动态》1981 年第 5 期，第 5 - 6 页。

② 《晋书》卷九四《隐逸传·陶潜》：陶潜为彭泽令，"在县公田悉令种秫谷，曰：吾常醉于酒足矣。妻子固请种秔，乃使一顷五十亩种秫，五十亩种秔。"

③ 《方言》曰："江南呼粳为籼"。引自《集韵》卷二。

"籼"除了表示粳而不黏的意思，还表示尖（长）、先（熟）的意思①。所以《禾谱》中又将与黏性的糯稻相对称的不黏之稻，别为"早籼"和"晚粳"。

占，指的也是不黏之稻，是南方口音中对于"粳"的另一种称呼，出现于宋元以后，盛行于明清时期，指的就是籼，也即粳。它写成"占"或许受到占城稻的影响，因为"粳"和"籼"原本就与"占"读音相近，占城在一些方志中写成"金城"就是一例。占城稻传入初期，占、籼还能分得清楚，占还只是籼的一种，例如在《禾谱》所列举的 14 个"早禾籼品"中就有"早占禾"一品。后来时间一长，籼与占就分不清了，甚至出现了以占概籼的情况。但以占概籼之后的占并不专指占城稻，在口语中"占"与"糯"相对，指的是非糯性品种，也即粳。而占城稻又正好是一种不黏之稻，其特性是"作饭差硬"，所以许多方志中都误认为占禾即占城稻，而把原来所谓的"不黏之稻"粳也统称为"占"。一言以蔽之，占稻（占禾、黏稻）"不能全部说成是占城"②，它指的是所有不黏之稻。

事实上，占城稻只是作为一种耐旱而又早熟的品种引进来的，而名目繁多的各种早熟品种的大量出现大都是在南宋以后，当时占城已引进一二百年。而在此之前，甚至可以远溯至唐，乃至北魏时期，即已有比占城稻生育期还短，只有 60～90 日，而且耐水的早熟品种"黄穋稻"，它和后来一些早熟品种，如百日黄、六十日、八十日、六十日籼、八十日籼等，在生育期方面更接近。

更有甚者，一些品种不仅继承了黄穋稻的性质，而且还保留了黄穋稻的名称。广西地方品种中所谓的"稑禾""穋谷""六禾""穋禾"等都是从宋元时期的黄穋稻发展过来的。

一些极早熟的水稻品种虽然从名字上看不出与黄穋稻有任何联系，但也可能是从黄穋稻发展过来的。如《浦江县志》在记载"黄穋稻"这一水稻品种时，就将它与明清时期各地非常流行的水稻品种"拖犁归"③联系起来。据记载，拖犁归的生育期为六十日，所以有的地方又称之为"六十日稻"④，这与黄穋稻相同，而与占城稻有别。其次，拖犁归是个耐水性品种，故有些地方俗名称之为"水里鬼"⑤，这也同于黄穋稻而异于占城稻。第

---

① 〔南宋〕罗愿《尔雅翼》卷一载："又有一种曰籼，比于粳小而尤不黏。其种甚早。今人号籼为早稻，粳为晚稻。苏氏云：粳，一曰籼，亦未尽矣。又今江浙间有稻，粒稍细，耐水旱而成实早，作饭差硬。土人谓之占城稻，云始自占城国有此种。"

② 游修龄：《稻作史论集·占城稻质疑》，中国农业科技出版社 1993 年版，第 167 页。

③ 拖犁归，又名望犁归、拖犁黄、望犁回、戤犁黄、住末黄、随犁归等，是个极早熟的水稻品种，如康熙三十七年（1698 年）《武义县志》卷三《物产》："凡秧种完，犁止则熟，故名。"

④ 嘉靖十九年（1540 年）《太平县志》卷三《物产》："随犁归，一名六十日。"

⑤ 〔清〕李彦章：《江南催耕课稻编》八《江南早稻之种》，见陈祖槼主编：《中国农学遗产选集·甲类第一种·稻·上编》，中华书局 1958 年版。

三，从外观上来看，拖犁归有芒①，这点也同于黄穋稻，而与占城稻不类。因为黄穋稻正是一个有芒的品种，而占城稻无芒。后世早稻中确有不少是有芒的品种，如浏阳早、吉安早等②，这些品种如果都是从占城稻发展而来的话则很难以置信。

所以宋元以后的早熟稻，其祖本除了引进的具有较强抗旱能力的占城稻，还应有黄穋稻等其他一些本地的具有耐水及其他一些方面特色的水稻品种。

---

① 〔清〕李彦章《江南催耕课稻编》十二《江北上下河高邮各州县种早稻中稻之法》载："早稻常种者有三种……一曰拖犁归，微有芒刺。"（陈祖槼主编：《中国农学遗产选集·甲类第一种·稻·上编》，中华书局1958年版，第402页）同书《江南早稻之种》引高邮州志按："今州产早稻有三种，一曰拖犁归，其稻有芒。"
② 〔明〕宋应星《天工开物》卷一《乃粒·稻》："江南名长芒者曰浏阳早，短芒者曰吉安早。"

江西水稻品种的历史研究[*]

　　游修龄教授认为，水稻地方品种的历史考证不仅可以汲取品种利用的历史教训，重视品种资源，做到因土种植和因需种植，挖掘品种的潜力，而且对于稻作演进史的研究也有重要价值。为此，他从考古发掘、文献记述等方面对我国水稻品种资源的继承、变异及特色等方面作了考证①。由于考证的范围面向全国，对江西的水稻品种资源（尤其是起源和早期的发展）涉及很少，甚至完全没有涉及。本文试图从考古发掘和文献记述等方面对江西水稻品种的起源和早期的发展作一考察，以作为江西农业历史研究的参考。

一、江西水稻品种的起源及其早期发展的历史

（一）起源

　　关于中国稻作起源，目前的注意力主要集中在长江下游、西南和华南这三个地区。这三地分别位于江西的东北面、西南面和正南面，从后来的历史看，江西从邻近的这些地区引进稻种是很有可能的，因鄱阳湖—赣江水系自古就是一条南北交通要道。或许外来稻种正是通过这条水系在江西这块土地上生根的。但是，江西栽培稻本土起源也并不是没有可能。

　　20 世纪 60 年代初，在江西修水山背跑马岭新石器晚期遗址中的一座房居，出土的生

---

　　* 本文第一部分原载于《农业考古》1990 年第 1 期，第 166 - 171 页；第二部分原载于《中国农史》1989 年第 3 期，第 46 - 54 转 45 页；第三部分原载于《古今农业》1989 年第 1 期，第 33 - 40 页。
　　① 游修龄：《我国水稻品种资源的历史考证》，《农业考古》1981 年第 2 期、1982 年第 1 期。

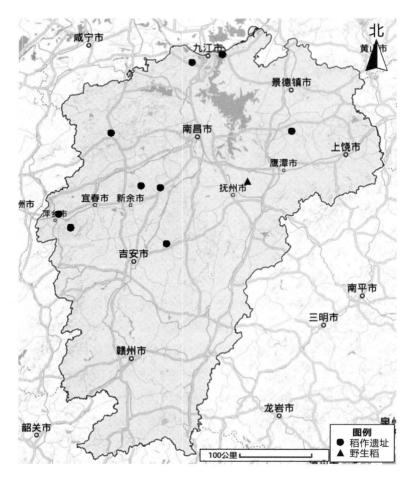

图 1　江西早期稻作遗存分布图

产工具达 151 件，其中锛、斧、刀等农具就达 50 件之多，说明当时的农业生产已达到了相当的水平，更为重要的是在遗址中还发现了距今约 5 000 年的夹杂在草拌泥中的稻壳和稻秆，虽然这种稻的种别尚未鉴定，但专家们认为已是栽培稻无疑。[①] 近年来，类似的遗址在萍乡市郊新泉、赤山、永丰县尹家坪及清江县樊城堆、九江神墩等新石器晚期文化遗址中都有发现，年代为 4 500 年左右。最近湖口县文昌洑[②]、新余市拾年山[③]等地又有了新发现。

　　除了有早期的稻作遗存，在江西还有野生稻的分布。早在 20 世纪 50 年代，在江西东

---

① 彭适凡：《江西先秦农业考古概述》，《农业考古》1985 年第 2 期，第 108 页。

② 杨赤宇：《江西湖口文昌洑原始农业遗存》，《农业考古》1988 年第 1 期，第 142 - 148 页。

③ 刘诗中、李家和：《江西新余拾年山遗址原始农业遗存》，《农业考古》1989 年第 2 期，第 126 - 130 页。

乡就发现了大片野生稻，惜当时并没有引起重视。70 年代末到 80 年代初，江西省农业科学院作物研究所（现水稻研究所）等单位，对东乡野生稻进行了实地考察，并对某些特性作了一些分析鉴定。形态特征和特性鉴定结果认为东乡野生稻属于普通野生稻（*o. s.* L. F. spontanea）。钵栽植株对比分析结果表明：东乡野生稻与广东、广西、云南等地的野生稻在形态特征、生育期、普矮发病率、稻米品质等方面均有较明显的差异；酯酶同功酶的分析表明：东乡野生稻的酶谱与海南白芒野生稻有明显差异，而与江西古老的农家品种乐平油粘子、上饶重阳糯的酶谱相似。所有这些分析结果表明：东乡野生稻确属江西土生土长，并与江西古老的栽培稻有密切的亲缘关系。[①] 文献记载也可以证明江西历史上有野生稻的分布。据光绪《江西通志》载：西晋太康五年（284 年）秋，"七月，豫章嘉禾生"；同书还载："禾山，在泰和县西北五十里，唐时尝生嘉禾，故名。"另外在明清两代江西众多的栽培稻中，还保留了"野粘""野禾红""野禾白"这样一些品种，这些虽然已经是栽培稻了，但从字面上看，我们还可以看出它们保留了某些野生种的特征，或者是当地野生稻和当地栽培稻天然杂交形成的新品种。在群众口语中，野生稻常常被称为"野禾"。由此也可证明：江西历史上不仅有野生稻的分布，而且还存在人工利用野生稻的可能。

普通野生稻的分布和早期稻作遗存的发现，证实了江西稻种本土起源的可能性，而且它的中心可能就是鄱阳湖地区。今日的鄱阳湖位于长江南岸、江西北部，是全国最大的淡水湖，面积为 3 583 平方公里，古名彭蠡泽，比今天小得多，宋代以后才形成现代这种规模。由此我们还可以提出这样一个疑问：莫非一些更早的稻作遗存已淹没在湖底了？这一疑问也可以从江西古代鄡阳县的消失得到一些旁证。尽管如此，我们还可以从鄱阳湖外围的一些历史、地理情况作些推论。鄱阳湖平原为冲积、湖积平原，是长江中下游平原的一部分，面积约 2 万平方公里，大部分在海拔 50 米以下，河渠交织，湖泊众多，属亚热带湿润季风气候，气温很高。野生动植物资源丰富，农业发达，素有"鱼米之乡"的美称。据鉴定，战国界埠粮仓之粳米即属商品粮性质。西汉时，"越人欲为变，必先田余干界中，积食粮。"东汉时，海昏县出米三万斛济皖城粮乏。现今的鄱阳湖平原仍为全国商品粮基地之一，提供的商品粮占全省所供商品粮的一半。很久以前，这一带就有人类活动，20 世纪 60 年代初，考古学家在江西万年县仙人洞发现了距今 8 000～10 000 年的仙人洞人，和他们所制造的石器、骨器、陶器，据此推断当时已进入到火耕农业阶段，甚至有人根据仙人洞遗址中出土的蚌器，论证仙人洞人已经从事了稻作农业。[②] 蚌器或作为蚌耜，具有

---

①　潘熙淦、饶宪章：《江西东乡野生稻考察及特性鉴定报告》，《江西农业科技》1982 年第 7 期，第 5 页。
②　李润权：《试论我国稻作的起源》，见华南农学院农业历史遗产研究室主编：《农史研究》第 5 辑，农业出版社 1985 年版，第 161 页。

撬土功效，或作为蚌刀，收割谷穗。如果这个推论正确的话，江西稻种的历史便可以上溯到一万年前的新石器早期时代。

新石器时代江西栽培稻的类型，未经鉴定尚难臆断。但可从和山背遗址年代相近的长江中游地区的一些遗址中所出土的稻谷来加以类比。1955 年，在湖北京山屈家岭、天门石家河和武昌洪山放鹰台发现了三处有栽培稻谷遗存的新石器时代遗址，这三处的标本经丁颖先生鉴定，全部属于粳稻，而且是比较大粒的粳型品种。[①] 据此推论，江西在四五千年以前的栽培稻也应为粳稻类型（o. s. subsp. geng）。根据陈文华研究员和笔者对湖口出土的稻谷痕迹照片的观察，也似短圆形的粳型，其实际情形当有待于出土谷物的分析鉴定。另据江西省农业科学院研究员姜文正先生面告，东乡野生稻具有二元特征，它既可以与籼稻杂交，又可以与粳稻杂交，并都有相当的结实率。由此看来，早期的栽培稻呈现为粳型并非偶然。

如果江西四五千年以前的栽培稻果真为粳型的话，那么，它在以后二三千年的时间里并没有发生多大的变化。战国、秦汉时期，江西栽培稻还是粳稻型。1975 年在新干县界埠袁家村赣江边上发现了两座大型的战国粮仓，仓内堆积了大量的粮食，其厚度为 0.3～1.2 米。经原江西共产主义劳动大学总校（江西农业大学）农学系鉴定为粳米。1980 年云南省农业科学院周季维先生重新考察了战国粮仓所出土的稻米，基本上肯定了这一结论。在南昌县东汉墓出土的一个陶仓中也发现了一些稻壳，据考察，属光壳种类型。又据云南省农业科学院对现代云南地区光壳稻的亲缘分析，认为光壳稻仍是粳型[②]。

（二）发展

宋代以前，有关水稻品种的专门记载很少。现存文献主要有晋代郭义恭的《广志》和北魏贾思勰的《齐民要术》，两书一共记载了近 40 个品种，这些品种有多少与江西有关呢？下面就两书所提供的材料，加以分析。

《齐民要术》引《广志》云，"有虎掌稻、紫芒稻、赤芒稻、白米稻。南方有蝉鸣稻，七月熟。有盖下白稻，正月种，五月获；获讫，其茎根复生，九月熟。青芋稻，六月熟；累子稻、白汉稻，七月熟。此三稻大而且长，米半寸，出益州，粳有乌粳、黑穬、青函、白夏之名。"从这些品种的成熟期来看，一般是在六、七月份，最早在五月份，只有再生稻才在九月份，根据后世早、晚稻的划分标准，似以早稻为主。东晋田园诗人陶渊明写过《庚戌岁九月中于西田获早稻》诗一首，是最早出现"早稻"二字的中国文献，但题中又

---

① 丁颖：《江汉平原新石器时代红烧土中的稻谷壳考查》，《考古学报》1959 年第 4 期。

② 罗军等：《光壳和爪哇型亲缘关系的研究》，《云南农业科技》1984 年第 4 期，第 2 页。

说"九月获"，这就出现了矛盾，根据后世习惯，早稻应在六、七月成熟，八月成熟的稻称为中稻，九、十月成熟的稻称为晚稻。而农历九月收获的稻，应该是晚稻，而不是早稻。因此，诗题中的"早稻"应该理解为晚稻中的早熟品种。可见当时并没有双季稻，只有单季稻，而单季稻中也只有单季晚稻。这与野生稻有共同之处，因为在野生稻中也只有晚稻，而无早稻。陶渊明是江州柴桑人（今江西九江），庚戌岁是义熙六年（410年），时他已隐居栗里（江西星子县），因此，陶诗至少说明东晋时期江西九江星子一带似没有在七月前后成熟的水稻品种，因此，《广志》中所记载的"南方蝉鸣稻"等品种也可能与江西无涉。日本学者加藤繁就认为，南方大约是指岭南地方。但是，从明清时期江西地方志所记载的水稻品种中，确能找到蝉鸣稻。这种蝉鸣稻，又称为"六十二占""两月早""洗犁望""救公饥"等，不管它们究竟是否为一个品种，但至少它们的成熟期是大体相当的，属于早稻品种。在江西民间流传着这样的一首儿歌："知了叫、早禾熟，架起砻来推新谷。"蝉鸣稻可能是东晋以后，从岭南地区引种到江西的，而且很可能是在宋代以后随占城稻一起传入的，或者如明代黄省曾《稻品》的说法，其本身就是占城稻中的一个品种。

除蝉鸣稻等稻种，《广志》中的虎掌稻、紫芒稻、赤芒稻等似与岭南无关，而主要栽培于长江南北的稻作地带，这自然也包括江西在内。以紫芒稻和赤芒稻为例，宋代占城稻输入以前，江西稻种多有芒，芒的颜色各异[①]，在这些有芒的品种中，自然有紫芒稻和赤芒稻。

晚至明清时期，江西仍可以找到它们的名目。赤芒稻、紫芒稻，根据《婺源县志》和《群芳谱》的记载，似为晚稻，赤芒稻还是一个杭稻品种。总体说来，《广志》中的水稻品种与江西关系不大。

再看看《齐民要术》中的水稻品种。据《齐民要术·水稻》案："今世有黄瓮稻、黄陆稻、青稗稻、豫章青稻、尾紫稻、青杖稻、飞蜻稻、赤甲稻、乌陵稻、大香稻、小香稻、白地稻、菰灰稻，一年再熟。有秫稻，秫稻米一名糯米，俗云乱米，非也。有九格秫、雉目秫、大黄秫、棠秫、马牙秫、长江秫、惠成秫、黄般秫、方满秫、虎皮秫、荟柰秫，皆米也。"一共是24个品种。首先，在这些品种中有6个品种是值得注意的。其一是豫章青稻，很明显它是原产于豫章（今江西南昌）的一个水稻品种，据同治《南昌县志》记载："有芒者为青占"，如果这个青占就是原来的青稻的话，那么豫章青稻就可能是一个有芒的非糯性水稻品种。其二是黄陆稻，这个种名在音形上很像宋元以后在长江流域广泛种植的黄穆（又作稑、绿、六）谷（又作禾），在《陈旉农书》《王祯农书》以及曾安止

① 曾树基：《〈禾谱〉校注》，《中国农史》1985年第3期，第74页。

《禾谱》中均有记载。它是一个有芒的生长期很短的品种，很适合湖田种植。宋元时期的农民常在"夏至、小满至芒种节，则大水已过，然后以黄绿谷种之于湖田"，"黄绿谷自种至收割，不过六七十日，亦以避水溢之患也。"由于"黄绿谷"这一名称的音形很像《齐民要术》中的黄陆稻，因此，有人认为黄陆稻很可能是黄绿谷由南方传入北方时的误衍。① 其三是长江秫，当是原产于长江流域某地的一个糯稻品种。唐李贺有诗曰"长枪江米熟"。长枪稻，《康熙字典》注"江米，江南所贡玉粒"，据此游修龄教授推断，似有可能是一种细长粒的籼糯。② 同治《龙泉县志》载："糯稻，北省名江米。"或许"江米"亦就是《齐民要术》中的"长江秫"。其四是马牙秫、虎皮秫。这两个品种的原产地不详，但在明清时期江西等地广为种植。据同治《新建县志》记载："马牙糯，米白无芒"，"八、九月熟"，"虎皮秫，白无芒，六、七月熟"，是一个早稻品种；但据《稻品》和《群芳谱》记载："四五月种，十月获"，虎皮秫又是一个晚稻品种。除以上这几个品种，赤甲稻也是值得注意的，如单从字面上理解，则很可能是明清时期红壳谷的前身。如此等等，不一而足。由此可见，《齐民要术》中部分品种与江西水稻品种有一定联系。其次，《齐民要术》已经把水稻品种划分为粳稻和秫稻两大类，其中粳类 13 个，秫类 11 个。魏晋以前，糯尚称为秫，长期以来，粳主要用作饭食，而秫则用之于酿酒。陶渊明在任彭泽县令时，"公田悉令吏种秫稻，妻子固请种粳，乃使二顷五十亩种秫，五十亩种粳。"③ 证明东晋时，江西的水稻品种已有了明确的粳和秫的划分，且划分的根据在于稻的不同性质和用途，这种划分标准也就成为后来江西水稻品种的主要分类标准之一。

一般认为，《齐民要术》所反映的是 6 世纪黄淮流域的农业生产情况。至于南方广大地域因不在北魏的统治区内，所以没有提及。根据以上对《齐民要术》中若干品种的分析，说明北魏时期北方种植的水稻品种与长江流域有关，或许这些品种就是从长江流域引种到黄淮流域去的，因此，《齐民要术》在一定程度上可以用来考察当时南方水稻品种情况，尤其是其书提到"蒜灰稻，一年再熟"，这在北方是不可能的，而只有在南方才有可能出现。

除了《广志》和《齐民要术》，宋代以前的一些水稻品种还散见在其他一些文献之中。在考察江西水稻品种来源的时候，这些材料也是值得注意的。《管子·地员篇》中就记载了"稶蔺""稜稻"和"白稻"三个品种的名称。游修龄教授考证，稶蔺是一种密穗型的品种。宋代曾安止《禾谱》中有早禾粳品"黄菩蕾禾"、晚禾粳品"土蕾（雷）禾"、晚禾糯品"骨雷糯"。"蕾"在《泰和县志》中注音为"壨"，实际上是"稶"字的同音通假，陆游便有"已炊蕌散真珠米"的诗句。因此，至迟到宋代江西就已经有了密穗型的水稻品

---

① 曹树基：《〈禾谱〉及其作者研究》，《中国农史》1984 年第 3 期，第 84 页。

② 游修龄：《我国水稻品种资源的历史考证》，《农业考古》1981 年第 2 期，1982 年第 1 期。

③ 《宋书·陶潜传》。

种。这还可从南宋金溪人陆九渊的语录中得到证实，他说："吾家治田，每用长大镘头，两次锄至二尺许深、一尺半许外方容秧一头，久旱时田肉深，独得不旱，以他处禾穗数之，每穗多不过八九十粒，少者三五十粒而已，以此处中禾数之每穗，少者尚百二十粒，多者至二百余粒，每亩所收比他处一亩不啻数倍，盖深耕易耨之法如此。"① 明清时期，更有"三百粒""三穗千"等密穗品种。

稌稻，唐代尹知章说"稌稻谓陆生稻"，亦即后来所谓旱稻或陆稻。稌稻的称法在江西一直保留下来。清嘉庆《丰城县志》载："今人号秈为早稻，秔为晚稻。《六书故》：同类而陆种者，谓之陆稻。记曰：'煎醢加于陆稻上'。今谓之旱稌，有早晚二种。"光绪《瑞金县志》亦载："又有种之山腰峯际而生者，曰菱禾，又曰旱禾，皆糯类也。"旱稻的特点就在于耐旱，在缺水的山地上亦能种植。《天工开物·乃粒》即明确指出："凡稻旬日失水，则死期至，幻出旱稻一种，粳而不黏者，即高山可插。"据对江西各县方志的不完全统计，明清时期江西至少有近 20 个县种植旱稻。

白稻，据游修龄教授的考证，是古代栽培相当普遍的一个秈稻长粒品种②。这类品种至迟在宋代也已在江西栽培。《禾谱》中即有"六月白禾"和"八月白禾"早晚两个秔稻品种，还有既作早稻又作晚稻的"白糯"。白稻是一群相同品种的总称，却不同于宋代后传入的占城稻——白占。南宋欧阳守道在《与王吉州论郡政书》中写道："去年有以甚白占米，官定为一升八钱者矣，小民乐得白占，甚于得白稻，有何不可而如此裁之？"③ 据对明清时期方志的不完全统计，全省共有白稻品种 20 多个。

魏晋南北朝时期，江西出现了一些优良稻种。王孚《安成记》载："安成郡毛亭三十里，田畴膏腴，厥稻馨香，饭若凝脂。"安成郡是三国吴宝鼎二年（267 元）分豫章、庐陵、长沙等郡而置，治所在平都（今江西安福县东南）。魏文帝《与朝臣书》云："江表惟长沙名有好米，何得比新城秔稻邪？上风吹之，五里闻香。"有人疑此长沙好米即指安成香稻。名垂至今的万年贡米，也是在这时期出现的。在万年县荷桥山区，有一种稻米，颗粒长大，质白如玉，香软可口，官府得知以后，传旨"代代耕种、年年纳贡"，因称贡米。这种优良品种的出现，使得长期以来万年的稻米生产享有很高的声誉。《江西物产总会说明书》中就这样说："江西夙称鱼米之邦，万年之米，尤占优胜。"南北朝时期，江西已成为重要的粮食供应地。雷次宗《豫章记》中写道："嘉蔬精稻，擅味于八方"，"故穰岁则供商旅之求。"南朝的大粮仓多数设在江西境内，据《隋书·食货志》：京都有龙首仓，"在外有豫章仓、钓矶仓、钱塘仓，并是大贮备之处"。其中豫章、钓矶两仓都在江西境

---

① 〔南宋〕陆九渊：《象山先生全集》卷 34《语录》上。
② 游修龄：《我国水稻品种资源的历史考证》，《农业考古》1981 年第 2 期、1982 年第 1 期。
③ 〔南宋〕欧阳守道：《巽斋文集》卷四《与王吉州论郡政书》。

内，占三分之二，这与当时江西优良的品种也是分不开的。

隋唐以后，经济重心南移，南方水稻生产得到了发展，相应的水稻品种亦应有所发展，但是，由于缺乏农书的记载，这个时期的发展动向在文献上并没有得到很好的反映。游修龄教授从唐诗中收集到 10 个水稻品种名称：白稻、香稻（香粳）、红莲、红稻、黄稻、獐牙稻、长枪、珠稻、霜稻、罢亚（穤稏）。[1] 这些品种反映的是唐代长江流域水稻品种情况，虽然还不能肯定它们在唐代都已在江西栽培，但在宋代以后的有关文献中都相继出现了，如在《禾谱》中就有住马香禾、八月白禾等名目；明清江西方志中更有珠子稻、罢亚、黄禾、红禾、香禾等名称。以珠稻为例，宋淳熙《新安志》记载："珠子稻，颗圆如珠"，为一晚粳品种。宋代的新安包括今江西婺源县，在清光绪《婺源县志》中便有珠子稻的记载。再如罢亚，早在宋代曾巩游南城麻姑山时就留下了"穤稏百顷黄差参"[2] 的诗句，刘弇描写豫章的诗中亦有"万顷黄云穤稏秋"[3]。至于獐牙稻，虽然在明清方志中未能找到，但用动物牙命名的品种很多，如马牙、牛牙、鼠牙、象牙、龙牙、猫牙等。

唐代，江西又出现了一些品质优良的品种。南城、建昌等地出产的红珠稻米已成为贡米。红珠稻又称为赤珠粳，康熙《西江志》载：赤珠粳"色纯红而坚"。宋代时这里又出产了一种贡米，称为银硃米。此外，自唐开元以后，江西饶州岁贡粳米，成为国家粮食供应基地之一。饶州贡米，疑即后世所谓"饶粘"。饶粘又称为香芸占、大禾米占、大禾谷、香禾等，据清代江西方志的记载，这个品种具有这样一些特点：米粒莹洁、香、其黏似糯、性腻而滑，粒纯白长大，甘芬尤甚，主要用作糍饵。仲夏播种，秋季收获，属于一季晚粳。明清时期，这个品种在江西种植较普遍。

（三）结论

以上以宋代以后的水稻品种为参照，考察了江西水稻品种的起源及早期发展的历史，初步可以得出如下结论：（1）江西水稻品种的起源在不排除外来影响的情况下，也有本土起源的可能；（2）早期的水稻品种在不排除有籼稻存在的情况下，似以粳稻为主；（3）早期的水稻品种在不排除有早稻存在的情况下，似以晚稻为主；（4）既有糯稻（秫），又有非糯稻（杭）；（5）有不少优良品种。

---

① 游修龄：《我国水稻品种资源的历史考证》，《农业考古》1981 年第 2 期、1982 年第 1 期。
② 〔宋〕曾巩：《元丰类稿》卷三《游麻姑山》。
③ 〔北宋〕刘弇：《龙云先生文集》卷一。

二、宋代江西水稻品种的变化

占城稻研究是中外学者极感兴趣的课题之一。学者们曾给占城稻以很高的评价，对此，游修龄和陈志一作过总结[①]，主要有三：（1）占城稻的引种、推广是中国双季稻、三熟制发展的契机；（2）占城稻的引进导致江淮以南盛行早籼稻或早稻之栽培；（3）占城稻的引种是我国籼稻栽培，或至少是大量引种、广泛栽培的开始。进入 20 世纪 80 年代以后，这些评价开始受到冲击，1983 年，游修龄发表了《占城稻质疑》一文，认为宋代中国农业生产的发展，特别是江南地区的稻麦两熟和双季稻（其实面积不很大）发展后，带来的粮食增产是很突出的，在分析其原因时，引入占城品种是一个重要的因素，但不宜过分渲染，使其他的粮食作物（如麦、粟、豆等）和其他水稻品种黯然失色。1984 年，陈志一也发表了《关于占城稻》一文，虽然在某些方面与《占城稻质疑》相悖，但在对占城稻评价方面与游修龄的立意是一致的。

纵观前人的研究，宏观研究的多，就事论事的多，这也就是前人在评价占城稻时观点发生分歧的原因。游修龄在《占城稻质疑》一文中指出：农业生产是一个非常复杂的系统，它兼受自然环境和社会条件的制约。任何一个特定的因素（如品种）的作用只有在系统的协调之下才能发挥作用。本着这一精神，本文试图从江西水稻品种的历史、江西的自然条件和社会经济条件等方面来考察占城稻在江西的表现，以期对占城稻作一实事求是的评价。

（一）变化前的江西水稻品种

宋代是江西水稻品种发展的一个转折点。随着占城稻的推广和耕作制度的改变，水稻品种发生很大的变化，这一变化在成书于宋元祐年间（1086—1093 年）的《禾谱》[②] 一书中得到反映。

《禾谱》的作者曾安止，江西泰和人。泰和属吉州，是江西重要的水稻产区。《禾谱》序曰：“江南俗厚，以农为生。吉居其右，尤殷且勤。漕台岁贡百万斛，调之吉者十常六七，凡此致之县官者耳。春夏之间，淮甸荆湖，新陈不续，小民艰食，豪商巨贾，水浮陆驱，通此饶而阜彼乏者，不知其几千万亿计。朽腐之逮，实半天下，呜呼盛哉。”根据《宋史·食货志》和《梦溪笔谈》的记载，江西每年的漕米达 120 多万石。在这 120 多万

---

① 游修龄：《占城稻质疑》，《农业考古》1983 年第 1 期；陈志一：《关于占城稻》，《中国农史》1984 年第 3 期。

② 本部分所引《禾谱》均见于曹树基《〈禾谱〉校注》（《中国农史》1985 年第 3 期）一文。

石中，庐陵输出的就有 40 万之多，占了 1/3。南宋初，李正民记载："江西诸郡，昔号富饶，庐陵小邦，尤称沃衍，一千里之壤地，秔稻连云，四十万之输，将舳舻蔽水，朝廷倚为根本。"[①]《禾谱》所载正是当时吉泰一带的农家品种，在江西具有一定的代表性。

《禾谱》正文中一共记载了 44 个品种，其中：

早禾秔品 12 种：稻禾、赤米占禾、乌早禾、小赤禾、归生禾、黄谷早禾、六月白、黄菩蕾禾、红桃仙禾、大早禾、女儿红禾、住马香禾。

早禾糯品 10 种：稻白糯、黄糯、竹枝糯、青稿糯、白糯、秋风糯、黄栀糯、赤稻糯、乌糯、椒皮糯。

晚禾秔品 8 种：住马香禾、八月白禾、土雷禾、紫眼禾、大黄禾、密谷乌禾、矮赤秔禾、稻禾。

晚禾糯品 12 种：黄栀糯、矮稿糯、龙爪糯、马蹄糯、白糯、大椒糯、大乌糯、小焦糯、大谷糯、青稿糯、骨雷糯、竹枝糯。

附早禾品 2 种：早稻禾、早糯禾。

附晚禾品 2 种：赤稑糯、乌子糯。

另外，在《禾谱·三辩》中还有黄穆禾、白圆禾、穬禾、早占禾、晚占禾、再生禾（女禾），一共是近 50 个品种。

根据对江西稻种起源的考察，《禾谱》中的水稻品种有些可以追溯到魏晋南北朝时期，甚至秦、汉以前，如白禾、土雷、菩蕾、骨雷，就可能与《管子》中的"白稻""穤稿"有关，女禾（再生禾）同于《广志》中的"盖下白稻"，黄穆禾又似《齐民要术》中的"黄陆稻"。由此可以看出，《禾谱》中的水稻品种有着悠久的历史渊源。再从地域来看，《禾谱》中的水稻品种远远超出了泰和。如归生禾、红桃仙禾、黄糯、白糯、早糯禾、青稿糯、矮稿糯、秋风糯、八月白禾、黄栀糯、黄穆禾、早占禾、晚占禾等品种。在南宋淳熙《新安志》、宝庆《四明志》、宝祐《琴川志》、宝庆《昌国志》、嘉定《赤城志》、嘉泰《吴兴志》、淳熙《三山志》、嘉泰《会稽志》等地方志和《陈旉农书》《王祯农书》等中也有记载。因此，光绪《匡原曾氏重修族谱》在《禾谱》"今之见于谱者，尚记西昌大略而已"之后，加上了这样一段按语："按公之说如此，而谱中近而龙泉（今江西遂川）远而太平州（今安徽当涂等地），又莫不各识其所出。"这说明《禾谱》中所记水稻品种的地域远远超出了泰和。因此，《禾谱》在水稻品种的历史和地理两方面都有很重要的地位，是研究宋代江西等地水稻品种的重要参考文献。

---

① 〔南宋〕李正民：《大隐集》卷 5《吴运使启》。

《禾谱》的记载表明：北宋时期的水稻品种具有播种期早、生育期长的特点。根据播种、收获期的不同，水稻品种有早、晚之分。《禾谱》曰："大率西昌（泰和）俗以立春、芒种（疑有误——笔者）节种，小暑、大暑节刈为早稻；清明节种，寒露、霜降节刈为晚稻。"又曰："今江南早禾种率以正月、二月种之，惟有闰月，则春气差晚，然后晚种，至三月始种，则三月者，未为早种也；以四月、五月种为稚，则今江南盖无此种。"现在泰和县的早稻播种一般在三月底到四月初（也即春分到清明节期间），相比之下北宋时的早稻播种要早一个多月，立春在二月四日前后。同样，晚稻的播种期也较现在早了两个多月，现在晚种的播种期在芒种节（6月6日）前后，而北宋则在清明节（4月4日）前后播种。播种期的提前，意味着生育期的延长。因为北宋时期早、晚稻的收获期和现在相当，早稻在小暑、大暑节收割；晚稻在寒露、霜降节收割。据此计算，北宋时早稻的全生育期为150～165天，晚稻的全育期为180～200天。从生育期上来说，都属于晚稻类型。

北宋时期水稻品种所表现出来的这一特点正是粳型的反映。水稻种子发芽最低温度为日平均气温12℃（籼）和10℃（粳）。气象资料表明：泰和县日平均温度≥10℃始于3月16日，≥15℃要到4月15日。而宋代泰和早稻要在立春（也即2月4日）前后播种，这时泰和县的日平均气温尚不到5℃，播种早稻显然是太早了。据竺可桢的考证，北宋时期的年平均气温要比现在高出1～2℃[①]，局部地区可能高些，但要高出7℃，达到12℃，似乎不太可能。因此，北宋时期的早稻品种似有可能是耐寒性较强的粳稻类型。从生育期来说，大多数粳稻较籼稻的生育期要长，北宋的水稻品种也符合这一点。

北宋时期水稻品种属粳型，也为为数众多的糯稻品种所证实。《禾谱》继承了传统的分类方法，把水稻分为粳、糯两类。值得注意的是，《禾谱》中的糯稻品种占有很大比重，一共是25个，占50%还强，这种现象在明清方志中是很少见的。现代长江流域粳糯比籼糯多，而以粳糯为重，据此，《禾谱》中为数不少的糯稻也应是粳型。

另外，从北宋时稻品种的外形描述来看，也体现了粳型的特征。籼稻多无芒，而北宋时泰和的稻种则是有芒者居多，《禾谱》曰："今西昌早晚种中，自稻禾而外，多有芒者。"

据以上的分析，可以得出一个初步结论：北宋时的水稻品种仍然是以一季粳稻为主。这个结论和新石器时代以来江西的水稻品种是一致的。以早禾糯品"秋风糯"为例，宝祐《琴川志》载："秋风糯，早熟。"据《稻品》的描述："其粒圆白而稃黄，大暑可刈。"属早糯，与《禾谱》记载相同。粒圆，表明它是一个粳糯品种。再以晚禾秔品"八月白"为例，据正德《建昌府志》载："八月白，晚稻极早熟者，香白尤可贵，又名银珠米。"粒形用"银珠"形容，是粳型特征。

---

① 竺可桢：《中国近五千年来气候变迁的初步研究》，《考古学报》1972年第1期。

（二）占城稻在江西的推广

北宋江西水稻品种的特点，随着占城稻的引进开始发生变化，这一变化从北宋初年到南宋初年持续约 200 年之久。《宋会要辑稿》载：大中祥符五年（1012 年）五月，"遣使福建州取占城稻三万斛，分给江、淮、两浙三路转运使，并出种法，令择民田之高仰者分给种之。"占城稻引进之后，很快在江西得到了推广。苏轼在《歇白塔铺》诗中说："吴国晚蚕初断叶，占城蚤稻欲移秧。"[①] 据考据，白塔铺在今江西星子、永修、都昌县（一说高安、上高、宜丰县）一带，说明当时赣北（或赣西）地区已有占城稻。曾安止在《禾谱》中也写道："今西昌早种有早占禾，晚种中有晚占禾，乃海南占城国所有，西昌传之才四五十年。"西昌是今泰和县的古称，说明当时吉泰盆地已有占城稻栽培。应该说，占城稻在北宋时基本上已在江西推广开来。到南宋初年，推广的面积急剧增加。李纲在其江南西路安抚制置大使任内（1135—1139 年）曾上奏说："据洪州申……缘本州管下诸县民田，多种早占，少种大禾。……本司契勘，本司管下乡民所种稻田，十分内七分并是早占米，只有三、二分布种大禾。"[②] 此时已基本上确定了占城稻在江西的格局。南宋末人陈宓《与江州丁大监》书曰："昨日漕司又行下和籴万石，此间土产皆占米，晚禾不多，船票闻此，恐不敢来。"[③]

由此可以看出，占城稻在北宋初年传入江西以后，到南宋时已在各地普遍种植，其面积已占江西水稻种植面积的 70% 还强，比周围江、浙等地种植面积要广。吴泳曾将吴中的作物与豫章作了比较，指出："吴中之民，开荒垦洼，种粳稻，又种菜、麦、麻、豆，耕无废圩，刈无遗陇，而豫章所种，占米为多。"[④] 由此可见，占城稻对江西水稻品种构成的影响是巨大的。

占城稻在江西的推广与占城稻的特点是分不开的。首先，占城稻的一个突出特点是耐旱。现有的文献记载都认为占城稻是一个耐旱的品种，能够仰高地而种，不择地而生。宋真宗推广占城稻，亦是因为江淮、两浙稍旱即水田不登。正是因为具有这个特点，它非常适合唐宋以后江西水稻生产发展的需要。

唐宋以前，在长达数千年的历史中，江西的沿江和滨湖平原地带首先得到了开发。自唐宋以后，经济重心南移，人口增殖，原有的耕地已无法适应人口增长的需要，大规模的土地开垦势在必行，于是在江西率先出现了"田尽而地，地尽而山"的局面。首先是将旱

---

① 〔北宋〕苏轼：《苏轼诗集》，中华书局 1982 年版，第 1228 页。
② 〔南宋〕李纲：《梁溪全集》卷 106《申省乞施行籴纳晚米状》。
③ 〔南宋〕陈宓：《龙图陈公文集》卷 21《与江州丁大监》。
④ 〔南宋〕吴泳：《鹤林集》卷 39《隆兴府劝农文》。

地改为水田，据《宋会要辑稿》载：当时江西和两浙一带的农民都努力把自己所有的山地和陆地"施用功力，开垦成水田"。如果是硗确之地，也把它垦辟成可以常植的田亩。两浙和江西抚州等地的地方官吏均一度对这种改造过的田亩增收田税①，可见当时改良过的田亩为数之多。南宋金溪人陆九渊《与章茂德三书》中把当时大江东西的田地与荆门军一带的田地作了比较，指出："大江东西田土，较之此间相去甚远，江东西无旷土；此间旷土甚多。江东西田分早晚，早田者种占早禾，晚田种晚大禾；此间田不分早晚，但分水陆，陆田者只种麦、豆、麻、粟或莳蔬栽桑，不复种禾，水田乃种禾，此间陆田若在江东西，十八九为早田矣。"② 亦就是说，如果以当时荆门军陆田的标准，江西有 80％～90％ 的陆地改为水田。其次是开山为田（亦即梯田），早在唐代白居易在江州时就留下了"灰种畬田粟""马瘦畬田粟""春畬烟勃勃"的诗句。宋代畬田发展为梯田以种植水稻，当时抚州、袁州、吉州、信州、江州等都有相当的梯田：

抚州：王安石《抚州通判厅见山阁记》："抚之为州，山耕而水莳，牧牛马用虎豹，为地千里，而民之男女以万数者五六十，地大人众如此。"③ 曾巩《麻姑山送南城尉罗君》诗云："麻如（姑）之路摩青天，苍苔白石松风寒，峭壁直上无攀援，悬磴十步九屈盘，上有锦绣百顷之平田，山中遗人耕紫烟。"④

袁州：范成大《骖鸾录》记曰："（仰山）岭阪上皆禾田，层层而上至顶，名梯田。"张嗣古也有诗云："众壑争飞流，四岭半为田。"

信州：石磨岭"岭皆创为田，直至其顶"，对此杨万里有诗赞曰："翠带千环束翠峦，青梯万级搭青天，长淮见说田生棘，此地都将岭作田。"⑤ 洪炎《晓发鹅湖》诗亦曰："万松参岭路，千亩劝春耕。"

吉州：曾安止《禾谱》序中言："自邑以及郊、自郊以及野，巉崖重谷，昔人足迹所未尝至者，今皆为膏腴之壤。"

江州：朱熹《戏赠胜私老友》诗曰："乞得山田三百亩，青灯彻夜课农书。"⑥ 陈胜私，江州庐山人，曾著《农书》三卷，今已失传。

陆地改水田、畬山变梯田，使得水田面积不断扩展。新增水田大多由山地和陆地改来，地势较高，水源不便，虽说是水田，但往往缺水，加之土地硗确，固"稍旱即水田不登"，在这种情况下选用一种能种于"高仰之田""不择地而生"的耐旱性品种就势在必

---

① 〔清〕徐松：《宋会要辑稿》食货六之二六、二七。
② 〔南宋〕陆九渊：《象山先生文集》卷 15《与章茂德三书》。
③ 〔北宋〕王安石：《临川先生文集》卷 83《抚州通判厅见山阁记》。
④ 〔北宋〕曾巩：《元丰类稿》卷 3《游麻姑山》。
⑤ 〔南宋〕杨万里：《诚斋集》卷 13。
⑥ 〔南宋〕朱熹：《晦庵先生朱文公文集》卷 7《戏赠胜私老友》。

行。据陆象山的书信所说，这些由陆地改过来的旱田，也主要种占早禾。因此，可以这样说，占城稻的推广是与耕地面积尤其是水田面积的扩大同步进行的。

其次，占城稻的另一个特点是成实早。根据北宋政府推行的占城稻栽培法，南方地暖，二月中下旬至三月上旬，可以浸种育秧。论播种期，占城稻属于早稻。从它在江西的推广情况来看，占城也主要是作为早稻（据《禾谱》说，也有晚占城），而且早稻的播种面积已占水稻种植的 7/10，晚稻只占 2/10～3/10，据《禾谱》载，早稻在小暑、大暑收割，那么占城稻的生育期大致在 110 天左右①。在此以前，江西以一晚为主，虽然也有在小暑、大暑收获的所谓"早稻"，但为数不多。特别是南宋以后，由于气候的变化，种植原来的品种则要在小暑、大暑时收割早稻，这在理论上似乎不可能。因为原有的品种生育期都在 150 天以上，假定二月份播种（实际上可能更晚，因为南宋天气转冷），要到七月份才能收割。而江西在进入小暑以后便转入到久晴少雨的干旱期，降水明显减少。农谚说："夏至过后雨如金"，"小暑南风十八天，大暑南风干破天"，"处暑难买十日阴"，除伏旱，亦可能出现秋旱、冬旱、夏旱和春旱，其中以伏秋连旱对生产的危害最大。"旱成片，涝成线"，干旱比洪涝影响的面积更广，是威胁江西农业生产的重要自然灾害之一。在水利尚不发达的情况下，原来所谓的早、晚稻品种，尤其是晚稻，由于生育期太长（150 天以上），已经不适应变化了的自然条件，不适应新增加的大量的易旱的农田，因而被淘汰。取而代之的是一种生育期短又耐旱的品种——占城稻。从各地推广的情况来看，由于早占城的种植，粮食得以丰收，相反，晚稻种植地区却常常受到干旱的威胁。抚州和建康军就是很好的例子。

南宋抚州除临川县外，多种晚稻，干旱为害严重。据南宋中期黄榦《临川申提举司住行账粜》说："今本县去年早禾大熟，临川境内早禾最多，晚禾虽被蝗旱，然所在有大歉之处，亦有大熟之乡，长短相补，亦得半收。"② 相反，"乐安、宜黄两县管下，多不种早禾，率待九、十月间，方始得熟。"③ 但总体说来，抚州还是早禾少，晚禾多。黄震在咸淳七年（1271 年）七月二十一日《雨旸申省状》曰："自六月初三日有雨，亢旱一月，至七月初二、初三，而后得雨，旱禾虽赖以有收，自七月初三以后，又复兼旬无雨，晚禾凛乎可虑，本州（抚州）早禾少，而晚禾多，关系非小。"④

和抚州形成鲜明对照，建康军除建昌（今永修县）以外，以早稻居多。南宋末陈宓在《与江州丁大监》书中说："江东西，幸早禾大稔。……此月初以来不雨，星子、都昌晚禾

---

① 游修龄教授推断的生育期为 100～120 天。
② 〔南宋〕黄榦：《勉斋黄文肃公文集》卷 30《临川申提举司住行账粜》。
③ 〔南宋〕黄震：《黄氏日抄》卷 78《七月初一日劝勉宜黄、乐安两县赈粜未可结局耀》。
④ 〔南宋〕黄震：《黄氏日抄》卷 75《七月二十一日雨旸申省状》。

绝少，独建昌邑大苗米居多，遭此晚稻大可虑……昨日漕司又行下和籴万石，此间土产皆占米，晚禾不多，船粟闻此，恐不敢来。"① 朱熹也曾指出："敝郡今秋少雨，晚田多旱，除星子、都昌，多是早田，被灾处少，唯有建昌一县，晚田数多，前此失于访闻。"② 另外，都昌早禾也少于星子，有见于晚稻易旱，朱熹曾在都昌推广早禾。朱熹《施行邵艮陈诉踏旱利害》中指出："夫都昌田禾，例宜早向籴，非若星子早田十居七八。"③ 除干旱以外，寒害和虫害也是改晚稻种早占的重要因素。

晚粳改早籼的原因也为近代人的调查所证实。1935 年夏秋，江西农业院作物组趁指导农民混合选种及采集单穗之便，附带进行水稻品种及栽培方法调查，知各县水源缺乏为未种粳稻的首要原因。"普遍粳稻生长期较籼稻为长，所需水分总量亦较多，本省雨量最多之月为五、六月份梅雨期内，七、八月以后，遂逐渐减少，故多数地方，均栽早熟籼稻，以期避免干旱之损失，此粳稻之受天然因子所限制而被摒弃者一也。又因本省盛行二熟制，早稻收获后，可栽二季稻或其他旱作，如晚大豆、芝麻、荞麦等。粳稻生长期较长，不适于二熟制，此受栽培制度之限制而被摒弃者二也；各县所栽之品种，有芒者绝无仅有，盖一般农民对于有芒之品种，多感脱粒之费力，调制之不易，交租时又被田主所拒绝而厌恶之。粳稻品种有芒者居多，此不合农民心理而被摒弃者三也。"④

粳稻的被弃是历史的必然，而宋代占城稻的引入则使得这种必然变为现实。因为占城稻正是一个耐旱、早熟且无芒的品种。但是由于各地自然条件和耕作习惯不同，以及赋税、和籴的影响，占城稻在推广的过程中也遇到了一些阻力，有些地区一季晚稻还占有相当的比例。如赣南山区的许多地方直到 1949 年以后还以一季晚稻为主。⑤ 又如和籴、赋税，由于长期以来是以一季晚稻为主，和籴及赋税主要对象是晚米（粳米），这种习惯一直保留到占城稻引进之后，前引李纲的奏折和陈宓的书信就说明了这一点。再以吉州的情况为例：欧阳守道《与王吉州论郡政书》中说："当籴前一日，呈样定价，一听官判价，随样而低昂……然去年有以甚白占米，官定为一升八钱者矣，小民乐得白占，甚于得白稻，有何不可而如此裁之，此虽上熟之年，未有此贱，当此饥歉，但得富家出籴价平，小民有处可籴则足矣，何必限以一色晚稻，而轻视白占如此乎？"⑥ 文天祥在《与知吉州江提举万顷》书中也提到："吾州从来以早稻充民食，以晚稻充官租。"⑦ 此种情况在江州亦

① 〔南宋〕陈宓：《龙图陈公文集》卷 21《与江州丁大监》。
② 〔南宋〕朱熹：《晦庵先生朱文公文集》卷 26《与颜提举札子》。
③ 〔南宋〕朱熹：《晦庵先生朱文公文集》别集卷 9《施行邵艮陈诉踏旱利害》。
④ 江西农业院作物组：《赣西各县水稻调查报告》，《江西农讯》1936 年第 22 期，第 30 页。
⑤ 赣州地区农科所：《赣南水稻栽培》。
⑥ 〔南宋〕欧阳守道：《巽斋文集》卷 4《与王吉州论郡政书》。
⑦ 〔南宋〕文天祥：《文山全集》卷 5《与知吉州江提举万顷》。

是如此。和籴、租赋在某种程度上可能限制早稻的发展，但随着早稻的发展，人们便要求改变这种和籴、租赋制度。江南东路安抚大使兼知江州朱胜言："窃见自江以南，稻米二种，有早禾，有晚禾，见行条令，税赋不纳早米，乞权行许纳，诏令江南东西、两浙路转运使，量度急阙数目，许纳早禾米，应付支用，即不得充上供米斛。"[①] 谯景源："迁太府丞知江州，郡境产占谷，而总领所以粳为赋，人病之，公请随所宜输纳以便民。"[②] 近代走到了另一个极端，由于以早籼生产为主，缴纳田租也用早籼，粳谷则由于脱粒困难、多芒，为田客、田主所厌恶。这也是占城稻在江西推广以后，在租赋方面所引起的变化。

（三）占城稻对江西稻作的影响

占城稻引进之后，对江西的水稻品种产生了很大影响，这种影响在南宋更为明显。据各种文献的记载，宋代江西主要水稻品种名称如表 1 所示。

表 1　宋代江西主要水稻品种一览

品种名称	文献出处
占城早稻	苏轼《歇白塔铺》诗，《苏轼诗集》，中华书局 1982 年版，第 1228 页
早占禾、晚占禾	曾安止《禾谱》，曹树基校释，《中国农史》第 3 期
早占、大禾、占米	李纲《由省乞行籴纳晚米状》，《梁溪集》卷 106
占禾	罗愿《新安志》卷 2
占米、大苗米	陈宓《与江州丁大监》，《龙图陈公文集》卷 21
占早禾、晚大禾	陆九渊《与章德茂三书》，《象山集》卷 16
八十占、百占、百二十占	吴泳《隆兴府劝农文》，《鹤林集》卷 29
大禾、小禾	舒璘《与陈仓论常平》，《舒文靖集》卷下
占米	赵蕃《抚州城外作》，《章泉稿》卷 1
早籼	朱熹《施行邵艮陈诉踏旱利害》，《晦庵先生朱文公文集》别集卷 6
白占、白稻	欧阳守道《与王吉州论郡政书》，《巽斋文集》卷 4

表 1 中的这些品种名称，给人一个最突出的印象便是"占"禾。那么占禾是否就是占城稻呢？有一种观点认为，占即籼也，并非是一个品种，而是栽培稻中的一个亚种。从明清方志来看，确有以占概籼，占籼不分的趋势。但在宋代这种现象似乎没有出现。占禾指

---

① 〔清〕徐松：《宋会要辑稿》食货卷 70《赋税杂录》，绍兴元年七月四日条。
② 〔南宋〕真德秀：《西山真文忠公文集》卷 44《谯殿撰墓志铭》。

的就是占城稻。原因如下：

其一，《禾谱》和淳熙《新安志》等书明确指出占禾来自占城。《禾谱》曰："今西昌早种中有早占禾，晚种中有晚占禾，乃海南占城国所有，西昌传之才四五十年。"查《禾谱》早禾秔品中有"赤米占禾"一品，疑即早占禾，又有"红桃仙禾"一品，疑即籼禾。占和籼并未混通。《新安志》中将稻分为籼、秔、糯三大类，把占禾划归为籼之一种，而没有以占概籼的情况。不仅如此，志中还明确指出："占禾，本出于占城国，其种宜旱。"

其二，按照江西传统的水稻品种分类方法：一般都是按用处划分为糯和秔（即非糯性品），一些本属于籼的品种也往往划入粳稻之列。因此，不致出现以占概籼的现象。

其三，占禾的出现是在占城稻引进之后，在此之前，尽管有籼稻（多属晚籼？），但似乎找不到"占禾"的字样。明清时期"占稻"又写作"粘稻"，而且"粘"字在《玉篇》中就已出现，音"黏"，其意为"禾"，既可解作稻，也可解作为其他粮食作物。因此，不能肯定《玉篇》中的"粘"就是占稻的"占"的最早出处。

基于以上三点理由，笔者认为，占禾在宋代指的就是占城稻。

既然占禾作为占城稻，为什么又有八十占、百占、百二十占等名称呢？而且在吴泳的劝农文中又恰好是与吴中地区的粳稻相对，占米（禾）会不会是一群籼稻品种的统称呢？笔者认为，这种情况的出现应该考虑到当时的耕种水平，尽管在传统农业中很早就重视选种育种，并且发明了一些比较科学的方法，但是直到近代稻种混杂还是一种最普遍的现象[1]，以致同一块田里的水稻，其成熟期很不一致，收获的早晚和方法也不一样，至今农谚中还保留了"小暑将，大暑割"的说法。占城稻是作为一个品种引进的，但引种的数量一次就达万斛之多，其混杂程度可以设想。引进之后在各地推广，由于自然分化和人工选择，结果变成了一群品种，如早占城、晚占城、寒占城、赤占城多种，但它们都来自占城，并且都具有早熟和耐旱的特点，因此，便都以"占城"为名，或简称"占稻"。占城稻从宋初引进，到吴泳生活的南宋后期已经200年了，这期间从占城引进其他一些品种也未可知。[2]，出现八十占、百占、百二十占的名称是不足怪的。

然而，占城稻确实给人们带来了一些误解。早在宋代就有人认为，占城稻为早稻，明清时期这种误解尚未清除，如同治《义宁州志》卷八注曰："占城，田之高者种之，谓之旱稻，性耐旱。"以后又发生了新的误会，这些误会从另一个侧面可以看出占城稻的影响之深。

---

① 江西省农业院作物组：《赣西各县水稻调查报告》，《江西农讯》1936年第2卷第2期，第30页。

② 陈志一：《关于"占城稻"》，《中国农史》1984年第3期。

1. 占稻和早稻。不论八十日占也好，百二十日占也好，占城稻和原来的品种相比，生育期起码要短一个月，占稻的传入使江西出现了一个生育期短的早稻品种。在此之前，江西有所谓"早稻"，但播种期早，生育期长实际相当于中稻，进入南宋之后，由于气候条件和耕作制度的变化，而纷纷改种占稻，才出现了真正现代意义上的早稻，或称为"早占禾"，或称为"占早禾"。但到明清时期，占稻和早稻成了同义词，这从明清方志物产类有关水稻分类中，便可得到证明，如康熙《宜春县志》便将稻之属划分为：占谷、晚谷、糯谷、早谷四大类。同治《金溪县志》也将稻之属分为占稻、晚稻、二稻、秫稻，并明确指出："占稻，即早稻，有大占，有细占，名目不一，曰占者，其先闽人得占城种。"光绪《新城县志》也载："早稻为占。"在其他省份也有类似现象，光绪《光州府志》也说："早稻即占城稻。"实际上在占稻和早稻之间画等号，是一种误解。虽然不敢说所有的早稻都是占稻，但可以肯定所有的占稻并不都是早稻，因为至少还有晚占城。此其误解之一。

2. 占稻和籼稻。占城稻，粒差小、无芒，为籼稻。占城稻的传入，使江西出现了一种早籼品种，其名称已见于朱熹笔下。在此之前，根据对《禾谱》中早禾的播种期、生育期等分析，似为粳稻。据罗愿《尔雅翼》的划分："稻之不粘者为秔，粘者为糯，比粳小而尤不粘，其种宜早。今人号籼，为早稻，粳为晚稻。"嘉靖《东乡县志》也将稻之属划分为占、秔、糯三大类，并指出："秔，即今晚禾，一名淮禾，八、九月熟。"其中的"占"，也即相当于《尔雅翼》中的"籼"了。同治《新淦县志》即明确指出："籼，即占稻，早稻也，熟而鲜明，故曰籼，自占城来，故曰占，似粳而粒小，处处有之，高仰处俱可种。"这里可以看出：明清时期籼和占是不分了，只不过是异名同实罢了，"籼"以早熟而得名，"占"以原产地而得名，指的都是占城稻。

3. 占稻和秔稻。占城稻又是一个非糯性品种。同治《南城县志》指出："占城稻无糯。"宋代文献记载，其特点是"作饭差硬"。在此之前，江西的非糯性品种统称为"秔"，糯性的称为"秫"。占城稻传入初，还是划归于非糯性的秔稻，随占城稻的推广，在人们日常饭食中的比例增加，原来秔的名称为占所取代，因此，江西民间把非糯性品种统称为"占"，又写作黏、秥、粘、籼。明清时期江西方志中一般都将稻按用处分为占和糯两大类。如康熙《萍乡县志》、道光《万载县志》、道光《分宜县志》、同治《湖口县志》等。又比如同治《义宁州志》："黏者为糯，不黏者为秔，今之土俗，则食米皆称粘，酿酒皆称糯矣。"同治《上饶县志》："土人呼粳米曰占，种出占城。"光绪《永新县志》："占谷，即秔。"称占稻为秔稻，明显地受到了传统水稻品种分类的影响。因为原来的秔稻并不是从亚种角度来划分的，而是从不黏（硬）角度来划分的。把与非糯性的"秔"相通的"占"理解为粳亚种的"粳"，此又一误解也。

可见，占稻既与早稻、籼稻有关，又与非糯性的粳稻有关，这些名称交织出现，使得明清时期江西水稻品种名称变得很复杂，单从名称上很难分辨籼、粳。如近代个别粳稻中冒名为籼稻，如沈阳籼，实际上是粳稻；粳却取名为粘，如饶粘，实际上为粳别种，又称为香粳。又如，观音籼，本为粳，又名"八月白""银珠米"，主要种于山区。但是，从这些错综复杂的名称中不难看出，占城稻对江西水稻品种的影响是巨大的。

应该指出：占城稻的引进的确对江西的水稻品种产生了巨大的影响。但是，一些经过长期选择、品质优异的品种却依旧保留下来。如白稻其名最早见于《管子·地员篇》，占城稻传入以后，此稻仍有种植，这从欧阳守道的信中便可以看出。又如《禾谱》中的"八月白禾"品种，不仅在吉州种植，在建昌军、江州、抚州一带也有种植①，在建昌种植，由于品质好，而称为"银珠米"，一度成为贡品。据调查，1949 年以后，八月白在吉安地区各县丘陵山区一带均有种植②。

另外还应该指出：占城稻的引进虽然使江西有了生育期短的早稻品种，但它并没有直接导致双季稻的发展；在占城稻引进以前，江西是以一季晚稻为主，但已经出现了再生双季稻（女禾）和连作双季稻。据《禾谱》说："今江南之再生禾，亦谓之女禾，宜为可用。"据《宋史·五行志》记载："（元丰六年）洪州七县稻已获，再生皆实。"（《文献通考·物异考》为元丰二年）可见，当时再生稻的利用已较为普遍。《禾谱》还说："江南有黄穋禾者，大暑节刈早种毕而种，霜降节末刈晚稻而熟。"这可能是文献中最早的有关双季连作稻的记载，但仅限于黄穋禾这一个品种，黄穋禾在《陈旉农书》《王祯农书》中也有记载，其生育期短，主要是作为晚稻在湖田易涝地区种植。由于品种的限制，双季连作稻在北宋并没有得到发展。南宋以后，中国的气候又进入到了一个低温期，发展连作双季稻似更困难，也就是在这个时候，占城稻已推广开来，客观上为双季连作稻的发展提供了一个条件。但是，整个有宋一代还是以一熟制为主：吴泳的《隆兴府劝农文》就指出："豫章多湖田而少山田，大禾、小禾，一年一熟。"③ 赵蕃《抚州城外作》也反映了这种情况，诗曰："早禾已秀半且实，晚禾已作早禾长。……归计不决空彷徨，翻怜买菜籴占米……"④ 只有到了明清时期，这种客观作用才明显地表现出来。要之，占城稻的引进对江西耕作制度之影响，只是将原来以一季晚粳为主，变为以一季早籼为主，为多熟制的发展创造了条件。

---

① 〔清〕谈迁《枣林杂俎》："江西建昌府产银珠米，宋时太守沈遘尝献。"宋人韩驹有诗曰："起炊晓甑八月白。"韩为四川人，南宋初年为江州知州，晚年寓居抚州。
② 吉安专署农业处：《江西省吉安专区农作物品种志》，1960 年。
③ 〔南宋〕吴泳：《鹤林集》卷 39《隆兴府劝农文》。
④ 〔南宋〕赵蕃：《章泉稿》卷 1《抚州城外作》。

三、明清时期江西水稻品种的特色

明清时期，江西仍然在全国的粮食供应中占据举足轻重的位置。适应生产的发展，这时的水稻品种相当丰富。清乾隆七年（1742 年）纂修的《授时通考》卷 22《谷种篇》抄录了明清（以明为主）各省方志中水稻品种名称，其中江西 26 个府州县就有 465 个；又据 199 部江西县志（其中大部分是清代，特别是同治年间的志书。只有极少部分是明代和民国的志书）的统计，共有水稻品种名称 488 个（其中有异名同实者，亦有同名异实者）[1]。这些品种只是各县种植比较普遍而具有代表性的品种，实际品种远远超过此数。明清时期有的修志者为了省事而简略，很多品种未能搜罗甄别，同治《安义县志》卷一就这样简略地记载："早稻，红白数种；晚稻，红白多种；迟稻，红白多种；糯稻，更繁。"据 1958 年大田作物品种会议的统计，江西有水稻品种 7 000 多个，应该说这些品种大多数是历史时期遗留下来的。

（一）明清时期江西水稻品种多样化的原因

明清时期江西水稻品种之多，其原因大致有三：

其一，历史的继承性。宋元以前已培育出了大量的品种，这些品种大多被继承下来。根据对江西水稻品种起源和早期历史的考察，明清时期的许多品种源远流长，《禾谱》中所记的宋代品种依然保留在明清时期的《泰和县志》之中，其中的八月白、矮稻糯、黄秕糯等品种在《抚郡农产考略》、正德《建昌府志》、嘉靖《赣州府志》等书都有记载。有些明清时期的品种甚至可以远溯到战国时期。

其二，因地制宜，培育出适合本地使用的品种。明清时期，江西农民很重视选种，认识到"今岁之种，即来岁之收也"。在选种和藏种方面都有可取之处，据《梭山农谱》的介绍，选种须"择田土肥润，其实光润厚足者，先收之。暴于日，致干，以洁器或木或瓦贮之，用小竹签书某种某种于上，标以记焉。"[2] 当时所采用的方法还主要是穗选法，抚郡的穗谷早就是采用这种方法选育出来的，其法："拣禾内最先出谷之穗，收以为种，其稻同时出穗，无前后参差之别，三年始变种。"在选种过程中还利用遗传变异来取得新品种，如抚郡的大叶芒种逾二年，则变为细谷早。[3] 正是通过不断地自然选择和人工选择，培育出了许多适合本地使用的水稻品种。据不完全统计，明清时期以江西地名命名的水稻

---

[1] 《江西地方志农产资料汇编》编辑委员会编：《江西地方志农产资料汇编》，江西人民出版社 1963 年版。

[2] 〔清〕刘应棠：《梭山农谱·获谱》。

[3] 〔清〕何刚德：《抚郡农产考略·谷类》。

品种就有 20 多个。

其三，广泛地引进外来品种。明清时期，流民运动的发生，商品经济的发展，使得省内外的交往日益频繁，在向周围省份输出水稻品种的同时，很多外省品种通过各种渠道进入江西。清代江西各地较普遍地种植间作双季稻——秭禾（或称丫禾，又称衬禾、撑子），据《万载县志》记载：“秭禾谷，有红白二种，嘉庆初来自闽广，早禾耘毕，就行间莳之，刈去早禾，乃粪而锄理焉。性耐旱，近日艺者特多。”据《农田余话》的记载，早在 14 世纪，闽广之地就有了这种间作稻。衬禾、撑子的名称也见于岭南地区。[①] 除了民间引种，另一方面就是政府的推广，一个典型的例子就是康熙御稻。康熙五十四年（1715 年），御稻首先传到了苏州，五十六年江西便得到了御稻种 5 石，到五十七年便分发到了江西 13 个府种植，这在康熙五十七年六月二十六日江西巡抚白潢的奏折中可以得到证实。[②] 地方政府也派员到外地购求种子，分发各乡种植。《江西农工商矿纪略·湖口县》载：“（光绪三十一年）十一月表称：派人在安徽宣城购到水旱二稻籽种一担，散给各乡农民试种。三十二年正月，据冯令由报称：所发宣城县购来籽种，于该县土性相宜，复请人前往采买二石，分发各乡。”正是通过各种途径，明清时期许多外地品种北起北京，南至广东，西起四川，东至福建源源不断地来到江西。据不完全统计，明清时期以外省地名命名的品种有 45 个之多。

继承、选育、引进三者相结合大大地丰富了明清时期的江西水稻品种资源。

但是，水稻品种繁多，其根本原因还在于农业生产的需要。由于不同品种的生长发育，对于土壤肥料元素种类、数量要求各有不同，品种轮换种植是充分利用土壤肥力，发挥种子增产潜力，达到增产目的的重要途径。明清时期江西已形成了隔年换禾种的习惯，以保证品种不致退化，农谚云：“换种强下肥。”在换种种植的实践中，当时人们已认识到“若早稻田改栽晚稻，初二、三年有好禾。不须灰粪。晚稻田若改栽早稻必定无收”[③] 的规律。为了换种种植，农民必须贮备相当丰富的品种，这也就促使了农民千方百计地增加品种数量，扩大品种来源。这种趋势随着多熟制（如双季稻）的发展得到了进一步的强化。

明清时期江西多熟制得到发展。为了适应双季稻和其他多熟制的发展，合理安排农事活动，解决由于多熟种植而引起的劳力不足和生产季节的矛盾，各种生育期不同的品种应

---

① 《五华县志》载：撑子“早谷、冬谷混合播种，与普通早稻同时莳，至六月收割后，不用犁锄，原根再行抽苗，十月与冬稻同时收获，收成略次。”

② 康熙五十六年（1717 年）三月十一日李煦奏折：“御种稻子，奴才凛遵谕旨：凡各处来请者并皆发给，……江西抚臣佟国勤各领去五石。”康熙五十七年六月二十六日江西巡抚白潢奏折：“今年奴才将稻谷分发十三府，如法栽种。”

③ 〔清〕何刚德：《抚郡农产考略·谷类》。

运而生。《抚郡农产考略》载："乡民种早晚稻必兼种数类者，以其播获之候有先有后，时日舒徐，不致手忙足乱也。"① 新余县（今新余市）老农耕作的历史经验证明，农业增产措施主要在于选种和施肥，特别应该注意的是从各种的栽培来安排错开农事季节，做到忙闲平衡，地尽其力。20世纪60年代以前，当地农民栽培与收割的程序为："一、救公饥；二、早糯；三、团谷早或云南早；四、秋风粘或簑衣粘；五、晚糯或香柳糯；六、丫糯。栽插从农历三月开始，四月底结束。收割从五月底开始，九月结束。"②

明清时期各种水稻品种的生育期差异很大。《天工开物》载："早者七十日即收获；粳有救公饥，喉下急；糯有金包银之类。方言百千，不可殚述。最迟者历夏及冬二百日方收获。"③ 清代生育期最短的品种，如南城的四十日黏，移栽之后四十天便可收获④；长的品种，如南康的四季红，经四季乃熟⑤。据生育期的长短，《抚郡农产考略》把品种大致作了这样的分类："早秔自浸种至获大率一百二十日，晚秔自浸种至获大率一百四十日，二遍秔较早秔约多半月，较迟稻约少半月。"⑥ 此书一共记载了早秔19品，晚秔11品，二遍秔6品，早糯10品，晚糯7品，二遍糯1品，一共54个品种。

生产季节上的矛盾主要是前作和后作的矛盾，为了保证后作，特别是二晚的正常生育，必须要求早稻的品种具有生育期短而且早熟的特点。早稻的收获必然影响到后作的种植，如果早稻收割过迟，最后会影响后作产量。当时有农谚曰："立秋栽禾，够喂鸡婆。"⑦ 因此一些迟熟的品种往往不种或少种，如于都的早稻品种中有八月熟者，名八月白，又名冷水白，秋分熟者为秋分稻，皆妨于秋艺，种之者少。二种性甚迟。⑧ 但这两个品种的生育期并不长，若春歉于水，入夏有雨，莳亦能收。和迟熟品种相反，许多生育期短而且早熟的早稻品种则在各地普遍种植。当然，这些品种的种植除了适应多熟制的发展以外，还有别的原因。如，救公饥，这个名称几乎成了所有早稻早熟品种的代名词，原因在于这个品种成熟最早，每当春夏之交，平民百姓青黄不接之际，于救荒最便，因而得名。其次，生育期短，需水量小，"短于水利者宜焉"⑨。再次，受商品经济价值规律的影

① 〔清〕何刚德：《抚郡农产考略·谷类》。
② 《江西地方志农产资料汇编》编辑委员会编：《江西地方志农产资料汇编》，江西人民出版社1963年版。本文所引县志材料多引自此书。
③ 〔明〕宋应星：《天工开物》卷一《乃粒·稻》。
④ 同治《南城县志》。
⑤ 同治《南康县志》。
⑥ 〔清〕何刚德：《抚郡农产考略·谷类·秔稻》。
⑦ 〔清〕何刚德：《抚郡农产考略·谷类·麦脚老》。
⑧ 同治《于都县志》。
⑨ 同治《玉山县志》卷一下《物产》。

响，上市早"价初时视他谷稍昂"，但更重要的还是在于"获稻后即将其田复栽二遍秔"①，可以提高土地的利用率。选用短生育期品种，使得生育期较长的粳稻品种日益减少，到近代江西稻种很少有粳稻品种。

但是，生育期短、早熟的品种往往产量不高。仍以救公饥为例，明清时期许多县志都记载，这一品种"收谷少"，"所获甚少"或"恒减收"。据《抚郡农产考略》的估计，五十二粘（即救公饥）"收谷每亩比他稻少四分之一"。②因此，尽管这一品种种植较为普遍；少数地方如"临川西乡每家必种五十二粘六七亩，多者或二三十亩"③。但总的种植面积并不大，或"不多种"，或"只插数亩"。同样的道理，兴国的分龙早（芒花早）"因所获甚少，耕百亩者，仅莳一二，藉以接新"④。曾经在新城（今黎川）广泛种植的铁脚粳品种，后也因"农家以力厚而收薄，近岁渐不种矣"⑤。龙泉（今遂川）的早稻大禾稻，也因"收成甚歉，故种莳甚少"⑥。南昌的干禾，因"结实才敌诸种之半，上农夫不事此矣"。万载的香稻因"收最薄，故莳者少"⑦。当时人们的观念是：产量第一。为了提高产量，在不影响农事安排、淘汰低产品种的同时，不断地选用高产品种。如抚州的黄尼占（大占）"立秋后熟，农家多种之"，原因是这个品种"丰歉所系最重"。⑧这种观念又把农民引到选用高产品种的道路上去。

很早人们就注意到用增加穗数、粒数和粒重的办法来提高产量，而对穗大粒多的品种似乎注意特别早，这可能是每穗粒数可塑性比较大的缘故。战国时期，已出现了"穬蕵"这样一种缀粒甚密的品种；宋代《禾谱》中有"菩蕾""土雷""骨雷"这样一些品种；南宋陆九渊家利用深耕易耨的方法来增加粒数，并培育出了每穗一百二到二百余粒的品种。明清时期高产品种很多：抚郡的大叶芒、三百穗就以穗多著称；兴国的三百粒、义宁的三穗千因一穗可得谷三百内外而得名；其他如新城的江东占、泸溪的江东早等都以粒多而载入方志。据《抚郡农产考略》记载，福建粳、六谷糯、大叶芒的粒数都在120～140粒。另外，细谷早、芒叶早等都属粒大、粒重品种，尤以福建的粒重最大，每石重130～140斤，这个数字超过了近代改良品种的最高水平122斤的短广花螺⑨。

有些品种因稳产高产而成为当地农家的当家品种。会昌有农谚曰："耕田耕到老，莫

①②③　〔清〕何刚德：《抚郡农产考略·谷类·五十二粘》。
④　同治《兴国县志》卷十二《土产》。
⑤　光绪《新城县志》。
⑥　同治《龙泉县志》。
⑦　道光《万载县志》。
⑧　《抚州府志》卷十二《物产》，明弘治十五年（1502年）。
⑨　应用植物组：《改良稻种特性调查报告》，《江西农林》1950年。

丢芒叶早。"① 因为芒叶早这个品种茎粗大而谷实多，深受农民欢迎。

在以自给自足自然经济占主导地位的社会里，不仅穗数、粒数、粒重是提高产量的途径，稻谷的出米率，稻米的出饭率、出酒率，甚至米饭的耐饥程度都是人们所追求的高产目标，而且这些方面更容易被人们所感受。当时已认识到"大率晚稻为饭，不如籼稻之多，而历时久，体质重，炊之而粘，食之耐饥，宜于养老，不宜于食少，少者以早米为益也。"②"二遍稻收谷较少，……不出饭，煮米六斗，仅有早米五斗米饭。"③ 谷壳的厚薄是影响出米率的重要因素，因此，选用谷壳薄的品种是提高出米率的关键。品种的籼粳是影响出饭率的重要因素，籼的胀性比粳的胀性大，因此，必须选用籼稻品种。饭质地的坚硬和柔软是影响耐饥程度的因素，质地坚硬的品种耐饥，因此要选用质地坚硬的品种。明清时期，青柳占、团谷早、云南早、湖白（玉山白）、麻禾、红米糯都是壳薄出米率高的品种，以兴国的麻禾为例，其"颖长实满，获麻禾五石，得米可当早谷六石，皮薄米精"④，也就是说，麻禾的出米率高出早谷的 20%。当时的出糙率，从七斗糙和七升糙这两个糯稻品种来看，大概出糙率是 70%。明清时期，出饭率和出酒率较高的品种有广东红、银包金、童子糯（矮糯）、白矮等，如广东红，"为炊溢于诸米十之二三"；童子糯则是"酿酒倍多"。米质坚硬，食之耐饥的品种有簑衣黏、夏桃红、竹丫粘、梗颈红、乌壳红等，如簑衣黏，"食少辄饱，谓之起家黏"。

明清时期有些品种还具有多方面的高产性状。抚郡的大叶芒不仅穗数最多，而且粒多、粒大。⑤ 民国初，南昌的早稻品种有："曰黄米，获稍迟，多载籽，米粗硬，色微赤，受水多饭"；另有"获最迟者曰迟白，尤载籽，且多米，谷一石可得米六斗。"⑥ 更多的是不能两全，如抚郡的三百穗，禾穗最多，但每穗著谷不多，这反映了产量内部诸因子的矛盾。

不仅产量内部诸因子之间存在矛盾，产量与质量也存在着矛盾。明清时期，对品种的品质重视不足，正是这对矛盾的反映。当时最主要的问题在于救饥，因而一些品质好而产量低的品种往往少种或者不种。这从当时人们对于香稻的态度便可以看出。《天工开物》曰："香稻一种，取其芳气，以供贵人，收实甚少，滋益全无，不足尚也。"⑦《万载县志》

---

① 乾隆十五年（1750 年）《会昌县志》卷十六《土物》。
② 民国重修《婺源县志》卷十一《食货》五《物产》。
③ 〔清〕何刚德：《抚郡农产考略·谷类·柳叶早、二淮》。
④ 同治《兴国县志》卷十二《土产》。
⑤ 〔清〕何刚德：《抚郡农产考略·谷类·大叶芒》。
⑥ 民国《南昌县志》。
⑦ 〔明〕宋应星：《天工开物》卷一《乃粒·稻》。

载："香稻，赤芒、白粒，宜隰，出礼山、蓝田，收最薄，故莳者少。"① 尽管莳者少，但明清时期江西还是不乏品质较好的品种出现，以满足人们主食以外其他副食的需要。如，饶粘，又叫香芸占、大禾米占、大禾谷、香禾等，在明清时期江西种植较普遍，据各县县志的统计，种植这一品种的县份不下八个之多。据乾隆《会昌县志》卷十六载，这一品种"米粒莹洁而香，其粘似糯，不可酿酒，独宜作糍饵，性腻而滑，土人以槐花水渍米，蒸熟捣烂，作餐饼，……岁除相饷遗，名曰：黄元。"② 其他县志的记载大同小异，同治《南康县志》更在末尾加上一句"虽极贫家亦效之"，足见风俗习惯对品种选择的影响。再有东乡县（今抚州市东方区）的白沙占。据该县县志记载："立秋后乃熟，宜为粉线，宋时崇仁人善制，经进名曰：榄。"③ 正是为了满足人们的副食需要，才使得一些品质优良的品种保留下来。

（二）明清时期江西水稻品种的特色

稻米品质的评定一般包括碾米品质、籽粒外观、蒸煮品质及食味评定、蛋白质含量等内容。兹按照这些标准对明清时期的稻米品质加以分析。

1. 碾米品质。 明清时期受商品经济的影响，已经把整米率纳入了品质之中，认识到："凡谷有芒者，为米不破碎，于漕宜。"④ 明清时期一些有芒品种的种植除了增加品种的抗性以外，还可能与重视整米率有关。当时还有些碾米品质特别好的品种，如抚郡之临川、崇仁等县有一糯稻品种，名"千下椎"，稃黄色，米细白而长，久舂久碾，其米不碎，手握之如握铁子。⑤ 建昌、南城等县的赤珠粳、铁脚粳都有这样的特色⑥。

2. 籽粒外观。《天工开物》对米粒外观曾做过笼统的描述："长粒、尖粒、圆顶、扁面不一，其中米色有雪白、牙黄、大赤、半紫、杂黑不一。"⑦ 当时短圆形的品种似不多见，注明为短圆形的有十来个品种，如新建的稚子糯、会昌的芒叶早等。

还有一些品种从字面上理解，也应是短圆形，如建昌的八月白（又名银珠米），瑞金、安远的水珠糯，崇仁的珍珠稻，婺源的珠子稻，临江府的团谷早以及胡椒糯、团糯等，共有20多个。其中有一半属于糯稻品种。除了这20多个品种以外，剩下的为数众多的当以长粒形为主。当时有些特别长的品种，如兴国的大糯和进贤的香粘就长达3～4分，约10

① 道光《万载县志》。
② 同治《会昌县志》。
③ 嘉靖《东乡县志》卷上《土产》。
④ 同治《玉山县志》卷一下。
⑤ 〔清〕何刚德：《抚郡农产考略·谷类·过冬糯、千下椎糯》。
⑥ 同治《建昌府志》卷一之七《物产》。
⑦ 〔明〕宋应星：《天工开物》卷一《乃粒·稻》。

毫米，属超长粒形。

从色泽来看，明清时期江西的水稻品种似以红白为多，又以白为主。据对同治《新建县志》统计，注明为白米的有28个，为红米的18个。又据《抚郡农产考略》所记的米色分布，亦以白色占绝对优势，共37个；其次是红色，8个；黄色，2个；乌、微黑、牙黄、牙白各1个。

从季节分布来看，早稻以白色为主，平原地区如南昌、丰城、清江、上饶等县，只有晚稻才分为红、白二色，早稻中似无红色，晚稻中红白各半。从地区上来看，平原以白色为主，红色只不到1/4；山区丘陵以红色为主，如安远二晚"红者三种：毛伦红、长须禾、六十工；白者一种，高脚白。"① 再如泸溪，"早白所种少，红迟所种多。以其地宜然也。"② 金溪水稻种植中，早稻占有十分之三，其中又以红色居多，白者少，此地多山少水。③ 可以看出，红色是与高寒联系在一起的。

色素影响着稻米的品质。同治《义宁州志》载："凡稻之色，以黄、白为佳。"一般认为，红米的质量低，用途也不广，"只能做饭，做粉丸子，若煎糖、酿酒、压粉条均不宜。"④民国时期，宜春、崇仁等县由于红米的质量差，销路不畅，价格低廉，而纷纷改种白者。⑤ 尽管这样，红米中也不乏佳品，如万载赤米，俗名红米占，舂煮之作桃花色，香柔而甘，晚稻上品。⑥ 据说，奉新县有一种红米，品质独特，色泽红艳，食味可口，明代就作为珍品向朝廷进贡，有贡米之称；清乾隆帝南巡抵达奉新品食之后，更享有盛名，每年进贡达800余担；中华人民共和国成立后也一度上调中央专用。同时红米作为晚稻种植，尤其是在山区，似还具有抗寒防虫的作用。

再从白米来说，米粒的白度（光反射率）、透明度、光泽等也常常影响白米的品质。明清时期不乏白度和透明度高、光泽好的品种。如南昌县的清油粘，其滑如油；上饶县的玉山红，玉莹似玉；会昌县的光粘，洁白带光。据不完全统计，此类品种有12个之多。

3. 食用品质。稻米的品质最终都表现为食用品质。米作为食品，品质无非包括色（视觉）、香（嗅觉）、味（味觉）、形（触觉）等感官判断，特别是触觉，即咀嚼米饭时的质地感觉与食味关系最密切。明清时期食味品质较好的品种，都具有香、软、甘、柔、滑等特点。如分宜县的浏阳早，为饭香软；宜黄县的瘦田白，甘滑清香；兴国县的粘禾，甘

---

① 同治《安远县志》卷一之九《物产》。
② 乾隆《泸溪县志》。
③④ 〔清〕何刚德：《抚郡农产考略》。
⑤ 民国二十五年《宜春县志》，民国《江西地理志》。
⑥ 道光《万载县志》。

芬柔滑[1]，诸如此类品种，见诸记载者有不下 20 个之多。

明清时期也有些食味品质不佳的稻种。如于都的广东红，味涩不适口[2]；抚郡的银包金，易老化，炊熟即食尚可口，第二顿食之则坚硬与糙米饭同，味最差。[3] 但这些品种具有其他方面的优点，如广东红饭多，银包金汁浓。所以种植者亦不在少数。况且，食味品质在当时是不受重视的。

4. 对自然环境的适应和对自然灾害的抗性。明清时期江西水稻品种的特色，不仅表现在数量、产量和质量上，而且还表现在对自然环境的适应和对自然灾害的抗性等方面。随着人口的增加，山区、湖区得到了进一步的开发利用，这些新开垦的农田易旱、易涝、缺肥、多灾、产量低。《梭山农谱》的记载反映了山乡农民深受寒风、虫害的情况。其他地区也存在着许多不利的自然因素。如四月到六月间的洪涝、六月以后的干旱、秋季的低温（江西称为"社风""冻桂花""寒露风"）等灾害性天气，还有鸟、兽、虫等的为害。为了提高产量，明清时期江西农民一方面兴修水利，改良土壤，进行必要的病虫害防治；另一方面就是选用多抗品种，使之适应各种不利的自然环境。

（1）耐旱性品种：明清时期，江西山区的居民，为了解决粮食问题，除了种植新作物甘薯、玉米等，大量的还是依赖种稻，这就促进了旱稻和其他一些抗旱品种的出现和使用。旱稻很适合缺水少肥的山地和保水能力差的沙地种植。《天工开物》载："凡稻旬日失水则死期至，幻出旱稻一种，粳而不粘者，即高山可插。"[4] 据不完全统计，明清时期江西有近 20 个县栽插了旱稻，主要分布于山区县，并且有不断增长的趋势，如分宜、宜黄、武宁等县都是在清代后期才开始种植旱稻的。旱稻的地方名称很多，有山禾、干禾、旱谷、陆稻、菱禾等。从传统分类上来说，旱稻不光有粳，而且有糯。光绪《瑞金县志》载："种之山腰峰际而生者，曰菱禾，又曰旱禾，皆糯类也。"同治《武宁县志》载："近复有陆秔陆秫，不资水养，陆阜可种。"同治《会昌县志》亦载："在山阜间种，不须粪壅，有秔秫两种。"

除旱稻，还有一些耐旱性品种，适合在山区和其他一些易旱地区种植。如新建的龙茅占、江东占都具有耐旱易培的特点，农人多加选用。此类品种也有逾 10 个之多。还有一些品种虽然在明清时期文献中没有记载为耐旱性品种，但据近代人的调查也具有耐旱的特征，如靖安的团谷早，宜春的五月早、白粘等。

（2）耐涝性品种：山区以外，湖区以及平原的低洼地，山丘垄田、坑田、冲田的下

---

① 同治《兴国县志》卷十二《土产》。
② 同治《于都县志》卷五《土产》。
③ 〔清〕何刚德：《抚郡农产考略》
④ 〔明〕宋应星：《天工开物》卷一《乃粒·稻》。

部，全部或局部终年积水地区，常受到水害的威胁。对此，江西农民除了进行必需的改造以外，还选用了一些耐水性品种。如南昌、新建等地的"深水红"，疑即后来的红米糯谷，是一种深水稻，在滨湖地区涨水时可以随水生长，水涨禾高；又如余江的乌谷子、黄六禾[①]、绵子糯等都具有适于湖田种植的特点。乌谷子也种于南昌，据民国八年（1919年）《南昌县志》记载："乌谷者，秋已过久，撒于水田，能自生，或种之凶岁以御荒。"据民国时期的调查，南昌一县这类品种就有撒红籼、框头晚、命命子、硬稿、柳絮晚、憨糯等许多品种[②]。至今鄱阳湖滨还有一种"糠头晚"（疑即框头晚）品种，可以在洪水退后撒播，撒到哪里收到哪里，一直可以撒到立秋之后，是一种难得的救荒品种。[③] 耐水性品种在《抚郡农产考略》中也记载了不少，有的品种似特别耐水，如梗颈红，多浸一两次不受伤。

（3）抗倒伏品种：无论是平地还是山地的水稻生产都碰到这样的矛盾："凡稻肥太少则禾茎短而结实不繁，肥太多则穗委泥中不能坚实。"[④] 这就要求品种具有抗倒伏的特性。导致水稻倒伏除了因施肥（尤其是氮肥）太多，生长旺盛（徒长）之所，暴风雨的袭击是其外因。《梭山农谱》中说："上壤气盛，穗首与人心齐；中壤次之，九月老，西风数过，禾被之多偃者，粒粒皆辛苦，狼籍于途，殊不忍也，故用扶之。"扶只是一种消极被动的办法，只能治表，不能治本。明清时期江西农民还采取了一些积极主动的办法来防止倒伏，即选用茎秆矮壮的品种。当时大多数稻种的茎秆都在一米以上（表2）。

表2　明清时期江西水稻品种的茎秆高度

单位：尺

名称	高度	名称	高度
五十二粘	2.2～2.3	柳须白	最长
寒糯	3.4～3.5	懒担粪	奇长
红壳糯	3.0	宁都粘	长
六壳糯	4.0～5.0	湖南粘	长
硬稿白	最长	福建粳	>4.0
麦脚老	独长	大叶芒	长
金包银	最高	铁脚撑	长

① 黄六禾，即黄穋稻，见本书《中国历史上的黄穋稻》一文。
② 许传祯：《南昌之米谷》，《江西农业》一卷一，民国二十七年（1938年）六月。
③ 谢国珍：《形形色色的江西水稻品种资源》，江西人民广播电台节目稿。
④ 〔清〕何刚德：《抚郡农产考略》。

尽管如此，还是有些矮秆品种，以矮著称的就有：童子粘、矮黏、矮青、矮黄、矮齐、童子糯（又名稚子糯、矮脚糯、矮子糯、矮糯）、矮藁、白矮等。另外，还有一些茎秆坚强、抗倒伏能力特强的品种。如进贤的桅杆早，又称桅上早、独不仆，形象地描绘了这个品种的抗倒伏特征。[①] 更多的是用"铁脚"来形容茎秆坚强、疾风猛雨不倒的品种，如铁脚撑、铁脚黏、铁脚籼、铁脚粳、铁脚糯、铁秆糯；有的索性称为硬稿早粘、硬稿白等。

（4）耐肥性品种：大凡抗倒伏品种都有很强的耐肥性。《抚郡农产考略》对铁脚撑有如下描述："铁脚撑，一名铁脚粳，又名硬藁白，早稻也，稻藁长而劲故名。""天时：凡稻出齐而未灌浆，最畏风暴折倒，此稻稍能耐之。""地利：宜水田，此稻稿最坚劲，水浸不倒不烂，种之近河之地尤宜。""人事：他稻淤荫三次，过三次则稻易倒而不能灌浆，铁脚粳则肥料愈多愈好，可以用至六次，其稻立者亩收三石，倚者四石，倒者五六石，其或立或倚或倒，则淤荫之厚薄为之也，故谚言：'铁脚撑'立三傍四，一倒无数。然乡民因需肥太多，亦不敢多种。"此书中还记载了许多适于肥田种植的品种。其他县志中也记载了一些耐肥性品种，如光绪《婺源县志》载：肥田跂"大率籼不耐肥，惟此种能于肥田中自植立也"，狭田糯"善耐肥"。但是，耐肥性品种因需肥太多，不敢多种，肥太少，禾茎短而结实不繁，因此便有耐瘠性品种的出现。

（5）耐瘠性品种：一般说来，农家品种多具有耐瘠的特征，其中有些品种特别耐瘠，如懒担粪，据《抚郡农产考略》载："此稻需粪极少故名懒担粪。"这一品种在义宁以及抚州的崇仁、宜黄、乐安等县都有种植。此书中还记载了瘦田白这一个品种，因其在"瘠田亦可种"。

（6）耐寒性品种：明清时期，平原地区普遍种植二季晚稻，另外在一些高寒山区还有相当的一季晚稻的种植。晚稻生产有一个不利的因素，就是寒害，尤其是抽穗扬花季节寒露风的危害，因而在众多的品种中，又有一部分具有耐寒能力的品种。以寒字命名的品种就有寒籼、寒粘、寒青、寒糯、寒籼糯、寒谷糯等，还有一些虽不以寒名的品种，亦具有耐寒的特征，如万载的铁梗占，性耐寒。[②] 不过耐寒品种亦似糯稻为多。其一，江西的糯稻多属粳型，而粳型较籼型的耐寒性强，故"山乡籼种少，粳种多"[③]。其二，江西的糯稻主要作晚稻种植，也要求糯稻有较强的抗寒性。《天工开物》记载："南方平原田多一岁两栽两获者，其再栽秧，俗名晚糯，非粳类也。"直到今天，江西的糯稻也主要作晚稻种植。对于糯稻抗寒性品种，《抚郡农产考略》作了如是介绍："糯性畏寒，若九月霜降，气

---

① 同治《进贤县志》卷二《物产》。
② 道光《万载县志》卷十二《土产》。
③ 〔清〕刘应棠：《梭山农谱·获谱》。

候过寒，则多冻死，虽著谷不能充满，过冬糯稍能耐寒……可久坐田。"又，"寒糯，宜邑呼为'寒冬糯'，二遍糯也，其佳者亦名柳条糯……岁岁可栽，不畏寒。"

（7）防鸟兽害品种：在谷物播种和收获的季节，常有鸟兽前来糟蹋，给收成带来损失。很早以前，人们就认识并利用了植物自我保护的机制来减轻鸟兽的危害，即选用有芒品种。明清时期有不少有芒品种，或称为芒，或称为须，有赤芒谷、芒谷、虾须谷、长须禾、铁芒黎、独须早、须占、长须占、羊须占、黑须、柳须、芒须糯、马鬃糯、羊须、芒嘴等。还有些品种虽不是以芒须命名，却是有芒品种，如同治《新建县志》就注明洞占、乌谷、冷水秋、早大禾、黄尖嘴、大禾、七月糙、乌大禾、金丝糯等为有芒品种。农民多在禽兽出没处选种有芒品种。如南昌的铁脚撑，芒锐，宅傍宜之。万载的鹿见愁，俗名须占，山田宜种此。其他有芒品种还有许多。但总体说来，明清时期有芒品种在所有品种中所占的比例比宋代以前要小。据同治《新建县志》统计，注明无芒的 23 个，有芒的 9 个，未注明有无芒的 23 个，而宋代以前的品种则多为有芒者。

总之，明清时期江西水稻品种体现了一个多样性的特点。这个特点是适应生产发展的需要而产生的，这个需要就是早熟、高产、优质、多抗。由于这些需要之间又存在着难以克服的矛盾，因此促进了多样性的发展。但是多样性的发展方向仍然没有脱离宋代以来所呈现的轨迹，即粳型的比重在下降，籼型的比重在上升。因此，近代品种改良的一大课题便是改籼稻为粳稻，以提高稻米的品质，但结果并不理想，此为后话。

第六编

稻作环境与稻作文化

江南稻作文化中的若干问题略论[*]
——评河野通明《江南稻作文化与日本》

1997 年 10 月 23—28 日，在中国江西南昌召开的第二届农业考古国际学术讨论会上，日本神奈川大学河野通明教授提出了"江南汉族稻作文化"与"原江南非汉族稻作文化"的概念。他将 307 年晋代南渡后大规模民族移动中，从黄河流域的中原南下定居的汉族稻作情景，称为"江南汉族稻作文化"，而把汉族南下以前，江南地区通行的稻作，称为"原江南非汉族稻作文化"。他认为，江南汉族稻作文化体现在自南宋以后多次绘制过的耕织图中，其特点是：（1）男子插秧；（2）收获的稻谷经过脱粒、脱壳而以米的形态保存于地窖；（3）未见祭神场面。而原江南非汉族稻作文化遗存于中国的西南部、泰国北部、印度尼西亚以及往昔的日本，特点是：（1）祭神；（2）妇女插秧；（3）收割稻穗后保存带穗的颖稻于高架式仓库。

表 1　河野关于江南稻作文化的分类及其特点

	江南汉族稻作文化	原江南非汉族稻作文化
插秧	男子	女子
祭神	无	有
贮藏形态	脱壳稻米	带穗稻谷
贮藏方式	地窖	高架仓库

———————————

* 本文原载于《农业考古》1998 年第 3 期。

河野提出这一概念是想论证其关于日本稻作起源的假说，即日本的稻文化是由原来居住在江南的非汉族先民带入日本的，也就是说日本稻作文化的原型是原江南非汉族稻作文化，而不是后来的江南汉族稻作文化。那么，像河野先生所说的江南汉族稻作文化和原江南非汉族稻作文化的这些差异真的存在吗？两种稻作的差异究竟在哪里？原江南非汉族稻作文化的特点究竟是什么？在考察了中国稻作文化之后，我们有理由相信，河野所说的两种稻作文化的差异是不存在的，两种稻作的差异主要在于技术，而不是文化。火耕而水耨是原江南非汉族稻作文化的特点。

一、水稻生产中的妇女

栽秧季节姑娘家最辛苦，妹妹呀，你却会感到心甜，因为阿哥会在你身边。你栽秧，哥传秧。你渴了，哥送水。回家陪你一路行，下田陪你一道走。就是到了九月蓐秧时，也要一起在田间。

栽秧育苗是一件细活，抓住节令啊，比什么都重要。八月土松水温和，栽下苗棵发蓬快，半个月秧苗便变绿。今天已是八月十五，我们田才栽了一半。妹妹呀，你还得抓紧时间，要把宝贵的时间追赶，月底得把秧栽完，不能拖到九月了。①

这是中国西南少数民族傣族古歌谣中反映稻作生产中妇女插秧的歌词。没有理由可以否认像傣族这样的一些西南少数民族历史上曾有过妇女插秧的事实。但问题是江南汉族稻作文化中就没有妇女插秧的情况吗？

人们普遍认为，农业的发明人可能是女子，可是当农业成为人类赖以谋生的手段的时候，妇女却从田中退回到了家中，男耕女织，成为一种最佳的分工模式。汉字中"男"和"妇"两字就是这种男主外、女主内分工模式的体现。"男"字，从田从力，表示男子力田；"妇"，从女从帚，表示妇女手持笤帚，打扫卫生，操持家务。

但男女分工并不能阻止妇女涉足大田生产。普遍的情况是，在家负责家务的妇女，必须将做好了的饭菜送到田间地头。这便是《诗·豳风·七月》中提到的"同我妇子，馌彼南亩"。特别是到了农忙的日子里，丈夫们忙于田里的农活，更加无暇顾及回家吃饭，因此妇女们送饭到田头的现象就更为普遍，"田家少闲月，五月人倍忙。夜来南风起，小麦

---

① 岩温扁、岩林译：《傣族古歌谣》，中国民间文艺出版社 1981 年版。

覆陇黄。妇姑荷箪食，童稚携壶浆，相随饷田去，丁壮在南冈。足蒸暑土气，背灼炎天光，力尽不知热，但惜夏日长。"白居易（772—846）的这首《观刈麦》诗，描述的就是五月麦收季节妇女儿童箪食壶浆，送饭到田冈的场面。稻作农业中也有类似情形。元人刘诜（1268—1350）《秧老歌》："三月四月江南村，村村插秧无朝昏。红妆少妇荷饭出，白头老人驱犊奔。"

　　送饭毕竟还不是下田干活。但当男子忙于其他更需要体力的作业环节的时候，妇女们参加一些力所能及的作业是非常普遍的。有方志提到："妇女馌饷，凡拔秧庎水与男子均劳。"① 插秧虽然是稻作农业中最费事的一环，但并不是力气活，而完全是个熟练工种，经过一定的训练，妇女儿童也能胜任，由于在整个插秧期间，男子还要负担耕、耙、耖、运秧等力气活，所以拔秧和插秧主要是由妇女和儿童承担。唐人刘禹锡（772—842）的《插田歌》中就提到了妇女，其曰："农妇白苎裙，农夫绿蓑衣。齐唱田中歌，嘤伫如竹枝。"南宋诗人范成大（1126—1193）《村居即景》诗中虽然有"绿遍郊原白满川，子规声里雨如烟。乡村四月闲人少，才了蚕桑又插田"的诗句，但也没有确切地提到妇女插秧。宋人邵定翁《插田诗》云："明朝早早起插田，东方未明云漫漫。阿婆捔床呼阿三：阿三莫学阿五眠，汝起点火烧破铛。麦饭杂菽炮鲞羹，邱嫂拔秧哥去耕。田家何待春禽劝，一朝早起一年饭。饭箩空，愁杀侬。"诗中提到"邱嫂拔秧"应该看作是妇女参与拔秧的证据。"邱嫂拔秧"并不是孤立的现象，明清时期江南仍不乏其例，如"春三月垦稜，谷雨浸种，立夏落秧。秧田先庎水，以板磨平之，然后撒种，拆甲如针，谓之秧，以灰盖之，以粪洒之，长五六寸。用妇女拔之，谓之拔秧。"②

　　但拔秧毕竟不等于插秧。有没有关于妇女亲自下田插秧的描述呢？回答是肯定的。南宋诗人杨万里（1124—1206）的《插秧歌》中就有妇女插秧的身影："田夫抛秧田妇接，小儿拔秧大儿插。笠是兜鍪蓑是甲，雨从头上湿到胛。唤渠朝餐歇半霎，低头折腰只不答。秧根未牢莳未匝，照看鹅儿与雏鸭。"熟悉江南传统稻作生产情况的人都知道，水稻一般是在每年的清明节前后下种，经过一个月左右的秧龄便可以移栽，即从秧田移栽到本田。移栽前，先要将秧从秧田中拔起，洗去根上的泥土之后，扎成许多小把，再集中挑到大田里去，到了田里后，先把秧放在田埂上，然后再把秧把——抛在田中适当的位置，这时田里头可能已有人在插秧，如果手头的秧不够，身后的秧又够不到，便可能直接接过抛过来的秧把，继续栽插。这便是"田夫抛秧田妇接"的由来，它和傣族古歌谣中所唱到的"你栽秧，我传秧"是何其相似乃耳。不过江南稻作农俗中，忌讳手把手地传秧，因为传

---

① 嘉庆四年（1799 年）《嘉兴县志》卷十六《农桑》。
② 嘉庆《珠里小志·风俗》。

秧，寓意为"传殃"，因此只能抛秧，由挑秧人把"秧把"散抛田间。妇女插秧现象的存在不仅见于诗中的描述，甚至插秧女也成为诗人吟哦的主题。清人陈文述就有《插秧女》①诗一首，同朝钱载也有《插秧诗》，其诗以妇女的口吻写道："妾坐秧田拔，郎立田中插。没脚湿到裙，披蓑湿到胛，随意千科分，趁势两指夹。伛偻四角退，遍满中央恰，方方棋枰绿，密密僧衣法。针针水面出，女手亦留插。斜日日两竿，白雨雨一霎。田头飞鹭鸶，林际叫鹁鸪。"洪景皓《田蚕竹枝词》："妇插青苗男溉田，勤偏居后嫩居前。蓝裙黑袴青衫襡，不怕朝朝泥水溅。"②这些可能是妇女插秧最直接的证据。

妇女参与大田生产不仅仅是插秧，尽管以插秧为主，但在某些极端的情况下，妇女还参加包括插秧在内，以及耕田、踏车、耘田、刈禾、打场的全部的大田生产活动。"乡村妇女最为勤苦，凡耘耥、刈获、桔槔之事，与男子共其劳。"③唐人戴叔伦有《女耕田行》一诗，曰："乳燕入巢笋成行，谁家二女种新谷。无人无牛不及犁，持刀斫地翻作泥。自言家贫母年老，长兄从军未娶嫂。去年灾疫牛圈空，截绢买刀都市中。头巾掩面畏人识，以刀代牛谁与同，姊妹相携心正苦，不见路人惟见土。疏通畦垄防乱苗，整顿沟塍待时雨。日正南冈下饷归，可怜朝雉扰惊飞，东邻西舍花发尽，共怜余芳泪满衣。"诗中描写了一对姊妹以刀（铁搭）代犁在田中耕作的情景。再以车水为例，江南地区由于地势低下，田易受水，每当此时，农家便"集桔槔以车救之，号大棚车，……虽妇女亦与焉。"④"田妇踏右，田夫踏左。"⑤

其实，妇女参与包括插秧在内的大田生产是一种较为普遍的现象。李伯重先生在探讨了明清时期江南农家妇女劳动问题之后指出，男女劳动者依据人体生理条件的差别而在生产活动中实行性别分工，已有久远的历史。"男耕女织"是性别分工的主要形式之一，但这种分工形式并非天然如此和一成不变的。首先，性别分工有多种形式（例如明代江南就不仅有"男耕女织"，而且还有"女耕男织"），"男耕女织"只不过是男女分工诸多形式中的一种；其次，即令是"男耕女织"，也有程度之别（例如即使在清代，江南许多地方的农家妇女，除了从事棉纺织生产，也或多或少地参加大田农作；相反，在晚清上海郊区的农家棉纺织业生产中，男子也参加纺纱），所以"男耕"与"女织"之间的界线，也并不是泾渭分明。"男耕女织"这一农家劳动安排方式，虽然出现很早，但是一直到清代中期，

---

① 〔清〕陈文述《插秧女》："种秧一亩宽，插秧十余亩。水浅愁秧枯，水深怕秧腐。"
② 乾隆《海盐县续图经》。
③ 嘉庆《昆山县志·风俗》。
④ 嘉庆《吴江县志·风俗》。
⑤ 〔清〕黄之隽：《痦堂集》卷39"踏车谣"。

才在江南发展成为一种支配性的模式①。

　　但我们在强调妇女插秧的同时，并没有夸大妇女在大田生产中作用的意思。在很大程度上来说，妇女插秧仅仅是出于帮忙的性质，男子是大田生产的主力，如果没有男子，而仅仅依靠妇女，在当时的条件下稻作生产是没有办法进行的。河野先生在文章中提到了日本在古代曾有拾落穗之事，当时认为拾落穗乃是失去了丈夫的妇人等穷人的权利。这正是男女在大田生产中地位的反映，由于大田生产主要是男人的事，因此，失去了丈夫的妇女很难完成水稻生产的全过程，所以只好靠拣拾遗穗来贴补口粮。这种情形在中国也很普遍。前引白居易《观刈麦》诗的下半阕就这样写道："复有贫妇人，抱子在其旁，右手秉遗穗，左臂悬敝筐。听其相顾言，闻者为悲伤：'家田输税尽，拾此充饥肠。'"拾穗成为一种民俗，在江南地区就流传有这样的谚语："勿拾稻穗头，吃苦在后头"，"穗头拾勿干净，死后无棺材困"，"叩一百头，增一岁寿"（寓意拾一穗，弯腰叩头一次）。笔者小时候就曾参与过这种劳动，当时还处在人民公社时期，一切收获归以生产队为基本单位的集体所有，但有个例外，这便是小孩放学或放假期间到收获后的大田里所拾稻穗归自家所有，可以充当口粮，直接用稻谷换取生产队米粉加工厂加工出来的米粉。参与拾穗的人群中，除了小孩，还有个别的老年妇女，他们所拾的穗也归自己。

二、稻作文化的祭神

　　祭神是传统农业文化中一种普遍现象，稻作文化中自然也不例外。的确，在河野先生所选的反映江南汉族稻作文化的耕织图中，我们看不到"祭神"的场面，但这并不否认祭神的存在。众所周知，中国自南宋以来，曾多次绘制过耕织图，耕织图是描绘江南的稻作与养蚕、机织情景的。而在这众多的耕织图中，虽然有些看不到祭神的场面，但有些耕织图中却有祭神的场面，如康熙《耕织图》（图1）、雍正《耕织图》。有些耕织图由于失传已无法想见其画面，但从保留下来的耕织图诗中，可以肯定一些耕织图中有祭神的画面。元代书画家赵松雪题《耕织图》诗中，就能领略到祭神的内容："孟冬农事毕，谷粟既已藏。弥望四野空，藁秸亦在场。朝廷政方理，庶事和阴阳。所以频岁登，不忧旱与蝗。置酒燕乡里，尊老列上行。肴羞不厌多，烹羔复烹羊。纵饮穷日夕，为乐殊未央。祷天祝圣人，万年长寿昌。"从中可以看出，至少赵松雪所看到的耕织图有祭神的画面。即便有些耕织图中不存在祭神场面，也并不代表实际生活中不存在祭神活动。在唐代元稹的诗中我

---

　　① 李伯重：《从"夫妇并作"到"男耕女织"——明清江南农家妇女劳动问题探讨之一》，《中国经济史研究》1996年第3期。

们能够领略到流行于楚地的"赛神"习俗:"楚俗不事事,巫风事妖神。事妖结妖社,不问疏与亲。年年十月暮,珠稻欲垂新。家家不敛获,赛妖无富贫。"①

图 1　康熙《耕织图·祭神》

祭神的存在,除了是一种习俗之外,更是生产力水平低下的反映。当人们无力战胜各种自然灾害的时候,便希望借助于神灵的力量,是有祈的出现;而当风调雨顺、五谷丰登的时候,人们便认为这是神灵的恩赐,于是要加以报答,是有报的出现。祈报的目的在于"媚于神而和于人"。祈报的对象,除了社(五土之神)稷(五谷之神),"山川之神,则水旱疠疫之灾,于是乎禜之。日月星辰之神,则雪霜风雨之不时,于是乎禜之",进而扩展到"凡法施于民者,以劳定国者,能御大灾者,能捍大患者,皆在所祈报也"②。

---

① 〔唐〕元稹:《赛神》。
② 〔南宋〕陈旉:《陈旉农书》卷上《祈报篇》。

从江南稻作民俗中，就能看出这种祭神活动的普遍性和经常性。据《吴地稻作文化》一书的记载，江南地区与稻作有关的农俗就有 52 个，其中多与祭神有关（表 2）。

表 2　江南地区稻作民俗一览

祭神名称	祭祀对象	祭祀时间
开秧院	秧神	拔秧莳秧第一天
牛食粽	牛	开犁之际
斋土地神	土地神	支水车排灌稻田之际
祭蛇王	蛇王	四月十二日
祀刘猛将	田神	稻作生产的每个关键时节
汰脚日	土地神	莳秧完毕次日
唱山歌	自己	莳秧、耘稻、车水、牵砻各时
祈雨	猛将、观音等	伏旱盛时
驱虫	猛将等	八月稻田害虫盛时
供灶神	灶神老爷	碾出第一臼新米时
烧田角	神	腊月廿四日（农历小年）夜
斋牛棚	牛神	腊月廿四日（农历小年）夜
斋猪圈	猪神	腊月廿四日（农历小年）夜
照田财	田神	腊月廿三、廿五日或正月二十、十三日夜
田公田婆生日	田公田婆	二月二日
加田财	田神	正月初四
谷日	谷神	正月初八
守岁绳		大年夜
兜田财	田神	正月十五
稻花生日		二月十二日
斋春牛		二月初一
斋犁		三月初一
斋龙宫	龙王	五月二十日
斋谷神	谷神	育秧时节
斋砻头		牵砻事毕
稻生日		八月廿四日
稻灯会		稻谷成熟之时
千家米		孩童久病不愈时
供米	米神	长年

（续）

祭神名称	祭祀对象	祭祀时间
撒米	土地神	正月初一
打春	春牛	立春日
拜春	士庶相贺	立春日
念太阳经	太阳菩萨	收割脱粒后第一天晒谷时
烧香塔	稻神	正月
祭田神	田神	元宵节
走三桥		祭毕田神之后
总饭、总筷、总碗	祖先、神仙	除夕
斋砻神	砻神	开砻前
开砻酒	牵砻班子	开砻前一天
晦米	关帝	？
米仙人	米仙人	急病或孩童夜啼哭闹时
镇宅谷神	谷神	长年
生子谷	谷神	结婚时
铺新床		结婚时
稻柴枕		结婚时
踏蒸		结婚时
砻糠绳	绳神	长年？
开门爆仗		正月初一
排石脚		插秧时
送糖茶		耘稻之际
积谷瓮		平日
拾穗头		获稻日

资料来源：杨晓东：《吴地稻作文化》，南京大学出版社 1994 年版，第 73－82 页。

从表 2 可以看出，在稻农的观念中，各路与水稻生产有关的神灵都要祭到。元稹和赵松雪的诗中只提到了十月丰收之后稻农祭神的情况。实际上，从播种到收获每个环节几乎都有祭神活动。

以记述江南水稻生产为主要内容的南宋初年《陈旉农书》中，就有专门的《祈报篇》，可见到了宋代长江下游地区还存在祭神之礼，只是到了陈旉生活的时代，由于人们战胜自然的能力有所提高，祭神已不像先前那般隆重罢了，所以陈旉说："今之从事于农者，类不能然。借或有一焉，则勉强苟且而已，乌能悉循用先王之典故哉。其于春秋二时之社祀，仅能举之，至于祈报之礼，盖蔑如也。"[①] 当江南地区由于生产力水平的提高，祭神

---

① 〔宋〕陈旉：《陈旉农书》卷上《祈报篇》，农业出版社 1965 年，第 44 页。

活动渐趋没落的时候，它却在一些生产力水平相对落后的地区长期地保留下来。

实际上，祭神正是汉族农业文化的传统之一。从近处说，现存于北京的明清两代建筑物，如天坛、地坛、先农坛等，都与祭神、祈求丰收有关，这点在天坛祈年殿表现得尤为突出。从远处说，《诗经》及古代典籍中的许多篇章都与祈报有关，甚至其本身就是祈报之辞。对此，陈勇在《祈报篇》——做了分析。

作为汉族农业文化重要组成部分的稻作文化自然也不例外，《诗经·豳风·七月》云："十月获稻，为此春酒，以介眉寿"，就有祭神以祈求健康长寿的意思。而《礼记·月令》《吕氏春秋·季秋纪》等文献所记载的孟秋之月"天子乃以犬尝稻"，则是一种典型的祭神酬报仪式。据考证，狗之所以祭祀为神灵，可能是因为传说中，在一次洪水之后，神派动物送稻谷给人类吃，只有狗把稻谷成功地送到了人类手里。当狗在水中游泳前进时，它所带的稻谷慢慢地都给水冲走了，只有拴在尾巴上的稻谷没有冲走。所以，后来人们所种植的稻谷都是长在稻茎的顶端（尾巴）上。这个传说流传于云南、四川、湖北、湖南、广东、广西、贵州和江苏等省（自治区），所不同的是，有些地方故事的主人公狗变成了老鼠而已。无独有偶，在印度阿萨姆的 Rengma Naga，有这样的一个传说：很早以前，人们发现池塘中长着水稻，于是派老鼠去取稻谷回来，从此人们开始种植水稻，同时老鼠成了谷仓的患害。狗和鼠等把种子带给了人类，人类出于感激，每年都将收获到的粮食首先敬献给这些动物。如越南山区的巴天人（PATHENG）传说，狗、鼠和猪帮助人从天上偷得了稻种，所以巴天人在稻谷收获后把第一碗米饭送给它们吃。越南北部的芒人（MUONG）、印度尼西亚婆罗洲的恩加朱·达雅克人（NGAJUDAYAK）和中国云南的景颇、怒族和傈僳等少数民族也有类似的传说。这也就是"以犬尝稻"等传说的由来。今天，也许人们已不知道狗与稻之间有何联系，但是"以犬尝稻"的仪式仍然保留下来。如湖南农村将每年的六月初六日定为尝新节，节日中要先以新米饭敬祖宗，再以新米饭给狗尝，然后才是全家人的聚餐。

由此可见，祭神是稻作民族一种共同的习俗，与汉族非汉族无关。河野所用以作为原江南非汉族稻作文化证据的《四季耕作图·田乐》（图2），其实与《诗经》等古代文献记载的情景是一致的。看到田乐图的左半部分，使我们不由得想起了《周礼·籥章》"凡国祈年于田祖，吹豳雅，击土鼓，以乐田畯"的记载，和《诗经·甫田》"琴瑟击鼓，以御田祖，以祈甘雨，以介我稷黍，以谷我士女。……馌彼南亩，田畯至喜"的诗句。田畯，即先农，又称田祖，即神农炎帝，是为传说中农业的发明人。至少在元代王祯生活的时期，农家还保留着在秋收之后，击鼓以祀田祖的做法。[①]

---

① 〔元〕王祯撰，王毓瑚校：《王祯农书·农器图谱集之十一·土鼓》，农业出版社 1981 年版，第 309 页。

图 2 　《四季耕作图·田乐》（日本堀家本，1573 年）

引自河野通明：《江南稻作文化与日本》，《农业考古》1998 年第 1 期，第 336 页。

田乐除了可能与祭神有关，更可能与鼓舞干劲有关，而这的确是源于原始集体劳动的一种习俗。原始农业劳动的特点是与唱歌、鼓劲相结合，以增加劳动的兴趣并保持劳动的效率和纪律性。1953 年，四川绵阳县新皂乡东汉墓出土了一件陶制的水田模型，田中共五人，其中有一人在薅秧，一人腰部悬一面鼓，双手做击鼓状。[①] 1982 年绵阳市城郊公社何家山嘴一座东汉墓中又出土了一件陶制秧鼓俑，高 18.6 厘米，微微翘首，带笑意，身着短褐，腹部挂一小鼓，双手执枹作击鼓状。[②] 这些出土实物与田乐图中所见一致。耘鼓在宋代梅尧臣和王安石的农具唱和诗中都提到了。耘鼓，又称薅鼓。宋代曾氏有《薅鼓序》载："薅田有鼓，自入蜀见之。始则集其来，既来则节其作，既作则妨其笑语而妨务也。其声促烈壮，有缓急抑扬而无律吕，朝暮不绝响。"[③] 这种薅秧鼓的风俗以四川最盛，但并不限于四川，在明清方志中可以查到湖北、湖南、江西、云南等地都有此风俗，且薅秧之外，击鼓也行于插秧和车水之时，方式也大同小异。[④]

---

① 孙华、郑定理：《汉代秧鼓俑杂说》，《农业考古》1986 年第 1 期，第 112 页。

② 〔宋〕梅尧臣《耘鼓诗》："挂鼓大树枝，将以一耘耔。逄逄远近近，汩汩来田里。功既由此兴，饷亦从此始。固殊调猿猴，欲取儿童喜。"〔宋〕王安石《耘鼓诗》："逄逄戏场声，壤壤战时伍。日落未云休，田家亦良苦。问儿今垄上，听此何莽卤。昨日应官徭，州前看歌舞。"

③ 〔元〕王祯撰，王毓瑚校：《王祯农书·农器田谱集之四》，农业出版社 1981 年版，第 235 - 236 页。

④ 游修龄：《中国稻作史》，中国农业出版社 1995 年版，第 163 - 164 页。

三、稻贮藏的形态与方式

的确，许多耕织图都是将"砻"（脱壳）图放在"入仓"图之前，这样就使人产生了一个误解，认为宋代以后江南稻作文化中，是以稻米的形态贮藏的。实际上，砻与入仓之间并没有必然的联系，砻过之后的稻米，可能入仓贮藏起来，也可能是入釜，炊煮成饭，供人食用。在汉族江南稻作文化中确有藏米的做法，一般情况是稻谷经过砻磨脱壳，再经过舂，便用来贮藏。《便民图纂》中记载了藏米的方法，但藏米只是一种短期行为，某种意义上来说，它并不是为了贮藏，而是为了食用方便。明陆容《菽园杂记》（1494 年）载："吴中民家，计一岁食米若干石，至冬月舂白以蓄之。名曰冬舂米。"可见江南汉族稻作文化中，以稻米形态贮藏的仅仅是下一年的口粮而已，且期限最长不过一年，而并不是要将所有稻谷都砻舂成米加以贮藏。吴民之所以要预先舂出部分米来，一是因开春农务繁忙，无暇顾及；二是因春天舂米，容易破碎，损失太大。

以稻米形态贮藏的仅仅是下一年的口粮，而口粮以外的粮食则很可能是以稻谷的形态加以贮藏。这里有一个很简单的道理，即稻谷比稻米耐贮藏。南宋舒璘提到"藏米者四五年而率坏，藏谷者八九年而无损"，南宋戴埴也说："古窖藏多粟，次以谷，未尝蓄米。载于经史可考，武王发巨桥之粟，廪人掌九谷之数，仓人掌粟之藏。……然藏米绝少。唐太宗置常平，令粟藏九年，米藏五年。下湿之地粟五年，米三年。"他还特别提到江南地区的粮食贮藏情况："吴会并海，卑湿尤甚，且盖藏无法，不一二载，即为黑腐，三年之令，不复举行。"[①] 米谷贮藏寿命的不同、历史上的一贯做法以及江南地区特殊的地理环境，使得江南汉族稻作文化自然选择了以稻谷形态为主的贮藏方式。

其实，以稻米的形态加以贮藏还有一点行不通，这便是留种。稻种必须以谷的形态收藏。稻种播下之后，如果能长出健壮的秧苗，自然是人之所愿，但事有不必，江南地区的水稻有时因播种太早，出现"烂秧"，这在《陈旉农书》中便有记载，"多见人才暖便下种，不测其节候尚寒，忽为暴寒所折，芽蘖冻烂瓮臭。"当烂秧发生之后，"苗田已不复可下种"，便须"别择白田以为秧地"，进行补种。有时即便是移栽之后，遇有洪水泛滥等情况，前功尽弃，也迫使农民在水退之后进行补种。补种需要种子，如果预留的种子用完，则可以把准备用作食用的稻谷作为种子，而稻米则不能够为种。因此，出于预防灾害的考虑，人们也多选用稻谷作为贮藏形态。

中国北方地区的确有用地窖贮藏粮食的做法，但这种贮藏方法并没有随着北方人的南

---

① 〔南宋〕戴埴：《鼠璞·蓄米》，中国农业出版社 1995 年版，第 319 册。

迁在江南地区发扬光大，而是因地制宜地发展出了高架式仓库。南宋庄季裕《鸡肋篇》提到陕西和江浙等地的粮食贮藏方法，其曰："陕西地既高寒，又土纹皆竖，官仓积谷，皆不以物藉。虽小麦最为难久，至二十年无一粒蛀者。民家只就田中作窖，开地如井口，深三四尺，下量蓄谷多寡，四周展之。土若金色，更无沙石，以火烧过，绞草絪钉于四壁，盛谷多至数千石，愈久亦佳。以土实其口，上仍种植。禾黍茂于旧。"至于"江浙仓庾，去地数尺，以板为底，稻连秆作把收，虽富家亦日治米为食。积久者不过两岁而转，地卑湿，而梅雨郁蒸，虽穹梁，屋间犹若露珠点缀也。""去地数尺"，表示高；"以板为底"则是架，足见所谓"江南汉族稻作文化"中所用仓庾为高架式仓库无疑。而从"富家亦日治米为食"一句更可以看出，南宋时期，江浙一带贮藏的是"连秆作把"的稻谷，而不是去壳后的稻米，否则无需日治米为食。冬春米的出现则可以省却每日治米的麻烦，但这并不意味着江南稻作文化中稻米成了贮藏的主要对象。实际上，春米的出现只能看作是一种食用前的准备而已，而不是严格意义上的贮藏。

诚然，南方地区的确有用地窖贮藏稻米的情况，广东高州县陈仓米便是一个例子。据当地方志记载："电白县旧址中……土人掘地往往得窖，窖中有米坚如石，煎汤服之，可已瘟疫，传为冼夫人陈仓米。"[1] 据考古工作者调查，广东高州县长坡公社旧城大队农民冯敏元家地下有一个约 70 平方米的稻米埋藏地窖。从地表向下挖 1 米，可见一层烧焦的梁木桶条和部分木炭，厚约 0.3 米，下面即是炭化的稻米，中心处约厚 1.5 米。这是冯敏元祖父修理旧屋时偶然发现的，此后祖孙三代不断挖取，至今已挖一万余市斤，只约占堆积面积的七分之一，估计总贮藏量在 8 万～10 万斤。[2] 以此可以证明，方志中所记载的陈仓米的存在。但陈仓米的存在并不表明，地窖贮藏稻米是一种主要的贮藏方式，而只能说窖藏也是一种可供选择的方式。选择这种方式除了要求更高的修造地窖的技术以外，还可能与防水、防火、防盗有关[3]。

同样，高架式仓库贮藏也不是所谓"原江南非汉族稻作文化"中稻谷（米）贮藏的唯一办法。江西省新干县界埠战国粮仓的发现就是一个明证。因为在这个粮仓中，发现仓内地面开有四条平行的纵沟，宽深约 0.5 米，长 61 米，沟距 1.4 米。纵沟之间又有小横沟，宽深 0.2 米，长 1.4 米，横沟沟距 1 米左右[4]。这样纵横开沟，显然是为了地下的空气流通，防止米谷受潮。如果采用高架式仓库贮藏，开沟也就没有必要。以此可以说，即便所谓"原江南非汉族稻作文化"中存在高架式仓库贮藏的话，也不是仅此而已。贮藏形态也

---

① 光绪《高州府志》卷五十四《杂录》。
② 阮应祺：《高州县旧城"陈仓米"的初步调查》，《农业考古》1984 年第 1 期，第 263 页。
③ 〔南宋〕戴埴：《鼠璞·蓄米》。
④ 陈文华：《新干县发现战国粮仓遗址》，《文物工作资料》1976 年第 2 期。

不仅仅是带颖的稻谷。

四、水稻移栽的起源

河野把妇女插秧作为原江南非汉族稻作文化的主要特征之一，而原江南非汉族稻作文化又是指北方汉族进入江南以前的稻作文化，具体说来是 307 年以前的江南稻作文化。按照这个逻辑势必要得出这样的一个结论，即水稻移栽在 307 年以前，即已经在江南地区出现了。可是非常遗憾的是，至少到目前为止，我们仍然找不到任何 307 年以前江南地区稻作中已使用水稻移栽的证据。

自汉代以来，许多历史文献在记载南方水稻生产的情况时，都要用到"火耕水耨"①这样一个成语。古今中外学者对于"火耕水耨"有过多种解释。东汉应劭解释说："烧草，下水种稻，草与稻并生，高七八寸，因悉芟去。复下水灌之，草死，独稻长。所谓火耕水耨也。"唐张守节解释说："风草下种，苗生大而草生小，以水灌之，则草死而苗无损也。耨，除草也。"日本学者中井积德解释说："盖苗初生，与草俱生。烧之以火，则苗与草皆烬，乃灌之以水，则草死而苗长以肥。此之谓火耕水耨。"天野元之助认为，"火耕水耨是在初春地干时放火，然后直播谷种，随着降雨量的增大（六月间）而灌水，以促进水稻生长，陆生杂草因遭水浸而被淹死，从而达到抑制杂草的目的。"以上诸种解释虽然存在分歧，但火耕水耨的一些基本特点还是为大家所共同接受的，这些基本特点是"以火烧草，不用牛耕；直播栽培，不用插秧；以水淹草，不用中耕"②。由此也可以证明，所谓"原江南非汉族稻作文化"中是没有水稻移栽的，水稻移栽乃至于妇女插秧都可能是从汉族学来的。

中国水稻移栽的最早记载见于东汉崔寔（约 103—170）的《四民月令》："三月，可种粳稻，五月，可别稻及蓝，尽至止。"但是水稻移栽似乎并没有得到广泛的运用，《齐民要术》（成书于 533—544 年）中虽然提到旱稻移栽，所谓"科大，如概者，五六月中霖雨

---

① 《史记·货殖列传》："楚越之地，地广人稀，饭稻羹鱼，或火耕而水耨。果隋蠃蛤，不待贾而足。"《史记·平准书》："是时山东被河菑，及岁不登数年。人或相食，方一二千里。天子怜之，诏曰：江南火耕水耨，令饥民得流就食江淮间，欲留，处之。遣使冠盖相属于道，护之，下巴蜀粟以振。"《汉书·武帝纪》：元鼎二年九月，诏曰："念京师虽未丰，山林池泽之饶，与民共之。今水潦移于江南，迫隆冬至，朕惧其饥寒不活，江南之地，火耕水耨，方下巴蜀之粟，至之江陵。"《汉书·地理志》："楚有江汉川泽山林之饶，江南地广，或火耕水耨，民食鱼稻，以渔猎山伐为业，果蓏蠃蛤，食物常足。"《盐铁论·通有》："荆扬南有桂林之饶，内有江期之利。左陵阳之金，右蜀汉之材。伐木而树谷，燔莱而播粟，火耕而水耨，地广而饶材。"

② 彭世奖：《"火耕水耨"新考》，见陈文华、渡部武编：《中国稻作的起源》，东京株式会社六兴出版社。

时，拔而栽之"，即将植株从生长稠密的地方移到生长稀疏的地方。① 但移栽必须有良好之本田整土，栽植时期有大量人工，及适时之中耕除草与补植，这些往往为原始农作制度条件下不允许。长期以来都是地广人稀，火耕而水耨的江南之地自然没有，也不可能实施水稻移栽。《齐民要术》中也仅仅见于旱稻的补株，并非从秧田移植到本田，而当时北方的水稻栽培仍然是采用直播的方法。

再从江南地区来看，东晋陶渊明（365—427）在《归去来兮辞》写道，"或植杖而耘籽"。"植杖耘籽"，从后世的情况来看，指的是一种耘稻田的方法，这种方法以一手扶着木棍做成的拐杖（《王祯农书》中称为"杖子"②），用双脚在稻田间左右前后移动，以去草扶泥。它的前提是在有行距和株距的情况下才得以进行，而在水稻直播的情况下，似乎无所谓行距和株距。据此推测，东晋时期，江西等地可能已采用水稻移栽。但是隋唐以前的江南地区，由于普遍采用火耕而水耨的水稻栽培方法，移栽可能并不普遍。

江南地区的水稻移栽是从唐宋以后发展起来的。中唐以后，随着经济重心的南移，水稻移栽才在江南地区得到了普遍的推广。有诗为证："六月青稻多，千畦碧泉乱，插秧适云已，引溜加溉灌。"③ "水种新插秧。"④ "溪水堪垂钓，江田耐插秧。"⑤ "田塍望如线，白水光参差……水平苗漠漠，烟火生墟落。"⑥ "江南热旱天气毒，雨中移秧颜色鲜。"⑦ "泥秧水畦稻。"⑧ ……水稻移栽的普及，究其原因主要是由于水稻种植面积的扩大，一些水源不甚丰富的地区，如所谓的高仰之地也都种上了水稻，这就扩大了对水源和种子的需求。移栽不但使稻株生长良好，并抽穗期甚为一致，分蘗均能生穗，倒伏亦少，更为重要的是移栽使得本田及秧田之杂草防除较有效；在春间缺水时期内能充分利用水源，节约用水，减少播种量，扩大播种面积；便于作物苗期的集中管理以及移栽后的田间管理；缩短本田之植种时期，有助于水稻及其他作物的轮作。种种好处，正好适应了唐代以后江南地区水稻生产发展的需要，因而得到广泛的采用。江南稻作中真正使用移栽法可能是在唐宋以后。在此之前，无论是汉族还是非汉族，江南的稻作都是以直播法为主。唐宋以后，江南的移栽法可能是从北方传入的。

其实，何止移栽如此，江南的许多稻作技术的源头可能都要追溯到北方。如果说江南

---

① 水稻遗传学家张德慈先生认为，移栽的起源即可能与农民从较密之分部分，将稻苗拔出重植于缺苗之处的所谓"补株"有关。张德慈：《中国早期稻作史》，见《农史研究》第 2 辑，农业出版社 1982 年版第 89 页。
② 〔元〕王祯：《王祯农书·农桑通诀集之三·锄治篇七》，农业出版社 1981 年版。
③ 〔唐〕杜甫撰：《行官张望补稻畦水归》，《杜诗详注》，中华书局 1979 年版，第 1654 页。
④ 〔唐〕岑参：《岑嘉川集》卷一。
⑤ 〔唐〕高适：《广陵别郑处士》，《高适诗集编年笺注》，中华书局 1981 年版，第 291 页。
⑥ 〔唐〕刘禹锡：《插田歌》，《刘禹锡集》，中华书局 1990 年版，第 353 页。
⑦ 〔唐〕张籍：《江村行》，《张籍集系年校注》，中华书局 2011 年版，第 815 页。
⑧ 〔唐〕白居易：《白居易诗集校注》，中华书局 2006 年版，第 829 页。

地区是稻种的起源地，稻作技术却可能是在北方首先成熟起来。唐宋以前，有关南方稻作技术的记载很少，有关稻作技术的记载都见于反映北方农业生产情况的农书之中，稻田灌溉最早见于《诗经》，水温调节见于《氾胜之书》，移栽见于《四民月令》，耘田、烤田见于《齐民要术》，这些都是北方的稻作技术，并且在唐宋以后的南方稻作中得到应用。江南汉族稻作文化并不是原来在中原培植过粟、麦、黍的汉族进入江南地区以后才发展起来的，而是在中原即已种植过水稻的汉族把稻作技术从北方带到江南以后，适应江南自然条件，加以完善的结果。

五、讨论

从以上分析可以看出，以插秧作业是否使用妇女、稻的贮藏形态和方式、祭神仪式的有无等依据来划分江南汉族稻作文化和原江南非汉族稻作文化是不成立的。因为在这些方面，二者并不存在任何差别。如果真的有所谓"江南汉族稻作文化"和"原江南非汉族稻作文化"的话，它们的差异可能更多的是在技术方面，如历史文献中广泛记载的"火耕而水耨"即可看作是原江南非汉族稻作文化的特征。

以云南为代表的中国西南少数民族的稻作农业确与现代江南地区的稻作农业存在着一些差别，但现代江南的稻作农业已远不是307年晋代南渡后的状况，而云南地区的稻作农业也没有停留在307年前的往昔。它们都在发展，并且不断地交流和融合。今天中国西南地区的稻作文化，可能正是昨天的江南汉族稻作文化，而非前天的原江南非汉族稻作文化。

其实，原江南非汉族稻作文化，无需远求诸以云南为代表的中国西南南部、泰国北部、印度尼西亚以及往昔的日本。2 000多年前的史学家司马迁早就给我们做了具体的描述，这就是"楚越之地，地广人稀；饭稻羹鱼，或火耕而水耨，果隋蠃蛤，不待贾而足；地势饶食，无饥馑之患；以故呰窳偷生，无积聚而多贫。是故江、淮以南，无冻饿之人，亦无千金之家。"据此可以推断出原江南非汉族稻作文化的特点：（1）稻米已成为人们的主食，鱼为副食；（2）水稻直播栽培，没有移栽，更没有妇女插秧；（3）水稻生产技术还很原始，产量不高，也不稳定，需要依靠采集和捕捞来弥补水稻生产的不足；（4）没有贮藏，也就更无所谓贮藏的形态和方式了。

宋代岭南地区的生态环境与稻作农业[*]

一、宋代以前的岭南稻作

岭南，大体上相当于现今的广东、广西、海南以及福建和云南、贵州的部分地区，宋代又称为岭外、岭表，是一个在历史上和地理上都具有特殊意义的地区。岭南地区有着悠久的稻作历史，但迄今，我们还不能对岭南稻作的发展历程理出一条清晰的脉络。宋代以前，岭南地区的稻作农业给我们留下一个矛盾的印象。20 世纪 50 年代以前，著名水稻专家丁颖教授依据野生稻分布和历史文献记载曾经将华南视为稻作起源地之一，但这一说法始终没有得到更早期稻作遗存的支持，80 年代考古学者李润权对此进行了解释，并提出假说。[①] 2002 年 3 月在广东封开发现了 4 000 年前的旱稻，可能为这一近年来不被看好的观点提供新的佐证。[②] 2005 年 4 月又有报道说，考古专家从广东英德牛栏洞遗址抽取的 32 个孢粉，经广东省文物考古研究所考证，有 4 个探方 6 个层位有原始人工栽培稻谷谷壳化石。进而推断，岭南稻作史距今有 1.2 万年[③]。但岭南地区早期稻作遗存的发现较之长江中下游地区的同类发现显然要少得多。作为稻作起源地之一，仍需要更多的论证。从秦汉开始，岭南地区已成为中央政权管辖的一部

　＊　本文原载于倪根金主编《生物史与农史新探》，台北万人出版社 2005 年版，第 379 - 407 页。

　①　李润权：《试论我国稻作的起源》，《农史研究》第 5 辑，农业出版社 1985 年版。

　②　记者利瓦伊宁、黄兆存，通讯员陈炳文：《广东封开：一场大雨惊现 4000 年前旱稻颗粒》，《羊城晚报》2002 年 3 月 10 日封开讯。

　③　记者曹菁，通讯员黄振生：《万年前粤已有水稻英德牛栏洞改写岭南水稻史》，《广州日报》2005 年 4 月 4 日。

分①，并开始接受周边文化的影响，特别是东汉时期，九真太守任延推广犁耕以来，岭南地区与内地走上了同样的农业发展道路。② 1963 年广东西北部连县的西晋墓中出土犁田、耙田模型③，1980 年广西梧州西北倒水南朝砖室墓中出土的耙（耖）田模型④，多少可以证明史载不虚，同时表明唐宋时期在江南地区出现的水田精耕细作的某些因素，在此之前的岭南地区已经出现了。但宋及宋代以前，犁耕在岭南地区的普及程度如何，仍是一个未知数。因为即使到了南宋时期，岭南有些地区还在使用人力踏犁。唐代岭南的一些地方也已采用了水稻移栽技术，刘禹锡在连州所作《插田歌》就是一个证据。但宋代所能见到的还是以直播为多。历史上许多有关岭南稻作的文献都提到"稻再熟"⑤，但这种再熟稻的性质是什么还不能肯定。由于资料的缺乏，我们还不能对上述问题给出一个很好的回答，但我们可以从有关宋代岭南稻作的历史中去加以推测，因为宋代岭南地区的稻作正是从历史中走过来的。

前人对宋代岭南地区的环境和稻作已有所研究，如韩茂莉《宋代农业地理》就对岭南地区的农业生产与土地利用、岭南地区的粮食作物有专门的章节论述⑥，但就宋代岭南地区的稻作和环境及其相互间的影响而言，我们还可以作进一步的探讨。

二、影响岭南稻作发展的因素

宋代江南地区的稻作农业已经进入到精耕细作阶段，相比之下，岭南地区的稻作农业依然粗放。人口稀少是其重要的原因。传统的精耕细作稻作农业需要大量的劳动力，劳动力的多少制约着技术的发展。宋代的岭南有如汉代的江南。《史记》载：江南卑湿，丈夫早夭。这是导致汉代以前，甚至以后相当长的时期内，江南地区采用火耕而水耨这样一种较为粗放的生产技术的重要原因。不过唐宋以后，江南地区的经济得到了迅速的发展，一举改变了原来落后的面貌，然而，岭南地区似乎还在旧日中徘徊。

---

① 甚至位于南海中的海南岛也不例外。《汉书·地理志》载："自合浦徐闻南入海，得大州，东西南北方千里，武帝元封元年略以为儋耳、珠崖郡。民皆服布如单被，穿中央为贯头。男子耕农，种禾稻纻麻，女子桑蚕织绩。"

② 《后汉书·任延传》。

③ 徐恒彬：《简谈广东连县出土的西晋犁田耙田模型》，《文物》1976 年第 3 期，第 75 - 76 页。

④ 李乃贤：《浅说广西倒水出土耙田模型》，《农业考古》1982 年第 2 期，第 127 - 129 页。

⑤ 《齐民要术》卷十引《异物志》曰："稻，一岁夏冬再种，出交趾。"《水经注》卷三十六提到的交趾夏冬再种的情况是："名白田，种白谷，七月火作，十月登熟；名赤田，种赤谷，十二月作，四月登熟。所谓两熟之稻也。"晋人左思《吴都赋》称："国税再熟之稻，乡贡八蚕之绵。"刘逵注引东汉杨孚《异物志》云："交趾稻夏熟，农者一岁再种。"三国时，交趾属东吴，国税再熟之稻，可能指的就是交趾种植的双季稻。唐代，日人元开撰《唐大和上东征传》提到海南岛的农业时说："十月作田，正月收粟，养蚕八度，收稻再度。"（引自张泽咸：《汉唐时期岭南地区农业生产述略》，见唐晓峰等主编：《九州》第 2 辑，商务印书馆 1999 年版，第 65 页）证明唐代海南岛上仍有"再熟之稻"。

⑥ 韩茂莉：《宋代农业地理》，山西古籍出版社 1993 年版。

宋时医家在探讨岭南地方疾病时，非常重视地理气候环境的影响。"岭南既号炎方，而又濒海，地卑而土薄。炎方土薄，故阳燠之气常泄，濒海地卑，故阴湿之气常盛。而二者相搏，此寒热之疾所由作也。"① 自古以来，人们提到岭南，常常与一种可怕的疫病联系在一起，这便是瘴气（主要是疟疾）。瘴气本是由传染媒介——蚊的攻击而感染疟原虫而引发的传染性疾病。古人虽然不知道疟疾的病源，但他们认为瘴疾是由地理环境所引发的一种疾病。"盖天气郁蒸，阳多宣泄，冬不闭藏，草木水泉，皆禀恶气。人生其间，日受其毒，元气不固，发为瘴疾。"因瘴而生的还有一种病称为蛊毒，蛊本感瘴而生。它有两类；一是岚雾瘴毒引发的腹胀病，一是由人工培育的毒虫所致之病。长期以来，蛊毒和瘴气一样一直是个存留在人们脑海中的梦魇。此外，"五岭之南，不惟烟雾蒸湿，亦多毒蛇猛兽"②，也给人们的生命健康带来危害。加上当地医疗水平低下，在大病面前，人们"不知医药，唯知设鬼，而坐致殂殒"③。

恶劣的自然环境严重地影响了当地的人口素质与数量，特别是本应作为农业主要劳动力的男性人口的数量和素质。"人生其间，率皆半羸而不耐作苦，生齿不蕃，土旷人稀，皆风气使然也。"④ 同时这种不利的影响还有着明显的性别差异。根据当时人的观察，岭南地区的人口性别比例是女性人口大大多于男性人口，一夫多妻盛行，呈现明显的阴盛阳衰现象。"南方盛热，不宜男子，特宜妇人。……余观深广之女，何其多且盛也。男子身形卑小，颜色黯惨；妇人则黑理充肥，少疾多力。城郭虚市负贩逐利率妇人也。而钦之小民皆一夫而数妻，妻各自负贩逐市以赡一夫，徒得有夫之名，则人不谓之无所归耳，为之夫者终日抱子而游，无子则袖手安居，……"⑤

"惰农自安"，人口的数量和素质，特别是男性人口的数量与素质，对岭南地区的稻作农业产生了极大的影响。"深广旷土弥望，田家所耕百之一尔，必水泉冬夏常注之地，然后为田，苟肤寸高仰皆弃而不顾，其耕也仅取破块，不复深易，乃就田点种，更不移秧，既种之后，旱不求水，涝不疏决，既无粪壤，又不籽耘，一任于天。既获，则束手坐食，以卒岁。其妻乃负贩以赡之，己则抱子嬉游，慵惰莫甚焉。彼广人皆半羸长病，一日力作，明日必病，或至死耳。"

瘴气不仅阻碍了本地人口的增长，同时也阻止了外来移民的进入。岭南地区为瘴疾高发区，除婴幼儿，一般人群免疫水平高，发病率较低。相反，北方南迁的移民，由于一般都不具备免疫力，当他们迁到瘴疾的高发区之后，往往容易感染瘴疾，复由于医疗水平

---

① ② 〔元〕释继洪：《岭南卫生方》，中国古籍出版社1983年版，第1页。
③ 〔南宋〕周去非：《岭外代答》卷四《风土门》。
④ 〔南宋〕周去非：《岭外代答》卷四《广右风气》。
⑤ 〔南宋〕周去非：《岭外代答》卷十《十妻》。

低，死亡率很高。自秦汉以来，内地的人们一提到岭南就总要皱眉头，到了唐宋时期，人们对于岭南的恐惧更是到了极点，甚至有人吓得连岭南地图都不敢看。[①] 北方人到岭南之后，死亡率很高，"以其有瘴雾。世传十往无一二返也。"[②] 内地移民，远道而来，由于水土不服，往往为瘴气所中，以致性命不保。岭南个别地区，如，广西昭州、广东新州、英州等地的发病率和病死率尤其高，竟有"大法场"和"小法场"之称。[③] 谣言比真实的情况更可怕。宋时有这样的歌谣，"春、循、梅、新，与死为邻；高、窦、雷、化，说着也怕。"[④] 移民视岭南为畏途，挡住了许多人南迁的脚步。这和所谓的"生态扩张"正好相反，在 Crosby 的名著《生态扩张主义》中，欧洲入侵者所带来病毒和细菌，比他们的武器对新大陆和大洋洲的土著人更具毁灭性，因为这些土著民族从未感染过这些病毒和细菌，因而缺少免疫力。[⑤] 可是在宋代的岭南，外来移民所遭受到的最大的恐惧，不是密林深处的暗箭和毒蛇猛兽，而是弥漫在身边的山岚瘴气。我们可以称之为"反生态扩张主义"（Anti-Ecological Imperialism）。

环境制约人口的数量和素质，同样人口也影响着环境。有宋一代，岭南地区仍然地广人稀，与此同时，动植物资源却相对丰富。这对于农业的发展有积极的一面。地广人稀为农业和畜牧业的发展提供了广阔的空间。宋代一些农业较为发达的地区往往耕牛较为缺乏，主要原因是种植业侵占了本可以用于畜牧业的有限土地。[⑥] 相比之下，岭南地区的畜牧业却相对发达。耕牛相对富余，特别是广西的雷州、化州等地，"牛多且贱"，主要表现在牛群被大量屠杀和贩卖。来自农业发达地区的苏轼对此俗大惑不解，他写道："岭外俗皆恬杀牛，而海南为甚，客自高、化，载牛渡海，百尾一舟……既至海南，耕者与屠者常相半。病不饮药，但杀牛以祷，富者至杀十数牛。"[⑦] 在一首诗中，苏轼还提到海康"杀牛挝鼓祭，城郭为倾动"[⑧] 的习俗。岭南地区所出产的牛只，除了满足本地需要，还外销到邻近地区。宋时江南地区曾从岭南、西北等地输入耕牛用于耕作。北宋初年曾在处州（今浙江丽水）任知州的杨亿就曾写过一首《民牛多疫死》的诗，诗题

---

① 《太平广记》卷一百五十三《定数八》载："韦执谊自相贬太子宾客，又贬崖州司马。执谊前为职方员外，所司呈诸州图。每至岭南州图，必速令将去，未尝省之。及为相，北壁有图。经数日，试往阅焉，乃崖州图矣，意甚恶之。至是，果贬崖州。二年死于海上。"（出《感定录》）

② 〔宋〕朱弁：《曲洧旧闻》卷四。

③ 〔南宋〕周去非：《岭外代答》卷四《风土门》。

④ 〔北宋〕刘安世：《元城语录》。

⑤ A Crosby, *Ecological Imperialism*, *the Biological Expansion of Europe*, 900—1900, Cambridge University Press, 1986.

⑥ 曾雄生：《跛足农业的形成——从牛的放牧方式看中国农区畜牧业的萎缩》，《中国农史》1999 年第 4 期，第 35 - 44 页。

⑦ 〔北宋〕苏轼：《苏东坡全集》后集卷九《书柳子厚〈牛赋〉后》。

⑧ 〔北宋〕苏轼：《苏东坡全集》卷二十六。

小注："水牛多自湘、广，商人驱至，民间贵市之以给用。"① 又如南宋时，江西赣州、吉州的农民每到农闲季节，"即相约入南贩牛，谓之'作冬'"②。还有"湖南、北人来广西贩牛"，特别是"罢收税之后，来者愈多"。③ 畜牧业的发展可以为农业的发展提供动力和肥料。

但动植物资源丰富也有对农业生产和生活不利的一面。岭南地区使用踏犁的原因之一，是因为田中"宿莽巨根"妨碍了牛耕。最可怕的还是各种野生动物，由于"地多虎狼"，岭南百姓选择巢居（干栏式建筑），"不如是则人畜皆不得安"。④ "虎，广中州县多有之，而市有虎，钦州之常也，城外水壕往往虎穴其间，时出为人害，村落则昼夜群行，不以为异。"⑤ 更有甚者，有些野生动物还直接对农作物构成危害。唐宋时期，岭南沼泽地区有大量鳄鱼的分布，如，"潮阳之湫，鳄鱼为害，潮人患之"⑥，这也势必成为岭南地区稻作发展的一大障碍。唐代韩愈在潮州任职时，为此设坛祭鳄，撰《鳄鱼文》，以驱走鳄鱼。然而，鳄鱼只是阻碍沼泽地的开发，还不足以对稻作构成直接的危害，相比之下，野象对稻作的为害更为严重。

宋代岭南地区还有大量野象的存在。象牙成为当地的一种财富，但往往被官府垄断。宋人李昌龄言："雷、化、新、白、惠、恩等州山林有群象，民能取其牙，官禁不得卖，自今宜令送官以半价偿之，有敢隐匿及私市与人者，论如法。"⑦ 对当地百姓而言，野象的存在给农业生产和人们的生命财产安全造成了极大的危害倒是实实在在的。据时人宋莘《视听抄》载："象为南方之患，土人苦之，不问蔬谷，守之稍不至，践食之立尽。性嗜酒，闻酒香辄破屋壁入饮之。"⑧ 如南宋"乾道十年（1171年），潮州野象数百食稼，农设窘田间，象不得食，率其群围行道车马，敛谷食之，乃去。"⑨《岭外代答》也提到了野象对于禾稼的危害。"象……钦州境内亦有之。……象群所在，最害禾稼，人仓卒不能制，

---

① 〔南宋〕吕祖谦：《宋文鉴》卷二十四。
②③ 〔清〕徐松：《宋会要辑稿》食货一八之二六。
④ 〔南宋〕周去非：《岭外代答》卷四《风土门·巢居》。
⑤ 〔南宋〕周去非：《岭外代答》卷九《禽兽门·虎》。
⑥ 〔唐〕石介：《徂徕集》卷八《辨谤》。
⑦ 《宋史》卷二百八十七《李昌龄传》。
⑧ 〔明〕陈耀文：《天中记》卷六十。
⑨ 《宋史·五行志》。《夷坚丁志卷十》也有类似记载："潮州象：乾道七年，缙云陈由义，自闽入广，省其父提舶司。过潮阳，见土人言比岁惠州太守挈家从福州赴官，道出于此。此地多野象，数百为群，方秋成之际，乡民畏其蹂食禾稻，张设陷窘于田间，使不可犯。象不得食，甚忿怒，遂举群合围惠守于中，阅半日不解，惠之近卒一二百人，相视无所施力，太守家人窘惧，至有惊死者。保伍悟象意，亟率众负稻谷，积于四旁，象望见犹不顾，俟所积满欲，始解围往食之。其祸乃脱。盖象以计取食，故攻其所必救。龙然异类，有智如此。然为潮之害，端不在鳄鱼下也。"

以长竹系火逐之，乃退。"① 就连临近岭南潮州的福建漳州也有"野象害稼"② 的记载。在漳州境内出没的野象中又以独象的危害最大。"漳州漳浦县地连潮阳，素多象，往往十数为群，然不为害，惟独象遇之逐人，蹂践至肉骨糜碎乃去，盖独象乃众象中最犷悍者，不为群象所容，故遇之则蹂而害人。"③ 早在熙宁七年（1074年）春正月庚申，"福建路转运司言，漳州漳浦县濒海接潮州，山有群象，为民患，乞依捕虎赏格，许人捕杀，卖牙入官。从之。"④ 但漳州等地的野象为害到南宋时还没有根除，并影响到当地的农业开发。朱熹在绍熙三年（1192年）二月的《劝农文》中指出："本州管内荒田颇多，盖缘官司有俵寄之扰，象兽有踏食之患，是致人户不敢开垦。"为"去除灾害"，使"民乐耕耘"，朱熹提出了一些鼓励杀象的措施，"人户陷杀象兽，约束官司不得追取牙齿蹄角，今更别立赏钱三十贯，如有人户杀得象者，前来请赏，即时支给。"⑤ 漳州如此，邻近的潮州等地更是可想而知，因为潮州等地是当时野象分布的一个中心，直到明清时期当地还可能有野象的分布。⑥ 大象的存在给农业生产所带来的危害是实实在在的。今天在云南西双版纳地区，当地的农民仍然要不时地受到野象的侵袭。研究者发现，大象的进食量比较大，一头成年象，一天可以吃135～300千克的东西，一头象一晚上就能吃一亩左右面积的玉米，如果来一群七八头象得吃七八亩，而且来的时候不仅是呆一天，一呆可能呆一两个月⑦。

大象之外，一些小型的野生动物也会危害庄稼。如，"山猪，即毫猪，身有棘刺，能振发以射人。二三百为群，以害苗稼，州峒中甚苦之。"⑧ 又广西安平、七源等州，有一种"状如山猪而小"，名为"懒妇"的小野猪，也"喜食禾苗。田夫以机轴织纴之器挂田所，则不复近"。⑨ 山猪一类所危害的作物，大多为稻。⑩ 鼠害也是岭南稻作农业的一大灾害。鼠害年年有，只是有些年份偏重。"绍兴丙寅（1146年）夏秋间，岭南州县多不雨，广之清远、韶之翁源、英之真阳，三邑苦鼠害。虽鱼鸟蛇皆化为鼠，数十成群，禾稼为之一空。"⑪

地广人稀，资源丰富，当地人不需要花太多的气力，甚至不需要从事农业，就可以谋

---

① 〔南宋〕周去非：《岭外代答》卷九《禽兽门·象》。
② 〔南宋〕周必大：《文忠集》卷七十《武泰军节度使赠太尉郑公（兴裔）神道碑（嘉泰四年）》。
③ 〔北宋〕彭乘：《墨客挥犀》卷三。
④ 《续资治通鉴长编》卷二百四十九。
⑤ 〔南宋〕朱熹：《晦庵先生朱文公文集》卷一百。
⑥ 〔明〕黄衷《海语》卷中："象嗜稼，凡引类于田，必次亩而食，不乱踏也，未旬即数顷尽矣。岛夷以孤豚缚笼中，悬诸深树，孤豚被缚，喔喔不绝声，象闻而怖，又引类而遁，不敢近稼矣。"（《广东通志》有引用）。
⑦ 央视国际：《与象共舞》，2005年05月09日。
⑧ 〔南宋〕范成大：《桂海虞衡志》。又宋周去非《岭外代答》卷九《禽兽门》也有同样记载。
⑨ 〔南宋〕周去非：《岭外代答》卷九《禽兽门·懒妇》。
⑩ 〔清〕屈大均《广东新语》卷21"箭猪条"云："又有山猪……肉味美，多脂，以多食禾稻故也。"
⑪ 〔南宋〕洪迈：《夷坚甲志·鼠报》。

生。如潮州"地产鱼盐，民易为生，力穑服田，罕务蓄积，时和岁丰，固无乏绝"①。梅州也是"土旷民惰而业农者鲜"②。普遍的情况是"富者寡求，贫者富足"③，缺乏发展农业生产的内在动力。这种情形与汉代司马迁在《史记》中所载的楚越之地有相似之处，由于"地势饶食，无饥馑之患，以故呰窳偷生，无积聚而多贫。"④ 种稻甚至不是生活的主要来源。这就使得原本不多的人口中，直接参加稻作农业的人口很少，少部分参与生产的人也是"慵惰莫甚"，耕作极其粗放。"钦州田家卤莽，牛种仅能破块，播种之际就田点谷，更不移秧，其为费种莫甚焉。既种之后，不耘不灌，任之于天地。"⑤ 一些从北方南迁而来的人对此就深有感触。苏轼在《和渊明劝农诗》就曾哀叹儋耳之不耕，说"海南多荒田，俗以贸香为业，所产秔稌不足于食，乃以薯芋杂米作粥糜以取饱。"他自己就有过"日啖薯芋"的经历，并在《酬刘柴桑》诗中有这样的诗句："红薯与紫芋，远插墙四周。且放幽兰香，莫争霜菊秋。穷冬出瓮盎，磊落胜农畴。"⑥ 其弟苏辙在居海康时，发现"农亦甚惰"⑦，这也从另一个方面影响着稻作农业的发展。当时岭南地区的稻作农业还不甚发达，稻米不足食用，充饥之物大多还是原来的薯、芋等块根和块茎之类的作物。由于"慵惰莫甚"，体格也得不到锻炼，岭南人的身体素质也很差，劳动能力很差。恶性循环的结果，必然影响着稻作的发展。

丰富的自然资源和稀少的人口之间，维持着一种简单的生态平衡。稻作农业就在这种简单平衡下，缓慢地发展着。直到北方人口的大量进入，这种平衡才被打破，稻作农业才以前所未有的速度得到发展。这个阶段就出现在宋代，特别是南宋。

至迟自秦汉开始，北方地区的居民就开始南移，进入岭南地区。但只是到了宋代才出现了移民岭南的高潮。据《太平寰宇记》《元丰九域志》和《宋史·地理志》对各地户口的记载，自宋太宗到宋神宗时，岭南道的人口增长最快，增长率为863%，高出紧随其后的江南道368%和淮南道358%的增长率的一倍以上，是其他道人口增长率的3～6倍。⑧ 又据斯波义信对唐代中期至北宋中期各地人口增长情况所作的统计，岭南地区的潮、循二州人口增长率都超过了1 000%，贺州在400%～999%，柳、贵、容、雷四州在200%～299%，昭、浔、广、韶、康、端、新、宾诸州也在100%～199%。⑨ 南宋以后，岭南地

---

① 〔南宋〕许应龙：《东涧集》卷一三《初至潮州劝农文》。
② 〔南宋〕王象之：《舆地纪胜》卷一百二《梅州》。
③ 〔南宋〕苏过：《斜川集》卷六《志隐》。
④ 《史记·货殖列传》。
⑤ 〔南宋〕周去非：《岭外代答》卷八《月禾》。
⑥ 〔北宋〕苏轼：《苏东坡全集》卷三一。
⑦ 〔北宋〕苏辙：《栾城集后集》卷五《和子瞻次韵陶渊明劝农诗一首》。
⑧ 程民生：《宋代地域经济》，河南大学出版社1992年版，第54—55页。
⑨ 彼得·J.戈雷斯：《宋代乡村的面貌》，《中国历史地理论丛》1991年第2期。

区的人口数量虽然在史书中的记载是不增反降，但事实可能正好相反。① 宋李光《儋耳庙碑》载："近年风俗稍变，盖中原士人谪居者相踵。"

宋代岭南新增人口中，除当地人口的自然增长，大量的是外来移民。在这些外来移民中既有戍边的战士，如，依智高叛乱被镇压以后，大批兵员留在广西；也有朝廷和地方政府招募的外来移民，如，"择江浙湖湘负材多智雄大之家，迁居左右江平衍饶沃之地，使自力食，以渐化兹民，而民又一变"；还有江浙一带的百姓和被流放的大臣；更多的是为了寻找耕地、躲避战乱而自发南迁的移民。特别是两宋之交，"中原士大夫避难者多在岭南"②。在寻找耕地的人群当中，又以相邻的福建人、江西人和湖南人最多。他们距岭南较近，来去比较方便，同时他们较之于江北、甚至于淮北的北方人来说，具有较强的对岭南疾病的免疫力，所以他们出入岭南就更自如，起初是季节性地往返于岭南做生意，久而久之，他们便由入南贩牛"作冬"，变为入南开垦作田，他们在岭南居住的时间变长了，甚至成为永久居民。如梅州地区本地人从事耕作的人很少，"悉籍汀（福建汀州）赣（江西赣州）侨寓者耕焉"③。海康本地的农民也很懒惰，"其耕者多闽人也"④。特别是福建人到两广地区主要从事农耕，称为"射耕人"，并成为当地人口的重要组成部分。⑤

在一个相对较短的时间内，大量移民的进入，破坏了原有的生态平衡。生态平衡的破坏首先表现为食物链的破坏，这在老虎的习性上得到反映。北宋时，岭南地区人与动物的关系方面，人主动虎被动，如，王益知韶州，"治之属县翁源多虎，公教捕之"⑥。南宋以后，虎开始变被动为主动。蔡絛说："岭右顷俗淳物贱。吾以靖康岁丙午（1126 年）迁博白时，虎未始伤人，村落间独窃人家羊豕，……十年之后，北方流寓者日益众，风声日益变，加百物涌贵，而虎寝伤人。今则与内地勿殊，啖人略不遗毛发。"⑦ 老虎要吃人是因为老虎原来所生存栖息的土地被人类所占领，老虎赖以生存的动植物资源为人类所掠夺。当老虎要吃人的时候，人也必须寻找新的食物来源，以建立新的食物链关系，这就为稻作的发展造成了一个契机。

宋代岭南稻作是在外来移民和本地土民相互融合的基础上发展起来的。海南黎人便是融合的产物。宋代自神宗推行开边政策以后，对边区黎人也采用和平招诱方式，使许多黎人归附成为省地百姓。归附后的黎民，仍各耕其地，开始向官府交纳一定的租税。但同

---

① 韩茂莉：《宋代农业地理》，山西古籍出版社 1993 年版，第 180 - 182 页。
② 《建炎以来系年要录》卷六三，绍兴三年三月癸未。
③ 〔南宋〕王象之：《舆地纪胜》卷一百二《梅州》。
④ 〔北宋〕苏辙：《栾城集》卷五《和子瞻次韵陶渊明劝农诗（并引）》。
⑤ 〔南宋〕周去非：《岭外代答》卷三《五民》。
⑥ 〔北宋〕曾巩：《元丰类稿》卷四十四《尚书都官员外郎王公墓志铭》。
⑦ 〔北宋〕蔡絛：《铁围山丛谈》卷六。

时，由于"黎峒宽敞，极有可为良田处"，也吸引了大批内陆百姓纷纷前往租佃。黎人主要居住在海南岛，随其聚居的远近不同，有生黎和熟黎之分。居住在深山的生黎不受政府管辖，不供赋役；而居住在外围，"耕作省地，供赋役者"，则为熟黎。熟黎即为民族同化的结果。其中，"多湖广、福建之奸民"。融合的结果，使得"黎人半能汉语"。① 潮州地区的情况也是如此，南宋时，"有广南福建之语……虽境土有闽、广之异，而风俗无漳、潮之分"②。在宋代，以善于种田而闻名的福建人，在进入岭南之后，必然把家乡的种稻技术带入岭南，促进岭南稻作的发展。移民的进入为稻作的发展注入了活力。

北方人口的大量进入，不仅加大了对稻米的需求，同时也带来了先进的种稻技术，促进了岭南稻作的发展。岭南是个多民族聚居的地方。境内居住着瑶、獠、蛮、黎、蜑等诸多民族。这些民族，原先大多并非以种稻为生。如，居住在广西右江的僚人"以射生食动而活，虫豸能蠕动者，皆取食"③，似乎还处于原始的狩猎经济时代；海南黎人"所产秔稏，不足于食，乃以藷芋杂米作粥糜以取饱"④；广西瑶人"耕山为生，以粟、豆、芋魁充粮。"⑤ 但是入宋以后，特别是南宋时期，稻作得到了较快的发展，岭南各地都有了水稻种植。如广东德庆府"男子耕农，种禾稻纻麻……食稻与鱼"⑥，潮州"稻得再熟"⑦，南恩州"其地下湿宜稻，耕种多在洞中"⑧，广西邕州三十六洞蛮，"洞中有良田甚广，饶粳糯及鱼"⑨，象州"民富鱼稻……多膏腴之田，长腰玉粒，为南方之最，旁郡亦多取给焉"⑩，宁浦"鱼稻有如淮右，溪山宛类江南"⑪，贵州"民以水田为业"⑫，黔南"泥秧水畦稻"⑬，钦州"种水田桑麻为业"⑭，琼州"男子耕农，种禾稻、纻麻"⑮，宜州"其田有水田"⑯ 等。瑶族也有了稻作，尽管"其稻田无几"⑰。稻作成为岭南的经济支柱。北宋陈

① 〔南宋〕周去非：《岭外代答》卷二《海外黎蛮》。
② 〔南宋〕王象之：《舆地纪胜》卷一百，引余崇龟《贺潮州黄守》。
③ 〔南宋〕周去非：《岭外代答》卷十《蛮俗门》。
④ 〔北宋〕苏轼：《苏东坡全集》续集卷三，第71页。〔南宋〕赵汝适《诸蕃志》卷下《海南》有同样记载。
⑤ 〔南宋〕周去非：《岭外代答》卷三《外国门上》。
⑥ 〔南宋〕王象之：《舆地纪胜》卷一百一《德庆府》。
⑦ 〔南宋〕王象之：《舆地纪胜》卷一百《潮州》。
⑧ 〔南宋〕祝穆：《方舆胜览》卷三七《南恩州》。
⑨ 〔北宋〕司马光：《涑水纪闻》，见《中华野史》编委会编：《中华野史·宋朝》卷一，三秦出版社2000年版，第687页。
⑩ 〔南宋〕王象之：《舆地纪胜》卷一百五《象州》。
⑪ 〔北宋〕秦观：《淮海集》卷十一《宁浦书事六首（之二）》。
⑫ 〔南宋〕王象之：《舆地纪胜》卷一百十一《贵州》。
⑬ 〔北宋〕黄庭坚：《山谷内集诗注》卷十二《谪居黔南十首（之八）》。
⑭ 〔南宋〕王象之：《舆地纪胜》卷一百十九《钦州》。
⑮ 〔南宋〕王象之：《舆地纪胜》卷一百二十四《琼州》。
⑯ 〔北宋〕曾巩：《隆平集》卷一八《武臣·曹克明》。
⑰ 〔南宋〕周去非：《岭外代答》卷三《外国门下·猺人》。

尧叟在广西任转运使时，称岭南地利之博者，首推水田，其次便是麻苎①。部分地区开始自足有余。尽管在沈括《梦溪笔谈》所提发往京师的稻米中不包括岭南的稻米②，但岭南产的稻米还是通过各种渠道进入到江南、荆湖和两浙等地，填补了这些地方由于粮食北运所引起的亏空。如，"广西斗米五十钱，谷贱莫甚焉。夫其贱，非诚多谷也，正以生齿不蕃，食谷不多耳。田家自给之外，余悉粜去，曾无久远之积。"③ 又"广南最系米多去处，常岁商贾转贩，舶交海中。"④ 当时两浙、福建、湖南等地都要从两广地区输入大量的稻米。北宋时，端孺籴米龙川，得粳糯数十斛以归。时人唐庚有诗调之曰："倒拔孤舟入瘴烟，归来百斛泻丰年，炊香未数神江白（米名），酿滑偏宜佛迹泉。"⑤ 杭州的米铺所出售的稻米，除来自苏、湖、常、秀、淮，还有来自广的客米⑥；二广之米，更是"舻舳相接于四明之境"⑦。南宋朱熹在浙江境内任职时，就"前去与知明州谢直阁同共措置，雇募海船收籴广米接续"⑧。福建人多地少，距两广又近，更是广米的重要出口地，"福泉兴化三郡全仰广米以赡军民，贼船在海，米船不至，军民便已乏食，粜价翔贵。"⑨ 以莆田为例，"虽丰年仅足支半岁之食，大率仰南北舟，而仰于南者为最多。"⑩ 泉州也是如此，当地"田少人稠，民赖广米积济，客舟至，则就籴，倅主军饷，亦就籴焉"⑪。湖南一些地方在粮食紧张时，也要向广南进口大米。如长沙就有"南至出渠舡""广米自灵渠出"⑫的说法，即从岭南购买稻米，经过灵渠，进入潇湘，转至长沙。

三、稻作技术

宋代长江下游地区的稻作已进入到精耕细作阶段，主要表现为：以耕、耙、耖为核心的整地技术的形成，以育秧移栽为核心的播种技术的形成，以及以耘田烤田为中心的田间

① 《续资治通鉴长编》卷四十三，咸平元年秋七月壬戌。
② 〔北宋〕沈括《梦溪笔谈》卷十二《官政二》："发运司岁供京师米，以六百万石为额：淮南一百三十万石，江南东路九十九万一千一百石，江南西路一百二十万八千九百石，荆湖南路六十五万石，荆湖北路三十五万石，两浙路一百五十万石，通羡余入六百二十万石。"
③ 〔南宋〕周去非：《岭外代答》卷四《常平》。
④ 〔南宋〕朱熹：《晦庵先生朱文公文集》卷二十五《与建宁诸司论赈济札子》。
⑤ 〔北宋〕唐庚：《眉山集　眉山诗集》卷五《端孺籴米龙川得粳糯数十斛以归作诗调之》。
⑥ 〔南宋〕吴自牧：《梦粱录》卷一六《米铺》。
⑦ 〔南宋〕朱熹：《晦庵先生朱文公文集》卷二十六《上宰相书》。
⑧ 〔南宋〕朱熹：《晦庵先生朱文公文集》卷二十一。
⑨ 〔南宋〕真德秀：《西山先生真文忠公文集》卷十五《申枢密院乞修沿海军政》。
⑩ 〔南宋〕方大琮：《铁庵集》卷二十《与何判官士頤》。
⑪ 〔南宋〕刘克庄：《后村先生大全集》卷一百四十三《宝学颜尚书》。
⑫ 〔南宋〕王阮：《义丰集》卷一《代胡仓进圣德惠民诗一首》。

管理技术形成。相比之下，岭南地区的稻作技术相对落后。广州民"往往卤莽，一犁之后，无复用力"①。英德"为农者择沃土以耕，而于硗地不复用力。"② 广西"其耕也，仅取破块，不复深易，乃就田点种，更不移秧。既种之后，旱不求水，涝不疏决，既无粪壤，又不耔耘，一任于天。"③ "钦州田家卤莽，牛种仅能破块，播种之际就田点谷，更不移秧，其为费种莫甚焉。既种之后，不耘不灌，任之于天地。"④ 梅州"土旷民惰而业农者鲜，悉籍汀（福建汀州）赣（江西赣州）侨寓者耕焉，故人不患无田，而田每以工力不给废。"⑤ 岭南耕作虽普遍粗放，但由于受到外来因素的影响，特别是北方精耕细作农业的影响，因而呈现出多样化的特点。

一是牛耕与踏犁并用。一般认为，中国北方地区自春秋战国以后就开始使用牛耕，汉代以后，牛耕得到进一步的推广。岭南地区也是在汉代开始使用牛耕的。东汉时，"九真太守任延，始教耕犁，俗化交土，风行象林，知耕以来，六百余年，火耨耕艺，法与华同。"⑥ 宋代岭南稻作确有与内地相同的一面，比如冬水田的采用即其一。宋人吴怿《种艺必用》提到："浙中田，遇冬月有水在田，至春至大熟。谚云谓之'过冬水'，广人谓之'寒水'，楚人谓之'泉田'。"牛耕也开始成为岭南地区最主要的耕作方式，并开始影响到当地的风俗。长期以来，岭南地区流行着杀牛祭祀的习俗，尤以海南为甚。大量屠杀成就了当地的牛皮市场。但随着牛耕的普及，对耕牛依赖的加大，杀牛的习俗开始废除。宋哲宗时（1086—1100 年）郑敦义在知潮阳期间，因官市牛皮甚急，恐为害不只于牛，小民将无恃以为命，因上书奏罢市皮之令。⑦ 南宋绍兴年间（1131—1162）黄勋知新州时，"课民耕犊，使上其数于官，自是一郡无敢私杀牛。"⑧

宋代岭南地区，特别是海南黎族地区，还可能有一种牛踏田的整地方式。清人调查发现，"生黎不识耕种法，亦无外间农具，春耕时用群牛践地中，践成泥，撒种其上，即可有收。"⑨ "生黎不识耕种法，惟于雨足之时，纵牛于田，往来践踏，俟水土交融，随手播种粒于上，不耕不耘，亦臻成熟焉。"⑩ 生黎之说始于宋朝，"服属州县者为熟黎，其居山

① 〔南宋〕方大琮：《铁庵集》卷三三《广州乙巳劝农》。
② 〔南宋〕王象之：《舆地纪胜》卷九五《英德府》。
③ 〔南宋〕周去非：《岭外代答》卷三《惰农》。
④ 〔南宋〕周去非：《岭外代答》卷八《月禾》。
⑤ 〔南宋〕王象之：《舆地纪胜》卷一百二《梅州》。
⑥ 〔北魏〕郦道元：《水经注》卷三十六。
⑦ 《隆兴潮阳县志》卷十二《名宦列传》。
⑧ 〔明〕黄佐：《广州人物传》卷六。
⑨ 〔清〕张长庆：《黎岐纪闻》。
⑩ 《边蛮风俗杂抄·琼黎一览》。

洞无征徭者为生黎"①。宋时，以汉族为主的北方人口大量南迁，一部分黎族开始出现汉化，并接受中央政府管辖，称为熟黎；而另一部分居住在山区的黎人，由于受汉族的影响较小，仍然保留其原始的生产方式和生活方式，这部分人称为生黎。生黎不断地与中央政府抗争，保持自己的相对独立性，因此直到清代，甚至 20 世纪 50 年代仍然采用牛踏田的整地方式。这种整地方式除了其自身的民族特色，也可能与当地的土壤状况有关。清时海南琼州府"西南浮沙荡溢，垦之为田，必积牛之力踩践既久，令其坚实，方可注水。自分秧之后，民不复有家，无男妇老稚，昼夜力于田事，踹风车取水灌田。"② 从中可以看出，清代当地的耕作方式已注入了移栽和龙骨水车等因素，但仍然有踏田的存续。琼州之昌化县（即今海南省昌江黎族自治县）等地在宋代"元属生黎未尝开通"③ 之地。踏耕是一种原始的耕作方式④，清代尚且存在，宋代可想而知，只是缺乏直接的证据罢了。和犁耕一样踏耕，这种整地方式也需要牛的参与，并且比犁耕需要更多的牛。

对耕牛的保护出于对耕牛的使用。但宋代岭南地区在使用牛耕的同时，还使用着一种看来比牛耕落后的耕作农具——踏犁。虽然宋廷也曾向一些牛力比较缺乏的地区推广使用踏犁⑤，但是在牛力相对充裕的岭南地区，踏犁使用更为普遍。踏犁耕作的效率和质量总不如牛耕，"踏犁五日，可当牛犁一日，又不若牛犁之深于土"，但这似乎并不妨碍踏犁的使用。广西的静江府（广西桂林）就是其一。"静江民颇力于田。其耕也，先施人工踏犁，乃以牛平之。……踏，可耕三尺，则释左脚，而以两手翻泥，谓之一进。迤逦而前，泥垄悉成行列，不异牛耕。"和宋政府在别的地区推广踏犁的原因不同，宋代岭南并不缺少耕牛，显然从经济上不足以解释岭南地区使用踏犁的原因，而只能从生态环境上进行解释。岭南地区动植物资源丰富，且有大量的荒地有待开垦，而踏犁在开垦荒地方面，有着比牛耕更好的效果，这在开始得到开发的岭南地区，尤为重要。"广人荆棘费锄之地，三人二踏犁，夹掘一穴，方可五尺，宿莽巨根，无不翻举，甚易为功，此法不可以不存。"⑥ 这就是在宋代广西静江能见到踏犁的原因。直到近代，牛耕虽已普及，但仍有使用踏犁者，踏犁"专用来开垦有石崖的荒地，……较用锄头省力，一部踏犁，一天可开生荒约五分

① 《宋史》卷四百九十五《黎洞》。
② 《古今图书集成·方舆汇编·职方典》卷一千三百八十《琼州府部》汇考八《琼州府风俗考》；又清德宗光绪二十三年（1897 年）李有益撰《昌化县志》也有相同记载。
③ 《续资治通鉴长编》卷三百二十，神宗元丰四年十一月己酉。
④ 曾雄生：《象耕鸟耘探论》，《自然科学史研究》1990 年第 1 期，第 67 - 77 页；《没有耕具的动物踩踏农业——农业起源的新模式》，《农业考古》1993 年第 3 期，第 90 - 100 页。
⑤ 〔清〕徐松：《宋会要辑稿》食货一之十六。
⑥ 〔南宋〕周去非：《岭外代答》卷四《踏犁》。

地。"① 看来，踏犁的使用并不完全是因为缺少畜力，更非不知牛耕，而只是新开发地区对于农具的一种选择。也就是说，踏犁对于当地的土壤耕作来说，比牛耕更有效。事实上，宋代岭南地区在使用踏犁的同时，也使用牛耕。对此，已有学者作过论述②，兹不赘述。就宋代岭南地区而言，踏犁的重要性肯定要胜过牛耕。牛耕也因次要，而没有得到改进，孝宗年间，静江地区的田器"薄而小，不足尽地力"③。

二是直播和移栽并存。从《岭外代答》的记载来看，岭南地区普遍采用的是直播种稻方式，即所谓"就田点（谷）种，更不移秧"。但有迹象表明，岭南地区在唐代受外来移民的影响，已开始使用水稻移栽技术。唐刘禹锡在连州时作《插田歌》，表明当时连州已有水稻移栽，但从"农妇白纻裙，农父绿蓑衣。齐唱郢中歌，嘤伫如竹枝"④ 来看，这些插秧的农民，原来都是楚国南迁的移民。郢，即楚国的代称。后来楚人在插秧时仍然保留着唱歌的习俗。入宋以后，岭南地区的水稻移栽技术并未中断，黄庭坚谪居黔南时就引用了唐白居易的诗句"泥秧水畦稻"⑤，不仅如此，岭南地区的水稻移栽技术继续受到外来的影响。证据就是秧马的使用。秧马是一种水稻移栽的工具，主要用于拔秧。岭南地区使用秧马是与苏轼联系在一起的。苏轼不仅是秧马的发现者，而且是秧马的推广者。绍圣元年（1094 年），他被贬岭南。在到达岭南之前，苏轼行经江西庐陵（今江西吉安），在庐陵属下的西昌（今江西泰和），宣德致仕郎曾安止曾将自己写作的《禾谱》呈请苏轼雅正。苏轼看过之后，觉得该书"文既温雅，事亦详实，惜其有所缺，不谱农器也"。于是向曾安止介绍了秧马发现的经过及其形制，并作《秧马歌》，用以推广秧马。抵岭南惠州后，又将秧马形制介绍给惠州博罗县令林天和，林建议略加修改，制成"加减秧马"。又介绍给惠州太守，经过推广，"惠州民皆已施用，甚便之"。以后粤北的龙川令翟东玉将上任时也从苏轼处讨得秧马图纸，带往龙川推广。

经过苏轼的一番努力，秧马在岭南得到了使用。北宋唐庚（1071—1121，字子西）就曾在罗浮（今广东罗浮山）看到过秧马，并作诗云："拟向明时受一廛，着鞭尝恐老农先，行藏已问吾家举，从此驰君四十（一作五）年。"⑥ 北宋黄彻也记载了此事，并且确定唐子西至罗浮所见秧马就是苏轼所说的秧马。⑦ 秧马的使用，也可证明北宋时期岭南地区已

---

① 中国科学院民族研究所：《广西壮族自治区宜山县洛东乡壮族社会历史概况》，广西少数民族出版社 1965 年版，第 15 页。

② 陈伟明：《关于宋代岭南农业生产的若干问题》，《中国农史》1987 年第 4 期，第 62－63 页。

③ 〔南宋〕叶适：《水心先生文集》卷十五《司农卿湖广总领詹公墓志铭》。

④ 《全唐诗》卷三五四。

⑤ 〔北宋〕黄庭坚：《山谷内集诗注》卷十二《谪居黔南十首（之八）》。

⑥ 〔北宋〕唐庚：《眉山诗集》卷十《到罗浮始识秧马》。

⑦ 〔北宋〕黄彻：《䂬溪诗话》卷十。

有了水稻移栽技术。

三是月禾的栽培。岭南"阳气常泄，故四时放花，冬无霜雪，一岁之间，暑热过半，穷腊久晴，或至摇扇"①。这种炎热气候虽不一定适合人类的生存，却适合水稻生长。岭南地区是中国最早有双季稻栽培的地区。汉杨孚《异物志》记载："交趾稻夏冬又熟，农者一岁再种。"隋唐时期，岭南地区仍然有"稻岁再熟"和"土热多霖雨，稻粟皆再熟"的记载。②

宋代岭南地区的多熟种植似有发展，"稻岁再熟"③已不新鲜，如广西雷州"地多沙卤，禾粟春种秋收，多被海雀所损。相承冬耕夏收，号芥禾，少谷粒，又云再熟稻，五月、十一月再熟。"④更有甚者，有些地方已是"无月不种，无月不收"。其中最值得注意的是广西钦州的"月禾"。"正二月种者曰早禾，至四月、五月收；三月、四月种者曰晚早禾，至六月、七月收；五月、六月种者曰晚禾，至八月、九月收。而钦阳七峒中，七八月始种早禾，九十月始种晚禾，十一月、十二月又种，名曰月禾。"⑤这里的所谓"月禾"，实际上就是双季或三季连作稻。又据《三阳志》记载："（潮）州地居东南而暖，谷尝再熟。其熟于夏五、六月者曰早禾；冬十月曰晚禾，曰稳禾。类是赤糙米，贩而之他州曰金城米。若秔与秫即一熟，非膏腴地不可种，独糙赤米为不择，秋成之后为园。若田半植大、小麦，逾岁而后熟，盖亦于一熟者种耳。麦与菽豆，惟给他用，不杂以食，其本业盖如此。"⑥

明朝人认为宋代岭南双季稻和三季连作稻与占城稻的引进有着密切的关系。北宋时，占城稻在从福建推广到江淮两浙的同时，也引进到了邻近的岭南地区。苏轼在海南时留有这样的诗："半园荒草没佳蔬，煮得占禾半是藷。万事思量都是错，不如还叩仲尼居。"⑦占城稻的引进也改变了海南的稻田耕作制度。明正德《琼台志》卷七《风俗条》有这样的记述："冬种夏收曰小熟，夏种冬熟曰大熟。自宋播占禾种，夏种秋收今有三熟者。"但宋代岭南三熟制的实现，并非全由人力所致，而更多的是自然的恩惠。总体说来，宋代岭南地区的稻田多熟制不能估计过高，最普遍的稻田制度还是一年一熟制。一季收获之后，大

---

① 〔元〕释继洪：《岭南卫生方》，中医古籍出版社1983年版，第1页。
② 《新唐书·南蛮传》《宋史·蛮夷四》。
③ 〔北宋〕苏过：《斜川集》卷六《志隐》。
④ 〔北宋〕乐史：《太平寰宇记》卷一百二，中华书局2007年版，第3231页。
⑤ 〔南宋〕周去非：《岭外代答》卷八《月禾》。
⑥ 《潮州三阳志辑稿 潮州三阳图志辑稿》（岭南丛书），陈香白辑校，中山大学出版社1989年版，第34页。
⑦ 〔北宋〕苏轼：《过黎君郊居》，《苏轼诗集》，中华书局1982年版，第2560页。

田即处于休闲状态，这种情况直到近代仍没有改变。①

多熟制常常被经济史家看作是农业技术进步、经济发展的标志，实际上，多熟种植可能是另一种形式的"广种薄收"，古人有言："广种不如狭收"。清初学者屈大均就曾指出：海南"禾虽三熟，而往往不给"②。至今海南的水稻平均亩产量不足 300 千克，与内地其他水稻产区的产量相去甚远。③ 在评价历史上的多熟制时，还是应该看看实际的效果，海南的例子就是其一。我们不能因为岭南出现了月禾，而无视宋代岭南稻作整体上的不发达。

四是菱禾的栽培。"深广旷土弥望，田家所耕，百之一尔，必水泉冬夏常注之地，然后为田。苟肤寸高仰，共弃而不顾。"④ 然而，宋代岭南却出现了一种适合在山区旱地种植的稻品种——菱禾，或称菱米。《舆地纪胜》载梅州景物时提到："菱禾，不知种之所自出自，植于旱山，不假耒耜，不事灌溉，逮秋自熟，粒粒粗粝，间有糯，亦可酿，但风味差，不醇。"⑤《方舆胜览》亦载："土产菱米。不知种之所自出，植于旱山，不假耒耜，不事灌溉，逮秋自熟，粒米粗粝。"⑥ "菱"，同音通假又写作"稜""棱""淋"，本应为"陵"，陵为丘陵之陵，本为地面所隆起之地，宋人称为"高仰之地"。这种地势一般多旱，在丘陵地上所种之稻多为旱稻，所以旱稻又称为"旱稜"，或"陵稻"。陵稻的称呼首见于《管子·地员篇》："穀土之次曰五凫。五凫之状，坚而不胳，其种陵稻。"南宋戴侗《六书故》："稻，泽土所生芒种也。亦有同类而陆种者，谓之陆稻。记曰：煎醢加于陆稻上。今人谓之旱稜。"⑦ 宋代旱陵在许多地方都有种植，但可能在岭南地区分布最广。⑧

菱禾的种植与畬田有关。畬田，是山地利用的一种形式，实际上就是刀耕火种。畬田的出现很早，商周时期就已有关于"畬田"的记载⑨，畬田在商周之时出现之后，沉寂了

---

① 民国三十五年（1946年）《潮州志》卷九《农业》："水田每年可种早稻及晚稻各一次，其余时间则任其休闲。"据调查，冬闲田的广泛存在，除了冬耕作物产量不高，还有可能影响来年早稻种植，肥料来源有限之外，还因为"本州岛岛农民生活较易解决，苟早稻、晚稻有收，则生活自可充裕，易于养成好逸厌劳习惯"，这和《岭外代答》所提到的"惰农"情况是一样的。

② 〔清〕屈大均：《广东新语》卷十四《食语·谷》。

③ 蔡与浪、邓建华："'禾虽三熟，而往往不给'解读海南水稻低产三大原因"，《海南日报》2003年12月8日，13版。

④ 〔南宋〕周去非：《岭外代答》卷三《惰农》。

⑤ 〔宋〕王象之：《舆地纪胜》卷一百二《梅州》。

⑥ 〔南宋〕祝穆：《方舆胜览》卷三十六。又《格致镜原》卷七十六引《武陵记》也有同样记载。

⑦ 〔南宋〕戴侗：《六书故》卷二十二。

⑧ 现存宋代方志中，只有嘉定十六年（1223年）《赤城志》卷三十六《土产》载："至于旱稜宜旱、倒水赖宜水，是又其性之相反者也。"《赤城志》中出现陵稻也可能与地近岭南有关。

⑨ 《易·无妄》有"不耕获，不菑畬"句。《诗经·周颂·臣工》中则有"嗟嗟保介，维莫之春，亦又何求，如何新畬。"《说文解字》曰："畬，三岁治田也。易曰：'不菑畬'，田，从田、余声，以诸切。"《尔雅·释地》："田一岁曰菑，二岁曰新田，三岁曰畬。"《集韵》："畬，火种也，诗车切。"

数千年的时间，在唐宋时期又重新出现在人们的视野之中，唐宋诗歌中就有许多描写畲田诗句。范成大《劳畲耕（并序）》："畲田，峡中刀耕火种之地也。春初斫山，众木尽蹶。至当种时，伺有雨候，则前一夕火之。藉其灰以粪。明日雨作，乘热土下种，即苗盛倍收。无雨反是。山多硗确，地力薄则一再斫烧，始可艺。"唐宋时期，畲田主要分布在上起三峡、经武陵，包括湘赣五岭以下，至于东南诸山地，至两广地区。

　　然而，宋代长江流域的畲田用于种稻者似乎不多。[1] 范成大《劳畲耕（并序）》又说："春种麦、豆，作饼饵以度夏。秋则粟熟矣。……虽平生不识粳稻，而未尝苦饥。"诗中也有"何曾识粳稻，扣腹尝果然"的诗句，从中可以看出，畲田所种之作物皆为旱地作物，而不包括粳稻，甚至畲民一生也不知粳稻为何物。唐代白居易等人的诗中就是将畲田和稻田，水种和山田，水苗（稻）和畲粟分开来描述的。[2] 由此可见，畲田一般是不种水稻的。

　　但是，畲田虽不适合水稻种植，却可以种植旱稻，也即"畲稻"。宋人张颉《寄达张五丈夔明府》有"火米夏收畲稻早，海椒春放瘴花迟"的诗句。这里所说的"火米"和"畲稻"都是指在畲田中所植之旱稻。这种畲稻主要分布在瘴乡岭南，所以诗中又提到"瘴花"。岭南是畲田集中分布的地区之一，也是畲稻的主要产地。北宋时陶弼在《题阳朔县舍》诗中就有"畲田过雨小溪浑"[3] 一句，说明当地有大量畲田的分布。畲田所植之旱稻便为畲稻。唐李德裕在岭南道中就看到了"五月畲田收火米"的情形。据《本草纲目》解释："西南夷亦有烧山地为畲田，种旱稻者，谓之火米。"[4] 今壮语中仍有称旱稻为"火米"的，其意之一为"地谷"或"旱田谷"，是相对水稻而言。据此有学者推测，从隋唐到宋元，广西耕畲种植的大部分应是稻谷。[5] 唐人元稹在《酬翰林白学士代书一百韵》中也有"火米带芒炊"一句，更证明火米是稻一类的作物。因为稻在古代又称"芒种"，即有芒之种，而且诗中还有"野莲侵稻陇"一句。不仅如此，"火米带芒炊"还告诉我们，当时稻谷未经脱壳便加工食用，这种食用方法很可能是类似于江南地区流行的"字蒌"和

---

[1] 如湖南"沅湘间多山，农家惟植粟，且多在冈阜，每欲布种时，则先伐其林木，纵火焚之，俟其成灰，即布种于其间。如是则所收必倍，盖史所谓'刀耕火种'也。"（〔南宋〕张淏《云谷杂纪》卷四）

[2] 唐诗中就有许多畲田、稻田对称的例子，如，岑参"水种新插秧，山田正烧畲"，元稹"获稻禅衣卷，烧畲劫火焚"，白居易"畲田既慵斫，稻田亦懒耘"以及"水苗泥易耨，畲粟灰难锄"等。

[3] 〔北宋〕陶弼：《邕州小集》。

[4] 〔明〕李时珍：《本草纲目》卷二十二《粳》。

[5] 覃乃昌：《壮族稻作农业史》，广西民族出版社 1997 年版，第 237 页。

广东地区的"炮谷"①。爆孛娄和炮谷使用的就是未经脱壳的糯谷，而非已经脱壳的糯米。② 倘若如此，则所谓"火米"还可能是糯稻。明清时期的畲稻也以糯稻为多。③

和畲田、菱禾有关的还有畲民。据《舆地纪胜》的记载，菱禾"本山客輋所种，今居民往往取其种而莳之。"④ 也就是说岭南地区菱禾的最初种植者为"山客輋"。"山客輋"，即后来的畲族。众所周知，菱禾的产地梅州正是畲族的主要聚居地之一。畲族是一个以其农耕特征而命名的民族，也就是说畲族之所以称为畲族，是与他们居住在山区，从事刀耕火种有关。畲族在宋代的时候已经活跃在岭南地区，被视为瑶族的一支。潮州是畲族聚居的地区之一。"距（潮）州六七十里，地名山斜，猺（瑶）人所聚，自耕土田，不纳官赋。"⑤ 这里所谓的"山斜"，其实就是"畲"，因为"畲"有时也写作"斜"。⑥ "山斜"是说他们居住在山区。"畲民"一词最早出现于南宋刘克庄笔下，是对其福建漳州境内一支的称呼。⑦ 岭南地区的畲常常称为"輋"。"輋有二种：曰平鬃，曰崎鬃。其姓有三：曰盘，曰蓝，曰雷。依山而居，射猎而食，不冠不履。三姓自为婚。有病殁，则并焚其室庐而徒居焉。耕无犁、锄，率以刀治土。种五谷，曰刀耕。焚林木，使灰入土，曰火耨。籍隶县治，岁纳皮张。明设輋官统之。澄海有輋户，伐山而嶂，艺草而种。海丰地方，有曰罗輋，曰葫芦輋，曰大溪輋。兴宁有大信輋。归善有窑輋。'輋'当作'畲'。海南三灶山内有腴田三百余顷，畲蛮据之，号招海寇，大为民害。莫瑶称白衣山子，斫山为业，素不供赋，今亦有输税廉、钦州矣。"⑧ 据傅衣凌对畲族名称由来所作的考证，"唐宋以后，汉人来者益多，越民之强悍者被迫入山，因得峒寇、峒獠之名，又以其烧山地为田，种旱稻，刀耕火种，因名为畲，赣粤两省则写为輋，即种畲田之人也。"⑨ 据历史地理学家的调查，这些以畲或輋为首尾地名者多数分布在山地、丘陵和台地地区，尤以内地客家人地

---

① 游修龄：《中国稻作史》，中国农业出版社 1995 年版，第 258 - 259 页。

② 〔南宋〕范成大《吴郡志》提到："爆糯谷于釜中，名孛娄，亦曰米花。"范成大《吴中节物诗》中也有"熬稃膊脾声"一句，自注云："炒糯谷以卜，俗名孛罗，北人号糯米花。"据《武陵旧事》说："吴俗每岁正月十四日，以糯米谷爆于釜中，名曰孛罗花，又名卜谷。"〔元〕娄元礼《田家五行》载："雨水节，烧干镬，以糯稻爆之，谓之孛罗花，占稻色。"〔清〕屈大均《广东新语》载："广州之俗，岁终以烈火爆开糯谷，名曰炮谷。以为煎堆心馅。煎堆者，以糯粉为大小圆，入油煎之。"

③ 江西赣南地区也是畲族的聚居地之一，据清乾隆十八年（1753 年）《瑞金县志》卷二《物产》载："种之山腰輋际而生者，曰菱禾，又曰旱禾，皆糯类也。"

④ 〔南宋〕王象之：《舆地纪胜》卷一百二《梅州》。

⑤ 〔南宋〕赵汝腾：《庸斋集》卷六《资政许枢密神道碑》。

⑥ 清乾隆二十九年（1764 年）广东《灵山县志》卷六《物产》中即有所谓"斜禾粘""斜粳"和"斜糯"一类的水稻品种。并注曰："斜禾即畲田也，撒于丘阜高岗之上，不用水灌，将茅草烧上松而下耐旱，一月一雨，自然成熟，米大粒色燥。"

⑦ 《后村先生大全集》卷三十四《送方漳浦》，卷九十三《漳州谕畲》，卷一百二十四《卓刑部》。

⑧ 〔清〕范端昂：《粤中见闻》，广东高等教育出版社 1988 年版，第 236 页。

⑨ 傅衣凌：《福建畲姓考》，《福建文化》1944 年第 2 卷第 1 期。

区至为普通，可是在广东沿海和三角洲平原地区，这类地名几乎绝迹，显然是土地利用方式差异所致，前者种旱稻，后者植水稻，归根结底又是地区文化背景不同的结果。① 菱禾，即名为"山客輋"的畲民在畲田中所种之旱稻。"山客輋"所种的菱禾为后来进入的汉人所引种。从这里也可以看出，不仅岭南地区的稻作受到了外来移民的影响，同时外来移民也受到岭南原有稻作的影响。这点在下面的例子中还可以得到进一步的证明。

岭南属于籼稻分布区，籼稻和粳稻相比，粒型较长。王象晋《舆地纪胜》载：象州"民富鱼稻……多膏腴之田，长腰玉粒，为南方之最，旁郡亦多取给焉。"② 有学者认为，此"长腰"，即范成大所说的"箭子"，这是江南一带有名的水稻品种。③ 宋代岭南所种稻品种中，有一个品种值得注意，这便是铁脚糯。"铁脚"是明清时期较常见的稻品种名称，其特点是茎秆坚劲，不易倒伏。名"铁脚"的品种中，有粳，亦有糯。《抚郡农产考略》载："铁脚撑，一名铁脚秔，又名硬稿白，早稻也，稻稿长而劲，故名。"④ 《稻品》载："铁脚糯……其秆挺而不仆"，系抗倒伏的糯稻品种。这个品种始见于《东坡杂记》："黎子云言：海南秫稻，率三五岁一变，顷岁儋人，最重铁脚糯，今岁乃变为马眼糯，草木性理，有不可知者。""海南秫稻率三五岁一变，以黏为饭，以糯为酒，糯贵而黏贱。盖以其性善变，罕得佳实也"⑤。虽然如此，但铁脚糯的出现，给我们提供了这样的一个信息，即在宋代人们就试图通过选种育种来对付强风所引起的农作物倒伏所致的损失。《宋史·五行志》记载了多次风灾，其中有的还直接提到了农作物的损失。如：嘉定三年（1210年）八月癸酉，大风拔木，折禾穗，堕果实；十六年秋，大风拔木害稼；十七年秋，福州飓风大作，坏田损稼等；海南地处东南沿海地区，容易受大风袭击，是有铁脚糯的出现。

五是桩堂的使用。苏轼被贬岭南时，在游博罗香积寺时，见寺下溪水可作碓磨，若筑塘百步，闸而落之，可转两轮举四杵也。并将这一设想告诉了县令林抃，使督成之。⑥ 碓磨主要用于加工米面，但在米面加工之前，必须先经过收割和脱粒的过程。这里便要提到宋代岭南地区一种特殊的收割和粮食加工方法。宋代收割的方法主要有两种：最普遍使用的一种是用镰刀从近稻根处收割，从现存耕织图来看，都采用的是这种收割方式；还有一种主要流行于岭南地区，如"静江民间获禾，取禾心一茎藁，连穗收之，谓之清冷禾"⑦。这样的收割方法使稻草大部分留在田中，任其自然腐败，或焚烧之。根据近人对海南黎族

① 司徒尚纪：《岭南稻作文化起源在地名上的反映》，《中国农史》1993年第1期。
② 〔南宋〕王象之：《舆地纪胜》卷一百五《象州》。
③ 覃乃昌：《壮族稻作农业史》，广西民族出版社1997年版，第241页。
④ 〔清〕何刚德：《抚郡农产考略》卷上。
⑤ 《广东通志》卷五十二引苏轼《海南文》。
⑥ 〔北宋〕苏轼：《苏东坡全集》卷二十三《游博罗香积寺（并引）》。
⑦ 〔南宋〕周去非：《岭外代答》卷四《风土门·桩堂》。

的调查，采取这种割稻方法，主要有三个方面的原因："一则图省搬运之劳；二则燃料及家畜无需乎此；三则任其在田中朽腐，可作次期耕作之肥料也。"① 这种状况可能更接近于稻作的原始状态。问题是宋代江南地区开始使用近稻根处收割的方法。这种方法的普及，可能并不是出于图省搬运之劳，而可能是出于某种需要，诸如喂牛，以及用给牲畜作垫栏，作为燃料，以及纺绳作苦，但也有可能与多熟种植有关，因为稻稿留在田中，在没有腐败以前，清理起来会很困难，影响后作种植。

与"清冷禾"这种收割方式相联系的是"桩堂"的使用。唐代"广南有舂堂，以浑木刳为槽，一槽两边约十杵，男女间立，以舂稻粮。"② 舂堂，即舂谷的木槽，又名桩堂，或舂塘。"屋角为大木槽。将食时，取禾桩于槽中，其声如僧寺之木鱼，女伴以意运杵，成音韵，名曰：桩堂。每旦及日昃，则桩堂之声，四闻可听。"③《南海录》言："南人送死者无棺椁之具，稻熟时理米，凿大木若小舟以为臼，土人名'舂塘'，死者多敛于舂塘中以葬。"④ 这种脱粒方式在 17 世纪的台湾仍然保留下来，"番无碾米之具，以大木为臼，直木为杵，带穗舂，令脱粟。计足供一日之食，男女同作，率以为常。"⑤ 在海南，18 世纪仍然保留这种收割和加工方式。"黎人不贮谷，收获后连禾穗贮之。陆续取而悬之灶上，用灶烟熏透。日计所食之数，摘取舂食，颇以为便。"⑥

以杵臼为工具舂米是古代南方各族加工粮食的一种普遍方法，在今日壮、布依、高山、黎、苗、傣、仡佬等少数民族中尚有流风余韵可寻，这与中原汉人"碾米为食"显然有很大的不同。但南方诸族舂米有个习惯就是每天只杵一日之食，从不宿舂。清代陆次云《峒溪纤志》记载不宿舂的原因是"宿舂则头痛"，而景泰《云南图经·元江军府风俗》则认为是"无仓庾窖藏，而不食其陈"。今人则认为逐日舂米的习俗是南方诸族上古时期生产力不发达，剩余物资不多，必须"日计所食之数"方可维持一年生计所长期养成的习惯所致。⑦

四、简短结论

地广人稀，动植物资源丰富，加上相对滞后的农耕技术，构成了岭南地区旧有的自然

① 广东民政厅编：《广东全省地方纪要》，民国二十三年（1934 年）。
② 〔唐〕刘恂：《岭表录异》卷上。
③ 〔南宋〕周去非：《岭外代答》卷四《风土门·桩堂》。
④ 〔南宋〕周煇：《清波杂志》卷七。
⑤ 〔清〕居鲁：《番社采风图考》。
⑥ 〔清〕张庆长：《黎岐纪闻》。
⑦ 吴永章：《中国南方民族文化源流史》，广西教育出版社 1991 年版，第 15 页。

环境和农业发展的图景。但这种旧有的图景，在宋代，随着北方人口的大量南迁而改变。环境的变迁在一些动物的习性上得到反映，而农业发展的变化则在岭南的稻作农业上得到体现。宋代岭南地区的稻作整体上仍然落后于江南地区；但在外来移民的影响之下已然有了很大的发展，同时也保留有自己原有的一些特色。

历史上中国和东南亚稻作文化的交流

　　自中国的先秦时期开始，随着稻米民族百越人向东南亚的播迁，中国与东南亚间的稻作文化交流便业已展开。唐宋以后，造船和航运技术的进步，特别是郑和下西洋后，中国与东南亚间的联系更加密切。东南亚各国在接受从中国传入的稻作文化的同时，也把自己的稻作文化输出到了中国，交流、交往使中国和东南亚间形成了许多共同而又独特的稻作文化。本文将从稻田、稻作、稻种和民俗等方面展示中国和东南亚间的稻作文化交流中的一些重要的片段。

　　东南亚地处东亚和南亚之间，扼东西交通要道。先秦以前，中国文化的中心北方黄河流域地区与东南亚的联系并不多。

　　《尚书·大传》曰：尧南抚交阯于《禹贡》荆州之南垂，幽荒之外，故越也。

　　《周礼》："南八蛮：雕题、交阯，有不粒食者焉。春秋不见于传，不通于华夏，在海岛，人民鸟语。"[①]

　　但生活在中国东南部的稻米民族百越人向南向西进入东南亚。他们约在公元前 200 年（中国西汉初年）到达巴达拉望（菲律宾），约 500 年（中国南北朝时期）到达沙捞越（马来西亚），约 1000 年（中国北宋时期）到达马来亚，足迹遍及菲律宾、婆罗洲、苏门答腊、马来西亚、泰国、越南及柬埔寨等国家和地区。百越人在进入上述地区的同时，也把自己的稻作文化带到了该地区。

　　在百越人进入之前，东南亚地区已经形成了以种植块根块茎作物为主食的原始农业。

---

　　① 〔北魏〕郦道元著，王国维校：《水经注校》，上海人民出版社 1984 年版，第 1154 页。

百越人的进入，使稻米一定程度上取代了原有块根块茎类主食，并促进了当地农业和社会的发展。游修龄教授从南洋民族的血统和铜鼓的分布两个方面探讨了早期百越稻作与南洋的关系①。

　　唐宋以后，随着造船与航海技术的进步，中国与东南亚诸国的交往更为频繁。400 年左右，东晋名僧法显自印度尼西亚爪哇坐船至广州需时 50 天，而宋时只需 30 天；唐时自广州至苏门答腊需 30 天，而宋时若顺风只需 20 天。南宋中期来泉州贸易的海外诸国有 20 余个，其中属东南亚地区而又可考者计有：属越南的占城、日丽、宾达侬、胡麻巴洞、新州等，属印度尼西亚的新条、甘秝、三佛齐、阇婆等，属菲律宾的麻逸、三屿等，属柬埔寨、泰国的有真腊、登流眉、波斯兰等，属缅甸的蒲甘等，属今马来西亚沙捞越地区的勃泥等。② 中国人也大量进入东南亚，从事经商活动。元至元二十五年（1288 年）八月的一份官方文书就提到："广州官民于乡村籴米伯硕、阡硕至万硕者，往往搬运前去海外占城诸番出粜，营求厚利。"③ 进入真腊的中国人发现，当地的妇女善于做买卖。因此，到了以后，"必先纳一妇人者"④，久之便长住下来。元初人周达观就曾于真腊遇及"居番三十五年"的乡人薛氏⑤。与中国有着"胞波"情谊的缅甸，受到中国稻作文化的影响。849—1287 年，建立在伊洛瓦底河流域的缅甸蒲甘（Pagan）王朝，仰赖良好的灌溉系统，使得大面积水稻田增产，不但维持庞大的僧侣、王室与众多的人口，也造就了辉煌的文化，河岸边建立了 5 000 多个庙宇。

　　三宝太监郑和下西洋后，中国和东南亚间的联系更加密切。中国对东南亚的影响也与日俱增。有这样的一个传说：

　　　　一天，三宝公在田间行走，看见许多暹罗人正在壅肥。三宝公便作弄他们道："你们把稻草烧在田里便是肥料了，不必放什么沃壅的。"所以至今暹罗人犹依他的话，不大下肥料，因为稻草灰经三宝公神口一说，真的很肥了。⑥

　　实际上，在郑和到来之前的中国元代时期，东南亚地区的农民在耕种时，"粪田及种蔬，皆不用秽，嫌其不洁也。"⑦ 郑和到来以后，可能只是在尊重当地风俗习惯的基础上，把中国内地使用草木灰的经验传到了当地。

---

①　游修龄：《百越稻作与南洋的关系》，《农业考古》1992 年第 3 期。
②　〔南宋〕赵彦卫：《云麓漫钞》卷五，古典文学出版社 1957 年版，第 75 页。
③　〔元〕佚杭：《通制条格》卷十八《关市·下番》。
④　〔元〕周达观著，夏鼐校注：《真腊风土记校注》，中华书局 1981 年版，第 146 页。
⑤　〔元〕周达观著，夏鼐校注：《真腊风土记校注》，中华书局 1981 年版，第 178 页。
⑥　郑鹤声、郑一钧：《郑和下西洋资料汇编（下）》，齐鲁书社 1989 年版，第 94 页。
⑦　〔元〕周达观著，夏鼐校注：《真腊风土记校注》，中华书局 1981 年版，第 137 页。

19 世纪中叶以后，由于马六甲海峡等地的华侨日益增多，他们对家乡的稻米情有独钟，对广东南部所产米谷需要甚巨，"其原因或因此类米谷质优，或因产自故乡，特许租谷运澳（门），竟导致大批米谷乘机运销海外，供不应求。"① 这种对乡稻米的喜好，转而成为华侨在当地发展稻作农业的动力。

至少自唐宋以来，原产今越南、泰国等地的大米就开始进入中国市场。元代以前，中国的大米对东南亚的出口似乎要大于进口，明代以后，情况开始逆转，中国对东南亚的大米进口多于出口。其中泰国又是中国最主要的进口稻米原产国之一。清康熙年间就曾采用免税办法鼓励暹罗米在内地销售。雍正六年（1728 年），清廷甚至规定"永免暹罗米税"②。其次便是越南。民国时期北平、天津、济南和青岛等华北大都市的米市上就有来自西贡（越南）的大米。③ 民国二十一年（1932）安南、暹罗两处之米，则由上年之七十万担，增至一百二十万担。④ 今天，产自泰国的长粒型香稻米更是在中国的超市中比比皆是。

东南亚各国在接受中、印等外来稻作文化影响的同时，也把自身创造的稻作文化与周边世界进行交流，促进了中国与东南亚各国稻作文化的相互发展。由于社会历史和自然条件等的影响，中国，特别是中国南方的少数民族，如云南的傣族，与缅甸的掸族和泰国、越南、老挝的泰族等傣语民族之间，一直保留着许多相同或相近的文化特征。⑤ 这既是文化交流的结果，同时也为文化的进一步交流创造了有利的条件。

一、稻田

中国先秦时期的典籍《周礼》，依据地势将农业分为平地农、泽农和山地农。稻作常常被归于泽农之列。但历史的发展，让稻作突破了三农的固有界限，同时出现在平地、泽地和山地。

（一）雒田

秦汉以前，在中国南方和东南亚各地到处都有所谓"雒田"或"鸟田"的分布，有学者据此提出南洋民族的"鸟田血统"一说。⑥"雒田"的记述最早见于《交州外域记》：

---

① 莫世祥等：《近代拱北海关报告汇编：1887—1946》，澳门基金会 1998 年版，第 14 页。
② 《清史稿》卷一百二十五《食货六》。
③ 应廉耕，陈道：《华北之农业（四）——以水为中心的华北农业》，北京大学出版部 1948 年版，第 26 页。
④ 莫世祥：《近代拱北海关报告汇编：1887—1946》澳门基金会 1998 版，第 374 页。
⑤ 王懿之：《傣掸泰等民族的共同文化特征》，《云南社会科学》1990 年第 6 期。
⑥ 徐松石：《亚洲民俗·社会生活专刊》第 94 辑《百粤雄风岭南铜鼓》，台北东方文化书局 1974 年版，第 88 - 97 页。

交阯昔未有郡县之时，土地有雒田。其田从潮水上下，民垦食其田，因名为雒民。设雒王雒侯，主诸郡县，县多为雒将，雒将铜印青绶。[①]

类似的记述还见于《广州记》《南越志》等古代文献。

雒田是什么？学界有多种解释，包括鸟田、架田、种植浮稻的深水田、沙田（潮田、涂田）、山谷坡田等说法。[②] 其核心是对"仰潮水上下"的理解。

元人周达观在其所著《真腊风土记》，就对真腊淡水洋（今柬埔寨洞里萨湖）畔的农业生产有如下记录：

大抵一岁中，可三四番收种。盖四时常如五六月天，且不识霜雪故也。其地半年有雨，半年绝无。自四月至九月，每日下雨，午后方下。淡水洋中水痕高可七八丈，巨树尽没，仅留一杪耳。人家滨水而居者，皆移入山后。十月至三月，点雨皆无。洋中仅可通小舟，深处不过三五尺，人家又复移下，耕种者指至何时稻熟，是时水可淹至何处，随其地而播种之。[③]

这段文字在一定程度上也可以用来作雒田"随潮水上下"的理解。在雒田农业阶段，人们对于自然的依赖程度很高，潮水的涨落影响着农业的进退。潮水上来之时，人们移居山后，潮水退却之后，人们又复移下，滨水而居，从事稻作生产。

越南历史学家陶维英认为雒田是雒越或瓯雒垦殖的田地，"仰潮水上下"，实际上是"利用潮水高涨而引水入田，使草腐烂，使土成泥，一俟潮水降落时，再排出积水，当时也可能已有筑堆田畔蓄水。这就是《史记》上所说的楚越人在农业上使用的'水耨'方法。"[④] 游修龄认为，雒田就是稻田。

（二）白田、赤田

东晋时，豫章俞益期与韩康伯的书信中提到：

……九真太守任延，始教耕犁，俗化交土，风行象林。知耕以来，六百余年，火耨耕艺，法与华同。名"白田"，种白谷，七月火作，十月登熟；名"赤田"，种赤谷，十二月作，四月登熟：所谓两熟之稻也。[⑤]

---

① 〔北魏〕郦道元著，王国维校：《水经注校》，上海人民出版社 1984 年版，第 1156 页。
② 张一平等主编：《百越研究（3 辑）》，暨南大学出版社 2012 年版，第 72 页。
③ 〔元〕周达观著，夏鼐校注：《真腊风土记校注》，中华书局 1981 年版，第 136–137 页。
④ （越）陶维英著，刘统文等译：《越南古代史》，商务印书馆 1976 年版，第 225 页。
⑤ 〔北魏〕郦道元著，王国维校：《水经注校》，上海人民出版社 1984 年版，第 1144 页。

任延，东汉初人。他把汉族地区先进的农耕技术带到了交土、象林（今越南和中国的广东、广西一带），使当地的农业生产技术赶上了中国内地的步伐，并依据当地有利的自然条件，发展出白田和赤田这样一种一年两熟的水稻种植制度。

（三）梯田

梯田是在山区丘陵区坡地上，筑坝平土，修成许多高低不等、形状不规则的半月形田块，上下相接，像阶梯一样，有防止水土流失的功效。

稻作梯田文化的根在中国。《诗经》中的"阪田"可能就是最早的梯田。唐代云南部分少数民族地区的"山田"已是"殊为精好"[①]。梯田之名始见于南宋。范成大《骖鸾录》载，袁州（今江西宜春）"岭阪上皆禾田，层层而上至顶，名梯田"[②]。14世纪初，中国元代的《王祯农书》首次给出了梯田的概念和修造方法，还插入了现在能看到的最早的梯田图像。《王祯农书》中还用图谱的方式介绍了用于梯田灌溉的筒车和高转筒车。说明元代中国的梯田稻作文化已经相当成熟。中国历史上，闽、江、淮、浙等地都有许多水稻梯田的分布。至今在中国仍然分布着众多著名的梯田稻作景观，如云南红河哈尼梯田、广西龙脊梯田、湖南紫鹊界梯田、江西宜春明月山梯田等。2013年，红河哈尼梯田获准列入世界遗产名录。

菲律宾历史学家赛地（Zaide）说："我们直接来自中国南部的祖先，首先把灌溉和种稻的方法介绍到菲律宾来。当加利利的山头响着耶稣圣诞的歌声时，伊夫高人已在他们祖先数世勤劳筑成的梯田中种稻了。"[③]印度尼西亚、菲律宾、缅甸、越南等东南亚国家也有广泛的梯田分布。1995年，菲律宾伊富高省的稻作梯田被联合国教科文组织列为世界遗产地。

二、稻种

（一）东南亚的中国稻种

中国和东南亚不仅有着相同的稻作梯田，而且在梯田上种植着相类的稻种。在印度尼西亚爪哇、巴厘，菲律宾的梯田上种植的布鲁（bulu）稻（芒稻），粒型和云南、老挝山区的大粒型粳稻相似而略小。国际水稻研究所（International Rice Research Institute,

---

① 〔唐〕樊绰：《蛮书校注》，中华书局1962年版，第172页。
② 〔南宋〕范成大：《骖鸾录》，中华书局1985年版，第10页。
③ （菲）赛地著，陈台民译：《耶稣时代的菲律宾》，《Kislap》1958年12月7日。

IRRI）的研究认为，爪哇稻（热带粳稻，Tropical japonica）和陆稻在遗传上彼此很接近，所不同者只是陆稻的根系发达。陆稻的株型、低分蘖力、长的稻穗和硕大的谷粒在形态学上非常近似爪哇稻，而爪哇稻则是水稻，表明它们有同源演变的关系。中国云南和老挝山区的陆稻（粳稻）同印度尼西亚群岛等山区的布鲁稻，很可能是古时候陆稻传播过程中受到不同环境长期影响下产生的生态型。

遗传学的研究更把中国与东南亚稻种的联系推到更早的时候。亚洲栽培稻的起源地一直存在争议。近年的考古发现表明，中国的长江中下游作为稻作的起源地已受到广泛的关注。最新的水稻基因组研究显示，人类祖先首先在广西的珠江流域，利用当地的野生稻种，经过漫长的人工选择，驯化出了粳稻，随后往北逐渐扩散。而往南扩散中的一支，进入了东南亚，在当地与野生稻种杂交，经历了第二次驯化，产生了籼稻。[①]

中国与东南亚的稻种古老联系一直未有中断。在越南，提及稻种的汉喃书籍有《云台类语》《抚边杂录》《大南一统志》等，其中《大南一统志》中有记载，中国清代时稻种已传种到越南。17—19 世纪中国与越南三部辞典显示，有三种稻米是从中国传到越南，越南人借用其字形表示耕种在越南的稻种。18 世纪越南学者黎贵惇《抚边杂录》中记载了越南中部 42 个稻种以及耕种时间、土壤、米粒特点、味道与质性等。[②] 1914 年，福建品种 Cina（又称 Tjina）引入印度尼西亚，并于 1934 年与印度品种 Latisail 杂交，先后育成 Peta、Intan、Tjeremas 等著名品种，广泛种植于印度尼西亚、菲律宾、马来西亚等东南亚国家。[③] 1961 年，中国水稻遗传学家张德慈（Te-Tzu Chang，1927—2006）赴菲律宾参与国际水稻研究所工作。他把台中"在来 1 号"引入印度试种，因该品种具有耐肥高产的特性，在印度适应极佳，迅即大规模推广栽培，为热带地区增产粮食，创绿色革命之先声。其后更进一步与国际水稻研究所育种专家利用台湾之低脚乌尖、矮子尖等带有半矮生习性基因之亲本与热带高秆低品种杂交，育成多个性能优异、国际驰名之优良品种。命名为 IR8 之高产耐肥新品种，其表现更超越台中"在来 1 号"，在东南亚迅速传播，成就非凡，创造了比原有品种增加三倍的高产纪录。赤道带上的印度尼西亚，原本平均每公顷产量 1.8 吨的稻田，在引进了由菲律宾研发的新品种后，产量就快速提升到 5 吨以上，被喻为是"奇迹稻"（Miracle Rice），神奇稻米的栽种面积也增加了 2 000 倍。半矮性高产品种的推广种植，解决了当时（1966—1968 年）之普遍粮荒，也避免了当初所预测的1972—1973 年的粮食危机，对东南亚人口稠密国家之粮食供应有莫大贡献。张德慈与国际水稻研究所育种同仁因此在 1969 年荣获美国费城约翰史考特奖（John Scott Award）。

① 黄学辉等：《水稻全基因组遗传变异图谱的构建及驯化起源》，《自然》2012 年 10 月 4 日。
② （越）吕明恒：《种在越南中部的稻名：考察黎贵惇》，《广西非物质文化遗产》2015 年 5 月，第 38 页。
③ 程式华、李建主编：《现代中国水稻》，金盾出版社 2007 年版，第 68 页。

（二）占城稻

2000 年前，受北方汉族稻作文化影响的岭南及南洋一带，在 1 000 年后开始了反向的影响。占城稻是原产于越南的一个水稻品种，这个品种因宋真宗的引种而名声大振。宋真宗大中祥符五年（1012 年）五月戊辰，"帝以江、淮、两浙稍旱即水田不登，遣使就福建取占城稻三万斛，分给三路为种，择民田之高仰者莳之，盖旱稻也。内出种法，命转运使揭榜示民。后又种于玉宸殿，帝与近臣同观，毕刈，又遣内侍持于朝堂示百官，稻比中国者穗长而无芒，粒差小，不择地而生。"①

实际上，宋真宗大中祥符五年（1012 年）以前，占城稻即已可能通过海上贸易等方式，在唐末、五代时期传入福建。大中祥符五年后，因有皇帝出面推广，占城稻很快在长江中下游的稻作区得到种植。到南宋初年，占城稻的种植面积，已占江西水稻种植面积的70％还强。② 与此同时，占城稻自身发生了一些变化，即由一个早熟而耐旱的品种、分化出生育期不同，性状各异的多个品种。

占城稻的普及很大程度上取决于其"耐旱，不择地而生"的特性。近 1000 年以来，随着中国人口的激增，山地得到开发，梯田遍及东南丘陵地区，但由于水利设施没有到位，时有干旱之忧。选用耐旱品种就是最省力的一种办法。福建是宋代梯田分布最广的地区之一，时人以"水无涓滴不为用，山到崔巍犹力耕"来形容当地的梯田，也是最早引种占城稻的地方。占城稻的推广与梯田的开发是同步的，梯田较多的地方也是占城稻较多的地方。清《敬业堂集》卷二八《峒嵎田家》："雷鸣田种占城稻，不信人间有水荒。（田无水利者，为雷鸣田。占城旱稻，不资水而生。）见说今年犹苦潦，可怜井底是淮扬。"雷鸣田，即缺少灌溉设施的梯田。

后世史家在评价占城稻时，对占城稻耐旱的这一特征注意较少，而对"成实早"却过分注意。他们认为早熟的占城稻，使得稻田多熟制（如双季稻、稻麦二熟）成为可能，进而诱发绿色革命，促进人口增长云云。但就宋代来看，占城稻的引入最主要的还是针对抗旱，服务于多熟种植还是次要的。

宋代以后，因应各种不同需要，从东南亚引进水稻品种的例子不在少数。如明成化（约 1465—1470 年）初，福建漳州人在云南戍边时，得安南稻一种，五月先熟，米白。③此一品种后来在泉州、漳州和台湾地区多有种植。④ 台湾地区就有早占、安南早、吕宋早

---

① 《宋史》卷一七三《食货志》。
② 〔北宋〕李纲：《梁溪集》卷一百〇六《申省乞施行籴纳晚米状》。
③ 弘治《八闽通志》卷二十六。
④ 〔清〕郭柏苍：《闽产录异》卷一。

等品种，分别来自占城、安南（今越南）和吕宋（今菲律宾）等东南亚国家。①

宋代在占城稻进入福建的同时，另一个也可能是从东南亚传入的水稻品种也进入到了浙江，即金钗糯稻。这是一种优质的糯稻品种，因其自海外而来，被称之为"海漂来糯"。宋人孙因有诗载其事，"扬州之种宜稻兮，越土最其所宜。糯种居其十六兮，又稻品之最奇。自海上以漂来兮，伊仙公之遗育。别黄籼与金钗兮，紫珠贯而累累。"②

（三）深水稻或浮稻

东南亚，特别是泰国和缅甸的农民，为了适应淹水且水位涨落不定的水面种稻需要，选择足以适应在深水区种植的浮稻品种。浮稻在深水条件下种植，采用撒播形式，雨季来临时，稻田积水，水位上升，稻茎也逐渐伸长。在8—10月时，水深每日可增加8~10厘米，浮稻有时一天可长高30厘米；在发生大暴雨、大洪水和急流时，浮稻的根会脱离土壤，上部的叶子浮在水面，整株浮稻随水漂移，吸收水中的养分，继续生长，水退后，根部又扎入淤泥；12月至翌年1月，洪水全部退出，浮稻也已经成熟，可以收割。

浮稻的产量不高，且品质较劣，但这种水涨稻高的品种，的确是一种对付洪涝灾害的利器，也很早就引起了中国人的注意。元代人周达观在其所著《真腊风土记》中，除了对真腊淡水洋畔的农业生产作了记录，还提到：

> 又有一等野田，不种常生，水高至一丈，而稻亦与之俱高，想别一种也。③

明代慎懋赏著《海国广记》，又名《四夷广记》，在有关暹罗物产的条目中记载："（稻）秆长一丈三尺，穗长八寸余，谷三粒，长一寸。凡稼之长茂，视潦之浅深。"④

至迟在明代中后期，这种以秆长为特征的深水稻品种已在江南水乡种植。明嘉靖浙江《山阴县志》记载，有稻种"料水白，岁遇甚潦，辄能长出水上"⑤。明末徐光启说："吾乡垦荒者，近得籼稻，曰一丈红，五月种，八月收，绝能（古'耐'字）水，水深三四尺，漫散种其中，能从水底抽芽，出水与常稻同熟，但须厚壅耳。松郡水乡，此种不患潦，最宜植之。"⑥清初，江苏昆山、江阴等地则有长水红（又名丈水红）的水稻品种，

---

① 连横：《台湾通史》卷二十七《农业志》，广西人民出版社2005年版。
② 〔南宋〕张淏：《会稽续志》卷八《越问序·越酿》。
③ 〔元〕周达观著，夏鼐校注：《真腊风土记校注》，中华书局1981年版，第137页。
④ 郑鹤声、郑一钧：《郑和下西洋资料汇编 增编本（上册）》，海洋出版社2005年版，第339页。
⑤ 嘉靖《山阴县志》卷三《物产》。
⑥ 崇祯《松江府志》卷六《物产》。

其特点是"粒最长，积三粒可盈寸。极涝不伤"①，这一品种在两广地区也有种植。广东从化、香山、清远、四会、高州、吴川有一种称为"深水莲"水稻品种，此品种在《广东新语》中已有记载。② 到 20 世纪广东、海南等地仍有种植，主要分布在肇庆沿西江低洼渍水地区和海南的琼海、文昌、琼山等县的低垄深水田。1975 年海南种植面积 273 亩，肇庆、湛江地区也有少量种植。③ 在广西贵县，"一丈红，俗名浮禾，又名十丈禾。苗长，谷有芒，米粒大如秔米，色赤，宜酿酒。春雨未濡，播种于积潦之区，俗名埌塘，及长，禾苗不患水浸。"④ 浮禾不患水浸的原因，在于其"苗随波上下"的特征，而这也使得它在"沿江患潦处"⑤ 种植有用武之地。

上述材料表明，深水稻这一品种早已进入中国，但奇怪的是人们说起这一品种时，首先想到的还是东南亚。近人郑观应（1842—1921）在《盛世危言》中引孙中山《农功》一文提到，"暹罗稻田，一至夏间，有黄水由海中来，水深一尺，苗长一尺，水深一丈，苗长一丈。水退之后倍获丰收。此低田之所宜也。"⑥ 1954 年 6 月，中国总理周恩来首次访问缅甸，与缅甸总理吴努共同倡导了闻名世界的《和平共处五项原则》。一年后，1955 年 6 月 7 日，周恩来在中国科学院学部成立大会上的报告中提到："像缅甸，有种水稻淹了水还能往上长，能长得很高，这种优良种子就可以传到中国来。"⑦ 其实，周总理没有想到的是此一稻种在中国早已有之，并且至今粤桂等省区仍有种植。

（四）三粒寸

明代慎懋赏的著作《海国广记·暹罗物产》中除了提到"凡稼之长茂，视潦之浅深"的浮稻，还记载了"谷三粒，长一寸"⑧ 这样的长粒型品种。也可能"三粒长一寸"正是这种浮稻的性状特征之一。这种类型的品种在清代中国的一些方志中也有记载。清康熙

---

① 康熙《江阴县志》卷五《物产》。
② 〔清〕屈大均：《广东新语》，中华书局 1985 年版，第 373 页。
③ "深水莲"为单季晚稻，全生育期 180～190 天。植株高大，一般株高 200～300 厘米，茎秆粗壮。叶片长大、浓绿色。根系发达，入土纵横深广。穗长 22～25 厘米，每穗平均 80～100 粒。多达 200 粒。谷粒大，有芒，谷色黄褐，内外颖之间有黄褐色深沟条纹，千粒重较轻。米白色、米质差。生势强。前期生长慢，后期生长快，有特殊的耐浸性。苗期只要不会全部淹没，就能正常生长，幼苗长至 7～8 寸时，节上开始分枝，当苗高 33 厘米左右，就会随水位上升而生长，故节间的长短不一致，一般水涨愈快，节间愈长，水涨得慢节间较短。茎秆基部节位密生，近根部的节生长很多不定根和根毛，且茎秆的节也生长许多不定根。茎节是随水深度而增加，并随着水位上涨而伸长生长和不断分蘖。耐肥、耐酸性和抗病虫害强，但易落粒，适于塱田、低洼渍水田种植。广东省农业局编：《广东省农作物品种志》上，1978 年版，第 563-564 页。
④ 民国《贵县志》卷十《物产》。
⑤ 民国《广西通志稿（上）》。
⑥ 〔清〕郑观应：《盛世危言新编》。
⑦ 《周恩来总理在学部成立大会上的报告》，1955 年 6 月 7 日，中国科学院院档案，办永 55-25。
⑧ 郑鹤声、郑一钧编：《郑和下西洋资料汇编 增编本（上册）》，海洋出版社 2005 年版，第 339 页。

《江阴县志》对水稻品种"长水红"的描述与明代慎懋赏有关暹罗稻种的描述一致，可以基本肯定二者就是同一品种。雍正年间的安徽《舒城县志》记载，有一糯稻品种，"三粒可一寸，名曰三粒寸，冻而炒之，可供茶食。"① 光绪年间的《武昌县志》也载："铁脚糯，其实长大者，名三粒寸。"②

清代长江中下游稻区栽培的浮稻品种可能来自东南亚一带。不过就长粒型品种来看，中国古已有之。北宋《太平御览》引《广志》云："白汉稻，七月熟。此稻大且长，三枚长一寸。益州稻之长者，米长半寸。"《齐民要术》水稻篇亦引《广志》的佚文略有不同："青芋稻，累子稻，白汉稻，此三稻大而且长，米半寸，出益州。"文字虽有出入，但白汉稻为长粒型品种则是一致的。后世名为"三粒寸"的品种可能与此有关，至少其命名受此影响，显然是细长粒的品种。

（五）暹罗稻

和占城稻耐旱粒小的特点不同，暹罗稻的特点是耐水而粒长。明代《涌幢小品》载："暹罗之稻，粒盈寸。"③ 这对于一直致力于提高水稻产量的中国人来说具有极大的吸引力。于是历史上，中国在进口泰国稻米的同时，也在致力于引进泰国的水稻品种。据《大清世宗实录》卷25载：雍正二年（1724年）十月己亥，"广东巡抚年希尧奏报：'暹罗国王入贡稻种、果树等物，应令进献。并运米来广货卖……'得旨：'暹罗国王不惮险远，进献稻种、果树等物，最为恭顺，殊属可嘉，应加奖赍。……"又《清高宗实录》卷285载：乾隆十二年（1747年）二月丙戌，"大学士等议复：'福建巡抚陈大受奏称：暹罗产米甚多，向例原准贸易，向来获利甚微，兴贩者少。今商人等探听暹罗木料甚贱，易于造船。自乾隆九年以来，买米造船运回者，源源接济，较该国商人自来者尤便。'"清京师西郊玉泉山皇家稻田厂所用水稻品种中据说就有来自暹罗的稻种。暹罗的稻种先是传到太湖流域，而后再传到北京。④

20世纪50年代以前，在海南临高县水稻品种中就有"暹罗"一种。⑤ 1929—1933年，丁颖教授运用暹罗稻与黑督4号杂交育成暹黑7号良种。⑥ 20世纪50年代，福建省利用暹罗稻经系统选育成闽北1号。暹罗仔等来自东南亚的水稻品种，在1976年广东省

---

① 雍正《舒城县志》卷十《物产》。
② 光绪《武昌县志》卷三《物产》。
③ 〔明〕朱国祯：《涌幢小品》卷二十七《杂品》。
④ 周简段著，冯大彪编：《京华感旧录》，吉林出版集团有限责任公司2011年版，第106页。
⑤ 政协海南省临高县委员会文史资料研究委员会：《临高文史 第8辑》，1992年内部资料，第42页。
⑥ 刘瑞龙编：《纪念丁颖教授逝世二十周年专辑》，华南农业大学1984年版，第24页。

水稻品种普查时仍然有一定的种植面积。①

三、稻作

（一）踏田

中国古代有"象耕鸟耘"的传说，说舜葬苍梧（广西梧州），象为之耕；禹葬会稽（浙江绍兴），鸟为之耘。② 据考证，所谓"象耕鸟耘"就是利用动物（野象或候鸟）践踏觅食所留下的遗迹进行种植的一种农事活动。③ 最典型的例子是"海陵麋田"。海陵即今江苏泰兴，这里沿江接海，自古多麋鹿。由麋鹿取食踩踏过的土壤，松软如同经过人力耕过，直接可以播种，因此称为"麋田"。人们从中得到启发，乃利用牛力踩踏整地，这就是犁耕发明前采用的蹄耕，又称为"牛踏田"。

中国海南黎族、云南傣族等少数民族在 20 世纪五六十年代以前都曾用过牛踏田。清人记载，海南"生黎不识耕种法，亦无外间农具，春耕时用群牛践地中，践成泥，撒种其上，即可有收。"④ "生黎不识耕种，惟于雨足之时，纵牛于田，往来践踏，俟水土交融，随手播种粒于上，不耕不耘，亦臻成熟焉。"⑤ 黎族传统民歌中有《牛踏田》一首，"踏田媳好看，踏田总见她。牛啊，踏田别踏沙，要成堆成块把田踏遍。踏着小鱼头，踏着小蟹脚，牛啊，小蟹睡茅头，小鱼睡草头。牛啊！"⑥ 这种习俗在 20 世纪五六十年代，由于政策的原因被强行改变。1958 年和 1962 年，海南黎族苗族自治州人民委员会《关于继承发扬优良传统，改革落后的民族风俗习惯的规定》中就有"必须坚决改变'用牛踏田''用手捻稻'"⑦ 等内容。

云南境内的少数民族先民使用"象耕"的确切记载见于唐代⑧。彼时的象耕最有可能是"驱象于田中来回走动，凭借它的大脚与沉重躯体把野草踩入泥土中，并把硬土块踩碎

---

① 程式华、李建主编：《现代中国水稻》，金盾出版社 2007 年版，第 68 页。

② 〔晋〕左思《吴都赋》："象耕鸟耘，此之自与。"李善注引《越绝书》："舜葬苍梧，象为之耕；禹葬会稽，鸟为之耘。"

③ 曾雄生：《象耕鸟耘探论》，《自然科学史研究》1990 年第 1 期，第 67 - 77 页。

④ 〔清〕张长庆：《黎岐纪闻》，昭代丛书巳集广编，道光十三年刊本。

⑤ 《边蛮风俗杂抄·琼黎一览》。

⑥ 符桂花：《黎族传统民歌三千首》，海南出版社 2008 年版，第 789 页。

⑦ 郭小东等：《失落的文明——史图博〈南岛民族志〉研究》，武汉大学出版社 2013 年版，第 18 页。

⑧ 〔唐〕樊绰《蛮书》卷七《云南管内物产》："通海已南多野水牿牛，或一千二千为群。弥诺江已西出牛，开南已南养象，大于水牛，一家数头养之，代牛耕也。"又"象，开南已南多有之，或捉得人家多养之，以代耕田也。"同书《名类》四："茫蛮部落，并是开南杂种也。……孔雀巢人家树上，象大如水牛，土俗养象以耕田，仍烧其粪。"

成稀泥，然后播种。这种耕作方法在滇南的个别民族中到解放时还保留着，所不同的是以水牛代象罢了，他们把成群的水牛赶入田里来回踩，待草殁泥化时栽秧。"① 不过也有认为象耕是大象拉犁而耕。②

东南亚的印度尼西亚、菲律宾、泰国和琉球群岛至今仍有蹄耕（牛踏田）分布。③ 东南亚的一些岛屿以及大陆小河谷盆地周围、山河川沿岸低湿地水田上，过去或现在依然可以见到用水牛践踏进行稻田耕种的情形。如菲律宾的保和岛、婆罗洲的甲米族、苏拉威西的特拉雅族、东帝汶、马来彭亨河山区、斯里兰卡、泰缅交界的罗宇族等④。

越南在 1945 年"八月革命"以前，一些偏僻地区的农村，"在刈割稻谷以后，放水把田中的杂草耨烂，再把牛赶到田里践踏使土壤柔软后再插秧，而不使用犁耕。这就是'水耨'的耕作方法。"⑤

与踏田相关的便是踏谷。在传统泰国，打谷是水牛做的。首先他们用泥、牛粪和水搅成浆，铺在地上，过了几天浆变硬了。中间竖根杆子，把两只水牛缚在一起，叫它们绕杆而行，脚下却把稻谷践蹈。这打壳的事是在月夜做的，并且是件极有趣的盛举。⑥

（二）交趾稻

《齐民要术》卷十《五谷、果蓏、菜茹非中国物产者稻二》引《异物志》曰："稻，一岁夏冬再种，出交趾。"俞益期笺曰："交趾稻再熟也。"交趾稻的特点是能够实现一年两熟，而实现两熟的关键是可以实现越冬种植，也即所谓冬稻。

（三）中国犁

犁，是农业生产最重要的工具。早期的犁，功能比较单一，只能破土。中国犁的改进在相当长的时间里主要表现在用于破土的犁铧上，经历了由石犁铧至青铜犁铧，再到铁犁铧的阶段。随着铁犁铧的出现，犁的改进开始由铧转向整体结构。汉代出现了犁壁，这是一个加在犁铧上端的装置，它可以起到翻土和碎土的作用。这种耕犁的出现对于汉代农业

① 桑耀华：《德昂族》，民族出版社 1986 年版，第 11 页。
② 2003 年德宏傣族景颇族自治州召开的云南四江流域傣族文化比较国际学术研讨会上，缅甸学者莱三岩的论文《缅甸坎底（掸）泰象耕的历史和现状》，向大会提供了关于"象耕"的图片文字资料。说明在缅甸的一些地方，仍沿袭传统的用大象耕田，一头大象能拉两三张犁。该摘要及主要内容，见刀保尧主编，德宏州傣学学会编：《中国·德宏·云南四江流域傣族文化比较国际学术研讨会论文集》，德宏民族出版社 2005 年版，第 212、544 页。
③ （日）田中耕司：《稻作技术之类型及分布》，引自渡部忠世主编：《亚洲稻作史》（日文）1 卷，小学馆 1987 年版。
④ V. D. Wichizer, M. K. Bennet, *The Rice Economy of Monsoon Asia*, *Food Research Institute*, Stanford University, 1941；又贺川光夫：《关于稻作起源的几个问题》，《农业考古》1988 年第 1 期，第 211 页。
⑤ （越）陶维英著，刘统文等译：《越南古代史》，商务印书馆 1976 年版，第 233－234。
⑥ （泰）杨伊伦斯特著，顾德隆译：《暹罗一瞥》，商务印书馆 1927 年版，第 61 页。

的发展起到了革命性的作用，也对东南亚地区的稻作农业产生了直接的影响。东汉时，"九真太守任延，始教耕犁，俗化交土，风行象林。知耕以来，六百余年，火耨耕艺，法与华同。"① 但由长直犁辕组成的犁体对于田地面积较小的南方水田很不适应，于是到了唐代在江南水田稻作地区出现了一种更为轻巧的一牛就能牵引的曲辕犁，称为江东犁。

江东犁的突出特点有两个：一是富于摆动性，即操作时犁身可以摆动。这样不仅犁体富有机动性，便于调节耕深、耕幅，而且也轻巧柔便利于回旋周转，适于在面积细小的地块上耕作。二是采用了铁制的曲面犁壁装置。有了犁壁，不仅能够更好地碎土，还可作垡起垄，进行条播，有利于田间操作及管理。

江东犁出现后，在南方得以广泛使用，并逐渐传播到东南亚种稻的各国。17 世纪时荷兰人在印度尼西亚的爪哇等处看到当地中国移民使用这种犁，很快将其引入荷兰，以后对欧洲近代犁的改进有重要影响。这说明在此之前，中国稻作区最常用的农具犁已传入到了东南亚地区。事实上，和犁同时传入到东南亚的还有耙和耖等。最具中国稻作文化特色的水稻移栽、耖田整地和稻田养鱼②也在东南亚随处可见。

(四) 冬稻

气候炎热的东南亚，许多稻种都可以越冬种植。"浮稻生长期介乎五月至次年一月之间"③，其实就是一种越冬种植的水稻。但冬稻则是指入冬以后所种之稻。冬稻，又名界稻、雪种、寒稻。界稻的意思是指"十一月种，至四月熟，界在两年，亦曰三时稻"④。界，即介。介，又作"芥"。"相承冬耕夏收，号芥禾"⑤。"有晚稻收后，十月复种，至次年四月收者，谓之寒稻，言耐寒也"⑥。广西"苍梧岑溪又有雪种；十月种，二月获。即一岁三田，冬种春熟一也"⑦。

冬季种稻是历史上岭南地区和东南亚地区的一种特殊的水稻栽培方式，主要分布在北纬 24°以南地区⑧。最早的记载见于西晋郭义恭《广志》："南方地气暑热，一岁田三熟，冬种春熟，春种夏熟，秋种冬熟。"⑨ 杨孚《南裔异物志》也有"交趾，农者一岁再种，

① 〔北魏〕郦道元著，王国维校：《水经注校》，上海人民出版社 1984 年版，第 1144 页。
② Matthias HaKwart, Modadugu V Gupla, *Culture of Fish in Rice Fields*, FAO, 2004, 3.
③ 〔元〕周达观著，夏鼐校注：《真腊风土记校注》，中华书局 1981 年版，第 138 页。
④ 〔清〕屈大均：《广东新语》，中华书局 1985 年版，第 373 页。
⑤ 〔宋〕乐史：《太平寰宇记》，中华书局 2007 年版，第 3231 页。
⑥ 《思恩府志》，引自〔清〕李彦章《江南催耕课稻编》。
⑦ 《梧州府志》，引自〔清〕李彦章《江南催耕课稻编》。
⑧ 彭世奖：《历史上岭南水稻的特殊栽培及其展望》，《古今农业》1987 年第 1 期，第 25 - 29 页。
⑨ 转引自〔唐〕徐坚：《初学记》卷八。

冬又再熟”的记载。《明一统志》载："雷阳界稻，十一月下种，扬雪耕耘，次年四月熟。与他地迥异。"明万历年间，广西南宁市《太平府志》载任状元诗云："越南十月信无霜，一遍青青是稻秧。"①

清代这一稻种已由广东南海扩展到高要、四会等地。光绪二十二年（1896 年）《四会县志》记载："雪占，名见《南海志》。三年前，高要有携种来者，低田十月获后蒔，次年三月获，是一熟之田变为两熟也。乃壬辰（1892 年）大雪，禾竟伤。今邑人亦少种之者。"②

冬稻的生育期因地区及品种而异，如上所引，有十一月种四月熟的，有十月种四月熟的，也有十月种二月熟的。由于冬稻利用冬季时间生长，接在连作晚稻之后，可以一年三熟。也有冬稻和杂粮衔接，实现一年三熟的："有连种番薯、玉蜀黍、豆类等作物两次，然后再种水稻者。此种田仍称为一年三造。"③ 但并非冬稻一定是三熟田。《广志》中有一条记载稻田种植绿肥的："苕草，色青黄，紫华，十二月稻下种之，蔓延殷盛，可以美田，叶可食。"④ 所谓"十二月稻下种之"即指冬稻田。

中国岭南的冬稻相当于孟加拉国、印度等地的所谓 boro 稻，也是生长在 11 月至次年 5 月之间。这期间在东南亚为干季。海南岛的冬稻"适于山田特别是冷底烂泥田栽培，在低洼积水地区栽培冬稻，在龙舟水到来之前收割，可以避开涝害"⑤。龙舟水当指农历五月端午前后的洪水，此时雨季到来，江河水位最高。冬稻在岭南某些偏僻地区，尤其是海南岛，目前还有种植。

四、民俗

生活在温暖潮湿环境中的百越先民，选择了干阑式建筑样式，"人栖其上，牛羊犬豕畜其下"⑥。这种居住方式至少在 7 000 年前的河姆渡文化时代即已出现，以后更遍布在东南亚各地。而居住在干阑式建筑中的人民更在语言、祭祀等方面保持着共同的习俗。它们是稻作文化交流的产物，更是文化传播、交流的证明。

---

① 万历《太平府志》卷二《食货志》。
② 光绪《四会县志》卷一《物产》。
③ 光绪《广东乡土地理教科书》，1908 年版。
④ 〔北魏〕贾思勰著，缪启愉校释：《齐民要术校释》，农业出版社 1982 年版，第 663 页。
⑤ 彭世奖：《历史上岭南水稻的特殊栽培及其展望》，《古今农业》1987 年第 1 期，第 25 - 29 页。
⑥ 〔明〕邝露：《赤雅》卷一《獞丁》。

（一）语言

中国与东南亚的稻作文化交流，从语言上也有踪迹可寻。对比泰、傣、壮三种语言的词汇，在 2 000 个常用词中，泰、傣、壮三种语言都相同的约 500 个，泰语和傣语相同的约 1 500 个。三种语言都相同的词都是基本的单音节词根，表明这三种语言起源于共同的母语——越语。最典型的就是 kao、khao、kau、kauk，相当于汉语中的"谷""禾"，表示稻。泰国如今称陆稻为 kaorai（也有记作 kauklat），称水稻为 Kaona，这两个称呼都是百越方言。kao 即汉语中的"谷"。泰国的陆稻品种名称都带有 Khao 的词头，如 khaodaw、khaonammun、khaosim、khaomantun（以上为糯稻）、khaojaoyao、khaojaongachang、khaojaodawkpradu 等为非糯稻。khao 和 kao 同音，也记作 kau，或 kauk。缅甸如今称籼稻为 kaukkyi，称粳稻为 kaukyin，这两个词的前半 kauk 即"谷"的对音，缅甸现在的稻品种名称，不少都带有 kauk 的词头，如 kaukhlut、kaukunan、Kaukhangyl、Kauksan 等。这是和泰国的品种带"khao"词头完全一样，都属稻的谷系音。也和云南少数民族的稻品种名称一样，如傣族的"毫安公""毫薄壳"等，这里的"毫"即"禾"的同音，属稻的禾系音"毫薄壳"只留"毫"的词头，"薄壳"已经予以汉字译意而非记音了[①]。

其次就是"Na"。2 000 多年前的中国秦汉时期，中国西南地区（主要包括今贵州的西部，可能还包括云南东北、四川南部及广西西北部）有一个百越民族建立的国家，汉文史籍中称为"夜郎国"。最近有学者考证，夜郎二字的初始发音是 yina，是苗语稻音 na 的变音，本义为"稻"，加上"yi"作为词头，含有"神圣"之意。Na 是"稻"的意思，由稻再引申为"稻田"，壮语也称稻田为 na。[②] 百越的词序是修饰语在名词之后，所以水稻被称作 kaona，同样"山稻"或陆稻，则被称为 kaorai，其中 rai 是"山"的意思。在中国华南的广东、广西、云南、贵州，及越南、老挝、缅甸和泰国北部至今还有大量的小地名，汉字作"那"，即 na 的译音。最远处在缅甸掸邦的"那龙"（97°5′E），南至老挝沙拉湾省的"那鲁"（16°N）。人类学家将其称为"那"文化圈。生活在其中的主要是壮侗语言的族群，包括中国的壮、布依、傣、侗、水、仫佬、毛南、黎，泰国的泰，老挝的老，越南的岱、侬，缅甸的掸等民族以及印度阿萨姆邦的阿含人。

（二）祭祀

古代东亚和东南亚的人们，都将稻米视为上苍赐予人类的食物。为了感谢上苍，也为

---

① 游修龄、曾雄生：《中国稻作文化史》，上海人民出版社 2010 年版，第 493 - 494 页。
② 李国栋：《稻作文化在贵州——基于传播途径的实证研究》，《贵州师范学院学报》2013 年第 10 期，第 1 页。

了祈祷稻米的收成，中国和东南亚地区的稻作农人在从事稻作生产过程中都要举行各种祭祀仪式。

现今在曼谷市中心，每年仍举行皇室犁田仪式（Royal Ploughing Ceremony），由泰王主持，动用2 000多人与若干牛只来进行种稻仪式，祈祷风调雨顺，稻谷丰收，并实际进行耕种，稻种来自宫中。这种仪式和中国古代的藉田大礼非常类似。藉田是春耕之前，天子率诸侯亲自耕田的一种开耕仪式。自3 000多年前的中国周代以来，历代奉行。藉田时，先以太牢祭祀神农，然后在国都南面近郊的农田上，由天子和群臣依次象征性地进行耕田。完成后，命天下州县及时春耕。泰国从事这项活动也有超过700年的历史。

州县的百姓在实际的耕种中，也要多次进行各种祭祀活动。古代诗歌总集《诗经》中就有多首与农业祭祀有关的诗歌。宋代陈旉首次将"祈报"写入农书。而在同时代出现的耕织图中则可以看到祭神的场面。

傣、掸、泰等傣语民族，都普遍信仰万物有灵的原始宗教。中国云南的傣族，普遍认为天、地、日、月、山、水、田、地等都是有灵魂的，因而要祭各种神灵，以求保佑。在西双版纳等地，还崇信家神、家族神、寨神和勐神。家神自家供奉；家族神由本家族共同供奉；寨神置于寨旁林中，每年祭祀两次；勐神又称部落神，相传他们是最早建勐的酋长，每年祭祀一次，由当地傣勐老寨主持，届时用竹箭剽牛，保存着村社的古朴遗风。泰国、缅甸的泰、掸等民族信仰与祭祀活动与中国傣族大同小异。

汉族地区也同样信仰万物有灵的原始宗教。故"凡法施于民者，以劳定国者，能御大菑者，能捍大患者，皆在所祈报也。故山川之神，则水旱疠疫之灾，于是乎禜之。日月星辰，则雪霜风雨之不时，于是乎禜之。"[①]

（三）铜鼓

鼓是祭祀中最常用的一件道具。《周礼·籥章》："凡国祈年于田祖，吹豳雅，击土鼓，以乐田畯。"《诗经·小雅·甫田》诗云："琴瑟击鼓，以御田祖，以祈甘雨，以介我稷黍，以谷我士女。……馌彼南亩，田畯至喜。"

鼓的种类很多。元代《王祯农书》记载，宋元时期在四川有一种专门在水稻耘田时敲打的鼓，称为薅鼓，而最常用的则是土鼓。不过从中国西南的云南、贵州、广西、广东到邻近的越南、老挝、缅甸、泰国直至马来西亚和印度尼西亚群岛都有铜鼓的分布。铜鼓最初作为乐器是与祭祀祖先、祈求稻谷丰收分不开的。

铜鼓首先发源于云南西部和中部。云南、贵州、广西、广东、海南、越南北部等地是

---

① 〔南宋〕陈旉著，万国鼎校注：《陈旉农书》卷上《祈报篇》，农业出版社1965年版，第42页。

铜鼓分布最为密集的地区。老挝、越南（中南部）、泰、缅、柬埔寨等国为铜鼓分布的次中心及过渡地带，马来西亚及印度尼西亚群岛为铜鼓传播的最后地区。

铜鼓上富有各式各样的图像和纹饰，但图像的主题不外两个方面：一是与物质生产有联系的，如人的劳动、狩猎，动物如青蛙、飞鸟，天象如太阳或星星等；二是与精神生活有联系的，如羽化的人、飞鸟等。有的图像直接表示春稻、打谷、扬谷的劳动场面。铜鼓上的蛙饰是一件非常重要的求雨象征，它与水稻生产结下了不可解的缘分。

铜鼓上另一种重要纹饰是鸟类，它和中国东南沿南及东南亚地区的稻作文化中的鸟田又有某种关系。

中国和东南亚地区的稻作文化交流有 2 000 多年的历史，交往的领域遍及土地利用技术、稻种、稻作技术和民俗文化等多方面。密切的交往使中国和东南亚国家都得到了好处，促进了双方稻米生产和稻作文化的发展，进而促进了各自经济和社会的发展和繁荣。可以预见，随着中国和东盟交往的日益密切，中国和东盟国家的稻作文化交流必将书写更加辉煌的历史篇章。

后记

　　本书的出版多少有些偶然。2012—2015 年，我以"水稻在北方"为题，申报了中国科学院自然科学史研究所部署的重大突破项目——"科技知识的创造与传播"，并获得资助。随后在 2016—2017 年又获得所里重大产出奖励课题——"中国稻作史研究"的立项。作为上述两项课题的共同成果，本书的出版也是对自己在过去 30 年中有关中国稻作史研究所做的一次回顾和总结。

　　虽然稻作史研究不是我这 30 年唯一的工作，但却是个人用力最多的领域。在过去 30 年中，我得到了多方面的支持和帮助。借此机会，我想向他们表达深深的感谢。首先感谢业师游修龄教授。教授是中国稻作史研究的开拓者，也是迄今首屈一指的中国稻作史研究专家。如果没有 30 年前入籍游先生门下学习，则没有本书的出版。我把本书视作是老师 30 年前布置的一项作业。书中凝聚着老师的智慧和心血。感谢已故的江西省社会科学院的陈文华教授，他是中国农业考古第一人。我在稻史研究方面的第一篇文章就发表于他主编的《农业考古》，他还给我们讲授过农业考古的课程。给我们讲过课的老师还有中国农业博物馆的闵宗殿研究员和中国社会科学院的李根蟠研究员。闵先生讲授的古农书和农史文献，使我对古代农业典籍有了较为全面的了解。李先生讲授的南方少数民族原始农业形态，丰富了我们对于原始农业的认识。感谢中国科学院自然科学史研究所的范楚玉研究员，因为有她的引介，我才获得了在现单位工作的机会，使我过上了虽不富有但温饱无忧的生活。感谢中国农业大学的董恺忱教授，我和李根蟠研究员曾经在他和范楚玉研究员的主持下共同完成了《中国科学技术史·农学卷》的写作。本书中很多内容的最初想法就是在这本书的写作过程中形成的。感谢在过去 30 年中给予我教诲、提携、鼓励和批评的老师、学长及同窗好友。可以肯定的是，部分师友作为匿名审稿人先后参与了本书中多篇文章的完成。

本书稿整理完成之后，曾呈交给业师游修龄教授和李根蟠研究员请益。两位先生是中国农史事业中最重要的人物。约十年前，笔者第一本著作《中国农学史》成书，游先生为该书作了长序。在肯定该书一些特点的同时，也指出该书存在的不足，这也促进了该书修订本的出版。十年后的今天，即将迎来九十八岁高龄的游修龄教授却因年事已高，几经踌躇，改为题词。游先生解释说："我自 95（岁）以后，不论阅读或写作，都不能持久，对你的新著，虽想作序介绍，已力不从心，只好改为题词。"游先生亲自将题词植入电脑并作了精心的排版，以征求我的看法。2017 年初又亲笔抄写了题词。于是我们就看到了书前的样子。获得游先生的题词，已经让我感到很满足，但他的解释却"于我心有戚戚焉"。师事游先生是我一辈子的荣幸，但当我看到"已力不从心"时，从内心深处感到难过。同时也为我的这个请求给他带来的麻烦，感到不安。毕竟岁月不饶人，年岁如我，尚且有"天过午"的感觉，何况是对于一个早已耄耋之年的老人。李根蟠先生虽然较游先生年轻 20 岁，但也早过了古稀之年。他在回复中也写道："由于年纪、身体和手头文债累积等原因，压力很大，但你的请求情不可却，就怕写不好。请告我交稿期限，我当勉力为之。"是有书前李根蟠先生的序。感谢李先生的鼓励。虽然我和李先生在一些学术问题上存有争议，但李先生无疑是在从事农史研究学术生涯中对我影响最大、帮助最多、也是我最尊敬的前辈之一。他的理论素养、对学术问题的旁通与专精以及严谨认真的治学精神，永远是我们学习的榜样。

感谢我的中学语文老师欧阳才圣先生，是他开启了我从事历史研究的门窗。四十年前，如果没有他的指点，我的人生或许将大不相同。

感谢我的父亲、母亲。本书中涉及的传统稻作农事知识，有相当一部分来自家父曾松根先生和家母刘茶英女士的言传身教。不能得到儿子朝夕在身边尽孝，而当儿子有涉及传统农事问题时总能给予最及时解答的，就是我的父母，一对年近耄耋，至今生活在农村的，干着农活的老人。本人对于稻作农业的最初的理解，

后　记

就是来自父母的教导和跟在父母身后光脚走在泥泞田埂上的那些日子。如果说我对本书中的内容还有那么一点自信的话，那一定不是来自故纸堆里那些生涩的文字，而是田埂上的脚印。

本书的出版得到了中国农业出版社孙鸣凤编辑和中国科学院自然科学史研究所杜新豪博士、陈桂权博士的帮助。出版前夕，又请在读的研究生韩玉芬、谢智飞、赵利杰等校对清样。他们按照学术著作的体例，对原稿中的注释进行了统一调整，并做了认真细致的编辑和校对，使得原稿中的差错率降到了最低。在此表示感谢。

感谢大地。感谢在大地上辛苦耕作的先民和父老兄弟。

谷神不死，稻香长存。

曾雄生

2018 年 1 月 10 日

图书在版编目（CIP）数据

中国稻史研究 / 曾雄生著. —北京：中国农业出版社，2018.4
ISBN 978-7-109-23628-8

Ⅰ.①中… Ⅱ.①曾… Ⅲ.①水稻栽培—农业史—中国—文集 Ⅳ.①S511 - 092

中国版本图书馆 CIP 数据核字（2017）第 299868 号

中国农业出版社出版
（北京市朝阳区麦子店街 18 号楼）
（邮政编码 100125）
责任编辑　孙鸣凤

北京通州皇家印刷厂印刷　　新华书店北京发行所发行
2018 年 4 月第 1 版　　2018 年 4 月北京第 1 次印刷

开本：787mm×1092mm　1/16　印张：25.75
字数：540 千字
定价：120.00 元
（凡本版图书出现印刷、装订错误，请向出版社发行部调换）